KB078852

단기합격 특별프로젝트

용접기능사 필기

문제|해설

용접기술시험연구회 저

일진사

| 머리말 |

현대 산업사회가 요구하는 뉴딜 산업 분야는 제품의 다양화와 고급화로 인해 고기능화되어 가고 있다. 특히 생산성 향상과 공장 자동화의 필수 장비로 하루가 다르게 발전하고 확대 보급되는 추세이다. 이러한 추세에 비례하여 원자력 및 발전소 분야와 조선 분야, 반도체 현장 등 다양한 분야에 필요한 국가직무능력표준(NCS : National Competency Standards)은 일반 국가기술자격증과 산업 현장에서 직무를 수행하기 위해 요구되는 지식, 기술, 소양 등의 내용을 국가가 산업 부문별, 수준별로 체계화한 것으로, 산업 현장의 업무를 수행하기 위해 필요한 능력(전공 분야에 대한 지식, 기술, 태도)을 국가적 차원에서 표준화한 것이다. 용접 분야도 물론 NCS가 개발되어 있고 계속하여 발전(분야별 개발)하고 있다.

본 교재는 NCS에 따른 기초적이고 필수적인 실기 능력을 위한 단원별 이론에 대해 자세하고 상세하게 설명하여 초보자도 이해하기 쉽게 다음 사항에 역점을 두고 기술하였다.

첫째, 세부 출제기준에 맞추어 각 단원의 내용을 체계적으로 구성함으로써 단기간에 효과적으로 공부할 수 있도록 하였다.

둘째, 이론을 학습하고 이어서 연관성 있는 문제를 풀어 확인할 수 있도록 체계화하였으며, 과거 출제 문제의 완전 분석을 통한 문제 위주로 구성하였다.

셋째, 부록으로 기존에 출제되었던 문제들을 자세한 해설과 함께 수록하여줌으로써 출제경향을 파악함은 물론, 전체 내용을 복습할 수 있게 구성하였다.

이 책을 기본으로 공부하다 보면 자신도 모르게 실력이 향상되는 것을 느낄 것이며, 여러분의 소기의 목적도 이루어질 것으로 믿는다. 이 책을 접하는 독자가 유능한 전문기술인이 되기를 바라며, 본 교재가 많은 도움이 되기를 간절히 소망한다.

저자 씀

용접기능사/특수용접기능사(필기) 출제기준

직무분야	재료	자격종목	용접기능사	적용기간	2021. 1. 1 ~ 2022. 12. 31
○ 직무내용 : 용접 도면을 해독하여 용접절차 사양서를 이해하고 용접재료를 준비하여 작업환경 확인, 안전보호구 준비, 용접장치와 특성 이해, 용접기 설치 및 점검관리하기, 용접 준비 및 본 용접하기, 용접부 검사 및 결함부 수정하기, 작업장 정리하기 등의 용접시공 계획 수립 및 관련 직무 수행					
필기 검정방법	객관식	문제 수	60	시험시간	1시간

필기 과목명	주요항목	세부항목	세세항목
용접일반, 용접재료, 기계제도 (비절삭부분)	1. 용접 일반	1. 용접 개요	(1) 용접의 원리 (2) 용접의 장·단점 (3) 용접의 종류 및 용도
		2. 피복 아크 용접	(1) 피복 아크 용접기기 (2) 피복 아크 용접용 설비 (3) 피복 아크 용접봉 (4) 피복 아크 용접기법
		3. 가스 용접	(1) 가스 및 불꽃 (2) 가스 용접 설비 및 기구 (3) 산소, 아세틸렌 용접기법
		4. 절단 및 가공	(1) 가스 절단 장치 및 방법 (2) 플라스마, 레이저 절단 (3) 특수 가스 절단 및 아크 절단 (4) 스카핑 및 가우징
		5. 특수 용접 및 기타 용접	(1) 서브머지드 용접 (2) TIG 용접, MIG 용접 (3) 이산화탄소 가스 아크 용접 (4) 플럭스 코어드 용접 (5) 플라스마 용접 (6) 일렉트로 슬래그, 테르밋 용접 (7) 전자빔 용접 (8) 레이저 용접 (9) 저항 용접 (10) 기타 용접
	2. 용접 시공 및 검사	1. 용접 시공	(1) 용접 시공 계획 (2) 용접 준비 (3) 본 용접

필 기 과목명	주요항목	세부항목	세세항목
			(4) 열 영향부 조직의 특징과 기계적 성질 (5) 용접 전·후처리(예열, 후열 등) (6) 용접 결함, 변형 및 방지대책
		2. 용접의 자동화	(1) 자동화 절단 및 용접 (2) 로봇 용접
		3. 파괴, 비파괴 및 기타 검사(시험)	(1) 인장 시험 (2) 굽힘 시험 (3) 충격 시험 (4) 경도 시험 (5) 방사선 투과 시험 (6) 초음파 탐상 시험 (7) 자분 탐상 시험 및 침투 탐상 시험 (8) 현미경 조직 시험 및 기타 시험
	3. 작업 안전	1. 작업 및 용접 안전	(1) 작업 안전, 용접 안전 관리 및 위생 (2) 용접 화재 방지 ① 연소 이론 ② 용접 화재 방지 및 안전
	4. 용접 재료	1. 용접 재료 및 각종 금속 용접	(1) 탄소강·저합금강의 용접 및 재료 (2) 주철·주강의 용접 및 재료 (3) 스테인리스강의 용접 및 재료 (4) 알루미늄과 그 합금의 용접 및 재료 (5) 구리와 그 합금의 용접 및 재료 (6) 기타 철금속, 비철금속과 그 합금의 용접 및 재료
		2. 용접 재료 열처리 등	(1) 열처리 (2) 표면경화 및 처리법
	5. 기계 제도 (비절삭 부분)	1. 제도 통칙 등	(1) 일반 사항(양식, 척도, 문자 등) (2) 선의 종류 및 도형의 표시법 (3) 투상법 및 도형의 표시 방법 (4) 치수의 표시 방법 (5) 부품 번호, 도면의 변경 등 (6) 체결용 기계 요소 표시 방법
		2. 도면 해독	(1) 재료 기호 (2) 용접 기호 (3) 투상 도면 해독 (4) 용접 도면

| 차 례 |

제 1 편 ••• 용접 일반

제1장 피복 아크 용접

제2장 가스 용접 및 절단 가공

제3장 연납과 경납

제4장 특수 용접법

제5장 전기 저항 용접법

제2장 기본도법

제5편 용접 재료

제1장 금속 총론

제2장 탄소강

제3장 비철금속 재료

부 록 과년도 출제 문제

제 1 편

용접 일반

1. 피복 아크 용접
2. 가스 용접 및 절단 가공
3. 연납과 경납
4. 특수 용접법
5. 전기 저항 용접법
6. 용접의 기계화 및 자동화

제 1 장 피복 아크 용접

1. 용접 원리

(1) 용접의 종류

용접법에는 융접(融接 ; fusion welding), 압접(壓接 ; pressure welding), 납땜(brazing and soldering)이 있다.

① 융접 : 접합부에 용융 금속을 생성 혹은 공급하여 용접하는 방법으로 모재도 용융되나 가압(加壓)은 필요하지 않다.

② 압접 : 국부적으로 모재가 용융하나 가압력이 필요하다.

③ 납땜 : 모재가 용융되지 않고 땜납이 녹아서 접합면의 사이에 표면장력의 흡인력이 작용되어 접합되며, 경납땜과 연납땜으로 구분된다.

(2) 용접의 장단점

① 용접의 장점

(가) 재료가 절약되고, 중량이 감소한다.

(나) 작업 공정 단축으로 경제적이다.

(다) 재료의 두께 제한이 없다.

(라) 이음 효율이 향상(기밀, 수밀 유지)된다.

(마) 이종 재료 접합이 가능하다.

(바) 용접의 자동화가 용이하다.

(사) 보수와 수리가 용이하다.

(아) 형상의 자유화를 추구할 수 있다.

② 용접의 단점

(가) 품질 검사가 곤란하다.

(나) 제품의 변형 및 잔류 응력이 발생 및 존재한다.

(다) 저온취성이 생길 우려가 있다.

(라) 유해 광선 및 가스 폭발의 위험이 있다.

(마) 용접사의 기량에 따라 용접부의 품질이 좌우된다.

참고 기계적 접합법

볼트, 리벳, 나사, 핀 등을 사용하여 금속을 결합하는 접합법으로 분해이음이라 하며 영구이음은 리벳, 심(접어잇기), 확관법, 가입 끼우기 등이 있다.

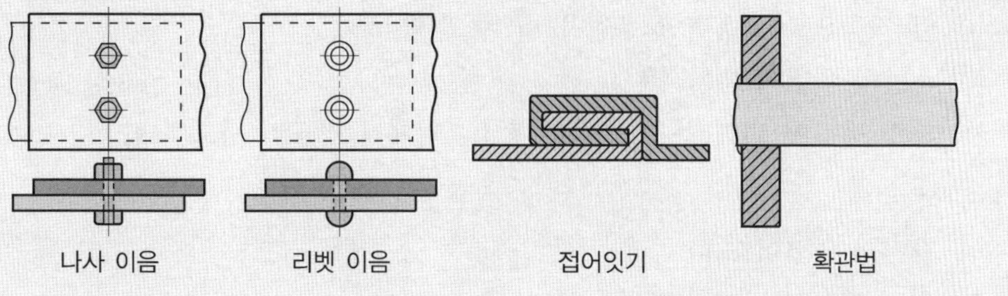

나사 이음 리벳 이음 접어잇기 확관법

단원 예상문제

1. 리벳 이음에 비교한 용접 이음의 특징을 열거한 것 중 틀린 것은?

① 구조가 복잡하다. ② 유밀, 기밀, 수밀이 우수하다.
③ 공정의 수가 절감된다. ④ 이음 효율이 높다.

해설 리벳 이음 특징
㉮ 구조가 복잡하다.
㉯ 공정의 수가 많다.
㉰ 유밀, 기밀, 수밀이 어렵다.

2. 용접 구조물이 리벳 구조물에 비하여 나쁜 점이라고 할 수 없는 것은?

① 품질검사 곤란 ② 작업공정 수의 단축
③ 열영향에 의한 재질 변화 ④ 잔류 응력의 발생

정답 **1.** ① **2.** ②

2. 피복 금속 아크 용접

(1) 피복 금속 아크 용접의 원리

① 용적 : 아크열에 의하여 용접봉이 녹아 물방울처럼 떨어지는 것
② 용착 금속 : 용접봉이 용융지에 녹아 들어가 응고된 금속
③ 용융지 : 용접할 때 아크열에 의하여 용융된 모재 부분
④ 용입 : 모재가 녹은 깊이

(2) 피복 금속 아크 용접의 장단점

① 장점

㈎ 이용되는 열효율이 높다.

㈏ 열 집중으로 효율적인 용접을 할 수 있다.

㈐ 폭발의 위험이 없다.

㈑ 가스 용접에 비해 용접 변형이 적고, 기계적 강도가 양호하다.

② 단점

㈎ 감전의 위험이 크다.

㈏ 유해 광선의 발생이 있다.

(3) 아크의 각부 명칭

① 아크 : 음극과 양극의 두 전극을 일정한 간격으로 유지하고, 여기에 전류를 통하면 두 전극 사이에 원의 호 모양의 불꽃 방전이 일어나며 이 호상(弧狀)의 불꽃을 아크(arc)라 한다.

② 아크 전류 : 약 10~500 A

③ 아크 현상 : 아크 전류는 금속 증기와 그 주위의 각종 기체 분자가 해리하여 양전기를 띤 양이온과 음전기를 띤 전자로 분리되고, 양이온은 음(−)의 전극으로, 전자는 양(+)의 전극으로 고속도 이행하여 아크 전류가 진행한다.

④ 아크 코어 : 아크 중심으로 용접봉과 모재가 녹고 온도가 가장 높다.

⑤ 아크 흐름 : 아크 코어 주위를 둘러싼 비교적 담홍색을 띤 부분이다.

⑥ 아크 불꽃 : 아크 흐름의 바깥둘레에 불꽃으로 싸여 있는 부분이다.

(4) 직류 아크 중의 전압 분포

① 구성 : 음극 전압 강하, 아크 기둥 전압 강하, 양극 전압 강하

② 아크 기둥 전압 강하(V_P) : 플라스마 상태로 아크 전류를 형성한다.

③ 음극 전압 강하(V_K) : 전체 전압 강하의 약 50 %로 열전자를 방출한다.

④ 양극 전압 강하(V_A) : 전자를 받아들이는 기능, 전압 강하는 0이다.

⑤ 전체 아크 전압 : $V_a = V_A + V_p + V_K$

⑥ 전극 물질이 일정할 때 아크 전압은 아크 길이와 같이 증가한다.

⑦ 아크 길이가 일정할 때 아크 전압은 아크 전류 증가와 함께 약간 증가한다.

(5) 온도 분포

① 직류 아크 용접

(가) 양극 : 발생열의 60~70 %

(나) 음극 : 발생열의 30~40 %

(다) 정극성(DCSP : direct current straight polarity)과 역극성(DCRP : direct current reverse polarity)

극성	용접부	특징
직류 정극성 (DCSP)	− / +	• 모재의 용입이 깊다. • 용접봉이 늦게 녹는다. • 비드 폭이 좁다. • 일반적으로 많이 사용된다.
직류 역극성 (DCRP)	+ / −	• 모재의 용입이 얕다. • 용접봉이 빠르게 녹는다. • 비드 폭이 넓다. • 박판, 주강, 고탄소강, 합금강, 비철 금속 등에 사용된다.

② 교류 아크 용접

(가) 용접 입열 : 용접부에 외부로부터 주어지는 열량

㉠ 아크가 용접 단위 길이 1 cm당 발생하는 전기적 에너지 H는

$$H = \frac{60EI}{V} \text{[J/cm]}$$

여기서, E[V] : 아크 전압, I[A] : 아크 전류, V[cm/min] : 용접 속도

㉡ 모재에 흡수된 열량 : 입열의 75~85 % 정도이다.

(나) 용접봉의 용융 속도

㉠ 단위 시간당 소비되는 용접봉의 길이 또는 무게로 표시한다.

㉡ 용융 속도=아크 전류×용접봉 쪽 전압 강하

㉢ 용융 속도는 전류만 비례하고, 아크 전압과 용접봉 지름과는 무관하다.

(6) 아크의 특성

① 부저항 특성(또는 부특성) : 아크 전류 밀도가 작을 때 전류가 커지면 전압이 낮아지고 아크 전류 밀도가 크면 아크 길이에 따라 상승되는 특성이다.

② 아크 길이 자기제어 특성(arc length self-control characteristics) : 아크 전류가 일정할

때 아크 전압이 높아지면 용접봉의 용융 속도가 늦어지고, 아크 전압이 낮아지면 용접봉의 용융 속도가 빨라지게 하여서 일정한 아크 길이로 되돌아오게 하는 특성이다.

③ 절연회복 특성 : 교류 용접 시 용접봉과 모재가 절연되어 순간적으로 꺼졌던 아크를 보호 가스에 의하여 절연을 막고 아크가 재발생하는 특성이다.

④ 전압회복 특성 : 아크가 중단된 순간에 아크 회로의 높은 전압을 급속히 상승하여 회복시키는 특성(아크의 재발생)이다.

(7) 용적 이행(용접봉에서 모재로 용융 금속이 옮겨가는 형상)

① 단락형(short circuit type) : 용적이 용융지에 단락되면서 표면장력 작용으로 모재에 이행하는 방식이다.

② 입상형(globular transfer type) : 흡인력 작용으로 용접봉이 오므라들어, 용융 금속이 비교적 큰 용적이 단락되지 않고 모재에 이행하는 방식(핀치 효과형)이다.

③ 분무형(spray transfer type) : 피복제에서 발생되는 가스가 폭발하여 미세한 용적이 이행하는 방식이다.

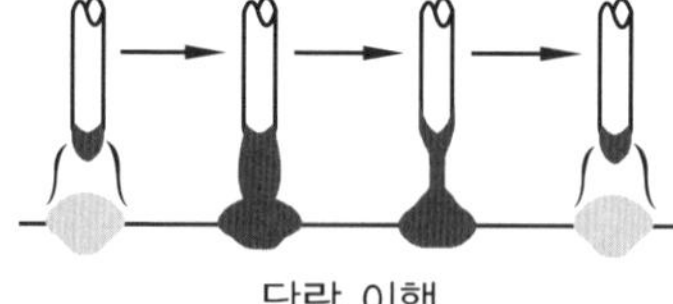

단락 이행

입상 이행

분무 이행

참고

1. 표면장력(表面張力) : 액체가 겉으로 면적을 가장 적게 보관하기 위하여 그 표면이 스스로 수축하려고 생기는 힘
2. 핀치 효과 : 플라스마 속에서 흐르는 전류와 그것으로 생기는 자기장과의 상호작용으로 플라스마 자신이 가는 줄 모양으로 수축하는 현상으로, 핀치 효과에는 전자기 핀치 효과와 열 핀치 효과의 2종류가 있다.

단원 예상문제

1. 용접 용어에 대한 정의를 설명한 것으로 틀린 것은?

① 모재 : 용접 또는 절단되는 금속
② 다공성 : 용착 금속 중 기공이 밀집한 정도
③ 용락 : 모재가 녹은 깊이
④ 용가재 : 용착부를 만들기 위하여 녹여서 첨가하는 금속

해설 용락 : 아크 발생에 의하여 운봉 속도가 느릴 때나 용접 전류가 높을 때 홈의 반대쪽으로 녹아 흘러 떨어지는 것을 말한다.

2. 용접 전류 120 A, 용접 전압이 12 V, 용접 속도가 분당 18 cm일 경우에 용접부의 입열량(J/cm)은?

① 3500 ② 4000 ③ 4800 ④ 5100

해설 용접 입열량은 공식에 의해 $H=\frac{60EI}{V}$ [J/cm]

여기서, H : 용접 입열, E : 아크 전압(V), I : 아크 전류(A), V : 용접 속도(cm/min)

$H=\frac{60\times 120\times 12}{18}=4800$

3. 직류 정극성에 대한 설명으로 올바르지 못한 것은?

① 모재를 (+)극에, 용접봉을 (−)극에 연결한다.

② 용접봉의 용융이 느리다.

③ 모재의 용입이 깊다.

④ 용접 비드의 폭이 넓다.

해설 정극성은 모재에 양극(+), 전극봉에 음극(−)을 연결하여 양극에 발열량 70~80 %, 음극에 20~30 %로 모재측에 열 발생이 많아 용입이 깊게 되고, 음극인 전극봉(용접봉)은 천천히 녹는다. 역극성은 반대로 모재가 천천히 녹고 용접봉은 빨리 용융되어 비드가 용입이 얇고 넓어진다.

4. 직류 아크 중 전압의 분포에서 아크 기둥 전압 강하(V_p), 음극 전압 강하(V_K), 양극 전압 강하(V_A)로 할 때 아크 전압 V_a는?

① $V_a = V_A + V_p + V_K$ ② $V_a = V_A - V_p + V_K$

③ $V_a = V_A - V_p - V_K$ ④ $V_a = V_A + V_p \times V_K$

정답 1. ③ 2. ③ 3. ④ 4. ①

3. 아크 용접기

(1) 용접기에 필요한 조건

① 용접기의 특성

㈎ 수하 특성(drooping characteristic)

㉠ 부하 전류가 증가하면 단자 전압이 저하하는 특성이다.

㉡ 아크 길이에 따라 아크 전압이 다소 변하여도 전류가 별로 변하지 않는다.

㉢ 피복 아크 용접, TIG 용접, 서브머지드 아크 용접 등에 응용된다.

(나) 정전류 특성(constant current characteristic)

㉠ 수하 특성 곡선 중에서 아크 길이에 따라서 전압이 변동하여도 아크 전류는 거의 변하지 않는 특성이다.

㉡ 수동 아크 용접기는 수하 특성인 동시에 정전류 특성이다.

㉢ 균일한 비드로 용접 불량, 슬래그 잠입 등 결함을 방지한다.

(다) 정전압 특성과 상승 특성(constant voltage characteristic and rising characteristic)

㉠ 정전압 특성(CP 특성) : 부하 전류가 변하여도 단자 전압이 거의 변하지 않는 특성이다.

㉡ 상승 특성 : 부하 전류가 증가할 때 전압이 다소 높아지는 특성이다.

㉢ 자동 또는 반자동 용접기는 정전압 특성이나 상승 특성을 채택한다.

(2) 용접기의 구비 조건

① 구조 및 취급 방법이 간단할 것

② 전류는 일정하게 흐르고, 조정이 용이할 것

③ 아크 발생이 용이하도록 무부하 전압을 유지(교류 70~80 V, 직류 50~60 V) 할 것

④ 아크 발생 및 유지가 용이하고, 아크가 안정할 것

⑤ 용접기는 완전 절연과 필요 이상 무부하 전압이 높지 않을 것

⑥ 사용 중에 온도 상승이 적고, 역률 및 효율이 좋을 것

⑦ 가격이 저렴할 것

(3) 직류 아크 용접기(DC arc welding machine)

① 발전기형 직류 아크 용접기 : 전동 발전형(MG형), 엔진 구동형(EG형)
전원 설비가 없는 곳이나 이동 공사에 이용한다. DC 전원이나 AC 110V, 220V 전력을 얻는다.

② 정류기형 직류 아크 용접기(rectifier type DC arc welding machine)

(가) 전원별 : 3상 정류기, 단상 정류기 등

(나) 정류기별 : 셀렌(80℃), 실리콘(150℃), 게르마늄 등

(다) 전류 조정별 : 가동 철심형, 가동 코일형, 가포화 리액터형

(라) 2차측 무부하 전압 : 40~60 V 정도

종류	특징
발전형 (모터형, 엔진형)	• 완전한 직류를 얻으나, 가격이 고가이다. • 옥외나 전원이 없는 장소에 사용한다(엔진형). • 고장이 쉽고, 소음이 크며, 보수 점검이 어렵다.
정류기형, 축전지형	• 취급이 간단하고, 가격이 싸다. • 완전한 직류를 얻지 못한다(정류기형). • 정류기 파손에 주의해야 한다(셀렌 80℃, 실리콘 150℃). • 소음이 없고, 보수 점검이 간단하다.

(4) 교류 아크 용접기

① 교류 아크 용접기의 특징

(가) 1차측 전원 : 220~380 V

(나) 2차측 전압 : 무부하 전압 70~80 V

(다) 구조 : 누설변압기

(라) 전류 조정 : 리액턴스에 의한 수하 특성, 누설 자속에 의한 전류 조정

(마) 조작 분류 : 가동 철심형, 가동 코일형, 탭 전환형, 가포화 리액터형

(바) 장점

㉠ 자기쏠림 방지 효과가 있다.

㉡ 구조가 간단하다.

㉢ 가격이 싸고, 보수가 용이하다.

② 교류 아크 용접기의 종류

(가) 가동 철심형 교류 아크 용접기(movable core type)

㉠ 원리 : 가동 철심의 이동으로 누설 자속을 가감하여 전류의 크기를 조정한다.

㉡ 장점 : 연속 전류를 세부적으로 조정이 가능하다.

㉢ 단점 : 누설 자속 경로로 아크가 불안정하고, 가동부 마멸로 가동 철심이 진동한다.

(나) 가동 코일형 교류 아크 용접기(movable coil type)

㉠ 원리 : 2차 코일을 고정시키고, 1차 코일을 이동시켜 코일 간의 거리를 조정함으로써 누설 자속에 의해서 전류를 세밀하게 연속적으로 조정하는 형식이다.

㉡ 특징 : 안정된 아크를 얻는다. 가동부의 진동 잡음이 생기지 않는다.

㉢ 전류 조정 : 양 코일을 접근하면 전류가 높아지고, 멀어지면 작아진다.

(다) 탭 전환형 교류 아크 용접기(tapped secondary coil control type)

㉠ 가장 간단한 것으로 소형 용접기에 쓰인다.

㉡ 전류 조정 : 탭의 전환으로 단계적으로 조정한다.

㉢ 탭 전환부의 마모 손실에 의한 접촉 불량이 나기 쉽다.

㈑ 가포화 리액터형 교류 아크 용접기(saturable reactor)

㉠ 원리 : 변압기와 직류 여자 코일을 가포화 리액터 철심에 감아 놓은 것이다.

㉡ 장점

ⓐ 전류 조정은 전기적으로 마멸 부분이 없으며 조작이 간단하다.

ⓑ 소음이 없으며, 원격 조정과 핫 스타트(hot start) 장치가 용이하다.

종류	특징
가동 철심형	• 가동 철심 이동으로 누설 자속을 가감하여 전류를 조정함 • 미세한 전류 조정이 가능하나, 아크가 불안정함
가동 코일형	• 1차 코일 이동으로 누설 자속을 변화시켜 전류를 조정함 • 아크 안정도가 높고, 소음이 없으며 가격이 비쌈
탭 전환형	• 코일의 감긴 수에 따라 전류를 조정함 • 탭 전환부의 소손이 심하고, 넓은 전류 조정이 어려움
가포화 리액터형	• 가변 저항의 변화로 용접 전류를 조정함 • 전기적 전류 조정으로 소음이 없고 수명이 김 • 조작이 간단하고, 원격 제어가 가능함

③ 용접기의 사용률

㈎ 사용률(duct cycle) : 용접기의 사용률을 규정하는 것은 용접기를 높은 전류로 무제한 계속 작업 시 용접기 내부의 온도가 상승되어 소손되는 것을 방지하기 위한 것이다.

㉠ 정격사용률 : 정격 2차 전류(예 AW300, 정격사용률 : 40 %)를 사용하는 경우의 사용률

$$\text{사용률}(\%) = \frac{\text{아크 발생시간}}{\text{아크 발생시간} + \text{휴식 시간}} \times 100\,\%(\text{전체 시간 : 10분})$$

㉡ 허용사용률 : 실제 용접작업 시 정격 2차 전류 이하의 전류를 사용하여 용접하는 경우에 허용되는 사용률

$$\text{허용사용률}(\%) = \frac{(\text{정격 2차 전류})^2}{(\text{실제 용접 전류})^2} \times \text{정격사용률}(\%)$$

㉢ 역률(power factor) : 전원 입력에 대하여 소비 전력과의 비율

$$\text{역률}(\%) = \frac{\text{소비 전력(kW)}}{\text{전원 입력(kVA)}} \times 100$$

$$= \frac{(\text{아크 전압} \times \text{아크 전류}) + \text{내부 손실}}{(\text{2차 무부하 전압} \times \text{아크 전류})} \times 100\,\%$$

㉣ 효율(efficiency) : 소비 전력에 대하여 아크 출력과의 비율

$$효율 = \frac{아크\ 출력(kW)}{소비\ 전력(kW)} = \frac{(아크\ 전압 \times 아크\ 전류)}{(아크\ 출력 + 내부\ 손실)} \times 100\ \%$$

참고 역률 및 효율 계산할 때 도움

1. 전원 입력(2차 무부하 전압×아크 전류)
2. 아크 입력(아크 전압×아크 전류)
3. 2차측 내부 손실(kW : 1000 W)
4. 역률이 높을수록 용접기는 나쁨

단원 예상문제

1. 용접기의 특성에 있어 수하 특성의 역할로 가장 적합한 것은?

① 열량의 증가 ② 아크의 안정
③ 아크 전압의 상승 ④ 저항의 감소

해설 수하 특성(drooping characteristic)
㉮ 부하 전류가 증가하면 단자 전압이 저하하는 특성
㉯ 아크 길이에 따라 아크 전압이 다소 변하여도 전류가 별로 변하지 않음
㉰ 피복 아크 용접, TIG 용접, 서브머지드 아크 용접 등에 응용

2. 다음 중 교류 아크 용접기의 종류별 특성으로 가변 저항의 변화를 이용하여 용접 전류를 조정하는 형식은?

① 탭 전환형 ② 가동 철심형
③ 가동 코일형 ④ 가포화 리액터형

해설 가포화 리액터형은 전기적 전류 조정으로 소음이 없고 기계 수명이 길다.

3. 2차 무부하 전압이 80 V, 아크 전류가 200 A, 아크 전압 30 V, 내부 손실 3 kW일 때 역률(%)은?

① 48.00 % ② 56.25 % ③ 60.00 % ④ 66.67 %

해설 $$역률 = \frac{소비\ 전력}{전원\ 입력} \times 100 = \frac{(아크\ 전압 \times 아크\ 전류) + 내부손실}{(2차\ 무부하\ 전압 \times 아크\ 전류)} \times 100$$

$$= \frac{30\,V \times 200\,A + 3kW(3000\,VA)}{80\,V \times 200\,A} \times 100\ \% = 56.25\ \%$$

정답 1. ② 2. ④ 3. ②

(5) 아크 용접기의 부속 장치

① 전격 방지기 : 용접기의 무부하 전압을 25~30 V 이하로 유지하고, 아크 발생 시에는 언제나 통상 전압(무부하 전압 또는 부하 전압)이 되며, 아크가 소멸된 후에는 자동적으로 전압을 저하시켜 감전을 방지하는 장치

② 원격 제어 장치(remote control equipment) : 용접작업 위치가 멀리 떨어져 있는 용접 전류를 조절하는 장치

㈎ 종류

㉠ 유선식 : 전동기 조작형(모터 방식), 가포화 리액터형(조정기 방식)

㉡ 무선식 : 제어용 전선을 사용하지 않고, 용접용 케이블 자체를 제어용 케이블로 병용하는 것

③ 아크 부스터(arc booster) : 핫 스타트(hot start) 장치라고도 하며 아크 발생 시에만(약 1/4~1/5초) 용접 전류를 크게 하여 용접 시작점에 기공이나 용입 불량의 결함을 방지하는 장치, 이외에도 고주파 발생 장치가 있다.

④ 고주파 발생 장치 : 아크를 쉽게 발생하기 위하여 용접 전류에 고전압(약 3,000 V), 고주파수(300~1,000 Kc : 약전류), 저출력의 전류를 이용하는 주파수

㈎ 장점

㉠ 전극을 모재에 접촉하지 않아도 손쉽게 아크가 발생되고, 이로 인하여 전극의 수명이 길어진다.

㉡ 아크가 안정되므로 아크가 길어져도 끊어지지 않는다.

㉢ 일정한 지름의 전극에 대하여 광범위한 전류를 사용할 수 있다.

㈏ 작용 : 용접부에 고주파 전류(보통 전압 3,000 V, 주파수 300~1,000 Kc 정도)가 모재와 전극 사이에 흘러 모재 표면의 산화물을 부수고 용접 전류의 회로를 형성하는 것이다.

(6) 용접기의 설치 시 피해야 할 장소

① 먼지가 매우 많은 곳

② 수증기 또는 습도가 높은 곳

③ 옥외의 비바람이 치는 곳

④ 진동 및 충격을 받는 곳

⑤ 휘발성 기름이나 가스가 있는 곳

⑥ 유해한 부식성 가스가 존재하는 곳

⑦ 폭발성 가스가 존재하는 곳

⑧ 주위 온도가 -10℃ 이하인 곳

(7) 피복 아크 용접용 기구

① 케이블(cable)

㈎ 용접기에 사용되는 전선(케이블)은 1차측과 2차측으로 나누어 사용되며 전선은 캡 타이어선을 이용한다.

㈏ 유연성이 많도록 지름이 0.2~0.5 mm의 가는 구리선을 수백 내지 수천 선을 꼬아서 튼튼한 종이로 감고 그 위에 고무를 피복한 것이다.

구분	모양	용접기 용량(A)		
		200	300	400
1차 케이블 지름(mm)(리드용 케이블)		5.5	8	14
2차 케이블 단면적(mm^2)(홀더용 케이블)		38	50	60

② 용접용 홀더

(가) 구비 조건

㉠ 지름이 다른 용접봉을 쉽게 착탈할 것

㉡ 가볍고 완전 절연되고, 튼튼할 것

㉢ 접촉 저항이 적고, 과열되지 않을 것

(나) 형별

㉠ A형(안전 홀더) : 전체가 완전 절연된 것으로 무거움

㉡ B형 : 손잡이 부분만 절연된 것

③ 케이블 커넥터 및 러그

(가) 케이블 커넥터 : 케이블을 길게 연결할 때 사용하는 것

(나) 케이블 러그 : 케이블 커넥터 중 케이블과 용접기 단자를 연결하는 것

④ 접지 클램프 및 퓨즈

(가) 접지 클램프

㉠ 용접기의 2차측 케이블과 모재를 연결하는 것

㉡ 접지 케이블을 손쉽게 용접물에 연결 혹은 분리할 수 있는 클램프

(나) 퓨즈

㉠ 안전 스위치에 설치한다.

㉡ 퓨즈의 용량 결정식 : 2차 전류의 40%이다.

$$\text{퓨즈의 용량(A)} = \frac{\text{1차 입력(kVA)}}{\text{전원 전압(V)}}$$

⑤ 용접 헬멧 및 핸드 실드

⑥ 차광 유리 및 보호 유리

(가) 차광 유리(filter lens)

㉠ 해로운 광선으로부터 눈을 보호하기 위하여 착색된 유리

㉡ 필터 렌즈의 차광도(전류 세기에 따라 다름)

용접 전류(A)	차광도	용접 전류(A)	차광도
30 이하	6	30~45	7
45~75	8	75~100	9
100~200	10	150~250	11
200~300	12	300~400	13
400 이상	14	–	–

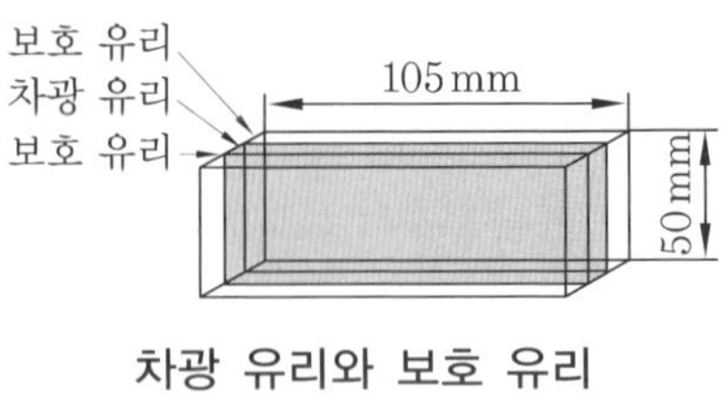

차광 유리와 보호 유리

(나) 보호 유리 : 차광 유리(filter lens)를 보호하기 위하여 앞, 뒤로 끼우는 투명 유리

⑦ 기타 보호구 및 용접 공구 : 차광막, 환기장치, 용접 장갑, 앞치마, 팔덮개, 슬래그 해머, 와이어 브러시, 용접 집게, 용접 게이지 등

단원 예상문제

1. 200 V용 아크 용접기의 1차 입력이 30 kVA일 때 퓨즈의 용량은 몇 A가 가장 적당한가?

① 60 A ② 100 A ③ 150 A ④ 200 A

해설 $\text{퓨즈 용량} = \frac{\text{용접기 입력(1차 입력)}}{\text{전원 입력}} = \frac{30000\,\text{A}}{200\,\text{V}} = 150\,\text{A}$

2. 교류 아크 용접기 용량 AW300을 설치하여 작업하려 할 때 용접기에서 작업장의 길이가 최대 40 m 이내일 때 적당한 2차측 용접용 케이블은 어떠한 것을 사용해야 하는가?

① 39 mm^2 ② 50 mm^2 ③ 75 mm^2 ④ 80 mm^2

3. 필터 유리(차광 유리) 앞에 일반 유리(보호 유리)를 끼우는 주된 이유는?

① 가시광선을 적게 받기 위하여 ② 시력의 장애를 감소시키기 위하여
③ 용접가스를 방지하기 위하여 ④ 필터 유리를 보호하기 위하여

해설 차광 유리를 보호하기 위해 앞, 뒤로 끼우는 유리를 보호 유리라 한다.

4. KS C 9607에 규정된 용접봉 홀더 종류 중 손잡이 및 전체 부분을 절연하여 안전 홀더라고 하는 것은 어떤 형인가?

① A형 ② B형 ③ C형 ④ S형

해설 용접봉 홀더의 종류
① A형(안전 홀더) : 전체가 완전 절연된 것으로 무거움
② B형 : 손잡이만 절연된 것

5. 교류 아크 용접기의 아크 안정을 확보하기 위하여 상용 주파수의 아크 전류 외에 고전압의 고주파 전류를 중첩시키는 부속장치는?

① 전격 방지 장치 ② 원격 제어 장치
③ 고주파 발생 장치 ④ 저주파 발생 장치

해설 고주파 발생 장치 : 아크의 안전을 확보하기 위하여 상용 주파수의 아크 전류 외에 고전압 3000~4000 V를 발생하여, 용접 전류를 중첩시키는 방식이다.

6. 교류 아크 용접기의 원격 제어 장치에 대한 설명으로 맞는 것은?

① 전류를 조절한다.
② 2차 무부하 전압을 조절한다.
③ 전압을 조절한다.
④ 전압과 전류를 조절한다.

해설 원격 제어 장치 : 용접작업 위치가 멀리 떨어져 있는 용접 전류를 조절하는 장치

정답 1. ③ 2. ② 3. ④ 4. ① 5. ③ 6. ①

4. 피복 아크 용접봉

(1) 개요

① 용접봉

(가) 용접해야 할 모재 사이의 틈(gap)을 채우기 위한 것

(나) 용가재(filler metal) 또는 전극봉(electrode)이라 함

(다) 맨 용접봉 : 자동, 반자동에 사용

② 피복 아크 용접봉 : 수동 용접에 사용

(가) 심선 노출부 25 mm, 심선 끝 3 mm 이하 노출

(나) 심선 지름 : 1~10 mm

(다) 길이 : 350~900 mm

③ 용접부의 보호에 따른 방식

(가) 가스 발생식(gas shield type)

(나) 슬래그 생성식(slag shield type)

(다) 반가스 발생식(semi gas shield type)

④ 용적 이행에 따른 방식

(가) 스프레이형(분무형 : spray type)

(나) 글로뷸러형(입상형 : globular type)

(다) 단락형(short circuit type)

⑤ 재질에 따른 종류 : 연강 용접봉, 저합금강(고장력강) 용접봉, 동합금 용접봉, 스테인리스강 용접봉, 주철 용접봉 등

⑥ 심선 제작 : 강괴를 전기로, 평로에 의하여 열간 압연 및 냉간인발로 제작한다.

⑦ 성분 : 용착 금속의 균열을 방지하기 위한 저탄소, 유황, 인, 구리 등의 불순물과 규소량을 적게 함유한 저탄소 림드강을 사용한다.

⑧ 피복제의 작용

(가) 용융 금속의 산화, 질화 방지로 용융 금속 보호

(나) 아크의 안정화

(다) 슬래그 생성으로 인한 용착 금속 급랭 방지 및 전자세 용접 용이

(라) 용착 금속의 탈산(정련) 작용

(마) 합금 원소의 첨가 및 용융 속도와 용입을 알맞게 조절함

(바) 용적(globular)을 미세화하고 용착 효율을 높임

(사) 파형이 고운 비드 형성

(아) 모재 표면의 산화물 제거 및 완전한 용접

(자) 용착 금속의 유동성 증가

(차) 스패터 소실 방지 및 피복제의 전기 절연 작용

⑨ 용접봉의 아크 분위기

(가) 피복제의 유기물, 탄산염, 습기 등이 아크열에 의하여 많은 가스를 발생한다.

(나) CO, CO_2, H_2, H_2O 등의 가스가 용융 금속과 아크를 대기로부터 보호한다.

(다) 저수소계 용접봉 : H_2가 극히 적고, CO_2가 상당히 많이 포함된다.

(라) 저수소계 외 용접봉 : CO와 H_2가 대부분 차지하고, CO_2와 H_2O가 약간 포함된다.

(마) 아크 분위기 생성

⑩ 피복 배합제의 종류

(가) 아크 안정제

㉠ 피복제의 안정제 성분이 아크열에 의하여 이온화가 되어 아크가 안정되고 부드럽게 되며, 재점호 전압도 낮게 하여 아크가 잘 꺼지지 않게 한다.

㉡ 안정제로는 규산칼륨(K_2SiO), 규산나트륨(Na_3SiO_3), 이산화티탄(TiO_2), 석회석($CaCO_3$) 등이 있다.

(나) 탈산제

㉠ 용융 금속의 산소와 결합하여 산소를 제거한다.

㉡ 탈산제로는 망간철, 규소철, 티탄철, 금속망간, Al분말 등이 있다.

(다) 가스 발생제

㉠ 유기물, 탄산염, 습기 등이 아크열에 의하여 분해되어 발생된 가스가 아크 분위기를 대기로부터 차단한다.

㉡ 유기물에는 셀룰로오스(섬유소), 전분(녹말), 펄프, 톱밥 등이 있다.

㉢ 탄산염에는 석회석, 마그네사이트, 탄산바륨($BaCO_3$) 등이 있다.

㉣ 발생 가스 : CO, CO_2, H_2, 수증기 등

㈑ 합금제

㉠ 용착 금속의 화학적 성분으로 임의의 원하는 성질을 얻기 위한 것이다.

㉡ 합금제로는 Mn, Si, Ni, Mo, Cr, Cu 등이 있다.

㈒ 슬래그 생성제

㉠ 슬래그를 생성하여 용융 금속 및 금속 표면을 덮어서 산화나 질화를 방지하고 냉각을 천천히 한다.

㉡ 그 외 영향 : 탈산작용, 용융 금속의 금속학적 반응, 용접작업 용이 등

㉢ 슬래그 생성제로는 산화철, 이산화티탄, 일미나이트, 규사, 이산화망간, 석회석, 규사, 장석, 형석 등이 있다.

㈓ 고착제

㉠ 심선에 피복제를 고착시키는 역할을 한다.

㉡ 고착제로는 물유리(규산나트륨 : $NaSi_2$), 규산칼륨(K_2SiO_3) 등이 있다.

참고 피복제의 종류

A(산 : 산화물), AR(산-루틸), B(염기), C(셀룰로이드), O(산화), R(루틸 : 중간 피복), RR(루틸 : 두꺼운 피복), S(기타 종류)로 표시한다.

⑪ 연강용 피복 아크 용접봉의 규격

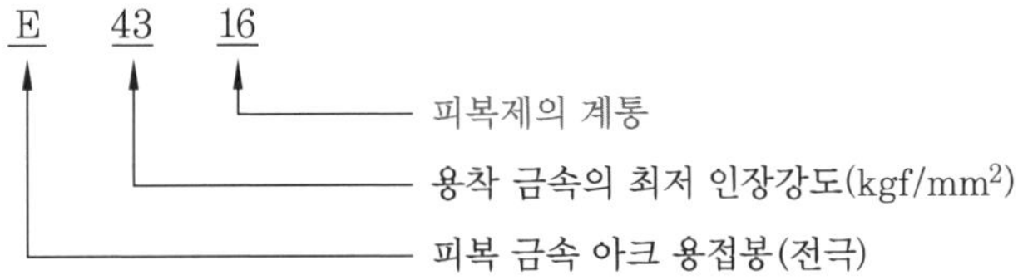

(2) 연강용 피복 금속 아크 용접봉의 종류 및 특성

① 일미나이트계(ilmenite type : E 4301)

㈎ 주성분 : 일미나이트($TiO_2 \cdot FeO$) 30 % 이상

㈏ 슬래그 보호식 및 전 자세 용접봉으로 우리나라, 일본에서 많이 생산한다.

㈐ 슬래그의 유동성이 좋다.

㈑ 용입 및 기계적 성질도 양호하다.

(마) 내부 결함이 적고 X선 시험 성적도 양호하다.

(바) 용도 : 일반 공사, 각종 압력용기, 조선, 건축 등

② 라임티타니아계(lime titania type : E 4303)

(가) 주성분 : 산화티탄(TiO_2) 약 30 % 이상과 석회석

(나) 슬래그 보호식 및 전 자세 용접봉으로 피복이 두껍다.

(다) 슬래그는 유동성 및 박리성이 좋다.

(라) 언더컷이 잘 생기지 않고, 작업성이 양호하다.

(마) 비드 표면이 평면적이고, 겉모양이 곱다.

(바) 용입이 얕아 박판에 적합하며, 기계적 성질도 양호하다.

③ 고셀룰로오스계(high cellulose type : E 4311)

(가) 주성분 : 셀룰로오스를 약 30 % 이상 함유한 가스 보호식

(나) 셀룰로오스가 연소하여 다량의 환원 가스(CO_2, H_2)를 발생한다.

(다) 피복제의 두께가 얇아 슬래그의 양이 적어서 수직 하진이나 위보기 자세, 파이프 라인, 철골 등 좁은 틈의 용접에 좋다.

(라) 용융 금속의 이행은 중간 또는 큰 입상의 스프레이형

(마) 용입이 깊으며, 스패터가 많고, 비드 파형이 거칠다.

(바) 다른 용접봉보다 약간 낮은 전류를 사용한다.

④ 고산화티탄계(high titanium oxide type : E 4313)

(가) 주성분 : 산화티탄을 30 % 이상 포함한 루틸(rutile)계

(나) 아크는 안정되고, 스패터가 적으며, 슬래그 박리성도 좋고, 비드 겉모양이 곱고 언더컷이 발생하지 않는다.

(다) 전 자세와 수직 하진 자세 및 접촉 용접이 가능하다.

(라) 작업성이 좋고, 용입이 얇아 박판에 좋으나 고온에서 균열이 일어나는 결점으로 기계적 성질이 약간 좋지 못하며, 주요 부분에는 용접하지 않는다.

⑤ 저수소계(low hydrogen type : E 4316)

(가) 아크 분위기 중의 수소량을 감소시킬 목적으로 피복제의 유기물을 적게 하고, 대신 탄산칼슘 등의 염기성 탄산염에 형석(CaF_2, 불화칼슘), 페로실리콘 등을 배합한다.

(나) 탄산염이 분해하여 이산화탄소 분위기를 형성하고, 용착 금속 중에 용해되는 수소의 함유량은 다른 용접봉에 비해 적으며(약 1/10), 강력한 탈산작용으로 용착 금속의 인성 등 기계적 성질도 좋다.

(다) 피복제는 다른 계통에 비해 두껍다(건조 : 300~350℃로 1~2시간 정도 건조시켜 사용함).

㈑ 저수소계 피복 아크 용접봉의 장점

㉠ 균열에 대한 감수성이 좋아서 두꺼운 판 용접에 사용된다.

㉡ 구속도(력)가 큰 구조물 용접에 적합하다.

㉢ 고장력강이나 탄소 및 유황을 많이 함유한 강 용접에 사용된다.

㈒ 저수소계 피복 아크 용접봉의 단점

㉠ 아크가 불안정하고 아크가 끊어지기 쉬우므로 아크 길이를 짧게 해야 한다(직선 비드가 결함이 적다).

㉡ 비드 파형이 거칠고 볼록하며, 시·종점에 기공이 생기기 쉽다.

㉢ 다른 종류보다 습기의 영향을 많이 받는다(흡습).

⑥ 철분 산화티탄계(iron powder titania type : E 4324)

㈎ E 4313의 우수한 작업성과 철분을 첨가한 고능률을 겸한 용접봉이다.

㈏ 성질 : 아크가 부드럽고 스패터가 적으며 용입이 얕아 접촉 용접이 가능하다.

㈐ 자세 : 아래보기(F) 및 수평 필릿(H-fillet)

⑦ 철분 저수소계(iron powder iron low hydrogen type : E 4326)

㈎ E 4316+철분 = 고능률봉으로 F 및 H-fillet의 자세에 사용한다.

⑧ 철분 산화철계(iron powder iron oxide type : E 4327)

㈎ 주성분이 산화철+철분으로 F 및 H-fillet의 자세에 사용한다.

㈏ 아크는 스프레이형, 스패터는 적으며 용입도 E 4324보다 좁고 깊다.

㈐ 기계적 성질이 좋고, 슬래그는 무겁고 비드 표면을 완전히 덮는다.

㈑ 박리성이 좋고 비드 표면이 곱다.

⑨ 특수계(E 4340) : 사용 특성이나 용접 결과가 특수한 것으로 철분 첨가에 의한 용착 속도가 향상된다.

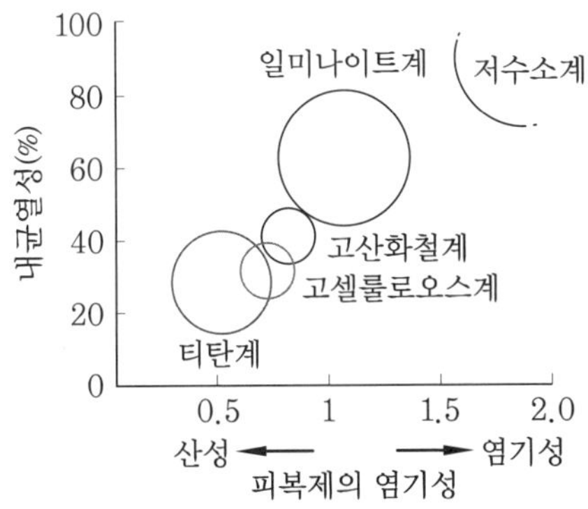

용접봉의 내균열성 비교

(3) 고장력강용 피복 아크 용접봉

① 연강의 강도를 높이기 위하여 연강에 적당한 합금원소(Si, Mn, Ni, Cr)를 약간 첨가한 저합금강이다.

② 강도, 경량, 내식성, 내충격성, 내마멸성을 요구하는 구조물에 적합하다.

③ 용도 : 선박, 교량, 차량, 항공기, 보일러, 원자로, 화학기계 등

④ 용접봉의 규격 : KS D 7006에 인장강도 50 kgf/mm^2(490 N/mm^2), 53 kgf/mm^2, 58 kgf/mm^2으로 규정한다.

⑤ 고장력강의 사용 이점

㈎ 판의 두께를 얇게 할 수 있고, 소요 강재의 중량을 상당히 경감시킨다.

㈏ 재료의 취급이 간단하고 가공이 용이하다.

㈐ 구조물의 하중을 경감시킬 수 있어 그 기초 공사가 간단해진다.

(4) 표면경화용 피복 아크 용접봉

① 표면경화를 할 때 균열 방지가 큰 문제이다.

② 용접에 따른 균열 방지책

㈎ 예열, 층간 온도의 상승, 후열 처리 등이 필요하다.

㈏ 용착 금속의 탄소량, 합금 양의 증가로 인한 균열에 대한 대책이 필요하다.

③ 균열 방지책의 예열 및 후열의 온도 결정

㈎ 탄소당량(C_{eq}) $= \mathrm{C} + \frac{1}{6}\mathrm{Mn} + \frac{1}{24}\mathrm{Si} + \frac{1}{40}\mathrm{Ni} + \frac{1}{5}\mathrm{Cr} + \frac{1}{4}\mathrm{Mo} + \frac{1}{14}\mathrm{V}[\%]$

㈏ 이론적 최고경도($H_{\max}$) $= 1200 \times C_{eq} - 200$(필릿 용접)

($H_{\max}$) $= 1200 \times C_{eq} - 250$(맞대기 용접)

④ 내마모 덧붙임 용접봉의 용도

㈎ 덧붙임용(육성용) : 모재와 같은 성분인 용접봉

㈏ 밑깔기용(하성용) : 용착 금속을 많이 덧붙일 필요가 있을 때

⑤ 시공상 주의사항

㈎ 용접 전에 경화층을 따내고 표면을 깨끗이 청소한 뒤에 충분히 건조된 용접봉을 사용할 것

㈏ 중·고탄소강 덧붙임 : 반드시 예열 및 후열

㈐ 고합금강 덧붙임 : 운봉 폭을 너무 넓게 하지 말 것

㈑ 고속도강 덧붙임 : 급랭을 피하고 서랭하여 균열을 방지할 것

(5) 스테인리스강 용접봉

① 라임계 스테인리스강 용접봉

(가) 주성분 : 형석(CaF_2), 석회석($CaCO_3$) 등

(나) 아크가 불안정하고, 스패터가 많으며, 슬래그는 거의 덮지 않는다.

(다) 아래보기, 수평 필릿은 비드 외관이 나쁘고, 수직, 위보기는 작업이 쉽다.

(라) X-선 성능이 양호하며, 고압용기나 대형 구조물에 사용한다.

② 티탄계 스테인리스강 용접봉

(가) 주성분 : 산화티탄(TiO_2)

(나) 아크가 안정되고 스패터는 적으며, 슬래그는 표면을 덮는다.

(다) 아래보기, 수평 필릿은 외관이 아름답고, 수직, 위보기는 작업이 어렵다.

(라) 용접 : 직류 역극성 사용

(6) 주철용 용접봉

① 연강 용접봉 : 저탄소

② 주철 용접봉 : 열간용접

③ 비철 합금용

(가) Fe-Ni봉 : 균열 발생이 적다.

(나) Ni과 Cu의 모넬메탈 : 값이 싸나, 다층 용접 시 균열 발생 우려

(다) 순Ni봉 : 저전류 저온

④ 용접 : 주물의 결함 보수나 파손된 주물을 수리하는 데 이용하며, 주철은 매우 여리므로 용접이 대단히 곤란하다.

(7) 동 및 동합금 피복 아크 용접봉

① 순동(DCu) : 합금원소 최대 4% 함유, 첨가에 따라 용접성이 향상된다.

② 규소 청동(DCuSi) : 규소 청동, 순동, 기타 동합금의 용접에 우수하다.

③ 인청동(DCuSn) : 용접 그대로는 취화, 피닝 처리하면 향상되며, 규소 청동에 비하여 작업성이 떨어진다.

④ 알루미늄 청동(DCuAl) : 용접 작업성, 기계적 성질이 우수하나 순동, 황동 용접은 곤란하다.

⑤ 특수 알루미늄 청동(DCuAlNi) : 알루미늄 청동과 같은 성능, 균열 방지에 유의한다.

⑥ 백동(DCuNi) : 용접 작업성이 양호하고, 해수에 대한 내식성이 좋다.

(8) 피복 아크 용접봉의 선택과 관리(피복 아크 용접 취급 시 유의사항)

① 저장(보관)

㈎ 건조된 장소에 보관 : 용접봉이 습기를 흡습하면 용착 금속은 기공이나 균열이 발생하기 때문이다.

㈏ 2~3일분은 미리 건조하여 사용한다.

㈐ 건조 온도 및 시간

㉠ 일반봉 : 70~100℃, 30분~1시간

㉡ 저수소계 : 300~350℃, 1~2시간

② 취급

㈎ 과대 전류를 사용하지 말고, 작업 중에 이동식 건조로에 넣고 사용한다.

㈏ 편심률(%) $= \dfrac{D' - D}{D} \times 100\,\%$(편심률은 3 % 이내)

여기서, D' : 피복제의 지름, D : 심선의 지름

(9) 균열 이외 각종 용접 결함

결함	원인	방지책
기공 (블로 홀)	봉에 습기가 있을 때 용착부가 급랭 아크 길이, 전류의 부적당 모재 속에 S이 많을 때	봉과 모재 건조 예열 및 후열 전류 조정과 길이 짧게 저수소계 용접봉 사용
슬래그 섞임	슬래그 제거 불완전 운봉 속도는 빠르고 전류가 낮을 때	슬래그 제거 철저히 운봉 속도와 전류 조정
용입 불량	전류가 낮을 때 홈 각도와 루트 간격이 좁을 때 용접 속도가 빠르거나 느릴 때	전류를 적당히 높임 각도와 루트 간격 넓게 속도를 적당히 조절
언더컷	용접 전류가 높을 때 아크 길이가 너무 길 때 운봉이 잘못되었을 때 부적당한 용접봉 사용 시	전류를 약하게 운봉에 주의 적합한 용접봉 사용
균열	용접부에 수소가 많을 때 과대 전류, 과대 속도 C, P, S 많을 때 모재의 이방성 이음의 급랭 수축 용접부에 기공이 많을 때	저수소계 용접봉 사용 재질에 주의 예열, 후열 충분히 기공 방지에 주의

오버랩	전류가 낮을 때 운봉이 잘못되었을 때 속도가 늦을 때	전류를 높임 운봉에 주의 속도를 알맞게
선상조직 은점	냉각 속도가 빠를 때 모재에 C, S 많을 때 H_2가 많을 때 용접 속도가 빠를 때	예열과 후열 재질에 주의 저수소계 용접봉 사용 용접 속도를 느리게
스패터	전류가 높을 때 건조되지 않은 용접봉 아크 길이가 너무 길 때 아크 블로 홀이 클 때	전류를 낮춘다. 용접봉을 건조한다. 아크 길이를 알맞게 아크 블로 홀을 방지

단원 예상문제

1. 피복 용접봉으로 작업 시 용융된 금속이 피복제의 연소에서 발생된 가스가 폭발되어 뿜어낸 미세한 용적이 모재로 이행되는 형식은?

① 단락형 ② 글로뷸러형
③ 스프레이형 ④ 핀치 효과형

해설 단면이 둥근 도체에 전류가 흐르면 전류 소자 사이에 흡인력이 작용하여 용접봉의 지름이 가늘게 오므라드는 경향이 생긴다. 따라서 용접봉 끝의 용융금속이 작은 용적이 되어 봉 끝에서 떨어져 나가는 것을 핀치 효과형(pinch effect type)이라 하고, 이 작용은 전류의 제곱에 비례한다.

2. 다음 중 피복 아크 용접봉에서 피복제의 역할이 아닌 것은?

① 아크의 안정
② 용착 금속에 산소 공급
③ 용착 금속의 급랭 방지
④ 용착 금속의 탈산 정련 작용

해설 피복제의 역할

㉮ 아크를 안정시킨다.
㉯ 중성 또는 환원성 분위기로 대기 중으로부터 산화, 질화 등의 해를 방지하여 용착 금속을 보호한다.
㉰ 용융 금속의 용접을 미세화하여 용착 효율을 높인다.
㉱ 용착 금속의 급랭을 방지하고 탈산정련 작용을 하며, 용융점이 낮은 적당한 점성의 가벼운 슬래그를 만든다.
㉲ 슬래그를 제거하기 쉽고 파형이 고운 비드를 만들며 모재 표면의 산화물을 제거하고 양호한 용접부를 만든다.
㉳ 스패터의 발생을 적게 하고 용착 금속에 필요한 합금원소를 첨가시키며 전기 절연 작용을 한다.

3. 석회석($CaCO_2$) 등이 염기성 탄산염을 주성분으로 하고 용착 금속 중에 수소 함유량이 다른 종류의 피복 아크 용접봉에 비교하여 약 1/10 정도로 현저하게 적은 용접봉은 어느 것인가?

① E 4303
② E 4311
③ E 4316
④ E 4324

4. 피복 아크 용접봉의 편심도는 몇 % 이내이어야 용접 결과를 좋게 할 수 있겠는가?

① 3 %
② 5 %
③ 10 %
④ 13 %

해설 피복 아크 용접봉의 편심률은 3 % 이내이어야 한다.

5. 아크 용접부에 기공이 발생하는 원인과 가장 관련이 없는 것은?

① 이음 강도 설계가 부적당할 때
② 용착부가 급랭될 때
③ 용접봉에 습기가 많을 때
④ 아크 길이, 전류값 등이 부적당할 때

해설 (②, ③, ④ 외에) ㉮ 용접 분위기 가운데 수소 또는 일산화탄소의 과잉, ㉯ 과대 전류의 사용, 용접 속도가 빠를 때, ㉰ 강재에 부착되어 있는 기름, 페인트, 녹 등이 있을 때이다.

6. 피복 아크 용접에서 용접봉의 용융 속도와 관련이 가장 큰 것은?

① 아크 전압
② 용접봉 지름
③ 용접기의 종류
④ 용접봉 쪽 전압 강하

해설 용접봉의 용융 속도는 단위 시간당 소비되는 용접봉의 길이 또는 무게로 표시된다.
공식 : 용융 속도=아크 전류×용접봉 쪽 전압 강하

정답 1. ③ 2. ② 3. ③ 4. ① 5. ① 6. ④

제 2 장 가스 용접 및 절단 가공

1. 가스 용접의 원리

(1) 가스 용접의 개요

가스 용접(gas welding)은 다른 용접 방법에 비해 저온으로 완만하게 용접하는 방법으로 가연성 가스와 조연성 가스로 산소 혼합물의 연소열을 이용하여 용접하는 방법으로 산소-아세틸렌 용접, 산소-수소 용접, 산소-프로판 용접, 공기-아세틸렌 용접 등이 있으며 가장 많이 사용되는 것이 산소-아세틸렌 용접으로 간단히 가스 용접이라고 하며 용접의 한 종류이다.

(2) 가스 용접의 장단점

장점	단점
① 응용 범위가 넓고 전원 설비가 필요 없다. ② 가열과 불꽃 조정이 자유롭다. ③ 운반이 편리하고 설비비가 싸다. ④ 아크 용접에 비해 유해광선의 발생이 적다. ⑤ 박판 용접에 적당하다.	① 열집중성이 나빠 효율적인 용접이 어렵다. ② 불꽃의 온도와 열효율이 낮다. ③ 폭발의 위험성이 크며 금속이 탄화 및 산화의 가능성이 많다. ④ 아크 용접에 비해 일반적으로 신뢰성이 적다.

(3) 가스 용접에 사용되는 가스가 갖추어야 할 성질

① 불꽃의 온도가 금속의 용융점 이상으로 높을 것(순철은 1540℃, 일반철강은 1230~1500℃)

② 연소 속도가 빠를 것(표준 불꽃이 아세틸렌 1 : 산소 2.5(1.5는 공기 중 산소) 프로판 1 : 산소 4.5 정도 필요하다.)

③ 발열량이 클 것

④ 용융 금속에 산화 및 탄화 등의 화학반응을 일으키지 않을 것

단원 예상문제

1. 가스 용접 및 가스 절단에 사용되는 가연성 가스의 요구되는 성질 중 틀린 것은?

① 불꽃의 온도가 높을 것
② 발열량이 클 것
③ 연소 속도가 느릴 것
④ 용융 금속과 화학반응을 일으키지 않을 것

해설 가연성 가스는 불꽃의 온도가 높고, 발열량이 크고 연소 속도가 빠르며, 용융 금속과 화학반응을 일으키지 않아야 한다.

정답 1. ③

2. 가스 및 불꽃

(1) 수소 가스

① 비중(0.695)이 작아 확산 속도가 크고 누설이 쉽다.
② 백심(inner cone)이 있는 뚜렷한 불꽃을 얻을 수 없고 무광의 불꽃으로 불꽃 조절이 육안으로 어렵다.
③ 수중 절단 및 납(Pb)의 용접에만 사용되고 있다.

(2) LP 가스(liquefied petroleum gas : 액화석유가스)

① 주로 프로판(propane, C_3H_8)으로서 부탄(butane, C_4H_{10}), 에탄(ethane, C_2H_6), 펜탄으로 구성된 혼합 기체이다.
② 공기보다 무겁고(비중 1.5) 연소 시 필요 산소량은 1 : 4.5(부탄은 5배)이다.
③ 액체에서 기체가스가 되면 체적은 250배로 팽창된다.

(3) 산소(Oxygen, O_2)

① 무색, 무미, 무취의 기체로 비중 1.105, 융점 −219℃, 비점 −182℃로서 공기보다 약간 무겁다.
② 다른 물질의 연소를 돕는 조연성 가스이다.
③ −119℃에서 50기압 이상 압축 시 담황색의 액체로 된다.
④ 대부분 원소와 화합하여 산화물을 만든다.
⑤ 타기 쉬운 기체와 혼합 시 점화하면 폭발적으로 연소한다.

(4) 아세틸렌(acetylene, C_2H_2)

① 아세틸렌 가스의 성질 : 아세틸렌은 삼중결합(HC≡CH)을 갖는 구조의 불포화 탄화수소로 매우 불안정하며 다음과 같은 성질을 갖고 있다.

(가) 비중이 0.906으로 공기보다 가벼우며 1 L의 무게는 15℃, 0.1 MPa에서 1.176 g이다.

(나) 순수한 것은 일종의 에텔과 같은 향기를 내며 연소 불꽃색은 푸르스름하다.

(다) 불순물 인화수소(PH_3), 유화수소(H_2S), 암모니아(NH_3)를 포함하고 있어 악취를 내며 연소 시 색은 붉고 누르스름하다.

(라) 각종 액체에 잘 용해된다. 15℃, 0.1 MPa기압에서 보통 물에는 1.1배(같은 양), 석유에는 2배, 벤젠에는 4배, 순수한 알콜에는 6배, 아세톤(acetone, CH_3COCH_3)에는 25배가, 12기압에서는 300배나 용해되어 그 용해량은 온도가 낮을수록, 또 압력이 증가할수록 증가하며 단 염분을 포함시킨 물에는 거의 용해되지 않는다. 이와 같이 아세톤에 잘 녹는 성질을 이용하여 용해 아세틸렌을 만들어서 용접에 이용되고 있다.

② 아세틸렌 가스의 폭발성

(가) 온도의 영향

㉠ 406~408℃에서 자연 발화한다.

㉡ 505~515℃가 되면 폭발한다.

㉢ 산소가 없어도 780℃가 되면 자연 폭발된다.

(나) 압력의 영향

㉠ 15℃, 0.2 MPa 이상 압력 시 폭발 위험이 있다.

㉡ 산소가 없을 시에도 0.3 MPa(게이지 압력 0.2 MPa) 이상 시 폭발 위험이 있다.

㉢ 실제 불순물의 함유로 0.15 MPa 압축 시 충격, 진동 등에 의해 분해 폭발의 위험이 있다.

(다) 혼합가스의 영향

㉠ 아세틸렌 15 %, 산소 85 %일 때 가장 폭발 위험이 크고, 아세틸렌 60 %, 산소 40 %일 때 가장 안전하다(공기 중에 10~20 %의 아세틸렌 가스가 포함될 때 가장 위험하다).

㉡ 인화수소 함유량이 0.02 % 이상 시 폭발성을 가지며, 0.06 % 이상 시 대체로 자연 발화에 의하여 폭발된다.

(라) 외력의 영향 : 외력이 가하여져 있는 아세틸렌 가스에 마찰, 진동, 충격 등의 외력이 작용하면 폭발할 위험이 있다.

(마) 화합물 생성 : 아세틸렌 가스는 구리, 구리 합금(62 % 이상의 구리), 은, 수은 등

과 접촉하면 이들과 화합하여 폭발성 있는 화합물을 생성한다. 또 폭발성 화합물은 습기나 암모니아가 있는 곳에서 생성하기 쉽다.

참고

아세틸렌과 구리가 화합 시 폭발성이 있는 아세틸라이드($Cu_2C_2H_2O$)를 생성하며 공기 중의 온도 130~150℃에서 발화된다.

$2Cu+C_2H_2 = CuC_2+H_2$

(5) 각종 가스 불꽃의 최고 온도

① 산소-아세틸렌 불꽃 : 3430℃

② 산소-수소 불꽃 : 2900℃

③ 산소-프로판 불꽃 : 2820℃

④ 산소-메탄 불꽃 : 2700℃

단원 예상문제

1. 다음 중 아세틸렌과 접촉하여도 폭발성이 없는 것은?

① 공기 ② 산소
③ 인화수소 ④ 탄소

해설 아세틸렌 가스에 인화수소(PH_3)의 함유량이 0.02% 이상 시 폭발성을 가지며 0.06% 이상 시 대체로 자연발화에 의하여 폭발되고 공기 및 산소는 폭발을 활발하게 한다.

2. 가스 용접에서 정압 생성열(kcal/m^2)이 가장 작은 가스는?

① 아세틸렌 ② 메탄
③ 프로판 ④ 부탄

해설 연료가스 중 발열량은 아세틸렌은 12753.7, 메탄은 8132.8, 프로판은 20550.1, 부탄은 26691.1이며 가장 적은 생성열은 메탄이다.

3. 아세틸렌 가스는 각종 액체에 잘 용해가 된다. 다음 중 액체에 대한 용해량이 잘못 표기된 것은?

① 석유 – 2배 ② 벤젠 – 6배
③ 아세톤 – 25배 ④ 물 – 1.1배

해설 아세틸렌 가스는 각종 액체에 잘 용해되며 물은 같은 양, 석유 2배, 벤젠 4배, 알콜 6배, 아세톤 25배가 용해되며 용해량은 온도를 낮추고 압력이 증가됨에 따라 증가하나 단, 염분을 함유한 물에는 잘 용해가 되지 않는다.

정답 1. ④ 2. ② 3. ②

3. 가스 용접의 설비 및 기구

(1) 산소 병(oxygen cylinder or bombe)

① 산소 병은 보통 35℃에서 15 MPa(150 kg/cm^2)의 고압 산소가 충전된 속이 빈 원통형으로 크기는 일반적으로 기체용량 5000 L, 6000 L, 7000 L 등의 3종류가 많이 사용된다.

② 산소 병의 구성은 본체, 밸브, 캡의 세 부분이며 용기 밑 부분의 형상은 볼록형, 오목형, 스커트형이 있고 병의 강의 두께는 7~9 mm 정도이며 산소 병 밸브의 안전장치는 파열판식이다.

③ 산소 병의 정기검사는 내용적 500 L 미만은 3년마다 실시하며, 외관검사, 질량검사, 내압 검사(수조식, 비수조식) 등의 검사를 하고 내압 시험 압력은$\left(\text{충전압력} \times \frac{5}{3}\right)$ 250 kg/cm^{2}이 된다.

④ 산소 병을 취급할 때의 주의사항

㈎ 산소 병에 충격을 주지 말고 뉘어 두어서는 안 된다(고압밸브가 충격에 약해 보호).

㈏ 고압가스는 타기 쉬운 물질에 닿으면 발화하기 쉬우므로 밸브에 그리스(grease)와 기름기 등을 묻혀서는 안 된다.

㈐ 안전 캡으로 병 전체를 들려고 하지 말아야 한다.

㈑ 산소 병을 직사광선에 노출시키지 않아야 하며 화기로부터 멀리 두어야 한다(5 m 이상).

㈒ 항상 40℃ 이하로 유지하고 용기 내의 압력 17 MPa(170 kg/cm^2)이 너무 상승되지 않도록 한다.

㈓ 밸브의 개폐는 조용히 하고 산소 누설 검사는 비눗물을 사용한다.

용기 온도(℃)	−5	0	5	10	15	20	25	30	35	40	45	50	55	70	80
지시압력(kg/cm^2)	130	133	135	138	140	143	145	148	150	153	155	158	160	167	170

(2) 아세틸렌 병(acetylene cylinder & bombe)

아세틸렌 병 안에는 아세톤을 흡수시킨 목탄, 규조토, 석면 등의 다공성 물질이 가득 차 있고 이 아세톤에 아세틸렌 가스가 용해되어 있다. 용기의 구조는 밑부분이 오목하며 보통 2개의 퓨즈 플러그(fuse plug)가 있고 이 퓨즈 플러그는 중앙에 105±5℃에서 녹는 퓨즈 금속(성분 : Bi 53.9 %, Sn 25.9 %, Cd 20.2 %)이 채워져 있다. 또한 용해 아세틸렌은 15℃에서 15 kg/cm^{2}으로 충전되며 용기의 크기는 15 L, 30 L, 50 L의 3종류가 사용되며 30 L의 용기가 가장 많이 사용된다.

① 용해 아세틸렌 용기의 검사

참고 내압 시험

시험 압력 46.5kg/cm^{2}의 기체 N_2CO_2를 사용하여 시험하며 질량 감량 5 % 이하 항구 증가율 10 % 이상이면 불합격이다.

② 용해 아세틸렌 병의 아세틸렌 양의 측정 공식

$C = 905(A - B)$

여기서, A : 병 전체의 무게(빈 병의 무게+아세틸렌의 무게)(kg)

B : 빈 병의 무게

C : 15℃, 1기압에서의 아세틸렌 가스의 용접(L)

단원 예상문제

1. 산소 용기의 용량이 30리터이다. 최초의 압력 150 kgf/cm^{2}이고, 사용 후 100 kgf/cm^{2}로 되면 몇 리터의 산소가 소비되는가?

① 1020 ② 1500
③ 3000 ④ 4500

해설 ㉮ 산소 용기의 총 가스량 = 내용적×기압(게이지 압력)
㉯ 소비량 = 내용적 30×현재 사용된 기압(150−100) = 1500

2. 액화산소 용기에 액체 산소를 5000 L 충전하여 사용 시 기체 산소 6000 L가 들어가는 용기 몇 병에 해당하는 일을 할 수 있는가?

① 0.83병 ② 500병
③ 750병 ④ 1250병

해설 액체 산소 1 L를 기화하면 900 L(0.9 m^3)의 기체 산소로 되기 때문에 계산식에 의해 계산하면(5000 L×900 L)÷6000 L = 750병

3. 용해 아세틸렌 가스를 충전하였을 때 용기 전체의 무게가 34 kgf이고 사용 후 빈병의 무게가 31 kgf이면, 15℃ 1기압 하에서 충전된 아세틸렌 가스의 양은 약 몇 L인가?

① 465 L ② 1054 L
③ 1581 L ④ 2715 L

해설 아세틸렌 가스의 양 = 905(전체의 병 무게−빈 병의 무게) = 905(34−31) = 2715 L

정답 1. ② 2. ③ 3. ④

(3) 압력 조정기(pressure regulator)

산소나 아세틸렌 용기 내의 압력은 실제 작업에서 필요로 하는 압력보다 매우 높으므로 이 압력을 실제 작업 종류에 따라 필요한 압력으로 감압하고 용기 내의 압력 변화에 관계없이 필요한 압력과 가스 양을 계속 유지시키는 기기를 압력 조정기라 한다.

① 산소용 1단식 조정기

㈎ 프랑스식(스템형) : 작동이 스템과 다이아프램으로 예민하게 작용되며 토치 산소 밸브를 연 상태에서 압력 조정한다.

㈏ 독일식(노즐형) : 작동은 에보나이트계 밸브시이드 조정 스프링에 의해 되며 프랑스식보다 예민하지 않다.

※ 압력 게이지의 압력 지시 진행 순서 : 부르동관→켈리브레이팅 링크→섹터기어→피니언→지시 바늘

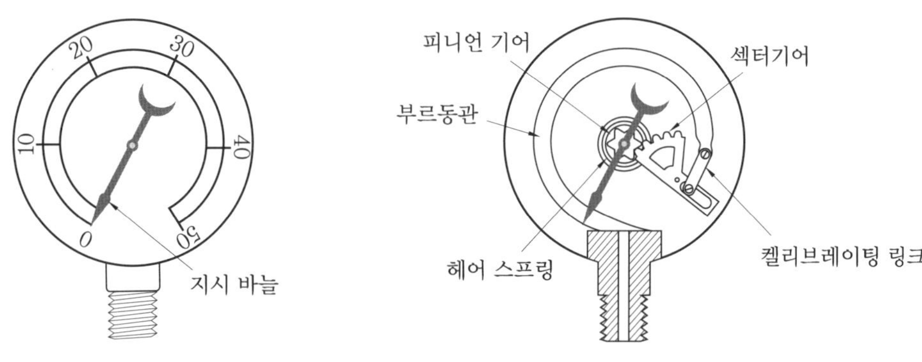

압력 게이지의 내부

② 산소용 2단식 조정기 : 1단 감압부는 노즐형, 2단은 스템형의 구조로 되어 있다.

③ 아세틸렌용 압력 조정기 : 구조 및 기구는 산소용 스템형과 흡사하며 낮은 압력 조정 스프링을 사용한다.

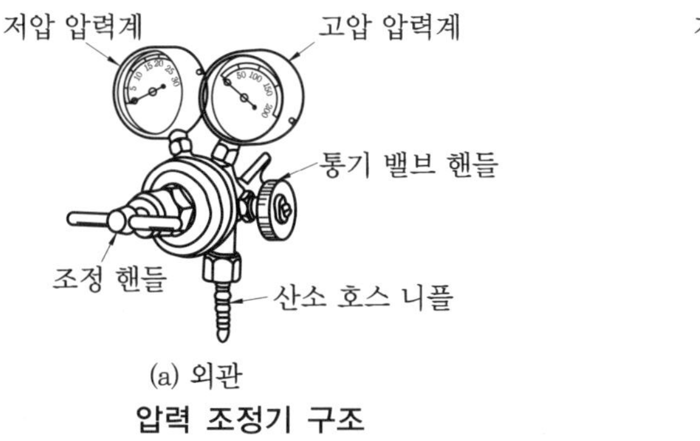

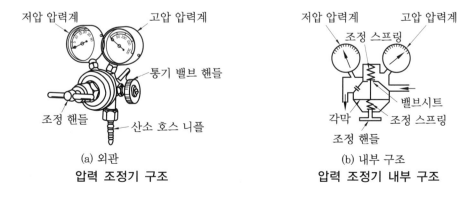

(a) 외관

압력 조정기 구조

(b) 내부 구조

압력 조정기 내부 구조

(4) 토치(welding torch)

가스병 또는 발생기에서 공급된 아세틸렌 가스와 산소를 일정한 혼합가스를 만들어 이 혼합가스를 연소시켜 불꽃을 형성해서 용접 작업에 사용하는 기구를 가스 용접기 또는 토치라 하며 주요 구성은 산소 및 아세틸렌 밸브, 혼합실, 팁으로 되어 있다.

※ 구비 조건 : 구조가 간단하고 취급이 용이하며 작업이 확실할 것, 불꽃이 안정되고 안전성을 충분히 구비하고 있을 것

① 토치의 종류

(가) 저압식(인젝터식) 토치 : 사용압력(발생기 0.007 MPa(0.07 kg/cm^2) 이하), 용해 아세틸렌 0.02 MPa(0.2 kg/cm^2) 미만이 낮으며 인젝터 부분에 니들 밸브가 있어 유량과 압력을 조정할 수 있는 가변압식(프랑스식, B형)과 1개의 팁에 1개의 인젝터로 되어 있는 불변압식(독일식, A형)이 있다.

(나) 중압식(등압식, 세미인젝터식) 토치 : 아세틸렌 압력 0.007~0.13 MPa 아세틸렌 압력이 높아 역류, 역화의 위험이 적고 불꽃의 안전성이 좋다.

② 팁의 능력

(가) 프랑스식 : 1시간 동안 중성 불꽃으로 용접하는 경우 아세틸렌의 소비량을 (L)로 나타낸다. 보기로서 팁 번호가 100, 200, 300이라는 것은 매시간의 아세틸렌 소비량이 중성 불꽃으로 용접 시 100 L, 200 L, 300 L라는 뜻이다.

(나) 독일식 : 연강판 용접 시 용접할 수 있는 판의 두께를 기준으로 팁의 능력을 표시한다. 예를 들면 1 mm 두께의 연강판 용접에 적합한 팁의 크기를 1번, 두께 2 mm 판에는 2번 팁 등으로 표시한다.

※ 역류, 역화의 원인 : 토치 취급이 잘못되었거나 팁 과열 시, 토치 성능이 불비하거나 체결나사가 풀렸을 때, 아세틸렌 공급가스가 부족할 때, 팁에 석회가루, 먼지, 스패터, 기타 잡물이 막혔을 때(역류, 역화가 발생 시에는 먼저 아세틸렌 밸브를 잠그고 산소 밸브를 잠근 뒤에 팁 과열 시는 산소 밸브만 열고 찬물에 팁을 담구어 냉각시킨다.)

(5) 용접용 호스(hose)

가스 용접에 사용되는 도관은 산소 또는 아세틸렌 가스를 용기 또는 발생기에서 청정기, 안전기를 통하여 토치까지 송급하게 연결한 관을 말하며 강관과 고무호스가 있다. 먼 거리에는 강관이 이용되고 짧은 거리(5 m 정도)에서는 고무호스가 사용되며 그 크기를 내경으로 나타내며 6.3 mm, 7.9 mm, 9.5 mm의 3종류가 있어 보통 7.9 mm의 것이 널리 사용되고 소형 토치에는 6.3 mm가 이용되며 호스 길이는 5m 정도가 적당하다.

또한 고무호스는 산소용은 9 MPa(90 kg/cm^2), 아세틸렌 1 MPa(10 kg/cm^2)의 내압 시험에 합격한 것이어야 하며 구별할 수 있게 산소는 흑색(일본의 규격)·녹색, 아세틸렌은 적색으로 된 것을 사용한다.

(6) 기타 공구 및 보호구

차광 유리(절단용 3~6, 용접용 4~9), 팁 클리너(tip cleaner), 토치 라이터, 와이어 브러시, 스패너, 단조 집게 등을 사용한다.

(7) 가스 용접 재료

① 용접봉(gas welding rods for mild steel) : KSD 7005에 규정된 가스 용접봉은 보통 맨 용접봉(보통은 부식을 방지하기 위하여 구리도금이 되어 있다)이지만 아크 용접봉과 같이 피복된 용접봉도 있고 때로는 용제를 관의 내부에 넣은 복합심선을 사용할 때도 있다. 보통 시중에 판매되는 것은 길이가 1,000 mm이다.

② 가스 용접봉과 모재와의 관계

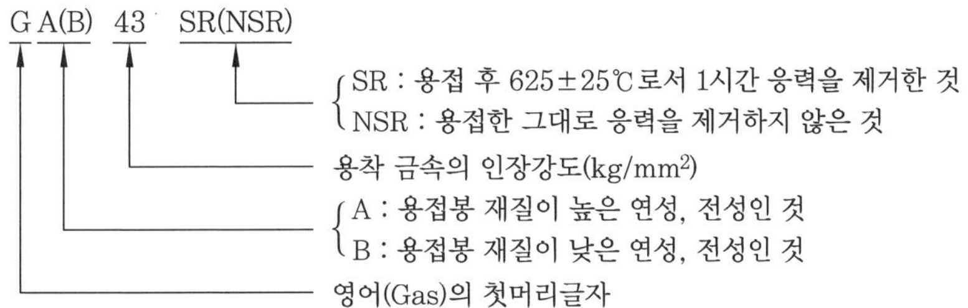

구분	가스 용접봉의 표준 치수	허용차
지름(mm)	1.0, 1.6, 2.0, 2.6, 3.2, 4.0, 5.0, 6.0, 8.0	±0.1 mm
길이(mm)	1000	±3 mm

모재의 두께에 따라 용접봉 지름은 $D = \frac{T}{2} + 1$이다.

여기서, D : 용접봉 지름(mm)
T : 모재 두께(mm)

(8) 산소-아세틸렌 불꽃

① 불꽃의 종류

㈎ 탄화 불꽃(excess acetylene flame) : 산소(공기 중과 토치에 산소량)의 양이 아세틸렌보다 적으므로 이루어진 불완전 연소로 인해 불꽃의 온도가 낮아 스테인리

스강, 스텔라이트, 모넬메탈, 알루미늄 등의 용접에 사용된다.

㈏ 표준 불꽃(neutral flame : 중성 불꽃) : 산소와 아세틸렌의 혼합 비율이 1 : 1로 된 일반 용접에 사용되는 불꽃(실제로는 대기 중에 있는 산소를 포함하여 산소 2.5 : 아세틸렌 1의 비율이 된다.)

㈐ 산화 불꽃(excess oxygen flame) : 표준 불꽃 상태에서 산소의 양이 많아진 불꽃으로 구리 합금 용접에 사용되는 가장 온도가 높은 불꽃이다.

② 불꽃과 피용접 금속과의 관계

불꽃의 종류	용접이 가능한 금속
탄화 불꽃	스테인리스강, 스텔라이트, 모넬 메탈 등
표준 불꽃	연강, 반연강, 주철, 구리, 청동, 알루미늄, 아연, 납, 은 등
산화 불꽃	황동

(9) 산소-아세틸렌 용접법

① 전진법(좌진법 : forward method) : 토치의 팁 앞에 용접봉이 진행되어 가는 방법으로 토치 팁이 오른쪽에서 왼쪽으로 이동하는 방법이다. 불꽃이 용융지의 앞쪽을 가열하므로 용접부가 과열하기 쉽고 변형이 많아 3 mm 이하의 얇은 판이나 변두리 용접에 사용되며 토치 이동 각도는 전진 방향 반대쪽이 45~70°, 용접봉 첨가 각도는 30~45°로 이동한다.

② 후진법(우진법 : backhand method) : 토치 팁이 먼저 진행하고 그 뒤로 용접봉과 용융풀이 쫓아가는 방법으로 토치 팁이 왼쪽에서 오른쪽으로 이동되므로 용융지의 가열 시간이 짧아 과열이 되지 않아 용접 변형이 적고 용접 속도가 빠르다. 두꺼운 판 및 다층 용접에 사용되고 점차적으로 위보기 자세에 많이 사용한다.

전진법과 후진법의 비교

항목	전진법	후진법
열 이용률	나쁘다.	좋다.
비드 모양	보기 좋다.	매끈하지 못하다.
용접 속도	느리다.	빠르다.
홈의 각도	크다(예 80~90°).	작다(예 60°).
용접 변형	크다.	작다.
산화 정도	심하다.	약하다.
모재의 두께	얇다.	두껍다.
용착 금속의 냉각	급랭	서랭

단원 예상문제

1. 산소-아세틸렌 가스 용접에 사용하는 아세틸렌용 호스의 색은?

① 청색 ② 흑색 ③ 적색 ④ 녹색

해설 가스 용접에 사용하는 호스의 색은 아세틸렌은 적색, 산소는 녹색(일본은 흑색)을 사용한다.

2. 불변압식 팁 1번의 능력은 어떻게 나타내는가?

① 두께 1 mm의 연강판 용접
② 두께 1 mm의 구리판 용접
③ 아세틸렌 사용 압력이 1 kg/cm^{2}라는 뜻
④ 산소의 사용 압력이 1 kg/cm^2 이하여야 적당하다는 뜻

해설 팁의 능력

㉮ 프랑스식 : 1시간 동안 중성 불꽃으로 용접하는 경우 아세틸렌의 소비량을 L로 나타낸다. 보기로서 팁 번호가 100, 200, 300이라는 것은 매시간의 아세틸렌 소비량이 중성 불꽃으로 용접 시 100 L, 200 L, 300 L라는 뜻이다.

㉯ 독일식 : 연강판 용접 시 용접할 수 있는 판의 두께를 기준으로 팁의 능력을 표시하며 예를 들면 1 mm 두께의 연강판 용접에 적합한 팁의 크기를 1번, 두께 2 mm판에는 2번 팁 등으로 표시한다.

3. 연강용 가스 용접봉에 GA46이라고 표시되어 있을 경우, 46이 나타내고 있는 의미는?

① 용착 금속의 최대 인장강도 ② 용착 금속의 최저 인장강도
③ 용착 금속의 최대 중량 ④ 용착 금속의 최소 두께

해설 가스 용접봉 기호에서 GA의 G는 GAS의 첫단어, A는 용접봉 재질이 높은 연성, 전성인 것, B는 용접봉 재질이 낮은 연성, 전성인 것, 46은 용착 금속의 최저 인장강도이다.

4. 가스 용접에서 역화의 원인이 될 수 없는 것은?

① 아세틸렌의 압력이 높을 때 ② 팁 끝이 모재에 부딪혔을 때
③ 스패터가 팁의 끝 부분에 덮혔을 때 ④ 토치에 먼지나 물방울이 들어갔을 때

해설 역화는 폭음이 나면서 불꽃이 꺼졌다가 다시 나타나는 현상을 말한다. 역화의 원인은 ②, ③, ④항 외에 산소 압력의 과다로 팁 끝이 모재에 닿아 순간적으로 팁 끝이 막히거나, 팁 끝의 가열 및 조임 불량 등이 있다.

5. 용접 40리터의 아세틸렌 용기의 고압력계에서 60기압이 나타났다면, 가변압식 300번 팁으로 약 몇 시간을 용접할 수 있는가?

① 4.5시간 ② 8시간 ③ 10시간 ④ 20시간

해설 가변압식 팁은 1시간 동안에 표준 불꽃으로 용접할 경우에 아세틸렌 가스의 소비량을 나타내는 것으로 40리터×고압력계 60＝2400이므로 300으로 나누면 8시간이다.

정답 1. ③ 2. ① 3. ② 4. ① 5. ②

4. 가스 절단 및 가스 가공

(1) 가스 절단의 원리

① 가스 절단 : 강의 가스 절단은 절단 부분의 예열 시 약 850~900℃에 도달했을 때 고온의 철이 산소 중에서 쉽게 연소하는 화학 반응의 현상을 이용하는 것이다. 고압 산소를 팁의 중심에서 불어 내면 철은 연소하여 저용융점 산화철이 되고 산소 기류에 불려 나가 약 2~4 mm 정도의 홈이 파져 절단 목적을 이룬다(주철, 10 % 이상의 크롬(Cr)을 포함하는 스테인리스강이나 비철금속의 절단은 어렵다).

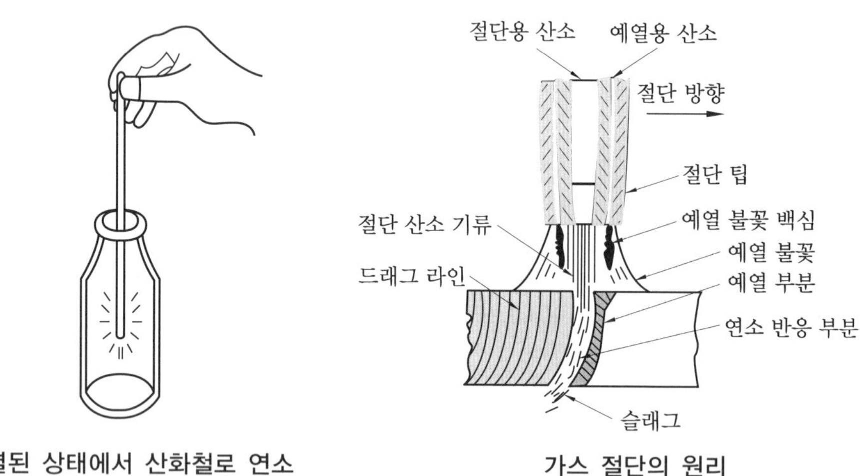

적열된 상태에서 산화철로 연소　　가스 절단의 원리

② 아크 절단 : 아크의 열에너지로 피절단재(모재)를 용융시켜 절단하는 방법으로 압축 공기나 산소를 이용하여 국부적으로 용융된 금속을 밀어내며 절단하는 것이 일반적이다.

(2) 가스 절단 장치의 구성

가스 절단 장치는 절단 토치(팁 포함), 산소와 연료가스용 호스, 압력 조정기, 가스병 등으로 구성되나 반자동 및 자동가스 절단 장치는 절단 팁, 전기시설, 주행 대차, 안내 레일, 축도기, 추적장치 등 다수 부속 및 주장치가 사용되고 있다.

① 절단 토치와 팁

㈎ 저압식 절단 토치 : 아세틸렌의 게이지 압력이 0.007 MPa(0.007 kgf/cm^2) 이하에서 사용되는 인젝터식으로 니들 밸브가 있는 가변압식과 니들 밸브가 없는 불변압식이 있다.

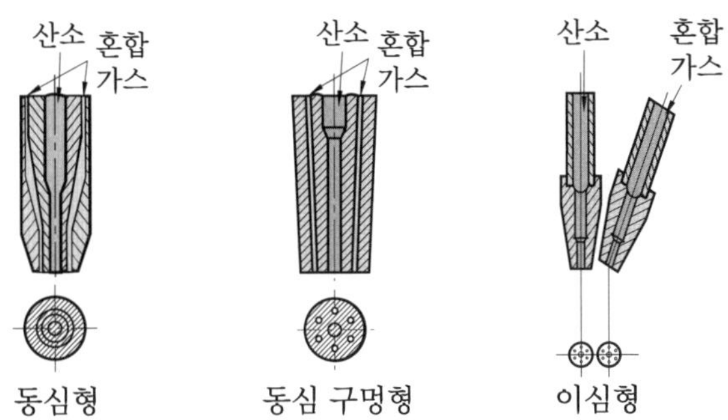

㉠ 동심형 팁 : 두 가지 가스를 이중으로 된 동심원의 구멍으로부터 분출하는 형으로 전후좌우 및 곡선을 자유로이 절단한다.

㉡ 이심형 팁 : 예열 불꽃과 절단 산소용 팁이 분리되어 있으며 예열 팁이 붙어 있는 방향으로만 절단이 되어 직선 절단은 능률적이고 절단면이 아름다워 자동 절단기용으로 개발되었으나 작은 곡선 등의 절단이 곤란하다.

절단 토치 형태에 따른 특징

구분	동심형	동심 구멍형	이심형
특징	• 직선 전후좌우 절단이 가능하다. • 곡선 절단이 가능하다.	• 팁 끝 손상이 적다. • 동심형과 비슷한 형이다.	• 직선 절단이 능률적이다. • 큰 곡선 절단 시 절단면이 곱다. • 작은 곡선 절단이 곤란하다.

(나) 중압식 절단 토치 : 아세틸렌의 게이지 압력이 0.007~0.04 MPa(0.07~0.4 kgf/cm^2)의 것이며 가스의 혼합이 팁에서 이루어지는 팁 혼합형으로 팁에 예열용 산소, 아세틸렌 가스 및 절단용 산소가 통하는 3개의 통로가 절단기 헤드까지 이어져 3단 토치라고도 하며 또 한편 용접용 토치와 같이 토치에서 예열 가스가 혼합되는 토치 혼합형도 사용되고 있다.

(다) 자동 가스 절단기 : 자동 가스 절단기는 정밀하게 가공된 절단 팁으로 적절한 절단 조건 선택 시 절단면의 거칠기는 $\frac{1}{100}$ mm 정도이나 보통 팁에는 $\frac{3}{100} \sim \frac{5}{100}$ mm 정도의 정밀도를 얻으며 표면 거칠기는 수동보다 수배 내지 10배 정도 높다.

㉠ 반자동 가스 절단기
㉡ 전자동 가스 절단기
㉢ 형 절단기
㉣ 광전식 형 절단기
㉤ 프레임 플레이너
㉥ 직선 절단기

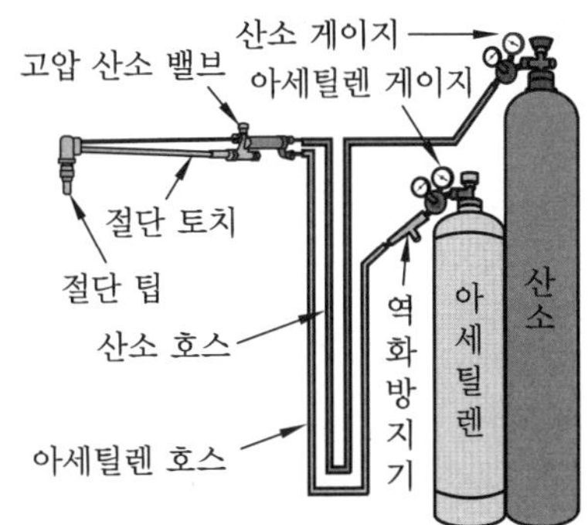

수동 가스 절단 장치

(3) 가스 절단 방법

① 가스 절단에 영향을 주는 요소

㈎ 팁의 크기와 모양
㈏ 산소 압력
㈐ 절단 주행 속도
㈑ 절단재의 두께 및 재질
㈒ 사용 가스(특히 산소)의 순도
㈓ 예열 불꽃의 세기
㈔ 절단재의 표면 상태
㈕ 팁의 거리 및 각도
㈖ 절단재 및 산소의 예열 온도

② 드래그(drag) : 가스 절단면에 있어 절단 가스기류의 입구점에서 출구점까지의 수평 거리로 드래그의 길이는 주로 절단 속도, 산소 소비량 등에 의하여 변화하므로 드래그는 판 두께의 20 %를 표준으로 하고 있다.

표준 드래그 길이

절단 모재 두께(mm)	12.7	25.4	51	51~152
드래그 길이(mm)	2.4	5.2	5.6	6.4

③ 절단 속도 : 절단 속도는 절단 가스의 좋고 나쁨을 판정하는 데 주요한 요소이며 여기에 영향을 주는 것은 산소 압력, 산소의 순도, 모재의 온도, 팁의 모양 등이다. 또한 절단 속도는 절단 산소의 압력이 높고, 따라서 산소 소비량이 많을수록 거의 정비례하여 증가하며 모재의 온도가 높을수록 고온 절단이 가능하다.

④ 예열 불꽃의 역할

㈎ 절단 개시점을 연소 온도까지 급속도로 가열한다.
㈏ 절단 중 절단부로부터 복사와 전도에 의하여 뺏기는 열을 보충한다.
㈐ 강재 표면에 융점이 높은 녹, 스케일을 제거하여 절단 산소와 철의 반응을 쉽게 한다(각 산화철 융점 FeO 1380℃, Fe 1536℃, Fe_3O_4 1565℃, Fe_2O_3 1539℃).

⑤ 예열 불꽃의 배치

㈎ 예열 불꽃의 배치는 절단 산소를 기준으로 하여 그 앞면에 한해 배치한 이심형, 동심원형과 동심원 구멍형 등이 있다.
㈏ 피치 싸이클이 작은 구멍 수가 많을수록 예열은 효과적으로 행해진다.
㈐ 예열 구멍 1개의 이심형 팁에 대해서는 동심형 팁에 비하여 최대 절단 모재의 두께를 고려한 절단 효율이 뒤진다.

※ 이심형 팁에서는 판 두께 50 mm 정도를 한도로 절단이 어렵다.

⑥ 팁 거리 : 팁 끝에서 모재 표면까지의 간격으로 예열 불꽃의 백심 끝이 모재 표면에서 약 1.5~2.0mm 정도 위에 있으면 좋다.

⑦ 가스 절단 조건

㈎ 절단 모재의 산화 연소하는 온도가 모재의 용융점보다 낮을 것

㈏ 생성된 산화물의 용융 온도가 모재보다 낮고 유동성이 좋아 산소 압력에 잘 밀려 나가야 할 것

㈐ 절단 모재의 성분 중 불연성 물질이 적을 것

(4) 산소-아세틸렌 절단 준비

① 절단 조건

㈎ 불꽃의 세기는 산소, 아세틸렌의 압력에 의해 정해지며 불꽃이 너무 세면 절단면의 모서리가 녹아 둥그스름하게 되므로 예열 불꽃의 세기는 절단 가능한 최소가 좋다.

㈏ 실험에 의하면 아름다운 절단면은 산소 압력 0.3 MPa(3 kg/cm^2) 이하에서 얻어진다.

② 절단에 영향을 주는 모든 인자

㈎ 산소 순도의 영향

㉠ 절단 작업에 사용되는 산소의 순도는 99.5 % 이상이어야 하며 그 이하 시에는 작업 능률이 저하된다.

㉡ 절단 산소 중의 불순물 증가 시의 현상

ⓐ 절단 속도가 늦어진다.

ⓑ 절단면이 거칠며 산소의 소비량이 많아진다.

ⓒ 절단 가능한 판의 두께가 얇아지며 절단 시작 시간이 길어진다.

ⓓ 슬래그 이탈성이 나쁘고 절단 홈의 폭이 넓어진다.

㈏ 절단 팁의 절단 산소 분출 구멍 모양에 따른 영향 : 절단 속도는 절단 산소의 분출 상태와 속도에 따라 크게 좌우되므로 다이버전트 노즐의 경우는 고속 분출을 얻는데 적합하며 보통 팁에 비해 절단 속도가 같은 조건에서는 산소의 소비량이 25~40 % 절약되며 또 산소 소비량이 같을 때는 절단 속도를 20~25 % 증가시킬 수 있다.

(5) 산소-LP 가스 절단

① LP 가스 : LP 가스는 석유나 천연가스를 적당한 방법으로 분류하여 제조한 석유계 저급 탄화수소의 혼합물로 공업용에는 프로판(propane : C_4H_8)이 대부분이며 이외에 부탄(buthane : C_4H_{10}), 에탄(ethane : C_2H_6) 등이 혼입되어 있다.

㈎ LP 가스의 성질

㉠ 액화하기 쉽고, 용기에 넣어 수송하기가 쉽다.

㉡ 액화된 것은 쉽게 기화하며 발열량도 높다.

㉢ 폭발 한계가 좁아서 안전도도 높고 관리도 쉽다.

㉣ 열효율이 높은 연소기구의 제작이 쉽다.

(나) 프로판 가스의 혼합비 : 산소 대 프로판 가스의 혼합비는 프로판 1에 대하여 산소 약 4.5배로 경제적인 면에서 프로판 가스 자체는 아세틸렌에 비하여 대단히 싸다 $\left(\text{약 } \frac{1}{3} \text{ 정도}\right)$. 산소를 많이 필요로 하므로 절단에 요하는 전 비용의 차이는 크게 없다.

② 프로판 가스용 절단 팁

(가) 아세틸렌보다 연소 속도가 늦어 가스의 분출 속도를 늦게 해야 하며 또 많은 양의 산소를 필요로 하고 비중의 차가 있어 토치의 혼합실을 크게 하고 팁에서도 혼합될 수 있게 설계한다.

(나) 예열 불꽃의 구멍을 크게 하고 또 구멍 개수도 많이 하여 불꽃이 꺼지지 않도록 한다.

(다) 팁 끝은 아세틸렌 팁 끝과 같이 평평하지 않고 슬리브(sleeve)를 약 1.5 mm 정도 가공면보다 길게 하여 2차 공기와 완전히 혼합하여 잘 연소되게 하고 불꽃 속도를 감소시켜야 한다.

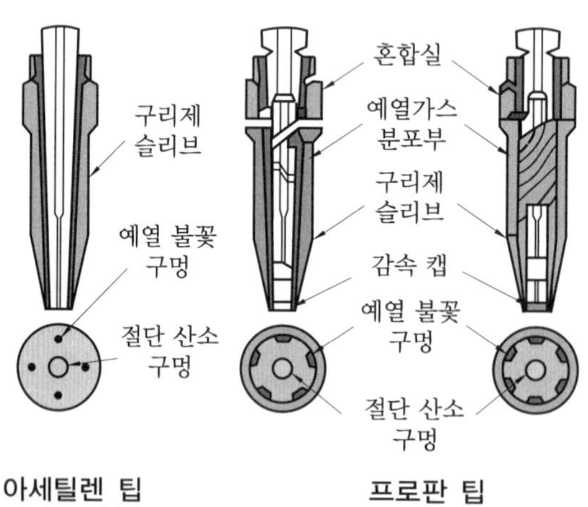

아세틸렌 팁　　　　프로판 팁

③ 아세틸렌 가스와 프로판 가스의 비교

아세틸렌 가스	프로판 가스
1. 점화하기 쉽다. 2. 불꽃 조정이 쉽다. 3. 절단 시 예열 시간이 짧다. 4. 절단재 표면의 영향이 적다. 5. 박판 절단 시 절단속도가 빠르다.	1. 절단면 상부 모서리 녹는 것이 적다. 2. 절단면이 곱다. 3. 슬래그 제거가 쉽다. 4. 포갬 절단 시 아세틸렌보다 절단속도가 빠르다. 5. 후판 절단 시 절단속도가 빠르다.

단원 예상문제

1. 다음 중에서 산소-아세틸렌 가스 절단이 쉽게 이루어질 수 있는 것은?

① 판 두께 300 mm 강재
② 판 두께 15 mm의 주철
③ 판 두께 10 mm의 10 % 이상 크롬(Cr)을 포함한 스테인리스강
④ 판 두께 25 mm의 알루미늄(Al)

해설 산소-아세틸렌 가스 절단이 안되는 이유 : 주철은 용융점이 연소 온도 및 슬래그의 용융점보다 낮고, 또 주철 중에 흑연은 철의 연속적인 연소를 방해하며 알루미늄과 스테인리스강의 경우에는 절단 중 생기는 산화물이 모재보다도 고용융점의 내화물로 산소와 모재와의 반응을 방해하여 절단이 저해된다.

2. 강재의 절단에서 모재가 약 몇 도에 도달하였을 때 고압 산소를 팁의 중심으로부터 절단부로 불어내는가?

① 500～550℃
② 660～780℃
③ 850～900℃
④ 1400～1538℃

해설 강의 가스 절단은 절단 부분의 예열 시 약 850～900℃에 도달했을 때 고온의 철이 산소 중에서 쉽게 연소하는 화학반응의 현상을 이용하여 고압 산소를 팁의 중심에서 불어 내면, 철은 연소하여 저용융점 산화철을 이용하여 산소기류에 불려 나가 약 2～4 mm 정도의 홈이 파져 절단 목적을 이룬다.

3. 산소 절단법에 관한 설명으로 틀린 것은?

① 예열 불꽃의 세기는 절단이 가능한 최대한의 세기로 하는 것이 좋다.
② 수동 절단법에서 토치를 너무 세게 잡지 말고 전후좌우로 자유롭게 움직일 수 있도록 해야 한다.
③ 예열 불꽃이 강할 때는 슬래그 중의 철 성분의 박리가 어려워진다.
④ 자동절단법에서 절단에 앞서 먼저 레일(rail)을 강판의 절단선에 따라 평행하게 놓고, 팁이 똑바로 절단선 위로 주행할 수 있도록 한다.

해설 가스 절단에서 예열 불꽃의 세기가 세면 절단면 모서리가 둥글게 용융되어 절단면이 거칠게 된다.

4. 가스 절단면의 기계적 성질에 대한 설명 중 옳지 않은 것은?

① 가스 절단면은 담금질에 의하여 굳어지므로 일반적으로 연성이 다소 저하된다.
② 매끄럽게 절단된 것은 그대로 용접하면 절단 표면 부근의 취성화된 부분이 녹아 버려 기계적 성질은 문제되지 않는다.
③ 절단면에 큰 응력이 걸리는 구조물에서는 수동 절단 시 생긴 거친 요철 부분은 그라인더를 사용하여 평탄하게 하는 것이 좋다.
④ 일반적으로 가스 절단에 의해 담금질되어 굳어지는 현상은 연강이나 고장력강에서 심각한 문제이다.

해설 절단면을 그대로 두고 용접 구조물의 일부로 사용하는 경우에 절단면 부분에 응력이 걸리게 되면 취성균열을 일어나기 쉽다.

5. 가스 절단에 영향을 미치는 인자 중 절단 속도에 대한 설명으로 틀린 것은?

① 절단 속도는 모재의 온도가 높을수록 고속 절단이 가능하다.
② 절단 속도는 절단 산소의 압력이 높을수록 정비례하여 증가한다.
③ 예열 불꽃의 세기가 약하면 절단 속도가 늦어진다.
④ 절단 속도는 산소 소비량이 적을수록 정비례하여 증가한다.

해설 가스 절단 속도는 절단 가스의 좋고 나쁨을 판정하는 데 주요한 요소이며 영향을 주는 인자는 산소 압력, 산소의 순도, 모재의 온도, 팁의 모양 등이다. 또한 절단 산소의 압력이 높고 산소 소비량이 많을수록 거의 정비례하여 증가하며 모재의 온도가 높을수록 고속 절단이 가능하다.

6. 두께가 12.7 mm인 강판을 가스 절단하려 할 때 표준 드래그의 길이는 2.4 mm이다. 이때 드래그는 몇 %인가?

① 18.9　　② 32.1
③ 42.9　　④ 52.4

해설 표준 드래그는 판 두께의 20 %$\left(\frac{1}{5}\right)$로서 $\frac{2.4}{12.7} \times 100\,\% = 18.89 \fallingdotseq 18.9$

7. 최소 에너지 손실 속도로 변화되는 절단 팁의 노즐 형태는?

① 스트레이트 노즐　　② 다이버전트 노즐
③ 원형 노즐　　④ 직선형 노즐

해설 가스 절단에서 다이버전트 노즐의 지름은 절단 팁보다 2배 정도 크고 끝부분이 약간(약 15~25°) 구부러져 있는 것이 많으며 작업 속도는 절단 때의 2~5배 속도로 작업하며 홈의 폭과 길이의 비는 1~3 : 1이다.

8. 강의 가스 절단할 때 쉽게 절단할 수 있는 탄소 함유량은 얼마인가?

① 6.68 %C 이하　　② 4.3 %C 이하
③ 2.11 %C 이하　　④ 0.25 %C 이하

해설 탄소가 0.25 % 이하의 저탄소강에는 절단성이 양호하나 탄소량의 증가로 균열이 생기게 된다.

9. 절단 홈 가공 시 홈면에서의 허용각도 오차는 얼마인가?

① 1~2°　　② 2~3°
③ 3~4°　　④ 5~7°

해설 절단 홈은 3~4°, 루트면에서는 2~3° 정도이면 양호하고 루트면의 높이도 1~1.5 mm 정도의 오차면 양호하다.

10. 가스 절단 후 변형 발생을 최소화하기 위한 방법 중 형(形) 절단의 경우에 많이 이용되고 절단 변형의 발생이 쉬운 절단선에 구속을 주어 피절단부를 만들고 발생된 변형을 최소로 하여 절단한 후 구속부분을 절단 모재를 끄집어내는 방법은?

① 변태단 가열법 ② 수랭법 ③ 비석 절단법 ④ 브리지 절단법

해설 비석 절단법은 절단선의 작업 순서를 변화시켜 절단을 행하는 방법으로 계획적인 변형 대책이라고는 하지만 절단기의 종류와 재료의 조건에 제한을 받을 경우 차선책이 된다.

정답 1. ① 2. ③ 3. ① 4. ② 5. ④ 6. ① 7. ② 8. ④ 9. ③ 10. ③

5. 특수 절단 및 가스 가공

(1) 분말 절단(powder cutting)

절단부에 철분이나 용제 분말을 토치의 팁에 압축공기 또는 질소가스에 의하여 자동적으로 또 연속적으로 절단 산소에 혼입 공급하여 예열 불꽃 속에서 이들을 연소 반응시켜 이때 얻어지는 고온의 발생 열과 용제 작용으로 계속 용해와 제거를 연속적으로 행하여 절단하는 것이다(현재에는 플라스마 절단법이 보급되면서 100mm 정도 이상의 두꺼운 판 스테인리스강의 절단 이외에는 거의 이용되지 않는다).

① 철분 절단 : 미세하고 순수한 철분 또는 철분에다 알루미늄 분말을 소량 배합하고 다시 첨가제를 적당히 혼입한 것이 사용된다. 단, 오스테나이트계 스테인리스강의 절단면에는 철분이 함유될 위험성이 있어 절단 작업을 행하지 않는다.

② 용제 절단 : 스테인리스강의 절단을 주목적으로 내산화성의 탄산소다, 중탄산소다를 주성분으로 하며 직접 분말을 절단 산소에 삽입하므로 절단 산소가 손실되는 일이 없이 분출 모양이 정확히 유지되고 절단면이 깨끗하며 분말과 산소 소비가 적어도 된다.

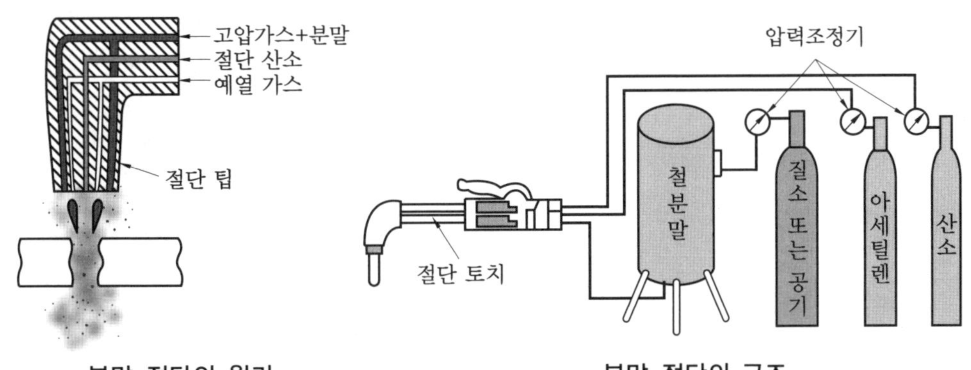

분말 절단의 원리 분말 절단의 구조

단원 예상문제

1. 가스 절단이 곤란한 주철, 스테인리스강 및 비철금속의 절단부에 용제를 공급하여 절단하는 방법은?

① 특수 절단 ② 분말 절단
③ 스카핑 ④ 가스 가우징

2. 분말 절단법 중 플럭스(flux) 절단에 주로 사용되는 재료는?

① 스테인리스 강판 ② 알루미늄 탱크
③ 저합금 강판 ④ 강판

해설 분말 절단법 중 플럭스(용제) 절단은 스테인리스강의 절단을 주목적으로 내산화성인 탄산소다, 중탄산소다를 주성분으로 하는 분말을 직접 절단 산소에 삽입하여 산소가 허실되는 것을 방지한다. 분출 모양이 정확해 절단면이 깨끗하다.

정답 1. ② 2. ①

(2) 주철의 절단(cast iron cutting)

주철은 용융점이 연소 온도 및 슬래그의 용융점보다 낮고, 또 흑연은 철의 연속적인 연소를 방해하므로 절단이 어려워 주철의 절단 시는 분말 절단을 이용하거나 보조 예열용 팁이 있는 절단 토치를 이용하여 절단하고 연강용 일반 절단 토치 팁 사용 시는 예열 불꽃의 길이가 모재의 두께와 비슷하게 조정하고 산소 압력을 연강 시보다 25~100 % 증가시켜 토치를 좌우로 이동시키면서 절단한다.

(3) 포갬 절단(stack cutting)

비교적 얇은 판(6 mm 이하)을 여러 장 겹쳐서 동시에 가스 절단하는 방법으로 모재 사이에 산화물이나 오물이 있어 0.08 mm 이상의 틈이 있으면 밑에 모재는 절단되지 않으며 모재 틈새가 최대 약 0.5 mm까지 절단이 가능하고 다이버전트 노즐의 사용 시에는 모재 사이에 틈새가 문제가 안 된다.

포갬 절단

절단선의 허용 오차(mm)	0.8	1.6	무관
겹치는 두께(mm)	50	100	150

(4) 산소창 절단(oxygen lance cutting)

산소창 절단은 용광로, 평로의 탭 구멍의 천공, 두꺼운 강판 및 강괴 등의 절단에 이용되는 것으로 보통 예열 토치로 모재를 예열시킨 뒤에 산소 호스에 연결된 밸브가 있는 구리관에 가늘고 긴 강관을 안에 박아 예열된 모재에 산소를 천천히 방출시키면서 산소와 강관 및 모재와의 화학반응에 의하여 절단하는 방법이다.

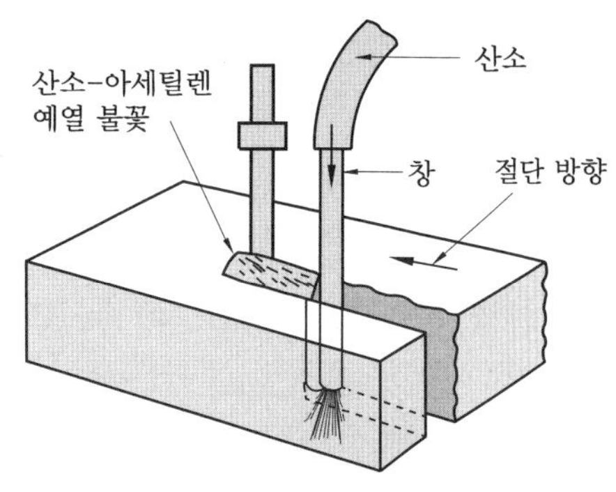

산소창 절단의 원리

(5) 수중 절단(under water cutting)

침몰된 배의 해체, 교량의 교각 개조, 댐, 항만, 방파제 등의 공사에 사용되며 육지에서의 절단과 차이는 거의 없으나 절단 팁의 외측에 압축공기를 보내어 물을 배제한 뒤에 그 공간에서 절단을 행하는 것으로 수중에서 점화가 곤란하므로 점화 보조용 팁에 미리 점화하여 작업에 임하며 작업 중 불을 끄지 않도록 하고 예열 가스는 공기 중보다 4~8배의 유량이 필요하고 절단 산소의 분출공도 공기 중보다 50~100 % 큰 것을 사용하고 절단 속도는 연강판 두께 15~50 mm까지면 1시간당 6~9 m/h의 정도이고 일반적 토치는 수심 45 m 이내에서 작업하며 절단 능력은 판 두께 100 mm이다.

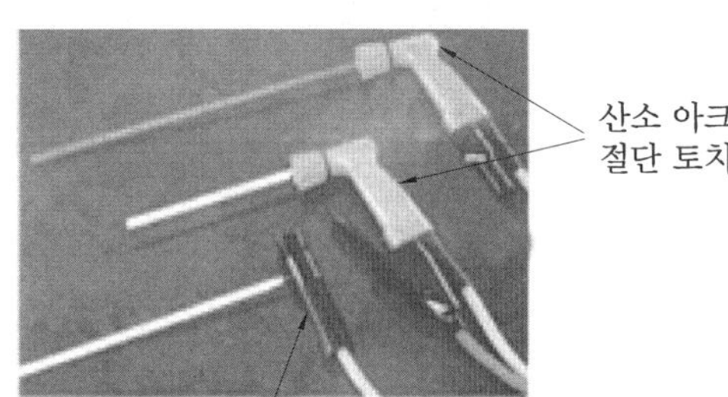

피복금속 아크 절단 토치

수중 절단 장비

(6) 가스 가우징(gas gauging)

가스 절단과 비슷한 토치를 사용해서 강재의 표면에 둥근 홈을 파내는 작업으로 일반적으로 용접부 뒷면을 따내든지 U형, H형 용접 홈을 가공하기 위하여 깊은 홈을 파내든지 하는 가공법으로 조건 및 작업은 다음과 같다.

① 팁은 저속 다이버전트형으로 지름은 절단 팁보다 2배 정도가 크고 끝부분이 약간 (약 15~25°) 구부러져 있는 것이 많다.

② 예열 불꽃은 산소-아세틸렌 불꽃을 사용한다.
③ 작업 속도는 절단 때의 2~5배의 속도로 작업하며 홈의 폭과 깊이의 비는 1~3 : 1 이다.
④ 자동 가스 가우징은 수동보다 동일 가스 소비량에 대하여 속도가 1.5~2배 빨라진다.
⑤ 예열 시의 팁에 작업 각도는 모재 표면에서 30~45° 유지하고 가우징 작업 시에는 예열부에서 6~13 mm 후퇴하여 15~25°로 작업 개시한다.

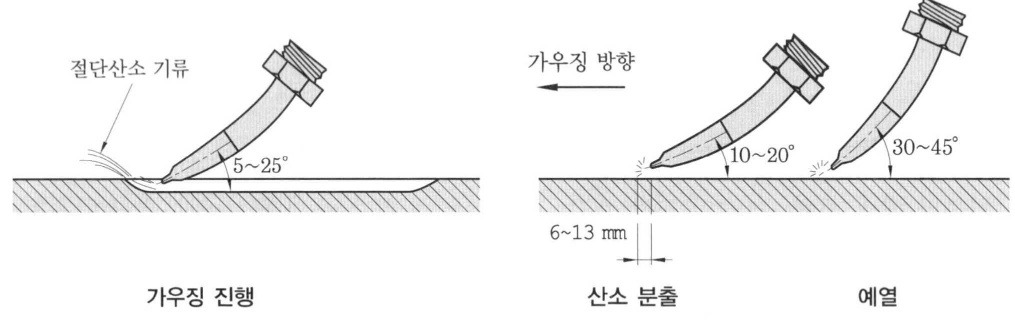

(7) 스카핑(scarfing)

각종 강재의 표면에 균열, 주름, 탈탄층 또는 홈을 불꽃 가공에 의해서 제거하는 작업 방법으로 토치는 가우징에 비하여 능력이 크며 팁은 저속 다이버전트형으로 수동형에는 대부분 원형 형태, 자동형에는 사각이나 사각에 가까운 모양이 사용된다.

① 자동 스카핑 머신은 작업 형태가 팁을 이동시키는 것은 냉간재에 사용하며 속도는 5~7 m/min이다. 가공재를 이동시키는 것은 열간재에 사용하며 작업 속도 20 m/min으로 작업을 한다.
② 스테인리스강과 같이 스카핑면에 난용성의 산화물이 많이 생성되어 작업을 방해 시에는 철분이나 산소기류 중에 혼입하여 그 화학반응을 이용하여 작업을 하기도 한다.

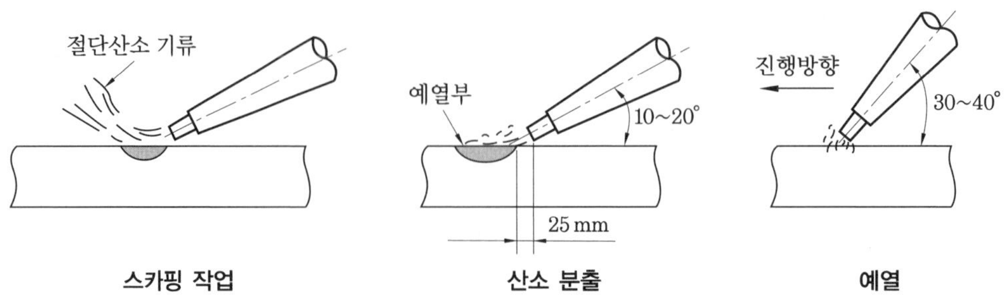

단원 예상문제

1. 수중 절단 작업 시 예열가스의 양은 공기 중에서의 몇 배 정도로 하는가?

① 1.5~2배 ② 2~3배
③ 4~8배 ④ 5~9배

해설 수중에서 작업할 때 예열가스의 양은 공기 중에서의 4~8배 정도로 절단 산소의 분출구도 1.5~2배로 한다.

2. 스카핑 작업에 대한 설명 중 틀린 것은?

① 각종 강재의 표면에 균열, 주름, 탈탄층 등을 불꽃 가공에 의해서 제거하는 작업이다.
② 토치는 가우징에 비하여 능력이 작고 팁은 저속 다이버젠트형이다.
③ 팁은 수동형에는 대부분 원형 형태, 자동형에는 사각이나 사각에 가까운 모양이 사용된다.
④ 스테인리스강과 같이 스카핑면에 난용성의 산화물이 많이 생성되는 작업에는 철분이나 용제 등을 산소기류 중에 혼입하여 작업하기도 한다.

해설 스카핑(scarfing) : 각종 강재의 표면에 균열, 주름, 탈탄층 또는 홈을 불꽃 가공에 의해서 제거하는 작업 방법으로 토치는 가우징에 비하여 능력이 크며 팁은 저속 다이버젠트형으로 수동형에는 대부분 원형 형태, 자동형에는 사각이나 사각에 가까운 모양이 사용된다.

정답 1. ③ 2. ②

(8) 아크 절단

① 탄소 아크 절단(carbon arc cutting) : 탄소 또는 흑연 전극봉과 모재와의 사이에 아크를 일으켜 절단하는 방법으로 사용 전원은 보통 직류 정극성이 사용되나 교류라도 절단이 가능하다. 사용 전류가 300 A 이하에서는 보통 홀더를 사용하나 300 A 이상에서는 수랭식 홀더를 사용하는 것이 좋다.

② 금속 아크 절단(metal arc cutting) : 탄소 아크 절단과 같으나 절단 전용의 특수한 피복제를 도포한 전극봉을 사용하며 절단 중 전극봉에는 3~5 mm의 피복통을 만들어 전기적 절연을 형성하여 단락을 방지한다. 아크의 집중성을 좋게 하여 강력한 가스를 발생시켜 절단을 촉진시킨다.

③ 아크 에어 가우징(arc air gauging) : 탄소 아크 절단 장치에 5~7 kg/cm^2 정도의 압축공기를 병용하여 가우징, 절단 및 구멍뚫기 등에 적합하며 특히 가우징으로 많이 사용되며 전극봉은 흑연에 구리 도금을 한 것이 사용되며 전원은 직류이고 아크 전

압 25~45 V, 아크 전류 200~500 A 정도의 것이 널리 사용된다.

(가) 특징

㉠ 가스 가우징법보다 작업 능률이 2~3배 높다.

㉡ 모재에 악영향이 거의 없다.

㉢ 용접 결함의 발견이 쉽다.

㉣ 소음이 없고 조정이 쉽다.

㉤ 경비가 싸고 철, 비철금속 어느 경우에나 사용 범위가 넓다.

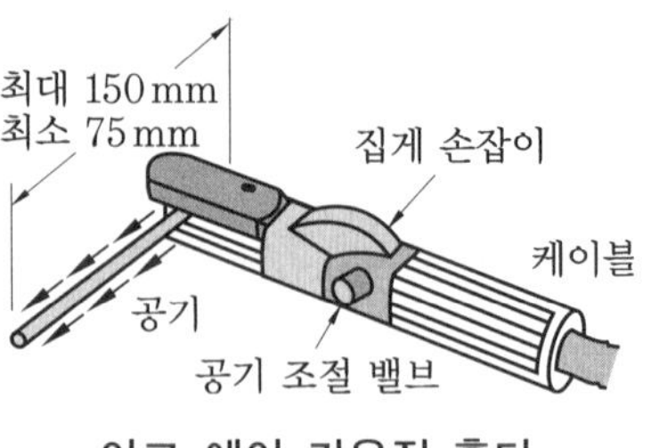

아크 에어 가우징 홀더

④ 산소 아크 절단(oxygen arc cutting) : 예열원으로서, 아크열을 이용한 가스 절단법으로 보통 안에 구멍이 나 있는 강에 전극을 사용하여 전극과 모재 사이에 발생되는 아크열로 용융시킨 후에 전극봉 중심에서 산소를 분출시켜 용융된 금속을 밀어내며 전원은 보통 직류 정극성이 사용되나 교류로써도 절단된다.

⑤ 플라스마 제트 절단(plasma jet cutting)

(가) 수천 도의 고온으로 되었을 때 기체 원자가 격심한 열운동에 의해 마침내 전리되어 고온과 전자로 나누어진 것이 서로 도전성을 갖고 혼합된 것을 플라스마(전극과 노즐 사이에 파일럿 아크라고 하는 소전류 아크를 발생시키고 주 아크를 발생한 뒤에 정지한다)라고 한다.

(나) 아크 플라스마의 외각을 가스로써 강제적 냉각 시에 열 손실을 최소한으로 되도록 그 표면적을 축소시키고 전류 밀도가 증가하여 온도가 상승되며 아크 플라스마가 한 방향으로 고속으로 분출되는 것을 플라스마 제트라고 한다. 이러한 현상을 열적 핀치 효과라고 하여 플라스마 제트 절단에서는 주로 열적 핀치 효과를 이용하여 고온 아크 플라스마로 절단을 한다.

(다) 절단 토치와 모재와의 사이에 전기적인 접속을 필요로 하지 않으므로 금속재료는 물론 콘크리트 등의 비금속 재료도 절단할 수 있다.

• 특징

㉠ 가스 절단법과 비교하여 피절단재의 재질을 선택하지 않고 수 mm부터 30 mm 정도의 판재에 고속·저열 변형 절단이 용이하다.

㉡ 절단 개시 시의 예열 대기를 필요로 하지 않기 때문에 작업성이 좋다.

㉢ 장치의 도입 비용이 높고, 절단 홈이 넓다. 베벨각이 있는 두꺼운 판(10 cm 정도 이상)은 곤란하며, 소모 부품의 수명이 짧고 레이저 절단법에 비교하면 1 mm 정도 이하의 판재에서는 정밀도가 떨어진다.

⑥ MIG 아크 절단(metal inert gas arc cutting) : 보통 금속 아크 용접에 비하여 고전류의 MIG 아크가 깊은 용입이 되는 것을 이용하여 모재를 용융 절단하는 방법이다. 절단부를 불활성 가스로 보호하므로 산화성이 강한 알루미늄 등의 비철금속 절단에 사용되었으나 플라스마 제트 절단법의 출현으로 그 중요성이 감소되어 가고 있다.

⑦ TIG 아크 절단(tungsten inert gas arc cutting) : TIG 용접과 같이 텅스텐 전극과 모재 사이에 아크를 발생시켜 불활성 가스를 공급해서 절단하는 방법으로 플라스마 제트와 같이 주로 열적 핀치 효과에 의하여 고온, 고속의 제트상의 아크 플라스마를 발생시켜 용융한 모재를 불어내리는 절단법이다. 이 절단법은 금속 재료의 절단에만 이용되지만 열효율이 좋으며 고능률적이고 주로 알루미늄, 마그네슘, 구리 및 구리 합금, 스테인리스강 등의 절단에 이용되고 아크 냉각용 가스는 주로 아르곤-수소의 혼합가스가 사용된다.

⑧ 워터 제트 절단(water jet cutting) : 물을 초고압(3500~4000 bar)으로 압축하고 초고속으로 분사하여 소재를 정밀 절단힌다.

(가) 용도 : 강, 플라스틱, 알루미늄, 구리, 유리, 타일, 대리석 등

(나) 구성 : 고압펌프 → 노즐 → 테이블 → CNC 컨트롤러

⑨ 레이저 절단 : 예전에 절단이 불가능하던 세라믹도 절단이 가능하고 유리, 나무, 플라스틱, 섬유 등을 임의의 형태로 절단할 수 있다. 금속 박판의 경우에도 형상 변화를 최소화하여 절단이 가능하며 비철금속의 절단이나 면도날의 가공에도 응용한다.

(가) 레이저 빔은 코히렌트한 광원이기 때문에 파장이 오더 직경으로 교축할 수 있어 가스 불꽃이나 플라스마 제트 등에 비해 훨씬 높은 파워 밀도가 얻어진다.

(나) 금속, 비금속을 불문하고 대단히 높은 온도로 단시간, 국소 가열할 수 있기 때문에 고속 절단, 카프폭(자외선 레이저에서는 서브 미크론의 절단도 가능), 열 영향폭이 좁고 정밀 절단, 연가공재의 절단 등이 가능하다.

(다) 절단에는 탄산가스(10.6 μm), YAG(1.06 μm), 엑시마(193~350 nm)의 각 레이저를 쓸 수 있고 연속(CW) 또는 펄스(PW) 모드를 선택함으로써 폭넓게 응용이 가능하게 된다.

(라) 절단, 용접, 표면 개질 등의 복합 가공을 1대의 레이저로 행할 수 있다.

(마) 레이저는 변환 효율이 낮고, 가공기구의 비용이 높고, 초점 심도가 얕기 때문에 두꺼운 판의 절단에는 적합하지 않다는 결점이 있다.

단원 예상문제

1. 레이저 빔 절단에 대한 설명 중 틀린 것은?

① 대기 중에서는 광선의 응축 상태가 확산되어 절단이 어렵다.
② 절단폭이 좁고 절단각이 예리하다.
③ 절단부의 품질이 산소-아세틸렌 절단면보다 우수하다.
④ 용접하는 데 사용되는 전원보다 사용 전원의 양이 적어 경제적으로 좋다.

2. 아크 절단법이 아닌 것은?

① 금속 아크 절단 ② 미그 아크 절단
③ 플라스마 제트 절단 ④ 서브머지드 아크 절단

해설 아크 절단법으로는 탄소 아크 절단, 금속 아크 절단, 아크 에어 가우징, 산소 아크 절단, 플라스마 제트 절단, MIG 아크 절단, TIG 아크 절단 등이 있다.

3. 플라스마 제트 절단에 대한 설명 중 틀린 것은?

① 아크 플라스마의 냉각에는 일반적으로 아르곤과 수소의 혼합가스가 사용된다.
② 아크 플라스마는 주위의 가스기류로 인하여 강제적으로 냉각되어 플라스마 제트를 발생시킨다.
③ 적당량의 수소 첨가 시 열적 핀치 효과를 촉진하고 분출 속도를 저하시킬 수 있다.
④ 아크 플라스마의 냉각에는 절단 재료의 종류에 따라 질소나 공기도 사용한다.

해설 적당량의 수소 첨가 시 열적 핀치 효과를 촉진하고 분출 속도를 향상할 수 있다.

4. 아크 에어 가우징(arc air gouging) 작업에서 탄소봉의 노출 길이가 길어지고, 외관이 거칠어지는 가장 큰 원인의 경우는?

① 전류가 높은 경우 ② 전류가 낮은 경우
③ 가우징 속도가 빠른 경우 ④ 가우징 속도가 느린 경우

해설 아크 에어 가우징에서는 공기압축기로 가우징 홀더를 통해 공기압을 분출하는 구조로 전류가 높을 경우 탄소봉의 노출 길이가 길어져 충분한 공기의 압력이 상쇄되어 외관이 거칠어진다.

5. 아크 에어 가우징에 대한 설명으로 틀린 것은?

① 탄소 아크 절단 장치에 압축공기를 병용하여 가우징용으로 사용한다.
② 전극봉으로는 절단 전용의 특수한 피복제를 도포한 중공의 전극봉을 사용한다.
③ 사용 전원은 직류를 사용하고 아크 전류는 200~500 A 정도가 널리 사용된다.
④ 공장용 압축공기의 압축기를 사용 5~7 kg/cm^2 정도의 압력을 사용한다.

해설 탄소 아크 절단 장치에 5~7 kg/cm^2 정도의 압축공기를 병용하여 가우징, 절단 및 구멍뚫기 등에 적합하며 특히 가우징으로 많이 사용되며 전극봉은 흑연에 구리도금을 한 것이 사용되며 전원은 직류이고 아크 전압 25~45 V, 아크 전류 200~500 A 정도의 것이 널리 사용된다.

정답 1. ① 2. ④ 3. ③ 4. ① 5. ②

제 3 장 연납과 경납

● 납땜법

(1) 납땜의 원리

① 개요

(가) 납땜법은 접합해야 할 모재를 용융시키지 않고 그들 금속의 이음면 틈에 모재보다 용융점이 낮은 다른 금속(땜납)을 용융, 첨가하여 용접하는 방법이다.

(나) 땜납의 대부분은 합금으로 되어 있으나 단체금속도 사용되며, 땜납은 용융점의 온도에 의해 연납(solders)과 경납(brazing)으로 구분되고 용융점이 450℃(KS)보다 높은 것이 경납, 그보다 낮은 것이 연납이고 용접용 땜납은 경납을 사용한다.

② 납땜 방법

(가) 인두 납땜
(나) 가스 경납땜(gas brazing)
(다) 노내 경납땜(furnace brazing)
(라) 유도 가열 경납땜(induction brazing)
(마) 저항 경납땜(resistance brazing)
(바) 담금 경납땜(dip brazing)

(2) 연납(solders)

연납은 인장강도 및 경도가 낮고 용융점이 낮으므로 납땜 작업이 쉽다. 연납 중에서 가장 많이 사용되는 것으로는 주석-아연계인데 아연이 0 %에서 거의 100 %까지 포함되어 있는 합금이다. 구리, 황동, 아연, 납, 알루미늄 등의 납땜에 사용되며 강력한 이음 강도가 요구될 때 사용되는 납-카드뮴과 아연-카드뮴 납 등의 카드뮴계 땜납과 낮은 온도에서 금속을 접합할 때 사용되는 저용융점의 비스무트(Bi)-카드뮴-납-주석의 합금으로 된 것과 납-주석-아연으로 된 자기용 납이 있다.

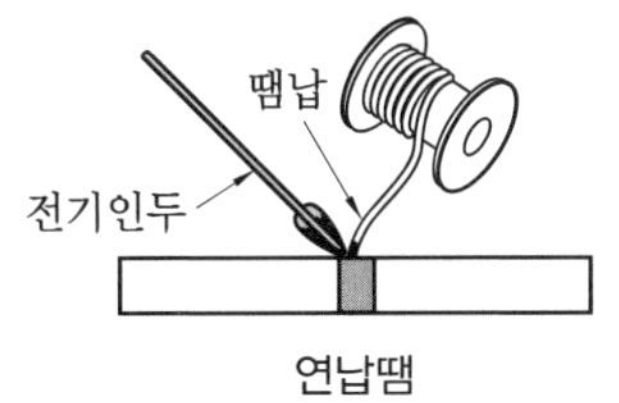

연납땜

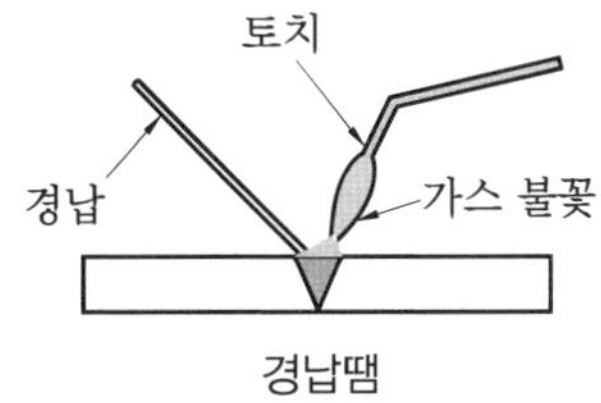

경납땜

납땜의 종류

(3) 경납(brazing)

경납은 연납에 비하여 강력한 것으로 높은 강도를 요구할 때 사용되므로, 경납 중 중요한 것으로는 은납(silver solder)과 놋쇠납(brass hard solder) 등이 있다.

① 동납과 황동납 : 일반적으로 동납은 구리 86.5 % 이상의 납을 말하며 철강, 니켈 및 구리-니켈 합금의 납땜에 사용되므로 황동납은 구리와 아연이 주성분으로 아연 60 % 이하의 것이 실용되고 있고 아연의 증가에 따라 인장강도가 증가된다. 황동납은 은납에 비하여 값이 싸므로 공업용으로 많이 이용되고 있다.

② 인동납 : 인동납의 조성은 구리-인 또는 구리-은-인의 합금으로 구리와 그 합금, 또는 은, 몰리브덴 등의 땜납으로 사용된다.

③ 망간납 : 망간납의 조성은 구리-망간 또는 구리-아연-망간이며 저망간의 것은 동이나 동합금에, 고망간의 것은 철강의 납땜에 사용된다.

④ 양은납 : 구리-아연-니켈의 합금으로 동 및 동합금의 납땜에 사용된다.

⑤ 은납 : 은과 구리를 주성분으로 하고 이외에 아연, 카드뮴, 니켈, 주석 등을 첨가한 땜납이다. 이 땜납은 융점이 비교적 낮고 유동성이 좋으며 인장강도, 전연성 등의 성질이 우수하고 색채가 아름다워 응용 범위가 넓으나 가격이 비싼 것이 결점이다.

⑥ 알루미늄납 : 알루미늄, 규소를 주성분으로 구리와 아연을 첨가한 것이다.

(4) 용제(flux)

① 연납용 용제 : 염산(HCl), 염화아연($ZnCl_2$), 염화암모니아(NH_4Cl), 수지(동물유), 인산, 목재 수지

② 경납용 용제

㈎ 붕사($Na_2B_4O_710H_2O$) : 붕사에는 결정수를 가진 것과 갖지 않은 것이 있고 전자는 760℃에서, 후자는 670℃에서 녹아 액체로 되며 산화물을 녹이는 능력을 갖지만 크롬, 베리륨, 알루미늄, 마그네슘 등의 산화물은 녹이지 못한다.

㈏ 붕산(H_3BO_3) : 용해 온도가 875℃이고 산화물 용해 능력이 작아 붕사와 혼합하여 사용한다.

㈐ 붕산염 : 크롬, 알루미늄을 갖는 합금의 납땜에 필요불가결한 용제로 NaCl, KCl은 저온에서는 좋으나 고온에서는 역효과를 얻을 수도 있다.

㈑ 알칼리 : 가성소다, 가성가리 등의 알칼리는 공기 중의 수분을 흡수 용해하는 성질이 강하므로 소량을 사용하며 몰리브덴 합금강의 땜에 유용하다.

③ 용제의 구비 조건

㈎ 산화물의 용해와 산화 방지

㈏ 용가재의 유동성 증가

㈐ 내식성

④ 용제의 선택 및 사용 : 모재의 재질과 형상, 치수, 수량, 가열 방법, 용도, 납땜재의 용융 온도 등을 고려하여 능률적이고 경제적인 용제를 선택한다. 부식성 용제 사용 후는 반드시 물, 소다 등으로 제거하여야 한다.

단원 예상문제

1. 납땜 작업에서 연납땜과 경납땜을 구분하는 온도는 몇 ℃인가?

① 500 ② 350 ③ 400 ④ 450

해설 연납과 경납은 용융점이 450℃로 구분한다.

2. 다음 중 연납의 종류가 아닌 것은?

① 주석-납 ② 인-구리 ③ 납-카드뮴 ④ 카드뮴-아연

해설 연납의 주성분은 주석-납이고 그 외에 사용에 따라 비스무트, 아연 납, 카드뮴 등이 있다.

3. 연납에 대한 설명 중 틀린 것은?

① 연납은 인장강도 및 경도가 낮고 용융점이 낮으므로 납땜 작업이 쉽다.
② 연납의 흡착작용은 주로 아연의 함량에 의존되며 아연 100 %의 것이 가장 좋다.
③ 대표적인 것은 주석 40 %, 납 60 %의 합금이다.
④ 전기적인 접합이나 기밀, 수밀을 필요로 하는 장소에 사용된다.

해설 연납의 흡착작용은 주석의 함유량에 따라 좌우되고 주석 100%일 때가 가장 좋다.

4. 경납땜에서 갖추어야 할 조건으로 틀린 것은?

① 기계적, 물리적, 화학적 성질이 좋아야 한다.
② 접합이 튼튼하고 모재와 친화력이 없어야 한다.
③ 모재와 야금적 반응이 만족스러워야 한다.
④ 모재와의 전위차가 가능한 한 적어야 한다.

해설 경납땜은 용융온도가 450℃ 이상으로 접합이 튼튼하고 모재와 친화력이 좋아야 한다.

5. 납땜부를 용해된 땜납 중에 담가 납땜하는 방법과 이음 부분에 납재를 고정시켜 납땜 온도를 가열 용융시켜 화학약품에 담가 침투시키는 방법은?

① 가스 납땜 ② 담금 납땜 ③ 노내 납땜 ④ 저항 납땜

해설 경납땜에서 담금 납땜은 문제의 설명과 같고 강재의 황동 납땜에 사용되며 대량 생산에 적합하다.

정답 **1.** ④ **2.** ② **3.** ② **4.** ② **5.** ②

제 4 장 특수 용접법

1. 불활성 가스 아크 용접

(1) 개요

① 불활성 가스 아크 용접은 불활성 가스의 분위기[아르곤(Ar), 헬륨(He)] 속에서 텅스텐 또는 금속선을 전극으로 하여 모재와의 사이에 아크를 발생시켜 용접하는 방법이다.

② 사용 전극에 따라 텅스텐 전극 사용 용접은 불활성 가스 텅스텐 아크 용접(TIG 용접)이라 하고 금속 전극 사용 용접은 불활성 가스 금속 아크 용접(MIG 용접)이라 한다.

③ 피복 아크 용접이나 가스 용접으로는 용접이 불가능하였던 티탄 합금, 지르코늄 합금 등의 각종 금속의 용접에 널리 사용되고 있는 중요한 용접법이다.

(2) 불활성 가스 아크 용접법의 장단점

① 장점

㈎ 불활성 가스의 용접부 보호와 아르곤 가스 사용 역극성 시 청정 효과로 피복제 및 용제가 필요 없다.

㈏ 산화하기 쉬운 금속의 용접이 용이하고, 용착부의 모든 성질이 우수하다.

㈐ 저전압 시에도 아크가 안정되고 양호하며 열의 집중 효과가 좋아 용접 속도가 빠르고 또 양호한 용입과 모재의 변형이 적다.

㈑ 얇은 판의 모재에는 용접봉을 쓰지 않아도 양호하고 언더 컷(under cut)도 생기지 않는다.

㈒ 전 자세 용접이 가능하고 고능률적이다.

② 단점 : 시설비가 비싼 것이 단점이나 전체 용접 비용은 오히려 싸게 되는 경우가 많다.

2. 불활성 가스 텅스텐 아크 용접법

(1) 개요

텅스텐을 전극으로 사용하여 가스 용접과 비슷한 조작 방법으로 용가재를 아크로 녹이면서 용접하는 방법으로 비용극식 또는 비소모식 불활성 가스 아크 용접법이라고도 한다. 사용 전원으로서는 교류 또는 직류가 사용되며 그 용접 결과에 큰 영향을 미친다.

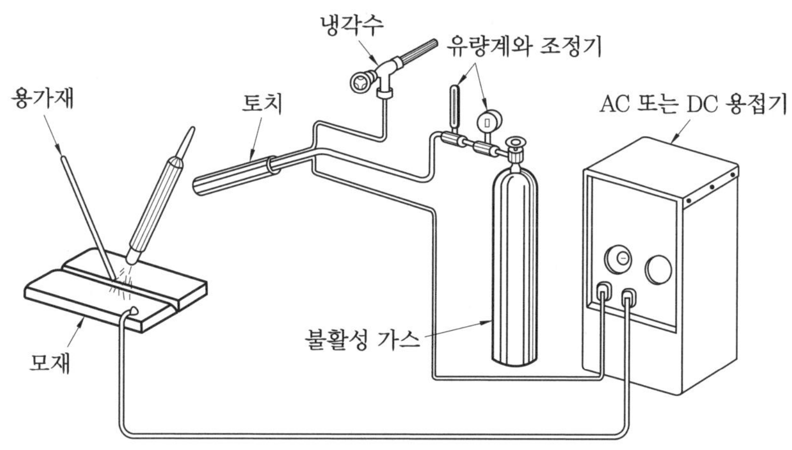

불활성 가스 텅스텐 아크 용접 장치

(2) 특성 및 장치

① 특성

㈎ 아르곤 가스 사용 직류 역극성 시 청정 효과(cleaning action)가 있어 강한 산화막이나 용융점이 높은 산화막이 있는 알루미늄(Al), 마그네슘(Mg) 등의 용접이 용제 없이 가능하다.

㈏ 직류 정극성 사용 시는 폭이 좁고 용입이 깊은 용접부를 얻으나 청정 효과가 없다.

㈐ 교류 사용 시에 용입 깊이는 직류 역극성과 정극성의 중간 정도이고, 청정 효과가 있다.

㈑ 고주파 전류 사용 시 아크 발생이 쉽고 안정되며 전극의 소모가 적어 수명이 길고 일정한 지름의 전극에 대해 광범위한 전류의 사용이 가능하다.

(마) 텅스텐 전극봉은 순수한 텅스텐봉과 토륨을 1~2 % 포함한 토륨 텅스텐 전극이 있고 후자가 전자 방사 능력이 크고 접촉에 의한 오손이 적다.

(바) 아르곤 가스 밸브는 전자 밸브 회로이고 냉각수 밸브는 자동 통수(通水) 밸브가 필요하다.

(사) 주로 3 mm 이하의 얇은 판 용접에 이용된다.

(아) TIG 용접은 수동, 반자동, 자동의 용접 장치가 있다.

텅스텐 전극봉의 종류

번호	AWS 분류	텅스텐의 종류 (평균 합금)	색깔 표지	다듬질 정도	전류의 종류	특성
1	EWP	순텅스텐	녹색	청정 및 연삭	교류	양호한 아크 유지, 오염될 염려가 없다. 낮은 전류 사용, 비용 절감
2	EWZr	산화지르콘 0.15~0.4 %	갈색			전극봉의 오염이 심하다. 전극봉 끝이 둥근 형태로 유지되어 용접에 우수하다. 오염에 잘 견디고, 아크 발생이 양호하다.
3	EWTh-1	이산화토륨 0.8~1.2 %	황색		직류정극성 및 역극성	아크 발생이 용이, 높은 전류 사용, 아크 안정 우수, 교류(AC) 시 둥근 형태의 전극봉 유지가 곤란하다.
4	EWTh-2	이산화토륨 1.7~2.2 %	적색		직류정극성 및 역극성	
5	EWTh-1	이산화토륨 0.35~0.55 %	청색		직류정극성 및 역극성	교류(AC) 용접을 개선하기 위해서 끝이 둥근 전극봉이 처음으로 고안되었다.

단원 예상문제

1. 불활성 가스 아크 용접으로 용접을 하지 않는 것은?

① 알루미늄 ② 스테인리스강
③ 마그네슘 합금 ④ 선철

해설 선철은 제강을 하기 위하여 철광석을 용해 환원하여 제조되는 것으로 용접을 할 필요가 없다.

2. 용접법 중에서 TIG와 MIG로 구분되어 있는 것은?

① 퍼커션 용접

② 논가스 실드 아크 용접

③ 3시 용접

④ 불활성 가스 아크 용접

해설 TIG와 MIG로 구분하는 것은 불활성 가스 아크 용접이며 3시 용접(three o'clock welding)이란 원통형의 탱크 제작에서 수직판의 수평용접을 안과 밖에서 동시에 하기 위하여 잠호 용접을 개량한 수평 잠호 용접을 말하며 와이어가 수평선에서 20°의 각도로 3시 방향에서 공급되어 3시 용접이라고 한다.

3. TIG 용접 작업에서 토치의 각도는 모재에 대하여 진행 방향과 반대로 몇 도 정도 기울여 유지시켜야 하는가?

① 15° ② 30°

③ 45° ④ 75°

해설 TIG 용접 작업에서는 토치의 각도가 모재에 대하여 진행 방향과 반대로 78° 정도 기울여 유지시키며 일반으로 전진법으로 용접하고 용접봉을 모재에 대해 15° 정도의 각도로 기울여 용융 풀에 재빨리 접근시켜 첨가한다.

4. TIG 용접으로 Al을 용접할 때, 가장 적합한 용접 전원은?

① DC SP

② DC RP

③ AC HF

④ AC

해설 불활성 가스 텅스텐 아크 용접에서 Al을 용접할 때에는 표면에 존재하는 산화알루미늄(산화알루미늄 용융온도 2050℃, 실제 알루미늄 용융온도는 660℃)을 역극성으로 제거하기 위해 교류 전원 중 고주파 전류 병용을 사용하며 초기 아크 발생이 쉽고 텅스텐 전극의 오손이 적다.

5. TIG 용접 시 교류용접기에 고주파 전류를 사용할 때의 특징이 아닌 것은?

① 아크는 전극을 모재에 접촉시키지 않아도 발생된다.

② 전극의 수명이 길다.

③ 일정 지름의 전극에 대해 광범위한 전류의 사용이 가능하다.

④ 아크가 길어지면 끊어진다.

해설 TIG 용접에서 교류용접기에 고주파를 사용할 때 문제에서 ①, ②, ③은 TIG 용접에 고주파 전류의 특징에 대한 설명이고, 고주파 전류로 아크가 길어져도 끊어지지 않는다.

정답 1. ④ 2. ④ 3. ④ 4. ③ 5. ④

3. 불활성 가스 금속 아크 용접법

(1) 개요

불활성 가스 금속 아크 용접법(inert gas metal arc welding(GMAW) : MIG)은 용가재인 전극 와이어를 연속적으로 보내어 아크를 발생시키는 방법이다. 용극 또는 소모식 불활성 가스 아크 용접법으로 전자동식과 반자동식이 있다.

(2) 특성 및 장치

① MIG 용접은 직류 역극성을 사용하며 청정 작용이 있다.
② 전극 와이어는 용접 모재와 같은 재질에 금속을 사용하며 판 두께 3 mm 이상에 적합하다.
③ 전류 밀도가 매우 크므로 피복 아크 용접의 4~6배, TIG 용접의 2배 정도이므로 서브머지드 아크 용접과 비슷하다.
④ 전극 용융 금속의 이행 형식은 주로 스프레이형으로 아름다운 비드가 얻어지나 용접 전류가 낮으면 구적이행(globular transfer)이 되어 비드 표면이 매우 거칠다.
⑤ MIG 용접은 자기 제어 특성이 있으며, 헬륨가스 사용 시는 아르곤보다 아크 전압이 현저하게 높다.
⑥ MIG 용접기는 정전압 특성 또는 상승 특성의 직류 용접기이다.
⑦ MIG 용접 장치 중 와이어 송급방식은 푸시식(push type), 풀식(pull type), 푸시풀식(push-pull type)의 3종류가 사용된다.
⑧ MIG 용접 토치는 전류 밀도가 매우 높아 수랭식이 사용된다.

단원 예상문제

1. 불활성 가스 금속 아크 용접의 특징에 대한 설명으로 틀린 것은?
① TIG 용접에 비해 용융속도가 느리고 발판용접에 적합하다.
② 각종 금속 용접에 다양하게 적용할 수 있어 응용 범위가 넓다.
③ 보호가스의 가격이 비싸 연강 용접의 경우에는 부적당하다.
④ 비교적 깨끗한 비드를 얻을 수 있고 CO_2 용접에 비해 스패터 발생이 적다.

해설 MIG 용접의 특징으로 TIG 용접에 비해 반자동, 자동으로 용접 속도의 용융 속도가 빠르며 후판 용접에 적합하다.

2. MIG 용접 제어장치에서 용접 후에도 가스가 계속 흘러나와 크레이터 부위의 산화를 방지하는 제어 기능은?

① 가스 지연 유출 시간(post flow time) ② 번 백 시간(burn back time)
③ 크레이터 충전 시간(crate fill time) ④ 예비 가스 유출 시간(preflow time)

해설 ㉮ 번 백 시간 : 크레이터 처리 기능에 의해 낮아진 전류가 서서히 줄어들면서 아크가 끊어지는 기능으로 이면 용접부가 녹아내리는 것을 방지한다.
㉯ 크레이터 처리 시간 : 크레이터 처리를 위해 용접이 끝나는 지점에서 토치 스위치를 다시 누르면 용접전류와 전압이 낮아져 크레이터가 채워져 결함을 방지하는 기능이다.
㉰ 예비 가스 유출 시간 : 아크가 처음 발생되기 전 보호가스를 흐르게 하여 아크를 안정되게 하여 결함 발생을 방지하기 위한 기능이다.

3. MIG 용접의 특징이 아닌 것은?

① 아크 자기 제어 특성이 있다.
② 정전압 특성, 상승 특성이 있는 직류용접기이다.
③ 반자동 또는 전자동 용접기로 속도가 빠르다.
④ 전류 밀도가 낮아 3 mm 이하 얇은 판 용접에 능률적이다.

해설 GMAW의 특징
㉮ 용접기 조작이 간단하고 손쉽게 용접할 수 있다.
㉯ 용접 속도가 빠르고 슬래그가 없고 스패터가 최소로 되기 때문에 용접 후 처리가 불필요하다.
㉰ 용착효율이 좋다(수동 피복 아크용접 60 %, MIG는 95 %).
㉱ 전 자세 용접이 가능하고, 용입이 깊고 전류 밀도가 높다.
㉲ 3 mm 이상 후판 용접에 적합하다.

정답 1. ① 2. ① 3. ④

4. 서브머지드 아크 용접

(1) 개요

서브머지드 아크 용접은 용접하고자 하는 모재의 표면 위에 미리 입상의 용제를 공급관(flux hopper)을 통하여 살포한 뒤 그 용제 속으로 연속적으로 전극심선을 공급하여 용접하는 자동 아크 용접법(automatic arc welding)이다. 아크나 발생 가스가 용제 속에 잠겨 있어 밖에 보이지 않으므로 잠호 용접, 유니언 멜트 용접법(union melt welding), 링컨 용접법(Lincoln welding)이라고도 부르며 용제의 개발로 스테인리스강이나 일부 특수 금속에도 용접이 가능하게 되었다.

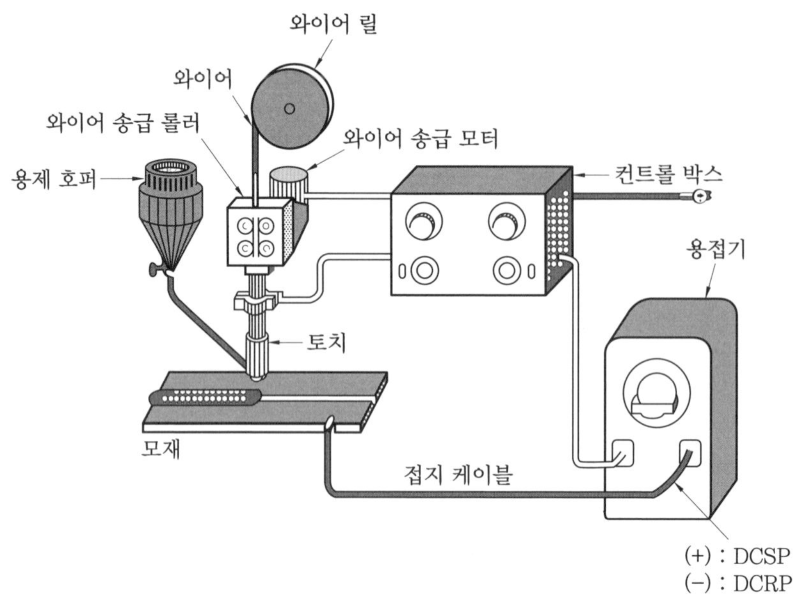

서브머지드 용접 회로

(2) 용접법의 특징

① 장점

(가) 용제는 아크 발생점의 전방에 호퍼에서 살포되어 아크 및 용융금속을 덮어 용접 진행이 대기와 차단되어 행하여지므로 대기 중의 산소와 질소 등에 의한 영향을 받는 일이 적고 스틸 울(steel wool)을 끼워서 전류를 통하게 하여 아크 발생을 쉽게 하거나 고주파를 이용하여 아크를 쉽게 발생시킨다.

(나) 용접 속도가 수동 용접의 10~20배나(판 두께 12 mm에서 2~3배, 25 mm에서 5~6배 50mm에서 8~12배) 되므로 능률이 높다.

(다) 용제(flux)의 보호(shield) 작용에 의해 열에너지의 방산을 방지할 수 있어 용입이 매우 크고 용접 능률이 높으며 비드 외관이 아름답다.

(라) 대전류(약 200~4,000 A)의 사용에 의한 용접의 비약적인 고능률화에 있다.

(마) 용접 금속의 품질(기계적 성질인 강도, 연신, 충격치, 균일성 등)이 양호하다.

(바) 용접 홈의 크기가 작아도 상관이 없으므로 용접 재료의 소비가 적어 경제적이고, 용접 변형도 적어 용접 비용이 저감된다.

(사) 용접 조건을 일정하게 하면 용접공의 기술 차이에 의한 용접 품질의 격차가 없고, 강도가 좋아서 이음의 신뢰도가 높다.

(아) 유해광선이나 퓸 등이 적게 발생되어 작업 환경이 깨끗하다.

피복 아크 수동 용접과 서브머지드 아크 용접의 비교

항목		피복 아크 수동 용접	서브머지드 아크 용접
용접 속도		1	10~20배
용입 상태		1	2~3배
전체적인 작업 능률	판 두께 12 mm	1	2~3배
	판 두께 25 mm	1	5~6배
	판 두께 50 mm	1	8~12배

② 단점

(가) 아크가 보이지 않으므로 용접의 좋고 나쁨을 확인하면서 용접할 수가 없다.

(나) 일반적으로 용입이 깊으므로 요구되는 용접 홈 가공의 정도가 심하다(0.8 mm의 루트 간격을 넘어 이보다 넓을 때는 용락(burn through, metal down)의 위험성이 있다).

(다) 용입(용접 입열)이 크므로 변형을 가져올 우려가 있어 모재의 재질을 신중하게 선택한다.

(라) 용접선의 길이가 짧거나 복잡한 곡선에는 비능률적이고, 용접 적용 장소가 한정된다.

(마) 특수한 장치를 사용하지 않는 한 용접 자세가 아래 보기나 수평 필릿에 한정된다.

(바) 용제의 습기 흡수가 쉬워 건조나 취급이 매우 어렵다.

(사) 설비가 비싸며 결함이 한 번 발생하면 대량으로 발생이 쉽다.

(아) 용접 재료가 강철계(탄소강, 저합금강, 스테인리스강 등)로 한정되고 있다.

(자) 퍽 마크(puck mark) : 서브머지드 아크 용접에서 용융형 용제의 산포량이 너무 많으면 발생된 가스가 방출되지 못하여 기공의 원인이 되며 비드 표면에 퍽 마크가 생긴다.

(3) 용접 장치

① 구성 : 용접 전원(직류 또는 교류), 전압 제어상자(voltage control box), 심선을 보내는 장치(wire feed apparatus), 접촉 팁(contact tip), 용접 와이어, 용제 호퍼, 주행 대차 등으로 되어 있으며 용접 전원을 제외한 나머지를 용접 헤드(welding head)라 한다.

② 종류 : 와이어 송급장치, 용제 호퍼, 진공 회수 장치 등

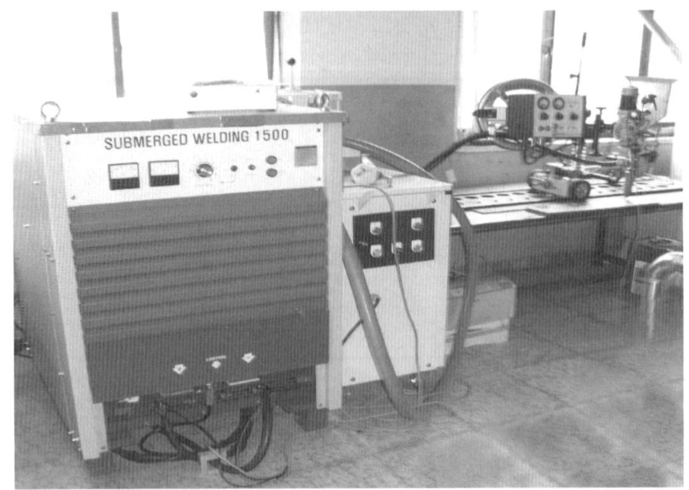

서브머지드 아크 용접 장치

(4) 용접 방식

① 용접 전원 : 교류 또는 직류를 다 사용하나 교류는 시설비가 싸고 자기불림이 매우 적어 많이 사용되며, 최근에는 정전압 특성의 직류 용접기(아크의 재점호 모양이 불필요하고 낮은 전압까지 아크가 안정된다)가 사용되고 있다.

② 다전극 용접기

㈎ 탠덤식(tandem process) : 두 개의 전극 와이어를 독립된 전원에 접속하는 방식으로 비드의 폭이 좁고 용입이 깊다.

㈏ 횡병렬식(parallem transuerse process) : 두 개의 와이어를 똑같은 전원에 접속하며 비드의 폭이 넓고 용입이 깊은 용접부가 얻어져 능률이 높다.

㈐ 횡직렬식(series transuerse process) : 두 개의 와이어에 전류를 직렬로 흐르게 하여 아크 복사열에 의해 모재를 가열 용융시켜 용접을 하는 방식이다.

(5) 용제

① 용제는 용접 용융부를 대기로부터 보호하고, 아크의 안정 또는 화학적, 금속학적 반응으로서의 정련 작용 및 합금 첨가 작용 등의 역할을 위해 광물성의 분말 모양의 피복제이다. 상품명으로는 콤퍼지션(composition)이라고 부른다.

㈎ 용융형 용제(fusion type flux) : 원료 광석을 아크로에서 1300℃ 이상으로 가열 융해하여 응고시킨 다음, 부수어 적당한 입자를 고르게 만든 것으로 유리와 같은 광택을 가지고 있다. 사용 시 낮은 전류에서는 입도가 큰 것을, 높은 전류에서는 입도가 작은 것을 사용하면 기공의 발생이 적다.

(나) 소결형 용제(sintered type flux) : 광물성 원료 분말, 합금 분말 등을 규산나트륨과 같은 점결제와 더불어 원료가 융해되지 않을 정도의 비교적 저온(300~1000℃) 상태에서 소정의 입도로 소결한 것이다.

(다) 혼성형 용제(bonded type flux) : 분말상의 원료에 점결제를 가하여 비교적 저온(300~400℃)에서 소결하여 응고시킨 것으로 스테인리스강 등의 특수강 용접 시에 사용된다.

② 용제가 갖추어야 할 성질

(가) 아크 발생이 잘 되고 지속적으로 유지시키며 안정된 용접을 할 수 있을 것

(나) 용착 금속에 합금 성분을 첨가시키고 탈산, 탈황 등의 정련작업을 하여 양호한 용착 금속을 얻을 수 있을 것

(다) 적당한 용융 온도와 점성 온도 특성을 가지며 슬래그의 이탈성이 양호하고 양호한 비드를 형성할 것

단원 예상문제

1. 서브머지드 아크 용접은 수동 용접보다 몇 배의 용접 속도의 능률을 갖는가?

① 2~3배 ② 5~7배
③ 2~10배 ④ 10~20배

해설 용접 속도가 수동 용접의 10~20배나(판 두께 12 mm에서 2~3배, 25 mm에서 5~6배, 50 mm에서 8~12배) 되므로 능률이 높다.

2. 서브머지드 아크 용접에 대한 설명 중 틀린 것은?

① 용접선이 복잡한 곡선이나 길이가 짧으면 비능률적이다.
② 용접부가 보이지 않으므로 용접 상태의 좋고 나쁨을 확인할 수 없다.
③ 일반적으로 후판의 용접에 사용되므로 루트 간격이 0.8 mm 이하이면 오버랩(over lap)이 많이 생긴다.
④ 용접 홈의 가공은 수동 용접에 비하여 그 정밀도가 좋아야 한다.

해설 루트 간격이 0.8 mm보다 넓을 때는 처음부터 용락을 방지하기 위하여 수동 용접에 의해 누설 방지 비드를 만들거나 이면 받침을 사용해야 한다.

3. 다음은 서브머지드 아크 용접의 용접 장치를 열거한 것이다. 용접 헤드(welding head)에 속하지 않는 것은?

① 심선을 보내는 장치
② 진공 회수 장치
③ 접촉 팁(contact tip) 및 그의 부속품
④ 전압 제어 상자

해설 서브머지드 아크 용접 장치의 구성 : 용접 전원(직류 또는 교류), 전압 제어상자(voltage control box), 심선을 보내는 장치(wire feed apparatus), 접촉 팁(contact tip), 용접 와이어, 용제 호퍼, 주행 대차 등으로 되어 있으며 용접 전원을 제외한 나머지를 용접 헤드(welding head)라 한다.

4. 서브머지드 아크 용접의 용제에 대한 설명이다. 용융형 용제의 특성이 아닌 것은?

① 비드 외관이 아름답다.
② 흡습성이 높아 재건조가 필요하다.
③ 용제의 화학적 균일성이 양호하다.
④ 용융 시 분해되거나 산화되는 원소를 첨가할 수 있다.

해설 용융형 용제는 원료 광석을 1300℃ 이상으로 가열 융해하여 응고시킨 다음 부수어, 적당하게 입자를 고르게 만든 것이다. 유리와 같은 광택을 가지고 있으며 사용 시 낮은 전류에서는 입도가 큰 것, 높은 전류에서는 입도가 작은 것을 사용하면 기공의 발생이 적다.

정답 1. ④ 2. ③ 3. ③ 4. ②

5. 탄산 가스 아크 용접

(1) 개요

탄산 가스 아크 용접(CO_2 gas arc welding)은 MIG 용접의 불활성 가스 대신에 가격이 저렴한 탄산 가스(CO_2)를 사용하는 것으로 용접 장치의 기능과 취급은 MIG 용접 장치와 거의 동일하며 주로 탄소강의 용접에 사용된다.

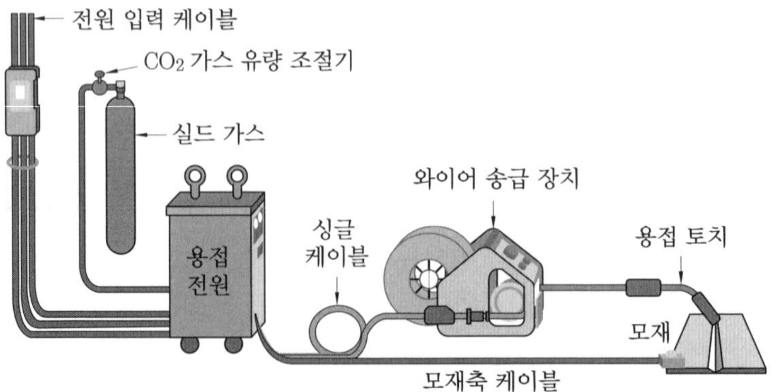

탄산 가스 아크 용접 회로

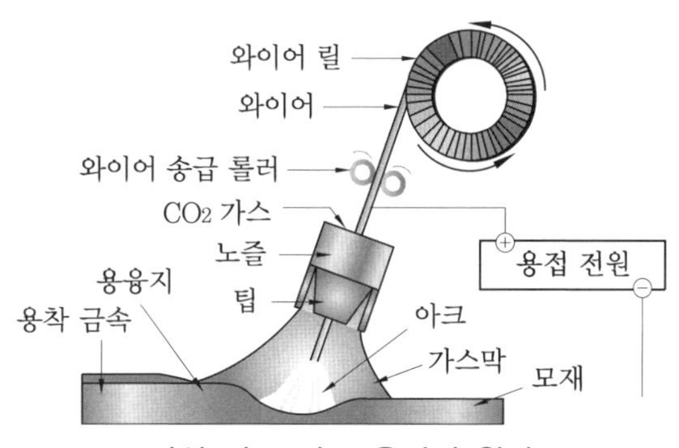

탄산 가스 아크 용접의 원리

(2) 탄산 가스 아크 용접법의 분류

① 실드 가스와 용극 방식에 의한 분류

<table>
<tr><td rowspan="3">용극식</td><td colspan="2">(가) 나강선(solid wire) CO_2법(순 CO_2법)</td></tr>
<tr><td>(나) 혼합가스법</td><td>CO_2-O_2법
CO_2-CO법
CO_2-Ar법
CO_2-Ar-O_2법</td></tr>
<tr><td>(다) CO_2 용제법</td><td>아코스 아크(arcos arc)법(플럭스 내장 복합 와이어)
퓨즈 아크(fuse arc) CO_2법
NCG법
유니언(union) 아크법(자성용제)</td></tr>
<tr><td rowspan="2">비용극식</td><td colspan="2">탄소 아크법</td></tr>
<tr><td colspan="2">텅스텐 아크법(이중 노즐식)</td></tr>
</table>

② 토치 작동 형식에 의한 분류

(가) 수동식(비용극식, 토치 수동)

(나) 반자동식(용극식, 와이어 송급 자동, 토치 수동)

(다) 전자동식(용극식, 와이어 송급 자동, 토치 자동)

(3) 용접법의 특징

① 산화나 질화가 없고 수소량이 적어 기계적, 금속학적 성질이 좋은 용착 금속을 얻는다.

② 값싼 탄산가스를 사용하고 가는 와이어로 고속도 용접이 가능하므로 다른 용접법에 비하여 비용이 싸고, 아크 특성에 적합한 상승 특성을 사용하여 아크가 안정된다.

③ 전류 밀도가 대단히 높아 용입이 깊어 아크 점 용접이 가능하고 제품 무게의 경감에 도움이 된다.
④ 박판(0.8 mm까지) 용접은 단락이행 용접법에 의해 가능하며 가시 아크이므로 시공이 편리하다.
⑤ 서브머지드 아크 용접법에 비하여 모재 표면의 녹과 오물 등에 둔감하다.
⑥ 필릿 용접 이음의 적정강도, 피로강도 등의 수동 용접에 비하여 매우 좋다.
⑦ 킬드(killed), 세미킬드(semi-killed)는 물론 림드강(rimmed steel)에도 용접이 되므로 기계적 성질이 좋다.
⑧ 용제(flux)를 사용하지 않으므로 용접부에 슬래그 섞임(slag inclusion)이 없고 용접 후의 처리가 간단하다.
⑨ 전 자세 용접이 가능하여 조작도 간단하므로 기능에 숙련을 별로 요구하지 않는다.
⑩ 솔리드 와이어 사용 시에 전류 밀도가 크므로(100~300 A/mm^2) 피복 용접봉(10~20 A/mm^2)에 비하여 용입이 깊은 고속도의 용접이 행하여진다.
⑪ 스프레이 이행 시보다 구상 이행 시 스패터가 많고 비드 외관이 거칠다.
⑫ 탄산 가스 아크 용접에서 허용되는 바람의 한계 속도는 1~2 m/s이다.
⑬ 병에서 탄산 가스의 유출량이 많을 때 압력조정기와 유량계가 얼어버리므로 압력조정기에는 가열 히터를 달아서 사용한다.
⑭ 적용 재질이 철 계통으로 한정되어 있다.

(4) 용접 장치

① 용접 장치는 자동, 반자동 장치의 2가지가 있고 용접용 전원은 직류 정전압 특성이 사용된다.
② 용접 장치는 주행 대차 위에 용접 토치와 와이어 등이 설치된 전자동식과 토치만 수동으로 조작하고 나머지는 기계적으로 조작하는 반자동식이 있다.
③ 와이어 송급장치는 푸시(push)식, 풀(pull)식, 푸시풀(push-pull)식 등이 있다.
④ 용접 제어장치로는 감속기 송급 롤러 등의 전극 와이어의 송급 제어와 전자 밸브로 조정되는 보호가스 그리고 냉각수의 송급 제어의 두 계열이 있다.

(5) 와이어

① 와이어(wire)는 나강선과 용재가 안에 넣어져 있는 복합 와이어가 있다.
② 일반 와이어는 망간, 규소, 티탄 등의 탈산성 원소를 함유한 솔리드(Solid) 와이어가 사용된다.

③ 복합 와이어는 사용 전에 200~300℃로 1시간 정도 건조시켜 사용한다.

(6) 용접 방법(조건)

① CO_2 용접 작업을 할 때는 먼저 용접 전류를 설정하고 아크를 발생시키며 용접 전압을 모재에 맞게 조정한다.

② 용접 전류

(가) 정전압 특성의 전원은 토치 선단에서 송급된 와이어를 용융시켜 아크도 유지할 수 있는 필요 전류를 자동적으로 공급하는 특성을 갖고, 전류 조정은 와이어 송급 속도를 변화하는 것에 의해 제어된다.

(나) 전류를 높게 하면 와이어의 녹아내림이 빠르고 용착률과 용입이 증가하며 지나치게 높은 전류는 볼록한 비드를 형성하여 용착 금속의 낭비와 외관이 좋지 못한 결과를 초래하므로 적당한 값을 선택한다.

③ 용접 전압

(가) 아크 전압을 높이면 비드가 넓어지고 납작해지며 지나치게 높이면 기포가 발생하고, 너무 낮으면 볼록하고 좁은 비드를 형성하고 와이어가 녹지 않고 모재 바닥에 부딪치며 토치를 들고 일어나는 현상이 생긴다.

(나) 낮은 전압일수록 아크가 집중되어 용입은 약간 깊어진다.

(다) 높은 전압의 경우는 아크가 길어 모재에 닿지 않으며 위에서 와이어가 녹아 비드 폭이 넓어지고 높이는 납작해지며 용입은 약간 낮아진다.

④ 용접 속도 : 용접 속도가 빠르면 모재의 입열이 감소되어 용입이 얕고 비드 폭이 좁으며 반대로 늦으면 아크 바로 밑으로 용융 금속이 흘러들어 아크의 힘을 약화시켜서 용입이 얕으며 비드 폭이 넓은 평탄한 비드를 형성한다.

⑤ 와이어 돌출 길이

(가) 팁 끝에서 아크 길이를 제외한 첨단까지의 길이로서 이것은 보호 효과 및 용접 작업성을 결정하는 것으로 돌출 길이가 길어짐에 따라 용접 와이어의 예열이 많아지고 용착 속도와 용착 효율이 커지며 보호 효과가 나빠지고 용접 전류는 낮아진다.

(나) 와이어 돌출 길이가 짧아지면 가스 보호에는 좋으나 노즐에 스패터가 부착하기 쉬우며 용접부의 외관도 나쁘며 작업성이 떨어져 팁과 모재 간의 거리는 저전류(약 200 A 미만)에서는 10~15 mm 정도, 고전류에서는 15~25 mm 정도가 적당하다.

(7) 플럭스 코어드 용접(FCAW) 및 기타 탄산 가스 아크 용접법

① 플럭스 코어드 용접(FCAW) : 플럭스 코어드 용접은 탄산 가스 아크 용접에서 솔리드 와이어를 사용하면 스패터 발생이 많고 작업성이 떨어지며 용접 품질에도 플럭스 코어드 아크 용접보다 떨어져 단점을 보완해주는 플럭스 코어드 아크 용접은 전 자세 용접이 가능하고 탄소강과 합금강의 중, 후판의 용접에 가장 많이 사용되고 용착 속도와 용접 속도가 상당히 크다.

㈎ 전류 밀도가 높아 필릿 용접에서는 솔리드 와이어에 비해 10% 이상 용착 속도가 빠르고, 수직이나 위보기 자세에서 탁월한 성능을 보인다.

㈏ 일부 금속에 제한적(연강, 합금강, 내열강, 스테인리스강 등)으로 적용되고 있다.

㈐ 용접 중에 퓸의 발생이 많고 복합 와이어는 가격이 같은 재료의 와이어보다 비싸다.

② C.S 아크 용접 : CO_2 가스 외에 소량의 산소를 혼입한 CO_2-O_2 아크 용접 방법으로 이 용접 방식의 발명자인 일본의 세기구지(Sekiguchi)의 이름을 따서 명칭을 붙인 것으로 탄산 가스 중에 1/3 정도의 산소를 혼입하면 용착이 잘 되고 슬래그의 이탈성이 좋아진다.

③ 유니언 아크 용접(union arc welding) : 미국의 린데 회사에서 발명한 것으로서 자석 용제(magnetic flux)를 탄산 가스 중에 부유시켰을 때 그 자성에 의해 용접 중심선에 부착시켜 용접하는 방식이다. 피복 아크 용접에 비하여 용착 속도가 50~100 % 가량 빠르게 할 수 있고 용접비도 35~75 % 가량 낮으며 용착부의 외관이 비교적 양호하고 용입도 깊다.

④ 아코스 아크 용접(arcos arc welding) : 벨기에의 아코스 회사에서 개발한 용접법으로 사용되는 용접 와이어가 얇은 박강판을 여러 형태로 구부려서 외형은 원통으로 하고 그 안에 용제를 채운 복합 와이어이다.

⑤ 퓨즈 아크 용접(fuse arc welding) : 영국에서 개발된 용접 방식으로 심선외피에 통전용 스파이럴 강선과 후락스가 감아져 있는 모양에 와이어를 연속적으로 공급하여 CO_2 분위기에서 용접하는 방법이다.

⑥ 버나드 아크 용접(bernard arc welding) : 미국의 내셔널 실린더 가스회사의 플럭스 내장 와이어를 사용하는 용접법으로 N.C.G법 또는 버나드법이라고도 한다.

CO_2 가스가 인체에 미치는 영향

작용	CO_2(체적 %)
건강에 유해	0.01 이상
중독 작용이 일어난다.	0.02~0.05
수 시간 호흡할 때 위험	0.1 이상
30분 이상 호흡하면 극히 위험	0.2 이상
두통, 뇌빈혈	3~4
위험 상태	15 이상
극히 위험	30 이상

단원 예상문제

1. CO_2 가스 아크 용접에서 솔리드 와이어에 비교한 복합 와이어의 특징으로 틀린 것은?

① 양호한 용착 금속을 얻을 수 있다. ② 스패터가 많다.
③ 아크가 안정된다. ④ 비드 외관이 깨끗하여 아름답다.

해설 CO_2 가스 아크 용접에 사용되는 와이어 종류 중 솔리드 와이어와 비교해 복합 와이어의 특징은 용제에 탈산제, 아크 안정제 등 합금 원소가 포함되어 있어 양호한 용착 금속을 얻을 수 있고 아크의 안정, 스패터가 적고 비드 외관이 깨끗하며 아름답다.

2. 이산화탄소 아크 용접의 특징에 대한 설명으로 틀린 것은 어느 것인가?

① 용제를 사용하지 않아 슬래그의 혼입이 없다.
② 용접 금속의 기계적, 야금적 성질이 우수하다.
③ 전류 밀도가 높아 용입이 깊고 용융 속도가 빠르다.
④ 바람의 영향을 전혀 받지 않는다.

해설 이산화탄소 아크 용접의 특징은 ①, ②, ③ 외에 ㉮ 일반적으로는 이산화탄소 가스가 바람의 영향을 크게 받으므로 풍속 2 m/s 이상이면 방풍장치가 필요하다. ㉯ 적용 재질은 철계통으로 한정되어 있다. ㉰ 비드 외관은 피복 아크 용접이나 서브머지드 아크 용접에 비해 약간 거칠다는 점(솔리드 와이어) 등이다.

3. CO_2 가스 아크 용접 시 이산화탄소의 농도가 3~4 %이면 일반적으로 인체에는 어떤 현상이 일어나는가?

① 두통, 뇌빈혈을 일으킨다. ② 위험 상태가 된다.
③ 치사(致死)량이 된다. ④ 아무렇지도 않다.

해설 이산화탄소가 인체에 미치는 영향은 농도가 ㉮ 3~4 : 두통, 뇌빈혈 ㉯ 15 % 이상 : 위험 상태 ㉰ 30 % 이상 : 극히 위험하다.

4. CO_2 가스 아크 용접에서 아크 전압이 높을 때 나타나는 현상으로 맞는 것은?

① 비드 폭이 넓어진다. ② 아크 길이가 짧아진다.
③ 비드 높이가 높아진다. ④ 용입이 깊어진다.

해설 1. 아크 전압이 낮을 때
㉮ 볼록하고 좁은 비드를 형성한다.
㉯ 와이어가 녹지 않고 모재 바닥을 부딪치고 토치를 들고 일어나는 현상이 발생한다.
㉰ 아크가 집중되기 때문에 용입은 약간 깊어진다.
2. 아크 전압이 전류에 비하여 높을 때
㉮ 비드 폭이 넓어지고 납작해지며 기포가 발생한다.
㉯ 아크가 길어지고 와이어가 빨리 녹으며 용입은 약간 낮아진다.

5. 이산화탄소 아크 용접에서 일반적인 용접 작업(약 200 A 미만)에서의 팁과 모재 간 거리는 몇 mm 정도가 가장 적당한가?

① 0~5 ② 10~15 ③ 30~40 ④ 40~50

해설 이산화탄소 아크 용접에서 팁과 모재 간의 거리는 저전류(약 200 A)에서는 10~15 mm 정도, 고전류 영역(약 200 A 이상)에서는 15~25 mm 정도가 적당하며 일반적으로는 용접 작업에서의 거리는 10~15 mm 정도이고 눈으로 보는 실제 거리는 눈이 바로 보는 시각의 차이로 5~7 mm 정도이다.

6. 탄산가스 아크 용접법 용접 장치에 대한 설명 중 틀린 것은?

① 용접용 전원은 직류 정전압 및 수하 특성이 사용된다.
② 와이어를 송급하는 장치는 사용 목적에 따라 푸시(push)식과 풀(pull)식 등이 있다.
③ 이산화탄소, 산소, 아르곤 등이 유량계가 붙은 조정기가 필요하다.
④ 와이어 릴이 필요하다.

해설 용접 장치는 자동, 반자동 장치의 2가지가 있고, 용접용 전원은 직류 정전압 특성이 사용된다.

7. CO_2−O_2 가스 아크 용접에서 용적 이행에 미치는 영향으로 적합하지 않는 것은?

① 핀치 효과 ② 증발 추력
③ 모세관 현상 ④ 표면장력

해설 용적 이행에 미치는 영향은 ①, ②, ④ 외에 중력, 전자기력, 플라스마 기류, 금속의 기화에 의한 반발력 등으로 생각할 수 있다.

8. CO_2 가스 아크 용접에서의 기공과 피트의 발생 원인으로 맞지 않는 것은?

① 탄산가스가 공급되지 않는다. ② 노즐과 모재 사이의 거리가 작다.
③ 가스 노즐에 스패터가 부착되어 있다. ④ 모재의 오염, 녹, 페인트가 있다.

해설 CO_2 가스 아크 용접에서 기공 및 피트의 발생 원인은 CO_2 가스 유량 부족과 공기 흡입, 바람에 의한 CO_2 가스 소멸, 노즐에 스패터가 다량 부착, 가스의 품질 저하, 용접 부위가 지저분하고 노즐과 모재 간 거리가 지나치게 길 때, 복합 와이어의 흡습, 솔리드 와이어 녹 발생 등이다.

정답 1. ② 2. ④ 3. ① 4. ① 5. ② 6. ① 7. ③ 8. ②

6. 그 밖의 특수 용접

(1) 단락 옮김 아크 용접법(short arc welding)

① 가는 솔리드 와이어를 아르곤, 이산화탄소 또는 그 혼합가스의 분위기 속에서 용접하는 MIG 용접과 비슷한 방법으로 용적의 이행이 큰 용적으로 와이어와 모재 사이를 주기적으로 단락을 일으키도록 아크 길이를 짧게 하는 용접 방법으로 0.8 mm 정도의 얇은 판 용접이 가능하게 된 것이다.

② 직류 정전압 전원과 와이어에 보내는 장치, 실드 가스 용접건(shield welding gun) 및 용접 케이블이 주체가 되고 이산화탄소(CO_2) 아크 용접 장치와 비슷하다.

(2) 플라스마 제트 용접(plasma jet welding)

① 원리 : 기체를 가열하여 온도를 높여 주면 기체 원자가 열운동에 의해 양이온과 전자로 전리되어 충분히 이온화되어 전류가 통할 수 있는 혼합된 도전성을 띤 가스체를 플라스마(plasma)라 한다. 약 10,000℃ 이상의 고온에 플라스마를 적당한 방법으로 한 방향으로 고속으로 분출시키는 것을 플라스마 제트라 부르고 각종 금속의 용접, 절단 등의 열원으로 이용하며 용사에도 사용한다. 이 플라스마 제트를 용접 열원으로 하는 용접법을 플라스마 용접이라 한다.

② 용접 장치와 특징

㈎ 용접 전원으로는 수하 특성의 직류가 사용된다.

㈏ 이행형 아크는 전극과 모재 사이에서 아크를 발생하고, 핀치 효과를 일으키며 냉각에는 Ar 또는 Ar-H의 혼합가스를 사용한다. 열효율이 높고 모재가 도전성 물질이어야 한다.

㈐ 비이행형 아크는 아크의 안정도가 양호하며 토치를 모재에서 멀리하여도 아크에 영향이 없고 또 비전도성 물질의 용융이 가능하나 효율이 낮다.

㈑ 일반적인 유량은 1.5~15 L/min으로 제한한다.

③ 장점

㈎ 플라스마 제트는 에너지 밀도가 크고, 안정도가 높으며 보유열량이 크다.

㈏ 비드 폭이 좁고 용입이 깊다.

㈐ 용접 속도가 빠르고 용접 변형이 적다.

㈑ 아크의 방향성과 집중성이 좋다.

④ 단점

㈎ 용접 속도가 빠르면 가스의 보호가 불충분하다.

㈏ 보호 가스를 2중으로 필요하므로 토치의 구조가 복잡하다.

㈐ 일반 아크 용접기에 비하여 높은 무부하 전압(약 2~5배)이 필요하다.

㈑ 맞대기 용접에서는 모재 두께가 25 mm 이하로 제한되며 자동에서는 아래보기와 수평자세에 제한하고 수동에서는 전 자세 용접이 가능하다.

플라스마 아크 용접 장면

단원 예상문제

1. 플라스마 아크 용접의 아크 종류 중 텅스텐 전극과 구속 노즐 사이에서 아크를 발생시키는 것은?

① 이행형(transferred) 아크 ② 비이행형(non transferred) 아크
③ 반이행형(semi transferred) 아크 ④ 펄스(pulse) 아크

해설 ㉮ 이행형 : 전극과 모재 사이에서 아크를 발생시켜 핀치 효과를 일으키고, 냉각에는 아르곤 또는 아르곤-수소의 혼합가스를 사용하며, 열효율이 높고 모재가 도전성 물질이어야 한다.
㉯ 비이행형 : 아크의 안정도가 양호하며 토치를 모재에서 멀리하여도 아크에 영향이 없고 비전도성 물질의 용융이 가능하나 효율이 낮다.

2. 플라스마 아크 용접 장치에서 아크 플라스마의 냉각 가스로 쓰이는 것은?

① 아르곤과 수소의 혼합가스 ② 아르곤과 산소의 혼합가스
③ 아르곤과 메탄의 혼합가스 ④ 아르곤과 프로판의 혼합가스

해설 플라스마의 냉각 가스 : 이행형 아크는 전극과 모재 사이에서 아크를 발생시켜 핀치 효과를 일으키며 냉각에는 Ar 또는 Ar-H의 혼합가스를 사용한다.

3. 플라스마 아크 용접에 사용되는 가스가 아닌 것은?

① 헬륨 ② 수소
③ 아르곤 ④ 암모니아

해설 플라스마 아크 용접에 사용되는 가스는 아르곤, 아르곤+수소, 헬륨 등이다.

4. 다음의 금속 중에서 플라스마 아크 용접 시 보호 가스로 수소를 혼입하여서는 안 되는 것은?

① 스테인리스강 ② 탄소강 ③ 니켈 합금 ④ 구리

해설 티탄이나 구리의 용접 시 약간의 수소를 혼입하여도 용접부가 약화될 위험성이 있어 수소 대신에 헬륨가스를 사용한다.

정답 1. ② 2. ① 3. ④ 4. ④

(3) 스터드 용접(stud welding)

① 원리 : 스터드 용접은 볼트나 환봉, 핀 등을 건축구조물 및 교량공사 등에서 직접 강판이나 형강에 용접하는 방법으로 볼트나 환봉을 용접 건(stud welding gun)의 홀더에 물리어 통전시킨 뒤에 모재와 스터드 사이에 순간적으로 아크를 발생시켜 이 열로 모재와 스터드 끝면을 용융시킨 뒤 압력을 주어 눌러 용접시키는 방법이다.

② 장치 및 특징

(가) 용접 전원은 교류, 직류가 다 사용되나 그 중 셀렌 정류기를 사용한 직류 용접기가 많이 사용된다.

(나) 스터드 주변에는 내열성의 도자기로 된 페룰(ferrule)을 사용한다.

(다) 아크의 발생 시간은 일반적으로 0.1~2초 정도로 한다.

(라) 대체로 급열, 급랭이 되기 때문에 저탄소강이 좋다.

(마) 페룰은 아크 보호 및 열집중과 용융 금속의 산화와 비산을 방지한다.

(바) 용접단에 용제를 넣어 탈산 및 아크 안정을 돕는다.

(4) 일렉트로 슬래그 용접법(electro-slag welding)

① 원리와 분류 : 일렉트로 슬래그 용접은 용융 용접의 일종으로서 아크열이 아닌 와이어와 용융 슬래그 사이에 통전된 전류의 저항열을 이용하여 용접을 하는 방법이며 용융 슬래그와 용융 금속이 용접부에서 흘러나오지 않도록 모재의 용접부 양쪽에 수랭된 동판을 붙여 미끄러 올리면서 용융 슬래그 속의 와이어를 연속적으로 공급하여 용융 슬래그 안에서 흐르는 전류의 저항 발열로써 와이어와 모재가 용융되어 용접되는 연속주조식 단층 수직 상진 용접법이라 한다.

② 특징

(가) 와이어가 하나인 경우는 판 두께 120 mm, 와이어를 2개 사용하면 100~250 mm, 와이어를 3개 이상 사용하면 250 mm 두께 이상의 용접에 적당하다(전극 와이어의 지름은 보통 2.5~3.2 mm 정도이다).

(나) 용접 홈 가공을 하지 않은 상태로 수직 용접 시 서브머지드 아크 용접에 비하여 준비 시간, 본용접 시간, 본경비, 용접공수 등을 $\frac{1}{3}\sim\frac{1}{5}$로 감소시킬 수 있다.

(다) 수동 용접에 비하여 아크 시간은 4~6배의 능률 향상, 경제적으로는 준비 시간 포함 $\frac{1}{2}\sim\frac{1}{4}$의 경비 절약이 된다.

(라) 용접 장치는 용접 헤드, 와이어 릴, 제어장치 등이 용접기의 주체이고 구리로 만든 수랭판이 있고 홈의 형상은 I형 그대로 사용되므로 용접 홈 가공 준비가 간단하다.

(마) 두꺼운 판 용접에는 전극진동, 진폭장치 등을 갖춘 것이 좋다(두꺼운 판에서는 전극을 좌우로 흔들어 주며 흔들 때에는 냉각판으로부터 10 mm의 거리까지 접근시켜 약 5초간 정지한 후 반대 방향으로 움직이고 흔드는 속도는 40~50 mm/min 정도가 좋다).

(바) 냉각 속도가 느려 기공 및 슬래그 섞임이 없고 변형이 적다.

(사) 용접부의 기계적 성질 특히 노치인성이 나빠 이 단점의 개선 방향이 문제로 되어 있다.

(아) 용접 전원은 정전압형의 교류가 적합하다.

(자) 용융 슬래그의 최고 온도는 1,925℃ 내외이며, 용융 금속의 온도는 용융 슬래그의 접촉되는 부분이 가장 높아 약 1,650℃ 정도이다.

(5) 일렉트로 가스 용접(electro gas welding)

① 원리 : 일렉트로 가스 용접은 일렉트로 슬래그 용접과 같은 조작 방법인 수직 용접법으로 슬래그를 이용하는 대신에 탄산 가스를 주로 보호 가스로 사용하며 보호 가스 분위기 속에서 아크를 발생시켜 아크열로 모재를 용융시켜 용접하는 방법이다. 탄산가스 엔크로즈 아크 용접(CO_2 enclosed arc weleding)이라고도 한다.

② 특징

(가) 보호 가스로는 아르곤, 헬륨, 탄산 가스 또는 이들의 혼합가스가 사용된다.

(나) 일렉트로 슬래그 용접보다 얇은 중후판(10~50 mm)의 용접에 적합하다.

(다) 판 두께에 관계없이 단층 수직 상진 용접으로 용접 홈은 12~16 mm 정도가 좋다.

(라) 용접 속도가 빠르다(수동 용접에 비하여 용융 속도 약 4~5배, 용착 금속은 10배 이상이 된다).

(마) 용접 변형이 거의 없고 작업성도 양호하다.

(바) 용접 홈에 기계 가공이 필요 없고 가스 절단 그대로 용접해도 된다.

(사) 용접 속도는 자동으로 조절되며 빠르고 매우 능률적이다.

(아) 용접강의 인성이 저하되고 스패터, 퓸 발생이 많다.

(자) 풍속 3 m/s 이상에서는 방풍막을 설치하여야 한다.

단원 예상문제

1. 일렉트로 슬래그 용접(electro-slag welding)에서 사용되는 수랭식 판의 재료는?

① 알루미늄 ② 니켈 ③ 구리 ④ 연강

해설 일렉트로 슬래그 용접에 사용되는 수랭식 판의 재료는 열전도가 좋은 구리판을 사용한다.

2. 일렉트로 슬래그(electro slag) 용접은 다음 중 어떤 종류의 열원을 사용하는 것인가?

① 전류의 전기 저항열

② 용접봉과 모재 사이에서 발생하는 아크열

③ 원자의 분리 융합 과정에서 발생하는 열

④ 점화제의 화학반응에 의한 열

해설 일렉트로 슬래그 용접은 와이어와 용융 슬래그 사이에 통전된 전류의 전기 저항열을 이용하는 용접이다.

3. 아크 열이 아닌 와이어와 용융 슬래그 사이에 통전된 전류의 전기 저항열을 주로 이용하여 모재와 전극 와이어를 용융시켜 연속 주조방식에 의한 단층 상진 용접을 하는 것은?

① 플라스마 용접 ② 전자 빔 용접

③ 레이저 용접 ④ 일렉트로 슬래그 용접

해설 일렉트로 슬래그 용접를 설명한 것으로 와이어가 하나인 경우는 판 두께 120 mm, 와이어가 2개인 경우는 판 두께 100~250 mm, 3개 이상인 경우는 250 mm 이상의 후판 용접에도 가능한 용접이다.

4. 다음 중 일렉트로 가스 용접에 사용되는 보호 가스가 아닌 것은?

① 이산화탄소 ② 아르곤 ③ 수소 ④ 헬륨

해설 보호 가스는 CO_2 또는 CO+Ar, Ar+O_2의 혼합가스가 사용된다.

5. 일렉트로 가스 용접에 대한 설명으로 틀린 것은?

① 용접 홈은 판 두께와 관계없이 12~16 mm 정도가 좋다.

② 용접할 수 있는 판 두께에 제한이 없이 용접폭이 넓다.

③ 수동 용접에 비하여 용융 속도는 약 4배, 용착 금속은 10배 이상이 된다.

④ 이산화탄소의 공급량은 15~20 L/min 정도가 적당하다.

해설 일렉트로 가스 용접에서 ㉮ 일렉트로 슬래그 용접보다 얇은 중후판(10~50mm)의 용접에 적합하다. ㉯ 판 두께에 관계없이 용접 홈은 12~16mm 정도가 좋다.

정답 1. ③ 2. ① 3. ④ 4. ③ 5. ②

(6) 테르밋 용접법(thermit welding)

① 원리 : 테르밋 반응은 금속 산화물이 알루미늄에 의하여 산소를 빼앗기는 반응을 총칭하는 것으로 산화철 분말(FeO, Fe_2O_3, Fe_3O_4 금속철)과 미세한 알루미늄 분말을 약 3~4 : 1의 중량비로 혼합한 테르밋제에 점화제(과산화바륨, 마그네슘 등의 혼합 분말)를 알루미늄 가루에 혼합하여 점화시키면 테르밋 반응이라 부르는 화학반응에 의해 약 2800℃에 달하는 온도가 발생되는 것을 이용하는 용접법이다.

② 특징

㈎ 용접 작업이 단순하고 용접 결과의 재현성이 높다.

㈏ 용접용 기구가 간단하고 설비비가 싸다.

㈐ 작업 장소의 이동이 쉽고 전력이 불필요하다.

㈑ 용접 후 변형이 적고 용접 시간이 짧다.

㈒ 용접 가격이 싸다.

㈓ 용접 이음부의 홈은 가스 절단한 그대로도 좋고, 특별한 모양의 홈을 필요로 하지 않는다.

③ 분류

㈎ 용융 테르밋 용접법(fusion thermit welding)

㈏ 가압 테르밋 용접법(pressure thermit welding)

(7) 레이저 용접(laser welding)

① 원리 : 레이저 용접은 유도방출에 의한 빛의 증폭 발진 방식으로 원자와 분자의 유도 방사 현상을 이용하여 얻어진 빛, 즉 레이저에서 얻어진 강렬한 에너지를 가진 접속성이 강한 단색광선을 이용한 용접으로 루비 레이저와 가스 레이저(탄산 가스 레이저)의 두 종류가 있다.

레이저 용접

② 특징

㈎ 광선이 열원으로 진공이 필요하지 않다.

㈏ 접촉하기 힘든 모재의 용접이 가능하고 열영향 범위가 좁다.

㈐ 부도체 용접이 가능하고 미세 정밀한 용접을 할 수 있다.

㈑ 용입 깊이가 깊고 비드 폭이 좁으며 용입량이 작아 열변형이 적다.

㈒ 이종금속의 용접도 가능하며 용접 속도가 빠르며 응용 범위가 넓다.

㈓ 정밀 용접을 하기 위한 정밀한 피딩(feeding)이 요구되어 클램프 장치가 필요하다.

(사) 기계 가동 시 안전 차단막이 필요하고 장비의 가격이 고가이다.

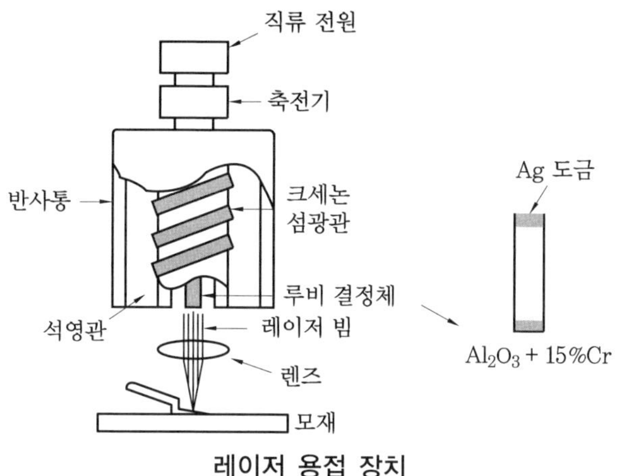

레이저 용접 장치

단원 예상문제

1. 미세한 알루미늄 분말, 산화철 분말 등을 이용하여 주로 기차의 레일, 차축 등의 용접에 사용되는 것은?

① 테르밋 용접 ② 논 실드 아크 용접
③ 레이저 용접 ④ 플라스마 용접

해설 테르밋 용접은 산화철 분말과 미세한 알루미늄 분말을 약 3~4 : 1의 중량비로 혼합한 테르밋제에 점화제(과산화바륨, 마그네슘 등의 혼합분말)를 알루미늄 가루에 혼합하여 점화시키면 테르밋 반응이 일어난다. 화학반응에 의해 약 2800℃에 달하는 온도로 주로 기차의 레일, 차축 등의 용접에 사용된다.

2. 미세한 알루미늄과 산화철 분말을 혼합한 테르밋제에 과산화바륨과 마그네슘 분말을 혼합한 점화제를 넣고, 이것을 점화하면 점화제의 화학 반응에 의해 그 발열로 용접하는 것은?

① 가스 용접 ② 전자 빔 용접
③ 플라스마 용접 ④ 테르밋 용접

3. 테르밋 용접에서 테르밋제란 무엇과 무엇의 혼합물인가?

① 탄소와 붕사의 분말
② 탄소와 규소의 분말
③ 알루미늄과 산화철의 분말
④ 알루미늄과 납의 분말

해설 테르밋제는 산화철 분말(약 3~4)과, 알루미늄 분말을 1로 혼합한다.

4. 레이저 용접에 대한 설명 중 틀린 것은?

① 루비 레이저와 가스 레이저(탄산 가스 레이저)의 두 종류가 있다.
② 접촉하기 힘든 모재의 용접이 가능하고 열영향 범위가 좁다.
③ 부도체 용접이 가능하고 미세 정밀한 용접을 할 수 있다.
④ 광선이 열원으로 진공 상태에서만 용접이 가능하다.

해설 레이저 용접의 특징
㉮ 광선이 열원으로 진공이 필요하지 않다.
㉯ 접촉하기 힘든 모재의 용접이 가능하고 열영향 범위가 좁다.
㉰ 부도체 용접이 가능하고 미세 정밀한 용접을 할 수 있다.

정답 1. ① 2. ④ 3. ③ 4. ④

(8) 가스 압접법(pressure gas welding)

① 원리 : 가스 압접은 맞대기 저항 용접과 같이 봉 모양의 재료를 용접하기 위해 먼저 접합부를 가스 불꽃(산소-아세틸렌, 산소-프로판)으로 적당한 온도까지 가열한 뒤 압력을 주어 접합하는 방법으로 주로 산소-아세틸렌 불꽃을 사용하고 가열 방법에 따라 밀착 맞대기법과 개방 맞대기법으로 나누고 있다.

② 용접 방법에 따른 종류

㈎ 개방 맞대기법(open butt welding) : 접합면을 약간 떼어놓고 그 사이에 가열 토치를 넣어 균일하게 어느 정도 가열한다. 접합면이 약간 용융되었을 때 가열 토치를 제거하고 두 접합물을 가압 압접하는 방법이다.

㈏ 밀착 맞대기법(closed butt welding) : 처음부터 접합면을 밀착시켜 압력을 가하면서 가스 불꽃으로 용융되지 않을 정도로 가열한 뒤 어느 정도 압력이 가해지면 가열, 가압을 중지하고 압접을 완료시키는 방법으로 비용융 용접이며 이음면의 처음 상태가 이음 강도에 크게 영향을 주므로 정밀하고 깨끗하게 해야 한다.

③ 압접 조건

㈎ 가열 토치 : 불꽃의 안정과 가열의 재현성과 균일성이 좋아야 하므로 토치 팁의 구멍 치수, 구멍 수, 구멍 배치 등에 주의해야 한다.

㈏ 압접면 : 접합이 원활하게 이루어질 수 있게 이음면을 기계 가공 등으로 깨끗하게 하여 불순물이 없게 한다.

㈐ 압력 : 접합물의 형상, 치수, 재질에 알맞은 압력을 가해야 한다.

㈑ 온도 : 이음면이 깨끗할 시 저온 이음이 가능하나 현장에서는 개재물을 확산시켜 이음 성능을 높일 목적으로 보통 1300~1350℃의 온도를 채택하고 있다(저온 이

음 시 필요 온도는 900~1000℃이다).

④ 특징

(가) 이음부에 탈탄층이 전혀 없고 전력이 불필요하다.

(나) 장치가 간단하고, 설비비나 보수비 등이 싸다.

(다) 작업이 거의 기계적이고 이음부에 첨가금속 또는 용제가 불필요하다.

(라) 간단한 압접기를 사용하여 현장에서 지름 32 mm 정도의 철재를 압접한다.

(마) 압접 소요시간이 짧다.

(9) 전자 빔 용접법(electronic beam welding)

① 원리 : 전자 빔 용접은 고진공(10^{-1} mmHg~10^{-4} mmHg 이상) 용기 내에서 음극 필라멘트를 가열하고, 방출된 전자를 양극전압으로 가속하고, 전자코일에 수속하여 용접물에 전자 빔을 고속으로 충돌시켜 이 충돌에 의한 열로 용접물을 고온으로 용융 용접하는 것이다.

② 특징

(가) 고용융점 재료 및 이종금속의 금속 용접 가능성이 크다.

(나) 용접 입열이 적고 용접부가 좁으며 용입이 깊다.

(다) 진공 중에서 용접하므로 불순가스에 의한 오염이 적다.

(라) 활성금속의 용접이 용이하고 용접부에 열영향부가 매우 적다.

(마) 시설비가 많이 들고, 용접물의 크기에 제한을 받는다.

(바) 얇은 판에서 두꺼운 판까지 용접할 수 있다.

(사) 대기압형의 용접기 사용 시 X선 방호가 필요하다.

(아) 용접부의 기계적, 야금적 성질이 양호하다.

(자) 다층 용접이 요구되는 용접부를 한번에 용접이 가능하며 용가재 없이 박판의 용접이 가능하다.

(차) 에너지의 집중이 가능하여 용융 속도가 빠르고 고속 용접이 가능하며 용접 변형이 적어 정밀한 용접을 할 수 있다.

단원 예상문제

1. 압접에 속하는 용접법은?

① 아크 용접　　② 단접

③ 가스 용접　　④ 전자 빔 용접

해설 압접에는 가스 압접, 초음파 용접, 마찰 용접, 냉간 압접, 단접 등이 있다.

2. **가스 압접의 특징으로 틀린 것은?**

① 이음부의 탈탄층이 전혀 없다.
② 장치가 간단하여 설비비, 보수비가 싸다.
③ 용가재 및 용제가 불필요하다.
④ 작업이 거의 수동이어서 숙련공만 할 수 있다.

해설 가스 압접은 맞대기 저항 용접과 같이 봉 모양의 재료를 용접하기 위해 먼저 접합부를 가스 불꽃(산소-아세틸렌, 산소-프로판)으로 적당한 온도까지 가열한 뒤 압력을 주어 접합하는 방법으로, 가열 방법에 따라 밀착 맞대기법과 개방 맞대기법이 있다.

3. **전자 빔 용접의 장점에 해당되지 않는 것은?**

① 예열이 필요한 재료를 예열 없이 국부적으로 용접할 수 있다.
② 잔류 응력이 적다.
③ 용접 입열이 적으므로 열 영향부가 적어 용접 변형이 적다.
④ 시설비가 적게 든다.

해설 전자 빔 용접기는 시설비가 고가이다.

4. **전자 빔 용접법의 특징으로 틀린 것은?**

① 고용융점 재료 및 이종금속의 금속 용접 가능성이 크다.
② 전자 빔에 의한 용접으로 옥외작업 시 바람의 영향을 받지 않는다.
③ 용접입열이 적고 용접부가 좁으며 용입이 깊다.
④ 대기압형의 용접기 사용 시 X선 방호가 필요하다.

해설 전자 빔 용접은 진공 중에서 용접하므로 불순가스에 의한 오염이 적고 바람에 영향을 받지 않으며 용접 장치가 커서 실내에서 작업한다.

정답 **1.** ② **2.** ④ **3.** ④ **4.** ②

(10) 용사(metallizing)

① 원리 : 금속 또는 금속화합물의 분말을 가열하여 반용융 상태로 하여 불어서 붙여 밀착 피복하는 방법을 용사라 한다.

② 용사 재료 및 형상

㈎ 용사 재료 : 금속, 탄화물, 규화물, 질화물, 산화물(세라믹), 유리 등이 있다.

※ 재료의 선정 시 사용 목적은 물론 융접, 용사 재료와 모재와의 열팽창계수가 합치되는 것을 고려한다.

㈏ 용사 재료의 형상

㉠ 와이어 또는 봉형
㉡ 분말 모양

③ 용사 장치
㈎ 가스 불꽃 용선식 건
㈏ 분말식 건
㈐ 플라스마 용사 건
㈑ 용도 : 내식, 내열, 내마모 혹은 인성용 피복으로서 매우 넓은 용도를 가지며 특히 기계부품 분야에 많이 쓰이고 항공기, 로켓 등의 내열피복으로도 적용된다.

(11) 플라스틱 용접(plastics welding)

① 원리 : 플라스틱 용접에는 일반적으로 열풍 용접이 많이 사용되며 전열에 의해 기체를 가열하여 고온 기체를 용접부와 용접봉에 분출하여 용접하는 것으로 금속 용접과 거의 같으며 열가소성 플라스틱(thermo-plastic)을 용접한다.

② 용접 방법
㈎ 열풍 용접(hot gas welding)
㈏ 열기구 용접(heated tool welding)
㈐ 마찰 용접법
㈑ 고주파 용접법

(12) 초음파 용접법(ultrasonic welding)

① 원리 : 용접 모재를 겹쳐서 용접 팁과 하부 앤빌(anvil) 사이에 끼워 놓고, 압력을 가하면서 초음파(18 kHz 이상) 주파수로 진동시켜 그 진동 에너지에 의해 접촉부에 진동 마찰열을 발생시켜 압접하는 방법이다.

② 초음파 전달 방식
㈎ 웨지 리드 방식(wedge reed system)
㈏ 횡진동 방식(lateral driven system)
㈐ 염(비틀림) 진동 방식(torsional tranducer system)

③ 특징
㈎ 냉간 압접에 비해 주어지는 압력이 작으므로 용접물의 변형률이 작다.
㈏ 판의 두께에 따라 용접 강도가 현저하게 변화한다.
㈐ 이종금속의 용접이 가능하다.
㈑ 용접물의 표면 처리가 간단하고 압연한 그대로의 재료로 용접이 쉽다.
㈒ 극히 얇은 판, 즉 필름(film)도 쉽게 용접된다.
㈓ 용접 금속의 자기풀림 결과, 미세결정 조직을 얻는다.

(13) 냉간 압접(cold pressure welding)

① 원리 : 냉간 압접은 순수한 압접 방식으로 두 개의 금속을 깨끗하게 하여 A°(10^{-8} cm) 단위의 거리로 가까이하면 자유 전자가 공동화되고 결정격자점의 양이온과 서로 작용하여 인력으로 인하여 원리적으로 금속 원자를 결합시키는 형식으로 단순히 가압만의 조작으로 금속 상호 간의 확산을 일으켜 압접을 하는 방법이다.

② 특징

(가) 압접 공구가 간단하고 숙련이 필요하지 않다.
(나) 압접부가 가열 용융되지 않으므로 열 영향부가 없다.
(다) 접합부의 내식성과 전기 저항은 모재와 거의 같다.
(라) 압접부가 가공 경화되어 눌린 흔적이 남는다.
(마) 압접부의 산화막이 취약되든가 충분한 소성변형 능력을 가진 재료에만 적용된다.
(바) 철강 재료의 접합에는 부적당하고 압접의 완전성을 비파괴 시험하는 방법이 없다.

단원 예상문제

1. 용접 장치가 모재와 일정한 경사 각을 이루고 있는 금속지주에 홀더를 장치하고 여기에 물린 길이가 긴 피복 용접봉이 중력에 의해 녹아내려가면서 일정한 용접선을 이루는 아래보기와 수평 필릿 용접을 하는 용접법은?

① 서브머지드 아크 용접　② 그래비트 아크 용접
③ 퓨즈 아크 용접　④ 아까자기식 용접

해설 그래비티 용접(gravity welding)은 일종의 피복 아크 용접법으로 피더(feeder)에 철분계 용접봉을 장착하여 수평 필릿 용접을 전용으로 하는 반자동 용접 장치이다.

2. 스터드 용접(stud welding)법의 특징에 대한 설명으로 틀린 것은?

① 아크열을 이용하여 자동적으로 단시간에 용접부를 가열 용융하여 용접하는 방법으로 용접 변형이 극히 적다.
② 캡 작업, 구멍뚫기 등이 필요없이 모재에 볼트나 환봉들을 용접할 수 있다.
③ 용접 후 냉각 속도가 비교적 느리므로 용착 금속부 또는 열 영향부가 연화되는 경우가 적다.
④ 철강 재료 외에 구리, 황동, 알루미늄, 스테인리스강에도 적용이 가능하다.

해설 스터드 용접 후 대체로 급열, 급랭이 되기 때문에 저탄소강에 적용이 가능하다.

3. 일반적으로 모재의 용융점보다 낮은 온도에서 용접할 수 있고 용접봉을 모재와 같은 계통의 공정합금을 사용하는 것은?

① 플라스마 용접　② 접착 용접　③ 레이저 용접　④ 공정 저온 용접

해설 공정 저온 용접은 모재의 용융점보다 낮은 온도로 용접할 수 있다.

정답 1. ② 2. ③ 3. ④

제 5 장 전기 저항 용접법

1. 개요 및 특성

(1) 개요

전기 저항 용접법(electric resistance welding)은 용접하려고 하는 2개의 재료를 서로 맞대어 놓고 적당한 기계적 압력을 주며 전류를 통하면 접촉면에서 접촉저항 및 금속 고유저항에 의하여 저항 열이 발생되어 적당한 온도로 높아졌을 때 압력을 가하여 용접하는 방법으로 이때의 저항 열을 줄(Joule)의 법칙에 의해서 계산하며 이 식에서 발생하는 열량은 전도에 의해서 약간 줄어들게 된다.

$$H = 0.238 I^2 Rt$$

여기서, H : 열량(cal), I : 전류(A), R : 저항(Ω), t : 시간(s)

(2) 일반 특성 및 용접 시 주의사항

① 일반 특성

(가) 용접 작업 시 작업 속도가 빠르고 고능률로 대량 생산에 적합하다.

(나) 작업자의 기능이 그다지 필요하지 않고 시설비가 비싸다.

(다) 이종금속의 저항 용접은 각 금속의 고유저항이 다르므로 용접이 매우 곤란하다.

② 저항 용접 시 주의사항

(가) 모재 접합부의 녹, 기름, 도료 등의 오물을 깨끗이 제거한다.

(나) 모재의 형상이나 두께에 적합한 전극을 택한다.

(다) 전극의 접촉저항이 최소가 되게 한다.

(라) 전극의 과열을 방지한다.

③ 용접 조건의 3대 요소

(가) 용접 전류

(나) 통전 시간

(다) 가압력

단원 예상문제

1. 점(spot) 용접의 3대 요소로 옳지 않은 것은 어느 것인가?

① 용접 전압 ② 용접 전류
③ 통전 시간 ④ 가압력

해설 점 용접은 전기저항 용접의 종류로 저항용접의 3대 요소는 용접 전류, 통전 시간, 가압력이다.

2. 전기 저항 용접에서 발생하는 열량 Q[cal]와 전류 I[A] 및 전류가 흐르는 시간 t[s]일 때 다음 중 올바른 식은? (단, R은 저항(Ω)임)

① $Q = 0.24\,IRt$ ② $Q = 0.24\,I^2Rt$
③ $Q = 0.24\,IR^2t$ ④ $Q = 0.24\,I^2R^2t$

해설 전기 저항 용접에서 줄 열은 전류의 제곱과 도체저항 및 전류가 흐르는 시간에 비례한다는 법칙으로 저항용접에 응용된다. 열량을 나타내는 식은 다음과 같다.

$Q = 0.24\,I^2Rt$

3. 전기 저항 용접법의 특징에 대한 설명으로 틀린 것은?

① 용제가 필요치 않으며 작업 속도가 빠르다.
② 가압 효과로 조직이 치밀해진다.
③ 산화 및 변질 부분이 적다.
④ 열손실이 많고 용접부의 집중열을 가할 수 있다.

해설 전기 저항 용접의 특징
㉮ 용접사의 숙련도와 무관하며 용접 시간이 짧고 대량 생산에 적합하다.
㉯ 산화작용 및 용접 변형이 적고 용접부가 깨끗하다.
㉰ 가압 효과로 조직이 치밀하나 후열 처리가 필요하다.
㉱ 설비가 복잡하고 용접기의 가격이 비싼 것이 단점이다.

4. 저항 용접에 의한 압접에서 전류 20 A, 전기저항 30 Ω, 통전시간 10 s일 때 발열량은 약 몇 cal인가?

① 14400 ② 24400
③ 28800 ④ 48800

해설 발열량의 공식에 의해

$H = 0.238I^2Rt$

여기서, H : 열량(cal), I : 전류(A), R : 저항(Ω), t : 시간(s)

$= 0.238 \times 20^2 \times 30 \times 10 ≒ 0.24 \times 20^2 \times 30 \times 10 = 28800$

정답 1. ① 2. ② 3. ④ 4. ③

2. 저항 용접법의 종류

저항 용접
- 겹치기 저항 용접 : 점 용접, 돌기 용접, 심 용접
- 맞대기 저항 용접 : 업셋 용접, 플래시 용접, 맞대기 심 용접, 퍼커션 용접

(1) 점 용접법(spot welding)

① 원리 : 점 용접은 용접하려고 하는 2개 또는 그 이상의 금속을 구리 및 구리 합금제의 전극 사이에 끼워 넣고 가압하면서 전류를 통하면 접촉면에서 줄의 법칙에 의하여 저항열이 발생하여 접촉면을 가열 용융시켜 용접하는 방법으로 이때 접합부의 일부가 녹아 바둑알 모양의 단면으로 용접이 되는데 이 부분을 너깃(nugget)이라고 한다.

② 특징(장점)

(가) 간단한 조작으로 특히 얇은 판(0.4~3.2 mm)의 것을 능률적으로 작업할 수 있다.
(나) 얇은 판에서 한 점을 잇는 데 필요한 시간은 1초 이내이다.
(다) 표면이 평편하고 작업 속도가 빠르다.
(라) 구멍 가공이 필요 없고 재료가 절약된다.
(마) 변형이 없고 숙련이 필요 없다.

③ 용접기의 종류

(가) 탁상 점 용접기
(나) 페달식 점 용접기
(다) 전동가압식 점 용접기
(라) 공기가압식 점 용접기
　㉠ 록커 암식(rocker arm type)　㉡ 프레스식
　㉢ 쌍두식　㉣ 다전극식(multi spot)
(마) 포터블 점 용접기

④ 점 용접법의 종류

(가) 단극식 점 용접(single spot welding)
(나) 맥동 용접(pulsation welding)
(다) 직렬식 점 용접(series spot welding)
(라) 인터랙 점 용접(interact spot welding)
(마) 다전극 점 용접(multi spot welding)

(2) 심 용접법(seam welding)

① 원리 : 원판형의 롤러 전극 사이에 용접물을 끼워 전극에 압력을 주면서 전극을 회전시켜 연속적으로 점 용접을 반복하는 방법으로 주로 수밀, 유밀, 기밀을 필요로 하는 용기 등의 이음에 이용된다.

② 특징

㈎ 전류의 통전방법에는 단속(intermittent)통전법, 연속(contnuous)통전법, 맥동(pulsation)통전법 등이 있고 그 중 단속 통전법이 가장 많이 사용된다.

㈏ 같은 재료의 용접 시 점 용접보다 용접 전류는 1.5~2.0배, 전극 가압력은 1.2~1.6배 정도 증가시킬 필요가 있다.

㈐ 적용되는 모재의 종류는 탄소강, 알루미늄 합금, 스테인리스강, 니켈 합금 등이다.

㈑ 용접 가능한 판 두께는 대체로 0.2~0.4mm 정도의 얇은 판에 사용된다.

③ 심 용접의 종류

㈎ 매시 심 용접(mash seam welding)

㈏ 포일 심 용접(foil seam welding)

㈐ 맞대기 심 용접(butt seam welding)

(3) 플래시 용접법(flash welding)

① 원리 : 불꽃 맞대기 용접이라고도 하며 용접할 2개의 금속 단면을 가볍게 접촉시켜 여기에 대전류를 통하여 접촉점을 집중적으로 가열하면 접촉점이 과열, 용융되어 불꽃으로 흩어지나, 그 접촉이 끊어지면 다시 용접재를 전진시켜 계속 접촉과 불꽃 비산을 반복시키면서 용접면을 고르게 가열하여, 적정 온도에 도달하였을 때 강한 압력을 주어 압접하는 방법이다.

② 특징

㈎ 가열 범위, 열 영향부가 좁고 용접 강도가 크다.

㈏ 용접 작업 전 용접면의 끝맺음 가공에 주의하지 않아도 된다.

㈐ 용접면의 플래시로 인하여 산화물의 개입이 적다.

㈑ 이종 재료의 용접이 가능하고, 용접 시간 및 소비 전력이 적다.

㈒ 업셋량이 적고, 능률이 극히 높아 강재, 니켈, 니켈 합금에서 좋은 용접 결과를 얻을 수 있다.

③ 용접기의 종류

㈎ 수동 플래시 용접기 ㈏ 공기 가압식 플래시 용접기

㈐ 전동기 플래시 용접기 ㈑ 유압식 플래시 용접기

(4) 업셋 용접법(upset welding)

① 원리

㈎ 접합할 두 재료를 클램프에 물리어 접합면을 맞대고 압력을 가하여 접촉시킨 뒤에 대전류를 통하면 재료의 접촉저항 및 고유저항에 의하여 저항발열을 일으켜 재료가 가열되어 적당한 단조온도에 도달하였을 때 센 압력을 주어 용접하는 방법이다. 주로 봉 모양의 재료를 맞대기 용접할 때 사용되며 플래시 용접에 대하여 슬로우 버트 용접(slow butt welding) 또는 업셋 맞대기 용접(upset butt welding) 등으로 불려지기도 한다.

㈏ 압력은 수동식으로 가하는데, 이때 스프링 가압식(spring pressure type)이 많이 쓰이며 대형 기계에는 기압, 유압, 수압이 이용되고 있다.

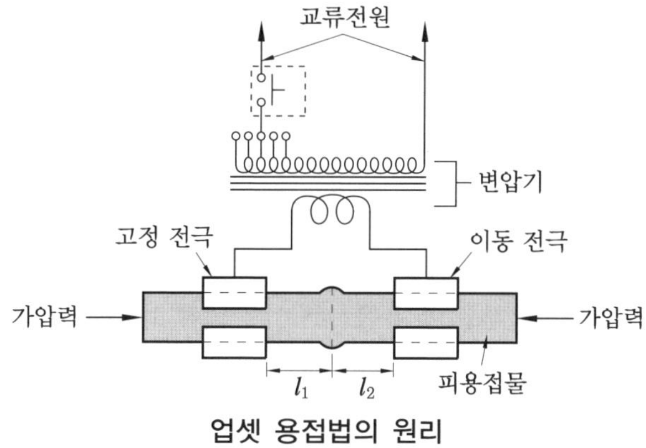

업셋 용접법의 원리

② 특징 및 용접 조건

㈎ 용접물의 가운데 l_1, l_2의 치수는 같은 종류의 금속 용접인 경우로서, 이음재의 지름(d)에 비례하여 길이를 같게 한다.

참고

구리인 경우에는 $l_1 = l_2 = 4d$로 하며, 다른 종류의 금속인 경우에는 열 및 전기 전도도가 좋은 쪽을 길게 한다.

㈏ 가스 압접법과 같이 이음부에 개재하는 산화물 등이 용접 후 남아있기 쉽고, 용접 전 이음면의 끝맺음 가공이 특히 중요하다.

㈐ 플래시 용접에 비해 가열 속도가 늦고 용접 시간이 길어 열 영향부가 넓다.

㈑ 단면적이 큰 것이나 비대칭형의 재료 용접에 대한 적용이 곤란하다.

㈒ 불꽃의 비산이 없고 가압에 의한 변형이 생기기 쉬워 판재나 선재의 용접이 곤란하다.

㈓ 용접기가 간단하고 가격이 싸다.

(5) 돌기 용접법(projection welding)

① 용접된 양쪽의 열 용량이 크게 다를 경우도 양호한 열평형이 얻어진다.
② 작은 용접점이라도 높은 신뢰도를 얻을 수 있다.
③ 이종 재료의 용접이 가능하고, 열전도가 좋은 재료에 돌기를 만들어 쉽게 열평형을 얻을 수 있다.
④ 동시에 여러 점의 용접을 할 수 있고, 작업 속도가 빠르다.
⑤ 전극의 수명이 길고 작업 능률이 높으며 용접부의 거리가 작은 점 용접이 가능하다.
⑥ 용접 설비비가 비싸다.
⑦ 모재 용접부에 정밀도가 높은 돌기부를 만들어야 정확한 용접이 얻어진다.
⑧ 모재의 두께가 0.4~3.2 mm의 용접에 가장 적합하다(판 두께가 0.3 mm 이하는 점 용접하는 것이 좋다).
⑨ 돌기 크기와 위치의 유연성은 점 용접(spot welding)으로 곤란하다.
⑩ 용융방식은 접합계면에 용융 너깃을 형성시켜 안정된 접합부를 얻는 것으로 얇은 판 겹침 프로젝션의 거의가 이것에 해당한다.
⑪ 비용융방식은 프로젝션 부근의 용융-응고에 의해 너깃을 형성시키지 않고 프로젝션 압연의 소성 유동으로 계면의 불순물은 배제하여 맑고 깨끗한 금속면끼리 압접하는 것이다. 소성 유동을 이용한 방식은 비교적 두꺼운 판의 용접에 사용된다.

(6) 전원 용접법

낮은 전압 대전류를 얻기 위하여 사용되는 변압기의 1차측은 보통 220 V, 2차측은 무부하에서 1~10 V 정도인 것도 있으므로 전류를 통할 때 모재의 부하전압은 1 V 이하의 리액턴스(reactance) 중의 전압 강하이다. 전극 부분의 팔의 길이 및 간격이 크면 일정한 2차 전류를 흐르게 하는 데 큰 2차 무부하 전압이 필요하다. 1차 입력은 거의 2차 전압과 2차 무부하 전류를 곱한 것으로 된다.

(7) 충격 용접(퍼커션 용접 : percussion welding)

① 충격 용접은 극히 작은 지름의 용접물을 용접하는 데 사용하며 직류전원의 콘덴서에 축적된 전기적 에너지를 금속의 접촉면을 통하여 극히 짧은 시간(1/1000초 이내)에 급속히 방전시켜 이때 발생하는 아크 열을 이용하여 접합부를 집중 가열하고 방전하는 동안이나, 직후에 충격적 압력을 가하여 접합하는 용접법으로 방전 충격 용접이라고도 한다.
② 충격 용접에 사용되는 콘덴서는 변압기를 거치지 않고 직접 피용접물을 단락시키게

되어 있으며 피용접물이 상호 충돌되는 상태에서 용접이 되고 가압 기구는 낙하를 이용하는 것, 스프링의 압축을 이용하는 것, 공기 피스톤에 의하는 것 등이 있다.

단원 예상문제

1. 이음부의 겹침을 판 두께 정도로 하고 겹쳐진 폭 전체를 가압하여 심 용접을 하는 방법은?

① 매시 심 용접(mash seam welding) ② 포일 심 용접(foil seam welding)
③ 맞대기 심 용접(butt seam welding) ④ 인터랙트 심 용접(interact seam welding)

해설 심 용접은 매시심, 포일심, 맞대기심 등이 있고 문제에서의 설명은 매시 심 용접의 설명이다.

2. 플래시 버트(flash butt) 용접에서 3단계 과정만으로 조합된 것은?

① 예열, 플래시, 업셋 ② 업셋, 플래시, 후열
③ 예열, 플래시, 검사 ④ 업셋, 예열, 후열

해설 저항 용접 중 플래시 버트 용접은 예열 → 플래시 → 업셋 순으로 진행되며 열 영향부 및 가열 범위가 좁아 이음의 신뢰도가 높고 강도가 좋다.

3. 맞대기 저항 용접에 해당하는 것은?

① 스폿 용접 ② 매시 심 용접 ③ 프로젝션 용접 ④ 업셋 용접

해설 전기 저항 용접 중 맞대기 용접은 업셋 용접, 플래시 용접, 맞대기 심 용접, 퍼커션 용접 등이 있다.

4. 프로젝션(projection) 용접의 단면 치수는 무엇으로 하는가?

① 너깃의 지름 ② 구멍의 바닥 치수 ③ 다리길이 치수 ④ 루트 간격

해설 점 용접이나 프로젝션 용접의 단면 치수는 너깃의 지름으로 표시한다.

5. 돌기 용접의 특징 중 틀린 것은?

① 용접부의 거리가 작은 점 용접이 가능하다.
② 전극 수명이 길고 작업 능률이 높다.
③ 작은 용접점이라도 높은 신뢰도를 얻을 수 있다.
④ 한 번에 한 점씩만 용접할 수 있어서 속도가 느리다.

해설 문제에 ①, ②, ③항 외에 용접 피치를 작게 하고, 용접 속도가 빠르며 제품의 한쪽 또는 양쪽에 돌기를 만들어 여러 점을 용접 전류를 집중시켜 압접하는 방법이다.

6. 저항 용접법 중 맞대기 용접에 속하는 것은?

① 스폿 용접 ② 심 용접 ③ 방전 충격 용접 ④ 프로젝션 용접

해설 저항 용접에서 맞대기 용접은 업셋, 플래시, 버트심, 포일심, 퍼커션 용접이고 겹치기 용접은 점, 프로젝션, 심 용접이다.

정답 1. ① 2. ① 3. ④ 4. ① 5. ④ 6. ③

제 6 장 용접의 기계화 및 자동화

1. 용접 방법의 선택

일반적으로 용접 방법(수동, 반자동, 자동)의 선택은 각 작업물의 적당한 평가에 따라 좌우되며, 세 가지 방법은 다음과 같은 적용성과 장점을 가진다.

(1) 수동 용접(manual welding)

① 수동 용접을 적용하는 경우

㈎ 비교적 짧은 용접부

㈏ 박판과 후판 용접

㈐ 반복적이 아닌 용접 작업

㈑ 지그(fixture) 비용이 비싸거나 사용하기 어려운 경우

㈒ 모재의 형상 때문에 플럭스(flux)를 지지하기 어려운 용접물

㈓ 용접물의 장애물 때문에 연속 용접이 불가능한 경우

② 수동 용접의 장점

㈎ 옥내 또는 옥외 어디에서나 가능하다.

㈏ 용접 자세에 제한이 없고, 자동 · 반자동 토치로 접근하기 힘든 곳도 용접이 가능하다.

㈐ 여러 종류의 합금과 이종(dissimilar) 금속의 용접이 가능하다.

㈑ 장비비가 저렴하고, 이동하여 사용하기 쉽다.

(2) 반자동 용접(semi-automatic welding)

① 반자동 용접을 적용하는 경우

㈎ 수동 용접보다 높은 전류로, 용착 속도를 크게 해야 할 경우

㈏ 작업이 반복적으로 이루어져서 높은 기술을 얻을 수 있을 때

㈐ 중판과 후판 용접

㈑ 연속적인 와이어 공급으로 용접 시간과 사용률(duty cycle)을 증가할 때

㈒ 용접물 형태가 복잡하거나 또는 대형이어서 지그(fixture)에 의해 자동 용접이

불가능할 때

㈓ 수동 용접보다 깊은 용입이 요구될 때

㈔ 용접물 형태가 불규칙하고, 조립 상태가 정확하지 않아 자동 용접이 불가능할 때

② 반자동 용접의 장점

㈎ 원하는 용접 현상과 양호한 용접 금속을 얻을 수 있다.

㈏ 수동 용접보다 속도가 빠르다.

㈐ 스패터와 슬래그가 적다.

㈑ 용접 비용이 저렴하다.

(3) 자동 용접(automatic welding)

① 자동 용접의 장점

㈎ 보턴에 의해 아크 발생을 자동으로 한다.

㈏ 용착 속도가 매우 크다.

㈐ 비드 외관이 양호하고 균일하다.

㈑ 수동, 반자동 용접기보다 대형이다.

㈒ 수동, 반자동보다 전류 사용 범위가 넓다.

㈓ 용접 속도가 빠르다.

㈔ 자체 주행대차를 가지고 있다.

㈕ 용접봉 손실이 작다(용착 효율이 높다).

㈖ 슬래그 제거가 거의 필요 없으며, 열 변형의 문제가 감소된다.

㈗ 용접부의 기계적 성질이 뛰어나게 향상된다.

2. 자동 용접에 필요한 기구

① 용접 포지셔너(welding positioner) : 포지셔너의 테이블은 어느 방향으로든지 기울임과 회전이 가능하여, 이것을 사용함으로써 어떠한 구조의 용접물이든 아래보기 자세(flat position) 용접을 가능하게 하여 생산 가격을 절감한다. 즉, 아래보기 용접에서는 높은 전류로서 보다 굵은 용접봉을 사용할 수 있으므로, 용착량이 많아져서 층수가 작아지고 용융지 조정이 쉽다. 일반적으로 수직 자세 용접은 같은 조건에서 아래보기 용접보다 3배가량 시간이 더 소요된다.

② 터닝 롤(turning rolls) : 터닝 롤은 대형 파이프의 원주 용접을 단속적으로 아래보기 자세로 용접하기 위해, 모재의 바깥지름을 지지하면서 회전시키는 장치이다.

③ 헤드 스톡(head stock) : 테일 스톡(tail stock) 포지셔너는 용접한 물체의 양끝을 고정한 후 수평축으로 회전시키면서 아래보기 자세 용접을 가능하게 하는 것으로, 주로 원통형 용접물의 용접에 많이 이용한다.

④ 턴테이블(turntable) : 턴테이블은 용접물을 테이블 위에 고정시키고, 테이블을 좌우 방향으로 정해진 속도로 회전시키면서 용접할 수 있는 장치이다.

⑤ 머니퓰레이터(manipulator) : 암(arm)이 수직・수평으로 이동 가능하며 또한 완전 360° 회전이 가능하므로, 서브머지드 용접기나 다른 자동 용접기를 수평 암에 고정시켜 아래보기 자세로 원주 맞대기 용접이나 필릿 용접을 가능하게 한다.

단원 예상문제

1. 로봇 용접의 장점에 관한 다음 설명 중 맞지 않는 것은?

① 작업의 표준화를 이룰 수 있다.
② 복잡한 현상의 구조물에 적응하기 쉽다.
③ 반복 작업이 가능하다.
④ 열악한 환경에서도 작업이 가능하다.

해설 로봇을 사용하여 용접을 하면 자동화 용접을 통한 균일한 품질과 정밀도가 높은 제품을 만들 수 있으며, 생산성이 향상된다. 또한 용접사는 단순한 작업에서 벗어날 수 있다.

2. 용접 로봇 동작을 나타내는 관절 좌표계의 장점에 대한 설명으로 틀린 것은?

① 3개의 회전축을 이용한다.
② 장애물의 상하에 접근이 가능하다.
③ 작은 설치 공간에 큰 작업 영역이 가능하다.
④ 단순한 머니퓰레이터의 구조이다.

해설 좌표계는 직각, 원통, 극, 관절 좌표계가 있고 관절 좌표계의 장점은 ㉮ 3개의 회전축, ㉯ 장애물의 상하에 접근 가능, ㉰ 작은 설치 공간에 큰 작업 영역 등이고 단점은 복잡한 머니퓰레이터의 구조이다.

3. 용접 자동화 방법에서 정성적 자동 제어의 종류가 아닌 것은?

① 피드백 제어 ② 유접점 시퀀스 제어
③ 무접점 시퀀스 제어 ④ PLC 제어

해설 정성적 자동 제어 : 예를 들어 물탱크에 물이 없으면, 물펌프를 가동하여 물을 탱크에 올려놓고, 물이 탱크에 가득 차면 펌프를 끈다. 정해진 물높이에 ON, OFF의 신호가 발생하도록 하고 그것으로 제어한다. 현재 물이 얼마나 있는지 없는지는 중요하지 않으므로 '정해진 성질'에 따른 제어를 한다.

4. 용접의 자동화에서 자동 제어의 장점에 관한 설명으로 틀린 것은?

① 제품의 품질이 균일화되어 불량품이 감소된다.
② 인간에게는 불가능한 고속 작업이 불가능하다.
③ 연속 작업 및 정밀한 작업이 가능하다.
④ 위험한 사고의 방지가 가능하다.

해설 자동 제어의 장점
㉮ 제품의 품질이 균일화되어 불량품이 감소된다.
㉯ 적정한 작업을 유지할 수 있어서 원자재, 원료 등이 절약된다.
㉰ 연속 작업이 가능하다.
㉱ 인간에게는 불가능한 고속 작업이 가능하다.
㉲ 인간 능력 이상의 정밀한 작업이 가능하다.
㉳ 인간에게는 부적당한 환경에서 작업이 가능하다(고온, 방사능 위험이 있는 장소 등).
㉴ 위험한 사고의 방지가 가능하며 투자 자본의 절약과 노력의 절감이 가능하다.

5. 아크 용접용 로봇에 사용되는 것으로 동작 기구가 인간의 팔꿈치나 손목 관절에 해당하는 부분의 움직임을 갖는 것으로 회전→선회→선회운동을 하는 로봇은?

① 극 좌표 로봇 ② 관절 좌표 로봇
③ 원통 좌표 로봇 ④ 직각 좌표 로봇

6. 산업용 용접 로봇의 일반적인 분류에 속하지 않는 것은?

① 지능 로봇 ② 시퀀스 로봇
③ 평행 좌표 로봇 ④ 플레이백 로봇

해설 로봇의 일반적인 분류로는 지능 로봇, 시퀀스 로봇, 플레이백 로봇이 있고, 용접용으로는 저항 용접용과 아크 용접용이 있고 직교 좌표형과 관절형이 있다.

7. 아크 용접용 로봇에서 용접 작업에 필요한 정보를 사람이 로봇에게 기억(입력)시키는 장치는?

① 전원 장치 ② 조작 장치
③ 교시 장치 ④ 머니퓰레이터

해설 아크 로봇의 경로 제어에는 PTP(point to point) 제어와 CP(continuous path) 제어, 교시 방법이 있으며 수행하여야 할 작업을 사람이 머니퓰레이터를 움직여 미리 교시하고 그것을 재생시키면 그 작업을 반복하게 된다.

8. 용접 자동화에 대한 설명으로 틀린 것은?

① 생산성이 향상된다. ② 외관이 균일하고 양호하다.
③ 용접부의 기계적 성질이 향상된다. ④ 용접봉 손실이 크다.

해설 용접을 자동화하면 생산성이 증대하고 품질의 향상은 물론 원가절감 등의 효과가 수동 용접법과 비교 시 용접 와이어가 릴로부터 연속적으로 송급되어 용접봉 손실이 없으며 아크 길이, 속도 및 여러 가지 용접 조건에 따른 공정 수를 줄일 수 있다.

정답 1. ② 2. ④ 3. ① 4. ② 5. ② 6. ③ 7. ③ 8. ④

제 2 편

용접 시공 및 검사

1. 용접 구조 설계
2. 용접 시공
3. 용접부의 시험과 검사

제 1 장 용접 구조 설계

● 용접 설계의 개요

(1) 용접 설계의 의의

용접 설계란 넓은 의미에서 용접 시공의 중요한 일부분을 차지하는 것이며 용접을 이용하여 기계 또는 구조물 등을 제작하는 경우 그 제품이 사용 목적에 적합하고 경제성이 높도록 시공 순서 및 방법, 제품의 모양, 크기 등을 기초적으로 결정하는 것이다.

① 용접 설계자가 갖추어야 할 지식

㈎ 각종 용접 재료에 대한 용접성 및 물리 · 화학적 성질

㈏ 용접 이음의 강도와 변형 등 모든 특성

㈐ 용접 구조물에 가해지는 여러 조건에 의한 응력

㈑ 각종 용접 시공법의 종류에 따른 특성

㈒ 정확한 용접 비용(적산)의 산출

㈓ 정확한 용접 시공의 사후 처리 방법(예열, 후열, 검사법 등)의 선정

(2) 용접 이음의 설계

① 용접 이음의 종류

㈎ 덮개판 이음(한면, 양면, strap joint)

㈏ 겹치기 이음(lap joint)

㈐ 변두리 이음(edge joint)

㈑ 모서리 이음(corner joint)

㈒ T 이음(Tee joint)

㈓ 맞대기 이음(한면, 양면 butt joint)

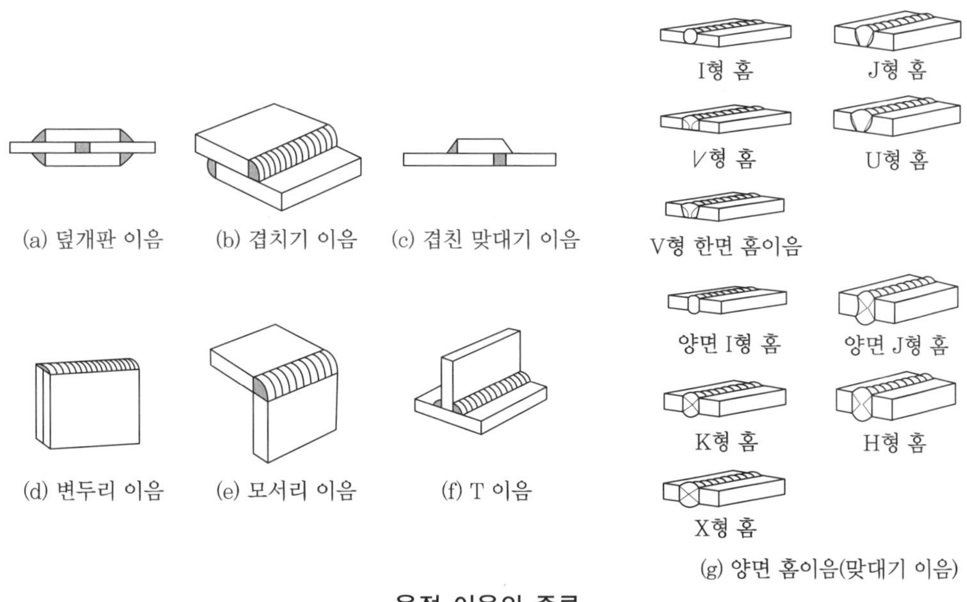

용접 이음의 종류

② 용접 홈의 종류

㈎ 맞대기 용접 : I형, V형, ⊬형, L형, U형, J형, 양면 J형, K형, H형 등

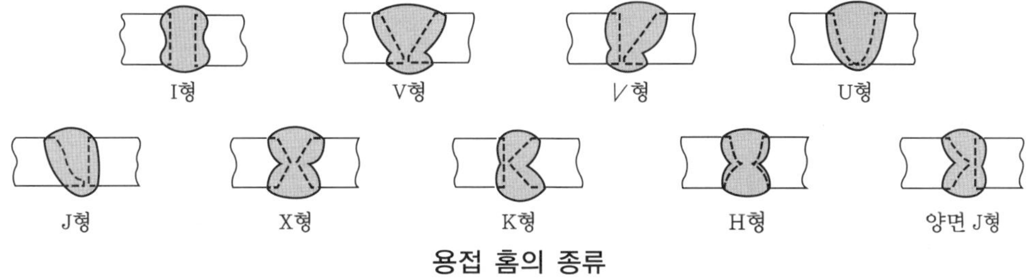

용접 홈의 종류

㈏ 필릿 용접 : 연속, 단속 필릿 용접

㈐ 플러그 용접 : 용접하는 모재의 한쪽에 원형, 타원형의 구멍을 뚫고 판의 표면까지 가득하게 용접하고 다른 쪽 모재와 접합하는 용접

㈑ 슬롯 용접 : 둥근 구멍 대신 좁고 긴 홈을 만들어 그 부분에 덧붙이 용접을 하는 것

㈒ 플레어 용접 : 홈의 각도가 바깥쪽으로 갈수록 넓어지는 부분의 용접

㈓ 플랜지 용접 : 플레어부의 뒤쪽에 해당하는 부분을 용접하는 것

㈔ 용접선의 방향과 응력 방향에 따른 필릿 용접 종류

㉠ 전면 필릿 용접 : 용접선의 방향과 하중의 방향이 직각이다.

㉡ 측면 필릿 용접 : 용접선의 방향과 하중의 방향이 평행이다.

㉢ 경사 필릿 용접 : 용접선과 하중의 방향이 경사져 있다.

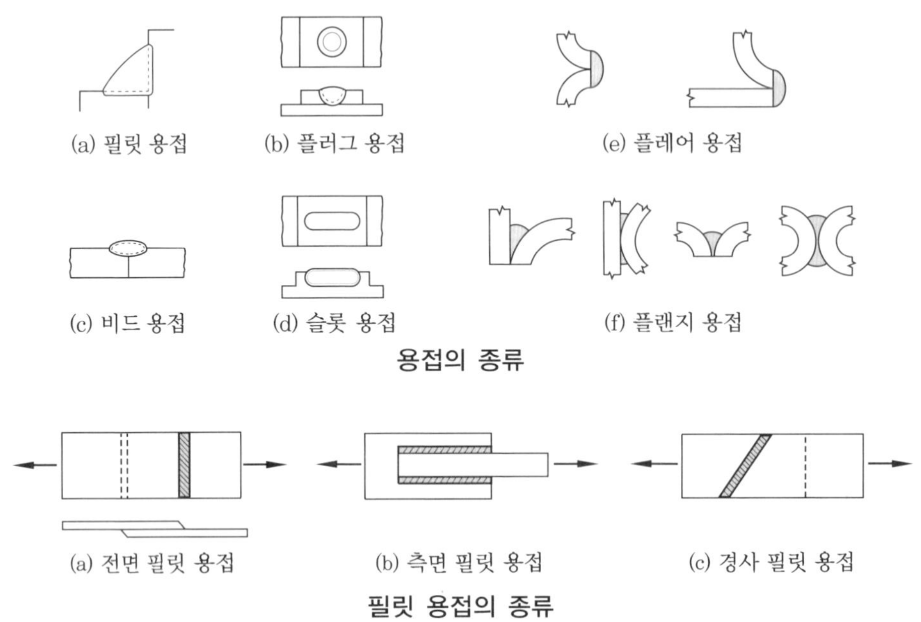

(a) 필릿 용접 (b) 플러그 용접 (e) 플레어 용접

(c) 비드 용접 (d) 슬롯 용접 (f) 플랜지 용접

용접의 종류

(a) 전면 필릿 용접 (b) 측면 필릿 용접 (c) 경사 필릿 용접

필릿 용접의 종류

③ 홈의 설계

㈎ 용접 홈 설계의 주안점

㉠ 홈의 용적(θ)을 될수록 작게 한다.

㉡ θ을 무제한 작게 할 수 없고 최소한 10° 정도씩 전후좌우로 용접봉을 경사시킬 수 있는 자유도가 필요하다.

㉢ 루트의 반지름 r을 될수록 크게 한다.

㉣ 루트의 간격과 루트 면을 만들어 준다.

㉤ 일반적으로 판 두께에 따른 맞대기 용접의 홈 형상은 다음과 같다.

홈 형상	I형	V형	X형	レ, J형	K, 양면 J형	U형	H형
판 두께	6 mm 이하	6~20 mm	12 mm 이상	6~20 mm	12 mm 이하	16~50 mm	20 mm 이상

④ 용접 이음을 설계할 때 주의사항

㈎ 용접 작업을 안전하게 할 수 있는 구조로 한다.

㈏ 아래보기 용접을 많이 하도록 한다.

㈐ 용접봉의 용접부에 접근성도 작업의 쉽고 어려움에 영향을 주므로 용접 작업에 지장을 주지 않도록 간격을 남긴다[그림 (a), (b), (c)].

㈑ 필릿 용접을 가능한 한 피하고 맞대기 용접을 하도록 한다.

㈒ 판 두께가 다른 2장의 모재를 직접 용접하면[그림 (d)] 열용량이 서로 다르게 되

어 작업이 곤란하므로 두꺼운 판 쪽에 구배를 두어 갑자기 단면이 변하지 않게 한다[그림 (e), (f)].

(바) 용접부에 모멘트(moment)가 작용하지 않게 한다[그림 (i), (j)].

(사) 맞대기 용접에는 이면 용접을 하여 용입 부족이 없도록 한다.

(아) 용접부에 잔류 응력과 열응력이 한 곳에 집중하는 것을 피하고, 용접 이음부가 한 곳에 집중되지 않도록 한다[그림 (g), (h), (k)].

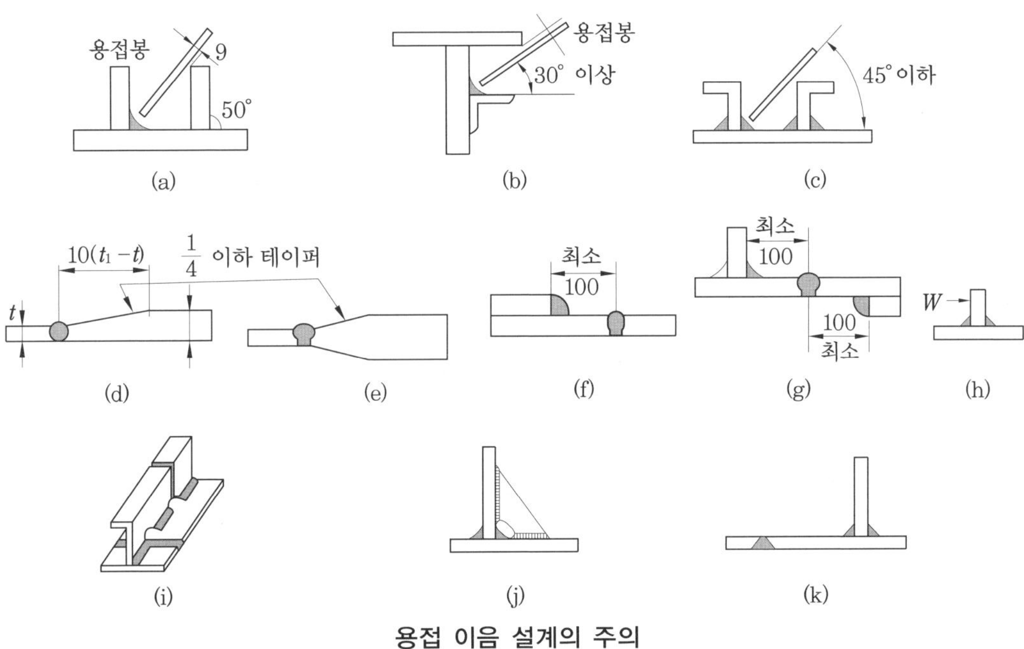

용접 이음 설계의 주의

(3) 용접 설계의 역학

① 허용응력과 안전율 : 용접 구조물 및 기계를 사용할 때 실제 각 부분에 발생하는 응력을 사용응력이라 하고 이에 대하여 재료의 안전성을 고려하여 안전할 것이라고 허용되는 최대의 응력을 허용응력(allowable stress)이라 한다.

※ 응력의 크기 : 극한강도(인장강도) > 허용응력 ≧ 사용응력

안전율(safety factor)은 인장강도와 허용응력의 비로 나타낸다.

$$\text{안전율} = \frac{\text{인장강도}}{\text{허용응력}},\ \text{인장강도} = \text{허용응력} \times \text{안전율}$$

② 용접 이음 효율

$$\text{이음 효율} = \frac{\text{용접 시험편의 인장강도}}{\text{모재의 인장강도}} \times 100 = 100\,\%$$

용접의 기본강도 계산식

<table>
<tr><td>σ : 인장응력(kg/mm^2)
σ_b : 휨응력(kg/mm^2)
τ : 전단응력(kg/mm^2)</td><td>W : 하중(kg)
t : 용접 치수(mm)
L : 용접 길이(mm)</td></tr>
<tr><td>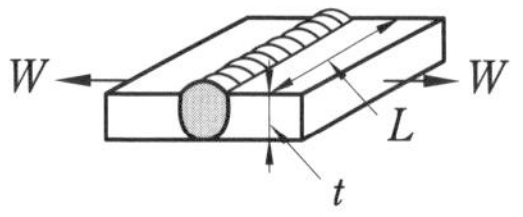
</td><td>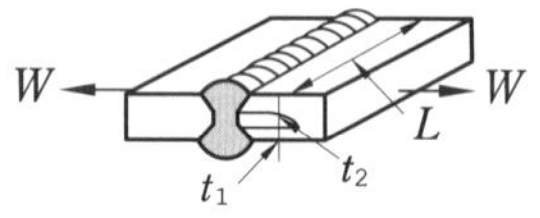
</td></tr>
<tr><td>$\sigma=\frac{W}{tL}$</td><td>$\sigma=\frac{W}{(t_1+t_2)L}$</td></tr>
<tr><td>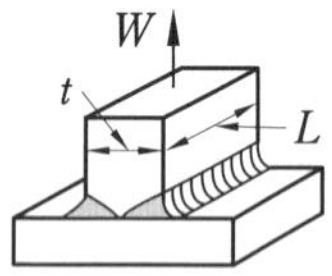
</td><td>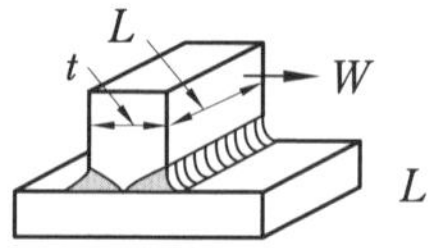
</td></tr>
<tr><td>$\sigma=\frac{W}{tL}$</td><td>$\sigma_b=\frac{6Wl}{t^2L}$, $\tau_{max}=\frac{W}{tL}$</td></tr>
</table>

용접 이음의 적정강도(연강의 평균값)

이음의 형식	이음의 강도(kg/mm^2)		비고
맞대기	σ_w	45	–
전면 필릿	$\fallingdotseq 0.90\sigma_w$	40	덮개판 이음
	$\fallingdotseq 0.80\sigma_w$	36	
측면 필릿	$\fallingdotseq 0.70\sigma_w$	32	겹치기 이음
플러그	$0.60\sim0.70\sigma_w$	27~32	T 이음

용접 이음의 안전율(연강)

하중의 종류	정하중	동하중		충격 하중
		단진 응력	교번 응력	
안전율	3	5	8	12

단원 예상문제

1. 필릿 용접의 이음 강도를 계산할 때, 각장이 10 mm라면 목 두께는?

① 약 3 mm ② 약 7 mm
③ 약 11 mm ④ 약 15 mm

해설 이음의 강도 계산에는 이론상 목 두께를 이용하고 목 단면적은 목 두께×용접의 유효 길이로 하며 목 두께 각도가 60~90°는 0.7로 계산하면 0.7×10=7이다.

2. 단면이 가로 7 mm, 세로 12 mm인 직사각형의 용접부를 인장하여 파단시켰을 때 최대 하중이 3444 kgf이었다면 용접부의 인장강도는 몇 kgf/mm^{2}인가?

① 31 ② 35
③ 41 ④ 46

해설 용접의 인장강도 $= \frac{\text{최대하중}}{\text{단면적}} = \frac{3444}{(7\times12)} = 41$

3. 용착 금속의 인장강도를 구하는 옳은 식은?

① 인장강도 $= \frac{\text{인장하중}}{\text{시험편의 단면적}}$ ② 인장강도 $= \frac{\text{시험편의 단면적}}{\text{인장하중}}$

③ 인장강도 $= \frac{\text{표점거리}}{\text{연신율}}$ ④ 인장강도 $= \frac{\text{연신율}}{\text{표점거리}}$

해설 용접부에 작용하는 하중은 (용착 금속의 인장강도×판 두께×목 두께)로 구하며 단위 면적당 작용하는 하중을 인장강도 또는 최대 극한강도라고 한다.

4. 용접부의 인장시험에서 최초의 표점 사이의 거리를 l_0로 하고, 파단 후의 표점 사이의 거리를 l_1로 할 때 파단까지의 변형률 δ를 구하는 식으로 옳은 것은?

① $\delta = \frac{l_1 + l_0}{2l_0} \times 100\,\%$ ② $\delta = \frac{l_1 - l_0}{2l_0} \times 100\,\%$

③ $\delta = \frac{l_1 + l_0}{l_0} \times 100\,\%$ ④ $\delta = \frac{l_1 - l_0}{l_0} \times 100\,\%$

해설 변형률 $= \frac{(\text{파단 후의 표점 사이의 거리} - \text{최초의 표점 사이의 거리})}{\text{최초의 표점 사이의 거리}} \times 100\,\%$

5. V형 맞대기 용접(완전한 용입)에서 판 두께가 10 mm인 용접선의 유효길이가 200 mm일 때, 여기에 50 kgf/mm^{2}의 인장(압축)응력이 발생한다면 용접선에 직각 방향으로 몇 kgf의 인장(압축)하중이 작용하겠는가?

① 2000 kgf ② 5000 kgf
③ 10000 kgf ④ 15000 kgf

해설 인장하중 = 인장응력×판 두께×용접선의 유효 길이 = 5×10×200 = 10,000

6. 두께가 6.4 mm인 두 모재의 맞대기 이음에서 용접 이음부가 4536 kgf의 인장하중이 작용할 경우 필요한 용접부의 최소 허용길이(mm)는? (단, 용접부의 허용인장응력은 14.06 kg/mm^{2}이다.)

① 50.4 ② 40.3
③ 30.1 ④ 20.7

해설 용접부의 최소 허용길이는 인장하중 구하는 공식으로 인장하중 = 인장응력×판 두께×용접선의 유효길이의 공식에서 용접의 최소 허용길이(유효길이) $= \frac{\text{인장하중}}{(\text{허용 인장응력} \times \text{두께})}$

$= \frac{4536}{(6.4 \times 14.06)} = 50.4$

7. 다음 그림과 같은 필릿 이음의 용접부 인장응력(kgf/mm^2)은 얼마 정도인가?

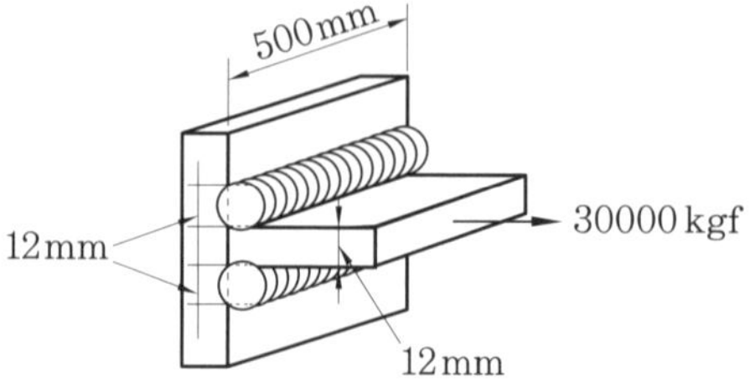

① 약 1.4
② 약 3.5
③ 약 5.2
④ 약 7.6

해설 인장응력 $= \frac{0.707 \times P}{h_1} = \frac{0.707 \times 30000}{12} \times 500 = 3.53 \fallingdotseq 3.5$

8. 연강의 맞대기 용접 이음에서 용착 금속의 인장강도가 40 kgf/mm^2, 안전율이 8이면, 이음의 허용응력은?

① 5 kgf/mm^2
② 8 kgf/mm^2
③ 40 kgf/mm^2
④ 48 kgf/mm^2

해설 허용응력 $= \frac{\text{인장강도}}{\text{안전율}} = \frac{40}{8} = 5$

9. V형 맞대기 용접(완전 용입)에서 용접선의 유효길이가 300 mm이고, 용접선에 수직하게 인장하중 13500 kgf이 작용하면 연강판의 두께는 몇 mm인가? (단, 인장응력은 5 kgf/mm^2이다.)

① 25
② 16
③ 12
④ 9

해설 응력 $= \frac{\text{인장하중}}{\text{두께} \times \text{유효길이}} = \frac{\text{인장하중}}{\text{유효길이} \times \text{인장응력}} = \frac{13500}{(300 \times 5)} = 9$

10. 용접 설계에서 허용응력을 올바르게 나타낸 공식은?

① 허용응력 $= \frac{\text{안전율}}{\text{이완력}}$
② 허용응력 $= \frac{\text{인장강도}}{\text{안전율}}$
③ 허용응력 $= \frac{\text{이완력}}{\text{안전율}}$
④ 허용응력 $= \frac{\text{안전율}}{\text{인장강도}}$

해설 용접설계에서 허용응력 $= \frac{\text{인장강도}}{\text{안전율}}$

11. 필릿 용접 이음부의 강도를 계산할 때 기준으로 삼아야 하는 것은?

① 루트 간격 ② 각장 길이 ③ 목의 두께 ④ 용입 깊이

해설 용접설계에서 필릿 용접의 단면에 내접하는 이등변 삼각형의 루트부터 빗변까지의 수직거리를 이론 목 두께라 하고, 보통 설계할 때에 사용되고, 용입을 고려한 루트부터 표면까지의 최단거리를 실제 목 두께라 하여 이음부의 강도를 계산할 때 기준으로 한다.

12. 용접봉의 용융 속도는 무엇으로 나타내는가?

① 단위시간당 용융되는 용접봉의 길이 또는 무게
② 단위시간당 용착된 용착 금속의 양
③ 단위시간당 소비되는 용접기의 전력량
④ 단위시간당 이동하는 용접선의 길이

해설 용접봉의 용융 속도는 단위 시간당 소비되는 용접봉의 길이 또는 무게로 나타낸다.

13. 용접부 이음 효율 공식으로 옳은 것은?

① 이음 효율 $= \dfrac{\text{모재 인장강도}}{\text{용접시험편 인장강도}}$ ② 이음 효율 $= \dfrac{\text{용접시험편 충격강도}}{\text{모재 인장강도}}$

③ 이음 효율 $= \dfrac{\text{모재 인장강도}}{\text{용접시험편 충격강도}}$ ④ 이음 효율 $= \dfrac{\text{용접시험편 인장강도}}{\text{모재 인장강도}}$

해설 용접부의 이음 효율 공식은 이음 효율 $= \dfrac{\text{용접시험편 인장강도}}{\text{모재 인장강도}} \times 100$

14. 연강을 용접 이음할 때 인장강도가 21 kgf/mm^{2}이다. 정하중에서 구조물을 설계할 경우 안전율은 얼마인가?

① 1 ② 2 ③ 3 ④ 4

해설 안전율 $= \dfrac{\text{인장강도}}{\text{허용응력}} = \dfrac{21}{7} = 3$

15. 용접 지그(welding jig)에 대한 설명 중 틀린 것은?

① 용접물을 용접하기 쉬운 상태로 놓기 위한 것이다.
② 용접제품의 치수를 정확하게 하기 위해 변형을 억제하는 것이다.
③ 작업을 용이하게 하고 용접 능률을 높이기 위한 것이다.
④ 잔류응력을 제거하기 위한 것이다.

해설 용접 지그 사용 효과

㉮ 아래보기 자세로 용접을 할 수 있다.
㉯ 용접조립의 단순화 및 자동화가 가능하고 제품의 정밀도가 향상된다.
㉰ 작업을 용이하게 하고 용접 능률을 높이고 신뢰성을 높인다.

정답 1. ② 2. ③ 3. ① 4. ④ 5. ③ 6. ① 7. ② 8. ① 9. ④ 10. ② 11. ③ 12. ① 13. ④ 14. ③ 15. ④

제 2 장 용접 시공

1. 개요

용접 시공은 적당한 시방서에 의하여 주문자가 요구하는 구조물을 제작하는 방법으로, 용접 설계나 사양서 내용이 부적당하면 시공이 매우 곤란하게 되고 좋은 용접 제품과 이익을 위해서는 세밀한 설계와 적절한 용접 시공이 이루어져야 한다.

2. 용접 준비

(1) 일반적 준비

① 모재 재질의 확인
② 용접법의 선택
③ 용접기의 선택
④ 용접봉의 선택
⑤ 용접공의 선임
⑥ 용접 지그의 결정

참고 용접 시공 흐름

재료 → 절단 → 굽힘, 개선가공 → 조립 → 가접 → 예열 → 용접 → 직후열 → 교정 → 용접 후 열처리(PWHT)[불합격 시는 보수 후] → 합격 → 제품

(2) 용접 이음의 준비

① 홈 가공

㈎ 피복 아크 용접의 홈 각도 : 54~70° 정도가 적합하다.

㈏ 용접 균열 방지 : 루트 간격을 작게 선택하는 것이 좋다.

㈐ 능률면 : 용입이 허용되는 한 홈 각도를 적게 하고 용착 금속량을 적게 하는 것이 좋다.

㈑ 서브머지드 아크 용접의 준비

㉠ 루트 간격 : 0.8 mm 이하

㉡ 루트면 : 7~16 mm

㉢ 표면 및 뒷면 용접 : 3 mm 이상 겹치도록 용접(용입)하는 것이 좋다.

② 용접 조립 및 가공 순서

㈎ 조립(assembly) 순서

㉠ 수축이 큰 맞대기 용접 이음을 먼저 용접한 후 다음에 필릿 용접 순으로 한다.

㉡ 큰 구조물에서는 구조물의 중앙에서 끝으로 용접을 실시하며 대칭으로 용접한다.

㈏ 가접(tack welding)

㉠ 용접 결과의 좋고 나쁨에 직접 영향을 준다.

㉡ 본 용접의 작업 전에 좌우의 홈 부분을 잠정적으로 고정하기 위한 짧은 용접이다.

㉢ 균열, 기공, 슬래그 잠입 등의 결함을 수반하기 쉬우므로 본 용접을 실시할 홈 안에 가접하는 것은 바람직하지 못하며, 만일 불가피하게 홈 안에 가접하였을 경우 본 용접 전에 갈아내는 것이 좋다.

㉣ 본 용접을 하는 용접사와 비등한 기량을 가진 용접사에 의해 실시되어야 한다.

㉤ 가접에는 본 용접보다 지름이 약간 가는 봉을 사용하는 것이 좋다.

③ 루트 간격 : 가접을 할 때에는 루트 간격이 소정의 치수(보통은 용가재의 지름과 같거나 지름에 ±0.1~1 mm 정도)가 되도록 유의하여야 한다. 루트 간격이 너무 좁거나, 클 때는 용접 결함이 생기기 쉽고 또한 루트 간격이 너무 크면 용접입열 및 용착량이 커져 모재의 재질의 변화 및 굽힘응력 등이 생기므로 허용 한도 이내로 교정하고 서브머지드 아크 용접의 경우 용착을 방해하기 때문에 엄격히 제한되어 있다.

㈎ 맞대기 이음 홈의 보수

㉠ 루트 간격 6 mm 이하 : 한쪽 또는 양쪽을 덧살 올림 용접을 하여 깎아 내고, 규정 간격으로 홈을 만들어 용접한다[그림 (a)].

㉡ 루트 간격 6~16 mm 이하 : 두께 6 mm 정도의 뒤판을 대어서 용접한다[그림 (b)].

㉢ 루트 간격 16 mm 이상 : 판의 전부 또는 일부(길이 약 300 mm)를 대체한다.

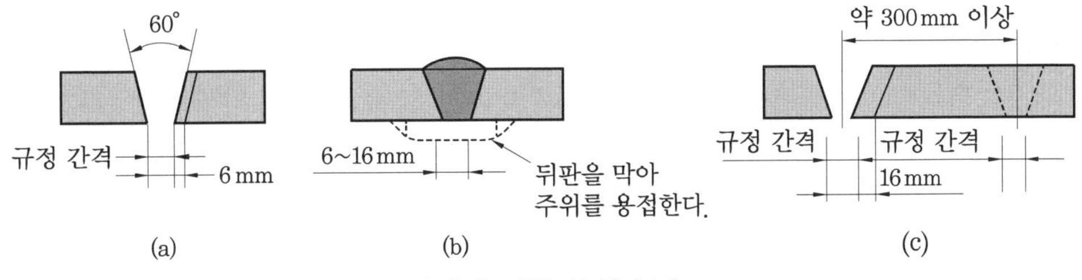

맞대기 이음 홈의 보수

㈏ 필릿 용접 이음 홈의 보수

㉠ 루트 간격 1.5 mm 이하 : 규정대로의 각장으로 용접한다[그림 (a)].

㉡ 루트 간격 1.5~4.5 mm : 그대로 용접하여도 좋으나 넓혀진 만큼 각장을 증가시킬 필요가 있다[그림 (b)].

㉢ 루트 간격 4.5 mm 이상 : 라이너(liner)를 끼워 넣든지, [그림 (d)]와 같이 부족한 판을 300 mm 이상 잘라내서 대체한다[그림 (c), (d)].

㈐ 서브머지드 아크 용접 홈의 정밀도 : 서브머지드 아크 용접과 같은 자동 용접은 이음 홈의 정밀도가 중요하며 높은 용접 전류를 사용하고 용입도 깊으므로 이음 홈의 정밀도가 불충분하면 일정한 용접 조건 하에서 용입이 불균일하거나 기공·균열을 일으킨다.

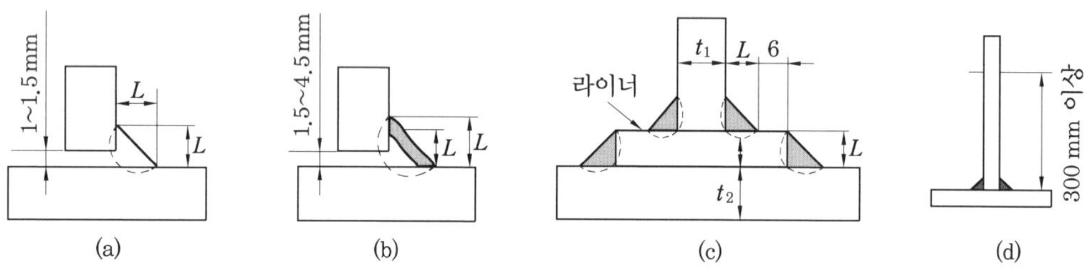

필릿 용접 이음 홈의 보수

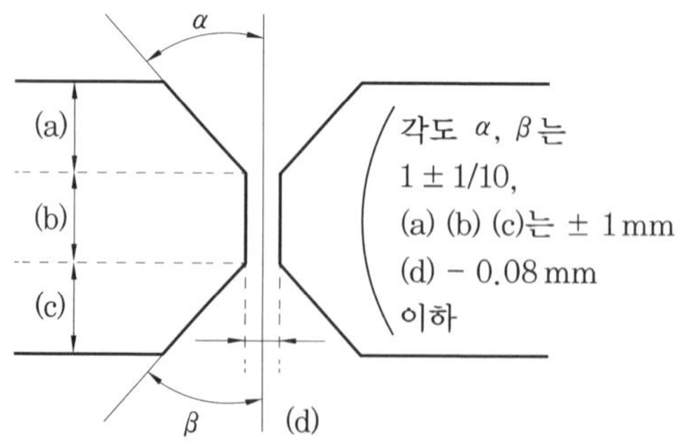

서브머지드 아크 용접 홈의 정밀도

④ 용접 이음부의 청정 : 이음부에 있는 수분, 녹, 스케일, 페인트, 기름, 그리스, 먼지, 슬래그 등은 기공이나 균열의 원인이 되므로 이들을 제거하는 데는 와이어 브러시, 그라인더(grinder), 쇼트 블라스트(shot blast) 등의 사용과 화학약품 등이 사용되고 자동 용접인 경우 고속 용접으로 불순물의 영향이 커 용접 전에 가스불꽃으로 홈의 면이 80℃ 정도로 가열하여 수분, 기름기를 제거한다.

3. 용접 작업

(1) 용착법과 용접 순서

① 용착법 : 용접하는 방향에 의하여 전진법, 후진법, 대칭법, 교호법, 비석법 등이 있고 또 다층 용접에는 덧살 올림법, 캐스케이드법, 전진 블록법 등이 있다.

㈎ 전진법은 수축이나 잔류 응력이 용접의 시작부보다 끝나는 부분이 크므로 용접 이음이 짧거나 변형 및 잔류 응력이 별로 문제가 되지 않을 경우 사용하여도 좋다.

㈏ 잔류 응력을 가능한 한 적게 할 경우에는 비석법(skip method)이 좋다.

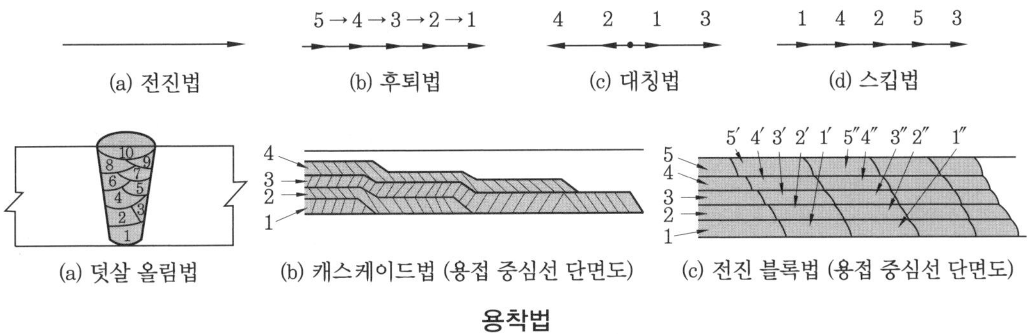

용착법

② 용접 순서

㈎ 같은 평면 안에 많은 이음이 있을 때에는 수축은 가능한 한 자유단으로 보낸다.

㈏ 용접물 중심에 대하여 항상 대칭으로 용접을 진행시킨다.

㈐ 수축이 큰 이음을 가능한 한 먼저 용접하고, 수축이 작은 이음을 뒤에 용접한다.

㈑ 용접물의 중립축에 대하여 수축력 모멘트(moment)의 합이 제로(0)가 되도록 한다.

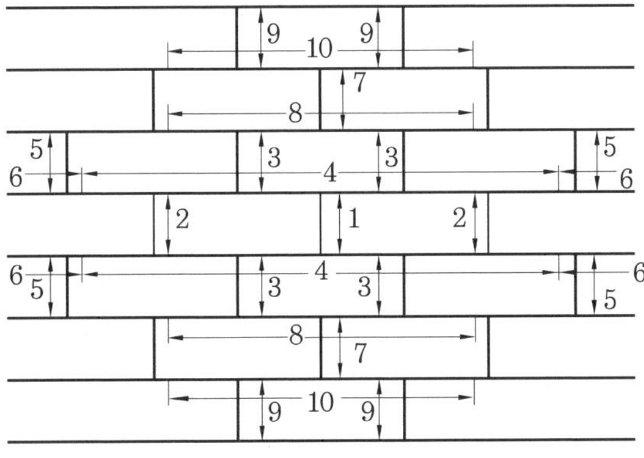

복잡한 강판의 용접 순서의 예

(2) 용접 시의 온도 분포 및 열의 확산

① 용접 비드 부근의 온도 분포 : 용접은 고온의 열원에 의해 짧은 시간에 금속을 용융시켜 구조물을 접합시키는 방법으로 용접부 부근의 온도는 대단히 높으며 금속 조직이 변하여 상온에서의 냉각 시 온도 기울기(temperature gradient)가 급하여 급랭에 의해 열 영향을 받게 된다.

(가) 온도 기울기가 급할수록 용접부 근방은 급랭된다.

(나) 급랭되면 열 영향부가 경화되며 이음 성능에 나쁜 영향을 준다.

② 열의 확산 : 용접 작업 시 어떤 부위에 가열을 하면 가열을 받는 금속의 모양, 두께 등 여러 조건에 따라 가열 시간과 냉각 속도가 달라지므로 열의 확산 방향에 따라 적절한 가열 조치가 필요하다.

(가) 열의 확산 방향의 수가 많으면 냉각 속도가 빠르다.

(나) 얇은 판보다 두꺼운 판이 열의 확산 방향이 많아 냉각 속도가 커진다.

(다) 열전도율(heat conductivity)이 크면 열확산 방향 수가 많아 냉각 속도가 빠르다.

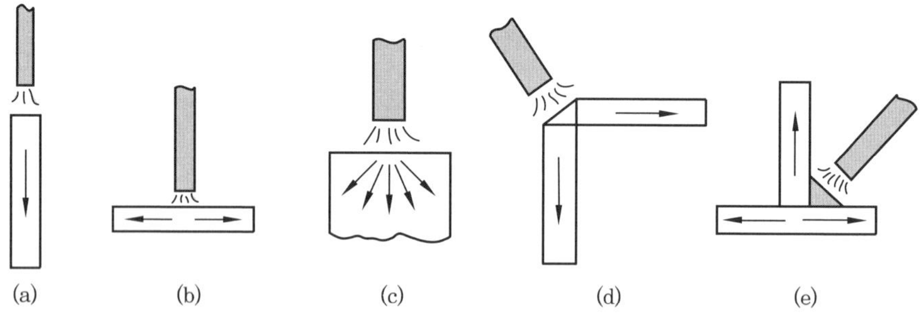

각종 이음 모양에 따른 열의 확산 방향(냉각 속도 순서 : $c > e > b,\ d > a$)

(3) 용접금속의 예열

용접금속이 어떤 조건하에서 급랭이 되면 열 영향부에 경화 및 균열 등이 생기기 쉬우므로 예열을 하여 냉각 속도를 느리게 하여 용접할 필요가 있다.

① 비드 밑 균열(under bead cracking) 방지를 위해서는 재질에 따라 50~350℃ 정도로 홈을 예열하여 냉각 속도를 느리게 하여 용접을 한다(고장력강, 저합금강, 주철, 연강 두께 25 mm 이상 등).

② 연강이라도 기온이 0℃ 이하이면 저온 균열을 발생하기 쉬우므로 용접 이음의 양쪽 약 100 mm 나비를 약 40~70℃로 가열하는 것이 좋다.

③ 연강 및 고장력강의 예열 온도는 탄소당량을 기초로 하여 예열하며 여기서 원소기호는 무게비의 값이고, 합금원소가 많아져서 탄소당량이 커지든지 판이 두꺼워지면 용접성이 나빠지며 예열 온도를 높일 필요가 있다.

$$\text{탄소당량}(C_{eq}) = \text{C} + \frac{1}{6}\text{Mn} + \frac{1}{24}\text{Si} + \frac{1}{40}\text{Ni} + \frac{1}{50}\text{Cr} + \frac{1}{4}\text{Mo} + \frac{1}{14}\text{V}$$

4. 용접 후 처리

(1) 응력 제거

① 노내 풀림법 : 응력 제거 열처리법 중에서 가장 잘 이용되고 효과가 크며 제품 전체를 가열로 안에 넣고 적당한 온도에서 어떤 시간 유지한 다음, 노내에서 서랭하는 것이다.

㈎ 어떤 한계 내에서 유지 온도가 높을수록, 유지 시간이 길수록 잔류 응력 제거 효과가 크다.

㈏ 연강 종류는 제품의 노내를 출입시키는 온도가 300℃를 넘어서는 안 된다.

참고

300℃ 이상에서 가열 및 냉각속도 R은 다음 식을 만족시켜야 한다.

$R \leq 200 \times \frac{25}{t}$(℃/$h$) ∴ t : 가열부의 용접부 최대 두께(mm)

㈐ 판 두께 25 mm 이상인 탄소강 경우에는 일단 600℃에서 10℃씩 온도가 내려가는 데 대해서 20분씩 유지 시간을 길게 잡으면 된다(온도를 너무 높이지 못할 경우).

㈑ 구조물의 온도가 250~300℃까지 냉각되면 대기 중에서 방랭하는 것이 보통이다.

② 국부 풀림법 : 현장 용접된 것이나 제품이 커서 노내에 넣어 풀림을 하지 못할 경우 용접선의 좌우 양측 250 mm의 범위 혹은 판 두께의 12배 이상 범위를 유도가열 및 가스 불꽃으로 가열 국부적으로 풀림작업 하는 것으로 잔류 응력 발생 염려가 있다.

③ 저온 응력 완화법 : 용접선의 양측을 정속으로 이동하는 가스 불꽃에 의해 나비의 60~130 mm에 걸쳐서 150~200℃로 가열한 다음 곧 수랭하는 방법으로 주로 용접선 방향의 잔류 응력이 완화된다.

④ 기계적 응력 완화법 : 잔류 응력이 있는 제품에 하중을 주고 용접부에 약간의 소성변형을 일으킨 다음 하중을 제거하는 방법으로 큰 구조물에서는 한정된 조건 하에서 사용할 수 있다.

⑤ 피닝법 : 치핑 해머(chipping hammer)로 용접부를 연속적으로 때려 용접 표면상에 소성변형을 주는 방법으로 잔류 응력의 경감, 변형의 교정 및 용접금속의 균열을 방지하는 데 효과가 있다.

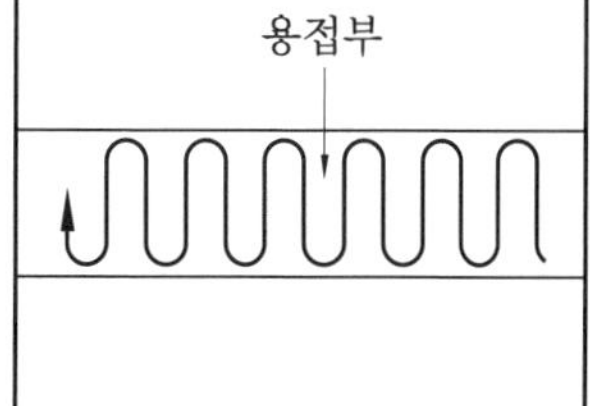

피닝의 이동 방법

(2) 변형 경감 및 교정

용접 후에 발생되는 잔류 응력과 변형이 가장 문제시되므로 용접 전에 변형을 방지하는 것을 변형 경감(방지)이라고 하며 용접 후 변형된 것을 정상대로 회복시키는 것을 변형 교정이라 한다.

① 변형의 경감

(가) 용접 전 변형 방지 방법 : 억제법, 역변형법

(나) 용접 시공에 의한 방법 : 대칭법, 후퇴법, 교호법, 비석법

(다) 모재의 입열을 막는 방법 : 도열법

(라) 용접부의 변형과 응력 제거 방법 : 피닝법

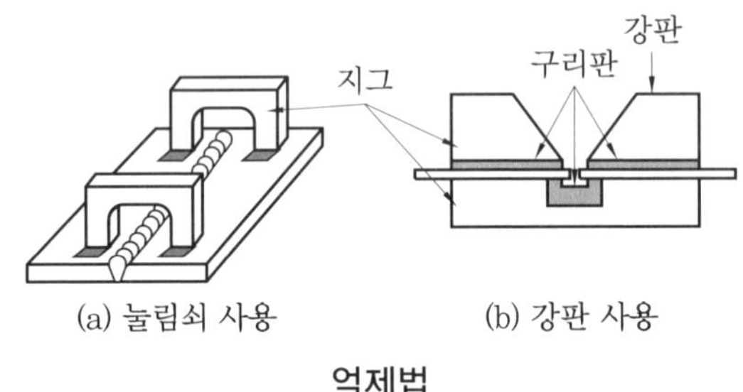

(a) 눌림쇠 사용 (b) 강판 사용

억제법

㉠ 억제법(control method) : 피용접물을 가접, 지그(jig)나 볼트 등으로 조여서 변형 발생을 억제하는 방법으로 잔류 응력이 커지는 결함이 있어 용접 후 풀림을 하면 좋고 엷은 판 구조에 적당하다.

㉡ 역변형법(pre-distortion method) : 용접에 의한 변형(재료의 수축)을 예측하여 용접 전에 미리 반대쪽으로 변형을 주고 용접하는 방법으로 탄성(elasticity)과 소성(plasticity) 역변형의 두 종류가 있다.

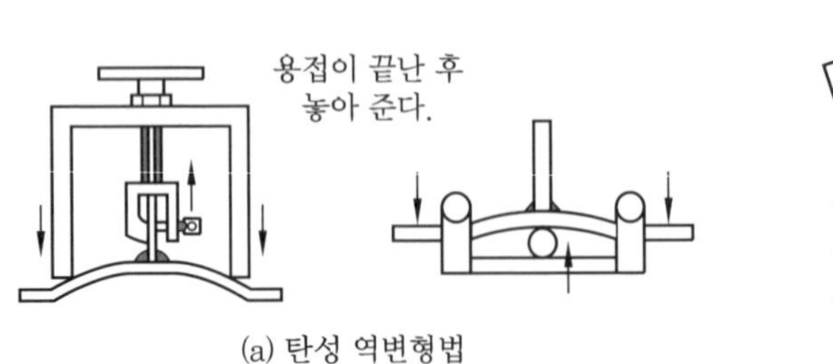

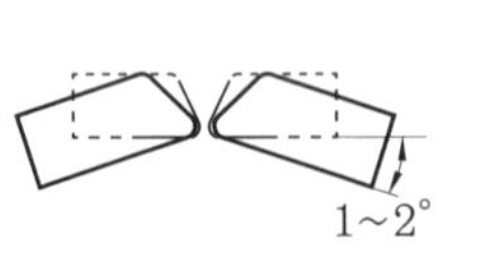

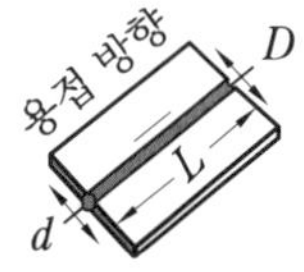

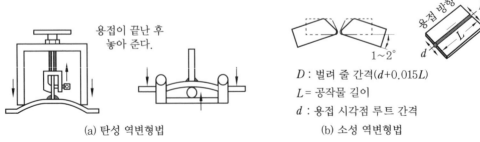

D : 벌려 줄 간격(d+0.015L)

L = 공작물 길이

d : 용접 시각점 루트 간격

(a) 탄성 역변형법 (b) 소성 역변형법

역변형법

㉢ 교호법(skip block method), 비석법(skip method) : 구간 용접 방향과 전체 용접 방향이 같고 모재의 냉각된 부분을 찾아서 용접하는 방법으로 용접 전체 선에 있어 용접열이 비교적 균일하게 분포된다.

㉣ 도열법 : 용접부에 구리로 된 덮개판을 대거나 뒷면에서 용접부를 수랭시키거나 용접부 주위에 물을 적신 석면이나 천 등을 덮어 용접열이 모재에 흡수되는 것을 방해하여 변형을 방지하는 방법이다.

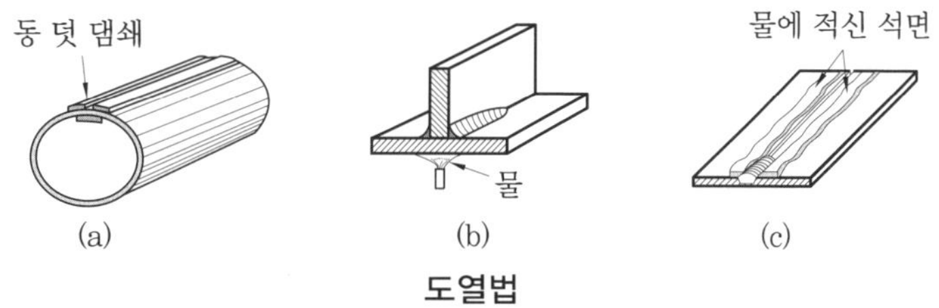

도열법

② 변형 교정 방법

㈎ 얇은 판에 대한 점 수축법(spot contractile)

㈏ 형재에 대한 직선 수축법(straight contractile method)

㈐ 가열 후 해머질하는 방법

㈑ 두꺼운 판에 대하여 가열 후 압력을 걸고 수랭하는 방법

㈒ 롤러에 거는 방법

㈓ 피닝법

㈔ 절단에 의하여 변형하고 재용접하는 방법

참고 변형 교정 시공 조건

1. 최고 가열 온도를 600℃ 이하로 하는 것이 좋은 방법 : 위 방법의 ㈎~㈑
2. 점 수축법의 시공 조건
   ㉮ 가열 온도 : 500~600℃
   ㉯ 가열 시간 : 약 30초
   ㉰ 가열점의 지름 20~30 mm
   ㉱ 실제 판 두께 2.3 mm 경우 가열점 중심거리 : 60~80 mm
   ㉲ 주의할 점 : 용접선 위를 가열해서는 안 되며 가열부의 열량이 전도되지 않도록 한다.

(3) 결함의 보수

① 언더컷의 보수 : 가는 용접봉을 사용하여 보수용접한다.

② 오버랩의 보수 : 용접금속 일부분을 깎아 내고 재용접한다.

③ 결함 부분을 깎아내고 재용접한다.

④ 균열 때의 보수 : 균열이 끝난 양쪽 부분에 드릴로 정지 구멍을 뚫고, 균열 부분을 깎아 내어 홈을 만든다. 조건이 된다면 근처의 용접부도 일부 절단하여 가능한 한 자유로운 상태로 한 다음, 균열 부분을 재용접한다.

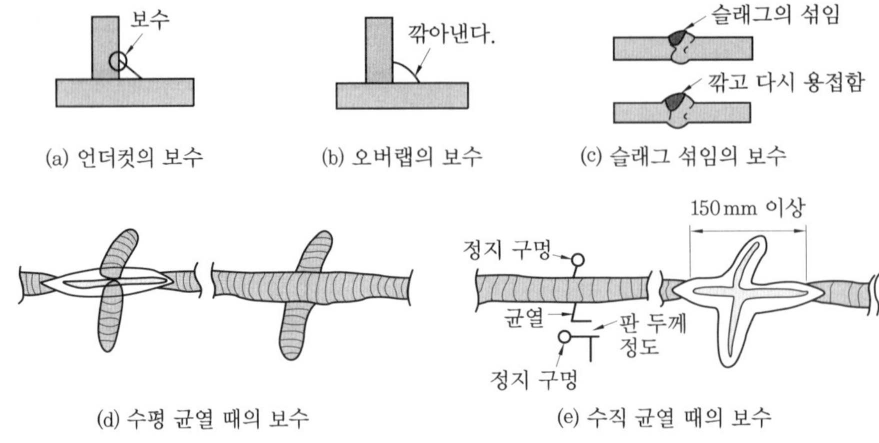

결함부의 보수

(4) 보수 용접

기계부품, 차축, 롤러 등이 마멸 시 덧살 용접을 하고 재생, 수리하는 것을 보수 용접이라 한다. 여기에 사용되는 용접봉으로는 탄소강 계통의 망간강 또는 크롬강의 심선을 사용하는 경우와 비철합금계 계통의 크롬-코발트-텅스텐 용접봉이 사용되고 있으며 덧살올림의 경우 용접봉을 사용하지 않고, 용융된 금속을 고속기류에 의해 불어(spray) 붙이는 용사법도 있다. 서브머지드 아크 용접에서도 덧살올림 용접을 하는 방법이 많이 이용되고 있다.

(5) 여러 가지 용접 결함

용접법은 짧은 시간에 고온의 열을 사용하는 야금학적 접합법이므로 어떤 일부의 조건에 이상이 발생하면 아래 [그림]과 같은 용접 결함이 발생되므로 시공 시에 정확한 작업 조건을 갖추어야 좋은 용접부를 얻을 수 있다.

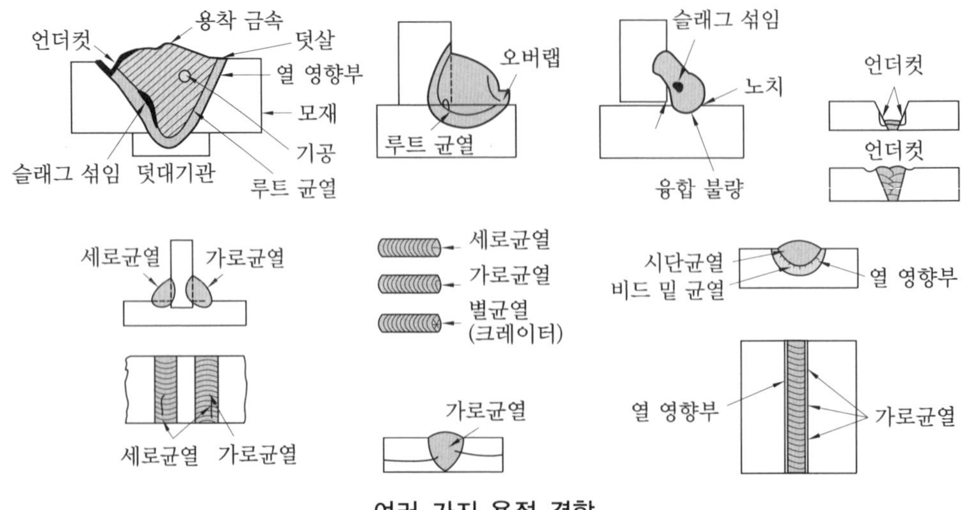

여러 가지 용접 결함

단원 예상문제

1. 잔류 응력 경감법 중 용접선의 양측을 가스 불꽃에 의해 약 150 mm에 걸쳐 150~200 ℃로 가열한 후에 즉시 수랭함으로써 용접선 방향의 인장응력을 완화시키는 방법은?

① 국부 응력 제거법
② 저온 응력 완화법
③ 기계적 응력 완화법
④ 노내 응력 제거법

해설 저온 응력 완화법 : 용접선의 양측을 일정한 속도로 이동하는 가스 불꽃에 의하여 폭 약 150 mm를 약 150~200℃로 가열 후 수랭하는 방법으로 용접선 방향의 인장응력을 완화하는 방법이다.

2. 용접부의 내부 결함 중 용착금속의 파단면에 고기 눈 모양의 은백색 파단면을 나타내는 것은?

① 피트(pit)
② 은점(fish eye)
③ 슬래그 섞임(slag inclusion)
④ 선상 조직(ice flower structure)

해설 용착금속의 파단면에 고기 눈 모양의 결함은 수소가 원인으로 은점과 헤어 크랙, 기공 등의 결함이 있다.

3. 용접 작업 시 발생한 변형을 교정할 때 가열하여 열응력을 이용하고 소성 변형을 일으키는 방법은?

① 박판에 대한 점 수축법
② 숏 피닝법
③ 롤러에 거는 방법
④ 절단 성형 후 재용접법

해설 박판에 대한 점 수축법은 용접할 때 발생한 변형을 교정하는 방법으로, 가열할 때 열응력을 이용하여 소성 변형을 일으켜 변형을 교정하는 방법이다.

4. 용접부의 냉각 속도에 관한 설명 중 맞지 않는 것은?

① 예열은 냉각 속도를 완만하게 한다.
② 동일 입열에서 판 두께가 두꺼울수록 냉각 속도가 느리다.
③ 동일 입열에서 열전도율이 클수록 냉각 속도가 빠르다.
④ 맞대기 이음보다 T형 이음 용접이 냉각 속도가 빠르다.

해설 용접부의 냉각 속도
㉮ 열의 확산 방향의 수가 많으면 냉각 속도가 빠르다.
㉯ 얇은 판보다 두꺼운 판이 열의 확산 방향이 많고 판보다 T형이 방향이 많아 냉각 속도가 커진다.
㉰ 열전도율이 크면 열확산 방향 수가 많아 냉각 속도가 빠르다.

5. 가용접에 대한 설명으로 잘못된 것은?

① 가용접은 2층 용접을 말한다.

② 본 용접봉보다 가는 용접봉을 사용한다.

③ 루트 간격을 소정의 치수가 되도록 유의한다.

④ 본 용접과 비등한 기량을 가진 용접공이 작업한다.

해설 가접(가용접)

㉮ 용접 결과의 좋고 나쁨에 직접 영향을 준다.

㉯ 본 용접의 작업 전에 좌우의 홈 부분을 잠정적으로 고정하기 위한 짧은 용접이다.

㉰ 균열, 기공, 슬래그 잠입 등의 결함을 수반하기 쉬우므로 본 용접을 실시할 홈 안에 가접하는 것은 바람직하지 못하며, 만일 불가피하게 홈 안에 가접하였을 경우 본 용접 전에 갈아 내는 것이 좋다.

㉱ 본 용접을 하는 용접사와 비등한 기량을 가진 용접사에 의해 가접을 실시한다.

㉲ 가접에는 본 용접보다 지름이 약간 가는 용접봉을 사용하는 것이 좋다.

6. 용접 비드 부근이 특히 부식이 잘 되는 이유는 무엇인가?

① 과다한 탄소 함량 때문에

② 담금질 효과의 발생 때문에

③ 소려효과의 발생 때문에

④ 잔류 응력의 증가 때문에

해설 잔류 응력의 증가에 의해 부식과 변형이 발생한다.

7. 재료의 내부에 남아 있는 응력은?

① 좌굴 응력 ② 변동 응력

③ 잔류 응력 ④ 공칭 응력

해설 재료의 내부에 남아 있는 잔류 응력은 이음 형성, 용접 입열, 판 두께 및 모재의 크기, 용착 순서, 용접 순서, 외적구속 등의 인자 및 불균일한 가공에서 나타나는 재료 내부에 잔류응력은 박판인 경우 변형을 일으키기도 한다.

8. 용접에 의한 잔류 응력을 가장 적게 받는 것은?

① 정적 강도

② 취성 파괴

③ 피로 강도

④ 횡굴곡

해설 취설 파괴, 피로 강도, 횡굴곡 등은 용접 후 결함이며 정적 강도인 경우에는 재료에 연성이 있어 파괴되기까지 소성 변형이 약간 있고 잔류 응력이 존재하여도 강도에는 영향이 적다.

정답 1. ② 2. ② 3. ① 4. ② 5. ① 6. ④ 7. ③ 8. ①

제 3 장 용접부의 시험과 검사

● 시험 및 검사 방법의 종류

(1) 용접 전의 작업 검사

① 용접 설비는 용접기기, 부속기구, 보호기구, 지그(jig) 및 고정구의 적합성을 검사한다.

② 용접봉은 겉모양과 치수, 용착 금속의 성분과 성질, 모재와 조립한 이음부의 성질, 피복제의 편심율 특히 작업성과 균열시험을 한다.

③ 모재에서는 재료의 화학 조성, 물리적 성질, 화학적 성질, 기계적 성질, 개재물의 분포, 래미네이션(lamination) 열처리법을 검사한다.

④ 용접 준비는 홈 각도, 루트 간격, 이음부의 표면 상태(스케일, 유지 등의 부착, 가접의 양부 상황) 등을 검사한다.

⑤ 시공 조건은 용접 조건, 예열, 후열 등의 처리 등을 검사한다.

⑥ 용접공의 기량을 확인한다.

(2) 용접 중의 작업 검사

① 각 층마다(용접 비드층)의 융합 상태, 슬래그 섞임, 비드 겉모양, 크레이터의 처리, 변형 상태(모재 외관) 등을 검사한다.

② 용접봉의 건조 상태, 용접 전류, 용접 순서, 운봉법, 용접 자세 등에 주의한다.

③ 예열을 필요로 하는 재료는 예열 온도, 층간 온도를 점검한다.

(3) 용접 후의 작업 검사

후열 처리, 변형교정 작업 점검과 균열, 변형, 치수 잘못 등을 조사한다.

(4) 완성 검사

용접 구조물 전체에 결함 여부를 조사하는 검사로 용접물에서 시험편(specimen)을 잘라내기 위해 파괴하는 파괴 검사(destructive testing)와 용접물을 파괴하지 않고 결함 유무를 조사하는 비파괴 검사(NDT : non-destructive testing)가 있다.

(5) 검사법의 분류

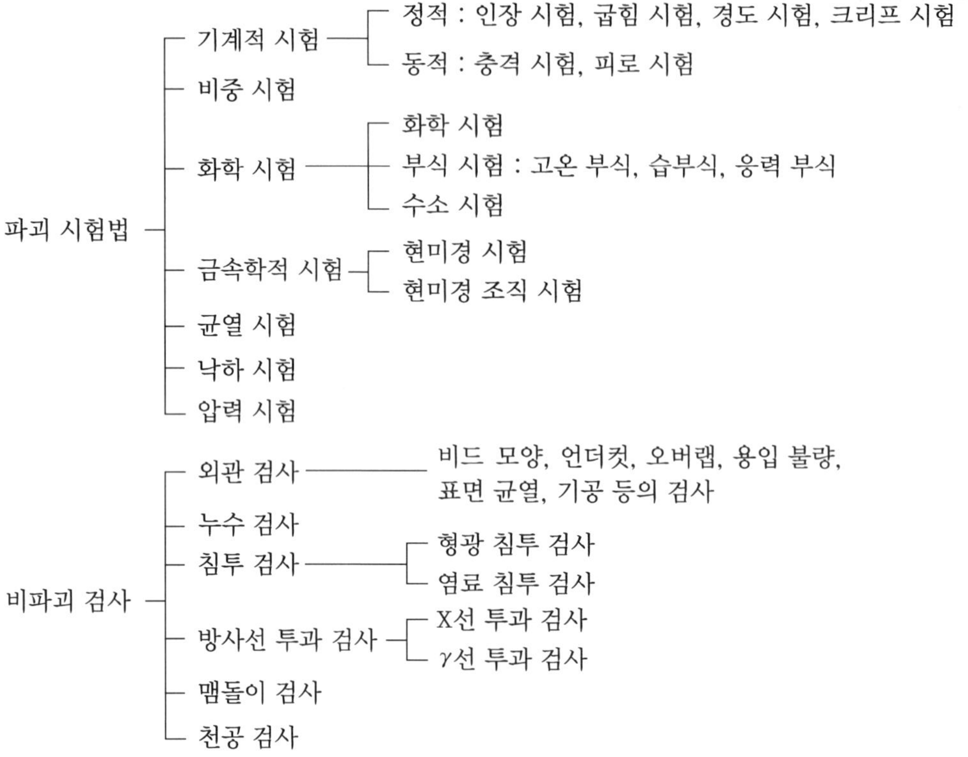

(6) 용접부의 결함 종류에 따른 검사법

결함의 종류		시험과 검사법
치수상의 결함	변형	적당한 게이지를 사용한 외관 육안 검사
	용접 금속부 크기가 부적당	용접 금속용 게이지를 사용한 육안 검사
	용접 금속부 형상이 부적당	
구조상의 결함	기공	방사선 검사, 전자기 검사, 와류 검사, 초음파 검사, 파단 검사, 현미경 검사, 마이크로 조직 검사
	비금속 또는 슬래그 섞임	
	융합 불량	
	용입 불량	
	언더컷	외관 육안 검사, 방사선 검사, 굽힘 시험
	균열	외관 육안 검사, 방사선 검사, 초음파 검사, 현미경 검사, 마이크로 조직 검사, 전자기 검사, 침투 검사, 형광 검사
	표면 결함	굽힘 시험 외관 육안 검사, 기타

성질상의 결함	인장강도의 부족	전용착 금속의 인장 시험, 맞대기 용접의 인장 시험, 필릿 용접의 전단 시험, 모재의 인장 시험
	항복강도의 부족	전용착 금속의 인장 시험, 맞대기 용접의 인장 시험, 모재의 인장 시험
	연성의 부족	전용착 금속의 인장 시험, 굽힘 시험, 모재의 인장 시험
	경도의 부적당	경도 시험
	피로강도의 부족	피로 시험
	충격에 의한 파괴	충격 시험
	화학성분의 부적당	화학 분석
	내식성의 불량	부식 시험

단원 예상문제

1. 강의 충격시험 시의 천이온도에 대해 가장 올바르게 설명한 것은?

① 재료가 연성파괴에서 취성파괴로 변화하는 온도 범위를 말한다.
② 충격시험한 시편의 평균 온도를 말한다.
③ 시험시편 중 충격값이 가장 크게 나타난 시편의 온도를 말한다.
④ 재료의 저온 사용한계 온도이나 각 기계 장치 및 재료 규격집에서는 이 온도의 적용을 불허하고 있다.

해설 용접부의 천이온도는 금속재료가 연성파괴에서 취성파괴로 변하는 온도 범위를 말하며 철강 용접의 천이온도는 최고 가열온도가 400~600℃이며 이 범위는 조직의 변화가 없으나 기계적 성질이 나쁜 곳이다.

2. 용접부의 시험 및 검사법의 분류에서 전기, 자기 특성시험은 무슨 시험에 속하는가?

① 기계적 시험　　② 물리적 시험
③ 야금학적 시험　　④ 용접성 시험

해설 용접부의 검사법은 크게 나누어 기계적, 물리적, 화학적으로 구분한다.
㉮ 기계적 시험 : 인장, 충격, 피로, 경도 등
㉯ 물리적 시험 : 자기, 전자기적, 전기 시험 등
㉰ 화학적 시험 : 부식, 수소시험 등이다.

3 용접 이음의 피로강도는 다음의 어느 것을 넘으면 파괴되는가?

① 연신율　　② 최대 하중
③ 응력의 최댓값　　④ 최소 하중

해설 응력의 최댓값을 초과할 때 파괴된다.

4. 용접부의 검사법 중 비파괴 검사(시험)법에 해당되지 않는 것은?

① 외관 검사 ② 침투 검사
③ 화학 시험 ④ 방사선 투과 시험

해설 화학 시험은 파괴 시험으로 부식 시험을 한다.

5. 용접부의 시험법에서 시험편에 V형 또는 U형 등의 노치(notch)를 만들고, 하중을 주어 파단시키는 시험 방법은?

① 경도 시험 ② 인장 시험
③ 굽힘 시험 ④ 충격 시험

해설 충격 시험 : 시험편에 V형 또는 U형 등의 노치를 만들고 충격적인 하중을 주어 파단시키는 시험법

6. 용접부의 비파괴 검사(NDT) 기본 기호 중에서 잘못 표기된 것은?

① RT : 방사선 투과시험 ② UT : 초음파 탐상시험
③ MT : 침투 탐상시험 ④ ET : 와류 탐상시험

해설 비파괴 검사의 종류는 방사선 투과시험(RT), 초음파 탐상시험(UT), 자분탐상(MT), 침투탐상(PT), 와류탐상(ET), 누설시험(LT), 변형도 측정시험(ST), 육안시험(VT), 내압시험(PRT)이 있다.

7. 용접부의 시험에서 확산성 수소량을 측정하는 방법은?

① 기름 치환법 ② 글리세린 치환법
③ 수분 치환법 ④ 충격 치환법

해설 용접 파괴 시험에서 화학적 시험 중 함유 수소 시험법은 글리세린 치환법, 진공 가열법, 확산성 수소량 측정법 등이 있다.

8. 용착 금속의 충격 시험에 대한 설명 중 옳은 것은?

① 시험편의 파단에 필요한 흡수 에너지가 크면 클수록 인성이 크다.
② 시험편의 파단에 필요한 흡수 에너지가 작으면 작을수록 인성이 크다.
③ 시험편의 파단에 필요한 흡수 에너지가 크면 클수록 취성이 크다.
④ 시험편의 파단에 필요한 흡수 에너지는 취성과 상관 관계가 없다.

해설 파괴 시험인 충격 시험은 샤르피식[U형 노치에 단순보(수평면)]과 아이조드식[V형 노치에 내다지보(수직면)]이 있고 충격적인 하중을 주어서 파단시키는 시험법으로 흡수 에너지가 클수록 인성이 크다.

9. 비파괴 검사 중 자기검사법을 적용할 수 없는 것은?

① 오스테나이트계 스테인리스강 ② 연강
③ 고속도강 ④ 주철

해설 자기검사(MT)는 자성이 있는 물체만을 검사할 수 있으며 비자성체는 검사가 곤란하다. 오스테나이트 스테인리스강(18-8)은 비자성체이다.

10. **용접 결함의 종류 중 구조상 결함에 속하지 않는 것은?**

① 슬래그 섞임 ② 기공 ③ 융합 불량 ④ 변형

해설 용접의 결함 종류

㉮ 치수상 결함 : 변형, 치수 및 형상 불량
㉯ 구조상 결함 : 기공, 슬래그 섞임, 언더컷, 균열, 용입 불량 등
㉰ 성질상 결함 : 인장강도의 부족, 연성의 부족, 화학 성분의 부적당 등

11. **자기 검사(MT)에서 피검사물의 자화 방법이 아닌 것은?**

① 코일법 ② 극간법 ③ 직각 통전법 ④ 펄스 반사법

해설 자기 검사 종류에는 축통전법, 직각 통전법, 관통법, 코일법, 극간법이 있고 펄스 반사법은 초음파 검사 방법이다.

12. **형틀 굽힘 시험은 다음과 같은 시험 방법으로 용접부의 연성과 안전성을 조사하는 것인데, 형틀 굽힘 시험의 내용에 해당되지 않는 것은?**

① 표면 굽힘 시험 ② 이면 굽힘 시험
③ 롤러 굽힘 시험 ④ 측면 굽힘 시험

해설 파괴 시험의 종류 중 굽힘 시험의 종류는 표면 굽힘, 이면 굽힘, 측면 굽힘 시험이다.

13. **파괴 시험에 해당되는 것은?**

① 음향 시험 ② 누설 시험
③ 형광 침투 시험 ④ 함유 수소 시험

해설 파괴 시험에서 화학시험 종류인 함유 수소 시험법은 글리세린 치환법, 진공 가열법, 확산성 수소량 측정법 등이 있다.

14. **용접 결함 중 구조상 결함에 해당되지 않는 것은?**

① 융합 불량 ② 언더컷 ③ 오버랩 ④ 연성 부족

15. **용접사에 의해 발생될 수 있는 결함이 아닌 것은?**

① 용입 불량 ② 스패터 ③ 래미네이션 ④ 언더필

해설 래미네이션(lamination)은 재료의 재질 결함으로 래미네이션 균열은 모재의 재질 결함으로 설퍼 밴드와 같이 층상으로 편재되어 있고 내부에 노치를 형성하며 두께 방향에 강도를 감소시키며 델라미네이션은 응력이 걸려 래미네이션이 갈라지는 것을 말하며 방지 방법으로는 킬드강이나 세미킬드강을 이용하여야 한다.

16. **다음 중 자분 탐상 시험을 의미하는 것은?**

① UT ② PT ③ MT ④ RT

해설 시험의 종류 : 방사선 투과 시험(RT), 초음파 탐상 시험(UT), 자분 탐상(MT), 침투 탐상(PT), 와류 탐상(ET), 누설 시험(LT), 변형도 측정 시험(ST), 육안 시험(VT), 내압 시험(PRT)

17. **용접부의 기공검사는 어느 시험법으로 가장 많이 하는가?**

① 경도 시험 ② 인장 시험
③ X선 시험 ④ 침투 탐상 시험

해설 비파괴 시험으로 X선 투과시험은 균열, 융합 불량, 슬래그 섞임, 기공 등의 내부 결함에 사용된다.

18. **다음 중 균열이 가장 많이 발생할 수 있는 용접 이음은?**

① 십자 이음 ② 응력 제거 풀림
③ 피닝법 ④ 냉각법

해설 용접 이음 부분이 많을수록 열의 냉각이 빨라 균열이 생기기 쉽다.

19. **자기 검사에서 피검사물의 자화 방법은 물체의 형상과 결함의 방향에 따라서 여러 가지가 사용된다. 그 중 옳지 않은 것은?**

① 투과법 ② 축 통전법 ③ 직각 통전법 ④ 극간법

해설 자화 방법은 축 통전법, 직각 통전법, 관통법, 전류 통전법, 코일법, 극간법, 자속 관통법 등이 있다.

20. **초음파 탐상법 중 가장 많이 사용되는 검사법은?**

① 투과법 ② 펄스 반사법 ③ 공진법 ④ 자기 검사법

해설 초음파 검사는 0.5~15 MHz의 초음파를 물체의 내부에 침투시켜 내부의 결함, 불균일층의 유무를 알아내는 검사로 투과법, 펄스 반사법, 공진법이 있으며 펄스 반사법이 가장 일반적이다.

21. **B스케일과 C스케일 두 가지가 있는 경도 시험법은?**

① 브리넬 경도 ② 로크웰 경도 ③ 비커스 경도 ④ 쇼어 경도

해설 로크웰 경도 시험기에서는 C스케일은 꼭지각 120°의 다이아몬드 원뿔을 압자로 사용하여 굳은 재료의 경도시험에 사용되는 방법으로 시험하중 150 kg에서 시험한 후 다음 식으로 계산한다.

$HRB = 100 - 500h$ 여기서, h : 압입 깊이

B스케일은 강철볼을 압입하는 방법이다.

22. **자분 탐상법의 특징에 대한 설명으로 틀린 것은?**

① 시험편의 크기, 형상 등에 구애를 받는다.
② 내부결함의 검사가 불가능하다.
③ 작업이 신속 간단하다.
④ 정밀한 전처리가 요구되지 않는다.

해설 비파괴 검사의 종류인 자분 탐상법의 장점은 신속 정확하며, 결함 지시 모양이 표면에 직접 나타나기 때문에 육안으로 관찰할 수 있으며, 검사 방법이 쉽고 비자성체는 사용이 곤란하다.

23. **용접균열은 고온 균열과 저온 균열로 구분된다. 크레이터 균열과 비드 밑 균열에 대하여 옳게 나타낸 것은?**

① 크레이터 균열 – 고온 균열, 비드 밑 균열 – 고온 균열
② 크레이터 균열 – 저온 균열, 비드 밑 균열 – 저온 균열
③ 크레이터 균열 – 저온 균열, 비드 밑 균열 – 고온 균열
④ 크레이터 균열 – 고온 균열, 비드 밑 균열 – 저온 균열

해설 용접균열은 용접을 끝낸 직후에 크레이터 부분에 생기는 크레이터 균열, 외부에서는 볼 수 없는 비드 밑 균열 등이 있고 크레이터 균열은 고온 균열, 비드 밑 균열은 저온 균열이다.

24. **용착 금속의 인장 또는 굽힘시험을 했을 경우 파단면에 생기며 은백색 파면을 갖는 결함은?**

① 기공 ② 크레이터 ③ 오버랩 ④ 은점

해설 굽힘 시험을 했을 경우 수소로 인한 헤어 크랙과 생선 눈처럼 은백색으로 빛나는 은점 결함이 생기어 취성파면이다.

25. **브리넬 경도계의 경도값의 정의는 무엇인가?**

① 시험하중을 압입자국의 깊이로 나눈 값
② 시험하중을 압입자국의 높이로 나눈 값
③ 시험하중을 압입자국의 표면적으로 나눈 값
④ 시험하중을 압입자국의 체적으로 나눈 값

해설 $\text{브리넬 경도값} = \dfrac{\text{하중}}{\text{오목(압입)자국 표면적}(\text{mm}^2)}$

26. **연강을 인장시험으로 측정할 수 없는 것은?**

① 항복점 ② 연신율 ③ 재료의 경도 ④ 단면 수축률

해설 인장시험은 항복점, 연신율, 단면 수축률을 측정할 수 있고 경도시험은 브리넬 경도, 로크웰, 비커스 경도, 쇼어 경도 등의 시험이 있다.

27. **용접부의 노치 인성을 조사하기 위해 시행되는 시험법은?**

① 맞대기 용접부의 인장시험 ② 샤르피 충격시험
③ 저사이클 피로시험 ④ 브리넬 경도시험

해설 충격시험은 샤르피식[U형 노치에 단순보(수평면)]과 아이조드식[V형 노치에 내다지보(수직면)]이 있고 충격적인 하중을 주어서 파단시키는 시험법으로 흡수 에너지가 클수록 인성이 크다.

28. **미소한 결함이 있어 응력의 집중에 의하여 성장하거나, 새로운 균열이 발생될 경우 변형 개방에 의한 초음파가 방출되는데 이러한 초음파를 AE검출기로 탐상함으로써 발생장소와 균열의 성장속도를 감지하는 용접시험 검사법은?**

① 누설 탐상검사법 ② 전자초음파법
③ 진공검사법 ④ 음향방출 탐상검사법

해설 AE(Acoustic Emission)시험 또는 음향방출 탐상검사라고도 하며 고체의 변형 및 파괴에 수반하여 해당된 에너지가 음향펄스가 되어 진행하는 현상을 검출기, 증폭기와 필터, 진폭 변별기, 신호처리로 탄상하는 검사법이다.

29. 자분 탐상검사의 자화방법이 아닌 것은?

① 축통전법 ② 관통법
③ 극간법 ④ 원형법

해설 자분탐상법의 자화방법은 축통전법, 직각통전법, 관통법, 전류통전법, 코일법, 극간법, 자속관통법 등이 있다.

30. 방사선 투과 검사에 대한 설명 중 틀린 것은?

① 내부 결함 검출이 용이하다.
② 래미네이션(lamination) 검출도 쉽게 할 수 있다.
③ 미세한 표면 균열은 검출되지 않는다.
④ 현상이나 필름을 판독해야 한다.

해설 래미네이션은 모재의 재질 결함으로 강괴일 때 기포가 압연되어 생기는 결함으로 설퍼 밴드와 같이 층상으로 편재해 있어 강재의 내부적 노치를 형성하여 방사선 투과시험에는 검출이 안 된다.

31. 약 2.5 g의 강구를 25 cm 높이에서 낙하시켰을 때 20 cm 튀어 올랐다면 쇼어경도(HS)값은 약 얼마인가? (단, 계측통은 목측형(C형)이다.)

① 112.4 ② 192.3
③ 123.1 ④ 154.1

해설 쇼어경도 산출식 $=\left(\frac{10000}{65}\right)\times\left(\frac{\text{튀어 오른 높이}}{25\text{mm}}\right)$

$$=\left(\frac{10000}{65}\right)\times\left(\frac{20}{25}\right)=153.8\times0.8=192.25\fallingdotseq192.3$$

32. 용착금속 내부에 균열이 발생되었을 때 방사선 투과검사 필름에 나타나는 것은?

① 검은 반점 ② 날카로운 검은 선
③ 흰색 ④ 검출이 안 됨

해설 방사선 투과검사 결과 필름 상에 균열은 그 파면이 투과 방향과 거의 평행할 때는 날카로운 검은 선으로 밝게 보이나 직각일 때에는 거의 알 수 없다.

정답 1. ① 2. ② 3. ③ 4. ③ 5. ④ 6. ③ 7. ② 8. ① 9. ① 10. ④
11. ④ 12. ③ 13. ④ 14. ④ 15. ③ 16. ③ 17. ③ 18. ① 19. ① 20. ②
21. ② 22. ① 23. ④ 24. ④ 25. ③ 26. ③ 27. ② 28. ④ 29. ④ 30. ②
31. ② 32. ②

제 3 편

작업 안전

1. 산업 안전 관리
2. 용접 안전

제 1 장 산업 안전 관리

산업 안전 관리의 개요

(1) 안전 관리의 정의 및 일반 개념

① 재해(loss, calamity)의 정의 : 안전사고의 결과로 일어난 인명과 재산의 손실을 말한다.

② 안전사고와 부상의 종류

㈎ 중상해 : 부상으로 인하여 14일 이상의 노동 손실을 가져온 상태

㈏ 경상해 : 부상으로 1일 이상 14일 미만의 노동 손실을 가져온 상태

㈐ 경미상해 : 부상으로 8시간 이하의 휴무 또는 작업에 종사하며 치료 받는 상태

③ 안전 관리의 조직

㈎ 라인형 조직(line system)

㈏ 참모식 조직(staff system)

㈐ 라인스텝 조직(line and staff system)

(2) 안전사고율의 판정 기준

① 연천인율 : 1,000명을 기준으로 한 재해 발생 건수의 비율이다.

$$\text{연천인율} = \frac{\text{재해건수}}{\text{연평균근로자수}} \times 1000$$

$$\text{연천인율} = \text{도수율} \times 2.4$$

② 도수율(frequency rate, 빈도율) : 안전사고의 빈도를 표시하는 단위로 근로시간 100만 시간당 발생하는 사상 건수를 표시한다(소수점 둘째자리까지 계산한다).

$$\text{도수율} = \frac{\text{재해건수}}{\text{근로연시간수}} \times 1000000$$

③ 강도율(severity rate) : 안전사고의 강도를 나타내는 기준으로 근로시간 1,000시간당의 재해에 의하여 손실된 노동 손실 일수(소수점 둘째 자리까지 계산한다.)

$$\text{강도율} = \frac{\text{근로손실일수}}{\text{근로총시간수}} \times 1000$$

(3) 안전 환경 관리

① 작업 환경 조건

㈎ 소음 : 소음의 영향과 장해로는 청력 장해, 혈압 상승 및 호흡 억제 등의 생체기능장해, 불쾌감, 작업능률의 저하 등이며 소음평가수 기준은 85 dB, 지속음 기준 폭로한계는 90 dB(8시간 기준)이고 소음 장해 예방 대책으로는 소음원 통제, 공정 변경, 음의 흡수 장치, 귀마개 및 귀덮개의 보호구 착용 등이 있다.

㈏ 온도 : 안전 적정 온도 18~21°보다 높거나 낮을 때 사고 발생의 원인이 된다.

㈐ 조명 : 직접 조명, 간접 조명, 반간접 조명, 국부 조명 등의 종류가 있고 단위는 룩스[Lux 또는 칸드라(Cd)]로 작업에 따라 조명도는 아래의 [표]와 같다.

각 작업에 알맞은 조명도

작업의 종류	이상적인 조명도
초정밀 작업	600 Lux 이상
정밀 작업	300 Lux 이상
보통 작업	150 Lux 이상
기타 작업	70 Lux 이상

㈑ 분진 : 분진의 허용 기준은 유리 규산(SiO_2)의 함량에 좌우되며 흡입성 분진 중 폐포 먼지 침착률이 가장 높은 것은 0.5~5.0μ이다.

㈒ 환기 : 실내 작업 시 발생되는 유해 가스, 증기, 분진 등의 화학적 근로 환경과 온도, 습도 등의 물리적 근로 환경에 의해 근로자가 피해 입는 것을 방지하기 위하여 창문, 환기통 및 후드(hood), 닥트(duct), 송풍기(blower) 등의 장치를 통하여 근로 조건을 개선하는 방법이다.

㉠ 자연 환기법 : 온도차 환기(중력 환기), 풍력 환기

㉡ 기계 환기법(강제환기법) : 흡출식, 압입식, 병용식

ⓐ 후드(hood) : 기류 특성 및 송풍량에 따라 여러 종류가 있으며 용접 작업에서는 원형(측방배출), 장방형(측방배출) 등이 사용된다.

ⓑ 닥트(duct) : 유해물질이 포함된 후드에서 집진장치까지 또는 집진장치에서 최종 배출관까지 운반하는 유도관으로 주관과 분관으로 구성되고 제진장치에서 외부로 배출하는 송풍관을 주관이라 한다. 또한 후드에 직접 연결되는 송풍관이 분관으로 1개 또는 2개 이상을 연결하여 집진장치로 모여진 공기를 운반해 주는 장치이다.

단원 예상문제

1. 안전 작업의 중요성으로 틀린 것은?

① 작업자 자신의 재해 방지
② 주변 사람들이나 건물 시설 재해 방지
③ 작업 능률 저하
④ 위험이 없는 안전 작업

해설 안전 작업을 하게 되면 작업 능률이 올라가게 된다.

2. 다음 중 가스 중독 방지 대책이 아닌 것은?

① 환기와 통풍이 잘된다.
② 보호 마스크를 사용한다.
③ 아연, 납 등의 용접 시는 주의하지 않아도 된다.
④ 중독성이 없는 금속을 용접한다.

해설 아연, 카드뮴, 납 등은 용접 시 중독 가스가 발생하므로 주의한다.

3. 작업 환경 조건 중 소음 기준은 몇 dB인가?

① 60 ② 75
③ 85 ④ 95

해설 소음의 영향(장해)은 청력 장해, 혈압 상승 및 호흡 억제 등의 생체 기능 장해, 불쾌감, 작업 능률의 저하로 소음 평가수 기준은 85 dB이고 지속음 기준 폭로한계는 90 dB(8시간 기준)이다.

4. 작업장의 정밀 작업 시에 알맞은 조명도는 몇 룩스(Lux)인가?

① 70 이상 ② 150 이상
③ 300 이상 ④ 600 이상

해설 각 작업에 알맞은 조명도는 초정밀 작업(600 이상), 정밀 작업(300 이상), 보통 작업(150 이상), 기타 작업은 70 Lux 이상이다.

5. 작업장의 환기는 자연 환기법과 기계 환기법이 있는데 기계 환기법이 아닌 것은?

① 흡출식 ② 압입식
③ 병용식 ④ 중력환기

해설 자연 환기법은 온도차 환기(중력 환기)와 풍력 환기가 있고 기계 환기법(강제 환기법)에는 흡출식, 압입식, 병용식이 사용된다.

정답 1. ③ 2. ③ 3. ③ 4. ③ 5. ④

제 2 장 용접 안전

● 재해 및 용접 화재 방지

(1) 재해의 원인

① 직접 원인

(가) 인적 원인

㉠ 무지 ㉡ 과실 ㉢ 미숙련
㉣ 과로 ㉤ 질병 ㉥ 흥분
㉦ 체력 부족 ㉧ 신체적 결함 ㉨ 음주
㉩ 수면 부족 ㉪ 복장 불량

(나) 물적 원인

㉠ 설비 및 시설의 불비 ㉡ 작업환경의 부족

② 간접 원인

(가) 기술적 원인 (나) 교육적 원인
(다) 신체적 원인 (라) 정신적 원인
(마) 관리적 원인 (바) 사회적 원인
(사) 역사적 원인

(2) 재해의 시정책(3E)

① 교육(Education)
② 기술(Engineering)
③ 관리(Enforcement)

(3) 화재 및 폭발 재해

① 연소

(가) 연소의 정의 : 연소는 적당한 온도의 열과 일정 비율의 가연성 물질과 산소가 결합하여 그 반응으로서 발열 및 발광 현상을 수반하는 것을 말한다.

(나) 연소의 3요소 : 가열물, 산소 공급원, 점화원

(다) 발화점의 정의

㉠ 인화점 : 가연성 액체 또는 고체가 공기 중에서 그 표면 부근에 인화하는 데에 필요한 충분한 농도의 증가를 발생하는 최저 온도

㉡ 연소점 : 연소를 계속시키기 위한 온도로 대체로 인화점보다 약 10℃ 정도 온도가 높다.

㉢ 착화점 : 가연물이 공기 중에서 가열되었을 때 다른 것으로 점화하지 않고 그 반응열로 스스로 발화하게 되는 최저온도로 발화점 또는 자연 발화 온도라고 한다.

참고 발화원의 종류

① 충격 마찰 ② 나화 ③ 고온표면
④ 단열압축 ⑤ 전기 불꽃(아크 등) ⑥ 정전기 불꽃
⑦ 자연 발열 ⑧ 광선열선

② 화재의 소화 대책

(가) 소화 조건

㉠ 가연물의 제거

㉡ 화점의 냉각

㉢ 공기(산소)의 차단

㉣ 연속적 연소의 차단

(나) 화재의 종류와 적용 소화제

㉠ A급 화재(일반 화재) : 수용액

㉡ B급 화재(유류 화재) : 화학 소화액(포말, 사염화탄소, 탄산가스, 드라이케미컬)

㉢ C급 화재(전기 화재) : 유기성 소화액(분말, 탄산가스, 탄산칼륨+물)

㉣ D급 화재(금속 화재) : 건조사

소화기 종류와 용도

화재 종류 / 소화기	보통 화재	유류 화재	전기 화재
포말 소화기	양호	적합	양호
분말 소화기	적합	적합	부적합
탄산가스 소화기	양호	양호	적합

(다) 소화기의 관리 및 취급 요령

㉠ 포말 소화기(A, B급 화재) : 유류 화재에 효과적인 소화기로, 동절기에는 얼지 않게 보온장치를 하며 전기나 알코올류 화재에는 사용하지 못하고 소화액은 1년에 한 번 이상 교체한다.

㉡ 분말 소화기(B, C급 화재) : 화점부에 접근 방사하여 시계를 흐리지 않게 하며 고압가스 용기는 연 2회 이상 중량 점검 후 감량 시 새 용기와 교체한다.

㉢ 탄산가스 소화기(B, C급 화재) : 전기의 불량도체이기 때문에 전기 화재에 유효하며 인체에 접촉 시 동상에 위험이 있어 취급 시 주의가 필요하고 탄산가스의 중량이 2/3 이하일 경우 즉시 재충전하지 않으면 안 된다. 또한 탄산가스 용기는 6개월마다 내압시험을 하여 안전을 도모해야 한다.

㉣ 강화액 소화기(A, B, C급 화재) : 물에 탄산칼륨 등을 용해시킨 수용액을 사용하며 물에 의한 소화 효과에 탄산칼륨 등을 첨가한 것으로 소화 후 재연소를 방지하는 효과가 크다.

(라) 소화기 사용 시 주의사항

㉠ 방사시간이 짧고(15~50초 정도) 방출거리가 짧아 초기 화재에만 사용된다.

㉡ 소화기는 적용되는 화재에만 사용해야 한다.

㉢ 소화 작업은 바람을 등지고 풍상에서 풍하로 향해 방사한다.

㉣ 비로 쓸 듯이 골고루 소화해야 한다.

(마) 화상

㉠ 제1도 화상(피부가 붉어지고 약간 아픈 정도) : 냉수나 붕산수로 찜질한다.

㉡ 제2도 화상(피부가 빨갛게 부풀어 물집이 생긴다) : 제1도 화상 때와 같은 조치를 하되 특히 물집을 터트리면 감염되므로 소독 거즈를 덮고 가볍게 붕대로 감아 둔다.

㉢ 제3도 화상(피하조직의 생명력 상실) : 제2도 화상 시와 같은 치료를 한 후 즉시 의사에게 치료를 받는다.

㉣ 제1도 화상이라도 신체의 1/3(30 %) 이상의 화상을 입으면 생명이 위험하다.

(바) 감전

㉠ 감전 사고가 발생하면 우선 전원을 끊는다.

㉡ 전원을 끊을 수 없는 경우 구조자가 보호구(고무장화, 고무장갑 등)를 착용한 후 떼어 놓는다.

㉢ 감전자가 호흡 중지 시 인공호흡을 한다.

단원 예상문제

1. 아크 용접 시, 감전 방지에 관한 내용 중 틀린 것은?

① 비가 내리는 날이나 습도가 높은 날에는 특히 감전에 주의를 하여야 한다.
② 전격 방지장치는 매일 점검하지 않으면 안 된다.
③ 홀더의 절연 상태가 충분하면 전격 방지장치는 필요 없다.
④ 용접기의 내부에 함부로 손을 대지 않는다.

해설 홀더의 절연 상태는 안전홀더인 A형을 사용하고 전격 방지장치는 인체에 전격을 방지할 수 있는 안전한 장치로 홀더와는 무부하 전압에 전격을 방지하기 위한 안전 전압인 24V를 유지시키는 전격 방지장치는 산업안전보건법으로 필요한 장치이다.

2. 아크 용접 중 방독 마스크를 쓰지 않아도 되는 용접 재료는?

① 주강 ② 황동 ③ 아연 도금판 ④ 카드뮴 합금

해설 황동, 아연 도금판, 카드뮴 합금 등은 가열 시 과열에 의한 아연 증발과 카드뮴의 증발로 중독을 일으키기 쉬워 방독 마스크를 착용하고 용접 작업을 해야 한다.

3. 용접 작업 중 정전이 되었을 때, 취해야 할 가장 적절한 조치는?

① 전기가 오기만을 기다린다.
② 홀더를 놓고 송전을 기다린다.
③ 홀더에서 용접봉을 빼고 송전을 기다린다.
④ 전원을 끊고 송전을 기다린다.

해설 전기 안전에서 정전이 되었다면 모든 전원 스위치를 내려 전원을 끊고 다시 전기가 송전될 때까지 기다린다.

4. 용접 퓸(fume)에 대하여 서술한 것 중 올바른 것은?

① 용접 퓸은 인체에 영향이 없으므로 아무리 마셔도 괜찮다.
② 실내 용접 작업에서는 환기 설비가 필요하다.
③ 용접봉의 종류와 무관하며 전혀 위험은 없다.
④ 용접 퓸은 입자상 물질이며, 가제 마스크로 충분히 차단할 수가 있으므로 인체에 해가 없다.

해설 용접 퓸에는 인체에 해로운 각종 가스가 있어 실내 용접 작업을 할 때에는 환기 설비를 필요로 한다.

5. 아크 용접에서 전격 및 감전 방지를 위한 주의사항으로 틀린 것은?

① 협소한 장소에서의 작업 시 신체를 노출하지 않는다.
② 무부하 전압이 높은 교류 아크 용접기를 사용한다.
③ 작업을 중지할 때는 반드시 스위치를 끈다.
④ 홀더는 반드시 정해진 장소에 놓는다.

해설 전격 및 감전 위험은 무부하 전압이 높은 교류가 높아 교류 아크 용접기는 산업안전보건법에서 반드시 전격방지기를 달아서 사용하도록 되어 있다.

6. CO_2 가스 아크 용접에서, CO_2 가스가 인체에 미치는 영향으로 극히 위험 상태에 해당하는 CO_2 가스의 농도는 몇 %인가?

① 0.4% 이상 ② 30% 이상 ③ 20% 이상 ④ 10% 이상

해설 CO_2 농도에 따른 인체의 영향은 다음과 같다. 3~4%: 두통, 15% 이상: 위험, 30% 이상: 치명적이다.

7. 아크 빛으로 혈안이 되고 눈이 부었을 때 우선 조치해야 할 사항으로 옳은 것은?

① 온수로 씻은 후 작업한다.
② 소금물로 씻은 후 작업한다.
③ 심각한 사안이 아니므로 계속 작업한다.
④ 냉습포를 눈 위에 얹고 안정을 취한다.

해설 아크 광선은 가시광선, 자외선, 적외선을 갖고 있으며 아크 광선에 노출되면 자외선으로 인하여 전광선 안염 및 결막염을 일으킬 수 있다. 그러므로 광선에 노출되면 우선 조치 사항으로는 냉습포를 눈 위에 얹고 안정을 취하는 것이 좋다.

8. 아크 용접 작업에서 전격의 방지 대책으로 가장 거리가 먼 것은?

① 절연 홀더의 절연 부분이 파손되면 즉시 교환할 것
② 접지선은 수도 배관에 할 것
③ 용접 작업을 중단 혹은 종료 시에는 즉시 스위치를 끊을 것
④ 습기 있는 장갑, 작업복, 신발 등을 착용하고 용접 작업을 하지 말 것

해설 수도 배관에 접지를 할 경우는 전격의 위험이 있으니 용접기의 2차측 단지의 한쪽과 케이스는 반드시 땅속(표면 지하)에 접지해야 한다.

9. 용접을 장시간 하게 되면 용접 퓸 또는 가스를 흡입하게 되는데 그 방지 대책 및 주의사항으로 가장 적당하지 않은 것은?

① 아연 합금, 납 등의 모재에 대해서는 특히 주위를 요한다.
② 환기 통풍을 잘한다.
③ 절연형 홀더를 사용한다.
④ 보호 마스크를 착용한다.

해설 용접을 장시간 할 때에는 안전상 환기 통풍을 하고 재료 특성과 가스에 의한 퓸, 미스트에 맞는 보호 마스크를 사용해야 한다.

10. 아크 용접 작업 중의 전격에 관련된 설명으로 옳지 않은 것은?

① 습기 찬 작업복, 장갑 등을 착용하지 않는다.
② 오랜 시간 작업을 중단할 때에는 용접기의 스위치를 끄도록 한다.
③ 전격 받은 사람을 발견하였을 때에는 즉시 손으로 잡아당긴다.
④ 용접 홀더를 맨손으로 취급하지 않는다.

해설 아크 용접 작업 중 전격을 받은 사람을 발견했을 때에는 먼저 전원 스위치를 차단하고 바로 의사에게 연락하여야 하며 때에 따라서는 인공호흡 등 응급처치를 해야 한다.

11. 피복 아크 용접 작업 시 주의해야 할 사항으로 옳지 못한 것은?

① 용접봉은 건조시켜 사용할 것
② 용접전류의 세기는 적절히 조절할 것
③ 앞치마는 고무복으로 된 것을 사용할 것
④ 습기가 있는 보호구를 사용하지 말 것

해설 피복 아크 용접 시에 앞치마가 고무복일 때에는 용접할 때 스패터 및 높은 온도 때문에 녹아 화상을 입을 수 있다.

12. 가스 도관(호스) 취급에 관한 주의사항 중 틀린 것은?

① 고무호스에 무리한 충격을 주지 말 것
② 호스 이음부에는 조임용 밴드를 사용할 것
③ 한랭 시 호스가 얼면 더운 물로 녹일 것
④ 호스의 내부 청소는 고압수소를 사용할 것

해설 가스 용접에 사용되는 호스의 내부 청소는 압축공기를 사용하여 고압산소(또는 수소)로 청소하면 위험하므로 절대로 사용해서는 안 된다.

13. 탱크 등 밀폐 용기 속에서 용접 작업을 할 때 주의사항으로 적합하지 않은 것은?

① 환기에 주의한다.
② 감시원을 배치하여 사고의 발생에 대처한다.
③ 유해가스 및 폭발가스의 발생을 확인한다.
④ 위험하므로 혼자서 용접하도록 한다.

해설 안전상에 탱크 및 밀폐 용기 속에서 용접 작업을 할 때는 반드시 감시인 1인 이상을 배치시켜서 안전사고의 예방과 사고 발생 시에 즉시 사고에 대한 조치를 하도록 한다.

14. 용접에 관한 안전사항으로 틀린 것은?

① TIG 용접 시 차광렌즈는 12~13번을 사용한다.
② MIG 용접 시 피복 아크 용접보다 1 m가 넘는 거리에서도 공기 중의 산소를 오존으로 바꿀 수 있다.
③ 전류가 인체에 미치는 영향에서 50 mA는 위험을 수반하지 않는다.
④ 아크로 인한 염증을 일으켰을 경우 붕산수(2 % 수용액)로 눈을 닦는다.

해설 산업안전에 교류 전류가 인체에 통했을 때의 영향은 1 mA : 전기를 약간 느낄 정도, 5 mA : 상당한 고통을 느낀다, 10 mA : 견디기 어려울 정도의 고통, 20 mA : 심한 고통을 느끼고 강한 근육 수축이 일어난다, 50 mA : 상당히 위험한 상태, 100 mA : 치명적인 결과를 초래(사망 위험)한다.

정답 1. ③ 2. ① 3. ④ 4. ② 5. ② 6. ② 7. ④ 8. ② 9. ③ 10. ③ 11. ③ 12. ④ 13. ④ 14. ③

제 4 편

기계 제도

1. 기계 제도의 개요
2. 기본도법

제 1 장 기계 제도의 개요

● 도면의 해독

(1) 제도의 규격

우리나라는 1966년에 한국공업규격(K.S)이 제도통칙 KSA0005로 제정되었고 그 뒤 1967년에 KSB0001를 기계 제도 통칙이 제정 공포되어 일반기계 제도로 규정되었고 각종 규격은 다음과 같다.

각국의 공업 규격 및 규격 기호

제정년도	국별	규격 기호
1966	한국공업규격	KS(Korea Industrial Standards)
1901	영국표준규격	BS(British Standards)
1917	독일공업규격	DIN(Deutsche Industrie Normen)
1918	스위스공업규격	VSM(Normen des Vereins Sweizerischinen Industerieller)
1918	미국표준규격	ASA(American Standard Association)
1947	일본공업규격	JIS(Japanese Industrial Standards)
1952	국제표준화기구	ISO(International Organization for Standardization)

한국 공업 규격의 분류 기호

기호	분류	기호	분류
A	기본	G	일용품
B	기계	H	식료품
C	전기	K	섬유
D	금속	L	요업
E	광산	M	화학
F	토건	W	항공

KS 기계 부문 분류

KS 규격번호	분류	KS 규격번호	분류
B 0001~0891	기계기본	B 5301~5531	특정계산용, 기계기구, 물리기계
B 1000~2403	기계요소	B 6001~6430	일반기계
B 3001~3402	공구	B 7001~7702	산업기계
B 4001~4606	공작기계	B 8007~8591	수송기계

(2) 도면의 종류

① 용도에 따른 분류 : 계획도(layout drawing), 제작도(working drawing), 주문도(order drawing), 승인도(approved drawing), 견적도(estimation drawing), 설명도(explanation drawing)

② 내용에 따른 분류 : 조립도(assembly drawing), 부분 조립도(part assembly drawing), 부품도(part drawing), 배선도(wiring drawing), 배관도(pipe drawing), 기초도(foundation drawing), 설치도(setting drawing), 배치도(arrangement drawing), 장치도(equipment drawing)

③ 표현 형식에 따른 분류 : 외관도(outside drawing), 전개도(development drawing), 곡면선도(curved surface drawing), 선도(diagram diagrammatic drawing), 계통도(system diagram), 구조선도(structure drawing), 입체도(single view drawing)

(3) 도면의 크기

기계 도면의 도면 크기는 KSB0001에서 A0~A5까지 6종으로 규정되어 있으며 도면은 길이 방향을 좌우 방향으로 놓아서 그리는 것을 원칙으로 하지만, A4 이하의 도면은 예외로 하며 특별히 긴 도면은 필요로 할 경우는 좌우로 연장하여도 무방하다. 한편 종이 크기의 폭과 길이의 비는 1 : $\sqrt{2}$ 이며 A0의 단면적은 1 m^2이고 도면을 접었을 때는 표제란이 겉으로 나오게 하며 그 크기는 원칙적으로 A4지 크기로 하고 윤곽선은 굵은 실선을 사용한다.

① 제도 용지의 크기와 테두리 치수(단위 : mm)

(가) A0 : 841×1189, A1 : 594×841, A2 : 420×594, A3 : 297×420, A4 : 210×297, A5 : 148×210, A6 : 105×148, B0 : 1030×1456, B1 : 728×1030, B2 : 515×728, B3 : 364×515, B4 : 257×354, B5 : 182×257, B6 : 128×182

(나) 테두리 치수

㉠ 철하지 않을 때는 A0~A2(10), A3~A6(5)이다.

㉡ 철할 때는 전체적으로 25 mm이다.

(다) 길이의 단위 : 밀리미터(mm) 단위를 원칙으로 하여 기호를 붙이지 않으나 다른 단위 사용 시는 명시한다.

(라) 각도의 단위 : 보통 '도'로 표시하며 필요에 따라 '분', '초'를 병용한다.

② 척도 및 척도의 기입 : 도면의 크기와 실물 크기와의 비율을 척도(scale)라 하며 도면의 표제란에 기입한다.

㈎ 척도(scale)

㉠ 현척(full scale) : 실물의 크기와 같은 크기로 그린 것$\left(\frac{1}{1}\right)$

㉡ 축척(contraction scale) : 실물보다 축소하여 그린 것
$\left(\frac{1}{2}, \frac{1}{2.5}, \frac{1}{3}, \frac{1}{4}, \frac{1}{5}, \left(\frac{1}{8}\right), \frac{1}{10}, \frac{1}{20}, \left(\frac{1}{25}\right), \frac{1}{50}, \frac{1}{100}, \frac{1}{200}, \left(\frac{1}{250}\right), \left(\frac{1}{500}\right)\right)$

㉢ 배척(enlarged scale) : 실물보다 확대하여 그린 것
$\left(\frac{2}{1}, \frac{5}{1}, \frac{10}{1}, \frac{20}{1}, \frac{50}{1}, \left(\frac{100}{1}\right)\right)$

㈏ 척도의 기입

㉠ 척도는 도면의 표제란에 기입하고 같은 도면에서 서로 다른 척도의 사용 시에는 표제란에 그 도면 중 주요 도형의 척도를 기입하고 각각 도형 위 또는 아래에 그 척도를 기입한다.

㉡ 도면이 치수에 비례하지 않고 그렸을 경우에는 '비례척이 아님' 또는 'NS' 기호로 치수 밑에나 표제란에 기입한다.

㉢ 사진으로 도면을 축소나 확대할 경우에는 그 척도에 의해서 자의 눈금에 일부를 넣어야 한다.

㉣ 도면은 원칙으로 현척으로 그리나, 축척이나 배척 시 도면에 기입하는 각 부분의 치수는 실물의 치수로 기입한다.

(4) 선과 문자

① 선의 종류

㈎ 모양에 의한 분류

선의 종류에 의한 용도(KS B 0001)

구분	선의 종류		선의 용도
실선	────────	연속되는 선	외형 부분 굵은 실선 : 0.4~0.8 mm 치수선, 치수 보조선, 지시선, 해칭선 : 0.3 mm 이하
파선	--------	짧은 선을 약간의 간격으로 나열한 선	외형선을 표시하는 실선의 약 $\frac{1}{2}$ 치수선보다 굵게 함
일점쇄선	─·──·─	선과 1개의 점을 서로 번갈아 그은 선	가는 쇄선 : 0.3 mm 이하
이점쇄선	─··──··─	선과 2개의 점을 서로 번갈아 그은 선	굵은 쇄선 : 0.4~0.8 mm

(나) 선의 용도에 따른 분류

용도에 의한 명칭	선의 종류		선의 용도
외형선		굵은 실선(0.4~0.8 mm)	물체의 보이는 부분의 형상을 나타내는 선
은선		중간 굵기의 파선	물체의 보이지 않는 부분의 형상을 표시하는 선
중심선		가는 일점쇄선 또는 가는 실선	도형의 중심을 표시하는 선
치수선 치수 보조선		가는 실선(0.3 mm 이하)	치수를 기입하기 위하여 쓰는 선
지시선		가는 실선(0.3 mm 이하)	지시하기 위하여 쓰는 선
절단선		가는 일점쇄선으로 하고, 그 양끝 및 굴곡부 등의 주요한 곳에는 굵은 선으로 한다. 또, 절단선의 양 끝에 투상의 방향을 표시하는 화살표를 붙인다.	단면을 그리는 경우, 그 절단 위치를 표시하는 선
파단선	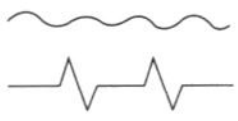	가는 실선(불규칙하게 쓴다)	물품의 일부를 파단할 곳을 표시하는 선, 또는 끊어낸 부분을 표시하는 선
가상선		가는 일점쇄선(0.3 mm 이하)	• 도시된 물체의 앞면을 표시하는 선 • 인접 부분을 참고로 표시하는 선 • 가공 전 또는 가공 후의 모양을 표시하는 선 • 이동하는 부분의 이동 위치를 표시하는 선 • 공구, 지그 등의 위치를 참고로 표시하는 선 • 반복을 표시하는 선$\left(\text{외형선의 } \frac{1}{2}\right)$ • 도면 내에 그 부분의 단면형을 90° 회전하여 나타내는 선
피치선		가는 일점쇄선(0.3 mm 이하)	기어나 스프로킷 등의 이 부분에 기입하는 피치원이나 피치선
해칭선	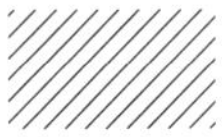	가는 실선	절단면 등을 명시하기 위하여 쓰는 선
특수한 용도의 선		가는 실선	• 외형선 및 숨은선의 연장 표시 • 평면이란 것을 나타내는 데 사용 • 위치를 명시하는 데 사용
		굵은 일점쇄선	특수한 가공을 실시하는 부분을 표시하는 선

단원 예상문제

1. 다음 입체도의 화살표 방향 투상도로 가장 적합한 것은?

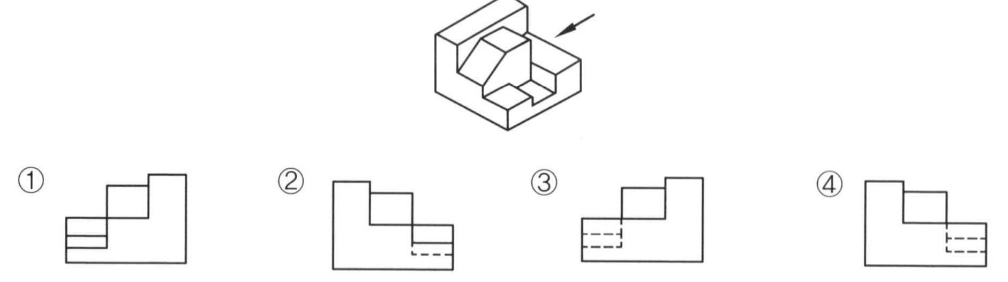

2. 그림과 같은 정면도와 우측면도에 가장 적합한 평면도는?

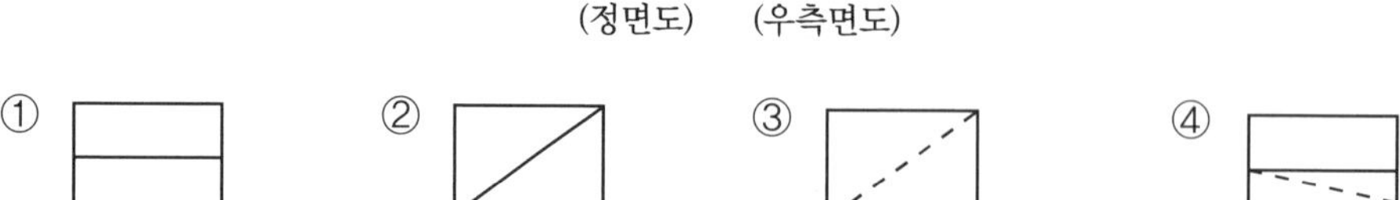

3. 치수선에 관한 설명 중 맞는 것은?

① 치수를 기입하기 위하여 외형선에 평행하게 그은 선
② 치수를 기입하기 위하여 외형선에 2~3mm 연장하여 그은 선
③ 치수를 기입하기 위하여 알맞은 각도(60°)로 직선을 그은 선
④ 중간 실선으로 프리 핸드로 그은 선

해설 ②는 치수 보조선, ③은 지시선, ④는 파단선을 설명하고 있다.

4. 선의 종류별 용도가 잘못 짝지어진 것은?

① 가는 실선 – 치수 보조선　　② 굵은 1점 쇄선 – 특수 지정선
③ 가는 1점 쇄선 – 피치선　　④ 가는 2점 쇄선 – 중심선

해설 ㉮ 실선(굵은, 가는) : 외형선, 중심선(가는 일점 쇄선 포함), 치수선 또는 치수 보조선, 지시선, 파단선, 특수한 용도의 선
㉯ 파선 : 은선
㉰ 1점 쇄선 : 중심선, 절단선, 가상선, 피치선, 특수한 용도의 선

정답 1. ③ 2. ③ 3. ① 4. ④

제 2 장 기본도법

1. 투상법 및 도형의 표시 방법

(1) 투상도법의 개요

물체의 한 면 또는 여러 면을 평면 사이에 놓고 여러 면에서 투시하여 투상면에 비추어진 물체의 모양을 1개의 평면 위에 그려 나타내는 것을 투상도(projection drawing)라고 하고 목적, 외관, 관점과의 상하 관계 등에 따라 점투상도법, 사투상도법, 투시도법의 3종류가 있다.

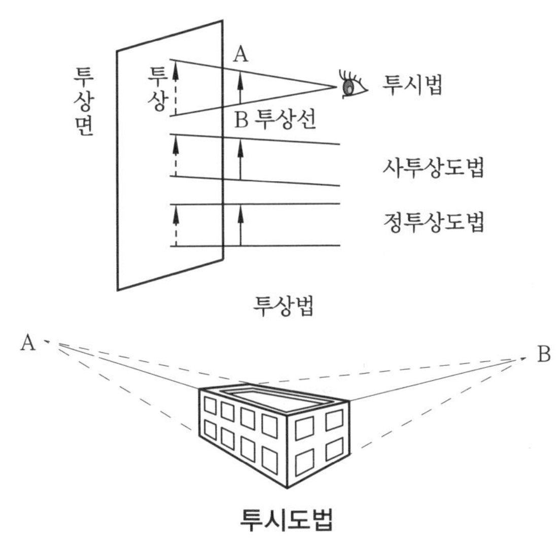

투시도법

① 투시도(perspective drawing) : 눈의 투시점과 물체의 각 점을 연결하는 방사선에 의하여 원근감을 갖도록 그리는 것으로 물체의 실제 크기와 치수가 정확히 나타나지 않고 또 도면이 복잡하여 기계제도에서는 거의 쓰이지 않고 토목, 건축제도에 주로 쓰인다.

② 정투상도(orthograghic drawing) : 기계제도에서는 원칙적으로 정투상법이 가장 많이 쓰이며 직교하는 투상면의 공간을 4등분하여 투상각이라 하며 3개의 화면(입화면, 평화면, 축화면) 중간에 물체를 놓고 평행광선에 의하여 투상되는 모양을 그린 것으로 제1각 안에 놓고 투상하는 1각법, 제3각 안에 놓았을 때는 제3각법이라 하며 정면도, 평면도, 측면도 등이 있다.

③ 사투상도(oblique projection drawing) : 정투상도는 직사하는 평행광선에 의해 비쳐진 투상을 취하므로 경우에 따라 선이 겹쳐져 판단이 곤란한 경우가 있어 이를 보완 입체적으로 도시하기 위해 경사진 광선에 의한 투상된 것을 그리는 방법으로 등각 투상도, 부등각 투상도, 사향도(사투상도)로 구분하고 있다.

(가) 등각 투상도(isometric drawing) : 수평면과 30°의 각을 이룬 2축과 90°를 이룬 수직축의 세 축이 투상면 위에서 120°의 등각이 되도록 물체를 투상한 것이다.

(나) 부등각 투상도(axonometric drawing) : 서로 직교하는 3개의 면 및 3개의 축에 각이 서로 다르게 경사져 있는 그림으로 2각막이 같은 것을 2측 투상도(diametric drawing), 3각막이 전부 다른 것을 3측 투상도(trimetric drawing)라 한다.

(다) 사투상도(사향도, oblique drawing) : 물체의 주요면을 투상면에 평행하게 놓고 투상면에 대하여 수직보다 다소 옆면에서 보고 물체의 입체적으로 나타낸 것으로 입체의 정면을 정투상도의 정면도와 같이 표시하고 측면의 변을 일정한 각도 a<30°, 45°, 60°만큼 기울여 표시하는 것으로 배관도나 설명도 등에 많이 이용된다.

(2) 정투상도의 종류

① 제3각법(third angle projection)

(가) 물체를 투상각의 제3각 공간에 놓고 투상하는 방식이며 투상면 뒤쪽에 물체를 놓는다.

(나) 정면도를 중심으로 위쪽에 평면도, 오른쪽에 우측면도를 그린다.

(다) 위에서 물체를 보고 투상된 것은 물체의 상부에 도시한다.

(라) 제3각법의 장점

㉠ 물체에 대한 도면의 투상이 이해가 쉬워 합리적이다.

㉡ 각 투상도의 비교가 쉽고 치수 기입이 편리하다.

㉢ 보조 투상이 쉬워 보통 3각법으로 하기 때문에 제1각법인 경우 설명이 붙어야 한다.

② 제1각법(first angle projection)

(가) 물체를 제1각 안에 놓고 투상하며 투상면 앞쪽에 물체를 놓는다.

(나) 정면도를 중심으로 하여 아래쪽에 평면도, 왼쪽에 우측면도를 그린다.

(다) 위에서 물체를 보고 물체의 아래에 투상된 것을 표시한다.

③ 필요한 투상도의 수 : 물체의 투상도는 정면도를 중심으로 평면도, 배면도, 저면도, 좌측면도, 우측면도의 6개를 그릴 수 있으나 물체의 모양을 완전하고 정확하게 나타

낼 수 있는 수의 투상면도면 충분하므로 보통 평면도, 정면도, 우측(좌측)면도의 3면 투상이 그려지는 것이 많이 사용되나 물체의 모양이 간단한 것은 2면 또는 1면으로도 충분한 경우가 있다.

(가) 3면도 : 3개의 투상도로 물체를 완전히 도시할 수 있는 것으로 가장 많이 쓰인다.

(나) 2면도 : 간단한 형태의 물체로 2개의 투상도로 충분히 물체의 모양을 나타낼 수 있는 것에 쓰인다.

(다) 1면도 : 원통, 각기둥, 평판 등과 같이 간단한 기호를 기입하여 1면만으로라도 물체에 대한 이해가 충분한 것에 쓰인다.

(3) 입체투상법

[종류]

점의 투상법, 직선의 투상법, 평면의 투상법

[특수 방법에 의한 투상법]

① 보조 투상도(auxiliary view) : 물체의 평면이 경사면인 경우 모양과 크기가 변형 또는 축소되어 나타나므로 이럴 때는 경사면에 평행한 보조 투상면을 설치하고 이것에 필요한 부분을 투상하면 물체의 실제 모양이 나타나게 된다. 보조 투상도에는 정면, 배면, 좌위측면, 입면, 부분 보조 투상도 등이 있다.

② 부분 투상도(partial view) : 물체의 일부분의 모양과 크기를 표시하여도 충분할 경우 필요 부분만을 투상도로 나타낸다.

③ 요점 투상도 : 필요한 요점 부분만 투상한 것이다.

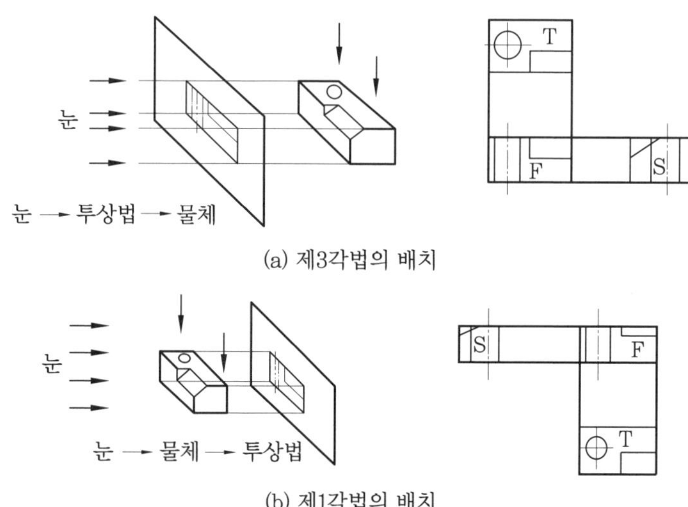

제3각법과 제1각법의 배치

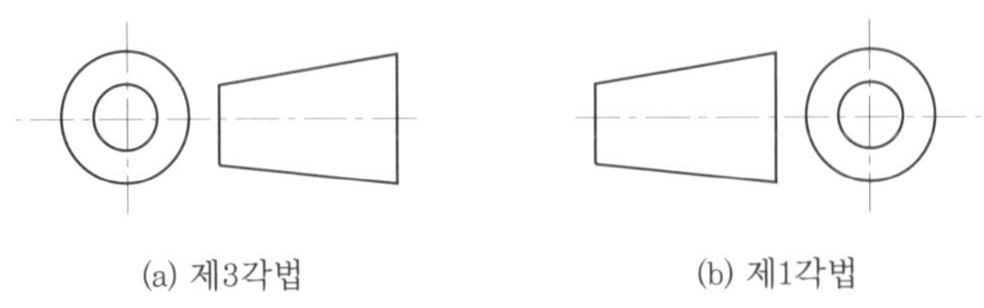

투상각법의 기호

④ 회전 투상도 : 제도자의 시선을 고정시키고 보스(boss)와 같은 것은 어떤 축을 중심으로 물체를 회전시켜 투상면에 평행하게 놓고 투상도를 그린 것으로 다음과 같은 것을 결정하는 데 많이 사용된다.

㈎ 고정 부분과 가동 부분과의 간격

㈏ 여러 가지 각도 관계

⑤ 복각 투상도 : 도면에 물체의 앞면과 뒷면을 동시에 표시하는 방법을 이용하여 효과적으로 도면을 그리고 이해도가 편리하므로 한 투상도에 2가지의 투상법을 적용하여 그린 투상도이다(예 정면도, 측면도).

⑥ 가상 투상도 : 다음과 같은 경우에 사용하며 선은 보통 0.3 mm 이하 일점쇄선 또는 이점쇄선으로 그린다.

㈎ 도시된 물체의 바로 앞쪽에 있는 부분을 나타내는 경우

㈏ 물체 일부의 모양을 다른 위치에 나타내는 경우

㈐ 가공 전 또는 가공 후의 모양을 나타내는 경우

㈑ 한 도면을 이용, 부분적으로 다른 종류의 물체를 나타내는 경우

㈒ 인접 부분 참고 및 한 부분의 단면도를 90° 회전하여 나타내는 경우

㈓ 이동하는 부분의 운동 범위를 나타내는 경우

⑦ 상세도 : 도면 중 그 크기가 작아서 알아보기가 어렵거나 치수 기입이 곤란한 부분의 이해를 정확히 하기 위해 필요 부분을 적당한 위치에 확대하여 상세히 그린 투상도이다.

⑧ 전개 투상도 : 판금, 제관 등의 경우에 물체를 필요에 따라 평면에 펼쳐 전개하는 것이다.

⑨ 일부분에 특정한 모양을 가진 물체 도시 : 키 홈을 가진 보스, 실린더 등 일부에 특정한 모양을 가진 것은 가능한 한 그 부분이 위쪽에 오도록 그리는 것이 좋다.

⑩ 평면의 표시법 : 원형부품 중 면이 평행임을 나타낼 필요가 있을 때에는 0.3 mm 이하 가는 실선으로 대각선을 그려 넣는다.

⑪ 둥글게 된 부분의 2면 교차부의 도시 : 2개의 면이 교차하는 부분에 라운드(round)를 가지고 있을 경우에 도시는 두 면의 라운드가 없는 경우의 교차선 위치에 굵은 실선으로 표시한다.

⑫ 관용 투상도 : 원기둥과 원기둥, 원기둥과 사각기둥 등의 교차하는 부분은 투상도에 상관선이 나타나지만 번거롭기 때문에 원기둥이 자신보다 작은 원기둥, 또는 사각기둥과 교차할 때에는, 상관선을 실체의 투상도에 도시하지 않고 직선 또는 원호로서 그린다.

⑬ 선의 우선 순위 : 투상도를 그릴 때 외형선과 은선 및 중심선에서 2~3개의 선이 겹칠 경우에는 ㈎ 외형선, ㈏ 은선, ㈐ 중심선의 차례로 우선 순위를 정하여 하나의 선을 그려 넣으면 된다.

⑭ 같은 종류의 모양이 많은 경우의 생략 : 같은 종류의 리벳 구멍, 볼트 구멍, 파이프 구멍 등 그 밖의 같은 종류의 같은 모양이 연속일 때는 그 양쪽 끝 또는 요소만을 그리고 다른 부분은 중심선에 의하여 생략한 것의 위치를 표시한다.

⑮ 같은 단면을 갖고 길이가 긴 것의 생략(중간부의 생략) : 축, 막대, 파이프, 형강, 테이퍼 등 동일 단면을 갖고 길이가 긴 경우 중간 부분을 생략하여 표시할 수 있고 이 경우 생략된 경계 부분은 파단선으로 표시한다.

⑯ 널링(knurling) 가공 부품 및 무늬강판의 표시 : 일부분에만 무늬를 넣어 표시한다.

⑰ 특수 가공부의 표시 : 물체의 특수 가공부의 범위를 외형선에 평행하게 약간 띄워서 그은 일점쇄선으로 표시하고 특수 가공에 관한 필요사항을 지시한다.

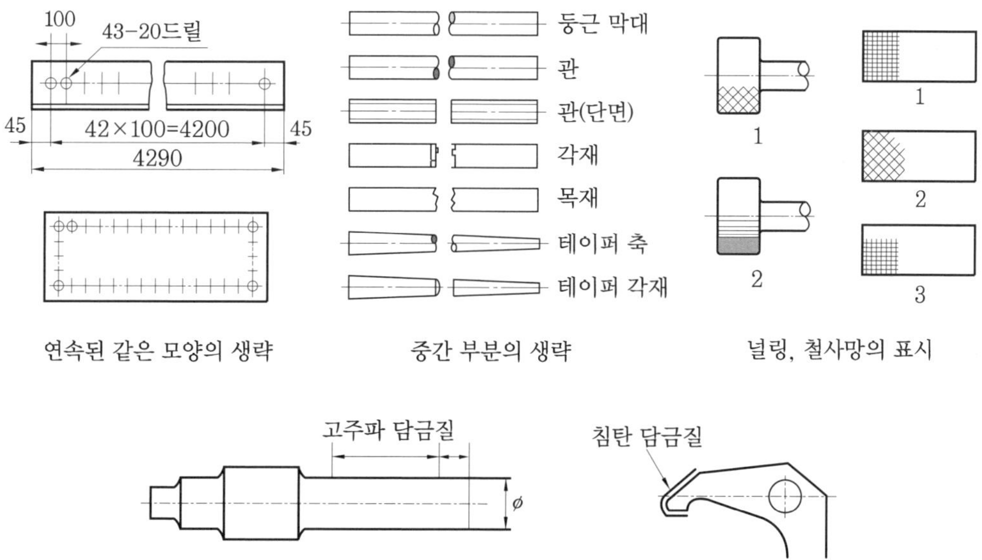

특수 가공부의 표시

2. 치수 기입

(1) 일반 치수 기입의 원칙

① 정확하고 이해하기 쉽게 기입할 것
② 현장 작업 시에 따로 계산하지 않고 치수를 볼 수 있을 것
③ 제작공정이 쉽고 가공비가 최저로서 제품이 완성되는 치수일 것
④ 특별한 지시가 없는 기입 방법은 제품 완성 치수로 기입하여 잘못 읽는 예가 없을 것
⑤ 도면에 치수 기입을 누락시키지 않을 것

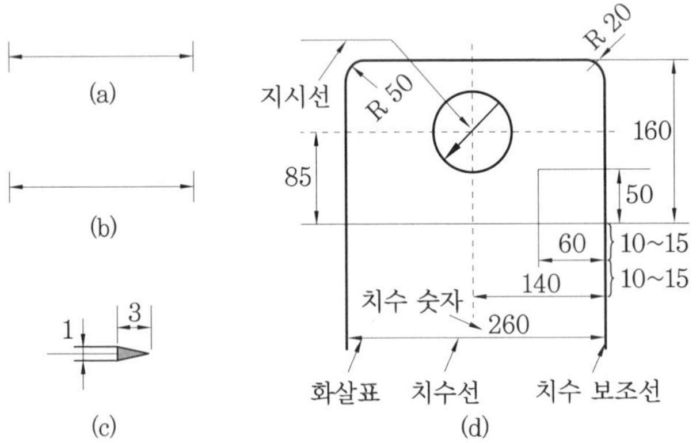

화살표와 치수 기입법

(2) 치수 단위

① 길이 : 보통 완성 치수를 mm 단위로 하고 단위 기호는 붙이지 않으며, 치수 숫자는 자릿수가 많아도 3자리씩 끊는 점을 찍지 않는다(예 125.35, 12.00, 12120).
② 각도 : 보통 '도(°)'로 표시하고 필요 시는 분 및 초를 병용할 수가 있고 도, 분, 초 표시는 숫자의 오른쪽에 °, ′, ″를 기입한다(예 90°, 22.5°, 3′21″, 0°15′, 7°21′5″).

(3) 치수 기입

치수 기입의 요소는 치수선, 치수 보조선, 화살표, 치수 숫자, 지시선 등이 필요하며 KS 규격에 준하여 하는 것이 좋다.

치수 기입은 수평 방향에 치수선에 대하여는 위쪽으로 향하게 하고 수직 방향의 치수선에 대하여는 왼쪽으로 향하게 하여 치수선 위에 치수 숫자를 기입한다.

치수선과 치수 보조선은 외형선과 명확히 구별하기 위하여 0.3 mm 이하의 가는 실선으로 긋는다.

치수선은 연속선으로 연장하고 연장선상 중앙 위에 치수를 기입하고 치수선 양쪽 끝에 화살표를 붙인다(예 ① 과거 ⊢100⊣, ② 현재 ←100→).

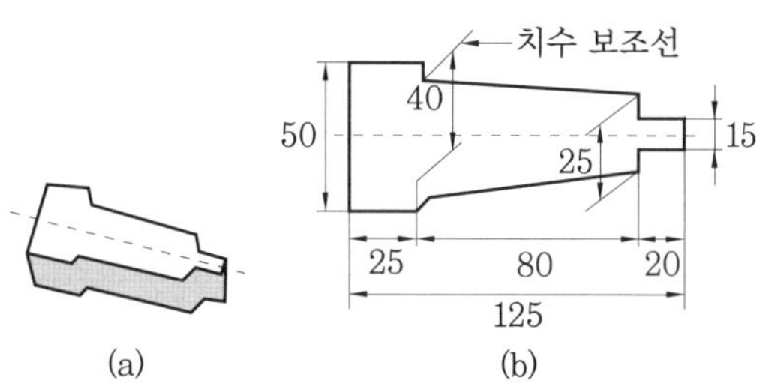

테이퍼의 치수 보조선

치수선은 외형선과 평행하게 그리고 외형선에서 10~15mm 정도 되도록 띄워서 긋는다. 치수선은 외형선과 다른 치수선과의 중복을 피한다. 외형선, 은선, 중심선, 치수 보조선은 치수선으로 사용하지 않는다.

치수 보조선은 실제 길이를 나타내는 외형선의 끝에서 외형선에 직각으로 긋는다. 단, 테이퍼부의 치수를 나타날 때는 치수선과 60°의 경사로 긋는 것이 좋다.

치수 보조선의 길이는 치수선과의 교차점보다 약간(3 mm 정도) 길게 긋도록 한다. 화살표의 길이와 폭의 비율은 보통 4 : 1 정도로 하며 길이는 도형의 크기에 따라 다르지만 보통 3 mm 정도로 하고 같은 도면에서는 같은 크기로 한다. 도형에서부터 치수 보조선을 길게 끌어낼 경우에는 직접 도형 안에 치수선을 긋는 것이 알기 쉬울 때가 있다. 구멍이나 축 등의 중심거리를 나타내는 치수는 구멍 중심선 사이에 치수선을 긋고 기입한다.

치수 숫자의 크기는 작은 도면에서는 2.5mm, 보통 도면에서는 3.2mm, 4mm 또는 5mm로 하고 같은 도면에서는 같은 크기로 쓴다. 비례척에 따르지 않을 때의 치수 기입은 치수 숫자 밑에 선을 그어 표시해야 한다(예 <u>300</u>).

3. 재료의 기호

도면에 부품의 재료를 간단하게 표시하기 위한 기호로 공업 규격에 제정되어 있지 않은 비금속 재료 등은 그 재료명을 문자로 기입하는데, 재료 기호를 표시하는 요령은 보통 셋째 자리로 표시하나 때로는 다섯째 자리로 표시하기도 하며 첫째 자리(재질), 둘째 자리(제품명 또는 규격), 셋째 자리(재료의 종별, 최저 인장강도, 탄소 함유량, 경 ·

연질, 열처리), 넷째 자리(제조법), 다섯째 자리(제품 형상)로 표시된다.

첫째 자리 기호(재질)

기호	재질	기호	재질	기호	재질
Al	알루미늄	F	철	NiS	양은
AlA	알루미늄 합금	HBs	강력 황동	PB	인청동
Br	청동	L	경합금	Pb	납
Bs	황동	K	켈밋	S	강철
C	초경합금	MgA	마그네슘 합금	W	화이트 메탈
Cu	구리	NBs	네이벌 황동	Zn	아연

둘째 자리 기호(제품명 또는 규격)

기호	제품명 또는 규격명	기호	제품명 또는 규격명	기호	제품명 또는 규격명
AU	자동차용 재료	GP	가스 파이프	P	비철금속 판재
B	보일러용 압연재	H	표면 경화	S	구조용 압연재
BF	단조용 봉재	HB	최강 봉재	SC	철근
BM	비철금속 머시닝용 봉재	K	공구강		콘크리트용 봉재
BR	보일러용 리벳	KH	고속도강	T	철과 비철관
C	주조품	L	궤도	TO	공구강
CM	가단 단조품	M	조선용 압연재	UP	스프링강
DB	볼트, 너트용 냉간 드로잉	MR	조선용 리벳	V	리벳
E	발동기	N	니켈강	W	와이어
F	단조물	NC	니켈-크롬강	WP	피아노선
G	게이지 용재	NS	스테인리스강		

셋째 자리 기호(종별)

구분	기호	기호의 의미
종별에 의한 기호	A	갑
	B	을
	C	병
	D	정
	E	무
가공법·용도·형상 등에 의한 기호	D	냉각 드로잉, 절삭, 연삭
	CK	표면 경화용
	F	평판
	C	파판
	P	강판
	F	평강
	A	형강
	B	봉강

알루미늄 합금의 열처리 기호		
	F	열처리를 하지 않는 재질
	O	풀림 처리한 재질
	H	가공 경화한 재질
	1/2H	반경 질
	W	담금질한 후 시효 경화 진행 중의 재료
	T2 T6	담금질한 후 뜨임 처리한 재료

넷째 자리 기호(제조법)

기호		제조법	기호	제조법
Oh Oa Ob	아연 철판	평로강 산성 평로강 염기성 평로강	Cc R F	도가니강 압연 단련
Bes E	일반용 연강재	전로강 전기로강	Ex D	압출 인발

다섯째 자리 기호(제품 형상)

기호	제품	기호	제품	기호	제품
P	강판	□	각재	□	평강
●	둥근강	6(삼각형 안)	6각강	I	I형강
◎	파이프	8(사각형 안)	8각강	⊏	채널

치수에 사용되는 기호

기호	읽는 법	구분	비고
ϕ	파이	원의 지름 기호	명확히 구분할 경우 생략할 수 있다.
□	사각	정사각형 기호	생략할 수도 있다.
R	알	원의 반지름 기호	반지름을 나타내는 치수선이 원호의 중심까지 그을 때는 생략된다.
구	구	구면 기호	ϕ, R의 기호 앞에 사용한다.
C	씨이	모따기의 기호	45° 모따기에만 사용한다.
P	피이	피치 기호	치수 숫자 앞에 표시한다.
t	티이	판의 두께 기호	치수 숫자 앞에 표시한다.
⊠	–	평면 기호	도면 안에 대각선으로 표시한다.

주요 재료의 표시 기호

KS 분류기호	명칭	KS 기호	KS 분류기호	명칭	KS 기호
KS D 3503	일반 구조용 압연 강재	SB	KS D 3752	기계 구조용 탄소 강재	SM
KS D 3507	일반 배관용 탄소 강판	SPP	KS D 3753	합금 공구강 (주로 절삭 내충격용)	STS
KS D 3508	아크 용접봉 심선재	SWRW	KS D 3753	합금 공구 강재 (주로 내마멸성 불변형용)	STD
KS D 3509	피아노 선재	PWR	KS D 375D	합금 공구 강재 (주로 열간 가공용)	STF
KS D 3512	냉간 압연 강판 및 강재	SBC	KS D 4101	탄소 주강품	SC
KS D 3515	용접 구조용 압연 강재	SWS	KS D 4102	스테인리스 주강품	SSC
KS D 3517	기계구조용 탄소강	STKM	KS D 4301	회주철품	GC
KS D 3522	고속도 공구 강재	SKH	KS D 4302	구상 흑연 주철	DC
KS D 3554	연강 선재	MSWR	KS D 4303	흑심 가단 주철	BMC
KS D 3559	경강 선재	HSWR	KS D 4305	벽심 가단 주철	WMC
KS D 3560	보일러용 압연 강재	SBB	KS D 5504	구리판	CuS
KS D 3566	일반 구조용 탄소 강관	SPS	KS D 5516	인청동봉	PBR
KS D 3701	스프링강	SPS	KS D 6001	황동 주물	BsC
KS D 3707	크롬 강재	SCr	KS D 6002	청동 주물	BrC
KS D 3708	니켈-크롬 강재	SNC	KS D 5503	쾌삭 황동봉	MBsB
KS D 3710	탄소강 단조품	SF	KS D 5507	단조용 황동봉	FBsB
KS D 3711	크롬-몰리브덴 강재	SCM	KS D 5520	고강도 황동봉	HBsR
KS D 3751	탄소 공구강	STC	-	-	-

◎ 재료 기호
SWS 50 A → S(강), W(용접), S(구조강재), 50(최저인장강도), A(종)
SM 10 C → S(강), M(기계구조용), 10(탄소함유량 0.1 %), C(화학성분의 성분 표시)

4. 용접 기호(welding symbol)

(1) 개요

용접 구조물의 제작도면 설계 시 설계자가 그의 뜻을 제작자에게 전달하기 위해 용접 종류와 형식, 모든 처리 방법 등을 기호로 나타내고 있다. 이것을 용접 기호라 하며 KSB0052로 1967년에 제정되었고 1982년에 일부가 개정되어 규정되어 있으며 기본 기호와 보조 기호로 나누어져 있고 이들 기호는 설명선(화살, 기선, 꼬리)에 의해 표시하고 있다.

용접부의 기본 기호

번호	명칭	그림	기호
1	돌출된 모서리를 가진 평판 사이의 맞대기 용접, 예지 플랜지형 용접(미국), 돌출된 모서리는 완전 용해	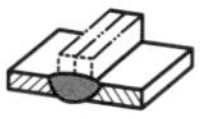	
2	평행(I형) 맞대기 용접		
3	V형 맞대기 용접	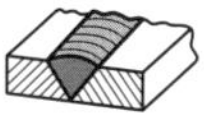	
4	일면 개선형 맞대기 용접	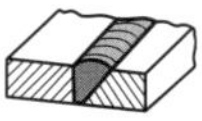	
5	넓은 루트면이 있는 V형 맞대기 용접	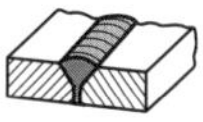	
6	넓은 루트면이 있는 한 면 개선형 맞대기 용접	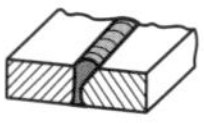	
7	U형 맞대기 용접(평행면 또는 경사면)	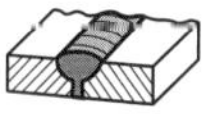	
8	J형 맞대기 용접	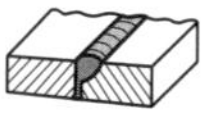	
9	이면 용접	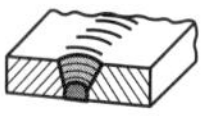	
10	필릿 용접	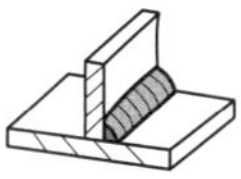	
11	플러그 용접 : 플러그 또는 슬롯 용접(미국)		
12	점 용접	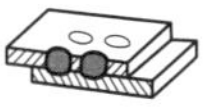	
13	심(seam) 용접	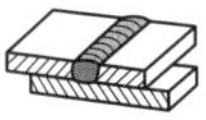	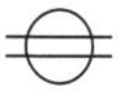
14	개선각이 급격한 V형 맞대기 용접	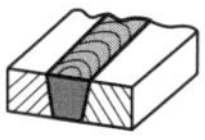	
15	개선각이 급격한 일면 개선형 맞대기 용접	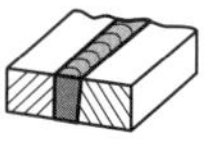	
16	가장자리(edge) 용접		
17	표면 육성	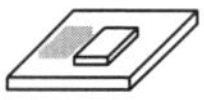	

18	표면(surface) 접합부		=
19	경사 접합부		//
20	겹침 접합부		☡

※ 돌출된 모서리를 가진 평판 맞대기 용접부(번호 1)에서 완전 용입이 안 되면 용입 깊이가 S인 평행 맞대기 용접부(번호 2)로 표시한다.

(2) 기본 기호의 조합

① 보조 기호와 적용

보조 기호

용접부 표면 또는 용접부 형상	기호
평면(동일한 면으로 마감 처리)	——
볼록형	⌒
오목형	‿
토우를 매끄럽게 함	⌣
영구적인 이면 판재(backing strip) 사용	M
제거 가능한 이면 판재 사용	MR

② 도면에서 기호의 위치 : 규정에 근거하여 아래와 같이 3가지 기호로 구성된 기호는 모든 표시 방법 중 단지 일부분이다.

(가) 접합부당 하나의 화살표

(나) 두 개의 선 실선과 점선의 평행선으로 된 이중 기준선

(다) 특정한 숫자의 치수와 통산의 부호

㉠ ―――― ------- 즉, 점선은 실선의 위 또는 아래에 있을 수 있고, 대칭 용접의 경우 점선은 불필요하여 생략할 수도 있다.

㉡ 화살표, 기준선, 기호, 글자의 굵기는 각각 ISO 128과 ISO 3098-1에 의거하여 치수를 나타내는 선 굵기에 따른다.

㉢ 다음 규칙의 목적은 각각의 위치를 명확히 하여 접합부의 위치를 정의하기 위한 것이다.

ⓐ 화살표의 위치

ⓑ 기준선의 위치

ⓒ 기호의 위치(실선 위에 기호가 있으면 화살표 쪽, 점선 위에 기호가 있으면 화살표 반대쪽을 표시한다.)

ⓓ 화살표 및 기준선에는 참고 사항을 완전하게 구성하고 있다. 예를 들면 용접 방법, 허용 수준, 용접 자세, 용접 재료 및 보조 재료 등과 같은 상세정보가 주어지면 기준선 끝에 덧붙인다.

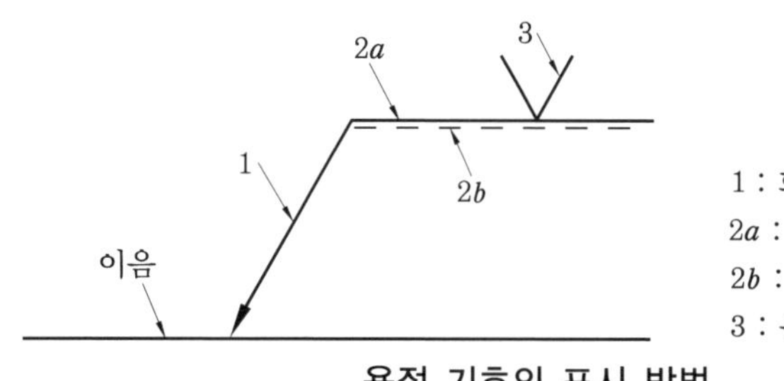

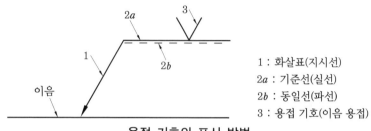

1 : 화살표(지시선)
2a : 기준선(실선)
2b : 동일선(파선)
3 : 용접 기호(이음 용접)

용접 기호의 표시 방법

(3) 배관 제도의 기본

① 관의 결합 방식의 표시 방법

관의 결합 방식

결합 방식의 종류	그림 기호
일반	
용접식	
플랜지식	
턱걸이식	
유니언식	

가동식 관이음쇠의 표시 방법

관이음쇠의 종류	그림 기호	비고
팽창 이음쇠		특히 필요한 경우에는 그림 기호와 결합하여 사용한다.
플랙시블 이음쇠		

밸브 및 콕 조작부의 표시 방법

개폐 조작	그림 기호	비고
동력조작		조작부・부속기기 등의 상세에 대하여 표시할 때에는 KS A 3016(계장용 기호)에 따른다.
수동조작		특히 개폐를 수동으로 할 것을 지시할 필요가 없을 때는 조작부의 표시를 생략한다.

고정식 관이음쇠의 표시 방법

관이음쇠의 종류		그림 기호	비고
엘보 및 벤드		또는	• 그림 기호와 결합하여 사용한다. • 지름이 다르다는 것을 표시할 필요가 있을 때는 그 호칭을 인출선을 사용하여 기입한다.
티			
크로스			
리듀서	동심		특히 필요한 경우에는 그림 기호와 결합하여 사용한다.
	편심		
하트커플링			

밸브 및 콕 몸체의 표시 방법

밸브 · 콕의 종류	그림 기호	밸브 · 콕의 종류	그림 기호
밸브 일반		앵글 밸브	
게이트 밸브		3방향 밸브	
글로브 밸브		안전 밸브	
체크 밸브	또는		
볼 밸브		콕 일반	
버터플라이 밸브	또는		

5. 전개도법

(1) 평행선 전개도법

① 원기둥, 각기둥 등과 같이 중심축에 나란한 직선을 물체 표면에 그을 수 있는 물체(평행체)의 판뜨기 전개도를 그릴 때에는 평행선법을 주로 사용한다.

② 능선이나 직선 면소에 직각 방향으로 전개하는 방법으로 능선이나 면소는 실제의 길이이며 서로 나란하고 이 간격은 능선이나 면소를 점으로 보는 투영도에서의 점

사이의 길이와 같다.

③ 전개도의 정면도와 평면도를 현척으로 그린다.

(2) 방사선 전개도법

원뿔, 각뿔, 깔대기 등과 같은 전개도는 꼭짓점을 중심으로 방사상으로 전개한다(측면의 이등변삼각형의 빗변의 실장은 정면도에, 밑변의 실장은 평면도에 나타난다).

(3) 삼각형 전개도법

입체의 표면을 몇 개의 삼각형으로 나누어 전개도를 그리는 방법이며, 원뿔에서 꼭짓점이 지면 외에 나가거나 또는 큰 컴퍼스가 없을 때는 두 원의 등분선을 서로 연결하여 사변형을 만들고 대각선을 그어 두 개의 삼각형으로 이등분하여 작도한다.

(4) 상관체

두 개 이상의 입체가 서로 관통하여 하나의 입체로 된 것을 상관체(Intersecting Soild)라 하고 이 상관체에 나타난 각 입체의 경계선을 상관선(교선, Line Of Intersection)이라 하며 직선 교점법과 공통 절단법이 있다.

1. 그림과 같은 용접 도시기호에 의하여 용접할 경우의 설명으로 틀린 것은?

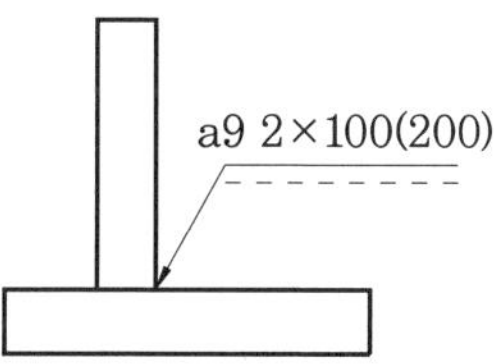

① 화살표 쪽에 필릿 용접한다. ② 목 두께는 9 mm이다.
③ 용접부의 개수는 2개이다. ④ 용접부의 길이는 200 mm이다.

해설 도시기호는 실선에 있어서 화살표 쪽 필릿 용접, 목 두께 9 mm, 용접 개수 2개, 용접부의 길이 100 mm, 간격이 200 mm이다.

2. 용접기호 중에서 스폿 용접을 표시하는 기호는?

① ⊖ ② ⊓
③ ○ ④ ═

해설 ① 심 용접, ② 플러그 용접, ③ 스폿 용접, ④ 서페이싱 이음

3. KS규격에서 용접부 표면 또는 용접부 형상에 대한 보조 기호 설명으로 틀린 것은?

① —— : 동일 평면으로 다듬질함

② : 끝단부를 오목하게 함

③ M : 영구적인 덮개판을 사용함

④ MR : 제거 가능한 덮개판을 사용함

해설 ②번은 토우(끝단부)를 매끄럽게 하는 기호이고 끝단부를 오목하게 하는 기호는 이다.

4. 그림과 같은 KS 용접 보조 기호의 명칭으로 가장 적합한 것은?

① 필릿 용접 끝단부를 2번 오목하게 다듬질
② K형 맞대기 용접 끝단부를 2번 오목하게 다듬질
③ K형 맞대기 용접 끝단부를 매끄럽게 다듬질
④ 필릿 용접 끝단부를 매끄럽게 다듬질

해설 필릿 용접의 끝단부를 매끄럽게 다듬질하라는 보조 기호이다.

5. KS규격(3각법)에서 용접 기호의 해석으로 옳은 것은?

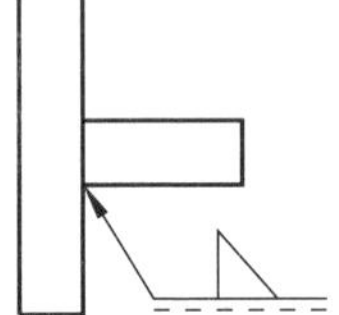

① 화살표 반대쪽 맞대기 용접이다.
② 화살표 쪽 맞대기 용접이다.
③ 화살표 쪽 필릿 용접이다.
④ 화살표 반대쪽 필릿 용접이다.

해설 용접부가 이음의 화살표 쪽에 있을 때에는 기호는 실선 쪽의 기준선에 기입을 하고 이음의 반대쪽에 있을 때에는 기호는 파선 쪽에 기입한다. 그림의 기호는 필릿 용접이다.

6. 다음 중 관의 유니언 연결의 도시 기호는?

① 
②
③ 
④

7. 다음 KS 배관 도시 기호 중 일반 밸브를 표시한 것은?

① 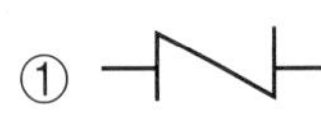
② 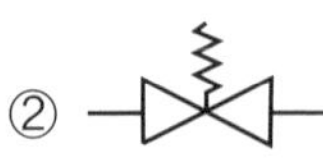
③ 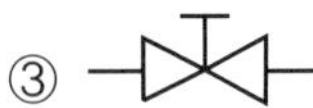
④ 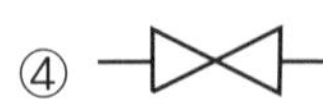

해설 ①은 체크 밸브, ②는 스프링 안전 밸브, ③은 수동 밸브이다.

정답 1. ④ 2. ③ 3. ② 4. ④ 5. ③ 6. ④ 7. ④

제 5 편

용접 재료

제 1 장 금속 총론

● 금속 개요

(1) 금속의 성질

① 용융점(fusion point) : 고체가 액체로 변하는 온도점으로 Fe 1538℃, W 3410℃, Hg −38.8℃이다.

② 자성

㈎ 강자성체 : 자석에 강하게 끌리고 자석에서 떨어진 후에도 금속 자체에 자성을 갖는 물질(Fe, Ni, Co)

㈏ 상자성체 : 자석을 접근시키면 먼 쪽에 같은 극, 가까운 쪽에는 다른 극(자석에 붙는 것 같기도 하고 않는 것 같기도 한 것)(Al, Pt, Sn, Mn)

㈐ 반자성체 : 외부에서 자기장이 가해지는 동안에만 형성되는 매우 약한 형태의 자성(Cu, Zn, Sb, Ag, Au)

③ 금속의 특성

㈎ 상온에서 고체이며 결정 구조를 형성한다(단, 수은은 제외).

㈏ 열 및 전기의 양도체(良導體)이다.

㈐ 연성(延性) 및 전성(展性)을 갖고 있어 소성 변형을 할 수 있다.

㈑ 금속 특유의 광택을 갖는다.

㈒ 용융점이 높고 대체로 비중이 크다(비중 5 이상을 중금속, 5 이하를 경금속이라 한다).

㉠ 경금속(비중) : Li(0.53), K(0.86), Ca(1.55), Mg(1.74), Si(2.23), Al(2.7), Ti(4.5) 등

㉡ 중금속(비중) : Cr(7.09), Zn(7.13), Mn(7.4), Fe(7.87), Ni(8.85), Co(8.9), Cu(8.96), Mo(10.2), Pb(11.34), Ir(22.5) 등

④ 합금의 특성

㈎ 용융점이 저하된다.

㈏ 열전도, 전기 전도가 저하된다.

(다) 내열성, 내산성(내식성)이 증가된다.

(라) 강도, 경도 및 가주성이 증가된다.

⑤ 금속의 결정 구조

(가) 단순입방격자(simple cubic lattice)

(나) 체심입방격자(B.C.C = body-centered cubic lattice)

소속 원자수 : $\frac{1}{8}\times8+1=2$개

(다) 면심입방격자 (F.C.C = face-centered cubic lattice)

소속 원자수 : $\frac{1}{8}\times8+\frac{1}{2}\times6=4$개

(라) 저심입방격자(base centered cubic lattice)

(마) 조밀육방격자(H.C.P = hexagonal close packed lattice)

소속 원자수 : 2×3개 = 6개

격자 종류	특징	금속(원소)
체심입방격자	간단한 구조	크롬(Cr), 몰리브덴(Mo)
면심입방격자	전성과 연성이 좋음	금(Au), 은(Ag), 알루미늄(Al), 구리(CU)
조밀육방격자	연성이 부족함	카드뮴(Cd), 코발트(Co), 마그네슘(Mg)

⑥ 금속의 변태 금속

(가) 동소변태(allotropic transformation) : 고체 내에서의 원자 배열의 변화를 갖는 것이다. 즉, 결정격자의 형상이 변하기 때문에 생기게 되는 것으로 예를 들면 순철(pure iron)에는 α, γ, δ의 3개의 동소체가 있는데 α철은 912℃(A_3 변태) 이하에서는 체심입방격자이고 γ철은 912℃로부터 약 1400℃(A_4 변태) 사이에서 면심입방격자이며, δ철은 약 1400℃에서 용융점 1538℃ 사이에는 체심입방격자이다.

(나) 자기변태(magnetic transformation) : 순철에서 원자 배열에는 변화가 생기지 않고 780℃(A_2 변태) 부근에서 급격히 자기의 크기에 변화를 일으키는 것을 자기변태라 하며 일명 퀴리점(curie point)이라고도 한다. 이러한 자기변태를 하는 대표적 금속은 철, 니켈, 코발트 등이다.

(2) 강괴(ingot steel)의 종류

① 림드강(rimmed steel) : 평로나 전로에서 정련된 용강을 페로망간(Fe-Mn)으로 가볍게 탈산시킨 것으로 탈산 및 가스 처리가 불충분하여 내부에는 기포 및 용융점이 낮아 불순물이 편석되기 쉬우며 주형의 외벽으로 림(rim)을 형성하는 리밍액션 반응(rimming action)이 생기며 탄소 0.3 % 이하의 보통강으로 용접봉 선재, 봉, 판재 등에 사용한다.

② 세미킬드강(semi-killed steel) : 약간 탈산한 강으로 킬드강과 림드강의 중간 정도이며 탄소 함유량이 0.15~0.3 % 정도이다.

③ 킬드강(killed steel) : 용강을 페로실리콘(Fe-Si), 페로망간(Fe-Mn), 알루미늄(Al) 등의 강탈산제로 충분히 탈산시킨 강으로 표면에 헤어크랙이나 수축관이 생기므로 강괴의 10~20 %를 잘라버린다. 킬드강은 탄소 함유량 0.3 % 이상으로 비교적 성분이 균일하여 고급 강재로 사용한다.

단원 예상문제

1. 금속의 일반적인 특성으로 틀린 것은? (단, Hg 제외)

① 상온에서는 고체이며 결정체이다.
② 전성, 연성이 크다.
③ 전기와 열의 양도체이다.
④ 비중이 작고 경도가 크다.

해설 (①, ②, ③ 외에) 금속 특유의 광택을 갖는다, 용융점이 높고 대체로 비중이 크다는(비중 5 이상을 중금속, 5 이하를 경금속이라 한다) 특성을 가진다.

2. 기계 재료에 가장 많이 사용되는 재료는?

① 비금속 재료
② 철 합금
③ 비철합금
④ 스테인리스강

해설 기계 재료에서는 가장 많이 사용되는 재료는 철 합금이며 다음으로 스테인리스강이며, 그 다음이 알루미늄 등 비철합금이 사용된다.

3. 합금의 공통적인 특성은?

① 용융점이 낮아진다.
② 압축력이 낮아진다.
③ 경도가 감소된다.
④ 내식성, 내열성이 감소한다.

해설 합금의 특징

㉮ 경도와 강도를 증가시킨다.
㉯ 주조성이 좋아진다.
㉰ 내산성, 내열성이 증가한다.
㉱ 색이 아름다워진다.
㉲ 용융점, 전기 및 열전도율이 낮아진다.

4. 다음 중 합금에 속하는 것은?

① 철
② 구리
③ 구리강
④ 납

해설 합금은 두 개 이상의 금속 또는 철과 비철금속 등이 혼합되어 사용되는 것이다.

5. 경금속과 중금속은 무엇으로 구분되는가?

① 전기전도율
② 비열
③ 열전도율
④ 비중

해설 비중 5 이상을 중금속, 5 이하를 경금속이라 한다.

6. 금속이나 합금은 고체 상태에서 온도의 변화에 따라 내부 상태가 변화하여 기계적 성질이 달라지는데 이것을 무엇이라 하는가?

① 동소변형
② 동소변태
③ 자기변태
④ 재결정

해설 재결정(recrystallization) : 가공 경화된 재료를 가열하면 재질이 연하게 되어 내부변형이 일부 제거되면서 회복되며 계속 온도가 상승하여 어느 온도에 도달하면 경도가 급격히 감소하고 새로운 결정으로 변화하는 것을 재결정이라 한다.

정답 1. ④ 2. ② 3. ① 4. ③ 5. ④ 6. ④

제 2 장 탄소강

● 탄소강 및 특수강

(1) 탄소강의 개요

① 탄소강의 종류

(가) 순철(pure iron) : 순철은 세 가지 고체 형태를 나타내며, 두 가지는 체심입방구조이고, 한 가지는 면심입방구조이다.

(나) 탄소강의 표준 조직(standard stracture) : 오스테나이트→페라이트→펄라이트→시멘타이트

(2) 탄소강의 종류와 용도

① 탄소 함유량에 따른 용도

(가) 가공성만을 요구하는 경우 : 0.05~0.3 %C

(나) 가공성과 강인성을 동시에 요구하는 경우 : 0.3~045 %C

(다) 강인성과 내마모성을 동시에 요구하는 경우 : 0.45~0.65 %C

(라) 내마모성과 경도를 동시에 요구하는 경우 : 0.65~1.2 %C

② 저탄소강(0.3 % C 이하) : 극연강, 연강, 반연강으로 주로 가공성 위주, 단접(용접)성이 양호하다. 침탄용 강으로 많이 사용하며, 열처리가 불량하다.

③ 고탄소강 : 강도・경도 위주, 단접 불량, 열처리가 양호하다. 취성이 증가한다.

④ 일반 구조용 강(SS) : 저탄소강(0.08~0.23 % C), 교량, 선박, 자동차, 기차 및 일반 기계부품 등에 사용된다(기계 구조용 강은 SM으로 표시).

⑤ 공구강(탄소 공구강 : STC 0.7 % C), 합금공구강(STS), 스프링강(SPS), 고탄소강(0.6~1.5 % C), 킬드강으로 제조한다. 목공에 쓰이는 공구나, 기계에서 금속을 깎을 때 쓰이는 공구에는 경도가 높고, 내마멸성이 있어야 한다.

⑥ 쾌삭강(free cutting steel) : 강에 P, S, Pb, Se, Sn 등을 첨가하여 피절삭성이 증가하여 고속 절삭에 적합한 강이다.

(가) 유황 쾌삭강은 강에 유황(0.10~0.25 % S)을 함유한 강이고 저탄소강은 P을 많게 한다.

(나) 연쾌삭강은 0.2 % 정도의 Pb를 첨가한 것으로 유황 쾌삭강보다 기계적 성질이 우수하다.

⑦ 주강(SC) : 주철로서는 강도가 부족되는 부분 등 넓은 범위에서 주강이 사용되며 수축율은 주철의 2배, 탄소 함유량이 0.1~0.6 % C이다. 융점(1600℃)이 높고 강도가 크나 유동성이 작다.

(3) 특수강(special steel)

① 첨가 원소의 영향

분류	종류
구조용 특수강	강인강, 표면 경화용 강(침탄강, 질화강), 스프링강, 쾌삭강
공구용 특수강(공구강)	합금 공구강, 고속도강, 다이스강, 비철합금 공구 재료
특수 용도 특수강	내식용 특수강, 내열용 특수강, 자성용 특수강, 전기용 특수강, 베어링강, 불변강

(가) Cr : 내식성, 내마멸성 증가

(나) Cu : 공기 중에서 내산화성 증대

(다) Mn : 적열취성 방지

(라) Mo : 뜨임취성 방지

(마) Mo, W : 고온에서 강도·경도 증가

(바) N : 강인성 증가, 내식·내산성 증가

(사) Si : 내열성, 전자기적 특성

(아) V, Ti, Al, Zr : 결정립의 조절

② 구조용 특수강

(가) 강인강(Ni강 : 1.5~5 % Ni 첨가), Cr강(1~2 % Cr 첨가), Ni-Cr강(기호 SNC), Ni-Cr-Mo강, Cr-Mo강, Mn-Cr강, 고력강도강, Cr-Mn-Si(크로망실), 초강인강

(나) 표면 경화강

㉠ 침탄용 강

㉡ 질화용 강

㉢ 스프링강

③ 공구용 합금강

(가) 공구 재료의 구비 조건

㉠ 고온경도, 내마멸성, 강인성이 클 것
㉡ 열처리, 제조와 취급이 쉽고 가격이 쌀 것

㈏ 합금 공구강(STS) : 탄소 공구강의 결점인 고온에서 경도 저하 및 담금질 효과 개선을 위해 Cr, W, V, Mo 등을 첨가한 강

㈐ 고속도강(SKH) : 일명 하이스(HSS)라고도 하며, 대표적인 절삭공구 재료로 0.7~0.9% C 정도의 공석강 근방의 탄소강을 모체로 하여 많은 양의 W, Cr, V을 함유시킨 것이다.

㉠ 표준형 고속도강 : 18W-4Cr-1V에 탄소량 0.8%가 주성분이다.
㉡ 텅스텐(W) 고속도강(표준형) : SKH_2가 표준형을 조성한다.
㉢ 코발트(Co) 고속도강 : 0.3~20% 첨가하며 Co량이 증가할수록 경도 증가, 점성 증가, 절삭성이 우수하다.
㉣ 몰리브덴(Mo) 고속도강 : Mo 5~8%, W 5~7% 첨가로 담금질성 향상, 뜨임 메짐 방지, 탈탄이 열처리 시 쉽다.
㉤ 주조경질합금(cast hard metal) : Co-Cr-W(Mo)-C를 금형에 주입하여 연마 성형한 합금, 대표적 주조 경질합금 → 스텔라이트(stellite)
㉥ 초경합금(sinteree hard metal) : 금속 탄화물의 분말형 금속 원소를 프레스로 성형, 소결시킨 합금
ⓐ 종류 : S종(강 절삭용), G종(주철, 비철금속용), D종(다이스용)
ⓑ 상품명
- 위디아(widia, 독일)
- 텅갈로이(tungalloy, 일본)
- 카볼로이(carboloy, 미국)
- 미디아(idia, 영국)
- 이게탈로이(igetalloy)
- 다이얼로이(dialloy)
- 트리디아(teidia)

㉦ 시효 경화합금(Age hardening alloy) : 시효 경화에 의하여 공구에 충분한 경도를 갖도록 한 재료이다.
㉧ 세라믹(ceramics) 공구 : 세라믹이란 도기라는 뜻이며 알루미나(Al_2O_3)를 주성분으로 점토를 소결한 것이다.
㉨ 다이아몬드 공구 : 경도가 크므로 절삭공구에 사용된다.

(4) 특수용도 특수강

[스테인리스강(STS : stainless steel)]

① 13Cr 스테인리스강 : 스테인리스강 종류 중 1~3종으로 자동차 부품, 일반용, 화학공업용에 사용된다.

㈎ 페라이트(ferrite)계 스테인리스강 : Cr 12~14%, C 0.1% 이하로 강자성, 강인성, 내식성이 있고 열처리에 의해 경화된다.

㈏ 마텐자이트(martensite)계 스테인리스강 : Cr 12~14%, C 0.15~0.30%로 고온에서 오스테나이트 조직이고 이 상태에서 담금질하면 마텐자이트로 되는 종류의 강으로 강자성 최저의 내식성을 가진다.

㈐ 특징

㉠ 표면을 잘 연마한 것은 대기 중 또는 수중에서 부식되지 않는다.

㉡ 오스테나이트계에 비해 내산성이 작고 가격이 싸다.

㉢ 유기산이나 질산에는 침식되지 않으나 다른 산 종류에는 침식된다.

② 18-8스테인리스강 : 오스테나이트(austenite)계 스테인리스강으로 대표적이다(Cr 18%, Ni 8% 첨가).

㈎ 특징

㉠ 비자성체이고 담금질이 안 된다.

㉡ 연성·전성이 크고 13Cr형 스테인리스강보다 내식·내열·내충격성이 크다.

㉢ 용접하기 쉽다.

㉣ 입계부식에 의한 입계균열의 발생이 쉽다(Cr_4C 탄화물이 원인).

㈏ 용도 : 건축용, 공업용, 자동차용, 항공기용, 치과용 등에 사용된다.

㉠ 입계부식(boundary corrosion) 방지법

ⓐ 탄소 함유량을 적게 한다.

ⓑ Ti, V, Nb 등의 원소를 첨가하여 Cr탄화물 생성을 억제한다.

ⓒ 고온도에서 Cr 탄화물을 오스테나이트 중에 고용하여 기름 중에 급랭시킨다(용화제 처리).

㉡ Cr 12 % 이상을 스테인리스강 또는 불수강이라 하고 그 이하를 내식강이라 한다.

② 내열강(heat resisting alloy steel : SEH)

㈎ 조건

㉠ 고온에서 화학적, 기계적 성질이 안정되고 조직 변화가 없을 것

㉡ 열팽창, 열변형이 적어야 한다.

㉢ 소성가공, 절삭가공, 용접 등에 사용된다.

㈏ 종류

㉠ 페라이트계(Fe-Cr, Si-Cr)

㉡ 오스테나이트계(18-8 STS에 Ti, Mo, Ta, W 등 첨가한 강)

㉢ 초내열합금(Ni, Co을 모체로 함)

㈐ 내열성을 주는 원소 : 고크롬강(Cr), Al(Al_2O_3), Si(SiO_2)

㉠ 실크로움(Si-Cr) 내열강은 내연기관의 밸브 재료로 사용한다(표준성분 C 0.1%, Cr 6.5%, Si 2.5%).

㉡ 초내열합금 종류

ⓐ 주조용 합금 : 하스텔로이, 해인스, 서멧(세라믹 재질)

ⓐ 가공용 합금 : 팀켄(timken), 인코넬, 19-9LD, N-155

(5) 자기재료 및 기타 특수강

① 영구자석강 : 잔류자기(Bc)와 항자력(Hc)이 크고 온도 변화나 기계적 진동 또는 산란자장 등에 의하여 쉽게 자기 강도가 변하지 않는 것이다.

㈎ 종류

㉠ 고탄소강(0.8~1.2 %C)을 물에 담금질한 것

㉡ W강

㉢ Co강

㉣ Cr강

㉤ 알니코(alnico → Ni-Al-Co-Cu-Fe)

② 규소강

㈎ Si 1~4 % 함유한 강으로 자기감응도가 크고 잔류자기 및 항자력이 작다.

㈏ 변압기의 철심이나 교류기계의 철심 등에 사용된다.

③ 비자성강

㈎ 발전기, 변압기, 배전판 등에 자석강 사용 시와 전류 발생에 의한 온도 상승 방지 목적에 사용된다.

㈏ 종류(오스테나이트 조직강) : 18-8계 스테인리스강, 고망간계 오스테나이트강, 고니켈강, Ni-Mn강, Ni-Mn-Cr)

④ 베어링강

㈎ 강도 및 경도와 내구성을 필요로 한다.

㈏ 고탄소 저크롬강(C = 1 %, Cr = 1.2 %)

㈐ 담금질 후 반드시 뜨임을 해야 한다.

⑤ 게이지강

㈎ W-Cr-Mn계 합금 공구강이 사용된다.

㈏ 조건

㉠ 내마멸성과 내식성이 우수할 것

㉡ 열팽창 계수가 작고 담금질 균열이 적을 것

㉢ 영구적인 치수 변화가 없을 것

※ 치수 변화 방지 : 200℃ 이상 온도에서 장기간 뜨임하여 사용한다(시효처리).

⑥ 고니켈강(불변강) : 비자성강으로 열팽창계수, 탄성계수가 거의 0에 가깝고 Ni 26 %에서 오스테나이트 조직으로 강력한 내식성을 가지고 있다.

(가) 인바(invar) : Ni 36 %, 열팽창계수 0.1×10^{-6}, 정밀기계 부품, 시계, 표준자(줄자), 계측기 부품, 길이 불변

(나) 초인바(superinvar) : Ni 30.5~32.5 %, Co 4~6 % 함유한 것으로 인바보다 열팽창계수 작음(20℃에서 0.1×10^{-6})

(다) 엘린바(elinvar) : Ni 36 %, Cr 12 % 함유

(라) 코엘린바(koelinvar) : Cr 10~11 %, Co 26~58 %, Ni 0~16 % 함유, 공기 중이나 수중에서 부식되지 않는다. 스프링 태엽, 기상관측용 부품에 사용한다.

(마) 퍼멀로이(permalloy) : Ni : 75~80 %, Co 0.5 %, C 0.5 % 함유, 해저 전선의 장하 코일에 사용한다.

(바) 플래티나이트(platinite) : Ni 44~47.5 %, 나머지 철(Fe) 함유, 전구의 도입선, 진공관 도선용(페르니코, 코바트)에 사용된다.

※ 열팽창계수가 유리, 백금과 같다.

단원 예상문제

1. 다음 중 불변강의 종류가 아닌 것은?

① 인바 ② 스텔라이트 ③ 엘린바 ④ 퍼멀로이

해설 불변강은 인바, 초인바, 엘린바, 코엘린바, 퍼멀로이, 플래티나이트가 있으며 스텔라이트는 주조 경질합금이다.

2. 현재 주조 경질 절삭공구의 대표적인 것은?

① 비디아 ② 세라믹 ③ 스텔라이트 ④ 당갈로이

해설 대표적인 주조 경질합금은 스텔라이트(stellite) → Co 40~55 % – Cr 25~35 % – W 4~25 % – C 1~3 %로 Co가 주성분이다.

3. 탄소강 조직 중에서 경도가 가장 낮은 것은?

① 펄라이트 ② 시멘타이트 ③ 마텐자이트 ④ 페라이트

해설 탄소강의 조직은 경도가 낮은 순서에서 높은 순서로는 페라이트 → 펄라이트 → 시멘타이트 등의 순서이고 마텐자이트는 담금질 열처리에서 생기는 조직이다.

4. **규소가 탄소강에 미치는 일반적 영향으로 틀린 것은?**

① 강의 인장강도를 크게 한다. ② 연신율을 감소시킨다.
③ 가공성을 좋게 한다. ④ 충격값을 감소시킨다.

해설 탄소강 내에 규소는 경도, 강도, 탄성한계, 주조성(유동성)을 증가시키고, 연신율, 충격치, 단접성(결정입자를 성장・조대화)을 감소시킨다.

5. **스테인리스강은 900~1100℃의 고온에서 급랭할 때의 현미경 조직에 따라서 3종류로 크게 나눌 수 있는데, 다음 중 해당되지 않는 것은?**

① 마텐자이트계 스테인리스강 ② 페라이트계 스테인리스강
③ 오스테나이트계 스테인리스강 ④ 트루스타이트계 스테인리스강

해설 13Cr 스테인리스강은 마텐자이트계, 페라이트계, 18-8 스테인리스강은 오스테나이트계의 종류로 나누어진다.

6. **스테인리스강의 종류에서 용접성이 가장 우수한 것은?**

① 마텐자이트계 스테인리스강 ② 페라이트계 스테인리스강
③ 오스테나이트계 스테인리스강 ④ 펄라이트계 스테인리스강

해설 스테인리스강의 종류에서 용접성이 가장 우수한 것이 18-8 오스테나이트계로 내식, 내산성, 내열, 내충격성이 13Cr보다 우수하고 연전성이 크고, 담금질 열처리로 경화되지 않으며 비자상체이다.

7. **저용융점 합금이란 어떤 원소보다 용융점이 낮은 것을 말하는가?**

① Zn ② Cu ③ Sn ④ Pb

해설 저용융점 합금은 Sn보다 융점이 낮은 금속으로 퓨즈, 활자, 안전장치, 정밀 모형 등에 사용된다. Pb, Sn, Co의 두 가지 이상의 공정 합금으로 삼원 합금과 사원 합금이 있고 우드메탈, 리포위츠 합금, 뉴턴 합금, 로즈 합금, 비스무트 땜납 등이 있다.

8. **내열합금 용접 후 냉각 중이나 열처리 등에서 발생하는 용접구속 균열은?**

① 내열균열 ② 냉각균열 ③ 변형시효균열 ④ 결정입계균열

해설 내열합금 등 용접 후에 냉각 중이거나 열처리 및 시효에 의해 발생되는 균열을 변형 시효균열이라고 한다.

정답 1. ② 2. ③ 3. ④ 4. ③ 5. ④ 6. ③ 7. ③ 8. ③

(6) 주철

① 주철의 개요

(가) 장점

㉠ 용융점이 낮고 유동성이 좋아 주조성(castability)이 우수하다.

㉡ 복잡한 형상의 주물제품의 단위 무게당 가격이 싸다(금속재료 중에서).

㉢ 마찰 저항이 좋고 절삭 가공이 쉽다.

㉣ 주물의 표면은 굳고 녹이 잘 슬지 않으며, 페인트칠도 잘 된다.

㉤ 압축강도가 크다(인장강도의 3~4배).

(나) 단점

㉠ 인장 강도, 휨 강도, 충격값이 작다.

㉡ 연신율이 작고 취성이 크다.

㉢ 고온에서의 소성변형이 되지 않는다.

② 주철의 종류

(가) 회주철(gray cast iron GC)

㉠ Mn량이 적고 냉각 속도가 느릴 때 생기기 쉽다.

㉡ 탄소 일부가 유리되어 존재하는 유리탄소(free carbon)나 흑연(graphite)화하여 파면이 회색이다.

㉢ C, Si량이 많을수록 냉각 속도가 느릴 때 절삭성이 좋고, 주조성이 좋다.

㉣ 흑연화 : $Fe_3C \rightarrow 3Fe+C$(안정한 상태로 분리)

㉤ 용도 : 공작기계의 베드, 내연기관의 실린더, 피스톤, 주철관, 농기구, 펌프 등

(나) 백주철(white cast iron)

㉠ Si량이 적고 냉각 속도가 빠를 때 생기기 쉽고 경도가 크고, 내마모성이 좋다.

㉡ 탄소가 펄라이트 혹은 시멘타이트(Fe3C)의 화합탄소로 되어 있다.

㉢ 용도 : 각종 압연기 롤러, 볼 밀(ball mill)의 볼

(다) 반주철(mottled cast iron) : 회주철과 백주철의 중간 상태로 Fe_3C의 화합 상태로 존재해 파면이 백색이다.

㉠ 주철에 포함된 전 탄소량 = 흑연량+화합 탄소량

㉡ 주철의 흑연화 현상

ⓐ Fe_3C는 1000℃ 이하에서는 불안정하다.

ⓑ Fe, C를 분해하는 경향이 있다.

㉢ 흑연의 현상 = 공정상, 편상, 판상, 괴상, 수상, 과공정상, 장미상, 국화상(문어상)

(라) 스테다이트(stedite) : 주철(회주철) 중 P가 Fe_3P를 만들어 α-Fe와 Fe_3C와의 합인 삼원 공정조직을 형성한 것이다.

③ 주철의 성질

(가) 성질

㉠ 전연성이 작고 적열하여도 점도가 불량하다(가공이 안 됨).

㉡ 점성은 C, Mn, P이 첨가되면 낮아진다.

㉢ 비중(1300℃ 이하) : 약 7.1~7.3(흑연이 많을수록 작아짐)

㉣ 물리적 성질 : 일반적으로 비중 7.0~7.3, 용융점 1145~1350℃, 수축률은 0.5~1% 정도이다.

㉤ 기계적 성질 : 주철의 인장강도는 C와 Si의 함량, 냉각 속도, 용해 조건, 용탕처리 등에 의존하며 인장강도(σt)와 탄소포화도(Sc)와의 관계식 $\sigma_t = d - e \cdot S_c$식에 대한 평균적 관계로 $\sigma_t - 102 - 82.5 \times S_c$[kg/mm^2] 식이 널리 사용되고 있다.

㉥ 탄소포화도 S_c = C%/4.23-0.312 Si%-0.275 P%(탄소포화도가 증가하면 흑연이 많이 발생하여 강도가 저하된다.) (참고 : σ_t = 0.0013 HB)

㈏ 열 처리 : 담금질 뜨임이 안 되어 중요 부분 사용 시는 주조응력을 제거하기 위해 풀림처리는 가능하다.

㉠ 담금질 : 3%C 이하, 1.2%Mn 이상이고 P, S이 적은 주철로 800~850℃로 서서히 가열 후 기름에 냉각한다(마텐자이트 조직이 바탕, 내마모성 향상).

㉡ 풀림 : 500~600℃로 6~10시간 풀림(주조응력 제거, 변형 제거 목적)

㈐ 자연 시효(natural aging or seasoning) : 주조 후 장시간(1년 이상) 자연 대기 중에 방치하여 주조응력이 없어지는 현상(정밀가공주물 시 좋음)

④ 주철의 종류

㈎ 보통 주철 : 페라이트(α-Fe) 기지 조직 중에 편상흑연이 산재해 있으며 펄라이트 조직이 다소 포함된다.

㈏ 고급 주철 : 바탕 조직은 펄라이트로 하고 흑연을 미세화시켜 인장강도를 강화시킨 주철이다.

㈐ 미하나이트 주철(meehanite cast iron) : 접종(inoculation) 백선화를 억제시키고 흑연의 형상을 미세, 균일하게 하기 위하여 규소 및 칼슘-실리사이드(cacium-silicide; Ca-Si) 분말을 첨가하여 흑연의 핵 형성을 촉진시키는 조작을 이용하여 만든 고급 주철이다.

㈑ 고합금 주철

㉠ 내열 주철

㉡ 내산 주철

㉢ 구상 흑연 주철(조직 : ⓐ 시멘타이트(cementite)형, ⓑ 펄라이트(pearlite)형, ⓒ 페라이트(ferrite)형)

㉣ 칠드 주철(chilled cast iron : 냉경 주철)

㉤ 가단주철[백심 가단주철(WMC : white-heart malleable cast iron), 흑심 가단 주철(BMC : black-heart malleable cast iron), 펄라이트(pearlite) 가단주철(PMC)]

㉥ 주강(SC : cast steel)

구상 흑연 주철의 분류와 성질

명칭	발생 원인	성질
시멘타이트형 (시멘타이트가 석출한 것)	① Mg의 첨가량이 많을 때 ② C, Si 특히 Si가 적을 때 ③ 냉각 속도가 빠를 때	① 경도가 H_B 220 이상이 된다. ② 연성이 없다.
펄라이트형 (바탕이 펄라이트)	시멘타이트형과 페라이트형의 중간 발생 원인	① 강인하고 인장강도 60~70 kg/mm^2 ② 연신율은 2 % 정도 ③ 경도 H_B = 150~240
페라이트형 (페라이트가 석출한 것)	① C, Si 특히 Si가 많을 때 ② Mg의 양이 적당할 때 ③ 냉각 속도가 느리고, 풀림을 했을 때	① 연신율 6~20% ② 경도 H_B = 150~200 ③ Si가 3 % 이상이 되면 취약해진다.

단원 예상문제

1. 칠드 주물의 표면조직은 어떤 조직으로 되어 있는가?

① 펄라이트 ② 시멘타이트
③ 마르텐자이트 ④ 오스테나이트

해설 칠드 주철(chilled cast iron : 냉경 주철)은 주조 시 규소(Si)가 적은 용선에 망간(Mn)을 첨가하고 용융상태에서 금형에 주입하여 접촉된 면이 급랭되어 아주 가벼운 백주철(백선화)로 만든 것이다(chill 부분은 Fe_3C 조직이 된다).

2. 주철의 여러 성질을 개선하기 위하여 첨가되는 원소의 영향에 관한 다음 사항 중 틀린 것은?

① Cr : 흑연화 방지제, 탄화물을 안정시키고 내열성 · 내부식성을 좋게 한다.
② Ni : 흑연화 촉진제, 얇은 부분의 칠(chill)의 발생을 방지한다.
③ Ti : 강한 탈산제, 많이 첨가하면 흑연화를 촉진한다.
④ V : 강력한 흑연화 방지제, 보통 0.1~0.5 % 첨가하면 흑연과 바탕을 균일화시킨다.

해설 Ti : 강탈산제, 흑연화 촉진(다량 시 흑연화 방지로 보통 0.3 % 이하 첨가)

3. 주철에 함유된 다음 원소 중 유동성을 해치는 원소는?

① 탄소(C) ② 망간(Mn) ③ 규소(Si) ④ 황(S)

4. 가단주철이란 다음 중 어떤 것을 말하는가?

① 백주철을 고온에서 오랫동안 풀림 열처리한 것
② 칠드 주철의 열처리다.
③ 반경 주철을 열처리한 것
④ 펄라이트 주철을 고온에서 오랫동안 뜨임 열처리한 것

해설 백주철을 풀림 처리하여 탈탄과 Fe_3C의 흑연화에 의해 연성(또는 가단성)을 가지게 한 주철(연신율 5~14 %)로 종류는 백심 가단주철(WMC : white-heart malleable cast iron), 흑심 가단주철(BMC : black-heart malleable cast iron), 펄라이트(pearlite) 가단주철(PMC) 등이다.

5. 주철의 표면을 급랭시켜 시멘타이트 조직으로 만들고 내마멸성과 압축 강도를 증가시켜 기차바퀴, 분쇄기, 롤러 등에 사용하는 주철은?

① 가단주철 ② 칠드 주철
③ 구상 흑연 주철 ④ 미하나이트 주철

해설 칠드 주철(chilled cast iron : 냉경 주철)은 주조 시 규소(Si)가 적은 용선에 망간(Mn)을 첨가하고 용융상태에서 금형에 주입하여 접촉된 면이 급랭되어 아주 가벼운 백주철(백선화)로 만든 것이다(chill 부분은 Fe_3C 조직이 된다).

6. 구상 흑연 주철을 현미경으로 보았을 때 나타날 수 있는 조직에 해당되지 않는 것은?

① 페라이트 ② 펄라이트 ③ 레데뷰라이트 ④ 시멘타이트

해설 구상흑연주철을 현미경으로 나타날 수 있는 조직에는 ㉮ 시멘타이트형(시멘타이트가 석출한 것), ㉯ 펄라이트형(바탕이 펄라이트), ㉰ 페라이트형(페라이트가 석출한 것)이 있다.

7. 구상 흑연 주철을 조직에 따라 분류하였을 때 틀린 것은?

① 시멘타이트형 구상 흑연 주철 ② 펄라이트형 구상 흑연 주철
③ 오스테나이트형 구상 흑연 주철 ④ 페라이트형 구상 흑연 주철

8. 다음 중 보통 주철에 있어서 합금 원소에 의한 강도 증가율이 가장 큰 금속은?

① 몰리브덴(Mo) ② 크롬(Cr) ③ 구리(Cu) ④ 니켈(Ni)

해설 ① Mo : 흑연화 다소 방지, 강도 · 경도 · 내마멸성 증대, 두꺼운 주물조직 균일화
② Cr : 흑연화 방해 원소, 탄화물 안정화, 내열성 · 내부식성 향상
③ Cu : 공기 중 내산화성 증대, 내부식성 증가(Cu 0.4~0.5%가 가장 좋다.)
④ Ni : 흑연화 촉진 원소, 흑연화 능력 Si의 1/2~1/3

9. 다음 중 가단주철에 속하는 것은 어느 것인가?

① 기어 등과 같이 일부분만 급랭하여 백선철로 만들고 다른 부분은 선철로 되어 있는 주철
② 주철에 Ni, Cr, Mo 등을 첨가하여 내식성, 내열성, 인장강도 등을 향상시킨 주철
③ 백선철은 열처리하여 메짐성을 제거하고 점성을 갖게 한 주철
④ C, Si의 함량을 조절하여 만든 주철로 인장강도가 25 kg/mm^2 이상이며 내마멸성과 강도가 큰 주철

해설 가단주철은 백주철을 풀림 처리하여 탈탄과 Fe_3C의 흑연화에 의해 연성(또는 가단성)을 가지게 한 주철(연신율 5~14%)이다.

정답 1. ② 2. ③ 3. ④ 4. ① 5. ② 6. ③ 7. ③ 8. ① 9. ③

제 3 장 비철금속 재료

● 비철금속 재료 및 합금

(1) 구리와 구리합금

① 구리의 성질

(가) 물리적 성질 : 면심입방격자, 격자상수 3.608 Å (10^{-8} cm), 용융점 1083℃, 비중 8.96, 비등점 2360℃, 변태점이 없으며, 비자성체, 전기 및 열의 양도체이다.

㉠ 불순물

ⓐ Ti, P, Fe, Si, As(비소), Sb : 전기, 전도도 저하시킴

ⓑ Bi, Pb : 가공성 저하시킴

㉡ 구리 강도 및 내마모 향상 원소 : Cd

(나) 기계적 성질 : 전연성 풍부

(다) 화학적 성질 : 고온의 진한 황산·질산에 용해되고 CO_2, SO_2, 습기, 해수(바닷물)에 녹이 발생(녹의 색 : 녹색)

㉠ 수소병(수소 취성) : 산화구리를 환원성 분위기에서 가열하면 H_2가 반응하여 수증기를 발생하고, 구리 중에 확산 침투하여 균열(hair crack)을 발생한다.

㉡ 일반적 성질

ⓐ 전기, 열의 양도체이다.

ⓑ 전연성, 유연성이 좋아 가공이 쉽다.

ⓒ 색채, 광택이 아름다워 귀금속적인 성질을 갖는다.

ⓓ 화학적, 저항력이 커서 내식성이 크다.

ⓔ Zn, Sn, Ni, Au, Ag 등과 쉽게 합금을 만든다.

② 황동(brass : 진유(眞鍮))

(가) 황동의 조직 : 구리와 아연의 합금, 실용품은 아연(Zn)을 약 40 % 이하로 함유한 것으로 아연 함유량에 따라 α, β, γ, δ, η, ε 등의 6개의 고용체를 만드나 α 고용체와 $\alpha+\beta$ 고용체만 실용이 된다. 변태점이 있고 α 고용체는 면심입방격자, β 고용체는 체심입방격자이다.

(나) 황동의 성질

㉠ 자연 균열(season crack) : 시계균열이라고도 하며 냉간 가공한 봉, 관, 용기 등이 사용 중이나 저장 중에 가공 때의 내부응력, 공기 중의 염류, 암모니아 기체(NH_3)로 인해 입간 부식을 일으켜 균열이 발생하는 현상

[방지법]

- 200~300℃에서 저온 풀림하여 내부응력 제거
- 도금법
- S : 1~1.5 % 첨가

㉡ 탈아연 현상 : 바닷물에 침식되어 아연(Zn)이 용해 부식되는 현상

[방지법]

- 아연판을 도선에 연결한다.
- 전류에 의한 방식법

㉢ 고온 탈아연 부식(dezincing) : 온도가 높을수록, 표면이 깨끗할수록 탈아연이 심해진다.

[방지법]

- 아연산화물 피막 형성
- Al산화물 피막 형성

㉣ 경년 변화 : 냉간 가공한 후 저온 풀림 처리한 황동(스프링)이 사용 중 시간의 경과와 더불어 경도값이 증가(스프링 특성 저하)하는 현상

종류		성분	명칭	용도
단련 황동	톰백 (tombac) & 황동	95Cu – Zn	gilding metal	동전(화폐), 메달용
		90Cu – 10Zn	commercial brass	톰백의 대표적, 디프 드로잉(deep drawing), 메달, 배지용, 색이 청동과 비슷하여 청동 대용품
		85Cu – Zn	rich low or red brass	연하고 내식성이 좋아 건축, 소켓 체결용
		80Cu – 20Zn	low brass	전연성이 좋고 색도 아름답다. 장식용, 악기용, 불상용 등
	7 : 3황동	70Cu – 30Zn	cartridge brass	가공용 황동의 대표적, 탄피, 봉, 판용
	–	65Cu – 35Zn	high or yellow bress	7 : 3 황동보다 값이 싸다.
	6 : 4황동	60Cu – 40Zn	muntz metal	인장강도도 크고 가장 값이 싸다.
황동 주물	적색황동 주물 황색황동 주물	80Cu > 20Zn 70Cu < 30 %Zn	red brass casting yellow brass casting	납땜황동 강도 크고 일반 황동 주물

특수 황동	연황동(lead brass)	6 : 6황동 – 1.5~3.0 % Pb	쾌삭황동(free Cutting Brass), 하드 황동(hard brass)	절삭성이 좋다(강도, 연신율 감소), 나사, 시계용 기어, 정밀가공용
	주석황동	7 : 3황동 – 1 % Zn	에드머럴티 황동(admiralty brass)	내식성 증가, 탈아연 방지 스프링용, 선박기계용
		6 : 4황동 – 1 % Sn	네이벌 황동(naval brass)	
	철황동	6 : 4황동 – 1~2 % Fe	델타메탈(delta metal)	강도 크고 내식성 좋다. 광산기계, 선박기계, 화학기계용
	강력 황동	6 : 4황동 – Mn, Al, Fe, Ni, Sn	–	강도·내식성 개선, 주조·가공성 향상, 열간 단련성 좋다.
	양은, 양백	7 : 3황동 – 7~30 % Ni	German silver	주단조 가능, 식기, 전기재료, 스프링
	Al 황동	76~80 % Cu – 1.6~3.0% Al – Zn	Albrac(알부락)	내식성 향상, 콘덴서, 튜브 재료
	Si 황동	10~16 % Cu–Zn – 4~5 % Si	silzin bronze	주조성 좋다, 내해수성, 강도 포금보다 우수하다.

③ 청동(bronze)

(가) 청동의 조직 : 구리와 주석의 합금, 또는 구리+10 % 이하의 주석이나 주석을 함유하지 않고 다른 특수 원소(Al, Si, Ni, Mn 등)의 합금의 풀림이다. α, β, γ, σ 및 ε 등의 고용체와 Cu_4Sn, Cu_3Sn 등의 화합물이 있으며 공업적으로는 α로부터 $\alpha+\sigma$까지의 조직이 사용된다.

참고 공석 변태

$\beta \rightleftharpoons \alpha+\gamma(586℃)$, $\gamma \rightleftharpoons \alpha+\delta(520℃)$, $\delta \rightleftharpoons \alpha+\varepsilon(350℃)$

(나) 청동의 성질

㉠ 내식성, 내마모성이 있다.

㉡ 주조성, 강도가 좋다.

㉢ 주석의 함유량

ⓐ Sn 4 %에서 연신율 최대, 그 이상에서는 급격히 감소한다.

ⓑ Sn 15 % 이상에서 경도가 급격히 증가하고 Sn 함량에 비례하여 증가한다.

<table>
<tr><th colspan="2">종류</th><th>명칭</th><th>성분</th><th>용도</th></tr>
<tr><td rowspan="4">계룡 청동</td><td rowspan="2">포금</td><td>gun metal</td><td>Sn 8~12 %, Zn 1~2 %</td><td rowspan="2">청동의 예전 명칭, 청동주물(BC)의 대표
유연성, 내식성, 내수압성이 좋다. 일반기계부품, 밸브, 기어 등에 사용</td></tr>
<tr><td>admiralty gun metal</td><td>Cu 88 %, Sn 10 %, Zn 2 %</td></tr>
<tr><td>납-아연 함유 청동</td><td>red brass</td><td>Cu 85 %, Sn 5 %, Zn 5 %, Pb 5 %</td><td>기계가공성 · 내수압성 증가, 일반용 밸브 콕에 사용</td></tr>
<tr><td>베어링용 청동</td><td>bearing bronze</td><td>Cu+Sn 13~15 %</td><td>조직 $\alpha+\delta$, P첨가 시 내마멸성 증가</td></tr>
<tr><td rowspan="11">특수 청동</td><td rowspan="2">인청동 (PBS)</td><td>phospher bronze</td><td>Cu+Sn 9%+P 0.35%</td><td>P(탈산제) 내마멸성 · 내식성 · 냉간가공 시 인장강도 · 탄성한계 증가, 판스프링재(경년 변화가 없다), 기어, 베어링, 밸브 시트</td></tr>
<tr><td>듀랄플렉스 (Duralflex)</td><td>Cu+Sn 10 %+Pb 4~16 %</td><td>미국에서 개발, 성형성 · 강도가 좋다.</td></tr>
<tr><td rowspan="2">납 청동</td><td>–</td><td>Cu + Sn 10% + Pb4 ~16%</td><td>Pb은 구리와 합금을 만들지 않고 윤활작용, 베어링용</td></tr>
<tr><td>켈밋 (kelmet)</td><td>Cu+Pb 30~40%</td><td>고열전도, 압축강도 크고 고하중, 고속 베어링에 사용</td></tr>
<tr><td>소결베어링 합금</td><td>오일리스 베어링 (oilless bearing)</td><td>Cu분말+Sn 8~12 % +흑연분말 4~5 %</td><td>구리, 주석, 흑연분말 혼합 가압성형, 700~750℃ 수소기류 중에서 소결, 기름에서 가열 시 무게로 20~30 % 기름 흡수, 기름 흡급 곤란한 곳의 베어링 사용</td></tr>
<tr><td rowspan="4">구리-니켈계 합금</td><td>어드밴스 (advance)</td><td>Cu 54 %+Ni 44 %+Mn 1 %+Fe 0.5 %</td><td>정밀 전기기계의 저항선</td></tr>
<tr><td>콘스탄탄 (constantan)</td><td>Cu+Ni 45 %</td><td>열전대용, 전기저항선</td></tr>
<tr><td>콜슨 (colson)</td><td>Cu+Ni 4 %+Si 1 %</td><td>금속 간 화합물, 인장강도 105 kg/mm^2 전선, 스프링용</td></tr>
<tr><td>쿠니알 청동 (kunial)</td><td>Cu+Ni 4~16 %+Al 1.5 ~7 %</td><td>뜨임경화성이 크다.
(Ni : Al = 4 : 1 최고)</td></tr>
<tr><td>강력 알루미늄 청동</td><td>암즈 청동 (arms bronze)</td><td>Cu+Al 5~12 %에 Fe, Mn, Si, Zn 등 첨가</td><td>Fe : 결정입자 미세화 및 강도 증가
Ni : 내식성, 고온 강도 증가</td></tr>
</table>

(2) 알루미늄과 그 합금

① 알루미늄

(가) 알루미늄의 성질

㉠ 물리적 성질 : 비중 2.7, 용융점 666℃, 전기 및 열의 양도체, 면심입방격자이다.

㉡ 기계적 성질 : 전연성이 좋다, 순수 Al은 주조가 곤란하다, 유동성이 작고, 수축률이 크다, 냉간 가공에 의해 경화된 것을 가열 시 150℃에서 연화, 300~350℃에서 완전 연화된다.

㉢ 화학적 성질 : 공기나 물속에서 내부식성이나 염산·황산 등 무기산·바닷물에 침식, 대기 중에서 안정한 표면 산화막이 형성(제거제 : LiCl 혼합물)된다.

참고 인공내식 처리법

양극 산화 피막법(황산법, 크롬산법, 알루마이트법)

(나) Al 합금의 특징 : Cu, Si, Mg 등을 Al에 첨가한 고용체(α고용체)를 열처리에 의하여 석출 경화나 시효 경화시켜 성질을 개선한다.

㉠ 석출 경화 : α고용체의 성분합금을 담금질에 의한 급랭으로 얻어진 과포화 고용체에서 과포화된 용해물을 조금씩 석출하여 안정 상태로 복귀하려 할 때 (안정화 처리) 시간의 경과와 더불어 경화되는 현상이다.

㉡ 시효 경화 : 석출 경화 현상이 상온 상태에서 일어나는 것을 시효 경화라 하고 대기 중에 진행하는 시효를 자연 시효 또 담금질된(용체화 처리) 재료를 160℃ 정도의 온도에 가열하여 시효하는 것을 인공 시효라 한다.

② 주조형 알루미늄 합금

(가) Al-Cu계 합금(Cu 7~12 % 첨가) : 주조성, 기계적 성질, 절삭성 등이 좋으나 고온 메짐(취성)이 있다.

참고

Cu 8 % 첨가한 것은 미국 합금이라 불린다.

(나) Al-Cu-Si계 합금 : 라우탈(lautal)이 대표적이고 Cu 3~8 % 주조성이 좋고, 시효 경화성이 있다. Fe, Zn, Mg 등이 많아지면 기계적 성질이 저하된다.

참고 Si 첨가

주조성 개선, Cu 첨가 : 실루민의 결점인 절삭성 향상

(다) Al-Si계 합금 : 실루민(silumin)이 대표적이고(미국에서는 alpax라고 한다. Si 10~14 % 첨가), 주조성이 좋고 절삭성이 나쁘다. 열처리 효과가 나빠 개량 처리(개질 처리 : modi-fication treatment)에 의해 기계적 성질이 개선된다.

참고 개량 처리

Si의 결정조직을 미세화하기 위하여 특수원소를 첨가시키는 조작

(라) Al-Mg계 합금(Mg 12 % 이하) : 하이드로날륨(hydronalium), 마그날륨(magnalium)이라 한다. 내식성, 고온강도, 양극 피막성, 절삭성, 연신율이 우수하고 비중이 작다. 주단조 겸용, 해수, 알칼리성에 강하다.

참고

Mg이 용해나 사형에 주입 시 H를 흡수(금속-금형반응)하여 기공을 생성하기 쉬어 Be 0.004 %를 첨가하여 산화 방지 및 주조성을 개선한다(Mg 4~5 % 때 내식성 최대).

(마) Y합금(내열합금) : Al - Cu 4 %-Ni 2 % - Mg 1.5 % 합금이다. 고온 강도가 크므로 내연기관의 실린더, 피스톤, 실린더 헤드에 사용된다.

(바) 다이캐스트용 Al합금 : 유동성이 목적이고, Al-Si계 또는 Al-Cu계 합금을 사용한다.

참고

Mg 함유 시 유동성이 나빠지고 Fe은 점착성, 내식성, 절삭성 등을 해치는 불순물로 최고 1 % 함유까지 허용된다.

(사) Al-Zn계 합금(Zn 8~12 % 첨가) : 주조성이 좋고 가격이 저렴하나, 내열성 · 내식성이 좋지 않다. 기계적 성질이 나쁘고 담금질 시효 경화층이 극히 적다. 일반 시중용은 독일 합금이라 하여 Cu 2~5 %를 첨가된 것을 사용한다.

③ 단련용 알루미늄 합금

(가) 두랄루민(duralumin) : 단조용 Al 합금의 대표이다. Al-Cu 3.5~4.5 %-Mg 1~1.5 % -Si 0.5 %-Mn 0.5~1 %가 표준 성분이며 Si는 불순물로 포함하고 주물로써 제조하기 어렵다.

㉠ 제조 : 주물의 결정 조직을 열간가공으로 완전히 파괴한 뒤 고온에서 물에 급랭한 후 시효 경화시켜 강인성을 얻는다[시효 경화 필요원소 : 실제 Cu, Mg, Si(불순물)].

㉡ 용도 : 무게를 중요시하는 항공기, 자동차, 운반기계 등의 재료로 사용된다.

참고 복원 형상

1. 시효 경화를 완료한 합금은 상온에서 변화가 없으나 200℃에서 수 분간 가열하면 연화되어 시효 경화 전의 상태로 되는 현상이다(다시 상온에 두면 시효 경화를 나타내기 시작한다).
2. 단위 중량당에 대한 강도는 연강의 약 3배이다.
3. 내식성이 없고 바닷물에는 순 Al의 1/3 정도밖에 내식성이 나타나지 않으며 응력 상태에서 입간 부식으로 결정입체를 파괴하여 강도가 감소된다.

(나) 강력 알루미늄 합금 : 초두랄루민(super-duralumin), 고력 알루미늄 합금(No4, AlCOa24S) 또는 초강두랄루민(extra super duralumin), 고력 알루미늄 합금(No6, AlCOa75S) 등이 사용된다.

- 초두랄루민 : Al-Cu-Mg-Mn-Cr-Cu-Zn 시효 경화 완료 후 인장강도 최고 48kg/mm^2 이상, Cu 1~2%로 압연단 조성 향상, Mn 1% 이내, Cr 0.4% 이내 첨가 목적은 결정의 입계부식과 자연 균열 방지이다.

(다) 단련용 Y합금 : Al-Cu-Ni-Mg계 내열합금(250℃에서 상온의 90%의 높은 강도 유지), 300~400℃에서 단조할 수 있다(Ni의 영향).

(라) 내식성 Al 합금

㉠ 하이드로날륨(hydronalium) : Al-Mg계, Mg 0% 이하 함유, 내식성 · 강도가 좋고 피로강도 온도에 따른 변화가 적고 용접성도 좋다.

㉡ 알민(almin) : Al-Mn계, 가공성 · 용접성이 좋다.

㉢ 알드레이(aldrey) : Al-Mg-Si계, 인성 · 용접성 · 내식성이 좋다.

(마) 복합제(clding) : 알클래드(alclad)라고도 하며 강력 Al 합금 표면에 내식성 Al 합금을 접착시킨 것이다(접착은 표재 두께의 5~10%로 한다).

(3) 기타 비철금속과 그 합금

① 마그네슘과 그 합금

(가) 마그네슘의 성질

㉠ 1.74(실용금속 중 가장 가볍다), 용융점 650℃, 재결정온도 150℃

㉡ 조밀육방격자, 고온에서 발화하기 쉽다.

㉢ 대기 중에서 내식성이 양호하나 산이나 염류에는 침식되기 쉽다.

㉣ 냉간가공이 거의 불가능하여 200℃ 정도에서 열간가공한다.

㉤ 250℃ 이하에서 크리프(creep) 특성은 Al보다 좋다.

(나) Mg의 용도 : Al 합금용, Ti 제련용, 구상 흑연 주철 첨가제, 사진용 플래시, 건전지 음극 보호

(다) Mg 합금의 종류 : 주물용 마그네슘 합금에는 Mg-Al계의 다우메탈(dow metal)과 Mg-Al-Zn계의 엘렉트론(elektron), Mg-회토류계의 미슈메탈(mischu metal)이 있다.

② 니켈과 그 합금 및 티탄

(가) Ni의 성질

㉠ 백색의 인성이 풍부한 금속으로 면심입방격자이다.

㉡ 상온에서 강자성체이나 360℃에서 자기변태로 자성을 잃는다.

㉢ 용융점 1455℃, 비중 8.9, 재결정 온도 530~660℃, 열간가공 1000~1200℃

㉣ 냉간 및 열간가공이 잘되고 내식성, 내열성이 크다.

(나) Ni의 용도 : 화학 식품 공업용, 진공관, 화폐, 도금 등에 사용한다.

(다) Ni 합금 : 주물용과 단련용 합금으로 구분한다.

[Ni-Cu계 합금]

㉠ 콘스탄탄(konstantan) : Ni 40~45 %, 온도측정용, 표준 전기 저항선으로 사용되며, 열전쌍 선의 재료이다.

㉡ 어드밴스(advance) : Ni 44 %, Mn 1 %의 합금으로 전기의 저항선으로 사용된다.

㉢ 모넬 메탈(monel metal) : Ni 65~70 % Fe 1.0~3.0 %, 강도와 내식성 우수, 화학공업용(개량형 : Al 모넬, Si 모넬, S 모넬 등이 있다), KR → C

[Ni-Fe계 합금]

㉠ 인바(invar) : Ni 36 %, C 0.2 %, Mn 0.4 %, 길이가 불변하는 불변강에 속한다. 표준자, 바이메탈 등에 사용된다.

㉡ 초인바(super invar) : Ni 30~32 %, CO 4~6 %, 측정용(팽창계수 20℃에서 제로)이다.

㉢ 엘린바(elinvar) : Ni 36 %, Cr 12 %의 합금이다. 탄성계수의 변화가 거의 없고 시계부품, 정밀 계측기기

㉣ 플래티나이트(platinite) : Ni 42~48 %, 열팽창계수가 작으며, 전구나 진공관 도선용으로 사용된다.

㉤ 니칼로이(nickalloy) : Ni 50 %, Fe 50 % 합금으로 자기유도계수가 크며, 해저 송전선에 사용된다.

㉥ 퍼멀로이(permalloy) : Ni 70~90 %와 Fe합금으로 투자율이 높으며, 자심 재료로 널리 사용되고, 잠하 코일용으로 쓰인다.

㉦ 초퍼멀로이(super permalloy) : No 1 %, Ni 70~85 %, Fe 15~30 %, Co < 4%

ⓞ 퍼민바(perminvar) : Ni 20~75 %, Co 5~40 %, Fe의 합금이다. 고주파용 철심에 사용된다.

[내식, 내열용 합금]

㉠ 니크롬(nichrome) : Ni 50~90 %, Cr 15~20 %, Fe 0~25 %, 내열성 우수, 전열 저항선에 사용(Fe 첨가 전열선은 내열성 저하 및 고온에서 내산성 저하)

㉡ 인코넬(inconel) : Ni에 Cr 13~21 %, Fe 6.5 % 첨가(내식성 우수, 내열용에도 사용)한 합금이다.

㉢ 하스텔로이(hastelloy) : Ni에 Fe 22 %, Mo 22 % 정도 첨가한 합금으로 내식성이 우수하고 내열용에도 사용한다.

㉣ 알루멜(alumel) : Ni에 3 % Al 첨가한 합금으로 최고 1200℃까지 온도 측정이 가능하며 고온 측정용의 열전대 재료로 사용된다.

㉤ 크로멜(chromel) : Ni에 10 % Cr 첨가한 합금으로 최고 1200℃까지 온도 측정이 가능하여 고온 측정용의 열전대 재료로 사용된다.

㈑ 티탄(Ti)의 성질 및 용도

㉠ 성질 : 비중 4.5, 용융점 1800℃, 인장강도 50 kg/mm^{2}이며, 점성 강도가 크다. 내식성, 내열성이 우수하다.

㉡ 용도 : 항공기 및 송풍기 및 송풍기 프로펠러 등에 사용한다.

③ 아연, 주석, 납과 그 합금

㈎ 아연(Zn)과 그 합금

㉠ Zn의 제조 : 섬아연광(ZnS), 탄산아연광($ZnCO_3$)을 원광석으로 건식법(환원), 습식법(전해 채취)에 의해 제조한다.

㉡ Zn의 성질 : 비중 7.13, 용융점 420℃, 조밀육방격자에 해당하는 금속이다. 재결정온도는 상온 부근이고, 염기성 탄산염 표면 산화막을 형성한다.

㉢ Zn의 용도 : 철재의 도금, 인쇄판, 다이캐스트용 등에 사용한다.

㉣ Zn의 합금

- 다이캐스팅 합금 : Zn-Al, Zn-Al-Cu계 사용, 특히 Al 4 % 함유 합금을 자막(zamak, 미국) 또는 마작(mazak, 영국)이라 한다.
- 베어링용 합금 : Zn-Al 2~3 %, Zn-Cu 5~6 %, Sn 10~25 %의 합금이다.

㈏ 주석(Sn : Tin)과 그 합금

㉠ Sn의 성질 : 18℃에서 동소 변태라 한다. 18℃ 이상 안정한 β주석은 체심입방격자의 백주석으로 비중 7.3으로 전성이 우수하다. 18℃ 이하에서는 α주석으로 회주석이고 다이아몬드형, 비중(1℃) 5.7이다. 내식성이 우수하고, 식기

류에 사용한다.

㉡ Sn의 용도 : 철의 표면 부식 방지, 청동·베어링 메달용 땜납

(다) 납(Pb : Lead)과 그 합금

㉠ Pb의 성질 : 비중 11.35, 용융점 327℃, 면심입방격자의 금속이다. 연신율 50 %, 인장강도 2 kg/mm^2 이하 합금 원소 첨가 시(Sb, Mg, Sn, Cu 등) 실온에서 시효 경화한다. 인체에 유해하므로 식기, 완구류에는 Pb 10 % 이상을 함유해서는 안 된다.

㉡ 용도 : 땜납, 활자합금, 수도관, 축전지의 극판 등에 사용한다.

㉢ 땜납 합금

- 연납(soft solder) : Pb-Sn 합금(Sn 40~50 %가 주로 사용)
- 경납(hard solder) : 450℃ 이상의 용융점을 갖는 납, 은납, 황동납, 금납, 동납 등

(라) 베어링용 합금

- 화이트 메탈(WM) : Sn-Cu-Sb-Zn의 합금으로 저속기관의 베어링에 많이 사용한다.

참고 배빗 메탈(babbit metal)

Sn을 기지로 한 화이트 메탈로 경도, 열전도율이 크고 충격, 진동에 강하여 고하중 고속의 축용 베어링에 사용한다.

(마) 저용융점 합금 : Sn보다 융점이 낮은 금속으로 퓨즈, 활자, 안전장치, 정밀 모형 등에 사용된다(Pb, Sn, Co의 두 가지 이상의 공정 합금).

- 저용융점 합금(fusible alloy)의 종류 : Bi-Pb-Sn의 삼원 합금과 Bi-Pb-Sn-Cd의 사원 합금이 있고 명칭은 우드 메탈(wood's metal), 리포위츠 합금(lipowitz alloy), 뉴턴 합금(newton's alloy), 로즈 합금(rose's alloy), 비스무트 땜납(bismuth solder) 등이 있다.

단원 예상문제

1. Cu 합금 중 인장강도가 가장 크고 뜨임시효 경화성이 있으며, 내식성, 내열성, 내피로성이 좋으므로 베어링이나 고급 스프링 등에 이용되는 것은?

① 콜슨 합금 ② 암즈 청동
③ 베릴륨 청동 ④ 에버트

해설 베릴륨(Be) 청동 : Cu+Be 2~3 %, 뜨임시효 경화성이 있다. 내식성·내열성·내피로성이 우수하고, 인장강도는 133 kgf/mm^{2}으로 베어링이나 고급 스프링에 사용한다.

2. 다음 중 경금속에 해당되지 않는 것으로만 되어 있는 것은?

① Al, Be , Na ② Si, Ca, Ba ③ Mg, Ti, Li ④ Kd, Mn, Kd

해설 ㉮ 경금속(비중) : Li(0.53), K(0.86), Ca(1.55), Mg(1.74), Si(2.23), Al(2.7), Ti(4.5) 등
㉯ 중금속(비중) : Cr(7.09), Zn(7.13), Mn(7.4), Fe(7.87), Ni(8.85), Co(8.9), Cu(8.96), Mo(10.2), Pb(11.34), Ir(22.5) 등

3. 황동에 1% 내외의 주석을 첨가하였을 때 나타나는 현상으로서 가장 적합한 사항은?

① 탈산작용에 의하여 부스러지기 쉽게 되며, 주조성을 증가시킨다.
② 탈아연의 부식이 억제되며 내해수성이 좋아진다.
③ 전연성을 증가시키며 결정 입자를 조대화시킨다.
④ 강도와 경도가 감소하여 절삭성이 좋아진다.

해설 황동에 1% 내외의 주석을 첨가하였을 때 6 : 4황동(네이벌 황동)으로 내식성 증가, 탈아연 방지가 되어 스프링용, 선박기계부품 등으로 사용된다.

4. 니켈의 물리적 성질에 관하여 옳게 설명한 것은?

① 조밀육방격자로서 883℃ α로부터 β로 변하며 용융점이 높고 고온 저항이 크다.
② 면심입방격자의 은백색을 가진 금속으로 상온에서 강자성체이나 353℃의 자기변태에서 자성을 잃는다.
③ 다이아몬드형의 입방격자로서 메짐성을 갖고 있으며 18℃에서 αNi ⇄ βNi의 동소변태가 있다.
④ 실온에서는 조밀육방격자이나 477℃ 이상에서는 면심육방격자의 β로 되는 은백색의 격자이다.

해설 니켈의 성질
㉮ 백색의 인성이 풍부한 금속으로 면심입방격자이다.
㉯ 상온에서 강자성체이나 360℃에서 자기변태로 자성을 잃는다.
㉰ 용융점 1455℃, 비중 8.9, 재결정 온도 530~660℃, 열간가공 1000~1200℃이다.
㉱ 냉간 및 열간가공이 잘 되고 내식성, 내열성이 크다.

5. 청동의 연신율은 주석 몇 %에서 최대인가?

① 4% ② 15% ③ 20% ④ 28%

해설 청동은 Sn 4%에서 연신율이 최대이고, 그 이상에서는 급격히 감소한다.

6. 니켈 40%의 합금으로 주로 온도측정용 열전쌍, 표준 전기 저항선으로 많이 사용되는 것은?

① 큐프로 니켈 ② 모넬 메탈
③ 베네딕트 메탈 ④ 콘스탄탄

해설 콘스탄탄(constantan) : Ni 40~45%, 온도측정용 열전쌍, 표준 전기 저항선에 사용한다.

7. Cu-Sn계 합금에서 연신율이 최대일 때의 Sn 함유량은?

① 4 %　　② 9 %
③ 17 %　　④ 21 %

해설 Cu-Sn계 합금에서는 주석 4 %에서 연신율이 최대이다.

8. 황동의 내식성을 개량하기 위하여 1 % 정도의 주석을 넣은 것으로 7 : 3 황동에 첨가한 것으로 애드미럴티 황동이라 하고 6 : 4 황동에 첨가한 것을 네이벌 황동이라 하는 특수 황동은?

① 인황동　　② 강력 황동
③ 주석 황동　　④ 델타 메탈

해설 주석 황동에서 7 : 3 황동은 1 % 주석으로 애드미럴티 황동이고, 1 % 주석을 6 : 4 황동에 첨가한 것은 네이벌 황동이다.

9. 다음 중 불변강의 종류가 아닌 것은?

① 인바　　② 스텔라이트
③ 엘린바　　④ 퍼멀로이

해설 대표적 주조경질합금으로 스텔라이트(stellite)는 Co 40~55 % - Cr 25~35 % - W 4~25 % - C 1~3 %로 Co가 주성분이다.

10. Al에 10%까지 Mg를 함유한 합금은?

① 라우탈　　② 콜슨합금
③ 하이드로날륨　　④ 실루민

해설 하이드로날륨(hydronalium) : Al-Mg계, Mg 0 % 이하 함유, 내식성 · 강도 좋고 피로강도 온도에 따른 변화가 적고 용접성도 좋다.

11. 다음 중 저용융점 합금에 해당되지 않는 것은?

① 우드 메탈　　② 로즈 합금
③ 리포위츠 합금　　④ 배빗 메탈

해설 저용융점 합금의 명칭은 우드 메탈(wood's metal), 리포위츠 합금(lipowitz alloy), 뉴턴 합금(Newton's alloy), 로즈 합금(rose's alloy), 비스무트 땜납(bismuth solder) 등이 있고 배빗 메탈은 베어링용 합금이다.

12. 두랄루민의 함유 원소 중 시효 경화에 필요한 성분에 해당되지 않는 것은?

① Cu　　② Co
③ Mg　　④ Si

해설 알루미늄 합금인 두랄루민에서 시효 경화 필요 원소는 Cu, Mg, Si(불순물)이다.

13. 황동의 기계적 성질은 아연(Zn) 함유량에 따라 변한다. 아연(Zn) 함유량이 몇 %일 때 Ⓐ 인장강도, Ⓑ 연신율이 최대로 되는가?

① Ⓐ 40 %, Ⓑ 30 %
② Ⓐ 60 %, Ⓑ 40 %
③ Ⓐ 20 %, Ⓑ 50 %
④ Ⓐ 30 %, Ⓑ 20 %

해설 황동은 아연 30 %에서 연신율이 최대이고, 40 %일 때는 인장강도가 최대이다.

14. 황동 가공재를 상온에 방지하거나 또는 저온풀림 경화된 스프링재를 사용하는 도중 시간의 경과에 의해서 경도 등 여러 가지 성질이 나빠지는 현상은?

① 시효변형
② 경년 변화
③ 탈아연 부식
④ 자연균열

해설 경년 변화 : 냉간가공한 후 저온 풀림 처리한 황동(스프링)이 사용 중 경과와 더불어 경도 값이 증가(스프링 특성 저하)하는 현상

15. 각종 축, 기어, 강력 볼트, 암 레버 등에 사용되는 강으로서 좋은 표면경화용으로 사용되는 것은?

① Ni-Cr강
② Si-Mn강
③ Cr-Mo강
④ Mn-Cr강

해설 질화용 강으로 Al, Cr, Mo를 첨가한 강(Al : 질화층의 경도를 높여주는 역할, Cr · Mo : 재료의 성질을 좋게 하는 역할)

16. 양은(양백)의 합금 조성은?

① Cu-Zn-W계의 6 : 4 황동이다.
② Cu-Sn-Ni계의 7 : 3 황동이다.
③ Cu-Zn-Hi계의 6 : 4 황동이다.
④ Cu-Zn-Ni계의 7 : 3 황동이다.

해설 양은(양백)은 황동 종류로 7 : 3 황동(7~30 % Ni)으로 명칭은 German silver로 용도는 주단조가능, 식기, 전기재료, 스프링으로 사용된다.

정답 1. ③ 2. ④ 3. ② 4. ② 5. ① 6. ④ 7. ① 8. ③ 9. ② 10. ③ 11. ④ 12. ② 13. ① 14. ② 15. ③ 16. ④

부록

과년도 출제 문제

2013년도 시행 문제

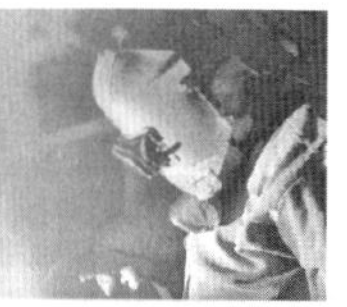

2013. 1. 27 시행 (특수 용접 기능사)

1. 내용적이 33.7 L인 산소 용기에 15 MPa로 충전하였을 때 사용 가능한 용기 내의 산소량은?

① 약 505.5 L ② 약 5055 L
③ 약 13575 L ④ 약 12637 L

해설 산소 용기에 충전할 가스의 양은 내용적×압력으로 33.7 L×15 MPa이다. 단위 MPa를 kg/cm^{2}로 환산하여 10을 곱하면 150 kg/cm^{2}이므로 33.7×150 = 5055 L이다.

2. 산소 용기 취급 시 주의사항으로 틀린 것은?

① 저장소에는 화기를 가까이 하지 말고 통풍이 잘 되어야 한다.
② 저장 또는 사용 중에는 반드시 용기를 세워 두어야 한다.
③ 가스 용기 사용 시 가스가 잘 발생되도록 하여 직사광선을 받도록 한다.
④ 가스 용기는 뉘어두거나 굴리는 등 충돌, 충격을 주지 말아야 한다.

해설 산소 용기의 취급 시 주의사항
㉮ 산소 용기의 운반 시 밸브를 닫고 캡을 씌워서 이동할 것
㉯ 용기의 운반 시 가능한 한 운반 기구를 이용하고 넘어지지 않게 주의할 것
㉰ 기름이 묻은 손이나 장갑을 끼고 취급하지 말 것
㉱ 밸브의 개폐는 조용히 해야 하며 사용 전에 비눗물로 가스 누설 검사를 할 것
㉲ 각종 불씨로부터 멀리 하고 화기로부터 5 m 이상 거리를 둘 것
㉳ 사용이 끝난 용기는 빈병이라 표시하고 실병과 구분하여 보관할 것
㉴ 통풍이 잘 되고 직사광선이 없는 곳에 보관하며 항상 40℃ 이하로 유지할 것

3. 피복 아크 용접봉의 피복제가 연소한 후 생성된 물질이 용접부를 보호하는 방식에 따라 분류했을 때, 이에 속하지 않는 것은?

① 스패터 발생식 ② 가스 발생식
③ 슬래그 생성식 ④ 반가스 발생식

해설 용착 금속의 보호 형식
㉮ 슬래그 생성식 (무기물형) : 슬래그로 산화, 질화 방지 및 탈산 작용
㉯ 가스 발생식 : 대표적으로 셀룰로오스가 있으며 전자세 용접이 용이하다.
㉰ 반가스 발생식 : 슬래그 생성식과 가스 발생식의 혼합

4. 용접 전류가 100 A, 전압이 30 V일 때 전력은 몇 kW인가?

① 4.5 W ② 15 kW
③ 10 kW ④ 3 kW

해설 전력(W) = 전류(I)×전압(V)
= 100 A×30 V = 3000 VA (W)
= 3 kW

5. 아크 절단법이 아닌 것은?

① 아크 에어 가우징
② 금속 아크 절단
③ 스카핑
④ 플라스마 제트 절단

해설 아크 절단법에는 탄소 아크 절단, 금속 아크 절단, 산소 아크 절단, 불활성 가스 아크 절단 (TIG, MIG), 플라스마 제트 절단, 아크 에어 가우징 등이 있다.

정답 1. ② 2. ③ 3. ① 4. ④ 5. ③

6. 피복 아크 용접 시 복잡한 형상의 용접물을 자유 회전시킬 수 있으며, 용접 능률 향상을 위해 사용하는 회전대는?

① 가접 지그　　② 역변형 지그
③ 회전 지그　　④ 용접 포지셔너

해설 용접물을 용접하기 쉬운 상태로 놓기 위한 작업대를 용접 포지셔너(positoner)라고 한다.

7. 모재의 두께, 이음 형식 등 모든 용접 조건이 같을 때 일반적으로 가장 많은 전류를 사용하는 용접 자세는?

① 아래보기 자세 용접
② 수직 자세 용접
③ 수평 자세 용접
④ 위보기 자세 용접

해설 작업 표준에 의해 용접 자세의 사용하는 전류의 양을 비교하면 아래보기 > 수평 > 위보기 > 수직 자세이다.

8. 강재물 가스 절단 시 예열 온도로 가장 적당한 것은?

① 300~450℃　　② 450~700℃
③ 800~900℃　　④ 1000~1300℃

해설 강재물의 가스 절단 시 절단하려는 부분에 금속이 용융되기 직전인 약 800~900℃(색채가 빨강색에서 주황색으로 변하는 순간)로 될 때까지 예열을 한 후 고압의 산소로 불어내면 철은 연소하여 산화철이 되어 절단이 시작된다.

9. 아크 용접에서 직류 역극성으로 용접할 때의 특성에 대한 설명으로 틀린 것은?

① 모재의 용입이 얕다.
② 비드 폭이 좁다.
③ 용접봉의 용융이 빠르다.
④ 박판 용접에 쓰인다.

해설
• 직류 역극성
㉮ 모재 용입이 얕고 비드 폭이 넓다.
㉯ 용접봉이 빨리 녹는다.
㉰ 박판, 주철, 합금강, 비철 금속에 사용된다.
㉱ 아크가 용접봉 이동보다 늦어진다.
• 직류 정극성
㉮ 모재의 용입이 깊다.
㉯ 용접봉이 모재보다 늦게 녹는다.
㉰ 비드의 폭이 좁다.
㉱ 일반적으로 많이 쓰인다.

10. 용접봉에서 모재로 용융 금속이 옮겨가는 상태를 용적이행이라 한다. 다음 중 용적이행이 아닌 것은?

① 단락형　　② 스프레이형
③ 글로뷸러형　　④ 불림이행형

해설 피복 아크 용접에서 용적이행 형식에는 단락형, 스프레이형, 글로뷸러형 등이 있다.

11. 가스 용접에서 전진법과 비교한 후진법의 특성을 설명한 것으로 틀린 것은?

① 열 이용률이 나쁘다.
② 용접 속도가 빠르다.
③ 용접 변형이 작다.
④ 산화 정도가 약하다.

해설 전진법과 후진법의 비교

특징	전진법	후진법
열 이용률	나쁘다.	좋다.
용접 변형	크다.	작다.
산화 정도	심하다.	약하다.
용접 속도	느리다.	빠르다.

12. 아세틸렌 가스가 충격, 진동 등에 의해 분해 폭발하는 압력은 15℃에서 몇 kgf/cm^2 이상인가?

① $2.0 kgf/cm^2$　　② $1 kgf/cm^2$
③ $0.5 kgf/cm^2$　　④ $0.1 kgf/cm^2$

정답 6. ④　7. ①　8. ③　9. ②　10. ④　11. ①　12. ①

해설 아세틸렌 가스의 폭발성 압력
가스가 15℃에서 1.5 kgf/cm^2 이상으로 압축하면 충격이나 가열에 의해 분해 폭발의 위험이 있고 2 kgf/cm^2 이상으로 압축하면 분해 폭발을 일으키는 경우가 있다.

13. 모재의 두께가 4 mm인 가스 용접봉의 이론상의 지름은?

① 1 mm ② 2 mm
③ 3 mm ④ 4 mm

해설 가스 용접봉의 지름(D)을 구하는 식
$D=\frac{T}{2}+1$ (여기서, T : 모재의 두께)
$\therefore D=\frac{4}{2}+1=3$ mm

14. 고압에서 사용이 가능하고 수중 절단 중에 기포의 발생이 적어 예열 가스로 가장 많이 사용되는 것은?

① 부탄 ② 수소
③ 천연가스 ④ 프로판

해설 수중 절단의 연료 가스로는 수소가 주로 사용되며, 수소는 높은 수압에서 사용이 가능하고 수중 절단 중 기포의 발생이 적어 작업이 용이하다.

15. 용접용 가스의 불꽃 온도 중 가장 높은 것은?

① 산소-수소 불꽃
② 산소-아세틸렌 불꽃
③ 도시가스 불꽃
④ 천연가스 불꽃

해설 혼합 가스를 사용할 때의 불꽃 온도
아세틸렌 : 3230.3℃, 수소 : 2982.2℃, 도시가스 : 2537.8℃ , 천연가스 : 2537.8℃, 프로판, 부탄 : 2926.7℃, 에탄, 에틸렌 : 2815.6℃이다.

16. 가변 저항기로 용접 전류를 원격 조정하는 교류 용접기는?

① 가포화 리액터형 ② 가동 철심형
③ 가동 코일형 ④ 탭 전환형

해설 피복 아크 용접기 중 교류 아크 용접기의 종류에서 가변 저항기로 원격 조정이 가능한 것은 가포화 리액터형이다. 직류 여자 코일을 가포화 리액터에 감아놓아 용접 전류의 조정 시 직류 여자 전류로 조정하면 된다.

17. 연강용 가스 용접봉의 성분 중 강의 강도를 증가시키나 연신율, 굽힘성 등을 감소시키는 것은?

① 규소 (Si) ② 인 (P)
③ 탄소 (C) ④ 유황 (S)

해설 연강용 가스 용접봉에 들어가는 원소의 영향
㉮ 탄소 : 강의 강도를 증가시키나 연신율, 굽힘성 등을 감소시킨다.
㉯ 규소 : 기공은 막을 수 있으나 강도가 떨어지게 된다.
㉰ 인 : 강의 취성을 주며 가연성을 잃게 하는데, 특히 암적색으로 가열한 경우는 대단히 심하다.
㉱ 유황 : 용접부의 저항력을 감소시키고 기공 발생의 원인이 된다.
㉲ 산화철 : 용접부 내에 남아서 거친 부분을 만들므로 강도가 떨어진다.

18. 금속의 표면에 스텔라이트나 경합금 등을 용접 또는 압접으로 융착시키는 것은?

① 쇼트 피닝 ② 하드 페이싱
③ 샌드 블라스트 ④ 화염 경화법

해설 표면 경화법 종류로써 금속 표면에 내마모성 향상, 내식성 향상, 내충격성 향상 등을 목적으로 다른 금속 또는 합금을 용착에 의해 육성시켜 피복하는 것을 서브 페이싱이라고 한다. 이때 피복할 금속 또는 합금이 경질재인

정답 13. ③ 14. ② 15. ② 16. ① 17. ③ 18. ②

경우에는 하드 페이싱, 즉 경화 덧붙임이라 하고, 연질재로 피복하는 경우는 소프트 페이싱이라고 한다. 단, 하드 페이싱의 '하드'는 단단하다는 표현보다 내구성의 의미가 더 크다. 또 넓은 의미의 하드 페이싱은 침탄, 질화, 고주파 소입 외에 각종 도금도 포함한다.

19. Ni-Cr계 합금이 아닌 것은?

① 크로멜　② 니크롬
③ 인코넬　④ 두랄루민

해설 내식, 내열용 합금으로 Ni-Cr계 합금의 종류에는 니크롬, 인코넬, 크로멜이 있으며 그 외에 니켈에 철과 몰리브덴 합금으로 하스텔로이, 니켈에 알루미늄 합금으로 알루멜 등이 있다. 두랄루민은 대표적인 단조용 알루미늄 합금이다.

20. 스테인리스강의 용접부식의 원인은?

① 균열
② 뜨임 취성
③ 자경성
④ 탄화물의 석출

해설 스테인리스강 종류 중 오스테나이트계에서는 Cr탄화물(Cr_4C)의 석출이 입계부식 또는 용접부식의 원인이 된다.

21. 기계구조용 저합금강에 양호하게 요구되는 조건이 아닌 것은?

① 항복강도　② 가공성
③ 인장강도　④ 마모성

해설 기계구조용 저합금강에 양호하게 요구되는 조건은 구조용 탄소강의 강인성과 질량 효과를 개선하기 위하여 Ni, Cr, Mn 등 특수 원소를 첨가함으로써 항복강도, 내마멸성, 내식성, 내마모성, 자경성, 담금질성, 내열성, 고온강도, 용접성 등을 향상시키는 것이다.

22. 주철의 여린 성질을 개선하기 위하여 합금 주철에 첨가하는 특수 원소 중 크롬(Cr)이 미치는 영향으로 잘못된 것은?

① 내마모성을 향상시킨다.
② 흑연의 구상화를 방해하지 않는다.
③ 크롬 0.2~1.5 % 정도 포함시키면 기계적 성질을 향상시킨다.
④ 내열성과 내식성을 감소시킨다.

해설 특수 주철의 여러 가지 성질(강도, 내열성, 내부식성, 내마멸성 등)을 개선하기 위해 합금 원소를 첨가하는데, Cr은 흑연화 방해 원소로 탄화물을 안정화시키고 내열성, 내부식성을 향상시킨다.

23. 알루미늄 - 규소계 합금으로서 10~14 %의 규소가 함유되어 있고 알팩스(alpax)라고도 하는 것은?

① 실루민(silumin)
② 두랄루민(duralumin)
③ 하이드로날륨(hydronalium)
④ Y합금

해설 실루민(silumin)은 Al-Si계 대표적 합금으로 미국에서는 알팩스(alpax)라고도 한다. Si 10~14 % 첨가한 합금으로 주조성이 좋고 절삭성이 나쁘다. 열처리 효과가 나빠 개량처리(개질처리)에 의해 기계적 성질을 개선한다.

24. 주철과 비교한 주강에 대한 설명으로 틀린 것은?

① 주철에 비하여 강도가 더 필요한 경우에 사용한다.
② 주철에 비하여 용접에 의한 보수가 용이하다.
③ 주철에 비하여 주조 시 수축량이 커서 균열 등이 발생하기 쉽다.
④ 주철에 비하여 용융점이 낮다.

정답 19. ④ 20. ④ 21. ④ 22. ④ 23. ① 24. ④

해설 주강의 특성
㉮ 주철보다 기계적 성질이 우수해 강도를 필요로 하는 부품에 사용된다.
㉯ 주철에 비하여 용융점이 높아 주조하기 힘들다.
㉰ 대량 생산에 적합하다.

25. 구리 합금의 용접 시 조건으로 잘못된 것은 어느 것인가?

① 구리의 용접 시보다 높은 예열 온도가 필요하다.
② 비교적 루트 간격과 홈 각도를 크게 취한다.
③ 용가재는 모재와 같은 재료를 사용한다.
④ 용접봉으로는 토빈(torbin) 청동봉, 규소 청동봉, 인 청동봉, 에버듈(everdur)봉 등이 많이 사용된다.

해설 구리 합금의 용접 조건
㉮ 구리에 비해 예열 온도가 낮아도 되며 예열 시 토치나 가열로 등을 사용한다.
㉯ 비교적 루트 간격과 홈 각도를 크게 취하고 용가재는 모재와 같은 성분의 재료를 사용한다.
㉰ 가접은 되도록 많이 하며 용접봉으로는 토빈 청동봉, 규소 청동봉, 인 청동봉, 에버듈봉 등이 사용된다.
㉱ 용제 중 붕사는 황동, 알루미늄 청동, 규소 청동 등의 용접에 가장 많이 사용된다.

26. 냉간 가공의 특징을 설명한 것으로 틀린 것은?

① 제품의 표면이 미려하다.
② 제품의 치수 정도가 좋다.
③ 가공 경화에 의한 강도가 낮아진다.
④ 가공공수가 적어 가공비가 적게 든다.

해설 냉간 가공과 열간 가공의 비교

냉간 가공	열간 가공
재결정 온도보다 낮은 온도	재결정 온도보다 높은 온도
변형 응력이 높다.	변형 응력이 낮다.
치수 정밀도 양호	치수 정밀도 불량
표면 상태 양호	표면 상태 불량
연강, Cu 합금, 스테인리스강 등의 가공	압연, 단조, 압출 가공

27. 일반적으로 냉간 가공 경화된 탄소강 재료를 600～650℃에서 중간 풀림하는 방법은?

① 확산 풀림　② 연화 풀림
③ 항온 풀림　④ 완전 풀림

해설 연화를 목적으로 풀림을 할 때는 650℃까지의 구역에서 서랭한다.

28. 탄소강에서 피트(pit) 결함의 원인이 되는 원소는?

① C　② P
③ Pb　④ Cu

해설 용접부의 비드 표면에 기공과 같이 구멍이 나 있는 결함인 피트는 모재 중에 탄소, 망간 등의 합금 원소가 많을 때 용접부에 기름, 페인트, 녹 등이 부착되어 있거나 습기가 많을 때 발생한다.

29. 납땜을 가열 방법에 따라 분류한 것이 아닌 것은?

① 인두 납땜　② 가스 납땜
③ 유도가열 납땜　④ 수중 납땜

해설 납땜 방법에는 인두 납땜, 가스 경납땜, 노내 경납땜, 유도가열 경납땜, 저항 경납땜, 담금 경납땜 등이 있다.

정답 25. ① 26. ③ 27. ② 28. ① 29. ④

30. 서브머지드 아크 용접법의 단점으로 틀린 것은?

① 와이어에 소전류를 사용할 수 있어 용입이 얕다.
② 용접선이 짧거나 복잡한 경우 비능률적이다.
③ 루트 간격이 너무 크면 용락될 위험이 있다.
④ 용접 진행 상태를 육안으로 확인할 수 없다.

해설 서브머지드 아크 용접의 단점
㉮ 장비의 가격이 비싸다.
㉯ 용접선이 짧거나 복잡한 경우 수동에 비하여 비능률적이다.
㉰ 개선 홈의 정밀을 요한다(백킹제 미사용 시 루트 간격 0.8 mm 이하 유지 필요).
㉱ 용접 진행 상태의 양, 부(良不)를 육안으로 확인할 수 없다.
㉲ 적용 자세에 제약을 받는다(대부분 아래보기 자세).
㉳ 적용 재료의 제약을 받는다(탄소강, 저합금강, 스테인리스강 등에 사용).

31. CO_2가스 아크 용접 시 보호 가스로 $CO_2 + Ar + O_2$를 사용할 때의 좋은 효과로 볼 수 없는 것은?

① 슬래그 생성량이 많아져 비드 표면을 균일하게 덮어 급랭을 방지하며, 비드 외관이 개선된다.
② 용융지의 온도가 상승하며 용입량도 다소 증대된다.
③ 비금속 개재물의 응집으로 용착강이 청결해진다.
④ 스패터가 많아지며 용착강의 환원 반응을 활발하게 한다.

해설 혼합 가스를 이용하면 아크가 안정되고 용융 금속의 이행을 빨리 촉진시키며 스패터가 감소한다. 또한 용입의 형태도 변화시키며 용융지의 가장자리를 따라 용융 금속의 유동성이 좋아서 언더컷을 방지한다. 슬래그 생성량이 많아져 비드 표면을 균일하게 덮어 급랭을 방지하고 비드 외관이 개선된다.

32. 판 두께가 보통 6 mm 이하인 경우에 사용되는 용접 홈의 형태는?

① I형 ② V형 ③ U형 ④ X형

해설 판 두께 및 용접 홈의 형태는 I형은 6 mm 이하, V형은 6~20 mm, X형은 12 mm 이상, 베벨형 및 J형은 6~20 mm, 양면 J형은 12 mm 이하, U형은 16~50 mm, H형은 20 mm 이상이다.

33. 연강의 인장시험에서 하중 100 N, 시험편의 최초 단면적이 50 mm^2일 때 응력은 몇 N/mm^2인가?

① 1 ② 2 ③ 5 ④ 10

해설 인장시험에 있어서 응력은 하중을 최초의 단면적으로 나눈 값을 말한다.
응력 = $100 \div 50 = 2\ N/mm^2$

34. 테르밋 용접의 특징 설명으로 틀린 것은?

① 용접 작업이 단순하고 용접 결과의 재현성이 높다.
② 용접 시간이 짧고 용접 후 변형이 적다.
③ 전기가 필요하고 설비비가 비싸다.
④ 용접 기구가 간단하고 작업 장소의 이동이 쉽다.

해설 테르밋 용접의 특징
㉮ 용접이 단순하고 용접 결과의 재현성이 높다.
㉯ 용접용 기구가 간단하고 설비비가 싸다.
㉰ 작업 장소의 이동이 쉽고 전력이 불필요하다.
㉱ 용접 후 변형이 적고 용접 시간이 짧다.
㉲ 용접 가격이 저렴하다.

정답 30. ① 31. ④ 32. ① 33. ② 34. ③

35. 변형과 잔류 응력을 경감하는 일반적 방법이 잘못된 것은?

① 용접 전 변형 방지책 : 억제법
② 용접 시공에 의한 경감법 : 빌드업법
③ 모재의 열전도를 억제하여 변형을 방지하는 방법 : 도열법
④ 용접 금속부의 변형과 응력을 제거하는 방법 : 피닝법

해설 빌드업법은 두꺼운 판을 용접할 때 층을 쌓아 올리면서 용접하는 다층 용착법이다.

36. 점 용접법의 종류가 아닌 것은?

① 맥동 점 용접　② 인터랙 점 용접
③ 직렬식 점 용접　④ 병렬식 점 용접

해설 점 용접에는 단극식, 맥동, 직렬식, 인터랙, 다전극 점 용접 등이 있다.

37. 아세틸렌, 수소 등의 가연성 가스와 산소를 혼합 연소시켜 그 연소열을 이용하여 용접하는 것은?

① 탄산가스 아크 용접
② 가스 용접
③ 불활성가스 아크 용접
④ 서브머지드 아크 용접

해설 조연성 가스인 산소와 가연성 가스인 아세틸렌, 수소, 천연가스 등을 혼합 연소시켜서 그 연소열을 이용하여 용접을 하는 것을 가스 용접이라 한다.

38. 아크 용접에서 기공의 발생 원인이 아닌 것은?

① 아크 길이가 길 때
② 피복제 속에 수분이 있을 때
③ 용착 금속 속에 가스가 남아 있을 때
④ 용접부 냉각속도가 느릴 때

해설 아크 용접에서 기공의 원인
㉮ 용접 분위기 속에 수소 또는 일산화탄소의 과잉
㉯ 용접부의 급랭에 의한 응고
㉰ 용접봉에 습기가 많을 때
㉱ 아크 길이가 길 때
㉲ 용접 전류 과대
㉳ 모재에 불순물 부착 등

39. 용접봉을 선택할 때 모재의 재질, 제품의 형상, 사용 용접기기, 용접 자세 등 사용 목적에 따른 고려사항으로 가장 먼 것은?

① 용접성　② 작업성
③ 경제성　④ 환경성

해설 용접봉을 선택할 때에는 문제에 제시된 내용 외에 용접성, 작업성, 경제성(용접 경비 등)을 고려해야 한다.

40. 보호 가스의 공급 없이 와이어 자체에서 발생하는 가스에 의해 아크 분위기를 보호하는 용접법은?

① 일렉트로 슬래그 용접
② 스터드 용접
③ 논 가스 아크 용접
④ 플라스마 아크 용접

해설 논 가스 아크 용접법은 반자동 용접법으로 솔리드 와이어를 사용하는 논 가스 논 플럭스 아크 용접법과 복합 와이어를 사용하는 논 가스 아크 용접법이 있으며, 전원으로 전자는 직류, 후자는 직류, 교류 어느 것이나 사용한다.

41. TIG 용접에서 고주파 교류(ACHF)의 특성을 잘못 설명한 것은?

① 고주파 전원을 사용하므로 모재에 접촉시키지 않아도 아크가 발생한다.
② 긴 아크 유지가 중요하다.
③ 전극의 수명이 짧다.

정답 35. ② 36. ④ 37. ② 38. ④ 39. ④ 40. ③ 41. ③

④ 동일한 전극봉에서 직류 정극성(DCSP)에 비해 고주파 교류(ACHF)가 사용 전류 범위가 크다.

해설 고주파 교류에 의하여 전극봉이 직접 모재에 닫지 않고 아크를 발생시켜 전극의 수명이 길다.

42. 가스 용접 및 절단 재해의 사례를 열거한 것 중 틀린 것은?

① 내부에 밀폐된 용기를 용접 또는 절단하다가 내부 공기의 팽창으로 인하여 폭발하였다.
② 역화방지기를 부착하여 아세틸렌 용기가 폭발하였다.
③ 철판의 절단 작업 중 철판 밑에 불순물(황, 인 등)이 분출하여 화상을 입었다.
④ 가스 용접 후 소화 상태에서 토치의 아세틸렌과 산소 밸브를 잠그지 않아 인화되어 화재를 당했다.

해설 가스 용접 및 절단 작업에서 가연성 가스가 토치를 통하여 호스 또는 용기로 역화하는 것을 방지하기 위하여 압력 조정기 앞에 역화방지기를 부착하면 역화 시 역화방지기에서 역화를 끝내게 되어 있는 안전장치이다.

43. 가스 용접 토치의 취급상 주의사항으로 틀린 것은?

① 팁 및 토치를 작업장 바닥 등에 방치하지 않는다.
② 역화방지기는 반드시 제거한 후 토치를 점화한다.
③ 팁을 바꿔 끼울 때는 반드시 양쪽 밸브를 모두 닫은 다음에 행한다.
④ 토치를 망치 등 다른 용도로 사용해서는 안 된다.

해설 토치의 취급상 역화방지기는 반드시 설치를 하여야 한다.

44. 변형과 잔류 응력을 최소로 해야 할 경우 사용되는 용착법으로 가장 적합한 것은 어느 것인가?

① 후진법 ② 전진법
③ 스킵법 ④ 덧살 올림법

해설 스킵법은 비석법이라고도 하며, 용접 길이를 짧게 나누어 간격을 두면서 용접하는 방법으로, 피용접물 전체에 변형이나 잔류 응력이 적게 발생하도록 하는 용착 방법이다.

45. 초음파 탐상법의 종류에 속하지 않는 것은 어느 것인가?

① 투과법 ② 펄스 반사법
③ 공진법 ④ 맥동법

해설
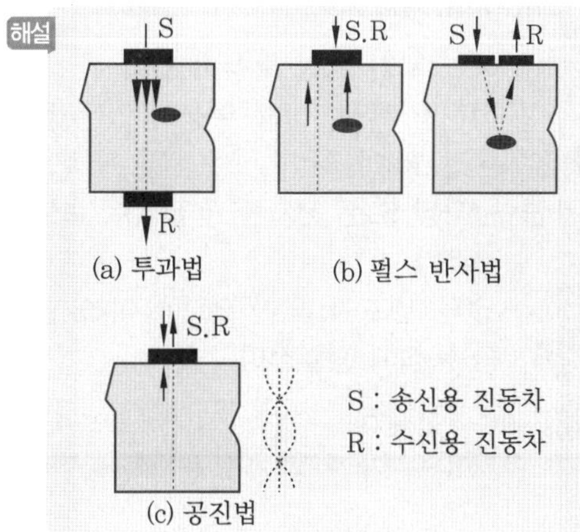

(a) 투과법 (b) 펄스 반사법 (c) 공진법

46. 피복 아크 용접 시 아크가 발생될 때 아크에 다량 포함되어 있어 인체에 가장 큰 해를 줄 수 있는 광선은?

① 감마선 ② 자외선
③ 방사선 ④ X-선

해설 아크 광선에는 태양과 같이 눈으로 보이는 가시광선과 눈으로는 보이지 않는 자외선, 적외선이 있다.

정답 42. ② 43. ② 44. ③ 45. ④ 46. ②

47. MIG 용접에서 토치의 종류와 특성에 대한 연결이 잘못된 것은?

① 커브형 토치-공랭식 토치 사용
② 커브형 토치-단단한 와이어 사용
③ 피스톨형 토치-낮은 전류 사용
④ 피스톨형 토치-수랭식 사용

해설 피스톨형 토치는 수랭식으로써 높은 전류에 사용한다.

48. 가장 용접하기 어려운 금속 재료는?

① 철 ② 알루미늄
③ 티탄 ④ 니켈 경합금

49. 불활성가스 금속 아크 용접(MIG)의 특성이 아닌 것은?

① 아크 자기 제어 특성이 있다.
② 정전압 특성, 상승 특성이 있는 직류 용접기이다.
③ 반자동 또는 전자동 용접기로 속도가 빠르다.
④ 전류 밀도가 낮아 3 mm 이하 얇은 판 용접에 능률적이다.

해설 MIG 용접은 TIG 용접에 비해 전류 밀도가 높아 용융 속도가 빠르고 후판 용접에 적합하다.

50. 결함 끝 부분을 드릴로 구멍을 뚫어 정지 구멍을 만들고 그 부분을 깎아내어 다시 규정의 홈으로 다듬질하여 보수를 하는 용접 결함은?

① 슬래그 섞임 ② 균열
③ 언더컷 ④ 오버랩

해설 결함 보수를 할 때 균열이 발견되면 균열 양단에 드릴로 정지 구멍을 만들고 균열이 있는 부분을 깎아내어 규정의 홈으로 다듬질하고 균열 부분을 재용접한다.

51. 치수 보조기호 중 지름을 표시하는 기호는?

① D ② ϕ
③ R ④ SR

해설 ϕ는 지름, R은 반지름, SR은 구의 반지름이다.

52. [보기] 도면은 정면도이다. 이 정면도에 가장 적합한 평면도는?

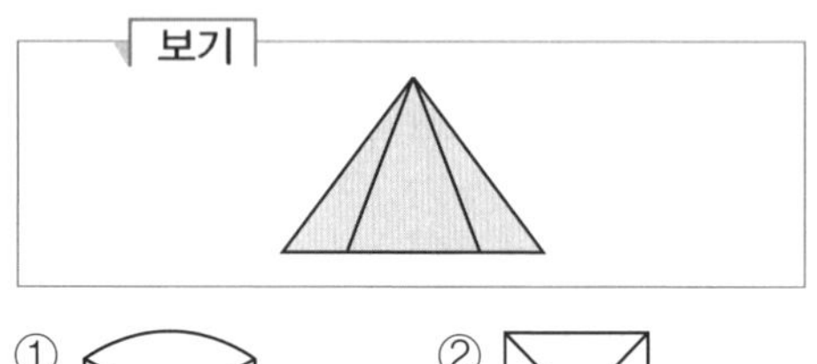

①
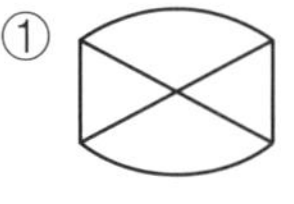
②
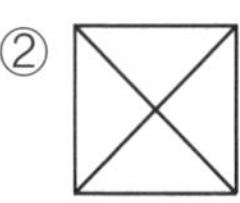
③
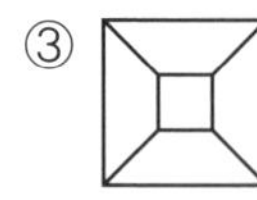
④

53. 3개의 좌표축의 투상이 서로 120°가 되는 축측 투상으로 평면, 측면, 정면을 하나의 투상면 위에 동시에 볼 수 있도록 그려진 투상법은?

① 등각 투상법 ② 국부 투상법
③ 정 투상법 ④ 경사 투상법

해설 등각 투상도 : 정면, 평면, 측면을 하나의 투상면 위에 동시에 볼 수 있도록 두 개의 옆면 모서리가 수평선과 30°가 되게 하여 세 축이 120°의 등각이 되도록 입체도로 투상한 것

54. 그림에서 나타낸 배관 접합 기호는 어떤 접합을 나타내는가?

① 블랭크(blank) 연결
② 유니언(union) 연결
③ 플랜지(flange) 연결
④ 칼라(collar) 연결

정답 47. ③ 48. ④ 49. ④ 50. ② 51. ② 52. ④ 53. ① 54. ④

55. 인접 부분을 참고로 표시하는 데 사용하는 선은?

① 숨은선　② 가상선
③ 외형선　④ 피치선

해설 가상선은 가는 2점 쇄선으로 작도를 하며 인접 부분을 참고로 표시하는 데 사용한다.

56. [보기] 그림에서 화살표 방향을 정면도로 선정할 경우 평면도로 가장 적합한 것은?

보기

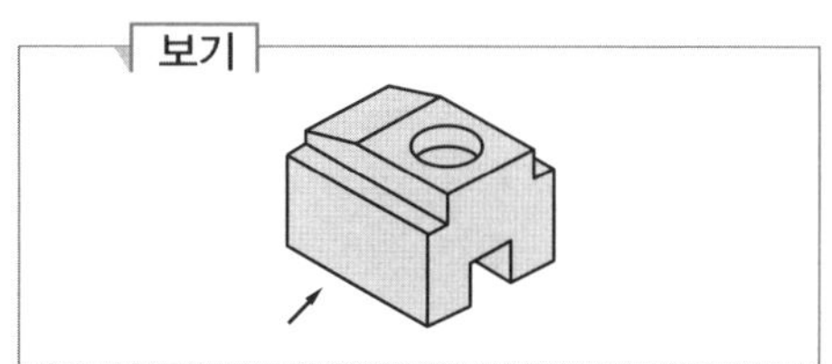

① 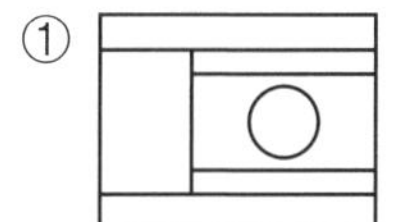

② 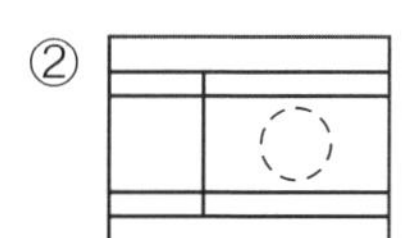

③ 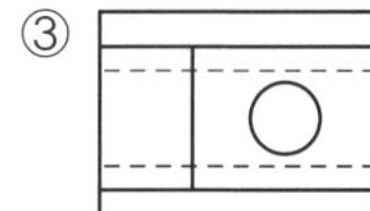

④ 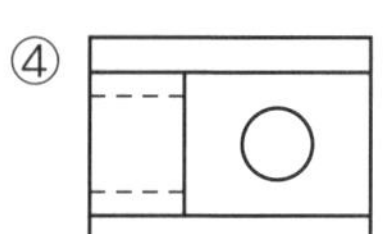

57. [보기]와 같은 입체도에서 화살표 방향이 정면일 경우 평면도로 가장 적합한 것은?

보기

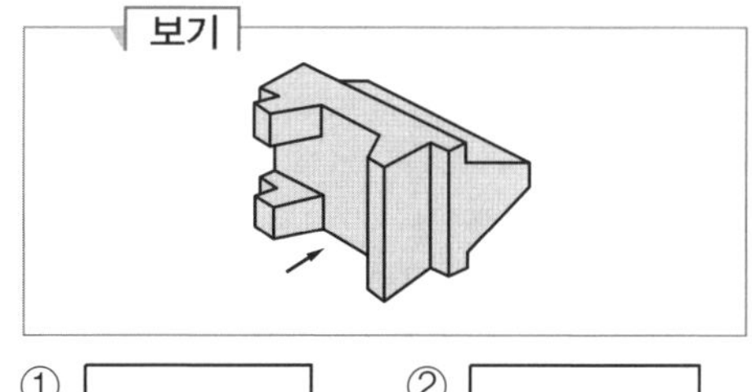

①

② 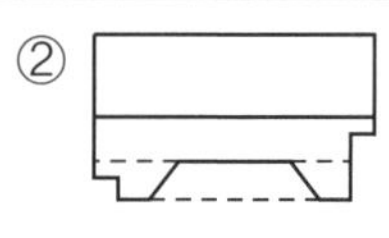

③ 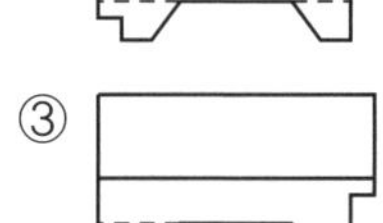

④ 

58. 양면 용접부 조합 기호에 대하여 그 명칭이 틀린 것은?

① : 양면 V형 맞대기 용접
② : 넓은 루트면이 있는 K형 맞대기 용접
③ : K형 맞대기 용접
④ : 양면 U형 맞대기 용접

해설 ②는 부분 용입 양면 V형 맞대기 용접 또는 부분 용입 X형 이음

59. 그림과 같은 부등변 ㄱ형강의 치수 표시로 가장 적합한 것은?

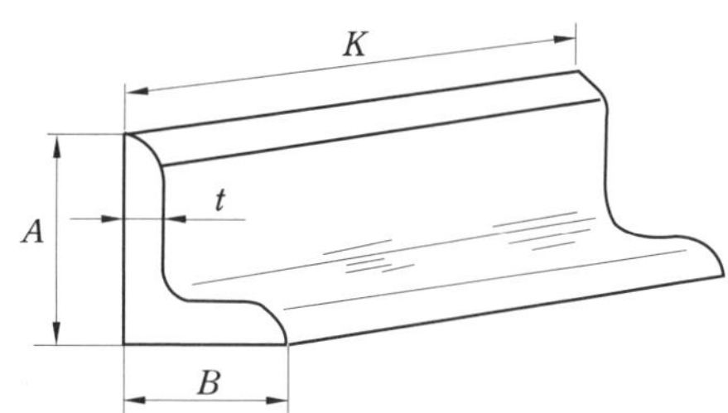

① $LA \times B \times t - K$
② $HB \times t \times A - K$
③ $LK - t \times A \times B$
④ $\sqsubset K - A \times t \times B$

60. KS 재료 중에서 탄소강 주강품을 나타내는 SC 410의 기호 중에서 410이 의미하는 것은?

① 최저 인장강도　② 규격 순서
③ 탄소 함유량　④ 제작 번호

해설
- S : 강(steel)
- C : 주조품(casting)
- 410 : 최저 인장강도

정답 55. ② 56. ③ 57. ④ 58. ② 59. ① 60. ①

2013. 4. 14 시행(특수 용접 기능사)

1. 아크 용접에서 피복제 중 아크 안정제에 해당되지 않는 것은?

① 산화티탄(TiO_2)
② 석회석($CaCO_3$)
③ 규산칼륨(K_2SiO_3)
④ 탄산바륨($BaCO_3$)

해설 산화티탄(TiO_2), 규산나트륨(Na_2SiO_3), 석회석($CaCO_3$), 규산칼륨(K_2SiO_3) 등은 아크열에 의하여 이온화되어 아크 전압을 낮게 하고 아크를 안정시키는 데 사용된다. 탄산바륨($BaCO_3$)은 가스 발생제에 해당된다.

2. 가스 용접으로 연강 용접 시 사용하는 용제는 어느 것인가?

① 염화리튬
② 붕사
③ 염화나트륨
④ 사용하지 않는다.

해설 각종 금속에 적당한 용제

금속	용제
연강	사용하지 않는다.
반경강	중탄산소다+탄산소다
주철	붕사(15 %), 중탄산나트륨(70 %), 탄산나트륨(15 %)
구리합금	붕사(75 %), 염화리튬(25 %)
알루미늄	염화리튬(15 %), 염화칼륨(45 %), 염화나트륨(30 %), 플루오르화칼륨(7 %), 황산칼륨(3 %)

3. 용접봉의 종류에서 용융 금속의 이행 형식에 따른 분류가 아닌 것은?

① 단락형 ② 글로뷸러형
③ 스프레이형 ④ 직렬식 노즐형

해설 용접봉에서 모재로 용융 금속이 옮겨 가는 형식은 단락형, 글로뷸러형, 스프레이형의 3가지로 분류한다.

4. 철분 또는 용제를 연속적으로 절단용 산소에 공급하여 산화열 또는 용제의 화학 작용을 이용하여 절단하는 것은?

① 산소창 절단 ② 스카핑
③ 탄소 아크 절단 ④ 분말 절단

해설 분말 절단은 절단 부위에 철분이나 용제의 미세한 분말을 압축 공기나 압축 질소로 팁을 통해서 연속적으로 분출시키고, 예열 불꽃으로 이들을 연소 반응시켜서 절단 부위를 고온으로 만들어 산화물을 용해함과 동시에 제거하여 연속적으로 절단을 행하는 것이다.

5. 용접봉에 아크가 한쪽으로 쏠리는 아크 쏠림 방지책이 아닌 것은?

① 짧은 아크를 사용할 것
② 접지점을 용접부로부터 멀리할 것
③ 긴 용접에는 전진법으로 용접할 것
④ 직류 용접을 하지 말고 교류 용접을 사용할 것

해설 아크 쏠림의 방지책으로는 보기의 ①, ②, ④ 외에 ㉮ 큰 가접부 또는 이미 용접이 끝난 용착부를 향하여 용접할 것, ㉯ 긴 용접에는 후퇴 용접법으로 할 것, ㉰ 용접봉 끝을 아크 쏠림 반대 방향으로 기울일 것, ㉱ 받침쇠, 긴 가접부, 이음의 처음과 끝의 엔드 탭 등을 이용할 것, ㉲ 접지점 2개를 연결할 것 등이 있다.

6. 2차 무부하 전압이 80 V, 아크 전류가 200 A, 아크 전압 30 V, 내부 손실 3 kW일 때 역률(%)은?

정답 1. ④ 2. ④ 3. ④ 4. ④ 5. ③ 6. ②

① 48.00 % ② 56.25 %
③ 60.00 % ④ 66.67 %

해설
$$역률 = \frac{소비\ 전력(kW)}{전원\ 입력(kVA)} \times 100$$
$$= \frac{아크쪽\ 입력 + 내부\ 손실}{전원\ 입력} \times 100$$
$$= \frac{아크\ 전압 \times 아크\ 전류 + 내부\ 손실}{2차\ 무부하\ 전압 \times 아크\ 전류} \times 100$$
$$= \frac{30\,V \times 200\,A + 3\,kW}{80\,V \times 200\,A} \times 100$$
$$= 56.25\,\%$$

7. 피복 아크 용접에서 직류 정극성(DCSP)을 사용하는 경우 모재와 용접봉의 열 분배율은 어느 것인가?

① 모재 70 %, 용접봉 30 %
② 모재 30 %, 용접봉 70 %
③ 모재 60 %, 용접봉 40 %
④ 모재 40 %, 용접봉 60 %

해설 직류 정극성은 용접봉(−) : 30 %, 모재(+) : 70 %의 열 분배율을 갖는다.

8. 교류 아크 용접기에서 교류 변압기의 2차 코일에 전압이 발생하는 원리는 무슨 작용인가?

① 저항유도작용 ② 전자유도작용
③ 전압유도작용 ④ 전류유도작용

해설 1차 코일과 철심에 2차 코일을 감고 1차 코일에 전류를 통하면 철심 내에 전류의 자기 작용에 의해 자속이 생겨서 이 자속과 교차하고 있는 코일에 전자유도작용에 의하여 2차 코일에 전압이 생긴다.

9. 아세틸렌 가스의 자연발화 온도는 몇 ℃ 정도인가?

① 250~300℃ ② 300~397℃
③ 406~408℃ ④ 700~705℃

해설 아세틸렌은 분자 구조가 매우 불안정하여 타기 쉬운 기체로서 화기에 접근시키면 위험하다. 406~408℃가 되면 자연발화하고 505~515℃가 되면 폭발하며 산소가 없어도 780℃ 이상이 되면 자연폭발한다.

10. 수동 가스 절단 시 일반적으로 팁 끝과 강판 사이의 거리는 백심에서 몇 mm 정도 유지시키는가?

① 0.1~0.5 ② 1.5~2.0
③ 3.0~3.5 ④ 5.0~7.0

해설 수동 가스 절단 시 일반적으로 팁 끝과 강판 사이의 거리는 백심에서 1.5~2.0 mm 정도 유지한다. 표면이 약 850~950℃ 정도로 되었을 때 절단 산소 밸브를 열어 절단을 시작한다.

11. 알루미늄 등의 경금속에 아르곤과 수소의 혼합 가스를 사용하여 절단하는 방식은?

① 분말 절단
② 산소 아크 절단
③ 플라스마 절단
④ 수중 절단

해설 플라스마 절단은 10000~30000℃의 높은 열 에너지를 열원으로 아르곤과 수소, 질소와 수소, 공기 등을 작동가스로 사용하여 경금속, 철강, 주철, 구리 합금 등의 금속 재료와 콘크리트, 내화물 등의 비금속 재료의 절단까지 가능하다.

12. 산소 용기의 윗부분에 각인되어 있지 않은 것은?

① 용기의 중량
② 최저 충전압력
③ 내압시험 압력
④ 충전가스의 내용적

정답 7. ① 8. ② 9. ③ 10. ② 11. ③ 12. ②

해설 산소 용기의 윗부분에는 ㉮ 용기 제작사명, ㉯ 충전 가스의 명칭 및 화학 기호, ㉰ 제조업자의 기호 및 제조 번호, ㉱ V : 내용적(실측), ㉲ W : 용기 중량, ㉳ 내압 시험 연월, ㉴ TP : 내압 시험 압력, ㉵ FP : 최고 충전 압력 등이 각인되어 있다.

13. 중공의 피복 용접봉과 모재 사이에 아크를 발생시키고 중심에서 산소를 분출시키면서 절단하는 방법은?

① 아크 에어 가우징(arc air gouging)
② 금속 아크 절단(metal arc cutting)
③ 탄소 아크 절단(carbon arc cutting)
④ 산소 아크 절단(oxygen arc cutting)

해설 산소 아크 절단은 모재와 전극 사이에서 발생하는 아크열로 모재를 가열하고 여기에 산소를 분출시켜 절단하는 방법을 말한다. 높은 절단 속도를 가져올 수 있으며 비금속 종류의 절단을 효과적으로 할 수 있다.

14. 용접에서 아크가 길어질 때 발생하는 현상이 아닌 것은?

① 아크가 불안정하게 된다.
② 스패터가 심해진다.
③ 산화 및 질화가 일어난다.
④ 아크 전압이 감소한다.

해설 아크 용접에서 아크 길이가 길어지면 언더컷, 기공이 발생하고, 아크가 불안정하게 되며 스패터가 심해진다. 또한 공기의 흡입으로 산화 및 질화가 일어나며 아크 전압이 증가한다.

15. 용접 열원으로 전기가 필요 없는 용접법은?

① 테르밋 용접
② 원자 수소 용접
③ 일렉트로 슬래그 용접
④ 일렉트로 가스 아크 용접

해설 테르밋 용접은 용접 열원을 외부로부터 가하는 것이 아니라 테르밋 반응(금속 산화물과 알루미늄 간의 탈산 반응)에 의해 생성되는 열(약 2800℃)을 이용하여 금속(특히 기차 레일 등)을 용접하는 방법으로 전기가 필요 없다.

16. 연강용 피복 아크 용접봉의 E4316에 대한 설명 중 틀린 것은?

① E : 피복 금속 아크 용접봉
② 43 : 전용착 금속의 최대 인장강도
③ 16 : 피복제의 계통
④ E4316 : 저수소계 용접봉

해설 피복 아크 용접봉의 기호에서 E : 전기 용접봉(electrode), 43 : 용착 금속의 최소 인장강도, 16 : 피복제의 계통 표시로 E4316은 저수소계 용접봉을 나타낸다.

17. 용접기 설치 시 1차 입력이 10 kVA이고 전원 전압이 200 V이면 퓨즈 용량은?

① 50 A ② 100 A
③ 150 A ④ 200 A

해설
$$\text{퓨즈 용량} = \frac{\text{1차 입력}}{\text{전원 전압(입력 전압)}} = \frac{10\,\text{kVA}}{200\,\text{V}} = \frac{10000\,\text{VA}}{200\,\text{V}} = 50\,\text{A}$$

18. 특수 황동의 설명으로 가장 적합한 것은?

① 주석 황동 : 황동에 10 % 이상의 Sn을 첨가한 것
② 알루미늄 황동 : 황동에 10~15 %의 Al을 첨가한 것
③ 철황동 : 황동에 5 % 정도의 Fe을 첨가한 것
④ 니켈 황동 : 황동에 7~30 %의 Ni을 첨가한 것

정답 13. ④ 14. ④ 15. ① 16. ② 17. ① 18. ④

해설 특수 황동의 종류

㉮ 주석 황동(tin brass) : 내식성 목적(Zn의 산화, 탈아연 방지)으로 Sn 1% 첨가

㉯ 알루미늄 황동 : 알부락(albrac)이라 한다(금 대용품).

㉰ 철황동(델타 메탈) : 6 : 4 황동에 Fe 1~2% 첨가, 강도, 내식성 우수(광산, 선박, 화학 기계에 사용)

19. 탄소강의 기계적 성질 변화에서 탄소량이 증가하면 어떠한 현상이 생기는가?

① 강도와 경도는 감소하나 인성 및 충격값, 연신율, 단면 수축률은 증가한다.
② 강도와 경도가 감소하고 인성 및 충격값, 연신율, 단면 수축률도 감소한다.
③ 강도와 경도가 증가하고 인성 및 충격값, 연신율, 단면 수축률도 증가한다.
④ 강도와 경도는 증가하나 인성 및 충격값, 연신율, 단면 수축률은 감소한다.

해설 탄소강에서 탄소량이 증가하면 경도와 강도는 증가하나 인성, 충격값, 연신율, 단면 수축률, 냉간 가공성은 감소한다.

20. 스테인리스강을 불활성가스 금속 아크 용접법으로 용접 시 장점이 아닌 것은?

① 아크 열 집중성보다 확장성이 좋다.
② 어떤 방향으로도 용접이 가능하다.
③ 용접이 고속도로 아크 방향으로 방사된다.
④ 합금 원소가 98% 이상으로 거의 전부가 용착 금속에 옮겨진다.

해설 불활성 가스 금속 아크 용접법은 아크에 열 집중성이 좋으므로 TIG 용접에 비하여 두꺼운 판의 용접에 이용되고 있으며 용착률은 98% 이상으로 매우 높고 스패터가 거의 없이 모두 용착된다.

21. 연강에 비해 고장력강의 장점이 아닌 것은 어느 것인가?

① 소요 강재의 중량을 상당히 경감시킨다.
② 재료 취급이 간단하고 가공이 용이하다.
③ 구조물의 하중을 경감시킬 수 있어 그 기초공사가 단단해진다.
④ 동일한 강도에서 판의 두께를 두껍게 할 수 있다.

해설 고장력강은 인장강도를 높이기 위해 규소, 망간의 함유량이 연강보다 많고 이외에도 니켈, 크롬, 몰리브덴 등의 원소가 첨가되는 강으로 판의 두께를 얇게 할 수 있고 소요되는 강재의 중량을 대폭으로 감소시킨다.

22. 일반적으로 중금속과 경금속을 구분하는 비중은 얼마인가?

① 1.0　② 3.0
③ 5.0　④ 7.0

23. 가단주철의 종류가 아닌 것은?

① 산화 가단주철
② 백심 가단주철
③ 흑심 가단주철
④ 펄라이트 가단주철

해설 가단주철은 백주철을 풀림 처리하여 탈탄 또는 흑연화에 의해 연성을 가지게 한 주철로 백심 가단주철, 흑심 가단주철, 펄라이트 가단주철 등이 있다.

24. 침탄법의 종류에 속하지 않는 것은?

① 고체 침탄법　② 증기 침탄법
③ 가스 침탄법　④ 액체 침탄법

해설 침탄법에는 고체 침탄법, 가스 침탄법, 액체 침탄법(침탄 질화법) 등이 있다.

25. 재료의 잔류 응력을 제거하기 위해 적당한 온도와 시간을 유지한 후 냉각하는 방식으

정답 19. ④　20. ①　21. ④　22. ③　23. ①　24. ②　25. ③

로, 저온 풀림이라고 하는 것은?

① 재결정 풀림 ② 확산 풀림
③ 응력 제거 풀림 ④ 중간 풀림

해설 저온 풀림은 내부 응력을 제거하고 재질을 연화시킬 목적으로 행하는 풀림으로 응력 제거 풀림이라고도 한다.

26. Mg-Al계 합금에 소량의 Zn, Mn을 첨가한 마그네슘 합금은?

① 다우 메탈 ② 일렉트론 합금
③ 하이드로날륨 ④ 라우탈 합금

해설 일렉트론 합금은 Mg-Al-Zn계 합금으로서 내열성이 크므로 내연기관의 피스톤에 사용된다.

27. 알루미늄 합금으로 강도를 높이기 위해 구리, 마그네슘 등을 첨가하여 열처리 후 사용하는 것으로 교량, 항공기 등에 사용하는 것은?

① 주조용 알루미늄 합금
② 내열 알루미늄 합금
③ 내식 알루미늄 합금
④ 고강도 알루미늄 합금

해설 고강도 알루미늄 합금은 두랄루민을 시초로 발달한 시효경화성 합금으로, Al-Cu-Mg계와 Al-Zn-Mg계로 분류된다. 이외에 단조용에는 구리계, 내열용에는 구리-니켈-마그네슘계가 있다.

28. 금속 표면이 녹슬거나 산화물질로 변화되어 가는 금속의 부식 현상을 개선하기 위해 이용되는 강은?

① 내식강 ② 내열강
③ 쾌삭강 ④ 불변강

해설 탄소강의 내식성을 향상시키기 위해 Ni, Cr을 다량 첨가하여 부식을 방지한다.

29. 높은 곳에서 용접 작업 시 지켜야 할 사항으로 틀린 것은?

① 족장이나 발판이 견고하게 조립되어 있는지 확인한다.
② 고소 작업 시 착용하는 안전모의 내부 수직거리는 10 mm 이내로 한다.
③ 주변에 낙하물건 및 작업 위치 아래에 인화성 물질이 없는지 확인한다.
④ 고소 작업장에서 용접 작업 시 안전벨트 착용 후 안전로프를 핸드레일에 고정시킨다.

해설 안전모의 내부 수직거리(머리 받침고리와 모체 내부와의 간격)는 25 mm 이상 50 mm 미만이다.

30. 자분 탐상 검사에서 검사 물체를 자화하는 방법으로 사용되는 자화 전류로써 내부 결함의 검출에 적합한 것은?

① 교류
② 자력선
③ 직류
④ 교류나 직류에 상관없다.

해설 표면 결함의 검출에는 교류, 내부 결함의 검출에는 직류가 사용된다.

31. 용접 순서 결정 시 가능한 한 변형이나 잔류 응력의 누적을 피할 수 있도록 하기 위한 유의사항으로 잘못된 것은?

① 용접물의 중심에 대하여 항상 대칭으로 용접을 해 나간다.
② 수축이 적은 이음을 먼저 용접하고 수축이 큰 이음은 나중에 용접한다.
③ 용접물이 조립되어 감에 따라 용접 작업이 불가능한 곳이나 곤란한 경우가 생기지 않도록 한다.
④ 용접물의 중립축을 참작하여 그 중립

정답 26. ② 27. ④ 28. ① 29. ② 30. ③ 31. ②

축에 대한 용접 수축력의 모멘트의 합이 0이 되게 하면 용접선 방향에 대한 굽힘이 없어진다.

해설 수축이 큰 이음(맞대기 등)을 먼저 용접하고 수축이 작은 이음을 나중에 용접한다.

32. 용접부의 시험 및 검사의 분류에서 크리프 시험은 무슨 시험에 속하는가?

① 물리적 시험 ② 기계적 시험
③ 금속학적 시험 ④ 화학적 시험

해설 크리프 시험은 시험편을 일정한 온도로 유지하고 여기에 일정한 하중을 가하여 시간과 더불어 변화하는 변형을 측정하는 물리적 시험이다. 응력의 종류에 따라 인장 크리프 시험, 압축 크리프 시험 등으로 분류된다.

33. 납땜 용제의 구비 조건으로 맞지 않는 것은 어느 것인가?

① 침지땜에 사용되는 것은 수분을 함유할 것
② 청정한 금속면의 산화를 방지할 것
③ 전기 저항 납땜에 사용되는 것은 전도체일 것
④ 모재나 땜납에 대한 부식 작용이 최소한일 것

해설 납땜 용제의 구비 조건
㉮ 모재의 산화 피막과 같은 불순물을 제거하고 유동성이 좋을 것
㉯ 청정한 금속면의 산화를 방지할 것
㉰ 땜납의 표면장력을 맞추어서 모재와의 친화력을 높일 것
㉱ 용제의 유효 온도 범위와 납땜 온도가 일치할 것
㉲ 납땜 후 슬래그의 제거가 용이할 것
㉳ 모재나 땜납에 대한 부식 작용이 최소한일 것
㉴ 전기 저항 납땜에 사용되는 것은 전도체일 것
㉵ 침지땜에 사용되는 것은 수분을 함유하지 않을 것

34. TIG 용접에서 사용되는 텅스텐 전극에 관한 설명으로 옳은 것은?

① 토륨을 1~2 % 함유한 텅스텐 전극은 순 텅스텐 전극에 비해 전자 방사 능력이 떨어진다.
② 토륨을 1~2 % 함유한 텅스텐 전극은 저전류에서도 아크 발생이 용이하다.
③ 직류 역극성은 직류 정극성에 비해 전극의 소모가 적다.
④ 순 텅스텐 전극은 온도가 높으므로 용접 중 모재나 용접봉과 접촉되었을 경우에도 오염되지 않는다.

해설 토륨을 1~2 % 포함한 텅스텐 전극은 전자 방사 능력이 현저하게 뛰어나고 전류 전도성이 좋아 아크가 안정적이다. 그러므로 전극의 소모가 적어 직류 정극성에 사용되고 있으며 강, 스테인리스, 동합금 용접에 적절하다.

35. 자동 아크 용접법 중의 하나로서 그림과 같은 원리로 이루어지는 용접법은?

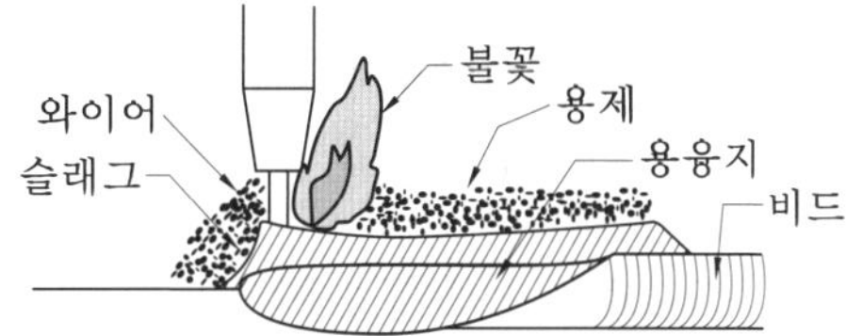

① 전자빔 용접
② 서브머지드 아크 용접
③ 테르밋 용접
④ 불활성 가스 아크 용접

해설 서브머지드 아크 용접은 모재 표면 위에 미리 미세한 입상의 용제를 살포해 두고 이 용제 속으로 용접봉을 꽂아 넣어 용접하는 자동 아크 용접법으로 잠호 용접이라고도 한다.

정답 32. ① 33. ① 34. ② 35. ②

36. 전기 용접 작업의 안전사항 중 전격 방지 대책이 아닌 것은?

① 용접기 내부는 수시로 분해 수리하고 청소를 하여야 한다.
② 절연 홀더의 절연 부분이 노출되거나 파손되면 교체한다.
③ 장시간 작업을 하지 않을 때는 반드시 전기 스위치를 차단한다.
④ 젖은 작업복이나 장갑, 신발 등을 착용하지 않는다.

해설 용접기 내부는 안전을 유지하기 위해 반드시 전원 스위치를 끄고 내부 수리중이라는 표시를 스위치 박스에 부착하고 난 뒤에 청소 및 분해 수리를 하여야 한다.

37. 잔류 응력의 영향에 대한 설명이다. 가장 옳지 않은 것은?

① 재료의 연성이 어느 정도 존재하면 부재의 정적 강도에는 잔류 응력이 크게 영향을 미치지 않는다.
② 일반적으로 하중방향의 인장 잔류 응력은 피로강도에 무관하며 압축 잔류 응력은 피로강도에 취약한 것으로 생각된다.
③ 용접부 부근에는 항상 항복점에 가까운 잔류 응력이 존재하므로 외부 하중에 의한 근소한 응력이 가산되어도 취성파괴가 일어날 가능성이 있다.
④ 잔류 응력이 존재하는 상태에서 고온으로 수개월 이상 방치하면 거의 소성 변형이 일어나지 않고 균열이 발생하여 파괴하는데, 이것을 시즌 크랙(season crack)이라 한다.

38. 아크를 발생시키지 않고 와이어와 용융 슬래그, 모재 내에 흐르는 전기 저항열에 의하여 용접하는 방법은?

① TIG 용접
② MIG 용접
③ 일렉트로 슬래그 용접
④ 이산화탄소 아크 용접

해설 일렉트로 슬래그 용접은 와이어와 용융 슬래그 사이에 통전된 전류의 저항열로, 전극 와이어와 모재를 용융 접합시키는 단층 수직 상진 용접법이다.

39. 탄산가스 아크 용접의 종류에 해당되지 않는 것은?

① NCG법 ② 테르밋 아크법
③ 유니언 아크법 ④ 퓨즈 아크법

해설 탄산가스 아크 용접에서 용제가 들어 있는 와이어 이산화탄소법에는 아코스 아크법, 퓨즈 아크법, NCG법, 유니언 아크법 등이 있다.

40. 맞대기 용접에서 용접 기호는 기준선에 대하여 90도의 평행선을 그리어 나타내며, 주로 얇은 판에 많이 사용되는 홈 용접은?

① V형 용접 ② H형 용접
③ X형 용접 ④ I형 용접

해설 일반적인 맞대기 용접에서 V, X, J, K 등은 홈 모양과 같은 그림으로 나타내지만 I형은 기준선에 대하여 90도의 평행선을 그려 나타낸다.

41. 원자 수소 용접에 사용되는 전극은?

① 구리 전극 ② 알루미늄 전극
③ 텅스텐 전극 ④ 니켈 전극

해설 원자 수소 용접은 수소 가스 분위기에서 2개의 텅스텐 전극 사이에 아크를 발생시킬 때 분자상 수소가 원자 상태의 수소로 해리되었다가 재결합하여 발생하는 열을 이용하는 방법이다.

정답 36. ① 37. ② 38. ③ 39. ② 40. ④ 41. ③

42. 필릿 용접에서 루트 간격이 1.5 mm 이하일 때 보수 용접 요령으로 가장 적합한 것은?

① 다리길이를 3배수로 증가시켜서 용접한다.
② 그대로 용접하여도 좋으나 넓혀진 만큼 다리길이를 증가시킬 필요가 있다.
③ 그대로 규정된 다리길이로 용접한다.
④ 라이너를 넣든지, 부족한 판을 300 mm 이상 잘라내어 대체한다.

해설 필릿 용접에서 루트 간격이 1.5 mm 이하일 때에는 규정된 다리길이로 용접하며 1.5~4.5 mm일 때에는 그대로 용접하여도 좋으나 넓혀진 만큼 다리길이를 증가시킬 필요가 있다.

43. TIG 용접용 텅스텐 전극봉의 전류 전달 능력에 영향을 미치는 요인이 아닌 것은?

① 사용 전원 극성
② 전극봉의 돌출 길이
③ 용접기 종류
④ 전극봉 홀더 냉각 효과

44. CO_2가스 아크 편면 용접에서 이면 비드의 형성은 물론 뒷면 가우징 및 뒷면 용접을 생략할 수 있고 모재의 중량에 따른 뒤엎기(turn over) 작업을 생략할 수 있도록 홈 용접부 이면에 부착하는 것은?

① 포지셔너 ② 스캘럽
③ 엔드탭 ④ 뒷댐재

해설 탄산가스 아크 편면 용접 시 박판에서 후판까지 홈이 파인 동판이나 글라스 테이프 또는 세라믹 뒷댐재를 사용한다.

45. 불활성 가스 텅스텐 아크 용접에 사용되는 전극봉이 아닌 것은?

① 티타늄 전극봉
② 순 텅스텐 전극봉
③ 토륨 텅스텐 전극봉
④ 산화란탄 텅스텐 전극봉

해설 TIG 용접에 사용되는 전극봉에는 순 텅스텐 전극봉, 토륨 1~2 % 함유한 텅스텐 전극봉, 지르코늄 0.15~0.5 % 함유한 텅스텐 전극봉, 산화란탄 텅스텐 전극봉, 산화세륨 텅스텐 전극봉 등이 있다.

46. MIG 용접용의 전류 밀도는 TIG 용접의 약 몇 배 정도인가?

① 2 ② 4
③ 6 ④ 8

해설 MIG 용접의 전류 밀도는 TIG 용접의 2배, 피복 아크 용접의 약 6배이다.

47. 아크를 보호하고 집중시키기 위하여 내열성의 도기로 만든 페룰(ferrule)이라는 기구를 사용하는 용접은?

① 스터드 용접 ② 테르밋 용접
③ 전자빔 용접 ④ 플라스마 용접

해설 스터드 용접은 볼트나 환봉 등을 피스톤형 홀더에 끼우고 모재와 환봉 사이에 순간적으로 아크를 발생시켜 용접하는 방법으로 아크가 발생하는 외주에는 내열성의 도기로 만든 페룰을 사용한다.

48. 용접 전류가 용접하기에 적합한 전류보다 높을 때 가장 발생되기 쉬운 용접 결함은?

① 용입 불량 ② 언더컷
③ 오버랩 ④ 슬래그 섞임

해설 사용 전류가 너무 높을 때, 아크 길이가 너무 길 때, 용접 속도가 적당하지 않을 때 언더컷이 발생한다.

49. 잔류 응력 경감 방법 중 노내 풀림법에서

정답 42. ③ 43. ③ 44. ④ 45. ① 46. ① 47. ① 48. ② 49. ①

응력 제거 풀림에 대한 설명으로 가장 적합한 것은?

① 유지온도가 높을수록 또 유지시간이 길수록 효과가 크다.
② 유지온도가 낮을수록 또 유지시간이 짧을수록 효과가 크다.
③ 유지온도가 높을수록 또 유지시간이 짧을수록 효과가 크다.
④ 유지온도가 낮을수록 또 유지시간이 길수록 효과가 크다.

해설 노내 풀림법은 유지온도가 높을수록, 유지시간이 길수록 효과가 크다. 일반적인 유지온도는 625±25℃, 판 두께 25 mm, 풀림 유지시간은 1시간이다.

50. 재해와 숙련도 관계에서 사고가 가장 많이 발생하는 근로자는?

① 경험이 1년 미만인 근로자
② 경험이 3년인 근로자
③ 경험이 5년인 근로자
④ 경험이 10년인 근로자

51. 기계제도 치수 기입법에서 참고 치수를 의미하는 것은?

① $\overline{\underline{50}}$ ② $\underline{50}$
③ (50) ④ ≪50≫

해설 치수 중 참고 치수에 대하여는 치수 수치에 괄호를 붙인다.

52. [보기]는 제3각법의 정투상도로 나타낸 정면도와 우측면도이다. 평면도로 가장 적합한 것은?

보기

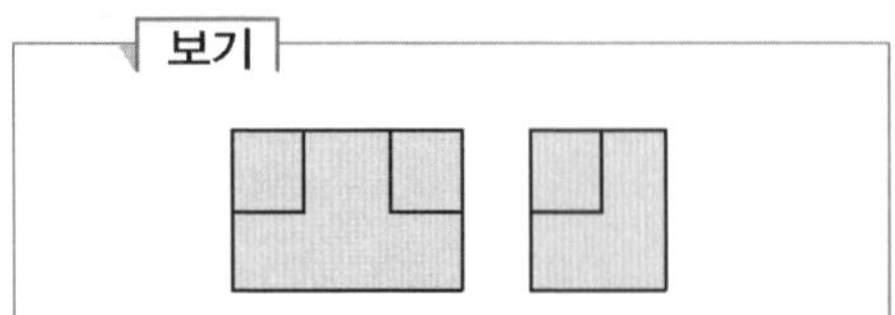

① 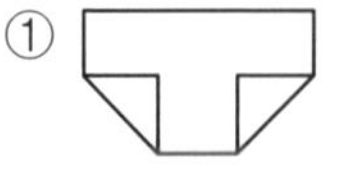 ② 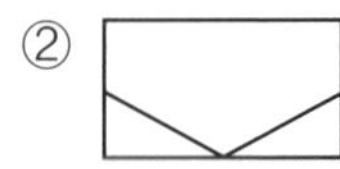
③ 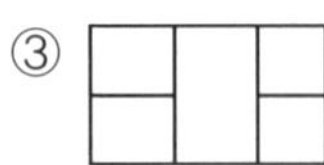 ④ 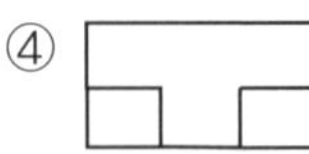

53. 구의 지름을 나타낼 때 사용되는 치수 보조기호는?

① ϕ ② S
③ Sϕ ④ SR

해설 ϕ : 지름, Sϕ : 구의 지름, SR : 구의 반지름

54. 그림과 같은 배관 접합(연결) 기호의 설명으로 옳은 것은?

① 마개와 소켓 연결
② 플랜지 연결
③ 칼라 연결
④ 유니언 연결

55. 물체의 일부분을 파단한 경계 또는 일부를 떼어낸 경계를 나타내는 선으로 불규칙한 파형의 가는 실선인 것은?

① 파단선 ② 지시선
③ 가상선 ④ 절단선

해설
- 지시선 : 기술, 기호 등을 표시하기 위하여 끌어내는 데 쓰인다.
- 절단선 : 단면도를 그리는 경우, 그 절단 위치를 대응하는 그림에 표시하는 데 사용된다.

56. 기계 재료의 종류 기호 SM 400A가 뜻하는 것은?

① 일반 구조용 압연 강재

정답 50. ① 51. ③ 52. ④ 53. ③ 54. ① 55. ① 56. ③

② 기계 구조용 압연 강관
③ 용접 구조용 압연 강재
④ 자동차 구조용 열간 압연 강판

57. 구멍에 끼워 맞추기 위한 구멍, 볼트, 리벳의 기호 표시에서 양쪽 면에 카운터 싱크가 있고 현장에서 드릴 가공 및 끼워 맞춤을 하는 것은?

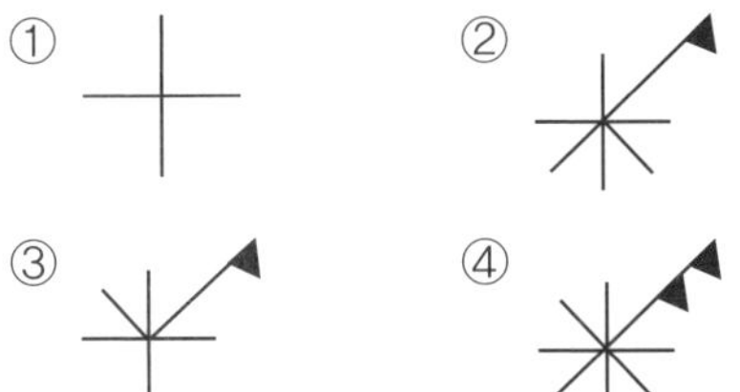

58. 그림과 같은 용접 도시 기호를 올바르게 설명한 것은?

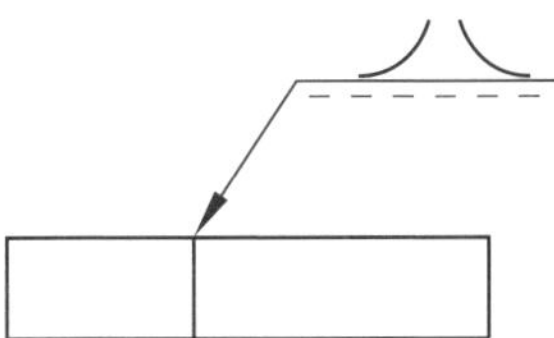

① 돌출된 모서리를 가진 평판 사이의 맞대기 용접이다.
② 평행(I형) 맞대기 용접이다.
③ U형 이음으로 맞대기 용접이다.
④ J형 이음으로 맞대기 용접이다.

59. 다음 투상도 중 1각법이나 3각법으로 투상하여도 정면도를 기준으로 그 위치가 동일한 곳에 있는 것은?

① 우측면도 ② 평면도
③ 배면도 ④ 저면도

60. 다음 도면에 관한 설명으로 틀린 것은?(단, 도면의 등변 ㄱ형강 길이는 160 mm이다.)

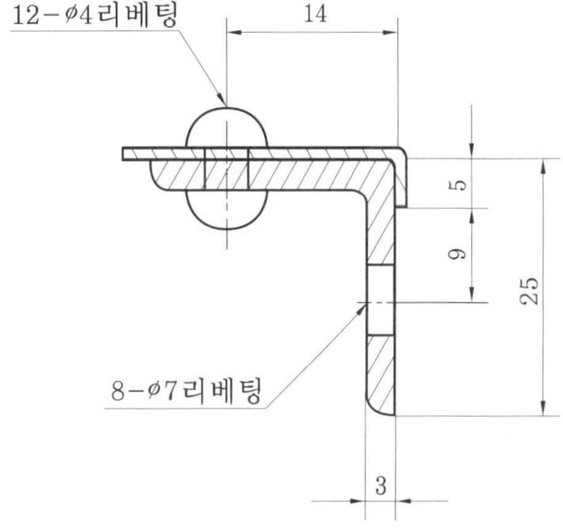

① 등변 ㄱ형강의 호칭은 L 25×25×3−160이다.
② ϕ4 리벳의 개수는 알 수 없다.
③ ϕ7 구멍의 개수는 8개이다.
④ 리베팅의 위치는 치수가 14 mm인 위치에 있다.

해설 ϕ4 리벳의 개수는 12개이다.

정답 57. ④ 58. ① 59. ③ 60. ②

2013. 10. 12 시행 (특수 용접 기능사)

1. 산소-아세틸렌의 불꽃에서 속불꽃과 겉불꽃 사이에 백색의 제3의 불꽃, 즉 아세틸렌 페더라고도 하는 것은?

① 탄화 불꽃 ② 중성 불꽃
③ 산화 불꽃 ④ 백색 불꽃

해설 불꽃의 종류
㉮ 탄화 불꽃 : 백심과 겉불꽃 사이에 연한 백심의 제3의 불꽃으로 중성 불꽃보다 아세틸렌 가스의 양이 많을 때 생긴다.
㉯ 중성 불꽃 : 표준 불꽃이라고도 하며, 산소와 아세틸렌 가스의 용적비가 1 : 1로 혼합될 때 얻어지는 불꽃이다.
㉰ 산화 불꽃 : 중성 불꽃에서 산소의 양이 많을 때 생기는 불꽃이다.

2. 산소-아세틸렌 가스를 이용하여 용접할 때 사용하는 산소 압력 조정기의 취급에 관한 설명 중 틀린 것은?

① 산소 용기에 산소 압력 조정기를 설치할 때 압력 조정기 설치구에 있는 먼지를 털어내고 연결한다.
② 산소 압력 조정기 설치구 나사부나 조정기의 각부에 그리스를 발라 잘 조립되도록 한다.
③ 산소 압력 조정기를 견고하게 설치한 후 가스 누설 여부를 비눗물로 점검한다.
④ 산소 압력 조정기의 압력 지시계가 잘 보이도록 설치하며 유리가 파손되지 않도록 주의한다.

해설 산소 압력 조정기 취급상의 유의사항
㉮ 산소 용기에 조정기를 설치할 때는 밸브를 2~3회 가볍게 열어 먼지를 제거하고 설치한다.
㉯ 나사부나 조정기 각부에 그리스나 기름 등을 사용하지 말아야 한다.
㉰ 누설 시에는 비눗물로 검사를 한다.
㉱ 압력게이지가 보이도록 바르게 세워서 설치를 하고 유리가 파손되지 않도록 주의한다.
㉲ 가스 용기의 고압에 상관없이 사용 압력인 저압은 일정하게 나타나도록 해야 한다.
㉳ 압력 용기 취급 시 기름 묻은 장갑을 사용하지 않는다.

3. 가스 절단에서 재료 두께가 25 mm일 때 표준 드래그의 길이는 몇 mm 정도인가?

① 10 ② 8 ③ 5 ④ 2

해설 표준 드래그 길이

판 두께 (mm)	12.7	25.4	51	51~152
드래그 길이 (mm)	2.4	5.2	5.6	6.4

4. 용접기에 AW-300이란 표시가 있다. 여기서 300이 의미하는 것은?

① 2차 최대 전류
② 최고 2차 무부하 전압
③ 정격 사용률
④ 정격 2차 전류

해설 AW-300에서 AW는 교류 아크 용접기, 300은 정격 2차 전류값을 나타낸다.

5. 산소-아세틸렌 가스 용접기로 두께 3.2 mm인 연강 판을 V형 맞대기 이음을 하려면 이에 적합한 연강용 가스 용접봉의 지름(mm)을 계산식에 의해 구하면 얼마인가?

① 4.6 ② 3.2
③ 3.6 ④ 2.6

정답 1. ① 2. ② 3. ③ 4. ④ 5. ④

해설 $D=\frac{T}{2}+1$

(여기서 D : 가스 용접봉의 지름, T : 판 두께)

$\therefore D=\frac{3.2}{2}+1=2.6\text{ mm}$

6. 강재 표면의 홈이나 개재물, 탈탄층 등을 제거하기 위하여 될 수 있는 대로 얇게 그리고 타원형 모양으로 표면을 깎아 내는 가공법은?

① 가우징 ② 드래그
③ 프로젝션 ④ 스카핑

해설 스카핑(scarfing)은 주로 제강공장에서 많이 이용되는 가공법으로 가우징 토치에 비하여 능력이 크고 팁은 슬로 다이버전트형이다. 공작물과 토치는 75도 정도로 경사지게 하고 예열 불꽃의 끝을 표면에 접촉시켜 작업한다.

7. 용접부의 외부에서 주어지는 열량을 무엇이라 하는가?

① 용접 외열 ② 용접 가열
③ 용접 열효율 ④ 용접 입열

해설 용접부의 외부에서 주어지는 열량을 용접 입열이라 하며, 입열량이 많고 급랭이 될수록 용접부에 여러 가지 결함이 생긴다.

8. 피복 아크 용접기에 관한 설명으로 맞는 것은?

① 용접기는 역률과 효율이 낮아야 한다.
② 용접기는 무부하 전압이 낮아야 한다.
③ 용접기의 역률이 낮으면 입력에너지가 증가한다.
④ 용접기의 사용률은 아크시간÷(아크시간−휴식시간)에 대한 백분율이다.

해설 용접기는 역률 및 효율이 좋아야 하고 구조 및 취급이 간단해야 한다.

용접기의 사용률(%)

$=\frac{\text{아크시간}}{\text{아크시간}+\text{휴식시간}}\times 100\ \%$

9. 용접용 산소 용기 취급상의 주의사항 중 틀린 것은?

① 용기 운반 시 충격을 주어서는 안 된다.
② 통풍이 잘되고 직사광선이 잘 드는 곳에 보관한다.
③ 기름이 묻은 손이나 장갑을 끼고 취급하지 않는다.
④ 가연성 물질이 있는 곳에는 용기를 보관하지 말아야 한다.

해설 산소 용기 취급상의 주의사항

㉮ 안전 캡으로 병 전체를 들려고 하지 말아야 한다.
㉯ 산소병을 뉘어 두어서는 안 된다.
㉰ 산소 밸브를 닫고 캡을 부착하여 이동한다.
㉱ 산소 용기 상하차 시 충격 완화를 위해 바닥에 고무판을 설치하고 운반한다.
㉲ 밸브의 개폐는 천천히 한다.
㉳ 나사부에 기름이나 먼지를 제거하고 기름 묻은 장갑 착용을 금한다.
㉴ 화기로부터 5 m 이상 거리를 둔다.
㉵ 빈병과 실병을 표시하여 보관한다.
㉶ 통풍이 잘되고 직사광선이 없는 곳에 보관하며 항상 40℃ 이하로 유지한다.
㉷ 산소 밸브가 얼었을 때는 따뜻한 물로 녹여야 한다.
㉸ 용기 내의 압력이 너무 상승하지 않도록 하며 170기압 이하로 유지한다.
㉹ 산소의 누설을 조사할 때는 비눗물을 사용하여야 한다.

10. 정격 사용률 40 %, 정격 2차 전류 300 A인 용접기로 180 A 전류를 사용하여 용접하는 경우 이 용접기의 허용사용률은? (단, 소수점 미만은 버린다.)

정답 6. ④ 7. ④ 8. ③ 9. ② 10. ②

① 109 % ② 111 %
③ 113 % ④ 115 %

해설 허용사용률(%)

$$= \frac{(\text{정격 2차 전류})^2}{(\text{실제 용접 전류})^2} \times \text{정격사용률}$$

$$= \frac{300^2}{180^2} \times 40 \fallingdotseq 111\ \%$$

11. 스테인리스강용 용접봉의 피복제는 루틸을 주성분으로 한 ( )와 형석, 석회석 등을 주성분으로 한 ( )가 있는데, 전자는 아크가 안정되고 스패터도 적으며 후자는 아크가 불안정하고 스패터도 큰 입자인 것이 비산된다. ( )에 알맞는 말을 순서대로 쓰면?

① 일미나이트계, 저수소계
② 저수소계, 일미나이트계
③ 라임계, 티탄계
④ 티탄계, 라임계

해설 티탄계는 아크가 안정되고 스패터가 적으며 슬래그 제거성도 양호하다. 라임계는 아크가 불안정하고 스패터도 큰 입자인 것이 비산된다.

12. 피복 아크 용접봉의 운봉법 중 수직 용접에 주로 사용되는 것은?

① 8자형 ② 진원형
③ 6각형 ④ 3각형

해설 피복 아크 용접법의 운봉법
㉮ 아래보기 용접 : 직선, 소파형, 대파형, 원형, 삼각형, 각형
㉯ 아래보기 T형 용접 : 대파형, 선전형, 삼각형, 부채형, 지그재그형
㉰ 경사진 용접 : 대파형, 삼각형
㉱ 수평 용접 : 대파형, 원형, 타원형, 삼각형
㉲ 수직 용접 : 파형, 삼각형, 지그재그형
㉳ 위보기 용접 : 반월형, 8자형, 지그재그형, 대파형, 각형

13. 아크 용접에서 정극성과 비교한 역극성의 특징은?

① 모재의 용입이 깊다.
② 용접봉의 녹음이 빠르다.
③ 비드폭이 좁다.
④ 후판 용접에 주로 사용된다.

해설 직류 전원의 극성

극성의 종류	전극의 결선상태 (열분배)	특성
정극성 (DCSP)	용접봉(−) : 30 % 모재(+) : 70 %	㉮ 모재의 용입이 깊고 봉의 녹음이 느리다. ㉯ 비드 폭이 좁고 후판 용접에 적당하다.
역극성 (DCRP)	용접봉(+) : 70 % 모재(−) : 30 %	㉮ 모재의 용입이 얕고 봉의 녹음이 빠르다. ㉯ 비드 폭이 넓고 박판, 주철, 합금강, 비철 금속에 사용한다.

14. 피복 아크 용접에서 피복제의 역할이 아닌 것은?

① 아크를 안정되게 한다.
② 스패터를 적게 한다.
③ 용착 금속에 적당한 합금 원소를 첨가한다.
④ 용착 금속에 산소를 공급한다.

해설 피복제는 아크를 안정시키고 용착 금속을 중성 또는 환원성 분위기로 보호하며, 탈산 정련 작용을 한다. 또한 용착 금속의 급랭을 방지하고 용적을 미세화하며, 전기 절연 작용을 하고 슬래그 제거를 쉽게 한다.

15. 용접의 단점이 아닌 것은?

① 재질의 변형과 잔류 응력 발생

정답 11. ④ 12. ④ 13. ② 14. ④ 15. ②

② 제품의 성능과 수명 향상
③ 저온취성 발생
④ 용접에 의한 변형과 수축

해설 용접의 단점
㉮ 재질의 변형 및 잔류 응력이 발생한다.
㉯ 저온취성이 생길 우려가 있다.
㉰ 품질 검사가 곤란하고 변형과 수축이 생긴다.
㉱ 용접사의 기량에 따라 용접부의 품질이 좌우된다.

16. 아크 에어 가우징의 특징에 대한 설명 중 틀린 것은?

① 가스 가우징보다 작업의 능률이 높다.
② 모재에 미치는 영향이 별로 없다.
③ 비철금속의 절단도 가능하다.
④ 장비가 복잡하여 조작하기가 어렵다.

해설 아크 에어 가우징은 그라인딩이나 치핑 또는 가스 가우징보다 작업 능률이 2~3배 높고 장비가 간단하며 작업 활용 범위가 넓어 비철금속에도 적용될 수 있다.

17. 가스 용접법에서 후진법과 비교한 전진법의 설명에 해당하는 것은?

① 열 이용률이 나쁘다.
② 용접 속도가 빠르다.
③ 용접 변형이 작다.
④ 용접 가능 판 두께가 두껍다.

해설 전진법과 후진법의 비교

특징	전진법	후진법
열 이용률	낮다.	높다.
용접 변형	크다.	작다.
산화 정도	심하다.	약하다.
용접 속도	느리다.	빠르다.
용접 모재 두께	얇다.	두껍다.

18. 구리 및 구리합금의 용접성에 대한 설명으로 옳은 것은?

① 순구리의 열전도도는 연강의 8배 이상이므로 예열이 필요 없다.
② 구리의 열팽창계수는 연강보다 50 % 이상 크므로 용접 후 응고 수축 시 변형이 생기지 않는다.
③ 순수 구리의 경우 구리에 산소 이외의 납이 불순물로 존재하면 균열 등의 용접 결함이 발생된다.
④ 구리 합금의 경우 과열에 의한 주석의 증발로 작업자가 중독을 일으키기 쉽다.

해설 구리 및 구리 합금의 용접성
㉮ 순구리의 열전도도는 연강의 8배 이상이므로 국부적 가열이 어렵기 때문에 충분한 용입을 얻으려면 예열을 해야 한다.
㉯ 구리의 열팽창계수는 연강보다 50 % 이상 크기 때문에 용접 후 응고 수축 시 변형이 생기기 쉽다.
㉰ 구리 합금의 경우 과열에 의한 아연 증발로 용접사가 중독을 일으키기 쉽다.

19. 용접성이 가장 좋은 스테인리스강은 어느 것인가?

① 펄라이트계 스테인리스강
② 페라이트계 스테인리스강
③ 마텐자이트계 스테인리스강
④ 오스테나이트계 스테인리스강

해설 마텐자이트계는 내마모성이 필요한 것에 사용되며 냉간 성형성은 좋으나 용접성은 불량하고 페라이트계는 오스테나이트계보다 내식성, 내열성이 약간 떨어져 가장 용접성이 좋은 것은 오스테나이트계 스테인리스강이다.

20. 일반적으로 경금속과 중금속을 구분할 때 중금속은 비중이 얼마 이상을 말하는가?

① 1.0 ② 2.0

정답 16. ④ 17. ① 18. ③ 19. ④ 20. ③

③ 4.5　　　　④ 7.0

해설 편의상 비중 4.5(5로 분류하는 경우도 있음) 이하는 경금속, 그보다 무거운 것은 중금속이라 한다.

21. Al, Cu, Mn, Mg을 주성분으로 하는 알루미늄 합금은?

① 실루민　　　　② 두랄루민
③ Y합금　　　　④ 로엑스

해설 두랄루민의 주성분은 Al-Cu 3.5~4.5%, Mg 1~1.5%, Mn 0.5~1%, Si 0.5%이며, Si를 불순물로 포함한다. 주물로써 제조하기 어려운 단조용 Al 합금의 대표로 무게를 중요시하는 항공기, 자동차, 운반기계 등의 재료로 사용된다.

22. 기계구조용 탄소 강재에 해당하는 것은?

① SM30C　　　　② STD11
③ SPS7　　　　④ STC6

해설 SM : 기계구조용강(machine structure steel), 30C : 탄소 함유량

23. 열처리 방법에 있어 불림의 목적으로 가장 적합한 것은?

① 급랭시켜 재질을 경화시킨다.
② 담금질된 것에 인성을 부여한다.
③ 재질을 강하게 하고 균일하게 한다.
④ 소재를 일정 온도에 가열 후 공랭시켜 표준화한다.

해설 불림(normalizing, 소준)은 주조 또는 단조한 제품의 조대화한 조직을 미세화, 표준화하기 위해 Ac_3나 Acm 변태점보다 40~60℃ 높은 온도로 가열하여 오스테나이트로 만든 후 공기 중에서 냉각시키는 열처리 방법으로 연신율과 단면수축률이 좋아진다.

24. 금속 재료의 가공 방법에 있어 냉간가공의 특징으로 볼 수 없는 것은?

① 제품의 표면이 미려하다.
② 제품의 치수 정도가 좋다.
③ 연신율과 단면수축률이 저하된다.
④ 가공 경화에 의한 강도가 저하된다.

해설 냉간가공(cold working)은 재료에 큰 변형은 없으나 가공 공정과 연료비가 적게 들고 제품의 표면이 미려하며 제품의 치수 정도가 좋다. 가공 경화에 의한 강도가 상승하고 가공공수가 적어 가공비가 적게 들며 공정 관리가 쉬운 특징이 있다.

25. 주철의 결점을 개선하기 위하여 백주철의 주물을 만들고 이것을 장시간 열처리하여 탄소의 상태를 분해 또는 소실시켜 인성 또는 연성을 증가시킨 주철은?

① 회주철(gray cast iron)
② 반주철(mottled cast iron)
③ 가단주철(malleable cast iron)
④ 칠드주철(chilled cast iron)

해설 가단주철은 백주철을 풀림 처리하여 탈탄과 탄화철의 흑연화에 의해 연성(또는 가단성)을 가지게 한 주철(연신율 5~14%)로 백심, 흑심 가단주철이 있다.

26. 니켈(Ni)에 관한 설명으로 옳은 것은?

① 증류수 등에 대한 내식성이 나쁘다.
② 니켈은 열간 및 냉간가공이 용이하다.
③ 360℃ 부근에서는 자기변태로 강자성체이다.
④ 아황산가스(SO_2)를 품는 공기에서는 부식되지 않는다.

해설 니켈의 성질
㉮ 백색의 인성이 풍부한 금속으로 면심입방격자이다.

정답 21. ② 22. ① 23. ④ 24. ④ 25. ③ 26. ②

㉯ 상온에서 강자성체이나 360℃에서 자기변태로 자성을 잃는다.
㉰ 용융점 1455℃, 비중 8.9, 재결정 온도 530~660℃, 열간가공 온도 1000~1200℃
㉱ 냉간 및 열간가공이 잘 되고 내식성, 내열성이 크다.

27. 칼로라이징(calorizing) 금속 침투법은 철강 표면에 어떠한 금속을 침투시키는가?

① 규소 ② 알루미늄
③ 크롬 ④ 아연

해설 금속 침투법은 모재와 다른 종류의 금속을 확산 침투시켜 합금 피복층을 얻는 방법으로, 세라다이징-Zn, 크로마이징-Cr, 칼로라이징-Al, 보로나이징-B이다.

28. 탄소강의 인장강도, 탄성한도를 증가시키며 내식성을 향상시키는 성분은?

① 황(S) ② 구리(Cu)
③ 인(P) ④ 망간(Mn)

해설 탄소강 중에 함유된 구리(0.25% 이하)는 인장강도, 경도, 부식저항을 증가시키며 압연 시 균열의 원인이 된다.

29. 응급 처치 구명 4대 요소에 속하지 않는 것은?

① 상처 보호
② 지혈
③ 기도 유지
④ 전문구조기관의 연락

해설 응급 처치의 4단계 : 지혈→기도 유지→상처 보호→쇼크 방지와 치료

30. CO_2가스 아크 용접에서 플럭스 코어드 와이어의 단면 형상이 아닌 것은?

① NCG형
② Y관상형
③ 풀(pull)형
④ 아코스(arcos)형

해설 플럭스 코어드 와이어의 단면 형상에는 NCG형, 아코스형, Y관상형, S관상형, 퓨즈아크형 등이 있다.

31. 아크 용접 로봇 자동화 시스템의 구성으로 틀린 것은?

① 포지셔너(positioner)
② 아크발생장치
③ 모재 가공부
④ 안전장치

해설 아크 용접 로봇은 용접 전원, 포지셔너, 트랙, 갠트리, 칼럼 및 부속장치(용접물 고정장치) 등으로 구성되어 있다.

32. 이산화탄소 아크 용접의 특징이 아닌 것은?

① 전원은 교류 정전압 또는 수하 특성을 사용한다.
② 가시 아크이므로 시공이 편리하다.
③ MIG 용접에 비해 용착 금속에 기공 생김이 적다.
④ 산화 및 질화가 되지 않는 양호한 용착금속을 얻을 수 있다.

해설 이산화탄소 아크 용접기에는 일반적으로 직류 정전압 특성이나 상승 특성의 용접 전원이 사용된다.

33. 불활성 가스 텅스텐 아크 용접법의 극성에 대한 설명으로 틀린 것은?

① 직류 정극성에서는 모재의 용입이 깊고 비드 폭이 좁다.
② 직류 역극성에서는 전극 소모가 많으므로 지름이 큰 전극을 사용한다.

정답 27. ② 28. ② 29. ④ 30. ③ 31. ③ 32. ① 33. ③

③ 직류 정극성에서는 청정작용이 있어 알루미늄이나 마그네슘 용접에 아르곤 가스를 사용한다.
④ 직류 역극성에서는 모재의 용입이 얕고 비드 폭이 넓다.

해설 직류 역극성에서는 가스 이온으로 인한 청정작용이 있어 알루미늄이나 마그네슘 용접에 아르곤 가스를 사용한다.

34. 다음 중 심 용접에서 사용하는 통전 방법이 아닌 것은?

① 포일 통전법　② 단속 통전법
③ 연속 통전법　④ 맥동 통전법

해설 심 용접의 통전 방법에는 단속 통전법, 연속 통전법, 맥동 통전법이 있으며, 심 용접의 종류로는 맞대기 심 용접, 매시 심 용접, 포일 심 용접 등이 있다.

35. CO_2가스 아크 용접 결함에 있어서 다공성이란 무엇을 의미하는가?

① 질소, 수소, 일산화탄소 등에 의한 기공을 말한다.
② 와이어 선단부에 용적이 붙어 있는 것을 말한다.
③ 스패터가 발생하여 비드의 외관에 붙어 있는 것을 말한다.
④ 노즐과 모재 간 거리가 지나치게 작아서 와이어 송급 불량을 의미한다.

해설 다공성의 원인 중 질소는 흡기 현상에 의하여 공기로부터 흡수된 것이며, 수소는 수하물의 표면이나 페인트, 프라이머와 같은 수소 화합물로부터 발생한다.

36. 가스 용접 장치에 대한 설명으로 틀린 것은 어느 것인가?

① 화기로부터 5 m 이상 떨어진 곳에 설치한다.
② 전격방지기를 설치한다.
③ 아세틸렌가스 집중장치 시설에는 소화기를 준비한다.
④ 작업 종료 시 메인 밸브 및 콕 등을 완전히 잠근다.

해설 전격방지기는 교류 아크 용접기의 휴식 시간에 전격을 방지하기 위하여 최고 무부하 전압을 25 V 이하로 저하하고 용접 시작 전에 무부하 전압으로 되는 안전장치이다.

37. 납땜의 용제가 갖추어야 할 조건 중 맞는 것은?

① 모재나 땜납에 대한 부식작용이 최대한일 것
② 납땜 후 슬래그 제거가 용이할 것
③ 전기저항 납땜에 사용되는 것은 부도체일 것
④ 침지땜에 사용되는 것은 수분을 함유하여야 할 것

해설 납땜 용제의 구비 조건
㉮ 모재의 산화 피막과 같은 불순물을 제거하고 유동성이 좋을 것
㉯ 청정한 금속면의 산화를 방지할 것
㉰ 땜납의 표면장력을 맞추어서 모재와의 친화력을 높일 것
㉱ 용제의 유효 온도 범위와 납땜 온도가 일치할 것
㉲ 납땜 후 슬래그의 제거가 용이할 것
㉳ 모재나 땜납에 대한 부식 작용이 최소한일 것
㉴ 전기 저항 납땜에 사용되는 것은 전도체일 것
㉵ 침지땜에 사용되는 것은 수분을 함유하지 않을 것

38. 용접 지그 선택의 기준이 아닌 것은?

① 물체를 튼튼하게 고정시킬 크기와 힘

정답 34. ① 35. ① 36. ② 37. ② 38. ④

이 있어야 할 것
② 용접 위치를 유리한 용접 자세로 쉽게 움직일 수 있을 것
③ 물체의 고정과 분해가 용이해야 하며 청소에 편리할 것
④ 변형이 쉽게 되는 구조로 제작될 것

해설 용접 지그의 선택 조건
㉮ 구속력이 너무 크면 잔류 응력이나 용접 균열이 발생하기 쉽다.
㉯ 지그의 제작비가 많이 들지 않아야 한다.
㉰ 사용이 간단해야 한다.

39. 모재 두께가 9~10 mm인 연강 판의 V형 맞대기 피복 아크 용접 시 홈의 각도로 적당한 것은?

① 20~40° ② 40~50°
③ 60~70° ④ 90~100°

해설 연강 판의 V형 맞대기 피복 아크 용접 시 홈의 각도는 60~70°로 하고 두께에 따라 비드 수 차이가 난다.

40. 용접 분위기 가운데 수소 또는 일산화탄소가 과잉될 때 발생하는 결함은?

① 언더컷 ② 기공
③ 오버랩 ④ 스패터

해설 기공의 발생 원인
㉮ 용접 분위기 가운데 수소 또는 일산화탄소의 과잉
㉯ 용접부의 급속한 응고
㉰ 아크 길이, 전류 조작의 부적당
㉱ 과대 전류의 사용, 용접 속도가 빠를 때
㉲ 강재에 부착되어 있는 기름, 페인트, 녹

41. 선박, 보일러 등 두꺼운 판의 용접 시 용융 슬래그와 와이어의 저항열을 이용하여 연속적으로 상진하면서 용접하는 것은?

① 테르밋 용접
② 일렉트로 슬래그 용접
③ 논 실드 아크 용접
④ 서브머지드 아크 용접

해설 일렉트로 슬래그 용접법은 와이어와 용융 슬래그 사이에 통전된 전류의 저항열을 이용하여 용접을 하는 방법으로 와이어가 1개인 경우는 판 두께 120 mm, 와이어가 2개인 경우는 100~250 mm이며, 와이어를 3개 이상 사용하면 250 mm 이상의 용접도 가능하다.

42. 용접 작업 시 전격 방지를 위한 주의사항 중 틀린 것은?

① 캡타이어 케이블의 피복상태, 용접기의 접지상태를 확실하게 점검할 것
② 기름기가 묻었거나 젖은 보호구와 복장은 입지 말 것
③ 좁은 장소의 작업에서는 신체를 노출시키지 말 것
④ 개로 전압이 높은 교류 용접기를 사용할 것

해설 개로 전압이 높은 교류 용접기를 사용하면 전격의 위험을 갖고 있어 반드시 전격방지기를 설치하여야 한다.

43. 가스 용접에 의한 역화가 일어날 경우 대처방법으로 잘못된 것은?

① 아세틸렌을 차단한다.
② 산소 밸브를 열어 산소량을 증가시킨다.
③ 팁을 물로 식힌다.
④ 토치의 기능을 점검한다.

해설 역화가 일어났을 때 즉시 산소 밸브를 잠근다.

44. 용접 홈 종류 중 두꺼운 판을 한쪽 방향에서 충분한 용입을 얻으려고 할 때 사용되는 것은?

정답 39. ③ 40. ② 41. ② 42. ④ 43. ② 44. ①

① U형 홈 ② X형 홈
③ H형 홈 ④ I형 홈

해설 용접 홈 형상의 종류
㉮ 한면 홈이음 : I형, V형, ㅣ/형(베벨형), U형, J형(그러므로 한쪽 방향에서는 V형 또는 U형이 완전한 용입을 얻을 수 있다.)
㉯ 양면 홈이음 : 양면 I형, X형, K형, H형, 양면 J형

45. 전자 빔 용접의 특징 중 잘못 설명한 것은 어느 것인가?

① 용접 변형이 적고 정밀 용접이 가능하다.
② 열전도율이 다른 이종 금속의 용접이 가능하다.
③ 진공 중에서 용접하므로 불순가스에 의한 오염이 적다.
④ 용접물의 크기에 제한이 없다.

해설 전자 빔 용접은 고진공 용기 내에서 전자 빔을 이용하여 용접을 하므로 용접물의 크기에 제한을 받는다.

46. 다음 소화기에 대한 설명으로 옳지 않은 것은?

① A급 화재에는 포말 소화기가 적합하다.
② A급 화재란 보통 화재를 뜻한다.
③ C급 화재에는 CO_2 소화기가 적합하다.
④ C급 화재란 유류 화재를 뜻한다.

해설 화재 및 소화기
㉮ A급 화재(일반 화재) : 수용액
㉯ B급 화재(유류 화재) : 화학 소화액(포말, 사염화탄소, 탄산가스, 드라이케미컬)
㉰ C급 화재(전기 화재) : 유기성 소화액(분말, 탄산가스, 탄산칼륨+물)
㉱ D급 화재(금속 화재) : 건조사

47. 화학적 시험에 해당되는 것은?

① 물성 시험
② 열특성 시험
③ 설퍼 프린트 시험
④ 함유 수소 시험

해설 화학적 시험에는 화학 분석 시험, 부식 시험, 함유 수소 시험 등이 있다. 물성 시험, 열특성 시험은 물리적 시험에 속하고 설퍼 프린트 시험은 야금학적 시험에 해당된다.

48. MIG 알루미늄 용접을 용적 이행 형태에 따라 분류할 때 해당되지 않는 용접법은?

① 단락 아크 용접
② 스프레이 아크 용접
③ 펄스 아크 용접
④ 저전압 아크 용접

49. 다음 용접법 중 용접봉을 용제 속에 넣고 아크를 일으켜 용접하는 것은?

① 원자 수소 용접
② 서브머지드 아크 용접
③ 불활성 가스 아크 용접
④ 이산화탄소 아크 용접

해설 서브머지드 아크 용접은 용제(flux) 속에서 전극의 선단과 모재 사이에 아크가 발생되어 용접이 진행되는 자동 용접으로서 아크가 용제 속에 숨겨져 있어서 불가시 용접이라 한다.

50. 용접부의 잔류 응력을 제거하기 위한 방법으로, 끝이 둥근 해머로 용접부를 연속적으로 때려서 용접 표면상에 소성 변형을 주어 용접 금속부의 인장응력을 완화하는 방법은 어느 것인가?

① 코킹법 ② 피닝법
③ 저온응력완화법 ④ 국부풀림법

해설 피닝법은 끝이 둥근 특수 해머로 용접부를 연속적으로 타격하며 용접 표면에 소성 변형을 주어 인장응력을 완화한다.

정답 45. ④ 46. ④ 47. ④ 48. ④ 49. ② 50. ②

51. 나사 표시 기호 M50×2에서 2는 무엇을 나타내는가?

① 나사 산의 수 ② 나사 피치
③ 나사의 줄 수 ④ 나사의 등급

해설 나사 피치를 mm로 표시하는 나사의 경우 나사의 종류를 표시하는 기호(M), 나사의 호칭 지름을 표시하는 숫자(50)×피치(2)로 나타낸다.

52. 그림과 같은 양면 필릿 용접 기호를 가장 올바르게 해석한 것은?

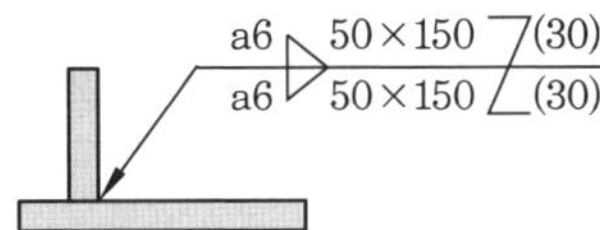

① 목길이 6 mm, 용접길이 150 mm, 인접한 용접부 간격 50 mm
② 목길이 6 mm, 용접길이 50 mm, 인접한 용접부 간격 30 mm
③ 목두께 6 mm, 용접길이 150 mm, 인접한 용접부 간격 30 mm
④ 목두께 6 mm, 용접길이 50 mm, 인접한 용접부 간격 50 mm

53. 치수를 나타내기 위한 치수선의 표시가 잘못된 것은?

① 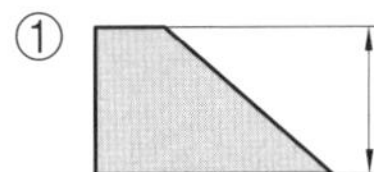
② 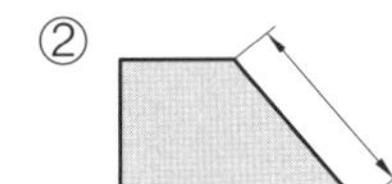
③ 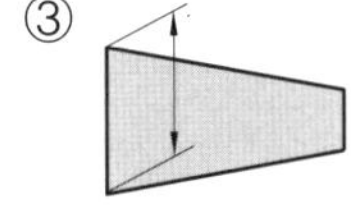
④ 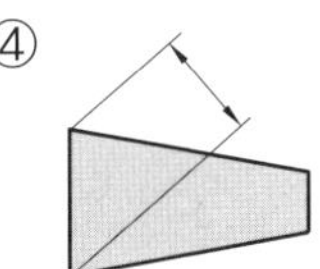

54. 제도에 사용되는 문자 크기의 기준으로 맞는 것은?

① 문자의 폭
② 문자의 높이
③ 문자의 대각선의 길이
④ 문자의 높이와 폭의 비율

해설 한글 문자는 5종, 숫자는 5종, 로마자는 7종으로 되어 있으며, 문자 크기는 문자의 높이를 말한다.

55. 배관용 탄소 강관의 KS 기호는?

① SPP ② SPCD
③ STKM ④ SAPH

해설
- STKM : 기계구조용 탄소 강관
- SAPH : 자동차 구조용 열간 압연강판 및 강대

56. 배관에서 유체의 종류 중 공기를 나타내는 기호는?

① A ② C
③ S ④ W

해설 공기는 A, 가스는 G, 기름은 O, 증기는 S, 물은 W, 브라인 또는 2차 냉매는 B, 냉각수는 C, 냉수는 CH, 냉매는 R로 표시한다.

57. 그림의 A 부분과 같이 경사면부가 있는 대상물에서 그 경사면의 실형을 표시할 필요가 있는 경우 사용하는 투상도는?

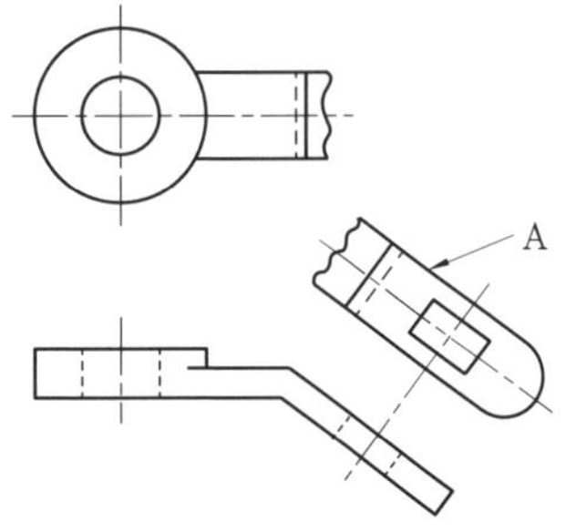

① 국부 투상도 ② 전개 투상도
③ 회전 투상도 ④ 보조 투상도

정답 51. ② 52. ③ 53. ④ 54. ② 55. ① 56. ① 57. ④

해설 보조 투상도 : 물체가 경사면이 있어 투상을 시키면 실제 길이와 모양이 틀려 경사면에 별도의 투상면을 설정하고 이 면에 투상하면 실제 모양이 그려진다.

58. 기계 제도의 일반 사항에 관한 설명으로 틀린 것은?

① 잘못 볼 염려가 없다고 생각되는 도면은 도면의 일부 또는 전부에 대하여 비례관계를 지키지 않아도 좋다.
② 선의 굵기 방향의 중심은 이론상 그려야 할 위치 위에 그린다.
③ 선이 근접하여 그리는 선의 선 간격은 원칙적으로 평행선의 경우 선의 굵기의 3배 이상으로 하고, 선과 선의 간격은 0.7 mm 이상으로 하는 것이 좋다.
④ 다수의 선이 1점에 집중할 경우 그 점 주위를 스머징하여 검게 나타낸다.

해설 스머징은 외형선 안쪽의 일부 또는 전부를 색칠하는 것을 말하며, 다수의 선이 1점에 집중할 경우에는 한 줄로 긋는다.

59. 다음 도면에서 가는 실선으로 대각선을 그려 도시한 면의 설명으로 옳은 것은?

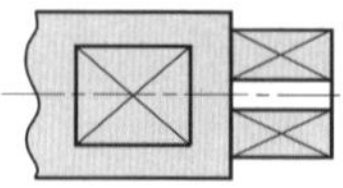

① 대상의 면이 평면임을 도시
② 특수 열처리한 부분을 도시
③ 다이아몬드의 볼록 형상을 도시
④ 사각형으로 관통한 면

해설 도형 내의 특정한 부분이 평면인 것을 표시할 필요가 있을 때 가는 실선을 대각선으로 긋는다.

60. 제 3각법으로 정투상한 그림과 같은 정면도와 우측면도에 가장 적합한 평면도는?

(정면도)

① 
② 
③ 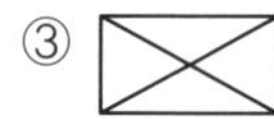
④ 

정답 58. ④ 59. ① 60. ③

2014년도 시행 문제

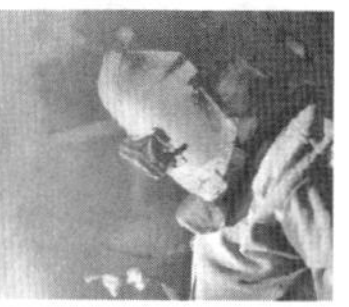

2014. 1. 26 시행(특수 용접 기능사)

1. 필릿 용접부의 보수 방법에 대한 설명으로 옳지 않은 것은?

① 간격이 1.5 mm 이하일 때에는 그대로 용접하여도 좋다.
② 간격이 1.5~4.5 mm일 때에는 넓혀진 만큼 각장을 감소시킬 필요가 있다.
③ 간격이 4.5 mm일 때에는 라이너를 넣는다.
④ 간격이 4.5 mm 이상일 때에는 300 mm 정도의 치수로 판을 잘라낸 후 새로운 판으로 용접한다.

해설 필릿 용접부의 보수에서 간격이 1.5~4.5 mm일 때는 그대로 용접하여도 좋으나 넓혀진 만큼 각장을 증가시킬 필요가 있다.

2. 화재 발생 시 사용하는 소화기에 대한 설명으로 틀린 것은?

① 전기로 인한 화재에는 포말 소화기를 사용한다.
② 분말 소화기는 기름 화재에 적합하다.
③ CO_2가스 소화기는 소규모의 인화성 액체 화재나 전기 설비 화재의 초기 진화에 좋다.
④ 보통 화재에는 포말, 분말 CO_2 소화기를 사용한다.

해설 화재 및 소화기
㉮ A급 화재(일반 화재) : 수용액
㉯ B급 화재(유류 화재) : 화학 소화액(포말, 사염화탄소, 탄산가스, 드라이 케미컬)
㉰ C급 화재(전기 화재) : 유기성 소화액(분말, 탄산가스, 탄산칼륨+물)
㉱ D급 화재(금속 화재) : 건조사

3. 탄산가스 아크 용접에 대한 설명으로 맞지 않는 것은?

① 가시 아크이므로 시공이 편리하다.
② 철 및 비철류의 용접에 적합하다.
③ 전류 밀도가 높고 용입이 깊다.
④ 바람의 영향을 받으므로 풍속 2 m/s 이상일 때에는 방풍장치가 필요하다.

해설 탄산가스 아크 용접은 철류의 용접에만 국한된다.

4. 서브머지드 아크 용접에서 다전극 방식에 의한 분류가 아닌 것은?

① 탠덤식 ② 횡병렬식
③ 횡직렬식 ④ 이행형식

해설 서브머지드 아크 용접을 다전극 방식에 따라 분류하면 탠덤식, 횡병렬식, 횡직렬식의 3가지 방법이 있다.

5. 용접부에 X선을 투과하였을 경우 검출할 수 있는 결함이 아닌 것은?

① 선상조직 ② 비금속 개재물
③ 언더컷 ④ 용입 불량

해설 X선 투과 검사에 의해 검출되는 결함은 균열, 융합 불량, 용입 불량, 기공, 슬래그 섞임, 비금속 개재물, 언더컷 등이다. 선상조직은 용접 금속을 파단시켰을 때 그 일부가 상주상 아주 미세한 주상정으로 보이는 것이다.

6. 구리와 아연을 주성분으로 한 합금으로 철강이나 비철금속의 납땜에 사용되는 것은?

① 황동납 ② 인동납

정답 1. ② 2. ① 3. ② 4. ④ 5. ① 6. ①

③ 은납 ④ 주석납

해설 ㉮ 은납 : 은과 구리(Ag-Cu)를 주성분으로 하고 이외에 아연(Zn), 카드뮴(Cd), 주석(Sn), 니켈(Ni), 망간(Mn) 등을 첨가한 합금 땜납이다.
㉯ 황동납 : 구리와 아연이 주성분이며, 땜납에 이용되는 황동은 아연 60% 이하의 것이 실용되고 있다. 황동납은 은납과 비교하여 값이 저렴하므로 공업적으로 많이 이용되고 특히 철, 비철금속의 땜납에 적합하다.
㉰ 인동납 : 인동납의 조성은 인과 구리(P-Cu), 인-은-구리(P-Ag-Cu)의 두 합금계로 나누어지며 일반적으로 구리 및 구리 합금의 땜납으로 쓰인다.
㉱ 주석납 : 연납은 인장강도 및 경도가 낮고 용융점이 낮으며, 주로 주석-납계 합금이 많이 사용된다.

7. MIG 용접 제어장치의 기능으로 크레이터 처리 기능에 의해 낮아진 전류가 서서히 줄어들면서 아크가 끊어지며 이면 용접부가 녹아내리는 것을 방지하는 것을 의미하는 것은?

① 예비 가스 유출 시간
② 스타트 시간
③ 크레이터 충전 시간
④ 번 백 시간

해설 번 백 시간은 크레이터 처리 기능에 의해 낮아진 전류가 서서히 줄어들면서 아크가 끊어지는 기능으로 용접부가 녹아내리는 것을 방지한다.

8. 용접기 설치 및 보수할 때 지켜야 할 사항으로 옳은 것은?

① 셀렌 정류기형 직류 아크 용접기에서는 습기나 먼지 등이 많은 곳에 설치해도 괜찮다.
② 조정핸들, 미끄럼 부분 등에 주유해서는 안 된다.
③ 용접 케이블 등의 파손된 부분은 즉시 절연 테이프로 감아야 한다.
④ 냉각용 선풍기, 바퀴 등에도 주유해서는 안 된다.

9. 이산화탄소 아크 용접의 솔리드 와이어 용접봉에 대한 설명으로 YGA-50W-1.2-20에서 50이 뜻하는 것은?

① 용접봉의 무게
② 용착 금속의 최소 인장강도
③ 용접 와이어
④ 가스 실드 아크 용접

해설 • YGA : 용접 와이어
• 50 : 용착 금속의 최소 인장강도
• W : 용착 금속의 화학 성분

10. 전기저항 점 용접법에 대한 설명으로 틀린 것은?

① 인터랙 점 용접이란 용접점의 부분에 직접 2개의 전극을 물리지 않고 용접 전류가 피용접물의 일부를 통하여 다른 곳으로 전달하는 방식이다.
② 단극식 점 용접이란 전극이 1쌍으로 1개의 점 용접부를 만드는 것이다.
③ 맥동 점 용접은 사이클 단위를 몇 번이고 전류를 연속하여 통전하는 것으로 용접 속도 향상 및 용접 변형 방지에 좋다.
④ 직렬식 점 용접이란 1개의 전류 회로에 2개 이상의 용접점을 만드는 방법으로 전류 손실이 많아 전류를 증가시켜야 한다.

해설 맥동 점 용접이란 모재 두께가 다른 경우에 전극의 과열을 피하기 위하여 사이클 단위를 몇 번이고 전류를 단속하여 용접하는 방법이다.

11. 스터드 용접법의 종류가 아닌 것은?

① 아크 스터드 용접법

정답 7. ④ 8. ③ 9. ② 10. ③ 11. ②

② 텅스텐 스터드 용접법
③ 충격 스터드 용접법
④ 저항 스터드 용접법

해설 스터드 용접은 볼트나 환봉을 피스톤형의 홀더에 끼우고 모재와 볼트 사이에 순간적으로 아크를 발생시켜 용접하는 방법으로, 아크 스터드 용접법, 충격 스터드 용접법, 저항 스터드 용접법으로 구분된다.

12. 전자 빔 용접의 종류 중 고전압 소전류형의 가속 전압은?

① 20~40 kV ② 50~70 kV
③ 70~150 kV ④ 150~300 kV

해설 전자 빔 용접은 고진공 중에서 고속의 전자 빔을 모아 에너지를 접합부에 조사하여 그 충격열을 이용한 용접법으로, 저전압 대전류형과 고전압 소전류형이 있다.

13. TIG 용접에서 직류 정극성으로 용접할 때 전극 선단의 각도로 가장 적합한 것은?

① 5~10° ② 10~20°
③ 30~50° ④ 60~70°

14. 일반적으로 안전을 표시하는 색채 중 특정 행위의 지시 및 사실의 고지 등을 나타내는 색은?

① 노란색 ② 녹색
③ 파란색 ④ 흰색

해설 안전 색채의 종류 : 빨강-금지, 노랑-경고, 주의 표시, 파랑-지시, 녹색-안내, 흰색-문자 및 파랑, 녹색에 대한 보조색, 검정색-문자 및 빨강, 노랑에 대한 보조색

15. 아크 용접부에 기공이 발생하는 원인과 가장 관련이 없는 것은?

① 이음 강도 설계가 부적당할 때
② 용착부가 급랭될 때
③ 용접봉에 습기가 많을 때
④ 아크 길이, 전류값 등이 부적당할 때

해설 기공의 발생 원인
㉮ 용접 분위기 가운데 수소 또는 일산화탄소의 과잉
㉯ 용접부의 급속한 응고
㉰ 아크 길이, 전류 조작의 부적당
㉱ 과대 전류의 사용, 용접 속도가 빠를 때
㉲ 강재에 부착되어 있는 기름, 페인트, 녹

16. 용접부의 시험검사에서 야금학적 시험 방법에 해당되지 않는 것은?

① 파면 시험
② 육안 조직 시험
③ 노치 취성 시험
④ 설퍼 프린트 시험

해설 야금학적 시험법에는 육안 조직 시험, 현미경 조직 시험, 파면 시험, 설퍼 프린트 시험 등이 있다.

17. 다층 용접 방법 중 각 층마다 전체의 길이를 용접하면서 쌓아 올리는 용착법은?

① 전진블록법
② 덧살올림법
③ 캐스케이드법
④ 스킵법

해설 ㉮ 전진블록법 : 한 개의 용접봉으로 살을 붙일만한 길이로 구분해서, 홈을 한 부분씩 여러 층으로 쌓아 올린 다음, 다른 부분으로 진행하는 방법

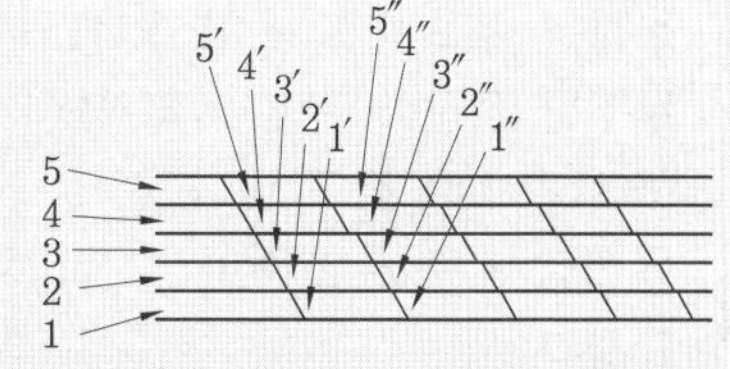

정답 12. ③ 13. ③ 14. ③ 15. ① 16. ③ 17. ②

㉯ 덧살올림법 : 각 층마다 전체의 길이를 용접하면서 쌓아 올리는 방법

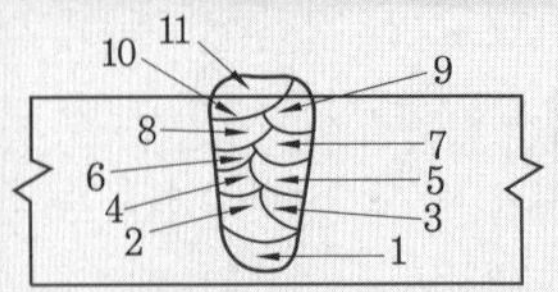

㉰ 캐스케이드법 : 한 부분의 몇 층을 용접하다가 다음 부분의 층으로 연속시켜 전체가 계단 형태를 이루도록 용착시켜 나가는 방법

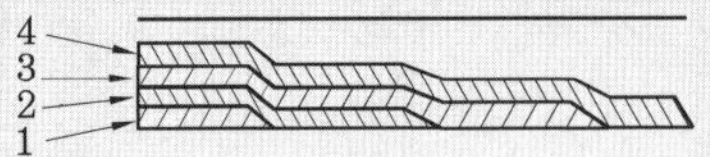

㉱ 스킵법 : 비석법이라고도 하며, 용접 길이를 짧게 나누어 간격을 두면서 용접하는 방법으로 피용접물 전체에 변형이나 잔류 응력이 적게 발생하도록 하는 용착 방법이다.

1 4 2 5 3

18. 용접 작업 시 작업자의 부주의로 발생하는 안염, 각막염, 백내장 등을 일으키는 원인은?

① 용접 퓸 가스 ② 아크 불빛
③ 전격 재해 ④ 용접 보호 가스

해설 아크 불빛은 자외선, 적외선, 가시광선의 분포가 태양 광선과 똑같아서 맨 눈으로 보면 안염, 각막염 등을 일으키므로 반드시 차광유리 등을 통해서 보아야 한다.

19. 플라스마 아크 용접에 대한 설명으로 잘못된 것은?

① 아크 플라스마의 온도는 10000~30000℃ 온도에 달한다.
② 핀치 효과에 의해 전류 밀도가 크므로 용입이 깊고 비드 폭이 좁다.
③ 무부하 전압이 일반 아크 용접기에 비하여 2~5배 정도 낮다.
④ 용접장치 중에 고주파 발생장치가 필요하다.

해설 플라스마 아크 용접기는 무부하 전압이 65~80 V인 정류형 전원을 사용한다.

20. 다음 그림과 같은 다층 용접법은?

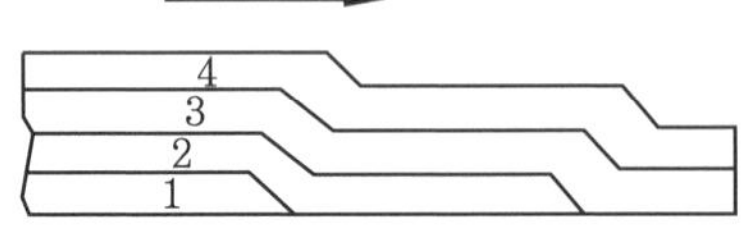

① 빌드업법 ② 캐스케이드법
③ 전진블록법 ④ 스킵법

21. 용접 결함 중 구조상 결함이 아닌 것은?

① 슬래그 섞임
② 용입 불량과 융합 불량
③ 언더컷
④ 피로강도 부족

해설 구조상의 결함에는 기공, 비금속 또는 슬래그 섞임, 융합 불량, 용입 불량, 언더컷, 오버랩, 균열, 표면 결함 등이 있다.

22. TIG 용접기의 주요 장치 및 기구가 아닌 것은?

① 보호가스 공급장치
② 와이어 공급장치
③ 냉각수 순환장치
④ 제어장치

해설 일반적으로 제어장치, 냉각수 순환장치, 보호가스 공급장치 등으로 구성되며, 자동 용접일 때에는 와이어 공급장치도 필요하다.

23. 피복 아크 용접봉에서 피복 배합제인 아교는 무슨 역할을 하는가?

① 아크 안정제
② 합금제
③ 탈산제
④ 환원가스 발생제

정답 18. ② 19. ③ 20. ② 21. ④ 22. ② 23. ④

24. 직류 아크 용접기와 비교한 교류 아크 용접기의 설명에 해당되는 것은?

① 아크의 안정성이 우수하다.
② 자기쏠림 현상이 있다.
③ 역률이 매우 양호하다.
④ 무부하 전압이 높다.

해설 아크 용접기

비교 항목	직류 아크 용접기	교류 아크 용접기
아크의 안정	우수	약간 불안 (극성 수시 변화)
극성 이용	가능	불가능
비피복 용접봉 사용	가능	불가능
무부하 (개로) 전압	약간 낮음 (60 V가 상한값)	높음
전격의 위험	적다.	많다.
구조	복잡	간단
유지	약간 어려움	쉽다.
고장	회전기에 많음	적다.
역률	매우 양호	불량
가격	비싸다. (교류의 수 배)	싸다.
소음	회전기는 많고 정류기는 적다.	적다.
자기쏠림 방지	불가능	가능

25. 용접 설계에 있어서 일반적인 주의사항 중 틀린 것은?

① 용접에 적합한 구조 설계를 할 것
② 용접 길이는 될 수 있는 대로 길게 할 것
③ 결함이 생기기 쉬운 용접 방법은 피할 것
④ 구조상의 노치부를 피할 것

해설 용접 길이는 가능한 한 짧게 한다.

26. A는 병 전체 무게(빈 병+아세틸렌 가스)이고, B는 빈 병의 무게이며, 또한 15℃ 1기압에서의 아세틸렌 가스 용적을 905 L라고 할 때 용해 아세틸렌 가스의 양 C [L]를 계산하는 식은?

① $C=905(B-A)$
② $C=905+(B-A)$
③ $C=905(A-B)$
④ $C=905+(A-B)$

27. 내용적 40.7 L의 산소병에 150 kgf/cm^2의 압력이 게이지에 표시되었다면 산소병에 들어 있는 산소량은 몇 L인가?

① 3400 ② 4055
③ 5055 ④ 6105

해설 산소량 = 내용적×고압 게이지 눈금
= 40.7×150 = 6105 L

28. 산소 프로판 가스 절단에서 프로판 가스 1에 대하여 얼마 비율의 산소를 필요로 하는가?

① 8 ② 6 ③ 4.5 ④ 2.5

29. 아세틸렌 가스가 산소와 반응하여 완전 연소할 때 생성되는 물질은?

① CO, H_2O ② $2CO_2$, H_2O
③ CO, H_2 ④ CO_2, H_2

해설 중성 불꽃으로 2차 반응에 나타나며 H_2O, $2CO_2$가 생성된다.

30. 가스 용접에서 양호한 용접부를 얻기 위한 조건으로 틀린 것은?

① 모재 표면에 기름, 녹 등을 용접 전에

정답 24. ④ 25. ② 26. ③ 27. ④ 28. ③ 29. ② 30. ②

제거하여 결함을 방지하여야 한다.
② 용착 금속의 용입 상태가 불균일해야 한다.
③ 과열의 흔적이 없어야 하며 용접부에 첨가된 금속의 성질이 양호해야 한다.
④ 슬래그, 기공 등의 결함이 없어야 한다.

해설 용착 금속의 용입 상태가 균일해야 한다.

31. 아크 쏠림은 직류 아크 용접 중에 아크가 한쪽으로 쏠리는 현상을 말하는데, 아크 쏠림 방지법이 아닌 것은?

① 접지점을 용접부에서 멀리한다.
② 아크 길이는 짧게 유지한다.
③ 가용접을 한 후 후퇴 용접법으로 용접한다.
④ 가용접을 한 후 전진법으로 용접한다.

해설 아크 쏠림 방지법
㉮ 접지점을 용접부에서 멀리한다.
㉯ 아크 길이는 짧게 유지한다.
㉰ 가용접을 한 후 후퇴 용접법으로 용접한다.
㉱ 직류 용접으로 하지 말고 교류 용접으로 한다.
㉲ 이음의 처음과 끝 엔드 탭 등을 이용한다.
㉳ 접지점 2개를 연결한다.

32. 용접기의 가동 핸들로 1차 코일을 상하로 움직여 2차 코일의 간격을 변화시켜 전류를 조정하는 용접기로 맞는 것은?

① 가포화 리액터형
② 가동 코어 리액터형
③ 가동 코일형
④ 가동 철심형

해설 가동 코일형 용접기는 1차 코일, 2차 코일 중의 하나를 이동하여 누설 자속을 변화시켜 전류를 조정하는 용접기로 아크 안정도가 높고 소음이 없다.

33. 프로판 가스가 완전 연소하였을 때 설명으로 맞는 것은?

① 완전 연소하면 이산화탄소로 된다.
② 완전 연소하면 이산화탄소와 물이 된다.
③ 완전 연소하면 일산화탄소와 물이 된다.
④ 완전 연소하면 수소가 된다.

해설 $C_3H_8 + 5O_2 = 3CO_2 + 4H_2O$

34. 가스 용접 시 사용하는 용제에 대한 설명으로 틀린 것은?

① 용제의 융점은 모재의 융점보다 낮은 것이 좋다.
② 용제는 용융 금속의 표면에 떠올라 용착금속의 성질을 양호하게 한다.
③ 용제는 용접 중에 생기는 금속의 산화물 또는 비금속 개재물을 용해하여 용융 온도가 높은 슬래그를 만든다.
④ 연강에는 용제를 일반적으로 사용하지 않는다.

해설 용제는 용접 중에 생기는 금속의 산화물 또는 비금속 개재물을 용해하여 용융 온도가 낮은 슬래그를 만든다.

35. 용접법을 융접, 압접, 납땜으로 분류할 때 압접에 해당하는 것은?

① 피복 아크 용접 ② 전자 빔 용접
③ 테르밋 용접 ④ 심 용접

해설 ㉮ 융접 : 접합하고자 하는 물체의 접합부를 가열·용융시키고 여기에 용가재를 첨가하여 접합하는 방법이다.
㉯ 압접 : 접합부를 냉간 상태 그대로 또는 적당한 온도로 가열한 후 여기에 기계적 압력을 가하여 접합하는 방법이다.
㉰ 납땜 : 모재를 용융시키지 않고 별도의 용융 금속(예를 들면 납과 같은 것)을 접합부에 넣어 접합시키는 방법이다.

정답 31. ④ 32. ③ 33. ② 34. ③ 35. ④

36. 가스 용접에서 가변압식(프랑스식) 팁(tip)의 능력을 나타내는 기준은?

① 1분에 소비하는 산소 가스의 양
② 1분에 소비하는 아세틸렌 가스의 양
③ 1시간에 소비하는 산소 가스의 양
④ 1시간에 소비하는 아세틸렌 가스의 양

해설 ㉮ 가변압식(프랑스식) : 팁의 능력은 1시간 동안 중성 불꽃으로 용접하는 경우 아세틸렌의 소비량(L)으로 나타낸다.
㉯ 불변압식(독일식) : 팁의 능력은 연강판 용접 시 용접할 수 있는 판의 두께로 나타낸다.

37. 피복 금속 아크 용접봉은 습기의 영향으로 기공(blow hole)과 균열(crack)의 원인이 된다. 보통 용접봉(1)과 저수소계 용접봉(2)의 온도와 건조 시간은?(단, 보통 용접봉은 (1)로, 저수소계 용접봉은 (2)로 나타냈다.)

① (1) 70~100℃ 30~60분, (2) 100~150℃ 1~2시간
② (1) 70~100℃ 2~3시간, (2) 100~150℃ 20~30분
③ (1) 70~100℃ 30~60분, (2) 300~350℃ 1~2시간
④ (1) 70~100℃ 2~3시간, (2) 300~350℃ 20~30분

해설 용접봉 건조로는 사용 전에 70~100℃에서 30분~1시간, 저수소계는 300~350℃에서 1~2시간 정도 유지해야 충분히 건조된다.

38. 가스 가공에서 강재 표면의 홈, 탈탄층 등의 결함을 제거하기 위해 얇게 그리고 타원형 모양으로 표면을 깎아내는 가공법은 어느 것인가?

① 가스 가우징 ② 분말 절단
③ 산소창 절단 ④ 스카핑

해설 스카핑은 강괴, 강편, 슬래그, 기타 표면의 균열이나 주름, 주조 결함, 탈탄층 등의 표면 결함을 불꽃 가공에 의해서 제거하는 방법이다. 스카핑 속도는 절단 작업이 표면에서만 이루어지는 관계로 냉간재의 경우 5~7 m/min, 열간재의 경우 20 m/min로 대단히 빠른 편이다.

39. 직류 아크 용접에서 역극성의 특징으로 맞는 것은?

① 용입이 깊어 후판 용접에 사용된다.
② 박판, 주철, 고탄소강, 합금강 등에 사용된다.
③ 봉의 녹음이 느리다.
④ 비드 폭이 좁다.

해설 정극성과 역극성의 비교

구분	정극성 (DCSP)	역극성 (DCRP)
열 분배	용접봉(-) : 30 % 모재(+) : 70 %	모재(-) : 30 % 용접봉(+) : 70 %
특성	㉮ 모재의 용입이 깊다. ㉯ 봉의 녹음이 느리다. ㉰ 비드 폭이 좁다. ㉱ 일반적으로 널리 쓰인다. ㉲ 후판 용접에 적당하다.	㉮ 모재의 용입이 얕다. ㉯ 봉의 녹음이 빠르다. ㉰ 비드 폭이 넓다. ㉱ 박판, 주철, 합금강, 비철 금속에 쓰인다.

40. 가스 침탄법의 특징에 대한 설명으로 틀린 것은?

① 침탄 온도, 기체 혼합비 등의 조절로 균일한 침탄층을 얻을 수 있다.
② 열효율이 좋고 온도를 임의로 조절할 수 있다.
③ 대량 생산에 적합하다.
④ 침탄 후 직접 담금질이 불가능하다.

정답 36. ④ 37. ③ 38. ④ 39. ② 40. ④

해설 가스 침탄법은 침탄제로써 메탄 가스나 프로판 가스 등을 이용하여 강 제품을 침탄하는 방법으로, 열효율이 좋고 연속적으로 침탄할 수 있다. 일정한 탄소량을 가진 침탄층을 얻을 수 있으며 침탄 온도에서 직접 담금질을 할 수 있어 대량 생산에 적합하다.

41. 알루미늄 합금(alloy)의 종류가 아닌 것은?

① 실루민(silumin) ② Y합금
③ 로엑스(Lo-Ex) ④ 인코넬(inconel)

해설 주조형 알루미늄 합금으로 Al-Cu계, Al-Cu-Si계(라우탈), Al-Si계(실루민, 로엑스), Al-Mg계(하이드로날륨), Y합금 등이 있으며, 단련용 알루미늄 합금으로 두랄루민 등이 있다. 인코넬은 Ni에 Cr 13~21 %와 Fe 6.5 %를 함유한 강이다.

42. 풀림의 목적이 아닌 것은?

① 결정립을 조대화시켜 내부 응력을 상승시킨다.
② 가공 경화 현상을 해소시킨다.
③ 경도를 줄이고 조직을 연화시킨다.
④ 내부 응력을 제거한다.

해설 풀림은 담금질 등의 열처리를 하여 경화시킨 합금을 고온에서 장시간 가열하여 실온까지 서서히 식혀 연하게 하는 처리법으로 결정립을 미세화시킨다.

43. 저용융점 합금이 아닌 것은?

① 아연과 그 합금 ② 금과 그 합금
③ 주석과 그 합금 ④ 납과 그 합금

해설 저용융점 합금은 주석(Sn)보다 융점이 낮은 합금으로 퓨즈, 활자, 정밀 모형에 사용한다. 저용융점 합금의 종류는 크게 Bi-Pb-Sn-Cd로 구분하며, 우드 메탈, 뉴턴 합금, 로즈 합금, 리포위츠 합금이 있다.

44. 탄소가 0.25 %인 탄소강이 0~500℃의 온도 범위에서 일어나는 기계적 성질의 변화 중 온도 상승에 따라 증가되는 성질은?

① 항복점 ② 탄성한계
③ 탄성계수 ④ 연신율

해설 온도가 상승함에 따라 탄성계수, 탄성한계 및 항복점 등은 감소하고 연신율과 단면감소율은 감소하다가 인장강도가 최대로 되는 온도에서 최소로 되고는 점차 다시 증가한다.

45. 용접할 때 예열과 후열이 필요한 재료는?

① 15 mm 이하 연강판
② 중탄소강
③ 18℃일 때 18 mm 연강판
④ 순철판

46. 철강에서 펄라이트 조직으로 구성되어 있는 강은?

① 경질강 ② 공석강
③ 강인강 ④ 고용체강

해설 펄라이트는 공석강의 결정 조직명으로 페라이트와 시멘타이트가 층상으로 혼합되어 있는 조직이다.
㉮ 아공석강 : C 0.77 % 이하로 페라이트와 펄라이트로 이루어져 있다.
㉯ 공석강 : C 0.77 %로 펄라이트로 이루어져 있다.
㉰ 과공석강 : C 0.77 % 이상, 2.1 % 이하로 펄라이트와 시멘타이트로 이루어져 있다.

47. 주로 롤러 등으로 사용되는 것은?

① Ni 주강 ② Ni-Cr 주강
③ Mn 주강 ④ Mo 주강

해설 저망간(0.9~1.2 % Mn) 주강은 제지용 기계 부품과 롤러의 재료로 사용되고, 고망간(12 % Mn) 주강인 하드필드강(Hadfield steel)은 인성이 높고 내마멸성도 크므로 레일의 포인트, 분쇄기 롤러 등의 재료로 이용된다.

정답 41. ④ 42. ① 43. ② 44. ④ 45. ② 46. ② 47. ③

48. 주철의 편상 흑연 결함을 개선하기 위하여 마그네슘, 세륨, 칼슘 등을 첨가한 것으로 기계적 성질이 우수하여 자동차 주물 및 특수 기계의 부품용 재료에 사용되는 것은?

① 미하나이트 주철
② 구상 흑연 주철
③ 칠드 주철
④ 가단 주철

해설 구상 흑연 주철은 주조할 때 용탕에 마그네슘, 칼슘 등을 첨가하고 조직 속의 흑연을 구상화한 것으로(접종이라고 말한다.) 보통 주철에 비해 강력하고 점성이 강하다.

49. 18-8 스테인리스강의 조직으로 맞는 것은?

① 페라이트 ② 오스테나이트
③ 펄라이트 ④ 마텐자이트

해설 18Cr-8Ni 스테인리스강은 오스테나이트 조직으로 면심입방격자이며 자성이 없다.

50. Ni-Cu계 합금에서 60~70 % Ni 합금은?

① 모넬메탈(monel-metal)
② 어드밴스(advance)
③ 콘스탄탄(constantan)
④ 알민(almin)

해설 모넬메탈은 Ni 60~70 %, Cu · Fe 1~3 %의 합금으로, 내식성이 우수하고 주조성, 단련성이 풍부하여 화학공업용으로 널리 사용된다.

51. 용접 보조 기호 중 현장 용접을 나타내는 기호는?

① ▶(깃발) ② ○
③ ●(깃대) ④ ◉

52. 2종류 이상의 선이 같은 장소에서 중복될 경우 가장 우선적으로 그려야 할 선은?

① 중심선 ② 숨은선
③ 무게 중심선 ④ 치수 보조선

해설 도면에서 두 종류 이상의 선이 같은 장소에 겹치는 경우에는 외형선, 숨은선, 절단선, 중심선, 무게 중심선, 치수 보조선의 순위에 따라 우선되는 종류의 선으로 그린다.

53. 도면에 리벳의 호칭이 KS B 1102 보일러용 둥근 머리 리벳 13×30 SV 400으로 표시된 경우 올바른 설명은?

① 리벳의 수량 13개
② 리벳의 길이 30 mm
③ 최대 인장강도 400 kPa
④ 리벳의 호칭 지름 30 mm

해설 리벳의 호칭은 규격번호(생략할 수 있음), 종류, 호칭 지름×길이, 재료로 표시한다.

54. 단면도 표시 방법의 설명 중 틀린 것은?

① 단면을 표시할 때에는 해칭 또는 스머징을 한다.
② 인접한 단면의 해칭은 선의 방향 또는 각도를 변경하든지 그 간격을 변경하여 구별한다.
③ 절단했기 때문에 이해를 방해하는 것이나 절단하여도 의미가 없는 것은 원칙적으로 긴 쪽 방향으로는 절단하여 단면도를 표시하지 않는다.
④ 개스킷 같이 얇은 제품의 단면은 투상선을 한 개의 가는 실선으로 표시한다.

해설 개스킷 같이 얇은 제품의 단면은 투상선을 한 개의 굵은 실선으로 표시한다.

정답 48. ② 49. ② 50. ① 51. ① 52. ② 53. ② 54. ④

55. 기계 제도에서 도면에 치수를 기입하는 방법에 대한 설명으로 틀린 것은?

① 길이는 원칙으로 mm의 단위로 기입하고 단위 기호는 붙이지 않는다.
② 치수의 자릿수가 많을 경우 세 자리마다 콤마를 붙인다.
③ 관련 치수는 되도록 한곳에 모아서 기입한다.
④ 치수는 되도록 주투상도에 집중하여 기입한다.

해설 치수의 자릿수가 많을 경우 세 자리마다 숫자의 사이를 적당히 띄우고 콤마는 찍지 않는다.

56. 그림은 투상법의 기호이다. 몇 각법을 나타내는 기호인가?

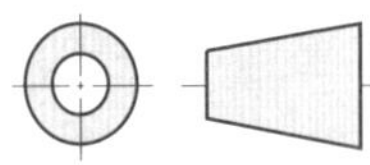

① 제1각법 ② 제2각법
③ 제3각법 ④ 제4각법

해설 제3각법은 물체를 제3상한에 놓고 투상하며, 투상면의 뒤쪽에 물체를 놓는다. 즉, 눈→화면→물체의 순서이다.

57. 배관도에 사용된 밸브 표시가 옳은 것은?

① 밸브 일반 –
② 게이트 밸브 –
③ 나비 밸브 –
④ 체크 밸브 –

58. 그림과 같은 정면도와 우측면도에 가장 적합한 평면도는?

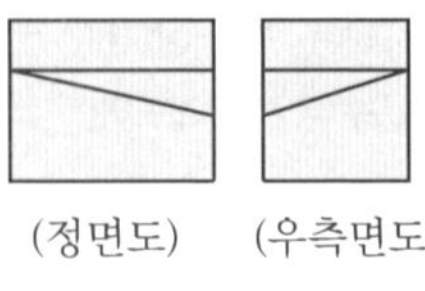

① 
② 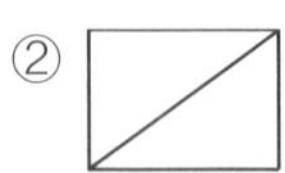
③ 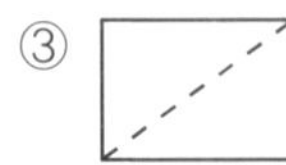
④

59. 전개도는 대상물을 구성하는 면을 평면 위에 전개한 그림을 의미하는데, 원기둥이나 각기둥의 전개에 가장 적합한 전개도법은?

① 평행선 전개도법
② 방사선 전개도법
③ 삼각형 전개도법
④ 사각형 전개도법

해설 ㉮ 평행선 전개도법 : 능선이나 직선 면소에 직각 방향으로 전개하는 방법
㉯ 방사선 전개도법 : 각뿔이나 뿔면을 꼭짓점을 중심으로 방사상으로 전개하는 방법
㉰ 삼각형 전개도법 : 입체의 표면을 몇 개의 삼각형으로 분할하여 전개도를 그리는 방법

60. 일반 구조용 탄소 강관의 KS 재료 기호는?

① SPP ② SPS ③ SKH ④ STK

해설 ㉮ SPP : 배관용 탄소 강관
㉯ SPS : 스프링 강재
㉰ SKH : 고속도 공구강 강재
㉱ STK : 일반 구조용 탄소 강관

정답 55. ② 56. ③ 57. ④ 58. ③ 59. ① 60. ④

2014. 4. 6 시행 (용접 기능사)

1. [보기]와 같은 용착법은?

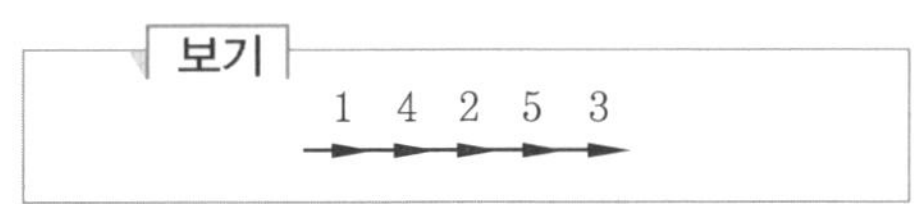

① 대칭법 ② 전진법
③ 후진법 ④ 스킵법

해설 스킵법(skip method)은 비석법이라고도 하며 용접 길이를 짧게 나누어 간격을 두면서 용접하는 방법으로, 피용접물 전체에 변형이나 잔류응력이 적게 발생하도록 하는 용착법이다.

2. 가연성 가스로 스파크 등에 의한 화재에 대하여 가장 주의해야 할 가스는?

① C_3H_8 ② CO_2
③ He ④ O_2

해설 프로판(C_3H_8)은 가연성 가스, 이산화탄소(CO_2)는 환원성 가스, 헬륨(He)은 불활성 가스, 산소(O_2)는 조연성 가스이다.

3. 서브머지드 아크 용접기에서 다전극 방식에 의한 분류에 속하지 않는 것은?

① 푸시 풀식 ② 탠덤식
③ 횡병렬식 ④ 횡직렬식

해설 서브머지드 아크 용접을 다전극 방식에 따라 분류하면 탠덤식, 횡병렬식, 횡직렬식이 있다.
- 탠덤식
  ㉮ 2개의 전극을 독립 전원에 접속한다.
  ㉯ 비드 폭이 좁고 용입이 깊다.
  ㉰ 용접속도가 빠르다.
  ㉱ 파이프 라인의 용접에 사용된다.
- 횡병렬식
  ㉮ 2개 이상의 용접봉을 나란히 옆으로 배열한다.
  ㉯ 용입은 중간 정도이며 비드 폭이 넓어진다.
- 횡직렬식
  ㉮ 2개의 용접봉 중심이 한 곳에 만나도록 배치한다.
  ㉯ 아크 복사열에 의해 용접된다.
  ㉰ 용입이 매우 얕고 자기 불림이 생길 수 있다.
  ㉱ 육성 용접에 주로 사용한다.

4. 용접기의 구비 조건에 해당되는 사항으로 옳은 것은?

① 사용 중 용접기 온도 상승이 커야 한다.
② 용접 중 단락되었을 경우 대전류가 흘러야 된다.
③ 소비전력이 큰 역률이 좋은 용접기를 구비한다.
④ 무부하 전압을 최소로 하여 전격기의 위험을 줄인다.

해설 용접기의 구비조건
㉮ 구조 및 취급이 간단해야 한다.
㉯ 전류 조정이 용이하고 일정한 전류가 흘러야 한다.
㉰ 아크 발생이 잘 되도록 무부하 전압이 유지되어야 한다.
㉱ 아크 발생 및 유지가 용이하고 아크가 안정되어야 한다.
㉲ 사용 중 온도 상승이 작아야 한다.
㉳ 가격이 저렴하고 사용유지비가 적게 들어야 한다.
㉴ 역률과 효율이 좋아야 한다.
㉵ 무부하 전압을 평상시에는 최소로(안전전압 24 V) 하여 전격의 위험을 줄인다.

5. CO_2가스 아크 용접장치 중 용접 전원에서 박판 아크 전압을 구하는 식은? (단, I는 용접 전류의 값이다.)

정답 1. ④ 2. ① 3. ① 4. ④ 5. ①

① $V = 0.04 \times I + 15.5 \pm 1.5$
② $V = 0.004 \times I + 155.5 \pm 11.5$
③ $V = 0.05 \times I + 11.5 \pm 2$
④ $V = 0.005 \times I + 111.5 \pm 2$

해설 이산화탄소 아크 용접 시 후판의 아크 전압 산출 공식은 $V = 0.04 \times I + 20 \pm 2.0$이다.

6. 이산화탄소의 특징이 아닌 것은?

① 색, 냄새가 없다.
② 공기보다 가볍다.
③ 상온에서 쉽게 액화한다.
④ 대기 중에서 기체로 존재한다.

해설 이산화탄소의 특징
㉮ 비중은 1.53으로 공기보다 무겁다.
㉯ 무색, 무미, 무취이나 공기 중 농도가 높아지면 눈, 코, 입 등에 자극을 느끼게 된다.
㉰ 상온에서는 쉽게 액화가 되므로 저장, 운반이 용이하며 비교적 값이 저렴하다.

7. 용접 전류가 낮거나 운봉 및 유지 각도가 불량할 때 발생하는 용접 결함은?

① 용락 ② 언더컷
③ 오버랩 ④ 선상조직

해설 오버랩은 용접 전류가 너무 낮을 때, 운봉 및 봉의 유지각도가 불량할 때, 용접봉의 선택 불량 시 발생한다.

8. CO_2가스 아크 용접에서 일반적으로 용접전류를 높게 할 때의 사항을 열거한 것 중 옳은 것은?

① 용접입열이 작아진다.
② 와이어의 녹아내림이 빨라진다.
③ 용착률과 용입이 감소한다.
④ 우수한 비드 형상을 얻을 수 있다.

해설 용접 전류를 높게 하면 와이어의 녹아내림이 빨라지고 용착률과 용입이 증가하나 지나치게 높은 전류는 볼록한 비드 형성으로 외관이 좋지 못한 결과를 초래한다.

9. 용접부의 검사법 중에서 기계적 시험이 아닌 것은?

① 인장시험 ② 부식시험
③ 굽힘시험 ④ 피로시험

해설 기계적 시험에는 인장, 굽힘, 경도, 충격, 피로시험, 고온 및 저온시험 등이 있으며, 부식시험은 화학적 시험에 해당한다.

10. 주성분이 은, 구리, 아연의 합금인 경납으로 인장강도, 전연성 등의 성질이 우수하여 구리, 구리 합금, 철강, 스테인리스강 등에 사용되는 납재는?

① 양은납 ② 알루미늄납
③ 은납 ④ 내열납

해설 은납은 은과 구리를 주성분으로 하고 이외에 아연, 카드뮴, 주석, 니켈, 망간 등을 첨가한 합금 땜납으로 유동성이 좋으므로 불꽃땜, 고주파 유도 가열땜, 노내땜 등 모든 납땜의 수단에 적용될 수 있다.

11. 용접 이음을 설계할 때 주의사항으로 틀린 것은?

① 구조상의 노치부를 피한다.
② 용접 구조물의 특성 문제를 고려한다.
③ 맞대기 용접보다 필릿 용접을 많이 하도록 한다.
④ 용접성을 고려한 사용 재료의 선정 및 열 영향 문제를 고려한다.

해설 용접 이음 설계 시 주의사항
㉮ 용접에 적합한 구조의 설계를 할 것

정답 6. ② 7. ③ 8. ② 9. ② 10. ③ 11. ③

㉯ 용접 길이는 될 수 있는 대로 짧게, 용착 금속량도 강도상 필요한 최소한으로 할 것
㉰ 용접 이음의 특성을 고려하여 선택하고 용접하기 쉽도록 설계할 것
㉱ 용접 이음이 한 곳으로 집중되거나 너무 근접하지 않도록 할 것
㉲ 결함이 생기기 쉬운 용접 방법은 피하고 강도가 약한 필릿 용접은 가급적 피할 것
㉳ 반복하중을 받는 이음에서는 특히 이음 표면을 평평하게 하고 구조상 노치부를 피할 것

12. 불활성 가스 아크 용접에 관한 설명으로 틀린 것은?

① 아크가 안정되어 스패터가 적다.
② 피복제나 용제가 필요하다.
③ 열 집중성이 좋아 능률적이다.
④ 철 및 비철 금속의 용접이 가능하다.

해설 불활성 가스 아크 용접
㉮ 아크가 안정되어 스패터가 적고 열 집중성이 좋아 고능률적이다.
㉯ 피복제나 용제가 불필요하고 철, 비철 금속까지 모든 용접이 가능하다.
㉰ 직류 전원을 이용하면 모재의 용입이나 비드 폭의 조절이 가능하다(정극성, 역극성 이용).
㉱ 용접의 품질이 우수하고 전 자세 용접이 가능하다.
㉲ 낮은 전압에서 용입이 깊고 용접속도가 빠르며 용접 변형이 비교적 적다.
㉳ 청정작용(역극성 이용 시)이 있어 산화막이 강한 금속(알루미늄, 티탄 등)의 용접이 가능하다.

13. 용접 후 인장 또는 굴곡시험으로 파단시켰을 때 은점을 발견할 수 있는데, 이 은점을 없애는 방법은?

① 수소 함유량이 많은 용접봉을 사용한다.
② 용접 후 실온으로 수개월간 방치한다.
③ 용접부를 염산으로 세척한다.
④ 용접부를 망치로 두드린다.

해설 은점의 주요 생성 원인은 수소의 석출 취화로 용착 금속의 항복점이나 인장강도에는 거의 영향이 없으나 연신율을 감소시킨다. 은점은 용접 후 실온으로 냉각시켜 수개월 방치하거나 풀림처리를 하면 완전히 없어지게 되며 모재를 예열하거나 저수소계 용접봉을 사용하면 효과적이다.

14. 가스 중에서 최소의 밀도로 가장 가볍고 확산속도가 빠르며, 열전도가 가장 큰 가스는?

① 수소　　② 메탄
③ 프로판　　④ 부탄

해설 수소는 비중이 0.0695이며, 가스 중에서 최소의 밀도로 가장 가볍고 확산속도가 빨라 누설되기 쉬우며 열전도도가 가장 크다.

15. 초음파 탐상법에서 널리 사용되며 초음파의 펄스를 시험체의 한쪽 면으로부터 송신하여 결함 에코의 형태로 결함을 판정하는 방법은?

① 투과법　　② 공진법
③ 침투법　　④ 펄스 반사법

해설 초음파 탐상법
초음파 탐상법에는 투과법, 반사파의 유무로 결함을 조사하는 펄스 반사법, 라미네이션을 검출할 수 있는 공진법이 있는데, 이 중 펄스 반사법이 가장 널리 쓰이고 있다.

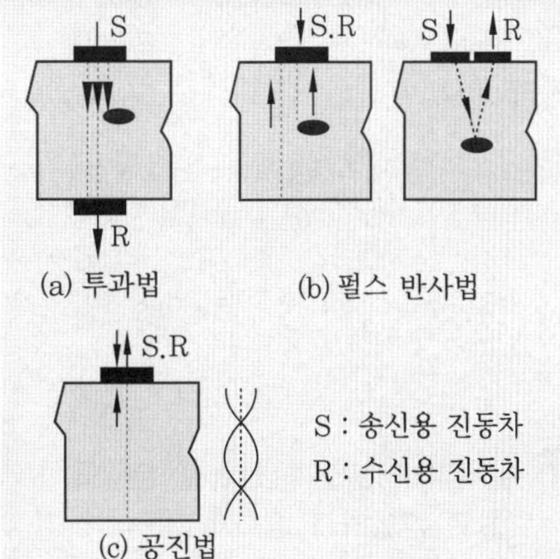

(a) 투과법　(b) 펄스 반사법
(c) 공진법

정답 12. ② 13. ② 14. ① 15. ④

• 장점

㉮ 감도가 높으므로 미세한 결함을 검출할 수 있다.

㉯ 초음파의 투과 능력이 크므로 수 미터 정도의 두꺼운 부분도 검사가 가능하다.

㉰ 결함의 위치와 크기를 비교적 정확히 알 수 있다.

㉱ 탐상 결과를 즉시 알 수 있으며 자동 탐상이 가능하다.

㉲ 검사 시험체의 한 면에서도 검사 가능하다.

• 단점

㉮ 표면 거칠기, 형상의 복잡함 등으로 탐상이 불가능한 경우가 있다.

㉯ 검사 시험체의 내부 조직의 구조 및 결정 입자가 조대하여 전체가 다공성일 경우는 정량적인 평가가 어렵다.

16. 전기 저항 점 용접 작업 시 용접기에서 조정할 수 있는 3대 요소에 해당하지 않는 것은 어느 것인가?

① 용접 전류 ② 전극 가압력
③ 용접 전압 ④ 통전시간

해설 점 용접 조건의 3대 요소는 전류의 세기, 통전 시간, 가압력이다.

17. 비용극식 불활성 가스 아크 용접은?

① GMAW ② GTAW
③ MMAW ④ SMAW

해설 GTAW는 가스 텅스텐 아크 용접(gas tungsten arc welding)의 줄임말로 TIG라고 하며 비용극식이고, GMAW는 가스 금속 아크 용접(gas metal arc welding)의 줄임말로 MIG라고 하며 용극식이다.

18. 알루미늄 분말과 산화철 분말을 1 : 3의 비율로 혼합하고 점화제로 점화하면 일어나는 화학 반응은?

① 테르밋 반응 ② 용융 반응
③ 포정 반응 ④ 공석 반응

해설 테르밋 용접은 산화철 분말과 미세한 알루미늄 분말을 3~4 : 1의 중량비로 혼합한 테르밋제에 점화제(과산화바륨, 마그네슘 등의 혼합 분말)를 혼합하여 점화시키면 테르밋 반응에 의해 약 2800℃에 달하는 열이 발생되는 것을 이용한 용접법이다.

19. 불활성 가스 금속 아크 용접에서 가스 공급계통의 확인 순서로 가장 적합한 것은?

① 용기 → 감압밸브 → 유량계 → 제어장치 → 용접토치
② 용기 → 유량계 → 감압밸브 → 제어장치 → 용접토치
③ 감압밸브 → 용기 → 유량계 → 제어장치 → 용접토치
④ 용기 → 제어장치 → 감압밸브 → 유량계 → 용접토치

20. 용접을 크게 분류할 때 압접에 해당되지 않는 것은?

① 저항 용접 ② 초음파 용접
③ 마찰 용접 ④ 전자빔 용접

해설 압접에는 단접, 냉간 압접, 저항 용접, 유도 가열 용접, 초음파 용접, 마찰 용접, 가압 테르밋 용접, 가스 압접 등이 있다.

21. 용접 현장에서 지켜야 할 안전사항 중 잘못 설명한 것은?

① 탱크 내에서는 혼자 작업한다.
② 인화성 물체 부근에서 작업하지 않는다.
③ 좁은 장소에서 작업 시 통풍을 실시한다.
④ 부득이 가연성 물체 가까이 작업 시 화재 발생 예방 조치를 한다.

정답 16. ③ 17. ② 18. ① 19. ① 20. ④ 21. ①

해설 탱크 내에서 작업을 할 때에는 밖에서 안전 관리자가 정확한 시간을 두고 안전줄을 당기어 이상이 없는지 확인을 해야 한다.

22. 용접 시 냉각 속도에 관한 설명 중 틀린 것은?

① 예열을 하면 냉각 속도가 완만하게 된다.
② 얇은 판보다는 두꺼운 판이 냉각 속도가 크다.
③ 알루미늄이나 구리는 연강보다 냉각 속도가 느리다.
④ 맞대기 이음보다는 T형 이음이 냉각 속도가 크다.

해설 알루미늄과 구리는 열전도도가 연강보다 높아서 냉각속도가 빠르다.

23. 수소 함유량이 타 용접봉에 비해서 $\frac{1}{10}$ 정도 현저하게 적고 특히 균열의 감수성이나 탄소, 황의 함유량이 많은 강의 용접에 적합한 용접봉은?

① E4301 ② E4313
③ E4316 ④ E4324

해설 저수소계(E4316) 용접봉은 강력한 탈산 작용으로 인하여 산소량도 적으므로 용착 금속은 강인성이 풍부하고 기계적인 성질, 내균열성이 우수하다.

24. 아크 에어 가우징에 사용되지 않는 것은?

① 가우징 토치 ② 가우징봉
③ 압축공기 ④ 열교환기

25. 주철 용접 시 주의사항으로 틀린 것은?

① 용접봉은 가능한 한 지름이 굵은 용접봉을 사용한다.
② 보수 용접을 행하는 경우는 결함 부분을 완전히 제거한 후 용접한다.
③ 균열의 보수는 균열의 성장을 방지하기 위해 균열의 양 끝에 정지 구멍을 뚫는다.
④ 용접 전류는 필요 이상 높이지 말고 직선 비드를 배치하며 지나치게 용입을 깊게 하지 않는다.

해설 주철 용접 시 용접봉은 가능한 한 지름이 가는 것을 사용한다.

26. 가스 용접용 토치의 팁 중에서 표준 불꽃으로 1시간 용접 시 아세틸렌 소모량이 100 L인 것은 어느 것인가?

① 고압식 200번 팁
② 중압식 200번 팁
③ 가변압식 100번 팁
④ 불변압식 100번 팁

해설 ㉮ 가변압식(프랑스식) 팁의 능력은 1시간 동안에 표준 불꽃을 이용하여 용접할 경우 아세틸렌 가스의 소비량(L)을 나타낸다. (예 팁 번호 200번은 1시간당 표준 불꽃으로 아세틸렌 가스 200 L를 소비함을 나타낸다.)
㉯ 불변압식(독일식) : 용접하는 강판의 두께를 나타내며 팁의 번호가 2번인 경우 강판의 두께가 2 mm 정도인 것을 뜻한다.

27. 고체 상태에 있는 두 개의 금속 재료를 용접, 압접, 납땜으로 분류하여 접합하는 방법은?

① 기계적인 접합법
② 화학적 접합법
③ 전기적 접합법
④ 야금적 접합법

정답 22. ③ 23. ③ 24. ④ 25. ① 26. ③ 27. ④

28. 헬멧이나 핸드 실드의 차광유리 앞에 보호유리를 끼우는 가장 타당한 이유는?

① 시력을 보호하기 위하여
② 가시광선을 차단하기 위하여
③ 적외선을 차단하기 위하여
④ 차광유리를 보호하기 위하여

해설 필터 렌즈(차광유리)는 앞에 유리를 끼우지 않으면 스패터가 튀어 차광유리 앞에 붙게 되므로 나중에는 용접부를 볼 수 없게 된다. 그러므로 차광유리를 보호하기 위해 앞에 보호유리를 끼운다.

29. 직류 아크 용접기의 음(−)극에 용접봉을, 양(+)극에 모재를 연결한 상태의 극성을 무엇이라 하는가?

① 직류 정극성 ② 직류 역극성
③ 직류 음극성 ④ 직류 용극성

해설 직류 전원의 극성

극성의 종류	전극의 결선상태 (열분배)	특성
정극성 (DCSP)	용접봉(−) : 30 % 모재(+) : 70 %	㉮ 모재의 용입이 깊고 봉의 녹음이 느리다. ㉯ 비드 폭이 좁고 후판 용접에 적당하다.
역극성 (DCRP)	용접봉(+) : 70 % 모재(−) : 30 %	㉮ 모재의 용입이 얕고 봉의 녹음이 빠르다. ㉯ 비드 폭이 넓고 박판, 주철, 합금강, 비철 금속에 사용한다.

30. 수동 가스 절단 작업 중 절단면의 윗 모서리가 녹아 둥글게 되는 현상이 생기는 원인과 거리가 먼 것은?

① 팁과 강판 사이의 거리가 가까울 때
② 절단 가스의 순도가 높을 때
③ 예열 불꽃이 너무 강할 때
④ 절단 속도가 너무 느릴 때

해설 윗 모서리가 녹아서 둥글게 되는 현상은 예열 불꽃이 너무 세거나 토치의 진행속도가 느릴 때, 팁과 강판 사이의 거리가 너무 가까울 때 일어난다. 절단 작업에 사용되는 산소는 99.5 % 내지 그 이상의 순도를 가져야 하며, 산소의 순도가 99.5 %보다 낮으면 절단 작업의 능률이 급격히 저하하게 된다.

31. 교류 아크 용접기의 종류 중 조작이 간단하고 원격 조정이 가능한 용접기는?

① 가포화 리액터형 용접기
② 가동 코일형 용접기
③ 가동 철심형 용접기
④ 탭 전환형 용접기

해설 가포화 리액터형 용접기
㉮ 가변 저항의 변화로 용접 전류를 조정한다.
㉯ 전기적 전류 조정으로 소음이 없고 기계 수명이 길다.
㉰ 조작이 간단하고 원격 제어가 된다.
㉱ 핫스타트(hot start) 장치가 용이하다.

32. 가연성 가스에 대한 설명 중 가장 옳은 것은 어느 것인가?

① 가연성 가스는 CO_2와 혼합하면 더욱 잘 탄다.
② 가연성 가스는 혼합 공기가 적은 만큼 완전 연소한다.
③ 산소, 공기 등과 같이 스스로 연소하는 가스를 말한다.
④ 가연성 가스는 혼합한 공기와의 비율이 적절한 범위 안에서 잘 연소한다.

해설 가연성 가스는 산소 또는 공기와 혼합하여 점화하면 빛과 열을 내며 연소하는 가스를 말한다.

정답 28. ④ 29. ① 30. ② 31. ① 32. ④

33. **수중 절단 작업을 할 때에는 예열 가스의 양을 공기 중의 몇 배로 하는가?**

① 0.5~1배　② 1.5~2배
③ 4~8배　④ 9~16배

해설 수중 절단 작업 시 예열 가스의 양은 공기 중의 4~8배, 절단 산소의 압력은 1.5~2배로 한다.

34. **아크 용접기 구비 조건으로 틀린 것은?**

① 구조 및 취급이 간단해야 한다.
② 사용 중 온도 상승이 커야 한다.
③ 전류 조정이 용이하고 일정한 전류가 흘러야 한다.
④ 아크 발생 및 유지가 용이하고 아크가 안정되어야 한다.

해설 아크 용접기는 사용 중 온도 상승이 자아야 하고, 아크 발생이 잘 되도록 무부하 전압이 유지되어야 하며, 역률 및 효율이 좋아야 한다.

35. **철강을 가스 절단하려고 할 때 절단 조건으로 틀린 것은?**

① 슬래그의 이탈이 양호하여야 한다.
② 모재에 연소되지 않는 물질이 적어야 한다.
③ 생성된 산화물의 유동성이 좋아야 한다.
④ 생성된 금속 산화물의 용융 온도는 모재의 용융점보다 높아야 한다.

해설 절단 재료에 열을 가함으로써 생성되는 산화물의 용융 온도는 절단 재료의 용융 온도보다 낮아야 한다.

36. **아크 용접에서 피복제 역할이 아닌 것은?**

① 전기 절연작용을 한다.
② 용착 금속의 응고와 냉각속도를 빠르게 한다.
③ 용착 금속에 적당한 합금 원소를 첨가한다.
④ 용적(globule)을 미세화하고 용착 효율을 높인다.

해설 피복제는 슬래그가 되어 용착 금속의 급랭을 막아 조직을 좋게 한다.

37. **직류 용접에서 발생되는 아크 쏠림의 방지 대책 중 틀린 것은?**

① 큰 가접부 또는 이미 용접이 끝난 용착부를 향하여 용접할 것
② 용접부가 긴 경우 후퇴 용접법(back step welding)으로 할 것
③ 용접봉 끝을 아크가 쏠리는 방향으로 기울일 것
④ 되도록 아크를 짧게 하여 사용할 것

해설 아크 쏠림은 용접 전류에 의해 아크 주위에 발생하는 자장이 용접에 대하여 비대칭으로 되어 용접봉에 아크가 한쪽으로 쏠리는 현상으로, 방지책은 다음과 같다.
㉮ 직류 대신 교류 사용
㉯ 모재와 같은 재료 조각을 용접선에 연장하여 가용접
㉰ 긴 길이 용접에는 후퇴법 사용
㉱ 접지점을 용접부보다 멀리할 것
㉲ 짧은 아크 사용
㉳ 용접봉 끝을 아크 쏠림 반대 방향으로 기울일 것

38. **산소-아세틸렌 가스 불꽃 중 일반적인 가스 용접에는 사용하지 않고 구리, 황동 등의 용접에 주로 이용되는 불꽃은?**

① 탄화 불꽃　② 중성 불꽃
③ 산화 불꽃　④ 아세틸렌 불꽃

해설 산화 불꽃은 중성 불꽃에서 산소의 양이 많을 때 생기는 불꽃으로 구리, 황동 등의 용접에 이용된다.

정답 33. ③　34. ②　35. ④　36. ②　37. ③　38. ③

39. 두 개의 모재를 강하게 맞대어 놓고 서로 상대 운동을 주어 발생되는 열을 이용하는 방식은?

① 마찰 용접 ② 냉간 압접
③ 가스 압접 ④ 초음파 용접

해설 마찰용접은 용접하고자 하는 모재를 맞대어 상대 운동을 시키고 접합면의 고속 회전에 의해 발생된 마찰열을 이용하여 압접하는 방식이다.

40. 18-8형 스테인리스강의 특징을 설명한 것 중 틀린 것은?

① 비자성체이다.
② 18-8에서 18은 Cr %, 8은 Ni %이다.
③ 결정 구조는 면심입방격자를 갖는다.
④ 500~800℃로 가열하면 탄화물이 입계에 석출하지 않는다.

해설 18-8 스테인리스강의 결점은 600~800℃에서 단시간 내에 탄화물이 결정립계에 석출되기 때문에 입계 부근의 내식성이 저하되어 점진적으로 부식되는데, 이것을 입계부식이라 한다.

41. 용접 금속의 용융부에서 응고 과정의 순서로 옳은 것은?

① 결정핵 생성 → 수지상정 → 결정경계
② 결정핵 생성 → 결정경계 → 수지상정
③ 수지상성 → 결정핵 생성 → 결정경계
④ 수지상정 → 결정경계 → 결정핵 생성

42. 질량의 대소에 따라 담금질 효과가 다른 현상을 질량 효과라고 한다. 탄소강에 니켈, 크롬, 망간 등을 첨가하면 질량 효과는 어떻게 변하는가?

① 질량 효과가 커진다.
② 질량 효과가 작아진다.
③ 질량 효과는 변하지 않는다.
④ 질량 효과가 작아지다가 커진다.

43. Mg(마그네슘)의 용점은 약 몇 ℃인가?

① 650℃ ② 1538℃
③ 1670℃ ④ 3600℃

44. 주철에 관한 설명으로 틀린 것은?

① 인장강도가 압축강도보다 크다.
② 주철은 백주철, 반주철, 회주철 등으로 나눈다.
③ 주철은 메짐(취성)이 연강보다 크다.
④ 흑연은 인장강도를 약하게 한다.

해설 주철의 압축강도는 인장강도의 3~4배 정도이다.

45. 강재 부품에 내마모성이 좋은 금속을 용착시켜 경질의 표면층을 얻는 방법은?

① 경납땜(brazing)
② 쇼트 피닝(shot peening)
③ 하드 페이싱(hard facing)
④ 질화법(nitriding)

해설 하드 페이싱은 소재 표면에 스텔라이트나 경합금 등을 용접 또는 압접으로 융착시키는 표면 경화법이다.

46. 용해 시 흡수한 산소를 인(P)으로 탈산하여 산소를 0.01 % 이하로 한 것이며, 고온에서 수소 취성이 없고 용접성이 좋아서 가스관, 열교환관 등으로 사용되는 구리는 어느 것인가?

① 탈산구리 ② 정련구리
③ 전기구리 ④ 무산소구리

47. 저합금강 중에서 연강에 비하여 고장력강의 사용 목적으로 틀린 것은?

① 재료가 절약된다.

정답 39. ① 40. ④ 41. ① 42. ② 43. ① 44. ① 45. ③ 46. ① 47. ②

② 구조물이 무거워진다.
③ 용접공수가 절감된다.
④ 내식성이 향상된다.

해설 고장력강은 연강에 비해 소요 강재의 중량을 대폭으로 경감시킨다.

48. 주조 상태의 주강품 조직이 거칠고 취약하기 때문에 반드시 실시해야 하는 열처리는 무엇인가?

① 침탄 ② 풀림
③ 질화 ④ 금속 침투

49. 합금강이 탄소강에 비하여 좋은 성질이 아닌 것은?

① 기계적 성질 향상
② 결정입자의 조대화
③ 내식성, 내마멸성 향상
④ 고온에서 기계적 성질 저하 방지

해설 합금강(특수강)은 탄소강에 다른 원소를 첨가하여 강의 기계적 성질을 개선한 강을 말하며, 특수한 성질을 부여하기 위하여 사용하는 특수 원소로는 Ni, Mn, W, Cr, Mo, Co, V, Al 등이 있다.

50. 산소나 탈산제를 품지 않으며, 유리에 대한 봉착성이 좋고 수소 취성이 없는 시판동은?

① 무산소동 ② 전기동
③ 정련동 ④ 탈산동

해설 무산소동은 산소나 P, Zn, Si, K 등의 탈산제를 품지 않는 것으로, 전기동을 진공 중 또는 무산화 분위기에서 정련 주조한 것이며 산소 함유량은 0.001~0.002% 정도이다. 전기전도도가 극히 좋고 가공성도 우수하며 유리에 대한 봉착성 및 전연성이 좋으므로 진공관용 또는 기타 전자기기용으로 널리 사용한다.

51. [보기]와 같이 도면에 리벳이 표시되었을 경우 올바른 설명은?

보기

KS B 1101 둥근머리 리벳 25×36 SWRM 10

① 호칭 지름은 25 mm이다.
② 리벳 이음의 피치는 400 mm이다.
③ 리벳의 재질은 황동이다.
④ 둥근머리부의 바깥지름은 36 mm이다.

해설 리벳의 호칭은 규격번호-종류-지름×길이-재료 순으로 표시한다.

52. 기계 제도 도면에서 t20이라는 치수가 있을 경우 t가 의미하는 것은?

① 모떼기 ② 재료의 두께
③ 구의 지름 ④ 정사각형의 변

해설 C : 45° 모떼기, Sϕ : 구면의 지름, □ : 정사각형의 변, t : 두께

53. 도면에서의 지시한 용접법으로 바르게 짝지어진 것은?

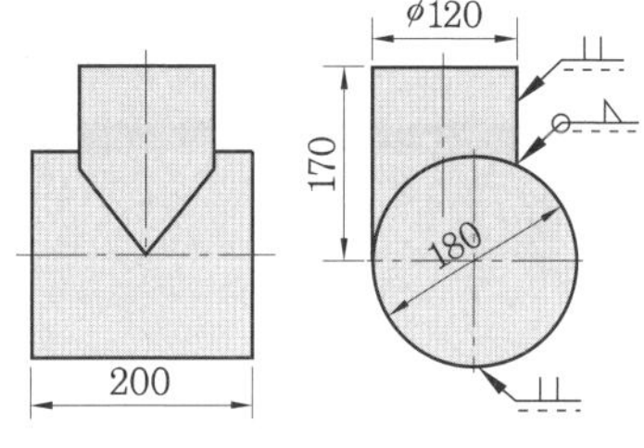

① 이면 용접, 필릿 용접
② 겹치기 용접, 플러그 용접
③ 평행 맞대기 용접, 필릿 용접
④ 심 용접, 겹치기 용접

해설
• 평행(I형) 맞대기 이음 용접 : ||
• 필릿 용접 : ◺

정답 48. ② 49. ② 50. ① 51. ① 52. ② 53. ③

54. 그림은 배관용 밸브의 도시 기호이다. 어떤 밸브의 도시 기호인가?

① 앵글 밸브 ② 체크 밸브
③ 게이트 밸브 ④ 안전 밸브

55. 배관용 아크 용접 탄소강 강관의 KS 기호는?

① PW ② WM ③ SCW ④ SPW

해설 PW : 피아노 선, WM : 화이트 메탈

56. 기계 제작 부품 도면에서 도면의 윤곽선 오른쪽 아래 구석에 위치하는 표제란을 가장 올바르게 설명한 것은?

① 품번, 품명, 재질, 주서 등을 기재한다.
② 제작에 필요한 기술적인 사항을 기재한다.
③ 제조 공정별 처리방법, 사용공구 등을 기재한다.
④ 도번, 도명, 제도 및 검도 등 관련자 서명, 척도 등을 기재한다.

해설 도면의 표제란에 도면번호, 도면명칭, 기업명, 책임자의 서명, 도면작성 연월일, 척도, 투상법을 기입하고 필요시 제도자, 설계자, 검도자, 공사명, 결재란 등을 기입하는 칸도 만든다.

57. [보기]와 같이 제3각법으로 정면도와 우측면도를 작도할 때 누락된 평면도로 적당한 것은?

보기

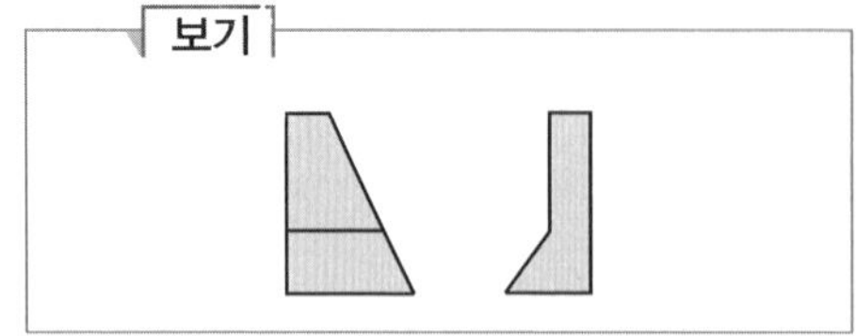

① ②
③ ④

58. 그림과 같은 원추를 전개하였을 경우 전개면의 꼭지각이 180°가 되려면 ϕD의 치수는 얼마가 되어야 하는가?

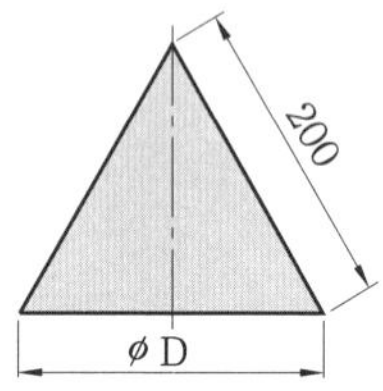

① ϕ100 ② ϕ120
③ ϕ180 ④ ϕ200

59. 단면을 나타내는 해칭선의 방향이 가장 적합하지 않은 것은?

① 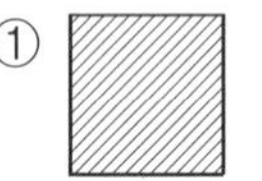 ② 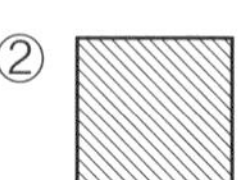

③ 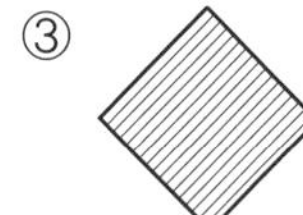 ④ 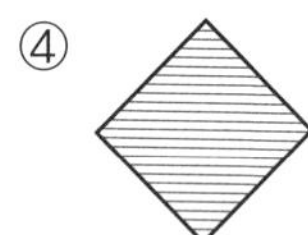

해설 해칭선은 중심선 또는 주요 외형선에 45° 경사지게 긋는 것이 원칙이나 부득이한 경우에는 다른 각도(30°, 60°)로 표시한다.

60. 기계 제도에서 사용하는 선의 굵기의 기준이 아닌 것은?

① 0.9 mm ② 0.25 mm
③ 0.18 mm ④ 0.7 mm

해설 선의 굵기는 0.18 mm, 0.25 mm, 0.35 mm, 0.5 mm, 0.7 mm 및 1 mm로 하며 0.18 mm는 가능한 한 사용하지 않는다.

정답 54. ② 55. ④ 56. ④ 57. ② 58. ④ 59. ③ 60. ①

2014. 10. 11 시행(용접 기능사)

1. 차축, 레일의 접합, 선박 프레임 등 비교적 큰 단면을 가진 주조나 단조품의 맞대기 용접과 보수용접에 주로 사용되는 용접법은?

① 오토콘 용접
② 테르밋 용접
③ 원자 수소 아크 용접
④ 서브머지드 아크 용접

해설 테르밋 용접
- 원리 : 테르밋 반응에 의한 화학 반응열을 이용하는 용접법이다.
- 특징
  ㉮ 테르밋제는 산화철 분말과(약 3~4), 알루미늄 분말을 1로 혼합한다(2800℃의 열이 발생).
  ㉯ 점화제로는 과산화 바륨, 마그네슘이 있다.
  ㉰ 종류는 용융 테르밋 용접과 가압 테르밋 용접이 있다.
  ㉱ 작업이 간단하고 기술 습득이 용이하다.
  ㉲ 전력이 불필요하다.
  ㉳ 용접시간이 짧고 용접 후의 변형도 적다.
  ㉴ 용도는 철도레일, 덧붙이 용접, 큰 단면의 주조, 단조품의 용접에 활용된다.

2. 용접부 시험 중 비파괴 시험 방법이 아닌 것은 어느 것인가?

① 피로 시험　　② 자기적 시험
③ 누설 시험　　④ 초음파 시험

3. 불활성 가스 금속 아크 용접의 제어장치로써 크레이터 처리 기능에 의해 낮아진 전류가 서서히 줄어들면서 아크가 끊어지는 기능으로 이면용접 부위가 녹아내리는 것을 방지하는 것은?

① 예비가스 유출 시간
② 스타트 시간
③ 크레이터 충전 시간
④ 번 백 시간

해설 MIG 용접기의 여러 가지 제어 기능
㉮ 예비가스 유출 시간 : 아크가 처음 발생되기 전 보호가스를 흐르게 하여 아크를 안정되게 하여 결함 발생을 방지하기 위한 기능
㉯ 스타트 시간 : 아크가 발생되는 순간 용접전류와 전압을 크게 하여 아크 발생과 모재의 융합을 돕는 핫 스타트(hot start) 기능과 와이어 송급 속도를 아크가 발생하기 전 천천히 송급시켜 아크 발생 시 와이어가 튀는 것을 방지하는 슬로 다운(slow down) 기능이 있다.
㉰ 크레이터 처리 시간(crate fill time) : 크레이터 처리를 위해 용접이 끝나는 지점에서 토치 스위치를 다시 누르면 용접전류와 전압이 낮아져 쉽게 크레이터가 채워짐으로써 결함을 방지하는 기능이다.
㉱ 번 백 시간(burn back time) : 크레이터 처리 기능에 의해 낮아진 전류가 서서히 줄어들면서 아크가 끊어지는 기능으로 이면 용접부가 녹아내리는 것을 방지한다.
㉲ 가스 지연 유출 시간 : 용접이 끝난 후에도 5~25초 동안 가스가 계속 흘러나와 크레이터 부위의 산화를 방지하는 기능이다.

4. 용접 결함의 보수 용접에 관한 사항으로 가장 적절하지 않은 것은?

① 재료의 표면에 얕은 결함은 덧붙임 용접으로 보수한다.
② 덧붙임 용접으로 보수할 수 있는 한도를 초과할 때에는 결함부분을 잘라내어 맞대기 용접으로 보수한다.
③ 결함이 제거된 모재 두께가 필요한 치수보다 얇게 되었을 때에는 덧붙임 용접으로 보수한다.

정답 1. ② 2. ① 3. ④ 4. ①

④ 언더컷이나 오버랩 등은 그대로 보수 용접을 하거나 정으로 따내기 작업을 한다.

해설 결함을 보수할 때 주의 사항
㉮ 기공 또는 슬래그 섞임이 있을 때는 그 부분을 깎아내고 재용접
㉯ 언더컷이 있을 때는 가는 용접봉을 사용하여 파인 부분을 용접
㉰ 오버랩이 있을 때는 덮인 일부분을 깎아내고 재용접
㉱ 균열일 때는 균열에 정지 구멍을 뚫고 균열부를 깎아낸 후 홈을 만들어 재용접

5. 불활성가스 금속 아크 용접의 용적이행 방식 중 용융이행 상태는 아크기류 중에서 용가재가 고속으로 용융, 미입자의 용적으로 분사되어 모재에 용착되는 용적이행은?

① 용락 이행 ② 단락 이행
③ 스프레이 이행 ④ 글로뷸러 이행

해설 불활성가스 금속 아크 용접의 용적이행 형태
- 단락형
  ㉮ 큰 용유 쇳물이 용융지에 접촉하고 표면 장력에 의해 모재로 1초에 20~200회 이행하는 형태
  ㉯ 비교적 낮은 전류에서 발생
  ㉰ 전 자세 및 박판 용접에 적합
- 입적이행
  ㉮ 용접봉 끝에서 쇳물 방울이 와이어 직경 2~3배 크기로 되어 모재로 이행하는 형태
  ㉯ 낮은 전류 밀도에서 발생
  ㉰ 위보기 자세에는 사용이 불가능
- 스프레이형 이행(분무형 이행)
  ㉮ 용접봉의 직경과 같거나 작은 용적이 급속한 분무 형태로 이행하는 형태
  ㉯ 높은 전류 밀도에서 발생
  ㉰ 불활성 가스를 80 % 이상 사용 시 일어남
  ㉱ 용접입열이 크고 용입이 깊어 후판에 좋음
  ㉲ 전 자세 용접이 가능함

6. 다음 중 경납용 용가재에 대한 각각의 설명이 틀린 것은?

① 알루미늄납 : 일반적으로 알루미늄에 규소, 구리를 첨가하여 사용하며 융점은 660℃ 정도이다.
② 황동납 : 구리와 니켈의 합금으로, 값이 저렴하여 공업용으로 많이 쓰인다.
③ 인동납 : 구리가 주성분이며 소량의 은, 인을 포함한 합금으로 되어 있다. 일반적으로 구리 및 구리 합금의 땜납으로 쓰인다.
④ 은납 : 구리, 은, 아연이 주성분으로 구성된 합금으로 인장강도, 전연성 등의 성질이 우수하다.

해설 ㉮ 은납 : 주성분 – 은 + 구리(첨가제 – 카드뮴, 아연, 니켈, 주석 등). 융점이 낮고 유동성이 좋다. 강도, 연신율이 우수하여 주로 동관(구리 파이프), 구리 합금의 땜납재로 많이 사용된다. 하지만 가격이 비싼 단점이 있다.
㉯ 동납 : 용가재의 주성분은 구리가 85 % 이상을 함유한 납을 말하며 철강, 니켈 및 구리 합금 등에 사용된다.
㉰ 황동납 : 주성분 – 구리 + 아연(주로 아연의 함유량이 60 % 이하의 것이 사용된다). 아연의 증가에 따라 인장강도가 증가한다. 주로 철강이나 이종금속의 땜납재로 널리 사용된다.
㉱ 인동납 : 주성분 – 구리(주성분) + 소량의 은, 인(첨가제). 유동성이 좋고 전기 전도도 및 기계적 성질이 양호하다. 주의할 것은 황과 반응하여 결함이 발생할 수 있으므로 황을 함유한 고온가스 중에서 사용을 피한다.
㉲ 알루미늄납 : 주성분 – 알루미늄(주성분) + 구리, 규소, 아연(첨가제). 작업성이 떨어지며, 알루미늄 납땜재의 융점은 약 660℃ 정도이다.
㉳ 양은납 : 주성분 – 구리(47 %), 아연 (11 %), 니켈(42 %). 니켈의 함유량이 늘어나면서 융

정답 5. ③ 6. ②

점이 높아지고 색이 변한다. 융점이 높고 강인하므로 철강, 황동, 모넬 메탈 등에 사용한다.

7. **토륨 텅스텐 전극봉에 대한 설명으로 맞는 것은?**

① 전자 방사능력이 떨어진다.
② 아크 발생이 어렵고 불순물의 부착이 많다.
③ 직류 정극성에는 좋으나 교류에는 좋지 않다.
④ 전극의 소모가 많다.

해설 전극봉은 전자 방사 능력이 좋고 낮은 전류에서도 아크 발생이 쉬우며, 오손 또한 적은 토륨 1~2 %를 포함한 텅스텐 전극봉을 사용하다.

8. **일렉트로 슬래그 용접의 단점에 해당되는 것은?**

① 다전극을 이용하면 더욱 능률을 높일 수 있다.
② 용접 진행 중 용접부를 직접 관찰할 수 없다.
③ 최소한의 변형과 최단시간의 용접법이다.
④ 용접능률과 용접품질이 우수하므로 후판용접 등에 적당하다.

해설 일렉트로 슬래그 용접의 특징
㉮ 전기 저항 열을 이용하여 용접(줄의 법칙 적용)한다.
㉯ 두꺼운 판의 용접으로 적합하다(단층으로 용접이 가능).
㉰ 매우 능률적이고 변형이 적다.
㉱ 홈 모양은 I형이기 때문에 홈가공이 간단하다.
㉲ 변형이 적고 능률적이며 경제적이다.
㉳ 아크가 보이지 않고 아크 불꽃이 없다.
㉴ 기계적 성질이 나쁘다.
㉵ 노치 취성이 크다(냉각 속도가 늦기 때문에).
㉶ 가격이 고가이다.
㉷ 용접 시간에 비하여 준비 시간이 길다.
㉸ 용도로는 보일러 드럼, 압력 용기의 수직 또는 원주 이음, 대형 부품 로울 등의 후판 용접에 쓰인다.

9. **다음 전기 저항 용접 중 맞대기 용접이 아닌 것은?**

① 버트 심 용접 ② 업셋 용접
③ 프로젝션 용접 ④ 퍼커션 용접

해설 이음 형상에 따른 분류
㉮ 겹치기 저항 용접 : 점 용접, 심 용접, 프로젝션 용접
㉯ 맞대기 저항 용접 : 업셋 용접, 플래시 용접, 퍼커션 용접이 있다.

10. **CO_2가스 아크 용접 시 저전류 영역에서 가스 유량은 약 몇 L/min 정도가 가장 적당한가?**

① 1~5 ② 6~10
③ 10~15 ④ 16~20

해설 ㉮ 용접 시 저전류 영역에서는 10~15 L/min
㉯ 용접 시 고전류 영역에서는 20~25 L/min

11. **상온에서 강하게 압축함으로써 경계면을 국부적으로 소성 변형시켜 접합하는 것은?**

① 냉간 압점
② 플래시 버트 용접
③ 업셋 용접
④ 가스 압접

해설 냉간 압접 : 재료의 온도를 상온 그대로 고압력을 가해 용접하는 방법

정답 7. ③ 8. ② 9. ③ 10. ③ 11. ①

12. 서브머지드 아크 용접에서 다전극 방식에 의한 분류가 아닌 것은?

① 유니언식　② 횡병렬식
③ 횡직렬식　④ 탠덤식

해설 전극에 따른 분류

종류	전극 배치	특징	용도
탠덤식	2개의 전극을 독립 전원에 접속	비드 폭이 좁고 용입이 깊다. 용접 속도 빠르다.	파이프라인 용접에 사용
횡직렬식	2개의 용접봉 중심이 한곳에 만나도록 배치	아크 복사 열에 의해 용접, 용입이 매우 얕다. 자기 불림 생길수있다.	육성 용접에 주로 사용
횡병렬식	2개 이상 용접봉을 나란히 옆으로 배열	용입은 중간 정도 비드 폭이 넓어진다.	-

13. 용착금속의 극한 강도가 30 kg/mm^{2}이고 안전율이 6이면 허용응력은?

① 3 kg/mm^2　② 4 kg/mm^2
③ 5 kg/mm^2　④ 6 kg/mm^2

해설 $안전율 = \frac{인장강도}{허용응력}$

14. 하중의 방향에 따른 필릿 용접의 종류가 아닌 것은?

① 전면 필릿　② 측면 필릿
③ 연속 필릿　④ 경사 필릿

해설 필릿 용접의 종류

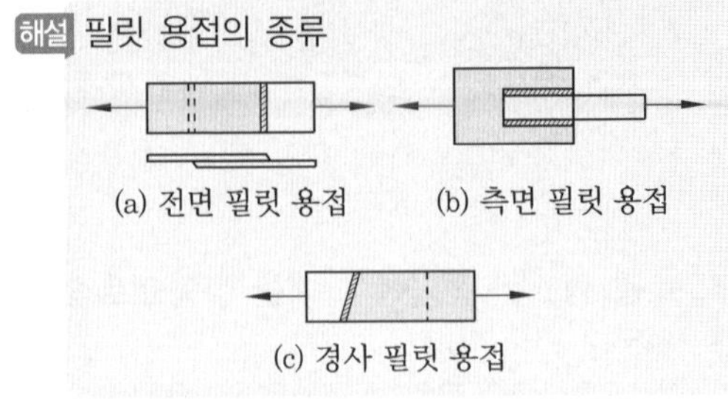

(a) 전면 필릿 용접　(b) 측면 필릿 용접

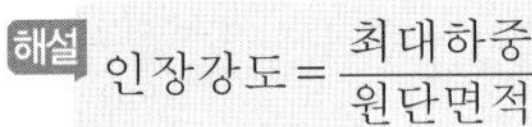

(c) 경사 필릿 용접

15. 모재 두께 9 mm, 용접 길이 150 mm인 맞대기 용접의 최대 인장하중(kg)은 얼마인가? (단, 용착금속의 인장강도는 43 kg/mm^{2}이다.)

① 716 kg　② 4450 kg
③ 40635 kg　④ 58050 kg

해설 $인장강도 = \frac{최대하중}{원단면적}$

16. 화재의 폭발 및 방지 조치 중 틀린 것은?

① 필요한 곳에 화재를 진화하기 위한 발화 설비를 설치할 것
② 용접 작업 부근에 점화원을 두지 않도록 할 것
③ 대기 중에 가연성 가스를 누설 또는 방출시키지 말 것
④ 배관 또는 기기에서 가연성 증기가 누출되지 않도록 할 것

해설 화재 및 폭발 방지책

㉮ 인화성 액체의 반응 또는 취급은 폭발 범위 이하의 농도로 할 것
㉯ 석유류와 같이 도전성이 나쁜 액체의 취급 시에는 마찰 등에 의해 정전기 발생이 우려되므로 주의할 것
㉰ 점화원의 관리를 철저히 할 것
㉱ 예비 전원의 설치 등 필요한 조치를 할 것
㉲ 방화 설비를 갖출 것
㉳ 가연성 가스나 증기의 유출 여부를 철저히 검사할 것

정답 12. ① 13. ③ 14. ③ 15. ④ 16. ①

㉳ 화재 발생할 때 연소를 방지하기 위해 그 물질로부터 적절한 보유 거리를 확보할 것

17. 용접 변형에 대한 교정 방법이 아닌 것은?

① 가열법
② 절단에 의한 정형과 재용접
③ 가압법
④ 역변형법

해설 변형의 교정
㉮ 박판에 대한 점수축법
※ 점수축법 시공 조건 : 가열 온도는 500~600℃, 가열 시간은 30초 정도, 가열부 지름은 20~30 mm, 가열 즉시 수랭
㉯ 형재에 대한 직선수축법
㉰ 가열 후 해머질하는 방법
㉱ 후판에 대해 가열 후 압력을 가하고 수랭하는 방법
㉲ 롤러에 거는 방법
㉳ 절단하여 정형 후 재용접하는 방법
㉴ 피닝법

18. 용접 시 두통이나 뇌빈혈을 일으키는 이산화탄소 가스의 농도는?

① 1~2 %　② 3~4 %
③ 10~15 %　④ 20~30 %

해설 CO_2 농도에 따른 인체의 영향 : 3~4 % 두통, 15 % 이상 위험, 30 % 이상 치명적이다.

19. 용접에서 예열에 관한 설명 중 틀린 것은 어느 것인가?

① 용접 작업에 의한 수축 변형을 감소시킨다.
② 용접부의 냉각 속도를 느리게 하여 결함을 방지한다.
③ 고급 내열합금도 용접 균열을 방지하기 위하여 예열을 한다.
④ 알루미늄합금, 구리합금은 50~70℃의 예열이 필요하다.

해설 ㉮ 연강의 경우 두께 25 mm 이상의 경우나 합금 성분을 포함한 합금강 등은 급랭 경화성이 크기 때문에 열 영향부가 경화하여 비드 균열이 생기기 쉽다. 그러므로 50~350℃ 정도로 홈을 예열하여 준다.
㉯ 0℃ 이하에서도 저온 균열이 생기기 쉬우므로 홈 양끝 100 mm 나비를 40~70℃로 예열한 후 용접한다.
㉰ 주철은 인성이 거의 없고 경도와 취성이 커서 500~550℃로 예열하여 용접 터짐을 방지한다.
㉱ 용접 시 저수소계 용접봉을 사용하면 예열 온도를 낮출 수 있다.
㉲ 탄소 당량이 커지거나 판 두께가 두꺼울수록 예열 온도를 높일 필요가 있다.
㉳ 주물의 두께 차가 클 경우 냉각 속도가 균일하도록 예열한다.

20. 현미경 조직 시험 순서 중에서 가장 알맞은 것은?

① 시험편 채취 → 마운팅 → 샌드페이퍼 연마 → 폴리싱 → 부식 → 현미경검사
② 시험편 채취 → 폴리싱 → 마운팅 → 샌드페이퍼 연마 → 부식 → 현미경검사
③ 시험편 채취 → 마운팅 → 폴리싱 → 샌드페이퍼 연마 → 부식 → 현미경검사
④ 시험편 채취 → 마운팅 → 부식 → 샌드페이퍼 연마 → 폴리싱 → 현미경검사

21. 용접부의 연성결함의 유무를 조사하기 위하여 실시하는 시험법은?

① 경도 시험　② 인장 시험
③ 초음파 시험　④ 굽힘 시험

해설 굽힘 시험
㉮ 모재 및 용접부의 연성, 결함의 유무를 시험
㉯ 종류 : 표면, 이면, 측면 굴곡시험

정답 17. ④　18. ②　19. ④　20. ①　21. ④

22. TIG 용접 및 MIG 용접에 사용되는 불활성 가스로 가장 적합한 것은?

① 수소 가스 ② 아르곤 가스
③ 산소 가스 ④ 질소 가스

23. 가스 용접 시 양호한 용접부를 얻기 위한 조건에 대한 설명 중 틀린 것은?

① 용착금속의 용입 상태가 균일해야 한다.
② 용접부에는 기름, 먼지, 녹 등을 완전히 제거하여야 한다.
③ 용접부에 첨가된 금속의 성질이 양호하지 않아도 된다.
④ 슬래그, 기공 등의 결함이 없어야 한다.

24. 교류 아크 용접기 종류 중 AW-500의 정격 부하 전압은 몇 V인가?

① 28 V ② 32 V
③ 36 V ④ 40 V

해설 교류 아크 용접기의 규격(KS C 9620)

종류	정격 2차 전류 (A)	정격 사용률 (%)	정격부하전압		최고 2차 무부하 전압 (V)	2차 전류	
			전압 강하 (V)	리액턴스 강하 (V)		최대치 (A)	최소치 (A)
AW 200	200	40	30	0	85 이하	200 이상 220 이하	35 이하
AW 300	300	40	35	0	85 이하	300 이상 330 이하	60 이하
AW 400	400	40	40	0	85 이하	400 이상 440 이하	80 이하
AW 500	500	60	40	12	95 이하	500 이상 550 이하	100 이하

25. 연강 피복 아크 용접봉인 E4316의 계열은 어느 계열인가?

① 저수소계 ② 고산화티탄계
③ 철분 저수소계 ④ 일미나이트계

26. 용해 아세틸렌가스는 각각 몇 ℃, 몇 kgf/cm^2로 충전하는 것이 가장 적합한가?

① 40℃, 160 kgf/cm^2
② 35℃, 150 kgf/cm^2
③ 20℃, 30 kgf/cm^2
④ 15℃, 15 kgf/cm^2

해설

가스 종류	가스 명칭	내압 시험 압력
압축 가스	산소	충전압력(35℃, 150 kgf/cm^2) × $\frac{5}{3}$ 이상
용해 가스	아세틸렌	충전압력(15℃, 150 kgf/cm^2) ×3 이상
용해 가스	프로판	30 kgf/cm^2 이상

27. 용접의 원리는 금속과 금속을 서로 충분히 접근시키면 금속원자 간에 ( )이 작용하여 스스로 결합하게 된다. ( ) 안에 알맞은 용어는?

① 인력 ② 기력
③ 자력 ④ 응력

28. 산소 아크 절단을 설명한 것 중 틀린 것은?

① 가스절단에 비해 절단면이 거칠다.
② 절단 속도가 빨라 철강 구조물 해체, 수중 해체 작업에 이용된다.
③ 중실(속이 찬) 원형봉의 단면을 가진 강(steel) 전극을 사용한다.
④ 직류 정극성이나 교류를 사용한다.

해설 산소 아크 절단의 특징
㉮ 사용 전원은 직류 정극성이 널리 쓰임, 때로는 교류도 사용
㉯ 중공의 피복 강전극으로 아크를 발생(예열원)시키고 그 중심부에서 산소를 분출시켜 절단하는 방법으로 절단속도가 빠르다. 하지만 절단면이 고르지 못한 단점도 있다.

정답 22. ② 23. ③ 24. ④ 25. ① 26. ④ 27. ① 28. ③

29. 피복 아크 용접봉의 피복 배합제의 성분 중에서 탈산제에 해당하는 것은?

① 산화티탄(TiO_2)
② 규소철(Fe-Si)
③ 셀룰로오스(cellulose)
④ 일미나이트(Ti·FeO)

해설 탈산제 : 페로실리콘, 페로티탄, 페로바나듐, 망간, 페로망간, 크롬, 페로크롬, 알루미늄, 마그네슘, 소맥분, 면사, 면포, 종이, 목재 톱밥, 탄가루 등이 있다.

30. 다음 가스 중 가연성 가스로만 되어 있는 것은 어느 것인가?

① 아세틸렌, 헬륨
② 수소, 프로판
③ 아세틸렌, 아르곤
④ 산소, 이산화탄소

해설 ㉮ 지연성 가스 : 산소
㉯ 가연성 가스 : 수소, 아세틸렌, 액화석유가스(LPG), 도시가스, 천연가스
㉰ 불활성 가스 : 헬륨, 아르곤, CO_2

31. 용접법을 크게 융접, 압접, 납땜으로 분류할 때 압접에 해당되는 것은?

① 전자 빔 용접
② 초음파 용접
③ 원자 수소 용접
④ 일렉트로 슬래그 용접

32. 정격 2차 전류 200 A, 정격사용률 40 %, 아크 용접기로 150 A의 용접전류 사용 시 허용사용률은 약 얼마인가?

① 51 % ② 61 %
③ 71 % ④ 81 %

해설 $\text{허용사용률} = \frac{(200)^2}{(150)^2} \times 40 = 71.1\ \%$

33. 가스 용접에 대한 설명 중 옳은 것은?

① 열집중성이 좋아 효율적인 용접이 가능하다.
② 아크 용접에 비해 불꽃의 온도가 높다.
③ 전원 설비가 있는 곳에서만 설치가 가능하다.
④ 가열할 때 열량 조절이 비교적 자유롭기 때문에 박판 용접에 적합하다.

해설 가스 용접의 장점
㉮ 전기가 필요 없다.
㉯ 용접기의 운반이 비교적 자유롭다.
㉰ 용접 장치의 설비비가 전기 용접에 비하여 싸다.
㉱ 불꽃을 조절하여 용접부의 가열 범위를 조정하기 쉽다.
㉲ 박판 용접에 적당하다.
㉳ 용접되는 금속의 응용 범위가 넓다.
㉴ 유해 광선의 발생이 적다.
㉵ 용접 기술이 쉬운 편이다.

34. 연강용 피복 아크 용접봉의 피복 배합제 중 아크 안정제 역할을 하는 종류로 묶어 놓은 것 중 옳은 것은?

① 알루미나, 마그네슘, 탄산나트륨
② 적철강, 알루미나, 붕산
③ 붕산, 구리, 마그네슘
④ 산화티탄, 규산나트륨, 석회석, 탄산나트륨

해설 아크 안정제 : 규산나트륨, 규산칼륨, 산화티탄, 석회석, 석면, 규사, 소맥분 등이 있다.

35. 가스 가우징용 토치의 본체는 프랑스식 토치와 비슷하나 팁은 비교적 저압으로 대용량의 산소를 방출할 수 있도록 설계되어 있다. 이것은 어떤 설계 구조인가?

① 초크
② 인젝트

정답 29. ② 30. ② 31. ② 32. ③ 33. ④ 34. ④ 35. ④

③ 오리피스
④ 슬로 다이버전트

해설 가스 가우징
㉮ 용접 뒷면 따내기, 금속 표면의 홈 가공을 하기 위하여 깊은 홈을 파내는 가공법으로 홈의 폭과 깊이의 비는 1 : 1~1 : 3 정도
㉯ 가스 용접에 절단용 장치를 이용할 수 있다. 단지 팁은 비교적 저압으로써 대용량의 산소를 방출할 수 있도록 슬로 다이버전트로 팁을 사용한다.

36. 가스용접 작업에서 후진법의 특징이 아닌 것은?

① 열 이용률이 좋다.
② 용접 속도가 빠르다.
③ 용접 변형이 작다.
④ 얇은 판의 용접에 적당하다.

해설 전진법과 후진법의 비교

비교 내용	전진법	후진법
열 이용률	나쁘다.	좋다.
용접 속도	느리다.	빠르다.
홈 각도	80°	60°
변형	크다.	작다.
산화성	크다.	작다.
비드 모양	좋다.	나쁘다.
용도	박판	후판

37. 가스 절단 시 양호한 절단면을 얻기 위한 품질 기준이 아닌 것은?

① 절단면의 표면 각이 예리할 것
② 절단면이 평활하며 노치 등이 없을 것
③ 슬래그 이탈이 양호할 것
④ 드래그의 홈이 높고 가능한 한 클 것

해설 절단의 조건
㉮ 드래그(drag)가 가능한 한 작을 것
㉯ 절단면이 평활하며 드래그의 홈이 낮고 노치(notch) 등이 없을 것
㉰ 절단면 표면의 각이 예리할 것
㉱ 슬래그 이탈이 양호할 것
㉲ 경제적인 절단이 이루어질 것

38. 피복 아크 용접봉은 피복제가 연소한 후 생성된 물질이 용접부를 보호한다. 용접부 보호 방식에 따른 분류가 아닌 것은?

① 가스 발생식 ② 스프레이형
③ 반가스 발생식 ④ 슬래그 생성식

해설 용접부 보호 방식에 따른 분류
㉮ 가스 발생식(gas shield)
㉯ 슬래그 발생식(slag shield)
㉰ 반가스 발생식(semigas shield)

39. 직류 아크 용접에서 정극성의 특징 설명으로 맞는 것은?

① 비드 폭이 넓다.
② 주로 박판용접에 쓰인다.
③ 모재의 용입이 깊다.
④ 용접봉의 녹음이 빠르다.

해설 정극성과 역극성의 용접 특징 비교

극성	열 분배	특징
정극성 (DCSP)	용접봉(−) : 30 % 모재(+) : 70 %	㉮ 모재 용입이 깊다. ㉯ 용접봉의 녹음이 느리다. ㉰ 비드 폭이 좁다. ㉱ 일반적으로 많이 쓰인다.
역극성 (DCRP)	용접봉(+) : 70 % 모재(−) : 30 %	㉮ 모재 용입이 얕다. ㉯ 용접봉의 녹음이 빠르다. ㉰ 비드 폭이 넓다. ㉱ 박판, 주철, 고탄소강, 합금강, 비철금속의 용접에 쓰인다.
교류 (AC)	−	직류 정극성과 역극성의 중간 상태

정답 36. ④ 37. ④ 38. ② 39. ③

40. 스테인리스강의 종류에 해당되지 않는 것은?

① 마텐자이트계 스테인리스강
② 레데뷰라이트계 스테인리스강
③ 석출경화형 스테인리스강
④ 페라이트계 스테인리스강

해설 스테인리스강의 종류 : 마텐자이트계, 페라이트계, 오스테나이트계(석출경화형), 레데뷰라이트계(강의 표준 조직 종류임)

41. 금속 침투법 중 칼로라이징은 어떤 금속을 침투시킨 것인가?

① B ② Cr ③ Al ④ Zn

해설 금속 침탄법 : 내식, 내산, 내마멸을 목적으로 금속을 침투시키는 열처리
㉮ 세라다이징 : Zn
㉯ 크로마이징 : Cr
㉰ 칼로라이징 : Al
㉱ 실리코나이징 : Si

42. 마그네슘(Mg)의 특성을 설명한 것 중 틀린 것은?

① 비강도가 Al 합금보다 떨어진다.
② 비중이 약 1.74 정도로 실용금속 중 가볍다.
③ 항공기, 자동차 부품, 전기기기, 선박, 광학기계, 인쇄제판 등에 사용된다.
④ 구상흑연 주철의 첨가제로 사용된다.

43. Al-Si계 합금의 조대한 공정조직을 미세화하기 위하여 나트륨(Na), 수산화나트륨(NaOH), 알칼리염류 등을 합금 용탕에 첨가하여 10~15분간 유지하는 처리는?

① 시효 처리
② 폴링 처리
③ 개량 처리
④ 응력제거 풀림 처리

해설 개질(개량) 처리 방법
㉮ 열 처리 효과가 없고 개질 처리(규소의 결정을 미세화)로 성질을 개선한다.
㉯ 개질 처리 방법 : 금속나트륨 첨가법, 불소 첨가법, 수산화나트륨, 가성소다를 사용하는 방법

44. 조성이 2.0~3.0 % C, 0.6~1.5 % Si 범위의 것으로 백주철을 열처리로에 넣어 가열해서 탈탄 또는 흑연화 방법으로 제조한 주철은?

① 가단 주철
② 칠드 주철
③ 구상 흑연 주철
④ 고력 합금 주철

해설 가단 주철
㉮ 백주철의 탈탄이 주목적
㉯ 산화철을 가하여 950℃에서 70~100시간 가열
㉰ 산화철(Fe_3C)의 흑연화가 목적

45. 구리(Cu)에 대한 설명으로 옳은 것은?

① 구리의 전기 전도율은 금속 중에서 은(Ag)보다 높다.
② 구리는 체심입방격자이며 변태점이 있다.
③ 전기 구리는 탈산제를 품지 않는 구리이다.
④ 구리는 들어 있는 공기 중에서 염기성 탄산구리가 생겨 녹청색이 된다.

46. 담금질에 대한 설명 중 옳은 것은?

① 정지된 물속에서 냉각 시 대류단계에서 냉각 속도가 최대가 된다.
② 위험 구역에서는 급랭한다.
③ 강을 경화시킬 목적으로 실시한다.
④ 임계 구역에서는 서랭한다.

정답 40. ② 41. ③ 42. ① 43. ③ 44. ① 45. ④ 46. ③

47. 열간가공과 냉간가공을 구분하는 온도로 옳은 것은?

① 재결정 온도
② 재료가 녹는 온도
③ 물의 어는 온도
④ 고온취성 발생 온도

해설 일반적으로 금속은 가공 작용 때문에 결정립이 삐뚤어지고 있으나 적당한 고온으로 가열하면 응력이 없어지며 결정입자에 변화를 일으킨다. 이 현상을 재결정(再結晶)이라고 하며, 재결정에 의한 입자의 크기는 가공 정도와 가공 온도에 따라 크게 다르다. 철의 재결정 온도는 약 450℃이다.

48. 강의 표준 조직이 아닌 것은?

① 페라이트(ferrite)
② 시멘타이트(cementite)
③ 펄라이트(pearlite)
④ 소르바이트(sorbite)

해설 ㉮ 오스테나이트(austenite) : 이 조직은 r 고용체 조직으로 면심입방격자이며, 최대 2.0% C까지 고용하고, A_1(723℃) 변태점 이상 가열했을 때 얻을 수 있는 조직으로서 비자성체이며 전기 저항이 크다.
㉯ 페라이트(ferrite) : α 철에 탄소를 미량 함유한 고용체로, 거의 순철에 가까운 체심입방격자 조직이다. 따라서 인장강도가 35 kgf/mm², 연신율 40%, 브리넬 경도(HB)가 80 정도로 매우 연한 조직이다.
㉰ 펄라이트(pearlite) : 이것은 매우 강인한 조직으로 현미경으로 보면 진주 조개에 나타나는 무늬처럼 보인다 해서 붙은 이름이다. 이 조직은 공석점에서 오스테나이트가 페라이트와 시멘타이트의 층상의 조직으로 변태한 조직이다. 현미경상에 검게 보이나 더욱 확대해보면 펄라이트 결정 경계에 흰색의 침상 조직인 시멘타이트가 석출되어 있다.
㉱ 시멘타이트(cementite) : Fe_3C로 나타내며 6.67%의 C와 Fe의 금속 간 화합물로서 백색의 침상 조직이며, 매우 경취한 조직으로, 인장강도 3.5 kgf/mm² 이하, 연신율 0, 브리넬 경도 800이며, 210℃ 이하에서 강자성체이다.

49. 보통 주강에 3% 이하의 Cr을 첨가하여 강도와 내마멸성을 증가시켜 분쇄기계, 석유화학 공업용 기계 부품 등에 사용되는 합금 주강은?

① Ni 주강　② Cr 주강
③ Mn 주강　④ Ni-Cr 주강

50. 탄소량이 가장 적은 강은?

① 연강　② 반경강
③ 최경강　④ 탄소공구강

51. 기계 제도에서의 척도에 대한 설명으로 잘못된 것은?

① 척도란 도면에서의 길이와 대상물의 실제 길이의 비이다.
② 축척의 표시는 2 : 1, 5 : 1, 10 : 1 등과 같이 나타낸다.
③ 도면을 정해진 척도값으로 그리지 못하거나 비례하지 않을 때에는 척도를 'NS'로 표시할 수 있다.
④ 척도는 표제란에 기입하는 것이 원칙이다.

해설

척도의 종류	값
축척	1:2, 1:5, 1:10, 1:20, 1:50, 1:100
현척	1:1
배척	2:1, 5:1, 10:1, 20:1, 50:1, 100:1

정답 47. ① 48. ④ 49. ② 50. ① 51. ②

52. 다음 배관 도면에 포함되어 있는 요소로 볼 수 없는 것은?

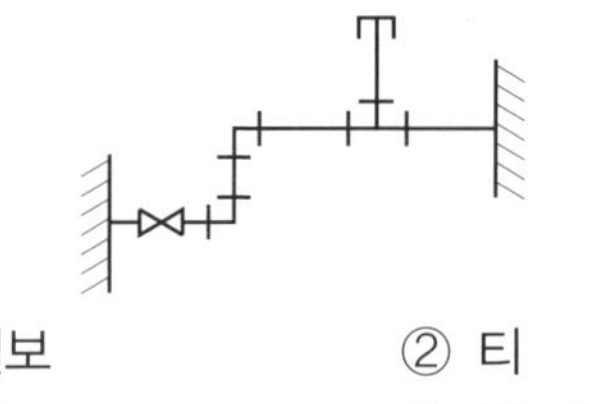

① 엘보 ② 티
③ 캡 ④ 체크밸브

53. 리벳 구멍에 카운터 싱크가 없고 공장에서 드릴 가공 및 끼워 맞추기를 할 때의 간략 표시 기호는?

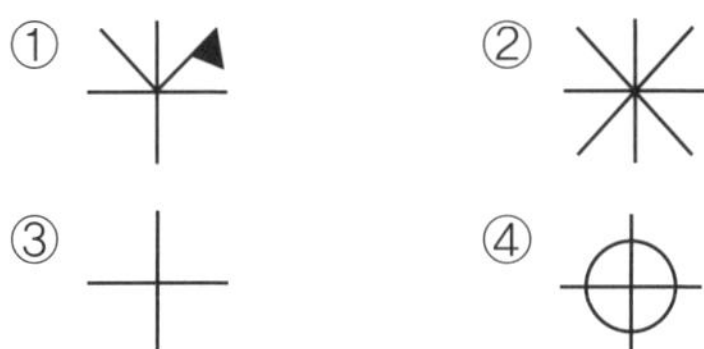

54. 리벳 이음(rivet joint) 단면의 표시법으로 가장 올바르게 투상된 것은?

해설 길이 방향으로 단면하지 않은 부품
㉮ 길이 방향으로 단면해도 의미가 없거나 이해를 방해하는 부품인 축, 리벳 등은 길이 방향으로 단면하지 않는다.
㉯ 얇은 물체인 개스킷, 박판, 형강의 경우는 한 줄의 굵은 실선으로 단면 도시, 그러므로 리벳을 단면하지 않은 것이 정답이다.

55. 그림과 같이 지름이 같은 원기둥과 원기둥이 직각으로 만날 때의 상관선은 어떻게 나타나는가?

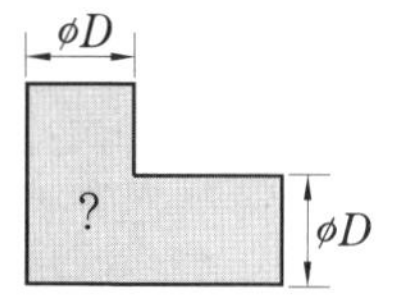

① 점선 형태의 직선
② 실선 형태의 직선
③ 실선 형태의 포물선
④ 실선 형태의 하이포이드 곡선

56. KS 재료기호 중 기계 구조용 탄소강재의 기호는?

① SM 35C ② SS 490B
③ SF 340A ④ STKM 20A

해설 일반구조용 압연강(SS), 기계 구조용 탄소강(SM), 탄소강(STC), 용접 구조용 압연강재 : SM 400A, SM490YA, SM490TMC

57. 치수기입의 원칙에 대한 설명으로 가장 적절한 것은?

① 중요한 치수는 중복하여 기입한다.
② 치수는 되도록 주투상도에 집중하여 기입한다.
③ 계산하여 구한 치수는 되도록 식을 같이 기입한다.
④ 치수 중 참고 치수에 대하여는 네모 상자 안에 치수 수치를 기입한다.

해설 치수 기입의 원칙
㉮ 도면에는 완성된 물체의 치수를 기입한다.
㉯ 길이단위 : mm, 도면에는 기입하지 않는다.
㉰ 치수 숫자는 자릿수를 표시하는 콤마 등을 사용하지 않는다.
㉱ 치수 숫자는 치수선에 대하여 수직 방향은 도면의 우변으로부터, 수평 방향은 하변으로부터 읽도록 기입한다.
㉲ 도면에 길이의 크기와 자세 및 위치를 명확하게 표시한다.
㉳ 가능한 한 주투상도(정면도)에 기입한다.

정답 52. ④ 53. ③ 54. ④ 55. ② 56. ① 57. ②

㉳ 치수의 중복 기입을 피한다.
㉴ 치수는 계산할 필요가 없도록 기입한다.
㉵ 관련되는 치수는 한곳에 모아서 기입한다.
㉶ 외형 치수 전체 길이 치수는 반드시 기입한다.

58. 다음 용접 기호에서 3의 의미로 올바른 것은 어느 것인가?

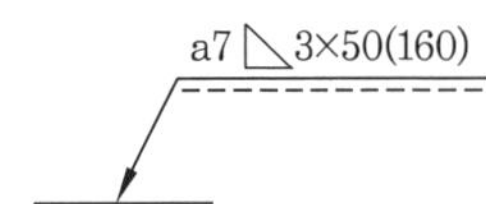

① 용접부 수
② 필릿 용접 목 두께
③ 용접의 길이
④ 용접부 간격

59. 지시선 및 인출선을 잘못 나타낸 것은?

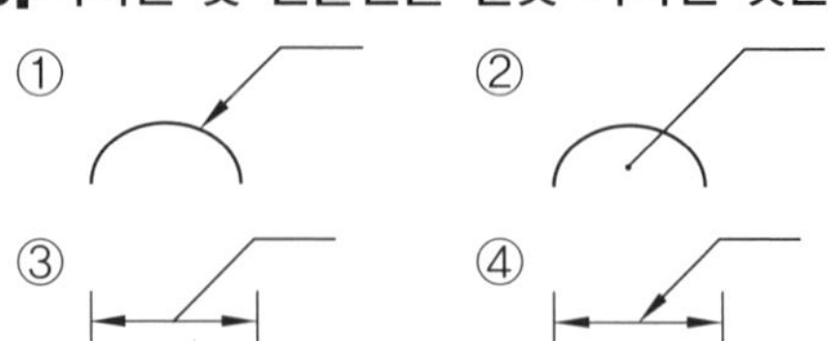

60. 제3각 정투상법으로 투상한 그림과 같은 투상도의 우측면도로 가장 적합한 것은?

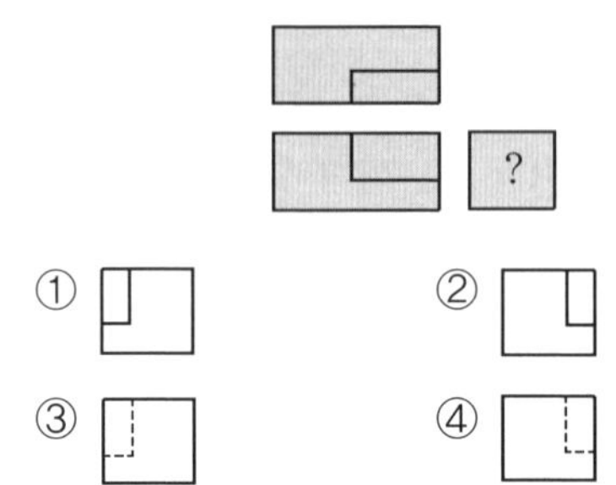

정답 58. ① 59. ④ 60. ①

2015년도 시행 문제

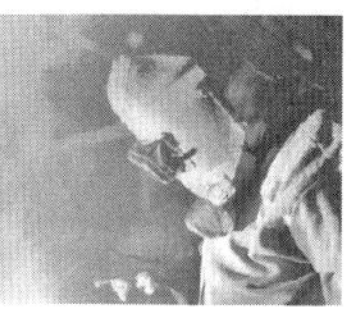

2015. 1. 25 시행 (특수 용접 기능사)

1. **저온균열이 일어나기 쉬운 재료에 용접 전 균열을 방지할 목적으로 피용접물의 전체 또는 이음부 부근의 온도를 올리는 것을 무엇이라고 하는가?**

① 잠열 ② 예열 ③ 후열 ④ 발열

해설 ㉮ 연강의 경우 두께 25 mm 이상의 경우나 합금성분을 포함한 합금강 등은 급랭 경화성이 크기 때문에 열 영향부가 경화하여 비드 균열이 생기기 쉽다. 따라서 50~350℃ 정도로 홈을 예열하여 준다.
㉯ 기온이 0℃ 이하에서는 저온 균열이 생기기 쉬우므로 홈 양끝 100 mm 나비를 40~70℃로 예열한 후 용접한다.
㉰ 주철은 인성이 거의 없고 경도와 취성이 커서 500~550℃로 예열하여 용접 터짐을 방지한다.
㉱ 용접 시 저수소계 용접봉을 사용하면 예열 온도를 낮출 수 있다.
㉲ 탄소 당량이 커지거나 판 두께가 두꺼울수록 예열온도를 높일 필요가 있다.
㉳ 주물의 두께 차가 클 경우 냉각 속도가 균일하도록 예열한다.

2. **다음 용접법 중 압접에 해당되는 것은?**

① MIG 용접
② 서브머지드 아크 용접
③ 점용접
④ TIG 용접

3. **아크타임을 설명한 것 중 옳은 것은?**

① 단위시간 내의 작업 여유 시간이다.
② 단위시간 내의 용도 여유 시간이다.
③ 단위시간 내의 아크 발생 시간을 백분율로 나타낸 것이다.
④ 단위시간 내 시공한 용접 길이를 백분율로 나타낸 것이다.

해설 사용률

$$=\frac{(\text{아크 발생 시간})}{(\text{아크 발생 시간}+\text{휴식 시간})}\times 100$$

4. **용접 자동화 방법에서 정성적 자동제어의 종류가 아닌 것은?**

① 피드백 제어
② 유접점 시퀀스 제어
③ 무접점 시퀀스 제어
④ PLC 제어

해설 정성적 자동제어 : 물탱크에 물이 없으면 물펌프를 돌려서 물을 올려 넣고, 물이 가득 차면 펌프를 끈다. 정해진 물 높이에 on, off의 신호가 발생하도록 하고, 그것으로 제어한다. 현재 물이 얼마 있는지 없는지는 중요하지 않으므로 '정해진 성질'에 따른 제어를 한다.

5. **용접부에 오버랩의 결함이 발생했을 때 가장 올바른 보수 방법은?**

① 작은 지름의 용접봉을 사용하여 용접한다.
② 결함 부분을 깎아내고 재용접한다.
③ 드릴로 정지 구멍을 뚫고 재용접한다.
④ 결함 부분을 절단한 후 덧붙임 용접을 한다.

해설 결함을 보수할 때 주의 사항
㉮ 기공 또는 슬래그 섞임이 있을 때는 그 부분을 깎아내고 재용접

정답 1. ② 2. ③ 3. ③ 4. ① 5. ②

㉯ 언더컷이 있을 때는 가는 용접봉을 사용하여 파인 부분을 용접
㉰ 오버랩이 있을 때는 덮인 일부분을 깎아내고 재용접
㉱ 균열일 때는 균열에 정지 구멍을 뚫고 균열부를 깎아낸 후 홈을 만들어 재용접

6. 용접균열에서 저온균열은 일반적으로 몇 ℃ 이하에서 발생하는 균열을 말하는가?

① 200~300℃ 이하
② 301~400℃ 이하
③ 401~500℃ 이하
④ 501~600℃ 이하

해설 ㉮ 저온균열 : 약 200℃ 이하의 비교적 낮은 온도에서 발생하는 균열
㉯ 고온균열 : 용접부의 응고 온도 범위 또는 그 바로 아래와 같은 비교적 고온에서 발생하는 균열(약 500℃ 이상)

7. TIG 용접에 사용되는 전극의 재질은?

① 탄소 ② 망간
③ 몰리브덴 ④ 텅스텐

8. 용접선 양측을 일정 속도로 이동하는 가스 불꽃에 의하여 나비 약 150 mm를 150~200℃로 가열한 다음 곧 수랭하는 방법으로, 주로 용접선 방향의 응력을 완화시키는 잔류 응력 제거법은?

① 저온 응력 완화법
② 기계적 응력 완화법
③ 노내 풀림법
④ 국부 풀림법

해설 저온 응력 완화법 : 용접선 좌우 양측을 정속도로 이동하는 가스 불꽃으로, 약 150 mm의 나비를 약 150~200℃로 가열 후 수랭하는 방법이며 용접선 방향의 인장 응력을 완화시키는 방법이다.

9. 납땜을 연납땜과 경납땜으로 구분할 때 구분 온도는?

① 305℃ ② 450℃
③ 550℃ ④ 650℃

10. 전기 저항 용접의 특징에 대한 설명으로 틀린 것은?

① 산화 및 변질 부분이 적다.
② 다른 금속 간의 접합이 쉽다.
③ 용제나 용접봉이 필요 없다.
④ 접합 강도가 비교적 크다.

해설 전기 저항 용접의 특징
㉮ 용접사의 기능에 무관하다.
㉯ 용접 시간이 짧고 대량 생산에 적합하다.
㉰ 용접부가 깨끗하다.
㉱ 산화 작용 및 용접 변형이 적다.
㉲ 가압 효과로 조직이 치밀하다.
㉳ 설비가 복잡하고 가격이 비싸다.
㉴ 후열 처리가 필요하다.
㉵ 이종 금속에 접합은 불가능하다.

11. 이산화탄소 아크 용접의 솔리드와이어 용접봉의 종류 표시는 YGA-50W-1.2-20 형식이다. 이때 Y가 뜻하는 것은?

① 가스 실드 아크 용접
② 와이어 화학 성분
③ 용접 와이어
④ 내후성 강용

해설 CO_2 와이어의 표시 방법 : YGW11
Y : 용접 와이어, GW : 마그 용접용, 11 : 실드가스

12. 일반적으로 사람의 몸에 얼마 이상의 전류가 흐르면 순간적으로 사망할 위험이 있는가?

① 5 mA ② 15 mA
③ 25 mA ④ 50 mA

정답 6. ① 7. ④ 8. ① 9. ② 10. ② 11. ③ 12. ④

해설 전압은 전기를 흘려 줄 수 있는 능력이며 전류는 전기의 흐름을 방해하는 것으로, 인체에 전류가 50 mA 이상이면 사망할 위험에 처하고 100 mA가 흐르면 사망한다.

13. 피복 아크 용접 시 일반적으로 언더컷을 발생시키는 원인으로 가장 거리가 먼 것은 어느 것인가?

① 용접 전류가 너무 높을 때
② 아크 길이가 너무 길 때
③ 부적당한 용접봉을 사용했을 때
④ 홈 각도 및 루트 간격이 좁을 때

해설 언더컷의 원인
㉮ 용접 전류가 너무 높을 때
㉯ 부적당한 용접봉을 사용했을 때
㉰ 용접 속도가 너무 빠를 때
㉱ 용접봉의 유지 각도가 부적당할 때

14. 지름 13 mm, 표점거리 150 mm인 연강재 시험편을 인장 시험한 후의 거리가 154 mm가 되었다면 연신율은?

① 3.89 %　　② 4.56 %
③ 2.67 %　　④ 8.45 %

해설 연신율

$$= \frac{\text{늘어난 표점거리} - \text{처음 표점거리}}{\text{처음 표점거리}} \times 100$$

$$= \frac{(154-150)}{150} \times 100 = 2.6667\ \%(\text{약 } 2.67\ \%)$$

15. [보기]에서 용극식 용접 방법을 모두 고른 것은?

보기
㉠ 서브머지드 아크 용접
㉡ 불활성 가스 금속 아크 용접
㉢ 불활성 가스 텅스텐 아크 용접
㉣ 솔리드 와이어 이산화탄소 아크 용접

① ㉠, ㉡　　② ㉢, ㉣
③ ㉠, ㉡, ㉢　　④ ㉠, ㉡, ㉣

16. 용접 설계상의 주의점으로 틀린 것은?

① 용접하기 쉽도록 설계할 것
② 결함이 생기기 쉬운 용접 방법은 가급적 피할 것
③ 용접이음이 가급적 한곳으로 집중되도록 할 것
④ 강도가 약한 필릿 용접은 가급적 피할 것

해설 용접이음의 설계 시 주의점
㉮ 아래보기 용접을 많이 할 것
㉯ 용접 작업에 지장을 주지 않도록 간격을 둘 것
㉰ 필릿 용접은 되도록 피하고 맞대기 용접을 할 것
㉱ 판 두께가 다른 재료의 이음 시 구배를 두어 갑자기 단면이 변하지 않도록 할 것(1/4 이하 테이퍼 가공을 함)
㉲ 맞대기 용접에는 이면 용접을 하여 용입 부족이 없도록 할 것
㉳ 용접 이음부가 한곳에 집중되지 않도록 설계할 것
㉴ 물품의 중심에 대하여 대칭으로 용접 진행

17. 로크웰 경도시험에서 C스케일의 다이아몬드의 압입자 꼭지각 각도는?

① 100°　　② 115°
③ 120°　　④ 150°

해설 로크웰 경도시험

스케일	압입체	시험 가중	경도 계산식	적용	기호
B 스케일	지름 약 1.5 mm	100 kg	130~500 Δt	풀림한 연질재료	HRB
C 스케일	꼭지각 120°	150 kg	100~500 Δt	담금질된 굳은 재료	HRC

정답 13. ④　14. ③　15. ④　16. ③　17. ③

18. 용접봉에서 모재로 용융금속이 옮겨가는 용접이행 상태가 아닌 것은?

① 글로뷸러형
② 스프레이형
③ 단락형
④ 핀치효과형

해설 용융금속의 이행 형식에 따른 분류
㉮ 스프레이형(spray type)
㉯ 글로뷸러형(glovular type)
㉰ 단락형(short circuit type)

19. 피복 아크 용접 작업 시 전격에 대한 주의사항으로 틀린 것은?

① 무부하 전압이 필요 이상으로 높은 용접기는 사용하지 않는다.
② 전격을 받은 사람을 발견했을 때는 즉시 스위치를 꺼야 한다.
③ 작업 종료 시 또는 장시간 작업을 중지할 때는 반드시 용접기의 스위치를 끄도록 한다.
④ 낮은 전압에서는 주의하지 않아도 되며 습기찬 구두 착용해도 된다.

20. 스테인리스 강을 TIG 용접할 시 적합한 극성은?

① DCSP
② DCRP
③ AC
④ ACRP

21. 직류 정극성(DCSP)에 대한 설명으로 옳은 것은?

① 모재의 용입이 얕다.
② 비드 폭이 넓다.
③ 용접봉의 녹음이 느리다.
④ 용접봉에 (+)극을 연결한다.

해설 정극성과 역극성의 비교

극성	열 분배	특징
정극성 (DCSP)	용접봉(−) : 30 % 모재(+) : 70 %	㉮ 모재 용입이 깊다. ㉯ 용접봉의 녹음이 느리다. ㉰ 비드 폭이 좁다. ㉱ 일반적으로 많이 쓰인다.
역극성 (DCRP)	용접봉(+) : 70 % 모재(−) : 30 %	㉮ 모재 용입이 얕다. ㉯ 용접봉의 녹음이 빠르다. ㉰ 비드 폭이 넓다. ㉱ 박판, 주철, 고탄소강, 합금강, 비철금속의 용접에 쓰인다.
교류 (AC)	−	직류 정극성과 역극성의 중간상태

22. 용접의 장점으로 틀린 것은?

① 작업공정이 단축되며 경제적이다.
② 기밀, 수밀, 유밀성이 우수하며 이음 효율이 높다.
③ 용접사의 기량에 따라 용접부의 품질이 좌우된다.
④ 재료의 두께에 제한이 없다.

23. 용접기의 2차 무부하 전압을 20~30 V로 유지하고, 용접 중 전격 재해를 방지하기 위해 설치하는 용접기의 부속장치는?

① 과부하 방지 장치
② 전격 방지 장치
③ 원격 제어 장치
④ 고주파 발생 장치

해설 전격방지기 : 전격이란 전기적인 충격, 즉 감전을 말하며, 전격방지기는 감전의 위험으로부터 작업자를 보호하기 위하여 2차 무부하 전압을 20~30 V로 유지하는 장치이다.

정답 18. ④ 19. ④ 20. ① 21. ③ 22. ③ 23. ②

24. 피복 아크 용접에서 용접봉의 용융속도와 관련이 가장 큰 것은?

① 아크 전압
② 용접봉 지름
③ 용접기의 종류
④ 용접봉 쪽 전압강하

해설 용접봉의 용융속도는 단위 시간당 소비되는 용접봉의 길이 또는 무게로 나타낸다.
용융속도 = 아크 전류×용접봉 쪽 전압강하

25. 다음 가연성 가스 중 산소와 혼합하여 연소할 때 불꽃온도가 가장 높은 가스는?

① 수소　② 메탄
③ 프로판　④ 아세틸렌

해설

가스의 종류	비중	산소와 혼합 시 불꽃 최고온도 (℃)	공기 중 기체 함유량
아세틸렌	0.906	3430	2.5~80
수소	0.070	2900	4~74
프로판	1.522	2820	2.4~9.5
메탄	0.555	2700	5~15

26. 가스 가우징이나 치핑에 비교한 아크 에어 가우징의 장점이 아닌 것은?

① 작업 능률이 2~3배 높다.
② 장비 조작이 용이하다.
③ 소음이 심하다.
④ 활용 범위가 넓다.

해설 ㉮ 산소 아크 절단에 압축 공기를 병용하여 결함을 제거(흑연으로 된 탄소봉에 구리 도금을 한 전극 사용), 가스 가우징보다 작업 능률이 2~3배 좋다.
㉯ 균열의 발견이 특히 쉽다.
㉰ 소음이 없고 경비가 싸고 조작이 쉽다.
㉱ 철, 비철금속 어느 경우도 사용된다.
㉲ 전원으로는 직류 역극성이 사용된다.
㉳ 아크 전압이 5 V, 전류가 200~500 A, 압축 공기가 6~7 kg/cm^2 (4 kg/cm^2) 이하로 떨어지게 되면 용융 금속이 잘 불려 나가지 않는다.

27. 용접기의 명판에 사용률이 40 %로 표시되어 있을 때 설명으로 옳은 것은?

① 아크 발생 시간이 40 %이다.
② 휴식 시간이 40 %이다.
③ 아크 발생 시간이 60 %이다.
④ 휴식 시간이 4분이다.

해설 용접기에 사용률이 40 %라고 하면 용접기가 가동되는 시간, 즉 용접 작업 시간 중 아크를 발생시킨 시간을 의미한다.
※ 사망률(%)
$$= \frac{\text{아크 시간}}{(\text{아크 시간} + \text{휴식 시간})} \times 100$$

28. 가스용접의 특징에 대한 설명으로 틀린 것은?

① 가열 시 열량 조절이 비교적 자유롭다.
② 피복금속 아크 용접에 비해 후판 용접에 적당하다.
③ 전원 설비가 없는 곳에서도 쉽게 설치할 수 있다.
④ 피복금속 아크 용접에 비해 유해광선의 발생이 적다.

해설 가스 용접의 특징
• 장점
㉮ 전기가 필요 없다.
㉯ 용접기 운반이 비교적 자유롭다.
㉰ 장치 설비가 전기용접에 비해 싸다.
㉱ 불꽃 조정과 용접부 가열 범위 조정이 용이하다.
㉲ 박판 용접에 적당하다.

정답 24. ④　25. ④　26. ③　27. ①　28. ②

㉥ 용접되는 금속의 응용 범위가 넓다.
㉦ 유해 광선의 발생이 적다.
㉧ 용접 기술이 쉬운 편이다.

• 단점
㉮ 고압가스를 사용하기 때문에 폭발, 화재의 위험이 크다.
㉯ 열효율이 낮아서 용접 속도가 느리다.
㉰ 아크용접에 비해 불꽃의 온도가 낮다.
㉱ 금속이 탄화 및 산화될 우려가 많다.
㉲ 열의 집중성이 나빠 효율적인 용접이 어렵다.
㉥ 일반적으로 신뢰성이 적다.
㉦ 용접부의 기계적 강도가 떨어진다.
㉧ 가열 범위가 넓어 용접 응력이 크고 가열 시간 또한 오래 걸린다.

29. 피복 아크 용접봉의 심선의 재질로써 적당한 것은?

① 고탄소 림드강 ② 고속도강
③ 저탄소 림드강 ④ 반 연강

해설 ㉮ 용접봉 선택 시 심선의 성분을 알아야 한다.
㉯ 모재와 동일한 재질을 쓰며 불순물이 없어야 한다.
㉰ 용접의 최종 결과는 피복제와 심선과의 상호 화학 작용에 의하여 형성된 용착금속의 성질이 좋고 나쁜 데 따라 판정된다.
㉱ 용접 금속의 균열(crack)을 방지하기 위하여 주로 저탄소림드강을 사용한다.

30. 피복 아크 용접봉의 간접 작업성에 해당되는 것은?

① 부착 슬래그의 박리성
② 용접봉 용융 상태
③ 아크 상태
④ 스패터

31. 다음 중 수중 절단에 가장 적합한 가스로 짝지어진 것은?

① 산소－수소 가스
② 산소－이산화탄소 가스
③ 산소－암모니아 가스
④ 산소－헬륨 가스

해설 ㉮ 주로 침몰선의 해체, 교량 건설 등에 사용된다.
㉯ 예열용 가스로는 아세틸렌(폭발에 위험), 수소(수심에 관계없이 사용 가능하나 예열 온도가 낮다), 프로판 가스(LPG), 벤젠이 사용된다.
㉰ 예열 불꽃은 육지보다 크게, 절단 속도는 느리게 한다.

32. 피복 아크 용접봉 중에서 피복제 중에 석회석이나 형석을 주성분으로 하고, 피복제에서 발생하는 수소량이 적어 인성이 좋은 용착금속을 얻을 수 있는 용접봉은?

① 일미나이트계(E4301)
② 고셀룰로오스계(E4311)
③ 고산화 티탄계(E4313)
④ 저수소계(E4316)

33. 부하 전류가 변화하여도 단자 전압은 거의 변하지 않는 특성은?

① 수하 특성
② 정전류 특성
③ 정전압 특성
④ 전기저항 특성

해설 수하 특성 : 부하 전류가 증가하면 단자전압이 저하하는 특성

34. 피복 아크 용접봉의 피복제의 작용에 대한 설명으로 틀린 것은?

① 산화 및 질화를 방지한다.
② 스패터가 많이 발생한다.
③ 탈산 정련 작용을 한다.
④ 합금원소를 첨가한다.

정답 29. ③ 30. ① 31. ① 32. ④ 33. ③ 34. ②

해설 피복제의 역할
㉮ 아크 안정 및 산화, 질화 방지
㉯ 용적을 미세화하여 용착 효율 향상
㉰ 서랭으로 취성 방지
㉱ 용착금속의 탈산 정련 작용
㉲ 합금 원소 첨가
㉳ 유동성 증가와 슬래그의 박리성을 증대
㉴ 전기 절연 작용 등이 있다.

35. 피복 아크 용접기로써 구비해야 할 조건 중 잘못된 것은?

① 구조 및 취급이 간편해야 한다.
② 전류 조정이 용이하고 일정하게 전류가 흘러야 한다.
③ 아크 발생과 유지가 용이하고 아크가 안정되어야 한다.
④ 용접기가 빨리 가열되어 아크 인징을 유지해야 한다.

36. 직류 아크 용접의 설명 중 옳은 것은?

① 용접봉을 양극, 모재를 음극에 연결하는 경우를 정극성이라고 한다.
② 역극성은 용입이 깊다.
③ 역극성은 두꺼운 판의 용접에 적합하다.
④ 정극성은 용접 비드의 폭이 좁다.

37. 가스절단에서 양호한 절단면을 얻기 위한 조건으로 틀린 것은?

① 드래그(drag)가 가능한 한 클 것
② 드래그(drag)의 홈이 낮고 노치가 없을 것
③ 슬래그 이탈이 양호할 것
④ 절단면 표면의 각이 예리할 것

해설 절단의 조건
㉮ 드래그(drag)가 가능한 한 작을 것
㉯ 절단면이 평활하며 드래그 홈이 낮고 노치(notch) 등이 없을 것
㉰ 절단면 표면의 각이 예리할 것
㉱ 슬래그 이탈이 양호할 것
㉲ 경제적인 절단이 이루어질 것

38. 피복 아크 용접에서 아크전압이 30 V, 아크 전류가 150 A, 용접 속도가 20 cm/min일 때, 용접입열은 몇 joule/cm인가?

① 27000 ② 22500
③ 15000 ④ 13500

해설 $H=\dfrac{(60\times30\times150)}{20}=13500$

※ 단위 환산에 주의(예 속도의 단위가 mm/min으로 되어 있으면 질문의 단위와 맞게 환산하여 계산한다.)

39. 재결정 온도가 가장 낮은 금속은?

① Al ② Cu
③ Ni ④ Zn

40. Ni–Fe 합금으로 불변강이라 불리는 합금이 아닌 것은?

① 인바 ② 모넬 메탈
③ 엘린바 ④ 슈퍼인바

해설 모넬 메탈 : Ni–Cu계 합금

41. 다음 중 Fe–C 평형상태도에 대한 설명으로 옳은 것은?

① 공정점의 온도는 약 723℃이다.
② 포정점은 약 4.30 %C를 함유한 점을 말한다.
③ 공석점은 약 0.80 %C를 함유한 점을 말한다.
④ 순철의 자기변태 온도는 210℃이다.

정답 35. ④ 36. ④ 37. ① 38. ④ 39. ④ 40. ② 41. ③

42. 연질 자성 재료에 해당하는 것은?

① 페라이트 자석
② 알니코 자석
③ 네오디뮴 자석
④ 퍼멀로이

해설 일반적으로 투자율이 크고 보자력이 적은 자성 재료의 통칭으로, 고투자율 재료, 자심 재료 등이 여기에 포함된다. 규소강판, 퍼멀로이, 전자 순철 등이 대표적인 것이며, 기계적으로 연하고 변형이 적은 것이 요구되나 기계적 강도와는 큰 관계가 없다.

43. 완전 탈산시켜 제조한 강은?

① 킬드강 ② 림드강
③ 고망간강 ④ 세미킬드강

해설 강을 만들 때 녹은 강 속에 알루미늄·규소를 첨가하고 탈산처리하여 속의 산소를 전부 제거해버리면, 주형에 부어 강괴를 만들 때 배출되는 가스가 남아 있지 않으므로 아주 조용히 굳는다. 이를 킬드강이라 부른다. 이 때문에 강괴 전체에 성분이나 여러 성질이 균일해져 좋다. 그러나 완전히 탈산을 하지 않으면 강괴가 굳을 때 가스가 방출되어 림드강이 된다.

44. 황동과 청동의 주성분으로 옳은 것은?

① 황동 : Cu+Pb, 청동 : Cu+Sb
② 황동 : Cu+Su, 청동 : Cu+Zn
③ 황동 : Cu+Sb, 청동 : Cu+Pb
④ 황동 : Cu+Zn, 청동 : Cu+Sn

45. Al-Cu-Si 합금으로 실리콘(Si)을 넣어 주조성을 개선하고 Cu를 첨가하여 절삭성을 좋게 한 알루미늄 합금으로 시효 경화성이 있는 합금은?

① Y합금 ② 라우탈
③ 코비탈륨 ④ 로-엑스 합금

해설 Al-Cu-Si : 라우탈이라 하며 Si 첨가로 주조성이 향상되고 Cu 첨가로 절삭성이 향상된다.

46. 주철 중 구상 흑연과 편상 흑연의 중간 형태의 흑연으로 형성된 조직을 갖는 주철은 어느 것인가?

① CV 주철
② 에시큘라 주철
③ 니크로 실라 주철
④ 미해나이트 주철

해설 흑연의 형상이 누에 모양을 한 주철 버미큘러 주철(vermicular graphite castiron)이라고도 한다. 주철의 성질은 흑연의 형상에 크게 영향을 주므로 CV 주철의 성질은 구상(球狀) 흑연주철과 편상(片狀) 흑연주철의 중간적인 성질을 나타낸다.

47. 상온에서 구리(Cu)의 결정격자 형태는?

① HCT ② BCC
③ FCC ④ CPH

48. 포금의 주성분에 대한 설명으로 옳은 것은 어느 것인가?

① 구리에 8~12 % Zn을 함유한 합금이다.
② 구리에 8~12 % Sn을 함유한 합금이다.
③ 6~4황동에 1 % Pb을 함유한 합금이다.
④ 7~3황동에 1 % Mg을 함유한 합금이다.

49. 다음 중 담금질에 의해 나타난 조직 중에서 경도와 강도가 가장 높은 것은?

① 오스테나이트
② 소르바이트
③ 마텐자이트
④ 트루스타이트

정답 42. ④ 43. ① 44. ④ 45. ② 46. ① 47. ③ 48. ② 49. ③

해설 담금질 : 강의 강도와 경도를 증가시킬 목적으로 가열 후 급랭한다.
- 담금질 온도
  ㉮ 아공석강 : A_3변태점보다 30~50℃ 높게 가열 후 급랭
  ㉯ 과공석강 : A_1변태점보다 30~50℃ 높게 가열 후 급랭
- 담금질 조직
  ㉮ 수유 냉각 : 마텐자이트
  ㉯ 유중 냉각 : 트루스타이트
  ㉰ 공기 중 냉각 : 소르바이트
  ㉱ 가열로 내에서 냉각 : 펄라이트
  ※ 경도 : 마텐자이트 > 트루스타이트 > 소르바이트 > 펄라이트

50. 고주파 담금질의 특징을 설명한 것 중 옳은 것은?

① 직접 가열하므로 열효율이 높다.
② 열처리 불량은 적으나 변형 보정이 항상 필요하다.
③ 열처리 후의 연삭 과정을 생략 또는 단축시킬 수 없다.
④ 간접 부분 담금질법으로 원하는 깊이만큼 경화하기 힘들다.

51. 다음 치수 표현 중에서 참고 치수를 의미하는 것은?

① Sϕ24 ② t=24 ③ (24) ④ □24

해설 치수 보조 기호

명칭	기호	읽기	사용법
지름	ϕ	파이	지름 치수와 치수 수치 앞에 붙인다.
반지름	R	아르	반지름 치수와 치수 수치 앞에 붙인다.
구의 반지름	SR	에스알	구의 반지름 치수와 치수 수치 앞에 붙인다.
정사각형의 변	□	사각	정사각형의 한 변의 치수의 치수 수치 앞에 붙인다.
판의 두께	t	티	판 두께의 치수 수치 앞에 붙인다.
원호의 길이	⌒	원호	원호 길이 치수의 치수 수치 앞에 붙인다.
45° 모따기	C	시	45° 모따기 치수의 치수 수치 앞에 붙인다.
이론적으로 정확한 치수	▭	테두리	이론적인 정확한 치수의 치수 수치를 둘러싼다.
참고 치수	( )	괄호	참고 치수의 치수 수치(치수 보조 기호를 포함)를 둘러싼다.

52. 도면을 용도에 따른 분류와 내용에 따른 분류로 구분할 때, 다음 중 내용에 따라 분류한 도면인 것은?

① 제작도 ② 주문도
③ 견적도 ④ 부품도

53. 대상물의 일부를 떼어낸 경계를 표시하는 데 사용하는 선의 굵기는?

① 굵은 실선 ② 가는 실선
③ 아주 굵은 실선 ④ 아주 가는 실선

54. 그림과 같은 배관 도시기호가 있는 관에는 어떤 종류의 유체가 흐르는가?

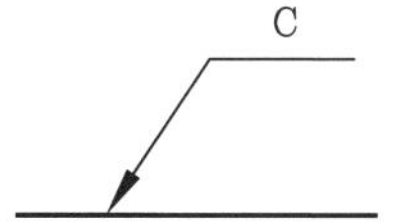

정답 50. ① 51. ③ 52. ④ 53. ② 54. ②

① 온수　　② 냉수
③ 냉온수　　④ 증기

해설 그림에 흐르는 유체 중에서 냉수는 C, 수증기는 S, 물은 W, 기름은 O, 공기는 A, 가스는 G로 표기한다.

55. 오른쪽 그림과 같은 용접 방법 표시로 맞는 것은?

① 삼각 용접
② 현장 용접
③ 공장 용접
④ 수직 용접

56. 오른쪽 밸브 기호는 어떤 밸브를 나타내는가?

① 풋 밸브
② 볼 밸브
③ 체크 밸브
④ 버터플라이 밸브

57. 리벳용 원형강의 KS 기호는?

① SV　　② SC
③ SB　　④ PW

58. [보기]의 입체도의 화살표 방향 투상도로 가장 적합한 것은?

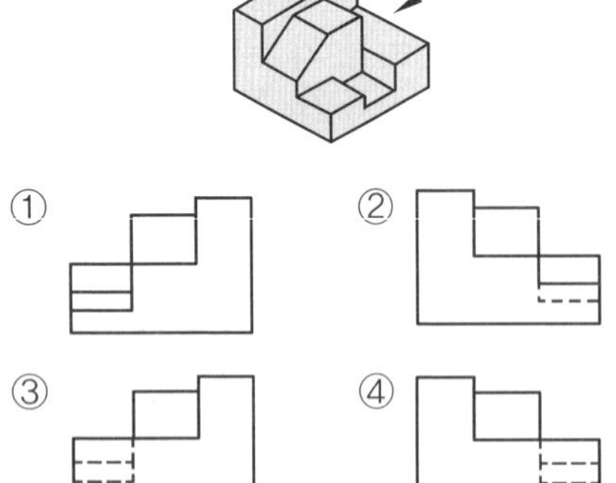

59. 구멍에 끼워 맞추기 위한 구멍, 볼트, 리벳의 기호 표시에서 현장에서 드릴가공 및 끼워맞춤을 하고 양쪽면에 카운터 싱크가 있는 기호는?

①

②

③
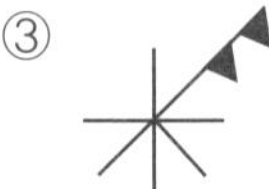

④
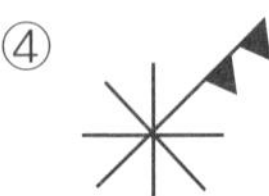

60. 제3각법에 대하여 설명한 것으로 틀린 것은 어느 것인가?

① 저면도는 정면도 밑에 도시한다.
② 평면도는 정면도의 상부에 도시한다.
③ 좌측면도는 정면도의 좌측에 도시한다.
④ 우측면도는 평면도의 우측에 도시한다.

해설 제3각법
㉮ 물체를 제3면각 안에 놓고 투상하는 방법이다.
㉯ 투상 방법 : 눈→투상면→물체
㉰ 정면도를 기준으로 투상된 모양을 투상한 위치에 배치한다.
㉱ KS에서는 제3각법으로 도면 작성하는 것이 원칙이다.
㉲ 도면의 표제란에 표시 기호로 표현이 가능하다.
㉳ 정면도 위에 평면도를, 정면도 우측에 우측면도를 배치한다.

정답 55. ② 56. ① 57. ① 58. ③ 59. ④ 60. ④

2015. 7. 19 시행 (용접 기능사)

1. 텅스텐 전극봉 중에서 전자 방사 능력이 현저하게 뛰어난 장점이 있으며 불순물이 부착되어도 전자 방사가 잘되는 전극은?

① 순텅스텐 전극
② 토륨 텅스텐 전극
③ 지르코늄 텅스텐 전극
④ 마그네슘 텅스텐 전극

해설 텅스텐 전극봉은 순수한 것보다 1~2 %의 토륨을 포함한 것이 전자 방사 능력이 크다.

2. 안전 · 보건 표지의 색채, 색도 기준 및 용도에서 색채에 따른 용도를 올바르게 나타낸 것은?

① 빨간색 : 안내 ② 파란색 : 지시
③ 녹색 : 경고 ④ 노란색 : 금지

해설 안전 · 보건 표지에 사용되는 색채
㉮ 금지 – 빨강
㉯ 경고, 주의 표시 – 노랑
㉰ 지시 – 파랑
㉱ 안내 – 녹색
㉲ 문자 및 파랑, 녹색에 대한 보조색 – 흰색
㉳ 문자 및 빨강, 노랑에 대한 보조색 – 검정색

3. 사고의 원인 중 인적 사고 원인에서 선천적 원인은?

① 신체의 결함 ② 무지
③ 과실 ④ 미숙련

해설 산업 재해의 원인
㉮ 인적 원인
• 심리적 원인 : 무리, 과실, 숙련도 부족, 난폭, 흥분, 소홀, 고의 등
• 생리적 원인 : 체력적 부작용, 신체 결함, 질병, 음주, 수면 부족, 피로 등
㉯ 물적 원인
• 건물(환경) : 환기 불량, 조명 불량, 좁은 작업장, 통로 불량
• 설비 : 안전 장치 불량, 고장난 기계, 불량한 공구, 부적당한 설비

4. 솔리드 와이어와 같이 단단한 와이어를 사용할 경우 적합한 용접 토치 형태로 옳은 것은?

① Y형 ② 커브형
③ 직선형 ④ 피스톨형

해설 불활성 금속 가스 아크 용접 방식에 사용하는 용접 토치 형태에는 커브형과 피스톨형(건형)이 있는데, 커브형은 단단한 와이어를 사용하는 CO_2 용접에 사용되며 피스톨형은 연한 비철금속 와이어를 사용하는 MIG 용접에 적합하다.

5. 용접 금속의 구조상의 결함이 아닌 것은?

① 변형 ② 기공
③ 언더컷 ④ 균열

해설 용접 결함은 치수상, 구조상, 성질상 결함으로 분류하며, 구조상 결함에는 기공, 슬래그 섞임, 융합 불량, 용입 불량, 언더컷, 오버랩, 균열, 표면 결함 등이 있다.

6. 용접부 검사법 중에서 기계적 시험법이 아닌 것은?

① 굽힘 시험 ② 경도 시험
③ 인장 시험 ④ 부식 시험

해설 기계적 시험법으로는 인장 시험, 굽힘 시험, 경도 시험, 충격 시험, 피로 시험, 고온 및 저온 시험 등이 있으며, 부식 시험은 화학적 시험법이다.

정답 1. ② 2. ② 3. ① 4. ② 5. ① 6. ④

7. 금속 재료의 미세 조직을 금속 현미경을 사용하여 광학적으로 관찰하고 분석하는 현미경 시험의 진행 순서로 맞는 것은?

① 시료 채취→연마→세척 및 건조→부식→현미경 관찰
② 시료 채취→연마→부식→세척 및 건조→현미경 관찰
③ 시료 채취→세척 및 건조→연마→부식→현미경 관찰
④ 시료 채취→세척 및 건조→부식→연마→현미경 관찰

해설 시료(시험편) 채취→연마(샌드페이퍼 사용)→세척 및 건조(매끈하게 광택을 낸다)→부식(매크로 부식액 사용)→현미경 관찰(보통 50~2000배의 광학 현미경으로 조직이나 미소 결함 등 관찰)

8. 불활성 가스 금속 아크 용접(MIG)의 용착 효율은 얼마 정도인가?

① 58 % ② 78 %
③ 88 % ④ 98 %

해설 피복 금속 아크 용접봉의 실제 용착 효율은 69 %인 반면 MIG 용접에서는 용접봉의 손실이 적어 용착 효율은 95 % 정도이다.

9. 산업용 용접 로봇의 기능이 아닌 것은?

① 작업 기능 ② 제어 기능
③ 계측 인식 기능 ④ 감정 기능

해설 산업용 용접 로봇은 작업 기능(동작, 구속, 이동 기능), 제어 기능(동작 제어, 교시 기능), 계측 인식 기능(계측, 인식 기능)을 한다.

10. 용접에 있어 모든 열적 요인 중 가장 영향을 많이 주는 요소는?

① 용접 입열 ② 용접 재료
③ 주위 온도 ④ 용접 복사열

해설 용접부의 외부에서 주어지는 열량을 용접 입열이라 하며, 입열량이 많고 급랭이 될수록 용접부에 여러 가지 결함이 생긴다.

11. 용접부의 시험 중 용접성 시험에 해당하지 않는 시험법은?

① 노치 취성 시험
② 열특성 시험
③ 용접 연성 시험
④ 용접 균열 시험

해설 용접성 시험에는 노치 취성 시험, 용접 연성 시험, 용접 경화성 시험, 용접 균열 시험 등이 있으며, 열특성(팽창, 비열, 열전도 등) 시험은 물리적 시험에 해당한다.

12. TIG 용접에서 직류 정극성을 사용하였을 때 용접 효율을 올릴 수 있는 재료는?

① 알루미늄 ② 마그네슘
③ 마그네슘 주물 ④ 스테인리스강

해설 TIG 용접에서 직류 정극성으로는 스테인리스강이 적합하고 알루미늄, 마그네슘 등은 직류 역극성으로 용접을 해야 용접 효율을 올릴 수 있다.

13. 재료의 인장 시험 방법으로 알 수 없는 것은 어느 것인가?

① 인장강도 ② 단면 수축률
③ 피로강도 ④ 연신율

해설 인장 시험에서는 항복점(내력), 인장강도, 연신율, 단면 수축률 등을 측정한다.

14. 텅스텐과 몰리브덴 재료 등을 용접하기에 가장 적합한 용접은?

① 전자 빔 용접
② 일렉트로 슬래그 용접
③ 탄산가스 아크 용접
④ 서브머지드 아크 용접

정답 7. ① 8. ④ 9. ④ 10. ① 11. ② 12. ④ 13. ③ 14. ①

해설 전자 빔 용접은 높은 진공실 속에서 용접을 하는 방법으로 텅스텐, 몰리브덴과 같은 대기에서 반응하기 쉬운 금속도 용이하게 용접할 수 있다.

15. 일렉트로 가스 아크 용접의 특징에 대한 설명 중 틀린 것은?

① 판 두께에 관계없이 단층으로 상진 용접한다.
② 판 두께가 얇을수록 경제적이다.
③ 용접 속도는 자동으로 조절된다.
④ 정확한 조립이 요구되며 이동용 냉각 동판에 급수 장치가 필요하다.

해설 일렉트로 가스 아크 용접은 수직 용접법으로, 보호 가스로는 주로 탄산가스를 사용하며 보호 가스 분위기 속에서 아크를 발생시켜 아크열로 모재를 용융시켜 용접하는 방법이다. 일렉트로 슬래그 용접보다 얇은 중후판(40~50 mm)의 용접에 적합하다.

16. 목재, 섬유류, 종이 등에 의한 화재의 급수에 해당하는 것은?

① A급　② B급
③ C급　④ D급

해설 화재의 종류
㉮ A급(일반 화재) : 목재, 종이, 섬유 등이 연소한 후 재를 남기는 화재, 물을 사용하여 소화
㉯ B급(유류 화재) : 석유, 프로판 가스 등과 같이 연소한 후 아무것도 남기지 않는 화재, 이산화탄소, 소화 분말 등을 사용하여 소화
㉰ C급(전기 화재) : 전기 기계 등에 의한 화재, 이산화탄소, 증발성 액체, 소화 분말 등을 사용하여 소화
㉱ D급(금속 화재) : 마그네슘과 같은 금속에 의한 화재, 마른 모래를 뿌려 소화

17. 다음 중 용접 변형 방지법의 종류에 속하지 않는 것은?

① 억제법　② 역변형법
③ 도열법　④ 취성 파괴법

해설 용접 변형 방지법
㉮ 용접 전 변형 방지법 : 억제법, 역변형법
㉯ 용접 시공에 의한 경감법 : 대칭법, 후퇴법, 스킵법 등
㉰ 모재의 열전도를 억제하여 변형 방지 : 도열법
㉱ 용접 금속부의 변형과 잔류 응력 경감 : 피닝법

18. 일렉트로 슬래그 용접의 특징에 대한 설명으로 틀린 것은?

① 박판 용접에는 적용할 수 없다.
② 장비 설치가 복잡하며 냉각장치가 요구된다.
③ 용접 시간이 길고 장비가 저렴하다.
④ 용접 진행 중 용접부를 직접 관찰할 수 없다.

해설 일렉트로 슬래그 용접은 용접 시간이 단축되기 때문에 능률적이고 경제적이며, 장비비가 비싸고 높은 입열로 인하여 용접부의 기계적 성질이 저하될 수 있다.

19. 표면 피복 용접을 올바르게 설명한 것은?

① 연강과 고장력강의 맞대기 용접을 말한다.
② 연강과 스테인리스강의 맞대기 용접을 말한다.
③ 금속 표면에 다른 종류의 금속을 용착시키는 것을 말한다.
④ 스테인리스 강판과 연강판재를 접합 시 스테인리스 강판에 구멍을 뚫어 용접하는 것을 말한다.

정답 15. ② 16. ① 17. ④ 18. ③ 19. ③

해설 표면 피복 용접은 금속 표면에 다른 종류의 금속을 용착시키는 방법으로 보통 주철의 보수 용접으로 사용되는 버터링법과 같다.

20. 서브머지드 아크 용접 시 받침쇠를 사용하지 않을 경우 루트 간격을 몇 mm 이하로 하여야 하는가?

① 0.2 ② 0.4
③ 0.6 ④ 0.8

해설 서브머지드 아크 용접에서 받침쇠가 없는 경우 루트 간격을 0.8 mm 이하로 하여 용락을 방지한다.

21. 강판의 두께가 12 mm, 폭이 100 mm인 평판을 V형 홈으로 맞대기 용접 이음할 때, 이음 효율 η= 0.8로 하면 인장력 P는? (단, 재료의 최저 인장강도는 40 N/mm^{2}이고 안전율은 4로 한다.)

① 960 N ② 9600 N
③ 860 N ④ 8600 N

해설 $\text{안전율} = \dfrac{\text{인장강도}}{\text{허용응력}}$

$\text{모재의 허용응력} = \dfrac{40\,\text{N/mm}^2}{4} = 10\ \text{N/mm}^2$

$10 \times 0.8 = \dfrac{P}{12 \times 100}$

$\therefore\ P = 9600\ \text{N}$

22. 연납땜 중 내열성 땜납으로 주로 구리, 황동용에 사용되는 것은?

① 인동납 ② 황동납
③ 납-은납 ④ 은납

해설 인동납, 황동납, 은납 등은 경납땜이다. 연납땜 중 내열성 땜납으로, 구리, 황동에 사용되는 것은 납-은납이다.

23. 피복 아크 용접에서 사용하는 아크 용접용 기구가 아닌 것은?

① 용접 케이블 ② 접지 클램프
③ 용접 홀더 ④ 팁 클리너

해설 용접 케이블, 접지 클램프, 용접 홀더는 피복 아크 용접에서 사용하는 아크 용접용 기구이고, 팁 클리너는 가스 용접에서 토치의 팁을 청소하는 공구이다.

24. 아세틸렌 가스의 성질로 틀린 것은?

① 순수한 아세틸렌 가스는 무색무취이다.
② 금, 백금, 수은 등을 포함한 모든 원소와 화합 시 산화물을 만든다.
③ 각종 액체에 잘 용해되며 물에는 1배, 알코올에는 6배 용해된다.
④ 산소와 적당히 혼합하여 연소시키면 높은 열을 발생한다.

해설 아세틸렌 가스는 구리 또는 구리 합금(62 % 이상의 구리), 은, 수은 등과 접촉하여 폭발성 화합물을 생성한다.

25. 용접봉에서 모재로 용융금속이 옮겨가는 이행 형식이 아닌 것은?

① 단락형 ② 글로뷸러형
③ 스프레이형 ④ 철심형

해설 용접봉의 용적이 모재에 이행하는 형식에 따라 스프레이형(분무상 이행형), 글로뷸러형(핀치 효과형), 단락형으로 분류한다.

26. 아크 용접기에서 부하 전류가 증가하여도 단자 전압이 거의 일정하게 되는 특성은?

① 절연 특성
② 수하 특성
③ 정전압 특성
④ 보존 특성

정답 20. ④ 21. ② 22. ③ 23. ④ 24. ② 25. ④ 26. ③

해설 ㉮ 수하 특성 : 부하 전류가 증가하면 단자 전압이 낮아지는 특성
㉯ 정전압 특성 : 수하 특성과 반대의 성질을 갖는 것으로서 부하 전류가 변하여도 단자 전압은 거의 변화하지 않는 특성

27. 직류 아크 용접에서 용접봉의 용융이 늦고 모재의 용입이 깊어지는 극성은?

① 직류 정극성　② 직류 역극성
③ 용극성　④ 비용극성

해설 직류 정극성은 용접봉에 음극(−, 30%), 모재에 양극(+, 70%)을 연결한 것으로 용접봉의 용융이 늦고 모재가 빨리 녹아 용입이 깊어지는 극성이다.

28. 피복제 중에 산화티탄을 약 35% 정도 포함하였고 슬래그의 박리성이 좋아 비드의 표면이 고우며 작업성이 우수한 특징을 지닌 연강용 피복 아크 용접봉은?

① E4301　② E4311
③ E4313　④ E4316

해설 피복 아크 용접봉의 종류 중 산화티탄을 약 35% 포함한 것은 E4313(고산화티탄계), 약 30% 포함한 것은 E4303(라임티타니아계)이다.

29. 피복 아크 용접봉의 피복제의 주된 역할로 옳은 것은?

① 스패터의 발생을 많게 한다.
② 용착 금속에 필요한 합금 원소를 제거한다.
③ 모재 표면에 산화물이 생기게 한다.
④ 용착 금속의 냉각 속도를 느리게 하여 급랭을 방지한다.

해설 피복제의 역할
㉮ 용융 금속의 용접을 미세화하여 용착 효율을 높인다.
㉯ 용착 금속의 냉각 속도를 느리게 하여 급랭을 방지한다.
㉰ 슬래그를 제거하기 쉽게 하고 파형이 고운 비드를 만든다.
㉱ 모재 표면의 산화물을 제거하고 양호한 용접부를 만든다.
㉲ 스패터의 발생을 적게 하며 용착 금속에 필요한 합금 원소를 첨가시킨다.
㉳ 아크를 안정시킨다.
㉴ 전기 절연 작용을 한다.

30. 가스 용접에서 후진법에 대한 설명으로 틀린 것은?

① 전진법에 비해 용접 변형이 작고 용접 속도가 빠르다.
② 전진법에 비해 두꺼운 판의 용접에 적합하다.
③ 전진법에 비해 열 이용률이 좋다.
④ 전진법에 비해 산화의 정도가 심하고 용착 금속 조직이 거칠다.

해설 후진법과 전진법의 비교

특징	전진법 (좌진법)	후진법 (우진법)
열 이용률	나쁘다.	좋다.
용접 속도	느리다.	빠르다.
비드 모양	보기 좋다.	매끈하지 못하다.
홈 각도	크다(80°).	작다(60°).
용접 변형	크다.	작다.
용접 모재 두께	얇다. (5 mm까지)	두껍다.
산화의 정도	심하다.	약하다.
용착 금속의 냉각도	급랭	서랭
용착 금속의 조직	거칠다.	미세하다.

정답 27. ①　28. ③　29. ④　30. ④

31. 피복 아크 용접에 관한 사항으로 아래 그림의 (　　)에 알맞은 용어는?

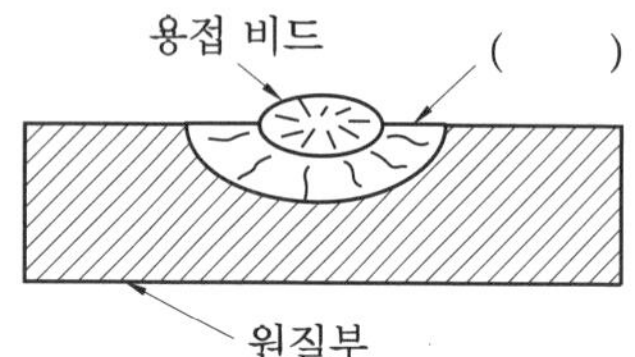

① 용락부　　② 용융지
③ 용입부　　④ 열영향부

해설 피복 아크 용접

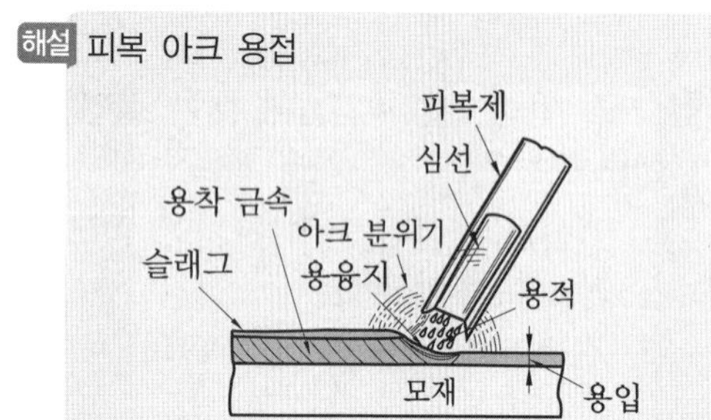

32. 가스 절단에서 팁(tip)의 백심 끝과 강판 사이의 간격으로 가장 적당한 것은?

① 0.1~0.3 mm　　② 0.4~1 mm
③ 1.5~2 mm　　④ 4~5 mm

해설 가스 절단에서 팁의 백심 끝과 모재와의 간격이 1.5~2 mm일 때 가장 불꽃의 온도가 높다.

33. 연강용 가스 용접봉의 시험편 처리 표시 기호 중 NSR의 의미는?

① 625±25℃로써 용착 금속의 응력을 제거한 것
② 용착 금속의 인장강도를 나타낸 것
③ 용착 금속의 응력을 제거하지 않은 것
④ 연신율을 나타낸 것

해설 ㉮ NSR : 용접한 그대로 응력을 제거하지 않은 것
㉯ SR : 625±25℃에서 1시간 응력을 제거한 것 (풀림)

34. 산소-아세틸렌 용접에서 표준불꽃으로 연강판 두께 2 mm를 60분간 용접하였더니 200 L의 아세틸렌 가스가 소비되었다면 다음 중 가장 적당한 가변압식 팁의 번호는?

① 100번　　② 200번
③ 300번　　④ 400번

해설 ㉮ 가변압식(스프링식) : 1시간 동안에 표준불꽃을 이용하여 용접할 경우 아세틸렌 가스의 소비량(L)을 나타낸다(예 팁 번호 200번은 1시간당 표준 불꽃으로 아세틸렌 가스 200 L를 소비함을 나타낸다).
㉯ 불변압식(독일식) : 용접하는 강판의 두께를 나타내며 팁의 번호가 2번인 경우 강판의 두께가 2 mm 정도인 것을 뜻한다.

35. 스카핑 작업에서 냉간재의 스카핑 속도로 가장 적합한 것은?

① 1~3 m/min
② 5~7 m/min
③ 10~15 m/min
④ 20~25 m/min

해설 스카핑은 강괴, 강편, 슬래그, 기타 표면의 균열이나 주름, 주조 결함, 탈탄층 등의 표면 결함을 불꽃 가공에 의해서 제거하는 방법이다. 스카핑 속도는 절단 작업이 표면에서만 이루어지는 관계로 냉간재의 경우 5~7 mm, 열간재의 경우 20 m/min로 대단히 빠른 편이다.

36. 가스 용접의 특징으로 옳은 것은?

① 아크 용접에 비해 불꽃의 온도가 높다.
② 아크 용접에 비해 유해 광선의 발생이 많다.
③ 전원 설비가 없는 곳에서는 쉽게 설치할 수 없다.
④ 폭발의 위험이 크고 금속이 탄화 및 산화될 가능성이 많다.

정답 31. ④ 32. ③ 33. ③ 34. ② 35. ② 36. ④

해설 가스 용접의 특징
㉮ 아크 용접에 비해 유해 광선의 발생이 적다.
㉯ 아크 용접에 비해 불꽃의 온도가 낮다.
㉰ 전원 설비가 없는 곳에도 설치가 가능하다.
㉱ 가열할 때 열량 조절이 비교적 자유롭다.
㉲ 열 집중성이 나빠서 효율적인 용접이 어렵다.
㉳ 일반적으로 신뢰성이 낮다.

37. 용접의 특징에 대한 설명으로 옳은 것은?

① 복잡한 구조물 제작이 어렵다.
② 기밀, 수밀, 유밀성이 나쁘다.
③ 변형의 우려가 없어 시공이 용이하다.
④ 용접사의 기량에 따라 용접부의 품질이 좌우된다.

해설 용접의 특징
㉮ 각종 구조물(복잡한 구조물 등), 운반 기계, 기계 장치류, 가정 용품, 기타(원자로, 로켓, 우주선 등)의 제작이 가능하다.
㉯ 기밀, 수밀, 유밀성이 우수하며 이음 효율이 높다.
㉰ 재질의 변형 및 잔류 응력이 발생한다.

38. AW-300, 무부하 전압 80 V, 아크 전압 20 V인 교류 용접기를 사용할 때, 다음 중 역률과 효율을 올바르게 계산한 것은? (단, 내부 손실을 4 kW라 한다.)

① 역률 : 80.0 %, 효율 : 20.6 %
② 역률 : 20.6 %, 효율 : 80.0 %
③ 역률 : 60.0 %, 효율 : 41.7 %
④ 역률 : 41.7 %, 효율 : 60.0 %

해설

$$\text{역률} = \frac{\text{아크쪽 입력} + \text{내부 손실}}{\text{전원 입력}} \times 100\ \% = \frac{20\,\text{V} \times 300\,\text{A} + 4000\,\text{VA}}{80\,\text{V} \times 300\,\text{A}} \times 100 = 41.7\ \%$$

$$\text{효율} = \frac{\text{아크쪽 입력}}{\text{아크쪽 입력} + \text{내부 손실}} \times 100 = \frac{20\,\text{V} \times 300\,\text{A}}{20\,\text{V} \times 300\,\text{A} + 4000\,\text{VA}} \times 100 = 60\ \%$$

39. 실온까지 온도를 내려 다른 형상으로 변형시켰다가 다시 온도를 상승시키면 어느 일정한 온도 이상에서 원래의 형상으로 변화하는 합금은?

① 제진 합금　② 방진 합금
③ 비정질 합금　④ 형상 기억 합금

해설 고온에서 성형한 합금이 실온에서 변형을 받아도 재가열하면 오스테나이트화가 시작되어 초기 성형 시의 형상으로 복귀하는 것으로 Ti-Ni, Cu-Zn-Si, Cu-Zn-Al 등이 있으며 형상 기억 합금이라 한다.

40. 고강도 Al 합금으로 조성이 Al – Cu – Mg – Mn인 합금은?

① 라우탈　② Y-합금
③ 두랄루민　④ 하이드로날륨

해설 두랄루민의 주성분은 Al-Cu 3.5~4.5 %, Mg 1~1.5 %, Mn 0.5~1 %, Si 0.5 %이며, Si를 불순물로 포함한다. 주물로써 제조하기 어려운 단조용 Al 합금의 대표로 무게를 중요시하는 항공기, 자동차, 운반기계 등의 재료로 사용된다.

41. 상률(phase rule)과 무관한 인자는?

① 자유도　② 원소 종류
③ 상의 수　④ 성분 수

해설 Fe-C 평형 상태도 상에서 평형 관계를 설명해 주는 것이 상률이고 자유도를 F, 성분 수를 C, 상의 수를 P라 하면 $F = C - P + 2$이다.

정답 37. ④ 38. ④ 39. ④ 40. ③ 41. ②

42. 주요 성분이 Ni－Fe 합금인 불변강의 종류가 아닌 것은?

① 인바 ② 모넬메탈
③ 엘린바 ④ 플래티나이트

해설 ㉮ 불변강은 고니켈강 (비자성강)으로 종류에는 인바, 초인바, 엘린바, 코엘린바, 퍼멀로이, 플라티나이트 등이 있다.
㉯ 모넬메탈은 Ni 60~70 %, Cu·Fe 1~3 %의 합금으로, 내식성이 우수하고 주조성, 단련성이 풍부하여 화학공업용으로 널리 사용된다.

43. 7 : 3 황동에 1 % 내외의 Sn을 첨가하여 열교환기, 증발기 등에 사용되는 합금은?

① 코슨 황동 ② 네이벌 황동
③ 애드미럴티 황동 ④ 에버듀어 메탈

해설 애드미럴티 황동은 7 : 3 황동에 Sn 1 %를 첨가한 것으로 내식성 증가, 탈아연 방지 등으로 열교환기, 증발기 등에 사용된다.

44. 탄소강의 표준 조직이 아닌 것은?

① 페라이트 ② 펄라이트
③ 시멘타이트 ④ 마텐자이트

해설 마텐자이트는 강의 열처리(담금질) 시 나타나는 조직이다.

45. 금속의 물리적 성질에서 자성에 관한 설명 중 틀린 것은?

① 연철(練鐵)은 잔류자기는 작으나 보자력이 크다.
② 영구자석 재료는 쉽게 자기를 소실하지 않는 것이 좋다.
③ 금속을 자석에 접근시킬 때 금속에 자석의 극과 반대의 극이 생기는 금속을 상자성체라 한다.
④ 자기장 강도가 증가하면 자화되는 강도도 증가하나 어느 정도 진행되면 포화점에 이르는 점을 퀴리점이라 한다.

해설 연철은 잔류자속밀도가 크고, 보자력이 작다.

46. 이온화 경향이 가장 큰 것은?

① Cr ② K ③ Sn ④ H

해설 이온화 경향 순서 : K > Ca > Mg > Al > Mn > Zn > Cr > Fe > Cd > Co > Ni > Sn > Pb > H

47. 탄소강 중에 함유된 규소의 일반적인 영향 중 틀린 것은?

① 경도의 상승 ② 연신율의 감소
③ 용접성의 저하 ④ 충격값의 증가

해설 탄소강 중에 함유된 규소는 인장강도, 탄성한계, 경도를 상승시키고 연신율과 충격값을 감소시키며 용접성을 저하시킨다.

48. 구리에 5~20 % Zn을 첨가한 황동으로, 강도는 낮으나 전연성이 좋고 색깔이 금색에 가까워 모조금, 판, 선 등에 사용되는 것은?

① 톰백 ② 켈밋
③ 포금 ④ 문츠 메탈

해설 톰백(tombac)은 구리에 5~20 % 아연을 첨가한 황동으로 연성이 크며 금 대용품, 장식품에 사용된다.

49. 금속에 대한 설명으로 틀린 것은?

① 리튬(Li)은 물보다 가볍다.
② 고체 상태에서 결정 구조를 가진다.
③ 텅스텐(W)은 이리듐(Ir)보다 비중이 크다.
④ 일반적으로 용융점이 높은 금속은 비중도 큰 편이다.

해설 금속 비중은 W : 19.26, Ir : 22.50이다.

정답 42. ② 43. ③ 44. ④ 45. ① 46. ② 47. ④ 48. ① 49. ③

50. 공석 조성을 0.80 % C라고 하면 0.2 % C 강의 상온에서의 초석페라이트와 펄라이트의 비는 약 몇 %인가?

① 초석페라이트 75 % : 펄라이트 25 %
② 초석페라이트 25 % : 펄라이트 75 %
③ 초석페라이트 80 % : 펄라이트 20 %
④ 초석페라이트 20 % : 펄라이트 80 %

해설 초석페라이트 $= \dfrac{0.8-0.2}{0.8-0.0218} \times 100\ \%$
$= 76.93\ \%$
펄라이트 + 페라이트 = 100 %
∴ 펄라이트 = 100 − 76.93 = 23 %

51. 도면의 밸브 표시 방법에서 안전밸브에 해당하는 것은?

①  ② 
③ 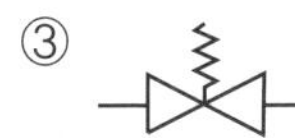 ④ 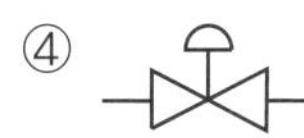

해설 ① 체크 밸브, ② 밸브 일반, ③ 안전 밸브, ④ 동력 조작

52. 일반적으로 치수선을 표시할 때, 치수선 양 끝에 치수가 끝나는 부분임을 나타내는 형상으로 사용하는 것이 아닌 것은?

① ②
③ ④

53. 제1각법과 제3각법에 대한 설명 중 틀린 것은 어느 것인가?

① 제3각법은 평면도를 정면도의 위에 그린다.
② 제1각법은 저면도를 정면도의 아래에 그린다.
③ 제3각법의 원리는 눈 → 투상면 → 물체의 순서가 된다.
④ 제1각법에서 우측면도는 정면도를 기준으로 본 위치와는 반대쪽인 좌측에 그려진다.

해설 투상도에서 제1각법은 저면도를 정면도의 위에 그리고, 제3각법은 저면도를 정면도의 아래에 그린다.

54. 도면에서 반드시 표제란에 기입해야 하는 항목으로 틀린 것은?

① 재질 ② 척도
③ 투상법 ④ 도명

해설 표제란에는 도면 번호, 도명, 기업명, 책임자의 서명, 도면 작성 연월일, 척도, 투상법을 기입하고 필요시 제도자, 설계자, 검토자, 공사명, 결재란 등을 기입하는 칸도 만든다.

55. [보기]와 같은 입체도에서 화살표 방향을 정면으로 할 때 평면도로 가장 적합한 것은?

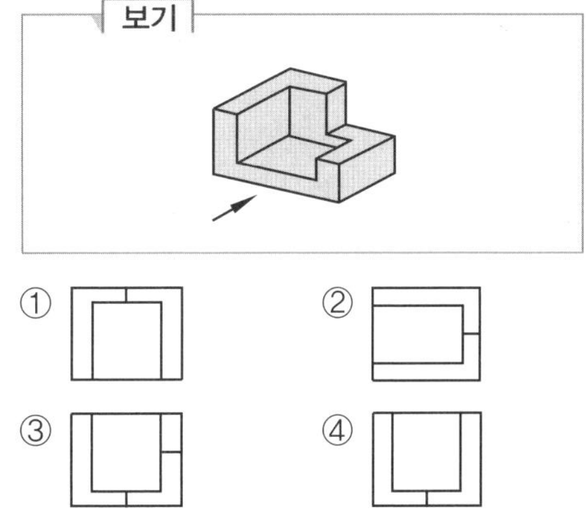

① ②
③ ④

56. 배관용 탄소 강관의 재질 기호는?

① SPA ② STK
③ SPP ④ STS

해설 • STK : 일반 구조용 탄소 강관
• STS : 합금 공구강

정답 50. ① 51. ③ 52. ④ 53. ② 54. ① 55. ① 56. ③

57. 그림과 같은 ㄷ형강의 치수 기입 방법으로 옳은 것은? (단, L은 형강의 길이를 나타낸다.)

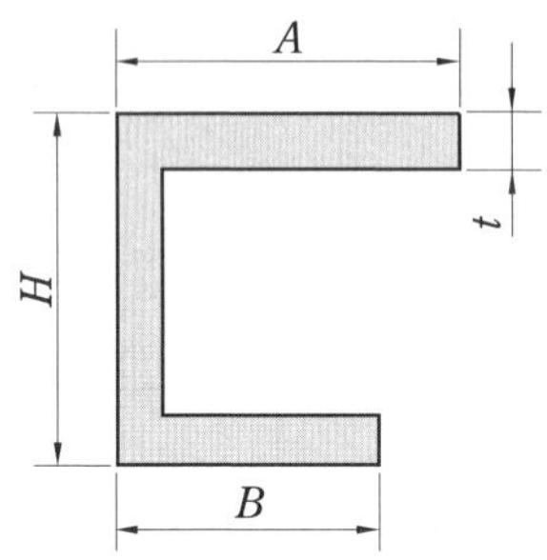

① ㄷ $A \times B \times H \times t - L$
② ㄷ $H \times A \times B \times t - L$
③ ㄷ $B \times A \times H \times t - L$
④ ㄷ $H \times B \times A \times L - t$

58. 그림과 같은 KS 용접 보조 기호의 설명으로 옳은 것은?

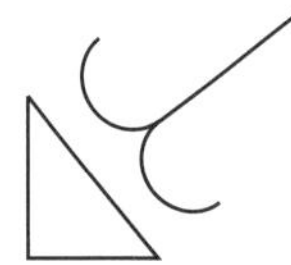

① 필릿 용접부 토우를 매끄럽게 함
② 필릿 용접 중앙부를 볼록하게 다듬질
③ 필릿 용접 끝단부에 영구적인 덮개 판을 사용
④ 필릿 용접 중앙부에 제거 가능한 덮개 판을 사용

59. 선의 종류와 명칭이 잘못된 것은?

① 가는 실선 – 해칭선
② 굵은 실선 – 숨은선
③ 가는 2점 쇄선 – 가상선
④ 가는 1점 쇄선 – 피치선

해설 굵은 실선은 외형선으로, 대상물이 보이는 부분의 모양을 표시하는 데 쓰인다.

60. 열간 성형 리벳의 종류별 호칭 길이(L)를 표시한 것 중 잘못 표시된 것은?

①
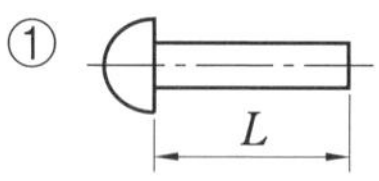

②
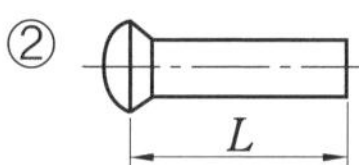

③
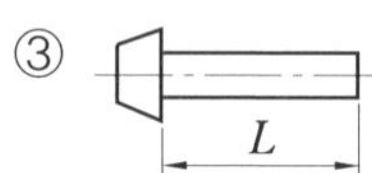

④
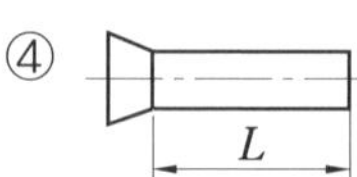

해설 리벳의 호칭 길이에서 접시머리 리벳만 머리를 포함한 전체 길이로 호칭되고, 그 외의 리벳은 머리부의 길이는 포함되지 않는다.

정답 57. ② 58. ① 59. ② 60. ④

2015. 10. 10 시행(특수 용접 기능사)

1. CO_2 용접 작업 중 가스의 유량은 낮은 전류에서 얼마가 적당한가?

① 10~15 L/min
② 20~25 L/min
③ 30~35 L/min
④ 40~45 L/min

해설 이산화탄소 아크 용접의 보호 가스 설비에서 가스 유량은 저전류 영역 : 10~15 L/min, 고전류 영역 : 20~25 L/min이다.

2. 피복 아크 용접 결함 중 용착 금속의 냉각 속도가 빠르거나 모재의 재질이 불량할 때 일어나기 쉬운 결함으로 가장 적당한 것은?

① 용입 불량 ② 언더컷
③ 오버랩 ④ 선상 조직

해설 용접 금속의 파면에 매우 미세한 주상정이 서릿발 모양으로 병립하고, 그 사이에 광학 현미경으로 보이는 정도의 비금속 개재물이나 기공을 포함한 조직이 나타나는 경우가 있는데, 이것을 선상 조직이라 하며 수소의 존재가 원인이 된다.

3. 다음 각종 용접에서 전격 방지 대책으로 틀린 것은?

① 홀더나 용접봉은 맨손으로 취급하지 않는다.
② 어두운 곳이나 밀폐된 구조물에서 작업 시 보조자와 함께 작업한다.
③ CO_2 용접이나 MIG 용접 작업 도중에 와이어를 2명이 교대로 교체할 때는 전원을 차단하지 않아도 된다.
④ 용접 작업을 하지 않을 때에는 TIG 전극봉은 제거하거나 노즐 뒤쪽에 밀어 넣는다.

해설 모든 전기를 이용한 작업을 할 때에는 전원을 차단해야 하며, 부득이 전원을 차단하지 못할 경우에는 절연 안전 보호구(절연 장갑, 절연 신발, 절연복 등)를 착용해야 한다.

4. 각종 금속의 용접부 예열 온도에 대한 설명으로 틀린 것은?

① 고장력강, 저합금강, 주철의 경우 용접 홈을 50~350℃로 예열한다.
② 연강을 0℃ 이하에서 용접할 경우 이음의 양쪽 폭 100 mm 정도를 40~75℃로 예열한다.
③ 열 전도가 좋은 구리 합금은 200~400℃의 예열이 필요하다.
④ 알루미늄 합금은 500~600℃ 정도의 예열 온도가 적당하다.

해설 알루미늄 합금은 가스 용접 시 200~400℃, 피복 아크 용접 시 200~500℃로 예열한다.

5. 다음 중 초음파 탐상법의 종류에 해당하지 않는 것은?

① 투과법 ② 펄스 반사법
③ 관통법 ④ 공진법

해설 초음파 탐상법에는 펄스 반사법, 투과법, 공진법 등이 있고, 관통법은 자기 검사에 속한다.

6. 납땜에서 경납용 용제가 아닌 것은?

① 붕사 ② 붕산
③ 염산 ④ 알칼리

해설 연납용 용제에는 염산, 염화암모니아, 염화아연, 수지, 인산, 목재 수지 등이 있다.

정답 1. ① 2. ④ 3. ③ 4. ④ 5. ③ 6. ③

7. 플라스마 아크의 종류가 아닌 것은?

① 이행형 아크 ② 비이행형 아크
③ 중간형 아크 ④ 탠덤형 아크

8. 피복 아크 용접 작업의 안전사항 중 전격 방지 대책이 아닌 것은?

① 용접기 내부는 수시로 분해·수리하고 청소를 하여야 한다.
② 절연 홀더의 절연 부분이 노출되거나 파손되면 교체한다.
③ 장시간 작업을 하지 않을 때는 반드시 전기 스위치를 차단한다.
④ 젖은 작업복이나 장갑, 신발 등을 착용하지 않는다.

해설 용접기 내부는 정기적(3개월 또는 6개월)으로 분해·수리하고 공기 압축기를 이용하여 청소해야 한다.

9. 서브머지드 아크 용접에서 동일한 전류, 전압의 조건에서 사용되는 와이어 지름의 영향에 대한 설명 중 옳은 것은?

① 와이어의 지름이 크면 용입이 깊다.
② 와이어의 지름이 작으면 용입이 깊다.
③ 와이어의 지름과 상관없이 같다.
④ 와이어의 지름이 커지면 비드 폭이 좁아진다.

해설 동일 전류, 전압 조건에서 와이어의 지름이 작으면 용입이 깊고 비드 폭이 좁아진다. 이러한 변화에 대처하기 위해 전류값에 적당한 지름의 와이어를 선택하지 않으면 안 된다.

10. 맞대기 용접 이음에서 모재의 인장강도는 40 kgf/mm^{2}이며 용접 시험편의 인장강도가 45 kgf/mm^{2}일 때 이음 효율은 몇 %인가?

① 88.9 ② 104.4
③ 112.5 ④ 125.0

해설 $\text{이음 효율} = \dfrac{\text{시험편의 인장강도}}{\text{모재의 인장강도}} \times 100$

$= \dfrac{45}{40} \times 100 = 1.125 \times 100$

$= 112.5\ \%$

11. 용접 입열이 일정할 경우에는 열전도율이 큰 것일수록 냉각 속도가 빠르다. 다음 금속 중 열전도율이 가장 높은 것은?

① 구리 ② 납
③ 연강 ④ 스테인리스강

해설 20℃에서의 열전도율은 구리 0.94, 납 0.083 등으로 Ag > Cu > Pt > Al의 순서이다.

12. 전자 렌즈에 의해 에너지를 집중시킬 수 있고, 고용융 재료의 용접이 가능한 용접법은?

① 레이저 용접 ② 피복 아크 용접
③ 전자 빔 용접 ④ 초음파 용접

해설 전자 빔 용접은 높은 진공실 속에서 음극으로 방출된 전자를 고전압으로 가속시켜 피용접물과의 충돌에 의한 에너지로 용접을 행하는 방법이다.

13. 다음 중 연납의 특성에 관한 설명으로 틀린 것은?

① 연납땜에 사용하는 용가제를 말한다.
② 주석-납계 합금이 가장 많이 사용된다.
③ 기계적 강도가 낮으므로 강도를 필요로 하는 부분에는 적당하지 않다.
④ 은납, 황동납 등이 이에 속하고 물리적 강도가 크게 요구될 때 사용된다.

해설 연납은 인장강도 및 경도가 낮고 용융점이 낮으며, 주로 주석-납계 합금이 많이 사용된다.

정답 7. ④ 8. ① 9. ② 10. ③ 11. ① 12. ③ 13. ④

14. 일렉트로 슬래그 용접에서 사용되는 수랭식 판의 재료는?

① 연강 ② 동
③ 알루미늄 ④ 주철

해설 일렉트로 슬래그 용접에서 용융 슬래그와 용융 금속이 용접부에서 흘러내리지 않도록 모재의 양측에 수랭식 구리판을 붙이고 용융 슬래그 속에 전극 와이어를 연속적으로 공급하면 용융 슬래그의 전기 저항열에 의해 와이어와 모재가 용융되어 용접된다.

15. 용접부의 균열 중 모재의 재질 결함으로써 강괴일 때 기포가 압연되어 생기는 것으로 설퍼 밴드와 같은 층상으로 편재해 있어 강재 내부에 노치를 형성하는 균열은?

① 래미네이션(lamination) 균열
② 루트(root) 균열
③ 응력 제거 풀림(stress relief) 균열
④ 크레이터(crater) 균열

해설 래미네이션 균열은 금속의 강도, 특히 Z 방향 또는 강판 두께 방향의 강도를 감소시킨다.

16. 심(seam) 용접법에서 용접 전류의 통전 방법이 아닌 것은?

① 직·병렬 통전법
② 단속 통전법
③ 연속 통전법
④ 맥동 통전법

17. 다음 중 용접부의 결함이 오버랩일 경우 보수 방법은?

① 가는 용접봉을 사용하여 보수한다.
② 일부분을 깎아내고 재용접한다.
③ 양단에 드릴로 정지 구멍을 뚫고 깎아내고 재용접한다.
④ 그 위에 다시 재용접한다.

해설 오버랩 결함일 경우는 일부분을 깎아내고 재용접하며 언더컷일 경우는 가는 용접봉을 사용하여 보수를 한다.

18. 용접 열원을 외부로부터 가하는 것이 아니라 금속 분말의 화학 반응에 의한 열을 사용하여 용접하는 방식은?

① 테르밋 용접 ② 전기저항 용접
③ 잠호 용접 ④ 플라스마 용접

해설 테르밋 용접은 산화철 분말과 미세한 알루미늄 분말을 3~4 : 1의 중량비로 혼합한 테르밋 제에 점화제(과산화바륨, 마그네슘 등의 혼합 분말)를 알루미늄 분말에 혼합하여 점화시키면 테르밋 반응에 의해 약 2800℃ 온도가 발생되는 열을 이용한 용접법이다.

19. 논 가스 아크 용접에 대한 설명으로 틀린 것은?

① 보호 가스나 용제를 필요로 한다.
② 바람이 있는 옥외에서 작업이 가능하다.
③ 용접장치가 간단하며 운반이 편리하다.
④ 용접 비드가 아름답고 슬래그 박리성이 좋다.

해설 논 가스 아크 용접은 보호 가스의 공급 없이 와이어 자체에서 발생하는 가스에 의해 아크 분위기를 보호하는 용접 방법이다.

20. 로봇 용접의 분류 중 동작 기구로부터의 분류 방식이 아닌 것은?

① PTB 좌표 로봇
② 직각 좌표 로봇
③ 극좌표 로봇
④ 관절 로봇

해설 로봇은 동작 기구에 따라 직각 좌표 로봇, 극좌표 로봇, 원통 좌표 로봇, 다관절 로봇으로 분류하며, 제어 방식에 따라 서보 제어 로봇, 논 서보 제어 로봇, CP(continuous path)

정답 **14.** ② **15.** ① **16.** ① **17.** ② **18.** ① **19.** ① **20.** ①

제어 로봇, PTP(point to point) 제어 로봇으로 분류한다.

21. 용접기 점검 및 보수 시 지켜야 할 사항으로 옳은 것은?

① 정격사용률 이상으로 사용한다.
② 탭 전환은 반드시 아크 발생을 하면서 시행한다.
③ 2차측 단자의 한쪽과 용접기 케이스는 반드시 어스(earth)하지 않는다.
④ 2차측 케이블이 길어지면 전압 강하가 일어나므로 가능한 한 지름이 큰 케이블을 사용한다.

해설 2차측 케이블이 길어지면 저항 값이 늘어나 전압 강하가 일어나므로 저항 값이 작은 지름이 큰 케이블을 사용하며, 탭 전환은 반드시 아크를 중단하고 시행한다.

22. 아크 용접에서 피닝을 하는 목적으로 가장 알맞은 것은?

① 용접부의 잔류 응력을 완화시킨다.
② 모재의 재질을 검사하는 수단이다.
③ 응력을 강하게 하고 변형을 유발시킨다.
④ 모재 표면의 이물질을 제거한다.

해설 피닝법 : 용접부를 끝이 구면인 해머로 가볍게 때려서 용착 금속부 표면에 소성 변형을 주어 인장응력을 완화시키는 잔류 응력 제거법

23. 가스 용접에서 프로판 가스의 성질 중 틀린 것은?

① 증발 잠열이 작고, 연소할 때 필요한 산소의 양은 1 : 1 정도이다.
② 폭발한계가 좁아 다른 가스에 비해 안전도가 높고 관리가 쉽다.
③ 액화가 용이하여 용기에 충전이 쉽고 수송이 편리하다.
④ 상온에서 기체 상태이고 무색, 투명하며 약간의 냄새가 난다.

해설 프로판 가스는 증발 잠열이 크고 온도 변화에 따른 팽창률이 크며 물에 잘 녹지 않는다. 열효율이 높은 연소 기구의 제작이 쉽고 연소할 때 필요한 산소의 양은 1 : 4.5이다.

24. 가변압식의 팁 번호가 200일 때 10시간 동안 표준 불꽃으로 용접할 경우 아세틸렌 가스의 소비량은 몇 리터인가?

① 20 ② 200
③ 2000 ④ 20000

해설 가변압식(프랑스식) 토치의 팁 번호는 1시간에 소비할 수 있는 아세틸렌의 양을 나타내므로 200×10시간 = 2000 L이다.

25. 가스 용접에서 토치를 오른손에, 용접봉을 왼손에 잡고 오른쪽에서 왼쪽으로 용접을 해나가는 용접법은?

① 전진법 ② 후진법
③ 상진법 ④ 병진법

해설 가스 용접에서 토치가 오른쪽에서 왼쪽으로 이동하는 방법은 전진법, 왼쪽에서 오른쪽으로 이동하는 방법은 후진법이다.

26. 정격 2차 전류가 200 A, 아크 출력이 60 kW인 교류 용접기를 사용할 때 소비 전력은 얼마인가? (단, 내부 손실이 4 kW이다.)

① 64 kW ② 104 kW
③ 264 kW ④ 804 kW

해설 소비 전력 = 아크 출력 + 내부 손실
= 60 kW + 4 kW
= 64 kW

정답 21. ④ 22. ① 23. ① 24. ③ 25. ① 26. ①

27. 수중 절단 작업을 할 때 가장 많이 사용하는 가스로 기포 발생이 적은 연료 가스는?

① 아르곤 ② 수소
③ 프로판 ④ 아세틸렌

해설 수소는 높은 수압에서 사용이 가능하고 수중 절단 중 기포의 발생이 적어 작업이 용이하므로 연료 가스로 주로 사용된다. 아세틸렌 가스는 수압이 높으면 폭발할 위험이 있고 기화하지 않아 점화를 할 수 없다.

28. 용접봉의 내균열성이 가장 좋은 것은?

① 셀룰로오스계 ② 티탄계
③ 일미나이트계 ④ 저수소계

해설 피복제의 염기성이 높을수록 내균열성이 좋아지며, 용접봉의 내균열성을 비교하면 저수소계 > 일미나이트계 > 고산화철계 > 고셀룰로오스계 > 티탄계이다.

29. 아크 에어 가우징법의 작업 능률은 가스 가우징법보다 몇 배 정도 높은가?

① 2~3배 ② 4~5배
③ 6~7배 ④ 8~9배

해설 아크 에어 가우징은 가스 가우징보다 작업 능률이 2~3배 높고 장비가 간단하며, 작업 방법도 비교적 용이하여 활용 범위가 넓어 비철금속에도 적용될 수 있다.

30. 피복 아크 용접에서 홀더로 잡을 수 있는 용접봉 지름(mm)이 5.0~8.0일 경우 사용하는 용접봉 홀더의 종류로 옳은 것은?

① 125호 ② 160호
③ 300호 ④ 400호

해설 용접봉 홀더의 종류(KS C 9607)는 정격 용접 전류에 따라 구분하는데, 이때 홀더로 잡을 수 있는 용접봉 지름(mm)은 125호(1.6~3.2), 160호(3.2~4.0), 200호(3.2~5.0), 250호(4.0~6.0), 300호(4.0~6.0), 400호(5.0~8.0), 500호(6.4~10.0)이다.

31. 아크 길이가 길 때 일어나는 현상이 아닌 것은?

① 아크가 불안정해진다.
② 용융 금속의 산화 및 질화가 쉽다.
③ 열 집중력이 양호하다.
④ 전압이 높고 스패터가 많다.

해설 아크 길이가 길면 언더컷의 원인이 되고 열의 집중 불량, 용입 불량의 우려가 있다.

32. 아크가 보이지 않는 상태에서 용접이 진행된다고 하여 잠호 용접이라 부르기도 하는 용접법은?

① 스터드 용접
② 레이저 용접
③ 서브머지드 아크 용접
④ 플라스마 용접

해설 서브머지드 아크 용접은 아크가 용제 속에 묻혀 보이지 않아 잠호 용접 또는 불가시 용접이라 한다.

33. 용접기 규격 AW 500의 설명 중 옳은 것은?

① AW는 직류 아크 용접기라는 뜻이다.
② 500은 정격 2차 전류의 값이다.
③ AW는 용접기의 사용률을 말한다.
④ 500은 용접기의 무부하 전압값이다.

해설 용접기의 규격(KS C 9602)에서 AW(arc welding)는 교류 아크 용접기, 500은 정격 2차 전류(정격 출력 전류)를 뜻한다.

34. 직류 용접기 사용 시 역극성(DCRP)과 비교한 정극성(DCSP)의 일반적인 특징으로 옳은 것은?

정답 27. ② 28. ④ 29. ① 30. ④ 31. ③ 32. ③ 33. ② 34. ③

① 용접봉의 용융 속도가 빠르다.
② 비드 폭이 넓다.
③ 모재의 용입이 깊다.
④ 박판, 주철, 합금강 비철금속의 접합에 쓰인다.

해설 • 직류 역극성
㉮ 모재 용입이 얕고 비드 폭이 넓다.
㉯ 용접봉이 빨리 녹는다.
㉰ 박판, 주철, 합금강, 비철 금속에 사용된다.
㉱ 아크가 용접봉 이동보다 늦어진다.
• 직류 정극성
㉮ 모재의 용입이 깊다.
㉯ 용접봉이 모재보다 늦게 녹는다.
㉰ 비드의 폭이 좁다.
㉱ 일반적으로 많이 쓰인다.

35. 부하 전류가 변하여도 단자 전압은 거의 변화하지 않는 용접기의 특성은?

① 수하 특성 ② 하향 특성
③ 정전압 특성 ④ 정전류 특성

해설 수하 특성 : 부하 전류가 증가하면 단자 전압이 저하하는 특성

36. 용접기와 멀리 떨어진 곳에서 용접 전류 또는 전압을 조절할 수 있는 장치는?

① 원격 제어 장치
② 핫 스타트 장치
③ 고주파 발생 장치
④ 수동 전류 조정 장치

해설 가포화 리액터형 용접기는 가변 저항을 사용하여 용접 전류의 원격 조정이 가능하다.

37. 피복 아크 용접봉에서 피복제의 주된 역할로 틀린 것은?

① 전기 절연 작용을 하고 아크를 안정시킨다.
② 스패터의 발생을 적게 하고 용착 금속에 필요한 합금 원소를 첨가시킨다.
③ 용착 금속의 탈산 정련 작용을 하며 용융점이 높고, 높은 점성의 무거운 슬래그를 만든다.
④ 모재 표면의 산화물을 제거하고 양호한 용접부를 만든다.

해설 피복제는 용융점이 낮은 적당한 점성의 가벼운 슬래그를 만든다.

38. 가스 절단면의 표준 드래그(drag) 길이는 판 두께의 몇 % 정도가 가장 적당한가?

① 10 % ② 20 %
③ 30 % ④ 40 %

해설 드래그 길이는 주로 절단 속도, 산소 소비량 등에 의하여 변화하며, 판 두께의 20 %를 표준으로 하고 있다.

39. 경질 자성 재료가 아닌 것은?

① 센더스트 ② 알니코 자석
③ 페라이트 자석 ④ 네오디뮴 자석

해설 • 경질 자성 재료 : 페라이트 자석, 알니코 자석, 네오디뮴 자석, 희토류-Co계 자석 등
• 연질 자성 재료 : 퍼멀로이, 센더스트, 규소강 등

40. 알루미늄과 알루미늄 가루를 압축 성형하고 약 500~600℃로 소결하여 압출 가공한 분산 강화형 합금의 기호는?

① DAP ② ACD
③ SAP ④ AMP

41. 컬러 텔레비전의 전자총에서 나온 광선의 영향을 받아 섀도 마스크가 열팽창하면 엉뚱한 색이 나오게 된다. 이를 방지하기 위해 섀도 마스크의 제작에 사용되는 불변강은?

정답 35. ③ 36. ① 37. ③ 38. ② 39. ① 40. ③ 41. ①

① 인바
② Ni-Cr강
③ 스테인리스강
④ 플래티나이트

해설 고니켈강(불변강)은 비자성강으로 열팽창계수, 탄성계수가 거의 0에 가깝고 오스테나이트 조직으로 강력한 내식성을 가지고 있으며 종류에는 인바, 초인바, 엘린바, 코엘린바, 퍼멀로이, 플래티나이트 등이 있다.

42. 다음 조직 중 경도 값이 가장 낮은 것은?

① 마텐자이트 ② 베이나이트
③ 소르바이트 ④ 오스테나이트

해설 조직의 경도(H_B)
마텐자이트 : 720, 베이나이트 : 340
소르바이트 : 270, 오스테나이트 : 155

43. 열처리의 종류 중 항온 열처리 방법이 아닌 것은?

① 마퀜칭 ② 어닐링
③ 마템퍼링 ④ 오스템퍼링

해설 항온 열처리에는 오스템퍼링, 마템퍼링, 마퀜칭, Ms 퀜칭, 시간 담금질, 항온 뜨임, 항온 풀림 등이 있다.

44. 문츠 메탈(muntz metal)에 대한 설명으로 옳은 것은?

① 90 % Cu-10 % Zn 합금으로 톰백의 대표적인 것이다.
② 70 % Cu-30 % Zn 합금으로 가공용 황동의 대표적인 것이다.
③ 70 % Cu-30 % Zn 황동에 주석(Sn)을 1 % 함유한 것이다.
④ 60 % Cu-40 % Zn 합금으로 황동 중 아연 함유량이 가장 높은 것이다.

해설 문츠 메탈은 황동의 종류 중 구리 60 %-아연 40 %인 6 : 4 황동으로, 인장강도가 크고 값이 싸다.

45. 자기 변태가 일어나는 점을 자기 변태점이라 한다. 이 온도를 무엇이라고 하는가?

① 상점 ② 이슬점
③ 퀴리점 ④ 동소점

해설 자기 변태는 원자 배열의 변화 없이 자기의 강도만 변화되는 것으로, 순철의 자기 변태는 A_2 변태점(768℃)에서 일어난다.

46. 스테인리스강 중 내식성이 제일 우수하고 비자성이나 염산, 황산, 염소 가스 등에 약하며 결정 입계부식이 발생하기 쉬운 것은?

① 석출경화계 스테인리스강
② 페라이트계 스테인리스강
③ 마텐자이트계 스테인리스강
④ 오스테나이트계 스테인리스강

해설 오스테나이트계 스테인리스강은 Cr 18 %, Ni 8 %를 함유한 것으로, 비자성체이고 담금질이 안 되며 전연성이 크고 입계부식에 의한 입계 균열의 발생이 쉽다.

47. 탄소 함량 3.4 %, 규소 함량 2.4 % 및 인 함량 0.6 %인 주철의 탄소 당량(CE)은?

① 4.0 ② 4.2
③ 4.4 ④ 4.6

해설 주철의 탄소 당량 $= C + \frac{Mn}{6} + \frac{Si + P}{3}$
$= 3.4 + \frac{2.4 + 0.6}{3} = 4.4$

48. 라우탈은 Al-Cu-Si 합금이다. 이 중 3~8 % Si를 첨가하여 향상되는 성질은?

정답 42. ④ 43. ② 44. ④ 45. ③ 46. ④ 47. ③ 48. ①

① 주조성 ② 내열성
③ 피삭성 ④ 내식성

해설 라우탈은 Si 첨가로 주조성이 향상되고 Cu 첨가로 절삭성이 향상된다.

49. 면심입방격자의 어떤 성질이 가공성을 좋게 하는가?

① 취성 ② 내석성
③ 전연성 ④ 전기전도성

50. 금속의 조직 검사로써 측정 불가능한 것은?

① 결함
② 결정 입도
③ 내부 응력
④ 비금속 개재물

해설 내부 응력은 파괴 시험(인장 시험)으로 측정한 인장강도를 이용하여 측정한다.

51. 나사의 감김 방향의 지시 방법 중 틀린 것은 어느 것인가?

① 오른나사는 일반적으로 감김 방향을 지시하지 않는다.
② 왼나사는 나사의 호칭 방법에 약호 'LH'를 추가하여 표시한다.
③ 동일 부품에 오른나사와 왼나사가 있을 때는 왼나사에만 약호 'LH'를 추가한다.
④ 오른나사는 필요하면 나사의 호칭 방법에 약호 'RH'를 추가하여 표시한다.

해설 동일 부품에 오른나사와 왼나사가 있을 때는 각각 쌍방에 표시하며, 오른나사는 RH, 왼나사는 LH를 추가하여 표시한다.

52. [보기]와 같이 제3각법으로 정투상한 도면에 적합한 입체도는?

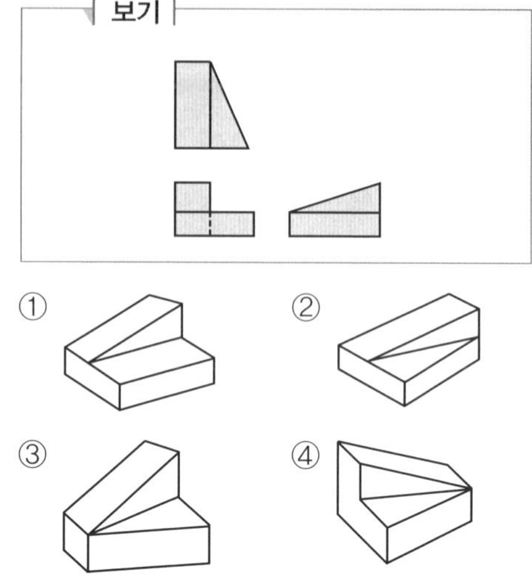

53. 다음 냉동 장치의 배관 도면에서 팽창 밸브는 어느 것인가?

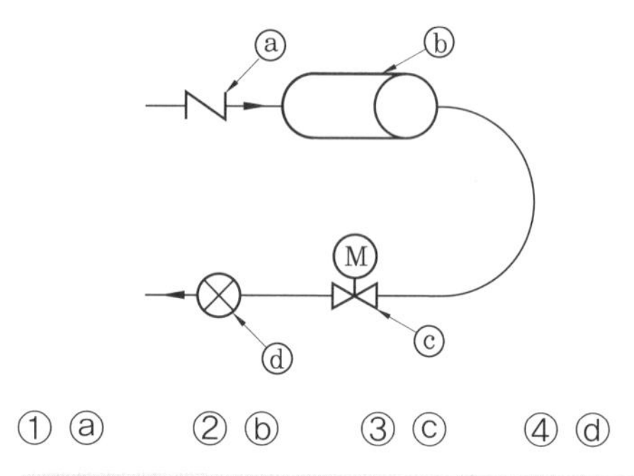

① ⓐ ② ⓑ ③ ⓒ ④ ⓓ

해설 ⓐ 체크 밸브, ⓒ 전동 밸브, ⓓ 팽창 밸브이다.

54. 3각법으로 그린 투상도 중 잘못된 투상이 있는 것은?

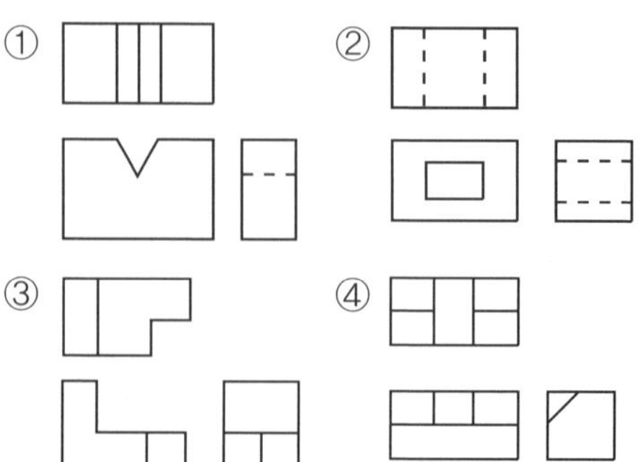

정답 49. ③ 50. ③ 51. ③ 52. ② 53. ④ 54. ④

55. 열간 압연 강판 및 강대에 해당하는 재료 기호는?

① SPCC ② SPHC
③ STS ④ SPB

해설 • SPCC : 냉간 압연 강판 및 강대
• STS : 합금 공구강 강재

56. 동일 장소에서 선이 겹칠 경우 나타내야 할 선의 우선 순위를 옳게 나타낸 것은?

① 외형선 > 중심선 > 숨은선 > 치수보조선
② 외형선 > 치수보조선 > 중심선 > 숨은선
③ 외형선 > 숨은선 > 중심선 > 치수보조선
④ 외형선 > 중심선 > 치수보조선 > 숨은선

57. 일반적인 판금 전개도의 전개법이 아닌 것은?

① 다각전개법 ② 평행선법
③ 방사선법 ④ 삼각형법

58. 치수 보조 기호로 사용되지 않는 것은 어느 것인가?

① π ② Sϕ ③ R ④ □

해설 Sϕ : 구의 지름, R : 반지름, □ : 정사각형의 변

59. 단면도에 대한 설명으로 틀린 것은?

① 부분 단면도는 일부분을 잘라내고 필요한 내부 모양을 그리기 위한 방법이다.
② 조합에 의한 단면도는 축, 핀, 볼트, 너트류 절단면의 이해를 위해 표시한 것이다.
③ 한쪽 단면도는 대칭형 대상물의 외형 절반과 온 단면도의 절반을 조합하여 표시한 것이다.
④ 회전 도시 단면도는 핸들이나 바퀴 등의 암, 림, 훅, 구조물 등의 절단면을 90도 회전시켜서 표시한 것이다.

60. 그림과 같은 도면의 해독으로 잘못된 것은?

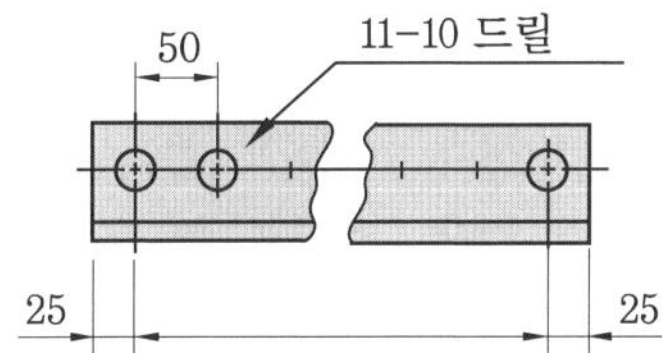

① 구멍 사이의 피치는 50 mm
② 구멍의 지름은 10 mm
③ 전체 길이는 600 mm
④ 구멍의 수는 11개

해설 전체 길이 $= 50 \times 10 + 25 + 25 = 550$ mm

정답 55. ② 56. ③ 57. ① 58. ① 59. ② 60. ③

2016년도 시행 문제

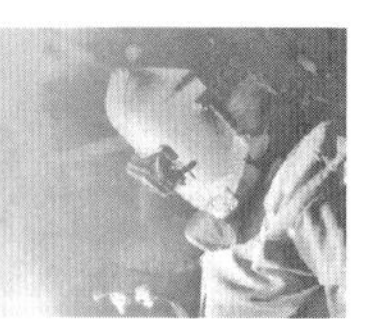

2016. 1. 24 시행 (용접 기능사)

1. 지름 10 cm인 단면에 8000 kgf의 힘이 작용할 때 발생하는 응력은 약 몇 kgf/cm²인가?

① 89 ② 102
③ 121 ④ 158

해설 $응력(\sigma) = \frac{P}{A} = \frac{8000}{\pi \times 5^2}$
$= 101.86 ≒ 102 \text{ kgf/cm}^2$

2. 화재의 분류 중 C급 화재에 속하는 것은?

① 전기 화재 ② 금속 화재
③ 가스 화재 ④ 일반 화재

해설 화재의 종류

㉮ A급(일반 화재) : 목재, 종이, 섬유 등이 연소한 후 재를 남기는 화재, 물을 사용하여 소화

㉯ B급(유류 화재) : 석유, 프로판 가스 등과 같이 연소한 후 아무것도 남기지 않는 화재, 이산화탄소, 소화 분말 등을 사용하여 소화

㉰ C급(전기 화재) : 전기 기계 등에 의한 화재, 이산화탄소, 증발성 액체, 소화 분말 등을 사용하여 소화

㉱ D급(금속 화재) : 마그네슘과 같은 금속에 의한 화재, 마른 모래를 뿌려 소화

3. 다음 중 귀마개를 착용하고 작업하면 안 되는 작업자는?

① 조선소의 용접 및 취부작업자
② 자동차 조립공장의 조립작업자
③ 강재 하역장의 크레인 신호자
④ 판금작업장의 타출 판금작업자

해설 귀마개(방음 보호구)는 소음으로부터 청력을 보호하기 위한 것으로, 시끄러운 소음이 나는 작업장에서 사용한다.

4. 용접 열원을 외부로부터 공급받는 것이 아니라 금속 산화물과 알루미늄 간의 분말에 점화제를 넣어 점화제의 화학 반응에 의하여 생성되는 열을 이용한 금속 용접법은?

① 일렉트로 슬래그 용접
② 전자 빔 용접
③ 테르밋 용접
④ 저항 용접

해설 테르밋 용접은 산화철 분말과 미세한 알루미늄 분말을 3~4 : 1의 중량비로 혼합한 테르밋제에 점화제(과산화바륨, 마그네슘 등의 혼합 분말)를 알루미늄 분말에 혼합하여 점화시키면 테르밋 반응에 의해 약 2800℃ 온도가 발생되는 열을 이용한 용접법이다.

5. 용접 작업 시 전격 방지 대책으로 틀린 것은 어느 것인가?

① 절연 홀더의 절연 부분이 노출, 파손되면 보수하거나 교체한다.
② 홀더나 용접봉은 맨손으로 취급한다.
③ 용접기의 내부에 함부로 손을 대지 않는다.
④ 땀, 물 등에 의한 습기찬 작업복, 장갑, 구두 등을 착용하지 않는다.

해설 용접 홀더에 용접봉을 갈아 끼울 때 전격을 예방하기 위해서는 반드시 안전장갑을 끼고 작업을 해야 한다.

정답 1. ② 2. ① 3. ③ 4. ③ 5. ②

6. 서브머지드 아크 용접봉 와이어 표면에 구리를 도금한 이유는?

① 접촉 팁과의 전기 접촉을 원활히 한다.
② 용접 시간이 짧고 변형을 적게 한다.
③ 슬래그 이탈성을 좋게 한다.
④ 용융 금속의 이행을 촉진시킨다.

해설 와이어의 표면에 구리 도금을 하는 이유는 접촉 팁과의 전기적 접촉을 원활하게 하며 녹을 방지하고, 송급 롤러와 미끄럼을 좋게 하기 위해서이다.

7. 기계적 접합으로 볼 수 없는 것은?

① 볼트 이음 ② 리벳 이음
③ 접어 잇기 ④ 압접

해설 기계적 접합법에는 볼트 이음, 리벳 이음, 접어 잇기 등이 있으며, 야금적 접합법에는 용접, 압접, 납땜 등이 있다.

8. 플래시 용접(flash welding)법의 특징으로 틀린 것은?

① 가열 범위가 좁고 열영향부가 적으며 용접 속도가 빠르다.
② 용접면에 산화물의 개입이 적다.
③ 종류가 다른 재료의 용접이 가능하다.
④ 용접면의 끝맺음 가공이 정확하여야 한다.

해설 플래시 용접법의 특징
㉮ 용접 강도가 크다.
㉯ 용접 전의 가공에 주의하지 않아도 된다.
㉰ 전력 소비가 적다.
㉱ 용접 속도가 크다.
㉲ 업셋량이 적다.
㉳ 모재 가열이 적다.
㉴ 모재가 서로 다른 금속의 용접 가능 범위가 넓다.

9. 서브머지드 아크 용접부의 결함으로 가장 거리가 먼 것은?

① 기공 ② 균열
③ 언더컷 ④ 용착

해설 서브머지드 아크 용접부의 결함에는 기공, 균열, 슬래그 섞임, 용락, 언더컷, 오버랩 등이 있다.

10. [보기]에서 설명하고 있는 현상은?

보기
알루미늄 용접에서 사용 전류에 한계가 있어서 용접 전류가 어느 정도 이상이 되면 청정 작용이 일어나지 않아 산화가 심하게 생기며, 아크 길이가 불안정하게 변동되어 비드 표면이 거칠게 주름이 생기는 현상

① 번 백(burn back)
② 퍼커링(puckering)
③ 버터링(buttering)
④ 멜트 배킹(melt backing)

해설 퍼커링은 미그 용접에서 용접 전류가 과대할 때 주로 용융풀 앞기슭으로부터 외기가 스며들어 비드 표면에 주름진 두터운 산화막이 생기는 것이다.

11. CO_2가스 아크 용접 결함에 있어서 다공성이란 무엇을 의미하는가?

① 질소, 수소, 일산화탄소 등에 의한 기공을 말한다.
② 와이어 선단부에 용적이 붙어 있는 것을 말한다.
③ 스패터가 발생하여 비드의 외관에 붙어 있는 것을 말한다.
④ 노즐과 모재 간 거리가 지나치게 작아서 와이어 송급 불량을 의미한다.

해설 다공성이란 기공이 여러 군데 생기는 현상이며, 기공의 원인이 되는 가스는 질소, 수소 및 일산화탄소이다.

정답 6. ① 7. ④ 8. ④ 9. ④ 10. ② 11. ①

12. 아크 쏠림의 방지 대책에 관한 설명으로 틀린 것은?

① 교류 용접으로 하지 말고 직류 용접으로 한다.
② 용접부가 긴 경우는 후퇴법으로 용접한다.
③ 아크 길이는 짧게 한다.
④ 접지부를 될 수 있는 대로 용접부에서 멀리한다.

해설 아크 쏠림(자기 불림)은 용접 전류에 의해 아크 주위에 발생하는 자장이 용접에 대하여 비대칭으로 나타나는 현상을 말한다. 교류 전원으로 용접을 하면 방지할 수 있다.

13. 박판의 스테인리스강의 좁은 홈의 용접에서 아크 교란 상태가 발생할 때 적합한 용접 방법은 어느 것인가?

① 고주파 펄스 티그 용접
② 고주파 펄스 미그 용접
③ 고주파 펄스 일렉트로 슬래그 용접
④ 고주파 펄스 이산화탄소 아크 용접

해설 박판(2 mm 이하)의 스테인리스강의 좁은 홈의 용접에서 아크 교란을 방지하기 위해 고주파 펄스 티그 용접을 한다.

14. 현미경 시험을 하기 위해 사용되는 부식제 중 철강용에 해당되는 것은?

① 왕수
② 염화제2철용액
③ 피크린산
④ 플루오르화수소액

해설 현미경 시험의 부식제
㉮ 철강 : 질산 알코올 용액, 피크린산 알코올 용액
㉯ 구리, 황동, 청동 : 염화제이철 용액
㉰ Au, Pt 등 귀금속 : 불화수소산, 왕수

15. 용접 자동화의 장점을 설명한 것으로 틀린 것은?

① 생산성 증가 및 품질을 향상시킨다.
② 용접 조건에 따른 공정을 늘일 수 있다.
③ 일정한 전류 값을 유지할 수 있다.
④ 용접 와이어의 손실을 줄일 수 있다.

해설 용접 자동화는 용접 조건에 따른 공정 수를 줄일 수 있고 용접 비드의 높이, 비드 폭, 용입 등을 정확히 제어할 수 있다.

16. 용접부의 연성 결함을 조사하기 위하여 사용되는 시험법은?

① 브리넬 시험 ② 비커스 시험
③ 굽힘 시험 ④ 충격 시험

해설 굽힘 시험은 모재 및 용접부의 연성 결함의 유무를 조사하는 시험, 브리넬 시험과 비커스 시험은 경도를 측정하는 시험, 충격 시험은 인성과 취성의 정도를 조사하는 시험이다.

17. 서브머지드 아크 용접에 관한 설명으로 틀린 것은?

① 아크 발생을 쉽게 하기 위하여 스틸 울(steel wool)을 사용한다.
② 용융 속도와 용착 속도가 빠르다.
③ 홈의 개선각을 크게 하여 용접 효율을 높인다.
④ 유해 광선이나 퓸(fume) 등이 적게 발생한다.

해설 서브머지드 아크 용접은 큰 전류를 이용하기 때문에 모재에 홈의 개선각을 작게 하고 루트 간격도 0.8 mm 이하로 한다.

18. 가용접에 대한 설명으로 틀린 것은?

① 가용접 시에는 본 용접보다도 지름이 큰 용접봉을 사용하는 것이 좋다.

정답 12. ① 13. ① 14. ③ 15. ② 16. ③ 17. ③ 18. ①

② 가용접은 본 용접과 비슷한 기량을 가진 용접사에 의해 실시되어야 한다.
③ 강도상 중요한 곳과 용접의 시점 및 종점이 되는 끝 부분은 가용접을 피한다.
④ 가용접은 본 용접을 실시하기 전에 좌우의 홈 또는 이음 부분을 고정하기 위한 짧은 용접이다.

해설 가용접에는 본 용접보다 지름이 약간 가는 용접봉을 사용한다.

19. 용접 이음의 종류가 아닌 것은?
① 겹치기 이음
② 모서리 이음
③ 라운드 이음
④ T형 필릿 이음

해설 용접 이음의 종류에는 맞대기 이음, 모서리 이음, 변두리 이음, 겹치기 이음, T 이음, 십자 이음, 전면 필릿 이음, 측면 필릿 이음 등이 있다.

20. 플라스마 아크 용접의 특징에 대한 설명으로 틀린 것은?
① 용접부의 기계적 성질이 좋으며 변형도 적다.
② 용입이 깊고 비드 폭이 좁으며 용접 속도가 빠르다.
③ 단층으로 용접할 수 있으므로 능률적이다.
④ 설비비가 적게 들고 무부하 전압이 낮다.

해설 플라스마 아크 용접은 일반 아크 용접기의 2~5배로 무부하 전압이 높으며 설비비가 많이 든다.

21. 용접 자세를 나타내는 기호가 틀리게 짝지어진 것은?
① 위보기 자세 : O
② 수직 자세 : V
③ 아래보기 자세 : U
④ 수평 자세 : H

해설 아래보기 자세 : F

22. 이산화탄소 아크 용접의 보호가스 설비에서 저전류 영역의 가스 유량은 약 몇 L/min 정도가 가장 적당한가?
① 1~5 ② 6~9
③ 10~15 ④ 20~25

해설 이산화탄소 아크 용접의 보호 가스 설비에서 가스 유량은 저전류 영역 : 10~15 L/min, 고전류 영역 : 20~25 L/min이다.

23. 가스 용접의 특징으로 틀린 것은?
① 응용 범위가 넓으며 운반이 편리하다.
② 전원 설비가 없는 곳에서도 쉽게 설치할 수 있다.
③ 아크 용접에 비해서 유해 광선의 발생이 적다.
④ 열집중성이 좋아 효율적인 용접이 가능하여 신뢰성이 높다.

해설 가스 용접은 열집중성이 나빠 효율적인 용접이 어렵다.

24. 규격이 AW 300인 교류 아크 용접기의 정격 2차 전류 조정 범위는?
① 0~300 A ② 20~220 A
③ 60~330 A ④ 120~430 A

해설 교류 아크 용접기의 정격 2차 전류의 조정 범위는 규격의 20~110 %이다.

25. 아세틸렌 가스의 성질 중 15℃ 1기압에서의 아세틸렌 1리터의 무게는 약 몇 g인가?
① 0.151 ② 1.176
③ 3.143 ④ 5.117

정답 19. ③ 20. ④ 21. ③ 22. ③ 23. ④ 24. ③ 25. ②

26. 가스 용접에서 모재의 두께가 6 mm일 때 사용되는 용접봉의 직경은 얼마인가?

① 1 mm ② 4 mm
③ 7 mm ④ 9 mm

해설 가스 용접봉의 지름 : D, 모재의 두께 : T라 하면 $D=\frac{T}{2}+1$이므로 $D=\frac{6}{2}+1=4$ mm이다.

27. 피복 아크 용접 시 아크열에 의하여 용접봉과 모재가 녹아서 용착 금속이 만들어지는데 이때 모재가 녹은 깊이를 무엇이라 하는가?

① 용융지 ② 용입
③ 슬래그 ④ 용적

해설 ㉮ 용융지 : 용접할 때 아크열에 의하여 용융된 모재 부분
㉯ 용입 : 모재가 녹은 깊이
㉰ 용적 : 아크열에 의하여 용접봉이 녹아 물방울처럼 떨어지는 것

28. 직류 아크 용접기로 두께가 15 mm이고, 길이가 5 m인 고장력 강판을 용접하는 도중에 아크가 용접봉 방향에서 한쪽으로 쏠렸다. 다음 중 이러한 현상을 방지하는 방법이 아닌 것은?

① 이음의 처음과 끝에 엔드탭을 이용한다.
② 용량이 더 큰 직류 용접기로 교체한다.
③ 용접부가 긴 경우에는 후퇴 용접법으로 한다.
④ 용접봉 끝을 아크 쏠림 반대 방향으로 기울인다.

해설 아크 쏠림 현상 방지법으로는 ㉮, ㉰, ㉱ 외에 ㉮ 직류 용접으로 하지 말고 교류 용접으로 할 것, ㉯ 접지점을 될 수 있는 대로 용접부에서 멀리 할 것, ㉰ 짧은 아크를 사용할 것, ㉱ 접지점 2개를 연결할 것 등이 있다.

29. 강재 표면의 홈이나 개재물, 탈탄층 등을 제거하기 위해 얇고, 타원형 모양으로 표면을 깎아내는 가공법은?

① 가스 가우징
② 너깃
③ 스카핑
④ 아크 에어 가우징

해설 스카핑은 강괴, 강편, 슬래그, 기타 표면의 균열이나 주름, 주조 결함, 탈탄층 등의 표면 결함을 불꽃 가공에 의해서 제거하는 방법이다.

30. 가스 용기를 취급할 때의 주의사항으로 틀린 것은?

① 가스 용기의 이동 시 밸브를 잠근다.
② 가스 용기에 진동이나 충격을 가하지 않는다.
③ 가스 용기의 저장은 환기가 잘되는 장소에 한다.
④ 가연성 가스 용기는 눕혀서 보관한다.

해설 용해 아세틸렌 용기 및 가연성 가스 용기는 세워서 보관한다.

31. 피복 아크 용접봉은 금속 심선의 겉에 피복제를 발라서 말린 것으로 한쪽 끝은 홀더에 물려 전류를 통할 수 있도록 심선 길이의 얼마만큼을 피복하지 않고 남겨두는가?

① 3 mm ② 10 mm
③ 15 mm ④ 25 mm

32. 두꺼운 강판, 주철, 강괴 등의 절단에 이용되는 절단법은?

① 산소창 절단 ② 수중 절단
③ 분말 절단 ④ 포갬 절단

정답 26. ② 27. ② 28. ② 29. ③ 30. ④ 31. ④ 32. ①

해설 산소창 절단은 보통 예열 토치로 모재를 예열시킨 뒤 산소 호스에 연결된 밸브가 있는 구리관에 가늘고 긴 강관을 안에 박아서 예열된 모재에 산소를 천천히 방출시키면서 산소와 강관 및 모재와의 화학 반응에 의하여 절단하는 방법이다. 용광로나 평로의 탭 구멍의 천공 후판 이외에 시멘트나 암석의 구멍뚫기 등에 널리 이용된다.

33. 피복 배합제의 성분 중 탈산제로 사용되지 않는 것은?

① 규소철 ② 망간철
③ 알루미늄 ④ 유황

해설 탈산제는 용융 금속의 산소와 결합하여 산소를 제거하는 역할을 하며 망간철, 규소철, 티탄철, 금속 망간, 알루미늄 분말 등이 있다.

34. 고셀룰로오스계 용접봉은 셀룰로오스를 몇 % 정도 포함하고 있는가?

① 0~5 ② 6~15
③ 20~30 ④ 30~40

해설 고셀룰로오스계(E4311) 용접봉은 가스 발생제인 셀룰로오스를 20~30 % 정도 포함하며, 피복량이 얇고 슬래그가 적어 수직 상·하진 및 위보기 용접에서 작업성이 우수하다.

35. 용접법의 분류 중 압접에 해당하는 것은?

① 테르밋 용접
② 전자 빔 용접
③ 유도 가열 용접
④ 탄산가스 아크 용접

해설 압접에는 저항 용접, 초음파 용접, 유도 가열 용접, 마찰 용접 등이 있으며 ㉮, ㉯, ㉱는 용접에 속한다.

36. 피복 아크 용접에서 일반적으로 가장 많이 사용되는 차광 유리의 차광도 번호는?

① 4~5 ② 7~8
③ 10~11 ④ 14~15

해설 차광 유리는 해로운 광선으로부터 눈을 보호하기 위해 착색된 유리로 차광도 번호는 용접 전류의 세기에 따라 다르다. 납땜 작업 시에는 2~4, 가스 용접 시에는 4~6, 피복 아크 용접 시에는 10~12 정도를 사용한다.

37. 가스 절단에 이용되는 프로판 가스와 아세틸렌 가스를 비교하였을 때 프로판 가스의 특징으로 틀린 것은?

① 절단면이 미세하며 깨끗하다.
② 포갬 절단 속도가 아세틸렌보다 느리다.
③ 절단 상부 기슭이 녹은 것이 적다.
④ 슬래그의 제거가 쉽다.

해설 프로판 가스의 특징
㉮ 절단 상부 기슭이 녹는 것이 적다.
㉯ 절단면이 미세하며 깨끗하다.
㉰ 슬래그 제거가 쉽다.
㉱ 포갬 절단 속도가 아세틸렌보다 빠르다.
㉲ 후판 절단 시는 아세틸렌보다 빠르다.

38. 다음 중 교류 아크 용접기의 종류에 속하지 않는 것은?

① 가동 코일형
② 탭 전환형
③ 정류기형
④ 가포화 리액터형

해설 교류 아크 용접기의 종류에는 가동 철심형, 가동 코일형, 탭 전환형, 가포화 리액터형이 있으며 정류기형은 직류 아크 용접기의 종류이다.

39. Mg 및 Mg 합금의 성질에 대한 설명으로 옳은 것은?

① Mg의 열전도율은 Cu와 Al보다 높다.
② Mg의 전기전도율은 Cu와 Al보다 높다.

정답 33. ④ 34. ③ 35. ③ 36. ③ 37. ② 38. ③ 39. ④

③ Mg 합금보다 Al 합금의 비강도가 우수하다.
④ Mg는 알칼리에 잘 견디나 산이나 염수에는 침식된다.

해설 ㉮ 금속의 열전도율 : Ag > Cu > Au > Al > Mg
㉯ 금속의 전기전도율 : Ag > Cu > Au > Al > Mg > Zn > Ni > Fe > Pb > Sb
㉰ 마그네슘(Mg) 합금의 비강도는 알루미늄(Al) 합금보다 우수하다.
㉱ 대기 중에서 내식성이 양호하나 산이나 염류에는 침식되기 쉽다.

40. 금속 간 화합물의 특징을 설명한 것 중 옳은 것은?
① 어느 성분 금속보다 용융점이 낮다.
② 어느 성분 금속보다 경도가 낮다.
③ 일반 화합물에 비해 결합력이 약하다.
④ Fe_3C는 금속 간 화합물에 해당되지 않는다.

해설 금속 간 화합물의 특징
㉮ 일반적으로 복잡한 결정구조를 가지며 매우 경도가 높고 취약하다.
㉯ 금속으로 구성되어 있으나 일반적으로 전기 저항이 크다.
㉰ 규칙-불규칙 변태가 없다.
㉱ 일반적으로 각각의 성분 금속보다 융점이 높다.
㉲ 성분 금속의 특징을 잃어버린다.

41. 니켈-크롬 합금 중 사용한도가 1000℃까지 측정할 수 있는 합금은?
① 망가닌 ② 우드메탈
③ 배빗메탈 ④ 크로멜-알루멜

해설 ㉮ 크로멜 : Ni에 10 % Cr 첨가(고온 측정용 열전대 재료, 최고 1200℃까지 사용 가능)
㉯ 알루멜 : Ni에 3 % Al 첨가(고온 측정용 열전대 재료, 최고 1200℃까지 사용 가능)

42. 주철에 대한 설명으로 틀린 것은?
① 인장강도에 비해 압축강도가 높다.
② 회주철은 편상 흑연이 있어 감쇠능이 좋다.
③ 주철 절삭 시에는 절삭유를 사용하지 않는다.
④ 액상일 때 유동성이 나쁘며 충격 저항이 크다.

해설 주철의 특징
㉮ 용융점이 낮고 유동성이 좋다.
㉯ 주조성이 양호하다.
㉰ 마찰 저항이 좋다.
㉱ 가격이 저렴하다.
㉲ 절삭성이 우수하다.
㉳ 압축 강도가 크다(인장 강도의 3~4배).

43. 철에 Al, Ni, Co를 첨가한 합금으로 잔류 자속밀도가 크고 보자력이 우수한 자성 재료는 어느 것인가?
① 퍼멀로이 ② 센더스트
③ 알니코 자석 ④ 페라이트 자석

해설 알니코 자석(Ni 10~20 %, Al 7~10 %, Co 20~40 %, Cu 3~5 %, Ti 1 %와 Fe 합금)은 영구자석으로 널리 사용되는 합금으로 MK 강이라고도 한다.

44. 물과 얼음, 수증기가 평형을 이루는 3중점상태에서의 자유도는?
① 0 ② 1
③ 2 ④ 3

해설 성분 수를 C, 상의 수를 P라 할 때 자유도 $F = C - P + 2$이므로 $F = 1 - 3 + 2 = 0$이다.

45. 황동의 종류 중 순 Cu와 같이 연하고 코이닝하기 쉬우므로 동전이나 메달 등에 사용되는 합금은?

정답 40. ③ 41. ④ 42. ④ 43. ③ 44. ① 45. ①

① 95 % Cu–5 % Zn 합금
② 70 % Cu–30 % Zn 합금
③ 60 % Cu–40 % Zn 합금
④ 50 % Cu–50 % Zn 합금

해설 황동의 종류

5 % Zn	길딩 메탈	화폐 · 메달용
15 % Zn	레드 브라스	소켓 · 체결구용
20 % Zn	로 브라스	장식용 · 톰백
30 % Zn	카트리지 브라스	탄피 가공용
35 % Zn	하이, 옐로 브라스	7 : 3 황동보다 값싸다.
40 % Zn	문츠 메탈	값싸고 강도 크다.

46. 금속 재료의 표면에 강이나 주철의 작은 입자 (ϕ0.5~1.0 mm)를 고속으로 분사시켜 표면의 경도를 높이는 방법은?

① 침탄법　② 질화법
③ 폴리싱　④ 쇼트피닝

해설 쇼트피닝은 쇼트 볼을 가공면에 고속으로 강하게 두드려 금속 표면층의 경도와 강도 증가로 피로한계를 높여주는 가공법이다.

47. 탄소강은 200~300℃에서 연신율과 단면수축률이 상온보다 저하되어 단단하고 깨지기 쉬우며, 강의 표면이 산화되는 현상은?

① 적열메짐　② 상온메짐
③ 청열메짐　④ 저온메짐

해설 청열취성(메짐) : 200~300℃에서 강도 · 경도 최대, 연신율 · 단면수축률 최소. P가 원인이다.

48. 강에 S, Pb 등의 특수 원소를 첨가하여 절삭할 때 칩을 잘게 하고 피삭성을 좋게 만든 강은 무엇인가?

① 불변강　② 쾌삭강
③ 베어링강　④ 스프링강

해설 쾌삭강(free cutting steel)은 강에 S, Zr, Pb, Ce을 첨가하여 절삭성을 향상시킨 강이다(S의 양 : 0.25 % 함유).

49. 주위의 온도 변화에 따라 선팽창 계수나 탄성률 등의 특정한 성질이 변하지 않는 불변강이 아닌 것은?

① 인바　② 엘린바
③ 코엘린바　④ 스텔라이트

해설 불변강 (고니켈강)은 비자성강으로, 열팽창 계수, 탄성계수가 거의 0에 가깝고 Ni 26 %에서 오스테나이트 조직을 가지며, 강력한 내식성이 있다. 종류로는 인바, 슈퍼인바, 엘린바, 코엘린바, 퍼멀로이, 플래티나이트 등이 있다.

50. Al의 비중과 용융점(℃)은 약 얼마인가?

① 2.7, 660℃　② 4.5, 390℃
③ 8.9, 220℃　④ 10.5, 450℃

해설 알루미늄은 비중 2.7, 용융점 660℃의 경금속으로 열 및 전기의 양도체이며 내식성이 좋다.

51. 기계 제도에서 물체의 보이지 않는 부분의 형상을 나타내는 선은?

① 외형선　② 가상선
③ 절단선　④ 숨은선

해설 숨은선은 대상물의 보이지 않는 부분의 모양을 표시하는 데 쓰이며, 가는 파선 또는 굵은 파선으로 나타낸다.

52. [보기]와 같은 입체도의 화살표 방향을 정면도로 표현할 때 실제와 동일한 형상으로 표시되는 면을 모두 고른 것은?

정답 46. ④　47. ③　48. ②　49. ④　50. ①　51. ④　52. ①

보기

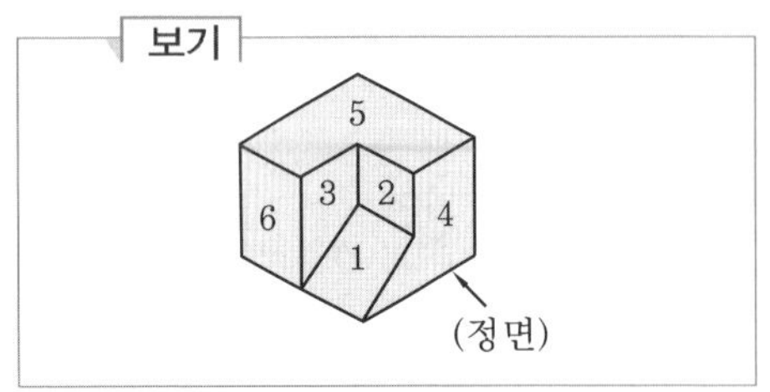

① 3과 4 ② 4와 6
③ 2와 6 ④ 1과 5

53. 한쪽 단면도를 올바르게 도시한 것은?

① 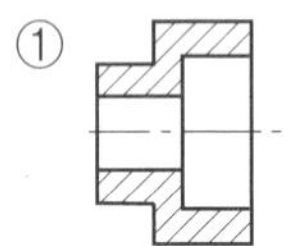 ② 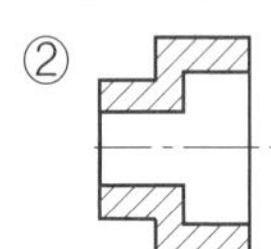

③ 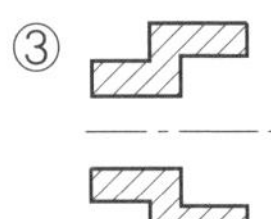 ④ 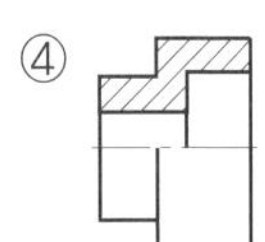

해설 한쪽 단면도는 기본 중심선에 대칭인 물체의 1/4만 잘라내어 절반은 단면도로, 다른 절반은 외형도로 나타내는 단면법이다. 이 단면도는 물체의 외형과 내부를 동시에 나타낼 수가 있으며, 절단선은 기입하지 않는다.

54. 다음 재료 기호 중 용접 구조용 압연 강재에 속하는 것은?

① SPPS 380 ② SPCC
③ SCW 450 ④ SM 400C

해설 ㉮는 압력 배관용 탄소 강관, ㉯는 냉간 압연 강판 및 강대, ㉰는 용접 구조용 주강품이다.

55. 그림의 도면에서 X의 거리는?

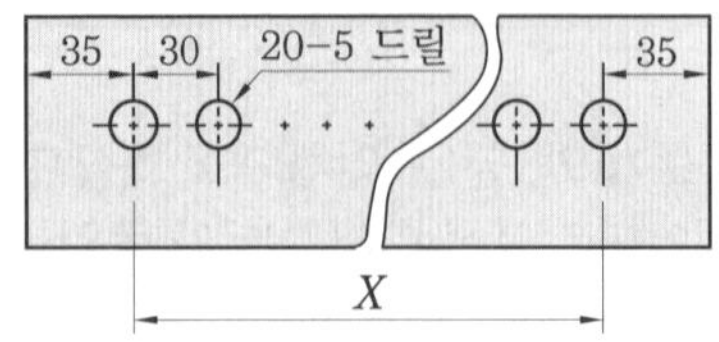

① 510 mm ② 570 mm
③ 600 mm ④ 630 mm

해설 $X = (20-1) \times 30 = 570\text{ mm}$

56. 다음 중 참고 치수를 나타내는 것은?

① (50) ② □50
③ 50 (사각 틀 안) ④ 50 (밑줄)

해설 치수 중 참고 치수에 대하여는 치수 수치에 괄호를 붙인다. □는 정사각형 한 변의 치수 수치 앞에 붙인다.

57. 주투상도를 나타내는 방법에 관한 설명으로 옳지 않은 것은?

① 조립도 등 주로 기능을 나타내는 도면에는 대상물을 사용하는 상태로 표시한다.
② 주투상도를 보충하는 다른 투상도는 되도록 적게 표시한다.
③ 특별한 이유가 없을 경우, 대상물을 세로 길이로 놓은 상태로 표시한다.
④ 부품도 등 가공하기 위한 도면에서는 가공에 있어서 도면을 가장 많이 이용하는 공정에서 대상물을 놓은 상태로 표시한다.

해설 특별한 이유가 없는 경우 대상물을 가로 길이로 놓은 상태로 표시한다.

58. 그림에서 나타난 용접 기호의 의미는?

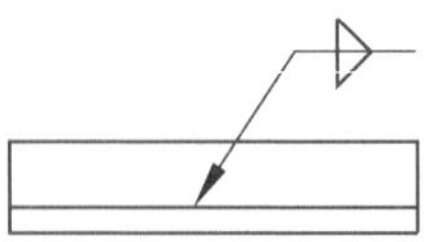

① 플레어 K형 용접
② 양쪽 필릿 용접
③ 플러그 용접
④ 프로젝션 용접

정답 53. ④ 54. ④ 55. ② 56. ① 57. ③ 58. ②

59. 그림과 같은 배관 도면에서 도시 기호 S는 어떤 유체를 나타내는 것인가?

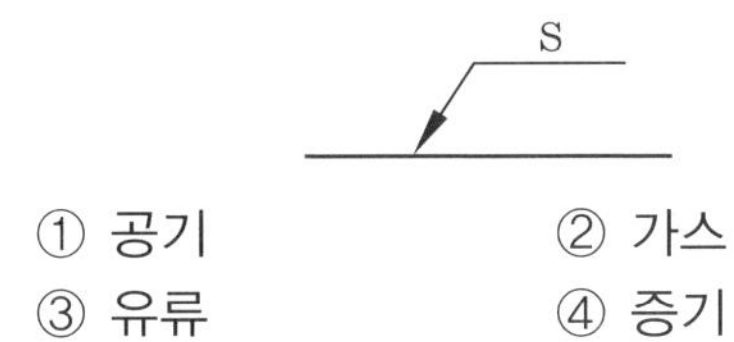

① 공기　　② 가스
③ 유류　　④ 증기

해설 공기(air)는 A, 가스(gas)는 G, 기름(oil)은 O, 증기(steam)는 S, 물(water)은 W로 나타낸다.

60. [보기]의 입체도에서 화살표 방향을 정면으로 하여 제3각법으로 그린 정투상도는?

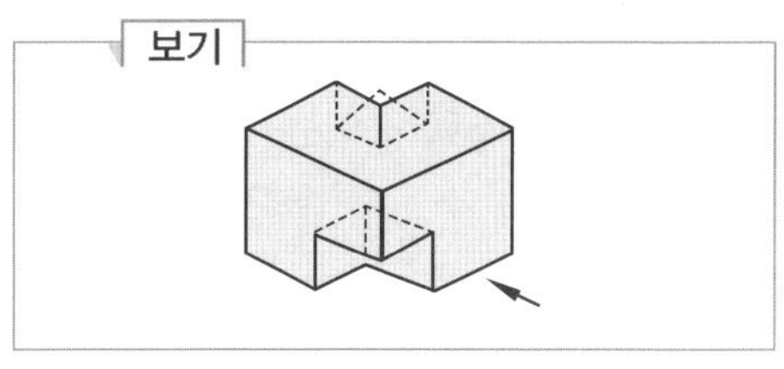

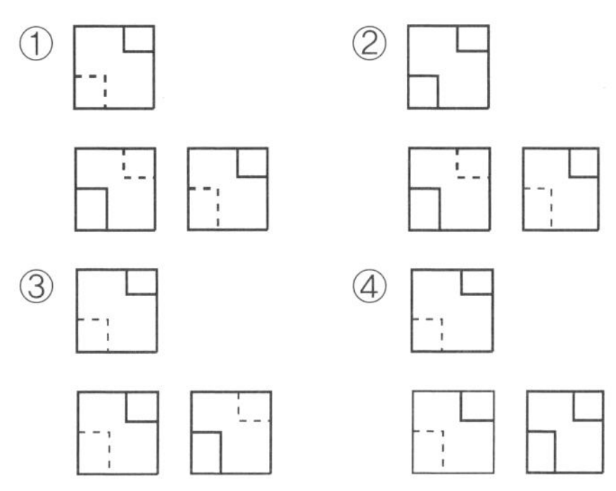

2016. 4. 2 시행(용접 기능사)

1. 플라스마 아크 용접장치에서 아크 플라스마의 냉각가스로 쓰이는 것은?

① 아르곤과 수소의 혼합가스
② 아르곤과 산소의 혼합가스
③ 아르곤과 메탄의 혼합가스
④ 아르곤과 프로판의 혼합가스

해설 플라스마 아크 용접은 아크 플라스마를 좁은 틈으로 고속도로 분출시킴으로써 생기는 고온의 불꽃을 이용해서 절단, 용사, 용접하는 방법이다. 아크 플라스마의 냉각에는 Ar 또는 Ar-H의 혼합가스가 사용된다.

2. 용접 설계상 주의사항으로 틀린 것은?

① 용접에 적합한 설계를 할 것
② 구조상의 노치부가 생성되게 할 것
③ 결함이 생기기 쉬운 용접 방법은 피할 것
④ 용접 이음이 한곳으로 집중되지 않도록 할 것

해설 용접 설계상 주의사항
㉮ 용접에 적합한 구조의 설계를 할 것
㉯ 용접 길이는 될 수 있는 대로 짧게, 용착금속량도 강도상 필요한 최소한으로 할 것
㉰ 용접 이음의 특성을 고려하여 선택하고 용접하기 쉽도록 설계할 것
㉱ 용접 이음이 한곳으로 집중되거나 너무 근접하지 않도록 할 것
㉲ 결함이 생기기 쉬운 용접 방법은 피하고 강도가 약한 필릿 용접은 가급적 피할 것
㉳ 반복하중을 받는 이음에서는 특히 이음 표면을 평평하게 하고 구조상 노치부를 피할 것

3. 전자 빔 용접의 특징으로 틀린 것은?

① 정밀 용접이 가능하다.
② 용접부의 열 영향부가 크고 설비비가 적게 든다.
③ 용입이 깊어 다층 용접도 단층 용접으로 완성할 수 있다.
④ 유해가스에 의한 오염이 적고 높은 순도의 용접이 가능하다.

해설 전자 빔 용접의 특징
㉮ 고용융점 재료 및 이종금속의 금속 용접 가능성이 크다.
㉯ 용접입열이 적고 용접부가 좁으며 용입이 깊다.
㉰ 진공 중에서 용접하므로 불순가스에 의한 오염이 적다.
㉱ 활성금속의 용접이 용이하고 용접부의 열 영향부가 매우 작다.
㉲ 시설비가 많이 들고 용접물의 크기에 제한을 받는다.
㉳ 얇은 판에서 두꺼운 판까지 용접할 수 있다.
㉴ 대기압형의 용접기 사용 시 X선 방호가 필요하다.
㉵ 용접부의 기계적, 야금적 성질이 양호하다.

4. 서브머지드 아크 용접에서 사용하는 용제 중 흡습성이 가장 적은 것은?

① 용융형
② 혼성형
③ 고온소결형
④ 저온소결형

해설 용융형 용제는 원료 광석을 아크로에서 1300℃ 이상으로 가열 융해하여 응고시킨 다음, 부수어 적당한 입자를 고르게 만든 것으로, 유리와 같은 광택을 가지고 있다. 사용 시 낮은 전류에서는 입도가 큰 것을 사용하고, 높은 전류에서는 입도가 작은 것을 사용하면 기공의 발생이 적고 흡습성이 거의 없으므로 재건조가 불필요하다.

정답 1. ① 2. ② 3. ② 4. ①

5. 용접 제품을 조립하다가 V홈 맞대기 이음 홈의 간격이 5 mm 정도 벌어졌을 때 홈의 보수 및 용접 방법으로 가장 적합한 것은?

① 그대로 용접한다.
② 뒷댐판을 대고 용접한다.
③ 덧살올림 용접 후 가공하여 규정 간격을 맞춘다.
④ 치수에 맞는 재료로 교환하여 루트 간격을 맞춘다.

해설 루트 간격이 6 mm 이하일 때에는 한쪽 또는 양쪽을 덧살올림 용접을 하여 깎아내고, 규정 간격으로 홈을 만들어 용접한다. 6~16 mm의 경우에는 뒷받침 판을 대고 용접하고, 16 mm 이상일 때에는 판의 전부 또는 일부(길이 약 300 mm)를 대체한다.

6. 서브머지드 아크 용접의 다른 명칭이 아닌 것은?

① 잠호 용접
② 헬리 아크 용접
③ 유니언 멜트 용접
④ 불가시 아크 용접

해설 서브머지드 아크 용접은 모재 표면 위에 미리 미세한 입상의 용제를 살포해 두고 이 용제 속으로 용접봉을 꽂아 넣어 용접하는 자동 아크 용접법으로 잠호 용접 또는 유니언 멜트 용접, 불가시 아크 용접, 링컨 용접법이라고도 부른다. 헬리 아크 용접은 불활성 가스 텅스텐 아크 용접의 상품 명칭에 해당된다.

7. 납땜에 사용되는 용제가 갖추어야 할 조건으로 틀린 것은?

① 청정한 금속면의 산화를 방지할 것
② 납땜 후 슬래그의 제거가 용이할 것
③ 모재나 땜납에 대한 부식 작용이 최소한일 것
④ 전기 저항 납땜에 사용되는 것은 부도체일 것

해설 납땜 용제의 구비 조건
㉮ 모재의 산화 피막과 같은 불순물을 제거하고 유동성이 좋을 것
㉯ 청정한 금속면의 산화를 방지할 것
㉰ 땜납의 표면장력을 맞추어서 모재와의 친화력을 높일 것
㉱ 용제의 유효온도 범위와 납땜 온도가 일치할 것
㉲ 납땜 후 슬래그의 제거가 용이할 것
㉳ 모재나 땜납에 대한 부식 작용이 최소한일 것
㉴ 전기 저항 납땜에 사용되는 것은 전도체일 것
㉵ 침지땜에 사용되는 것은 수분을 함유하지 않을 것

8. 피복 아크 용접 작업 시 감전으로 인한 재해의 원인으로 틀린 것은?

① 1차 측과 2차 측 케이블의 피복 손상부에 접촉되었을 경우
② 피용접물에 붙어 있는 용접봉을 떼려다 몸에 접촉되었을 경우
③ 용접 기기의 보수 중에 입출력 단자가 절연된 곳에 접촉되었을 경우
④ 용접 작업 중 홀더에 용접봉을 물릴 때나 홀더가 신체에 접촉되었을 경우

해설 용접 기기는 보수 중에 반드시 전원 스위치를 off시켜 놓고 작업을 해야만 하며, 입출력 단자가 절연된 곳에 접촉이 되었을 때에는 안전하다.

9. 샤르피식의 시험기를 사용하는 시험 방법은 어느 것인가?

① 경도시험 ② 인장시험
③ 피로시험 ④ 충격시험

정답 5. ③ 6. ② 7. ④ 8. ③ 9. ④

해설 충격시험은 시험편에 V형 또는 U형 등의 노치를 만들고 충격적인 하중을 주어서 파단시키는 시험법으로 샤르피식과 아이조드식이 있다.

10. 용접 결함에서 언더컷이 발생하는 조건이 아닌 것은?

① 전류가 너무 낮을 때
② 아크 길이가 너무 길 때
③ 부적당한 용접봉을 사용할 때
④ 용접 속도가 적당하지 않을 때

해설 언더컷의 발생 원인
㉮ 용접 전류가 너무 높을 때
㉯ 아크 길이가 너무 길 때
㉰ 용접봉 취급의 부적당
㉱ 용접 속도가 너무 빠를 때
㉲ 용접봉 선택 불량

11. 한 부분의 몇 층을 용접하다가 이것을 다음 부분의 층으로 연속시켜 전체 모양이 계단 형태를 이루는 용착법은?

① 스킵법　② 덧살올림법
③ 전진블록법　④ 캐스케이드법

해설 ㉮ 전진블록법 : 한 개의 용접봉으로 살을 붙일만한 길이로 구분해서, 홈을 한 부분씩 여러 층으로 쌓아 올린 다음 다른 부분으로 진행하는 방법

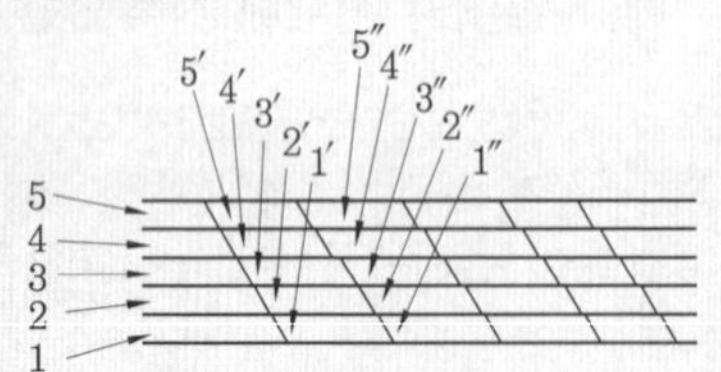

㉯ 덧살올림법 : 각 층마다 전체의 길이를 용접하면서 쌓아 올리는 방법

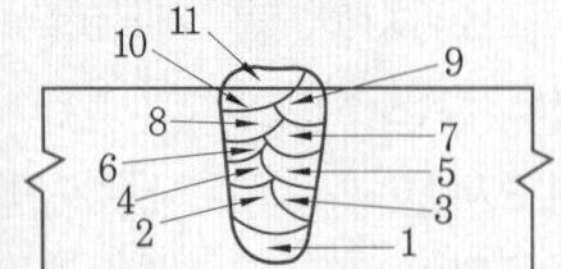

㉰ 캐스케이드법 : 한 부분의 몇 층을 용접하다가 다음 부분의 층으로 연속시켜 전체가 계단 형태를 이루도록 용착시켜 나가는 방법

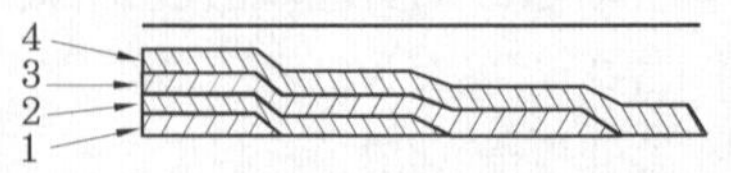

㉱ 스킵법 : 비석법이라고도 한다. 용접 길이를 짧게 나누어 간격을 두면서 용접하는 방법으로, 피용접물 전체에 변형이나 잔류 응력이 적게 발생하도록 하는 용착 방법이다.

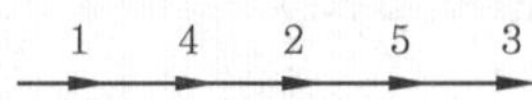

12. 맞대기 용접 이음에서 판 두께가 9 mm, 용접선 길이가 120 mm, 하중이 7560 N일 때 인장응력은 몇 N/mm^{2}인가?

① 5　② 6
③ 7　④ 8

해설 $\text{인장응력}(\sigma) = \dfrac{\text{하중}}{\text{판 두께} \times \text{용접선 길이}}$

$$= \frac{7560}{9 \times 120} = 7\ \text{N/mm}^2$$

13. 용접이음부에 예열하는 목적을 설명한 것으로 틀린 것은?

① 수소의 방출을 용이하게 하여 저온균열을 방지한다.
② 모재의 열 영향부와 용착 금속의 연화를 방지하고 경화를 증가시킨다.
③ 용접부의 기계적 성질을 향상시키고 경화 조직의 석출을 방지시킨다.
④ 온도 분포가 완만하게 되어 열응력의 감소로 변형과 잔류 응력 발생을 적게 한다.

해설 예열의 목적
㉮ 균열의 방지
㉯ 기계적 성질의 향상
㉰ 경화 조직의 석출 방지
㉱ 변형, 잔류 응력의 저감
㉲ 블로 홀(blow hole) 생성 방지

정답 10. ① 11. ④ 12. ③ 13. ②

14. [보기]에서 설명하는 서브머지드 아크 용접에 사용되는 용제는?

> **보기**
> - 화학적 균일성이 양호하다.
> - 반복 사용성이 좋다.
> - 비드 외관이 아름답다.
> - 용접 전류에 따라 입자의 크기가 다른 용제를 사용해야 한다.

① 소결형 ② 혼성형
③ 혼합형 ④ 용융형

해설 용융형 플럭스는 원료를 혼합하여 전기로에서 용해 냉각시켜 소정의 입도로 분쇄하여 만든 것으로, 외관은 일반적으로 유리 형상의 형태를 나타내며, 특히 흡습성이 적어 보관상에 편리한 이점이 있다. 입도는 사용 전류에 따라 적당한 것을 선택해야 하며, 낮은 전류에서는 굵은 입자를, 높은 전류에서는 가는 입자를 사용해야 한다.

15. 초음파 탐상법의 종류가 아닌 것은?

① 극간법 ② 공진법
③ 투과법 ④ 펄스 반사법

해설 초음파 탐상법에는 펄스 반사법, 투과법, 공진법이 있고, 극간법은 자분 탐상 검사에 속한다.

16. 탄산 가스 아크 용접의 장점이 아닌 것은 어느 것인가?

① 가시 아크이므로 시공이 편리하다.
② 적용되는 재질이 철계통으로 한정되어 있다.
③ 용착 금속의 기계적 성질 및 금속학적 성질이 우수하다.
④ 전류 밀도가 높아 용입이 깊고 용접 속도를 빠르게 할 수 있다.

해설 탄산 가스 아크 용접의 특징

- 장점
  - ㉮ 산화나 질화가 없고 수소 함유량이 다른 용접법에 비해 대단히 적은 관계로 우수한 용착 금속을 얻는다.
  - ㉯ 킬드강이나 세미킬드강은 물론 림드강도 완전한 용접이 되며 기계적 성질도 매우 우수하다.
  - ㉰ 모든 용접 자세로 용접이 되며 조작이 간단하다.
  - ㉱ 용접 전류의 밀도가 크므로 용입이 깊고 용접 속도를 매우 빠르게 할 수 있다.
  - ㉲ 서브머지드 아크 용접에 비하여 모재 표면의 녹, 오물 등이 있어도 큰 지장이 없으므로 완전한 청소를 하지 않아도 된다.
- 단점
  - ㉮ 이산화탄소 가스를 사용하므로 작업량 환기에 유의한다.
  - ㉯ 비드 외관이 타 용접에 비해 거칠다.
  - ㉰ 고온 상태의 아크 중에서는 산화성이 크고 용착 금속의 산화가 심하여 기공 및 그 밖의 결함이 생기기 쉽다.
  - ㉱ 적용 재질이 철계통으로 한정되어 있다.
  - ㉲ 풍속이 2 m/s 이상일 경우 방풍장치가 필요하다.

17. 산소와 아세틸렌 용기의 취급상 주의사항으로 옳은 것은?

① 직사광선이 잘 드는 곳에 보관한다.
② 아세틸렌병은 안전상 눕혀서 사용한다.
③ 산소병은 40℃ 이하 온도에서 보관한다.
④ 산소병 내에 다른 가스를 혼합해도 상관없다.

해설 ㉮ 산소병 운반 시 충격을 주어서는 안 된다.
㉯ 산소병 내에 다른 가스를 혼합하면 안 되며 산소는 직사광선을 피해야 한다.
㉰ 아세틸렌병은 세워서 사용하며 병에 충격을 주어서는 안 된다.

정답 14. ④ 15. ① 16. ② 17. ③

18. **고주파 교류 전원을 사용하여 TIG 용접을 할 때 장점으로 틀린 것은?**

① 긴 아크 유지가 용이하다.
② 전극봉의 수명이 길어진다.
③ 비접촉에 의해 융착 금속과 전극의 오염을 방지한다.
④ 동일한 전극봉 크기로 사용할 수 있는 전류 범위가 작다.

해설 동일한 전극봉에서 직류 정극성(DCSP)에 비해 고주파 교류(ACHF)의 사용 전류 범위가 크다.

19. **미세한 알루미늄 분말과 산화철 분말을 혼합하여 과산화바륨과 알루미늄 등의 혼합분말로 된 점화제를 넣고 연소시켜 그 반응열로 용접하는 방법은?**

① MIG 용접 ② 테르밋 용접
③ 전자 빔 용접 ④ 원자 수소 용접

해설 테르밋 용접은 산화철 분말과 미세한 알루미늄 분말을 3~4 : 1의 중량비로 혼합한 테르밋제에 점화제(과산화바륨, 마그네슘 등의 혼합 분말)를 알루미늄 분말에 혼합하여 점화시키면 테르밋 반응에 의해 약 2800℃ 온도가 발생되는 열을 이용한 용접법이다.

20. **피복 아크 용접의 필릿 용접에서 루트 간격이 4.5 mm 이상일 때의 보수 요령은?**

① 규정대로의 각장으로 용접한다.
② 두께 6 mm 정도의 뒤판을 대서 용접한다.
③ 라이너를 넣든지 부족한 판을 300 mm 이상 잘라내서 대체하도록 한다.
④ 그대로 용접하여도 좋으나 넓혀진 만큼 각장을 증가시킬 필요가 있다.

해설 루트 간격이 1.5 mm 이하일 때에는 규정대로의 각장으로 용접하고 1.5~4.5 mm일 때에는 그대로 용접하여도 좋으나 넓혀진 만큼 각장을 증가시킬 필요가 있다. 4.5 mm 이상일 때에는 라이너를 넣든지 부족한 판을 300 mm 이상 잘라내서 대체한다.

21. **현상제(MgO, $BaCO_3$)를 사용하여 용접부의 표면 결함을 검사하는 방법은?**

① 침투 탐상법 ② 자분 탐상법
③ 초음파 탐상법 ④ 방사선 투과법

해설 형광 침투 검사 : 형광 침투액은 표면장력이 작으므로 미세한 균열이나 작은 구멍의 흠집에 잘 침투하며 침투 후 최적 약 30분 경과한 다음에 표면을 세척한 다음 탄산칼슘, 규사가루, 산화마그네슘, 알루미나 등의 혼합분말 또는 알코올에 녹인 현탁 현상액을 사용하여 형광물질을 표면으로 노출시킨 후 초고압 수은 등으로 검사한다.

22. **CO_2가스 아크 편면 용접에서 이면 비드의 형성은 물론 뒷면 가우징 및 뒷면 용접을 생략할 수 있고, 모재의 중량에 따른 뒤엎기(turn over) 작업을 생략할 수 있도록 홈 용접부 이면에 부착하는 것은?**

① 스캘롭 ② 엔드탭
③ 뒷댐재 ④ 포지셔너

해설 탄산 가스 아크 편면 용접 시 박판에서 후판까지 홈이 파인 동판이나 글라스 테이프 또는 세라믹 뒷댐재를 사용한다.

23. **사용률이 60 %인 교류 아크 용접기를 사용하여 정격 전류로 6분 용접하였다면 휴식 시간은 얼마인가?**

① 2분 ② 3분
③ 4분 ④ 5분

해설 사용률(%)

$$= \frac{\text{아크 시간}}{\text{아크 시간} + \text{휴식 시간}} \times 100$$

정답 18. ④ 19. ② 20. ③ 21. ① 22. ③ 23. ③

$$60 = \frac{6}{6+\text{휴식 시간}} \times 100$$

∴ 휴식 시간 = 4분

24. 용해 아세틸렌 취급 시 주의 사항으로 틀린 것은?

① 저장 장소는 통풍이 잘 되어야 된다.
② 저장 장소에는 화기를 가까이 하지 말아야 한다.
③ 용기는 진동이나 충격을 가하지 말고 신중히 취급해야 한다.
④ 용기는 아세톤의 유출을 방지하기 위해 눕혀서 보관한다.

해설 용해 아세틸렌병은 다공성 물질을 병 안에 가득 채운 뒤 아세톤을 넣고 아세톤에 아세틸렌가스를 용해시켜 사용하는 것이므로 아세톤의 유출을 방지하기 위해서는 반드시 병을 세워 놓아야 한다.

25. 2개의 모재에 압력을 가해 접촉시킨 다음 접촉면에 압력을 주면서 상대운동을 시켜 접촉면에서 발생하는 열을 이용하는 용접법은?

① 가스 압접 ② 냉간 압접
③ 마찰 용접 ④ 열간 압접

해설 마찰 용접은 용접하고자 하는 모재를 맞대어 상대 운동을 시키고 접합면의 고속 회전에 의해 발생된 마찰열을 이용하여 압접하는 방식이다.

26. 모재의 절단부를 불활성가스로 보호하고 금속 전극에 대전류를 흐르게 하여 절단하는 방법으로 알루미늄과 같이 산화에 강한 금속에 이용되는 절단 방법은?

① 산소 절단 ② TIG 절단
③ MIG 절단 ④ 플라스마 절단

해설 MIG 절단은 보통 금속 아크 용접에 비하여 고전류의 MIG 아크가 깊은 용입이 되는 것을 이용하여 모재를 용융 절단하는 방법으로, 절단부를 불활성가스로 보호하기 때문에 산화성이 강한 알루미늄 등의 비철금속 절단에 사용되었으나 플라스마 제트 절단법의 출현으로 그 중요성이 감소되어 가고 있다.

27. 아크에서 가우징 작업에 사용되는 압축 공기의 압력으로 적당한 것은?

① 1~3 kgf/cm^2
② 5~7 kgf/cm^2
③ 9~12 kgf/cm^2
④ 14~16 kgf/cm^2

해설 아크 에어 가우징은 탄소 아크 절단 장치에 5~7 kgf/cm^2 정도의 압축 공기를 병용한 방법으로써 용접 결함부의 제거, 절단 및 구멍 뚫기 등에 적합하며 특히 가우징용으로 많이 사용된다. 전극봉은 흑연에 구리 도금을 한 것이 사용되며, 전원은 직류이고 아크 전압 25~45 V, 아크 전류 200~500 A 정도의 것이 널리 사용된다.

28. 리벳 이음과 비교하여 용접 이음의 특징을 열거한 것 중 틀린 것은?

① 구조가 복잡하다.
② 이음 효율이 높다.
③ 공정의 수가 절감된다.
④ 유밀, 기밀, 수밀이 우수하다.

해설 용접 이음의 특징
㉮ 재료 절약, 중량 감소
㉯ 작업 공정 단축으로 경제적이다.
㉰ 재료의 두께 제한이 없다.
㉱ 이음 효율 향상(기밀, 수밀 유지)
㉲ 이종 재료 접합이 가능하다.
㉳ 용접의 자동화가 용이하다.
㉴ 보수와 수리가 용이하다.
㉵ 형상의 자유화를 추구할 수 있다.

정답 24. ④ 25. ③ 26. ③ 27. ② 28. ①

29. 용접법의 분류 중에서 융접에 속하는 것은 어느 것인가?

① 심 용접 ② 테르밋 용접
③ 초음파 용접 ④ 플래시 용접

해설 융접은 접합하고자 하는 물체의 접합부를 가열·용융시키고 여기에 용가재를 첨가하여 접합하는 방법으로 테르밋 용접, 일렉트로 슬래그 용접, 전자 빔 용접, 서브머지드 아크 용접, 피복 금속 아크 용접 등이 있다. ①, ③, ④는 압접에 속한다.

30. 탄소 전극봉 대신 절단 전용의 특수 피복을 입힌 피복봉을 사용하여 절단하는 방법은 어느 것인가?

① 금속 아크 절단
② 탄소 아크 절단
③ 아크 에어 가우징
④ 플라스마 제트 절단

해설 금속 아크 절단의 조작 원리는 탄소 아크 절단과 같으나 절단 전용의 특수한 피복제를 도포한 전극봉을 사용하며, 절단 중 전극봉에는 3~5 mm의 피복통을 만들어 전기적 절연을 형성하여 단락을 방지하고, 아크의 집중성을 좋게 하여 강력한 가스를 발생시켜 절단을 촉진시킨다.

31. 용접기의 특성 중에서 부하 전류가 증가하면 단자 전압이 저하하는 특성은?

① 수하 특성 ② 상승 특성
③ 정전압 특성 ④ 자기제어 특성

해설 수하 특성
㉮ 부하 전류가 증가하면 단자 전압이 저하하는 특성
㉯ 아크 길이에 따라 아크 전압이 다소 변하여도 전류가 별로 변하지 않음
㉰ 피복 아크 용접, TIG 용접, 서브머지드 아크 용접 등에 응용

32. 기체를 수천도의 높은 온도로 가열하면 그 속도의 가스 원자가 원자핵과 전자로 분리되어 양(+)과 음(−)이온 상태로 된 것을 무엇이라 하는가?

① 전자 빔 ② 레이저
③ 테르밋 ④ 플라스마

해설 기체를 가열하면 기체 원자는 전리되어 양이온과 음이온으로 나누어지는데, 이와 같이 양이온과 음이온이 혼합되어 도전성을 띤 가스체를 플라스마라 한다.

33. 정격 2차 전류 300 A, 정격사용률 40 %인 아크 용접기로 실제 200 A 용접 전류를 사용하여 용접하는 경우 전체 시간을 10분으로 하였을 때 다음 중 용접 시간과 휴식 시간을 올바르게 나타낸 것은?

① 10분 동안 계속 용접한다.
② 5분 용접 후 5분간 휴식한다.
③ 7분 용접 후 3분간 휴식한다.
④ 9분 용접 후 1분간 휴식한다.

해설 허용사용률 (%)

$$= \frac{(\text{정격 2차 전류})^2}{(\text{실제 용접 전류})^2} \times \text{정격사용률}$$

$$= \frac{300^2}{200^2} \times 40 = 90\,\%$$

허용사용률이 90 %이므로 전체 시간을 10분으로 하였을 때 용접 시간은 9분, 휴식 시간은 1분이다.

34. 산소-아세틸렌 불꽃의 종류가 아닌 것은 어느 것인가?

① 중성 불꽃 ② 탄화 불꽃
③ 산화 불꽃 ④ 질화 불꽃

해설 산소-아세틸렌 불꽃의 종류에는 탄화 불꽃, 중성(표준) 불꽃, 산화 불꽃이 있다.

정답 29. ② 30. ① 31. ① 32. ④ 33. ④ 34. ④

35. 산소 아크 절단에 대한 설명으로 가장 적합한 것은?

① 전원은 직류 역극성이 사용된다.
② 가스 절단에 비하여 절단속도가 느리다.
③ 가스 절단에 비해 절단면이 매끄럽다.
④ 철강 구조물 해체나 수중 해체 작업에 이용된다.

해설 산소 아크 절단은 전원으로 직류 정극성이 널리 쓰이며, 때로는 교류도 사용된다. 중공의 피복 강전극으로 아크를 발생(예열원)시키고, 그 중심부에서 산소를 분출시켜 절단하는 방법이다. 절단속도가 빠르지만 절단면이 고르지 못한 단점도 있다.

36. 산소 용기의 윗부분에 각인되어 있는 표시 중 최고 충전 압력의 표시는 무엇인가?

① TP ② FP ③ WP ④ LP

해설 용기의 각인
㉮ V : 내용적
㉯ W : 용기 중량
㉰ TP : 내압 시험 압력
㉱ FP : 최고 충전 압력

37. 피복 아크 용접봉의 피복제 작용을 설명한 것 중 틀린 것은?

① 스패터를 많게 하고 탈탄 정련 작용을 한다.
② 용융 금속의 용적을 미세화하고 용착 효율을 높인다.
③ 슬래그 제거를 쉽게 하며 파형이 고운 비드를 만든다.
④ 공기로 인한 산화, 질화 등의 해를 방지하여 용착 금속을 보호한다.

해설 피복제 작용
㉮ 용융 금속의 용접을 미세화하여 용착 효율을 높인다.
㉯ 용착 금속의 냉각 속도를 느리게 하여 급랭을 방지한다.
㉰ 슬래그를 제거하기 쉽게 하고 파형이 고운 비드를 만든다.
㉱ 모재 표면의 산화물을 제거하고 양호한 용접부를 만든다.
㉲ 스패터의 발생을 적게 하며 용착 금속에 필요한 합금 원소를 첨가시킨다.
㉳ 전기 절연 작용을 한다.
㉴ 용착 금속의 탈산 정련 작용을 한다.

38. 아크 절단법이 아닌 것은?

① 스카핑
② 금속 아크 절단
③ 아크 에어 가우징
④ 플라스마 제트 절단

해설 아크 절단법에는 탄소 아크 절단, 금속 아크 절단, 산소 아크 절단, 불활성 가스 아크 절단(TIG, MIG), 플라스마 제트 절단, 아크 에어 가우징 등이 있다.

39. 형상 기억 효과를 나타내는 합금이 일으키는 변태는?

① 펄라이트 변태
② 마텐자이트 변태
③ 오스테나이트 변태
④ 레데부라이트 변태

해설 형상 기억 합금은 니켈-티타늄계 합금으로, 온도 및 응력에 의존하여 생기는 마텐자이트 변태와 그 역변태에 기초한 형상 기억 효과를 나타낸다.

40. Ni-Cu 합금이 아닌 것은?

① 어드밴스
② 콘스탄탄
③ 모넬메탈
④ 니칼로이

정답 35. ④ 36. ② 37. ① 38. ① 39. ② 40. ④

해설 ㉮ 어드밴스 : Ni 44 %, Mn 1 %, 정밀 전기의 저항선이다.
㉯ 콘스탄탄 : Ni 45 %, 열전대, 전기 저항선에 사용한다.
㉰ 모넬 메탈 : Ni 65~70 %, Cu · Fe 1~3 %, 화학공업용, 강도와 내식성이 탁월하다.
㉱ 니칼로이 : Ni 50 % - Fe 50 % 합금으로 자기유도계수가 크며, 해저 송전선에 사용된다.

41. 침탄법에 대한 설명으로 옳은 것은?

① 표면을 용융시켜 연화시키는 것이다.
② 망상 시멘타이트를 구상화시키는 방법이다.
③ 강재의 표면에 아연을 피복시키는 방법이다.
④ 강재의 표면에 탄소를 침투시켜 경화시키는 것이다.

해설 침탄법은 0.2 % C 이하의 저탄소강 또는 저탄소 합금강을 침탄제(탄소)와 침탄 촉진제를 제품과 함께 침탄 상자에 넣은 다음 침탄로에서 가열하여 침탄한 후 급랭하면 약 0.5~2 mm의 침탄층이 생겨 표면만 고탄소강이 되어 단단하게 하는 열처리 방법이다.

42. 구상흑연주철은 주조성, 가공성 및 내마멸성이 우수하다. 이러한 구상흑연주철 제조 시 구상화제로 첨가되는 원소로 옳은 것은?

① P, S ② O, N
③ Pb, Zn ④ Mg, Ca

해설 구상흑연주철은 용융 상태에서 Mg, Ce, Mg-Cu, Ca (Li, Ba, Sr) 등을 첨가하거나 그 밖의 특수한 용선 처리를 하여 편상 흑연을 구상화한 것이다.

43. Y 합금의 일종으로 Ti과 Cu를 0.2 % 정도씩 첨가한 것으로 피스톤에 사용되는 것은?

① 두랄루민 ② 코비탈륨
③ 로엑스합금 ④ 하이드로날륨

해설 Y 합금(내열 합금) : Al - Cu 4 % - Ni 2% - Mg 1.5 % 합금으로, 고온 강도가 크므로 내연기관의 실린더, 피스톤, 실린더 헤드에 사용된다.

44. 시험편을 눌러 구부리는 시험 방법으로 굽힘에 대한 저항력을 조사하는 시험 방법은 어느 것인가?

① 충격시험 ② 굽힘시험
③ 전단시험 ④ 인장시험

해설 굽힘시험은 모재 및 용접부의 연성 결함의 유무를 조사하기 위하여 실시하는 시험법으로, 시험하는 표면의 상태에 따라 표면 굽힘, 이면 굽힘, 측면 굽힘시험이 있다.

45. Fe-C 평형 상태도에서 공정점의 C %는?

① 0.02 % ② 0.8 %
③ 4.3 % ④ 6.67 %

해설 Fe-C 평형 상태도에서 공석점의 탄소 함유량은 0.8 %이고 공정점의 탄소 함유량은 4.3 %이다.

46. 금속의 소성변형을 일으키는 원인 중 원자 밀도가 가장 큰 격자면에서 잘 일어나는 것은?

① 슬립 ② 쌍정 ③ 전위 ④ 편석

해설 슬립(slip)은 외력에 의해 인장력이 작용하여 격자면 내외에 미끄럼 변화를 일으키는 현상이다.

47. 다이캐스팅 주물품, 단조품 등의 재료로 사용되며 융점이 약 660℃이고, 비중이 약 2.7인 원소는?

① Sn ② Ag
③ Al ④ Mn

정답 41. ④ 42. ④ 43. ② 44. ② 45. ③ 46. ① 47. ③

해설 알루미늄은 비중 2.7, 용융점 660℃인 경금속으로 열 및 전기의 양도체이며, 다이캐스팅용 주물품, 단조품 등의 재료로 사용된다.

48. 전해 인성 구리는 약 400℃ 이상의 온도에서 사용하지 않는 이유로 옳은 것은?

① 풀림 취성을 발생시키기 때문이다.
② 수소 취성을 발생시키기 때문이다.
③ 고온 취성을 발생시키기 때문이다.
④ 상온 취성을 발생시키기 때문이다.

49. 주철에 관한 설명으로 틀린 것은?

① 비중은 C와 Si 등이 많을수록 작아진다.
② 용융점은 C와 Si 등이 많을수록 낮아진다.
③ 주철을 600℃ 이상의 온도에서 가열 및 냉각을 반복하면 부피가 감소한다.
④ 투자율을 크게 하기 위해서는 화합 탄소를 적게 하고, 유리 탄소를 균일하게 분포시킨다.

해설 주철의 성장 : 고온 (600℃ 이상)에서 장시간 유지 또는 가열 냉각을 반복하면 주철의 부피가 팽창하여 변형, 균열이 발생하는 현상

50. 그림과 같은 결정격자의 금속 원자는?

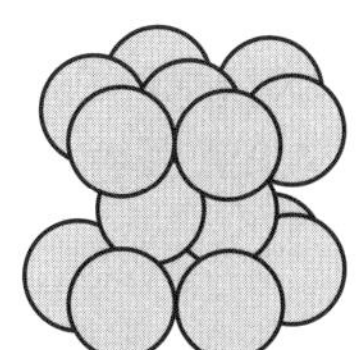
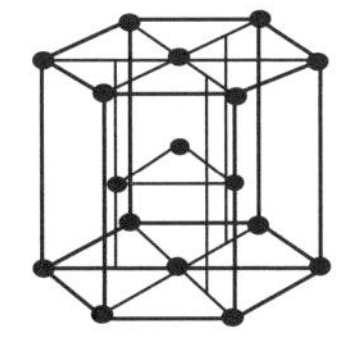

① Ni ② Mg
③ Al ④ Au

해설 Mg은 조밀육방격자 (HCP)이고 Ni, Al, Au은 면심입방격자 (FCC)이다.

51. [보기]와 같이 원통을 경사지게 절단한 제품을 제작할 때, 다음 중 어떤 전개법이 가장 적합한가?

보기

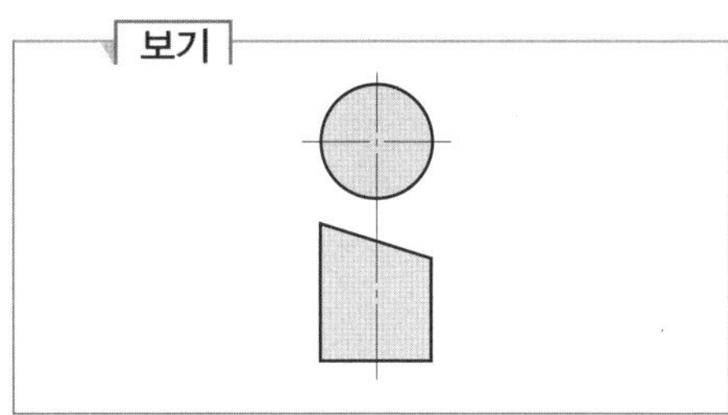

① 사각형법
② 평행선법
③ 삼각형법
④ 방사선법

해설 평행선 전개도법 : 원기둥, 각기둥 등과 같이 중심축에 나란한 직선을 물체 표면에 그을 수 있는 물체(평행체)의 판뜨기 전개도를 그릴 때 평행선법을 주로 사용한다. 능선이나 직선 면소에 직각 방향으로 전개하는 방법이다. 전개도의 능선이나 면소는 실제 길이이며 서로 나란하고 이 간격은 능선이나 면소를 점으로 보는 투영도에서의 점 사이의 길이와 같다.

52. [보기]와 같이 제3각법으로 정투상한 각뿔의 전개도 형상으로 적합한 것은?

보기

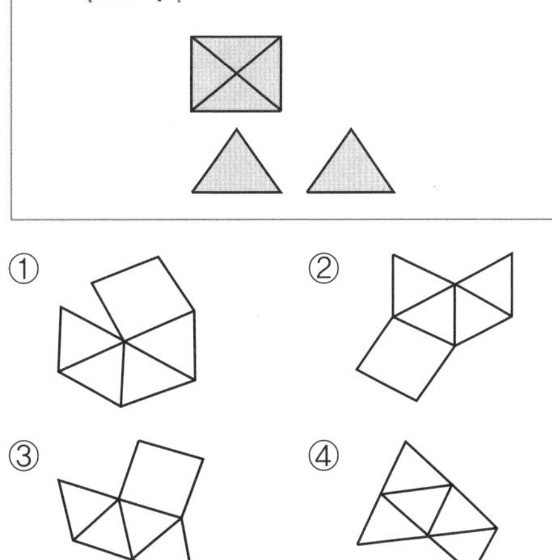

정답 48. ② 49. ③ 50. ② 51. ② 52. ②

53. 그림과 같은 도면에서 괄호 안의 치수는 무엇을 나타내는가?

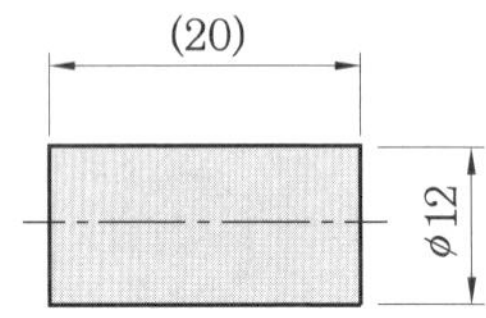

① 완성 치수
② 참고 치수
③ 다듬질 치수
④ 비례척이 아닌 치수

해설 치수 중 참고 치수에 대하여는 치수 수치에 괄호를 붙인다.

54. 다음 용접 기호 중 표면 육성을 의미하는 것은?

해설 ①은 표면 육성, ②는 표면(surface) 접합부, ③은 경사 접합부, ④는 겹침 접합부를 의미한다.

55. 가는 실선으로 나타내는 경우가 아닌 것은?

① 시작점과 끝점을 나타내는 치수선
② 소재의 굽은 부분이나 가공 공정의 표시선
③ 상세도를 그리기 위한 틀의 선
④ 금속 구조 공학 등의 구조를 나타내는 선

해설 가는 실선의 용도
㉮ 치수를 기입하기 위하여 쓴다.
㉯ 치수를 기입하기 위하여 도형으로부터 끌어내는 데 쓰인다.
㉰ 기술 · 기호 등을 표시하기 위하여 끌어내는 데 쓰인다.
㉱ 도형 내에 그 부분의 끊은 곳을 90° 회전하여 표시하는 데 쓰인다.
㉲ 도형의 중심선을 간략하게 표시하는 데 쓰인다.
㉳ 수면, 유면 등의 위치를 표시하는 데 쓰인다.

56. 다음 중 일반 구조용 탄소 강관의 KS 재료 기호는?

① SPP ② SPS ③ SKH ④ STK

해설 • SPP : 배관용 탄소 강관
• SPS : 스프링 강재
• SKH : 고속도 공구강 강재

57. [보기]와 같은 도면에서 나타난 □40 치수에서 □가 뜻하는 것은?

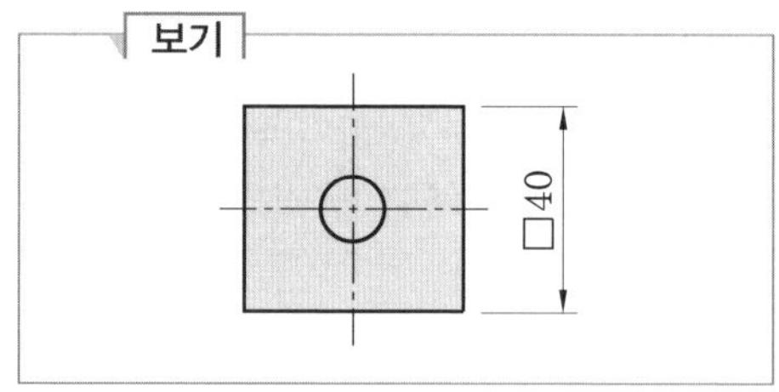

① 정사각형의 변
② 이론적으로 정확한 치수
③ 판의 두께
④ 참고 치수

58. 도면에 대한 호칭 방법이 [보기]와 같이 나타날 때 이에 대한 설명으로 틀린 것은?

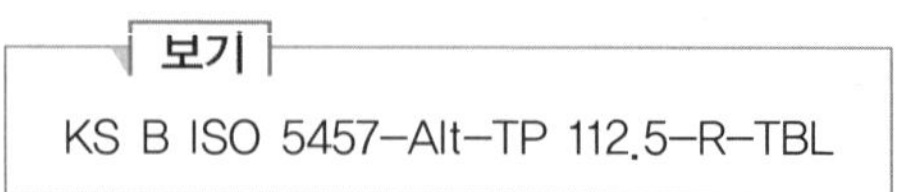
보기
KS B ISO 5457-Alt-TP 112.5-R-TBL

① 도면은 KS B ISO 5457을 따른다.
② Al 용지 크기이다.
③ 재단하지 않은 용지이다.
④ 112.5 g/m^2 사양의 트레이싱지이다.

정답 53. ② 54. ① 55. ④ 56. ④ 57. ① 58. ③

해설 KS B ISO 5457에 따라 재단한 용지는 t, 재단하지 않은 용지는 u로 표시한다.

59. 제3각법의 투상도에서 도면의 배치 관계로 옳은 것은?

① 평면도를 중심하여 정면도는 위에, 우측면도는 우측에 배치된다.
② 정면도를 중심하여 평면도는 밑에, 우측면도는 우측에 배치된다.
③ 정면도를 중심하여 평면도는 위에, 우측면도는 우측에 배치된다.
④ 정면도를 중심하여 평면도는 위에, 우측면도는 좌측에 배치된다.

해설 제3각법은 평면도를 정면도 바로 위에 그리고 측면도는 오른쪽에서 본 것을 정면도의 오른쪽에 그린다.

60. 배관의 간략 도시 방법에서 파이프의 영구 결합부(용접 또는 다른 공법에 의한다) 상태를 나타내는 것은?

해설 ①, ④는 관이 접속하고 있지 않을 때를 나타내며 ③은 관이 접속하고 있을 때(분기)의 상태를 나타낸다.

정답 59. ③ 60. ③

2016. 7. 10 시행 (특수 용접 기능사)

1. MIG 용접에서 사용하는 와이어 송급 방식이 아닌 것은?

① 풀(pull) 방식
② 푸시(push) 방식
③ 푸시 풀(push-pull) 방식
④ 푸시 언더(push-under) 방식

해설 MIG 용접에서 와이어 송급 방식은 송급 롤러의 배치에 따라 4가지가 있다.
㉮ 푸시 방식 ㉯ 풀 방식
㉰ 푸시-풀 방식 ㉱ 더블 푸시 방식

2. 용접 결함과 그 원인의 연결이 틀린 것은?

① 언더컷-용접 전류가 너무 낮을 경우
② 슬래그 섞임-운봉 속도가 느릴 경우
③ 기공-용접부가 급속하게 응고될 경우
④ 오버랩-부적절한 운봉법을 사용했을 경우

해설 언더컷 발생 원인
㉮ 전류가 너무 높을 때
㉯ 아크 길이가 너무 길 때
㉰ 부적당한 용접봉을 사용했을 때
㉱ 용접 속도가 적당하지 않을 때
㉲ 용접봉 선택 불량

3. 일반적으로 용접 순서를 결정할 때 유의해야 할 사항으로 틀린 것은?

① 용접물의 중심에 대하여 항상 대칭으로 용접한다.
② 수축이 작은 이음을 먼저 용접하고 수축이 큰 이음은 나중에 용접한다.
③ 용접 구조물이 조립되어감에 따라 용접 작업이 불가능한 곳이나 곤란한 경우가 생기지 않도록 한다.
④ 용접 구조물의 중립축에 대하여 용접 수축력의 모멘트 합이 0이 되게 하면 용접선 방향에 대한 굽힘을 줄일 수 있다.

해설 맞대기 이음은 수축력이 많으므로 먼저 용접을 하고 필릿 용접을 나중에 한다.

4. 용접부에 생기는 결함 중 구조상의 결함이 아닌 것은?

① 기공 ② 균열
③ 변형 ④ 용입 불량

해설 구조상 결함에는 용입 불량, 언더컷, 오버랩, 선상조직, 균열, 기공, 슬래그 섞임, 피트, 스패터 등이 있다.

5. 스터드 용접에서 내열성의 도기로 용융금속의 산화 및 유출을 막아주고 아크열을 집중시키는 역할을 하는 것은?

① 페룰 ② 스터드
③ 용접 토치 ④ 제어장치

해설 스터드 용접의 원리 : 스터드 선단에 페룰(ferrule)이라고 불리는 보조 링을 끼우고, 스터드를 모재에서 적당히 용융하였을 때 용융지에 압력을 가하여 접합시키는 방법이다.

6. 저항 용접의 3요소가 아닌 것은?

① 가압력 ② 통전 시간
③ 통전 전압 ④ 전류의 세기

7. 용접 이음의 종류가 아닌 것은?

① 십자 이음 ② 맞대기 이음
③ 변두리 이음 ④ 모따기 이음

해설 용접 이음의 종류 : 맞대기 이음, 모서리 이음, 변두리 이음, 겹치기 이음, T이음, 십자 이음, 전면 필릿 이음, 측면 필릿 이음, 양면 덮개판 이음 등이 있다.

정답 1. ④ 2. ① 3. ② 4. ③ 5. ① 6. ③ 7. ④

8. 일렉트로 슬래그 용접의 장점으로 틀린 것은 어느 것인가?

① 용접 능률과 용접 품질이 우수하다.
② 최소한의 변형과 최단시간의 용접법이다.
③ 후판을 단일층으로 한 번에 용접할 수 있다.
④ 스패터가 많으며 80 %에 가까운 용착 효율을 나타낸다.

해설 일렉트로 슬래그 용접의 장점〈①, ②, ③번 외〉
㉮ 아크가 눈에 보이지 않고 아크 불꽃이 없다.
㉯ 각 변형이 거의 없다.
㉰ 스패터가 없어 100 %에 가까운 용착 효율을 나타낸다.
㉱ 용접 속도가 빠르고 I형 용접으로 가공이 쉽다.

9. 선박, 보일러 등 두꺼운 판 용접 시 용융 슬래그와 와이어의 저항 열을 이용하여 연속적으로 상진하는 용접법은?

① 테르밋 용접
② 논실드 아크 용접
③ 일렉트로 슬래그 용접
④ 서브머지드 아크 용접

해설 일렉트로 슬래그 용접 : 용융 슬래그와 용융 금속이 용접부로부터 유출되지 않게 모재의 양측에 수랭식 동판을 대어주고, 용융 슬래그 속에서 전극 와이어를 연속적으로 공급하여 줌으로써 용융 슬래그의 저항 열에 의하여 와이어와 모재를 용융시키면서 단층 수직 상진 용접을 하는 방법이다. 후판 강재의 이음, 압력용기 등의 용접에 실용화되고 있다.

10. 스터드 용접법의 종류가 아닌 것은?

① 아크 스터드 용접법
② 저항 스터드 용접법
③ 충격 스터드 용접법
④ 텅스텐 스터드 용접법

해설 스터드 용접법에는 아크 스터드 용접법, 충격 스터드 용접법, 저항 스터드 용접법이 있다.

11. 탄산가스 아크 용접에서 용착 속도에 관한 내용으로 틀린 것은?

① 용접 속도가 빠르면 모재의 입열이 감소한다.
② 용착률은 일반적으로 아크 전압이 높은 쪽이 좋다.
③ 와이어 용융 속도는 와이어의 지름과는 거의 관계가 없다.
④ 와이어 용융 속도는 아크 전류에 거의 정비례하며 증가한다.

해설 용접 속도는 용접 전류, 아크 전압과 함께 용입 깊이, 비드 형상, 용착 금속량 등이 결정되는 중요한 요인이 된다. 따라서 용접 속도가 빠르면 모재의 입열이 감소되어 용입이 얕고 비드 폭이 좁으며, 반대로 늦으면 용융금속이 용접 진행 방향으로 흘러들어 쿠션(cushion) 역할을 하게 되어, 아크의 힘을 약화시켜서 용입이 얕고 비드 폭이 넓은 평탄한 비드를 형성한다.

12. 플래시 버트 용접 과정의 3단계는?

① 업셋, 예열, 후열
② 예열, 검사, 플래시
③ 예열, 플래시, 업셋
④ 업셋, 플래시, 후열

13. 용접 결함 중 은점의 원인이 되는 주된 원소는?

① 헬륨 ② 수소
③ 아르곤 ④ 이산화탄소

14. 제품별 노내 및 국부 풀림의 유지 온도와 시간이 올바르게 연결된 것은?

정답 8. ④ 9. ③ 10. ④ 11. ② 12. ③ 13. ② 14. ①

① 탄소강 주강품 : 625±25℃, 판 두께 25 mm에 대하여 1시간
② 기계 구조용 연강재 : 725±25℃, 판 두께 25 mm에 대하여 1시간
③ 보일러용 압연강재 : 625±25℃, 판 두께 25 mm에 대하여 4시간
④ 용접구조용 연강재 : 725±25℃, 판 두께 25 mm에 대하여 2시간

해설 노내 풀림법 : 판의 두께가 25 mm인 보일러용 압연 강재나 용접 구조용 압연 강재, 일반 구조용 압연 강재, 탄소강의 경우에는 625 ±25℃에서 1시간 정도 풀림을 유지하며 600℃에서 10℃씩 온도가 내려가는 데 대하여 20분씩 길게 잡으면 된다.

15. 용접 시공에서 다층 쌓기로 작업하는 용착법이 아닌 것은?

① 스킵법
② 빌드업법
③ 전진블록법
④ 캐스케이드법

해설
- 용접 방향에 따른 용착법 : 전진법, 후퇴법, 대칭법, 스킵법
- 다층 용착법 : 덧살 올림법, 캐스케이드법, 전진블록법

16. 예열의 목적에 대한 설명으로 틀린 것은?

① 수소의 방출을 용이하게 하여 저온 균열을 방지한다.
② 열영향부와 용착 금속의 경화를 방지하고 연성을 증가시킨다.
③ 용접부의 기계적 성질을 향상시키고 경화조직의 석출을 촉진시킨다.
④ 온도 분포가 완만하게 되어 열응력의 감소로 변형과 잔류 응력의 발생을 적게 한다.

해설 예열의 목적
㉮ 용접부와 인접된 모재의 수축 응력을 감소하여 균열 발생을 억제한다.
㉯ 냉각 속도를 느리게 하여 모재의 취성을 방지한다.
㉰ 용착금속의 수소 성분이 나갈 수 있는 여유를 주어 비드 밑 균열을 방지한다.

17. 용접 작업에서 전격의 방지 대책으로 틀린 것은?

① 땀, 물 등에 의해 젖은 작업복, 장갑 등은 착용하지 않는다.
② 텅스턴 봉을 교체할 때 항상 전원 스위치를 차단하고 작업한다.
③ 절연 홀더의 절연 부분이 노출, 파손되면 즉시 보수하거나 교체한다.
④ 가죽 장갑, 앞치마, 발 덮개 등 보호구를 반드시 착용하지 않아도 된다.

해설 전격의 방지 대책〈①, ②, ③번 외〉
㉮ 용접기의 내부에 함부로 손을 대지 않는다.
㉯ 홀더나 용접봉은 절대로 맨손으로 취급하지 않는다.
㉰ 용접 작업이 끝났을 때나 장시간 중지할 때는 반드시 스위치를 차단시킨다.
㉱ 가죽 장갑, 앞치마, 발 덮개 등 보호구를 반드시 착용한다.

18. 서브머지드 아크 용접에서 용제의 구비 조건에 대한 설명으로 틀린 것은?

① 용접 후 슬래그(slag)의 박리가 어려울 것
② 적당한 입도를 갖고 아크 보호성이 우수할 것
③ 아크 발생을 안정시켜 안정된 용접을 할 수 있을 것
④ 적당한 합금 성분을 첨가하여 탈황, 탈산 등의 정련작용을 할 것

정답 15. ① 16. ③ 17. ④ 18. ①

해설 서브머지드 용제의 구비 조건<②, ③, ④번 외>
㉮ 용접 후 슬래그의 박리성이 양호할 것
㉯ 적당한 용융 온도 및 점성 특성을 가져 양호한 비드를 형성할 것이 있다.

19. MIG 용접의 전류밀도는 TIG 용접의 약 몇 배 정도인가?

① 2 ② 4 ③ 6 ④ 8

해설 MIG 용접은 전류 밀도가 대단히 높아 피복 금속 아크 용접의 약 6배, TIG 용접의 약 2배이고 서브머지드 아크 용접과는 동일한 정도의 전류 밀도를 가지고 있다.

20. 파괴 시험에서 기계적 시험에 속하지 않는 것은?

① 경도 시험 ② 굽힘 시험
③ 부식 시험 ④ 충격 시험

해설 용접부 검사법의 종류는 크게 2종류로 구분한다.
㉮ 파괴 시험 : 기계적 시험, 물리적 시험, 화학적 시험, 야금학적 시험, 용접 시험, 내압 시험, 낙하 시험
㉯ 비파괴 시험 : 외관 시험, 누설 시험, 침투 시험, 형광 시험, 음향 시험, 초음파 시험, 자기적 시험, 와류 시험, 방사선 투과 시험, 천공 시험

21. 초음파 탐상법에 속하지 않는 것은?

① 공진법 ② 투과법
③ 프로드법 ④ 펄스 반사법

해설 초음파 탐상법의 종류
㉮ 투과법
㉯ 펄스 반사법
㉰ 공진법

22. 화재 및 소화기에 관한 내용으로 틀린 것은 어느 것인가?

① A급 화재란 일반 화재를 뜻한다.
② C급 화재란 유류 화재를 뜻한다.
③ A급 화재에는 포말 소화기가 적합하다.
④ C급 화재에는 CO_2 소화기가 적합하다.

해설 화재의 분류
㉮ A급 화재(일반 화재) : 연소 후 재를 남기는 화재(종이, 목재, 석탄 등)
㉯ B급 화재(유류 화재) : 액상 또는 기체상의 연료성 화재(휘발유, 벤젠 등)
㉰ C급 화재(전기 화재) : 전기 에너지가 발화원이 되는 화재로 전기 시설의 화재
㉱ D급 화재(금속 화재) : 금속 칼륨, 금속 나트륨, 유황, 탄산알루미늄 등의 화재
㉲ E급 화재(가스 화재) : 가연성 가스에 의해 발화원이 되는 화재

23. TIG 절단에 관한 설명으로 틀린 것은?

① 전원은 직류 역극성을 사용한다.
② 절단면이 매끈하고 열효율이 좋으며 능률이 대단히 높다.
③ 아크 냉각용 가스에는 아르곤과 수소의 혼합가스를 사용한다.
④ 알루미늄, 마그네슘, 구리와 구리합금, 스테인리스강 등 비철금속의 절단에 이용한다.

해설 GTA(TIG) 절단은 모재를 용융하여 절단하는 방법으로 전원은 직류 정극성을 사용한다.

24. 기계적 접합법에 속하지 않는 것은?

① 리벳 ② 용접
③ 접어 잇기 ④ 볼트 이음

25. 아크 절단에 속하지 않는 것은?

① MIG 절단
② 분말 절단
③ TIG 절단
④ 플라스마 제트 절단

정답 19. ① 20. ③ 21. ③ 22. ② 23. ① 24. ② 25. ②

해설 절단은 가스 절단과 아크 절단으로 나눈다.
㉮ 가스 절단 : 보통 가스 절단, 분말 절단, 가스 가공(가스 가우징, 스카핑 등)
㉯ 아크 절단 : 탄소 아크 절단, 금속 아크 절단, 불활성 가스 아크 절단(GTA 절단, GMA 절단), 아크 에어 가우징, 산소 아크 절단, 플라스마 제트 절단

26. 가스 절단 작업 시 표준 드래그 길이는 일반적으로 모재 두께의 몇 % 정도인가?

① 5 ② 10
③ 20 ④ 30

해설 드래그 길이는 주로 절단 속도, 산소 소비량 등에 의하여 변화하며 절단면 말단부가 남지 않을 정도의 드래그를 표준 드래그 길이라고 하는데, 보통 판 두께의 20% 정도이다.

27. 용접 중에 아크를 중단시키면 중단된 부분이 오목하거나 납작하게 파진 모습으로 남게 되는 것은?

① 피트 ② 언더컷
③ 오버랩 ④ 크레이터

해설 크레이터부에는 불순물과 편석이 남게 되고 냉각 중에 균열이 발생할 우려가 있으므로 아크 중단 시 완전하게 메꾸어 주는 것을 크레이터 처리라고 한다.

28. 10000~30000℃의 높은 열에너지를 가진 열원을 이용하여 금속을 절단하는 절단법은?

① TIG 절단법
② 탄소 아크 절단법
③ 금속 아크 절단법
④ 플라스마 제트 절단법

해설 아크 플라스마는 종래의 아크보다 고온도(10000~30000℃)로 높은 열에너지를 가지는 열원이다.

29. 일반적인 용접의 특징으로 틀린 것은?

① 재료의 두께에 제한이 없다.
② 작업 공정이 단축되며 경제적이다.
③ 보수와 수리가 어렵고 제작비가 많이 든다.
④ 제품의 성능과 수명이 향상되며 이종 재료도 용접이 가능하다.

해설 용접의 장점 중 하나로 보수와 수리가 용이하고 복잡한 구조물 제작이 쉽다.

30. 일반적으로 두께가 3 mm인 연강판을 가스 용접하기에 가장 적합한 용접봉의 직경은?

① 약 2.6 mm ② 약 4.0 mm
③ 약 5.0 mm ④ 약 6.0 mm

해설 모재 두께에 따른 용접봉의 지름

$D=\frac{T}{2}+1,\ D=\frac{3}{2}+1=2.5$

31. 연강용 피복 아크 용접봉의 종류에 따른 피복제 계통이 틀린 것은?

① E4340 : 특수계
② E4316 : 저수소계
③ E4327 : 철분산화철계
④ E4313 : 철분산화티탄계

해설 E4313 : 고산화티탄계, E4324 : 철분 산화티탄계

32. 아크 쏠림 방지 대책으로 틀린 것은?

① 접지점 2개를 연결할 것
② 용접봉 끝은 아크 쏠림 반대 방향으로 기울일 것
③ 접지점을 될 수 있는 대로 용접부에서 가까이 할 것
④ 큰 가접부 또는 이미 용접이 끝난 용착부를 향하여 용접할 것

정답 26. ③ 27. ④ 28. ④ 29. ③ 30. ① 31. ④ 32. ③

해설 아크 쏠림 방지 대책〈①, ②, ④ 외〉
㉮ 짧은 아크를 사용할 것
㉯ 직류 대신에 교류로 용접할 것
㉰ 접지점을 될 수 있는 대로 용접부에서 멀리할 것
㉱ 받침쇠, 긴 가접부, 이음의 처음과 끝의 엔드 탭 등을 이용할 것

33. 양호한 절단면을 얻기 위한 조건으로 틀린 것은?

① 드래그가 가능한 한 클 것
② 슬래그 이탈이 양호할 것
③ 절단면 표면의 각이 예리할 것
④ 절단면이 평활하나 드래그의 홈이 낮을 것

해설 양호한 절단면을 얻는 조건〈②, ③, ④ 외〉
㉮ 노치 등이 없을 것
㉯ 경제적인 절단이 이루어질 것

34. 산소-아세틸렌가스 절단과 비교한 산소-프로판 가스 절단의 특징으로 틀린 것은?

① 슬래그 제거가 쉽다.
② 절단면 윗모서리가 잘 녹지 않는다.
③ 후판 절단 시에는 아세틸렌보다 절단 속도가 느리다.
④ 포갬 절단 시에는 아세틸렌보다 절단 속도가 빠르다.

해설 산소-프로판 가스 절단의 특징〈①, ②, ④ 외〉
㉮ 절단면이 미세하며 깨끗하다.
㉯ 후판 절단 시에는 아세틸렌보다 절단 속도가 빠르다.

35. 용접기의 사용률(duty cycle)을 구하는 공식으로 옳은 것은?

① 사용률(%)
$$= \frac{\text{휴식 시간}}{\text{아크 발생시간} + \text{휴식 시간}} \times 100$$

② 사용률(%)
$$= \frac{\text{아크 발생시간}}{\text{아크 발생시간} + \text{휴식 시간}} \times 100$$

③ 사용률(%)
$$= \frac{\text{아크 발생시간}}{\text{아크 발생시간} - \text{휴식 시간}} \times 100$$

④ 사용률(%)
$$= \frac{\text{휴식 시간}}{\text{아크 발생시간} - \text{휴식 시간}} \times 100$$

36. 가스 절단에서 예열 불꽃의 역할에 대한 설명으로 틀린 것은?

① 절단 산소 운동량 유지
② 절단 산소 순도 저하 방지
③ 절단 개시 발화점 온도 가열
④ 절단재의 표면 스케일 등의 박리성 저하

37. 가스 용접 작업에서 양호한 용접부를 얻기 위해 갖추어야 할 조건으로 틀린 것은?

① 용착 금속의 용입 상태가 균일해야 한다.
② 용접부에 첨가된 금속의 성질이 양호해야 한다.
③ 기름, 녹 등을 용접 전에 제거하여 결함을 방지한다.
④ 과열의 흔적이 있어야 하고 슬래그나 기공 등도 있어야 한다.

해설 양호한 용접부를 얻는 조건〈①, ②, ③ 외〉
㉮ 슬래그, 기공 등의 결함이 없어야 한다.
㉯ 과열의 흔적이 없어야 하며 용접부에 첨가된 금속의 성질이 양호해야 한다.

38. 용접기 설치 시 1차 입력이 10 kVA이고 전원 전압이 200 V이면 퓨즈 용량은?

정답 33. ① 34. ③ 35. ② 36. ④ 37. ④ 38. ①

① 50 A ② 100 A
③ 150 A ④ 200 A

해설 $\therefore \frac{10\text{ kVA}}{200\text{ V}} = \frac{10000\text{ VA}}{200\text{ V}} = 50\text{ A}$

39. 희토류 금속 원소 중 비중이 약 16.6이고 용융점이 약 2996℃이며 150℃ 이하에서 불활성 물질로 내식성이 우수한 것은?

① Se ② Te
③ In ④ Ta

해설 Ta(탈탄륨) : 백금에 유사한 금속이다. 산에 대한 내식성이 아주 크고(플루오르화수소나 왕수에는 녹지 않음), 귀금속의 일종으로 화학 기호는 Ta, 비중은 16.6, 녹는점은 2996℃이며, 극히 연성이 풍부하고 아주 가는 철사로 할 수 있다.

40. 압입체의 대면각이 136°인 다이아몬드 피라미드에 하중 1~120 kg을 사용하여 특히 얇은 물건이나 표면 경화된 재료의 경도를 측정하는 시험법은?

① 로크웰 경도 시험법
② 비커스 경도 시험법
③ 쇼어 경도 시험법
④ 브리넬 경도 시험법

해설 기계적 시험법의 경도 시험은 브리넬 경도, 로크웰 경도, 비커스 경도, 쇼어 경도 등이 있다. 이 문제의 내용은 비커스 경도를 말한다.

41. T.T.T 곡선에서 하부 임계 냉각 속도란?

① 50 % 마텐자이트를 생성하는 데 요하는 최대의 냉각 속도
② 100 % 오스테나이트를 생성하는 데 요하는 최소의 냉각 속도
③ 최초의 소르바이트가 나타나는 냉각 속도
④ 최초의 마텐자이트가 나타나는 냉각 속도

42. 1000~1100℃에서 수중냉각 함으로써 오스테나이트 조직으로 되고, 인성 및 내마멸성 등이 우수하여 광석 파쇄기, 기차 레일, 굴삭기 등의 재료로 사용되는 것은?

① 고 Mn강
② Ni-Cr강
③ Cr-Mo강
④ Mo계 고속도강

43. 게이지용 강이 갖추어야 할 성질로 틀린 것은?

① 담금질에 의해 변형이나 균열이 없을 것
② 시간이 지남에 따라 치수 변화가 없을 것
③ HRC55 이상의 경도를 가질 것
④ 팽창 계수가 보통 강보다 클 것

해설 게이지용 강은 치수 변화가 적을 것 등이 요구되는 성질이지 고온에서 기계적 성질인 강도나 경도 등을 필요로 하지는 않는다.

44. 알루미늄을 주성분으로 하는 합금이 아닌 것은?

① Y합금 ② 라우탈
③ 인코넬 ④ 두랄루민

해설 인코넬은 니켈계 합금이다.

45. 두 종류 이상의 금속 특성을 복합적으로 얻을 수 있고 바이메탈 재료 등에 사용되는 합금은?

① 제진 합금 ② 비정질 합금
③ 클래드 합금 ④ 형상 기억 합금

정답 39. ④ 40. ② 41. ④ 42. ① 43. ③ 44. ③ 45. ③

46. 황동 중 60 % Cu+40 % Zn 합금으로 조직이 $\alpha+\beta$이므로 상온에서 전연성이 낮으나 강도가 큰 합금은?

① 길딩 메탈(gilding metal)
② 문츠 메탈(Muntz metal)
③ 두라나 메탈(durana metal)
④ 애드미럴티 메탈(admiralty metal)

해설 문츠 메탈 : 값이 싸고 내식성이 다소 낮으며 탈아연 부식을 일으키기 쉬우나 강력하기 때문에 기계 부품용으로 많이 사용된다. 판재, 선재, 볼트, 너트, 열교환기, 파이프, 밸브, 탄피, 자동차 부품, 일반 판금용 재료 등으로 사용된다.

47. 가단주철의 일반적인 특징이 아닌 것은?

① 담금질 경화성이 있다.
② 주조성이 우수하다.
③ 내식성, 내충격성이 우수하다.
④ 경도는 Si 양이 적을수록 좋다.

48. 금속에 대한 성질을 설명한 것으로 틀린 것은?

① 모든 금속은 상온에서 고체 상태로 존재한다.
② 텅스텐(W)의 용융점은 약 3410℃이다.
③ 이리듐(Ir)의 비중은 약 22.5이다.
④ 열 및 전기의 양도체이다.

해설 금속의 공통적인 성질
㉮ 실온에서 고체이며 결정체이다(Hg 제외).
㉯ 빛을 반사하고 고유의 광택이 있다.
㉰ 가공이 용이하고 연·전성이 크다.
㉱ 열, 전기의 양도체이다.
㉲ 비중이 크고 경도 및 용융점이 높다.

49. 순철이 910℃에서 Ac_3 변태를 할 때 결정격자의 변화로 옳은 것은?

① BCT → FCC　　② BCC → FCC
③ FCC → BCC　　④ FCC → BCT

해설 순철의 동소 변태 중 Ac_3변태(912℃)
α 철(BCC) ⇔ 철(FCC)

50. 압력이 일정한 Fc-C 평형상태도에서 공정점의 자유도는?

① 0　　② 1
③ 2　　④ 3

51. 도면의 일반적인 구비 조건으로 관계가 가장 먼 것은?

① 대상물의 크기, 모양, 자세, 위치의 정보가 있어야 한다.
② 대상물을 명확하고 이해하기 쉬운 방법으로 표현해야 한다.
③ 도면의 보존, 검색 이용이 확실히 되도록 내용과 양식을 구비해야 한다.
④ 무역과 기술의 국제 교류가 활발하므로 대상물의 특징을 알 수 없도록 보안성을 유지해야 한다.

해설 제도의 목적 : 제도는 도면에 물체의 모양이나 치수, 재료, 표면 정도 등을 정확하게 표시하여 설계자의 의사가 제작자와 시공자에게 확실하게 전달되도록 하는 것이 목적이다. 따라서 도면은 제도를 통해 모든 사람이 이해할 수 있도록 정해진 규칙에 따라 제도용지에 나타낸 것이다.

52. 보기의 입체도를 제3각법으로 올바르게 투상한 것은?

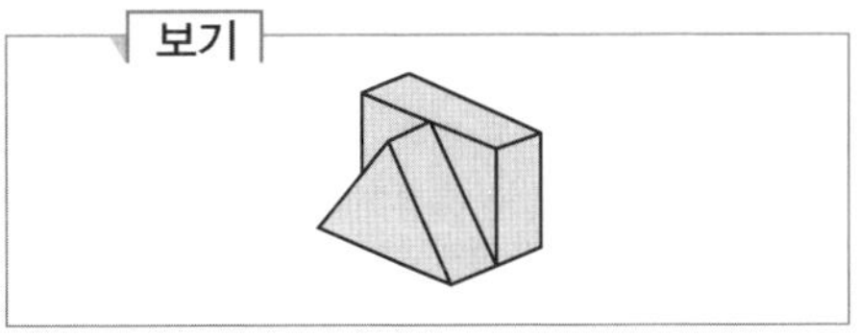

정답 46. ② 47. ④ 48. ① 49. ② 50. ① 51. ④ 52. ④

① ②

③ ④

53. 배관도에서 유체의 종류와 문자 기호를 나타내는 것 중 틀린 것은?

① 공기 : A
② 연료 가스 : G
③ 증기 : W
④ 연료유 또는 냉동기유 : O

해설 공기 : A, 가스 : G, 기름 : O, 수증기 : S, 물 : W

54. 리벳의 호칭 표기법을 순서대로 나열한 것은?

① 규격 번호, 종류, 호칭 지름×길이, 재료
② 종류, 호칭 지름×길이, 규격 번호, 재료
③ 규격 번호, 종류, 재료, 호칭 지름×길이
④ 규격 번호, 호칭 지름×길이, 종류, 재료

55. 일반적으로 긴 쪽 방향으로 절단하여 도시할 수 있는 것은?

① 리브 ② 기어의 이
③ 바퀴의 암 ④ 하우징

56. 단면의 무게중심을 연결한 선을 표시하는 데 사용하는 선의 종류는?

① 가는 1점 쇄선 ② 가는 2점 쇄선
③ 가는 실선 ④ 굵은 파선

해설 무게중심선 : 단면의 무게중심을 연결한 선을 표시하는 데 사용한다. 이때 선의 종류는 가는 이점 쇄선을 사용한다.

57. 용접 보조 기호 중 현장 용접 기호는?

①  ② 

③ ④

58. 보기의 입체도의 화살표 방향 투상 도면으로 가장 적합한 것은?

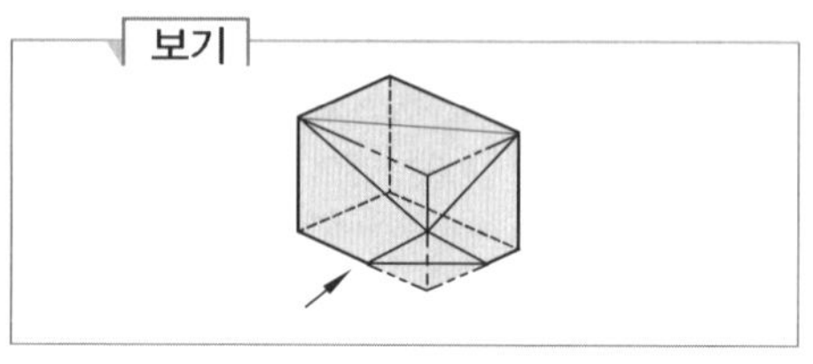

① 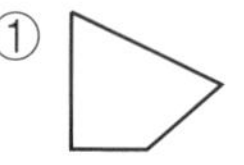 ② 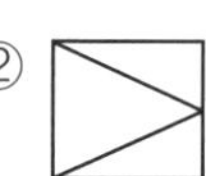

③ 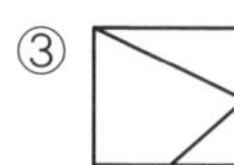 ④ 

59. 탄소강 단강품의 재료 표시 기호 "SF 490A"에서 "490"이 나타내는 것은?

① 최저 인장강도
② 강재 종류 번호
③ 최대 항복강도
④ 강재 분류 번호

해설 숫자 뒤에 C가 붙으면 탄소량을 의미하고 붙지 않으면 최저 인장 강도를 의미한다.

60. 호의 길이 치수를 나타내는 것은?

① 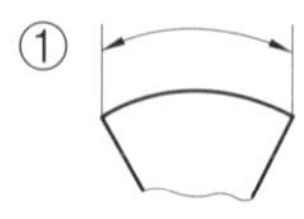 ② 

③ 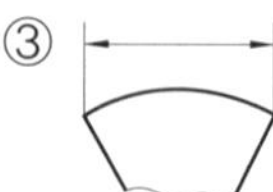 ④ 

정답 53. ③ 54. ① 55. ④ 56. ② 57. ② 58. ③ 59. ① 60. ①

2017년도 복원 문제

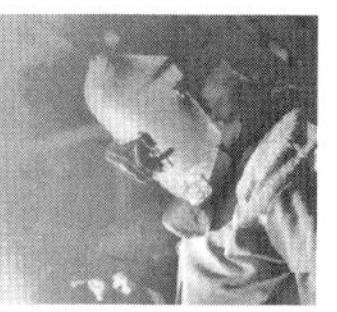

CBT 복원 문제(용접 기능사)

1. 가스 용접에서 압력 조정기의 압력 전달 순서가 올바르게 된 것은?

① 부르동관 → 링크 → 섹터기어 → 피니언
② 부르동관 → 피니언 → 링크 → 섹터기어
③ 부르동관 → 링크 → 피니언 → 섹터기어
④ 부르동관 → 피니언 → 섹터기어 → 링크

해설 가스 용접에서 사용하는 압력 조정기의 압력 전달 순서는 부르동관 → 켈리브레이팅 링크 → 섹터기어 → 피니언 → 지시 바늘의 순서로 이루어진다.

2. 용접에 있어서 모든 열적 요인 중 모재에 가장 영향을 많이 주는 요소는?

① 용접 입열 ② 용접 재료
③ 주위 온도 ④ 용접 복사열

해설 용접에 있어서 열적 요인 중 모재에 영향을 주는 것은 용접 입열, 용접 입열에 따른 전도열, 복사열 등의 순서이다.

3. 화재의 분류는 소화 시 매우 중요한 역할을 한다. 서로 바르게 연결된 것은?

① A급 화재 – 유류 화재
② B급 화재 – 일반 화재
③ C급 화재 – 가스 화재
④ D급 화재 – 금속 화재

해설 화재의 종류와 적용 소화제
㉮ A급 화재(일반 화재) : 수용액
㉯ B급 화재(유류 화재) : 화학 소화액(포말, 사염화탄소, 탄산가스, 드라이케미컬)
㉰ C급 화재(전기 화재) : 유기성 소화액(분말, 탄산가스, 탄산칼륨 + 물)
㉱ D급 화재(금속 화재) : 건조사

4. 불활성 가스가 아닌 것은?

① C_2H_2 ② Ar
③ Ne ④ He

해설 용접에 이용되는 불활성 가스는 Ar(아르곤), He(헬륨)이며, 주기율표에 표시되어 있는 것으로 Ne, Xe, Kr 등이 있다. C_2H_2(아세틸렌)는 가스 용접에 이용되는 가연성 가스의 일종이다.

5. 서브머지드 아크 용접장치 중 전극의 형상에 의한 분류에 속하지 않는 것은?

① 와이어(wire) 전극
② 테이프(tape) 전극
③ 대상(hoop) 전극
④ 대차(carriage) 전극

해설 대차는 용접 헤드를 움직이는 주행 대차이며, 전극의 종류가 아니다.

6. 용접 시공계획에서 용접 이음 준비에 해당되지 않는 것은?

① 용접 홈의 가공 ② 부재의 조립
③ 변형 교정 ④ 모재의 가용접

해설 용접 시공계획에서 용접 이음 준비에 해당하는 것으로는 용접 홈의 가공, 조립 및 가공, 루트 간격, 용접 이음부의 청정 등이며, 변형 교정은 용접 작업 후에 하는 처리 작업이다.

7. 다음 중 서브머지드 아크 용접(Submerged Arc Welding)에서 용제의 역할과 가장 거리가 먼 것은?

① 아크 안정

정답 1. ① 2. ① 3. ④ 4. ① 5. ④ 6. ③ 7. ②

② 용락 방지
③ 용접부의 보호
④ 용착금속의 재질 개선

해설 용제는 용접 용융부를 대기로부터 보호하며, 아크의 안정 또는 화학적, 금속학적 반응으로 정련작용 및 합금 첨가작용 등의 역할을 위한 광물성 분말 모양의 피복제이다.

8. **전기저항 용접의 종류가 아닌 것은?**

① 점 용접　② MIG 용접
③ 프로젝션 용접　④ 플래시 용접

해설 저항 용접
㉮ 겹치기 용접 : 점 용접, 돌기(프로젝션) 용접, 심 용접
㉯ 맞대기 용접 : 업셋 용접, 플래시 용접, 맞대기 심 용접, 퍼커션 용접

9. **용접 금속에 기공을 형성하는 가스에 대한 설명으로 틀린 것은?**

① 응고 온도에서 액체와 고체의 용해도 차에 의한 가스 방출
② 용접 금속 중에서의 화학반응에 의한 가스 방출
③ 아크 분위기에서 기체의 물리적 혼입
④ 용접 중 가스 압력의 부적당

해설 용접 금속에서 기공을 형성하는 가스는 액체와 고체의 용해도 차에 의해 또는 공기(산소, 질소 등) 중 아크 분위기, 용융풀에서 다른 가스와 결합하거나 화학반응을 일으켜 기공을 형성한다.

10. **가스 용접 시 안전조치로 적절하지 않는 것은?**

① 가스의 누설검사는 필요할 때만 체크하고 점검은 수돗물로 한다.
② 가스 용접 장치는 화기로부터 5 m 이상 떨어진 곳에 설치해야 한다.
③ 작업 종료 시 메인 밸브 및 콕 등을 완전히 잠가야 한다.
④ 인화성 액체 용기의 용접을 할 때는 증기 열탕물로 완전히 세척한 후 통풍구멍을 개방하고 작업한다.

해설 가스의 누설검사는 안전상 필요할 때 반드시 비눗물로 점검해야 한다.

11. **TIG 용접에서 가스이온이 모재에 충돌하여 모재 표면의 산화물을 제거하는 현상은?**

① 제거 효과　② 청정 효과
③ 용융 효과　④ 고주파 효과

해설 TIG 용접에서 직류 역극성을 이용할 때 전자는 (−)극에서 (+)극으로, 가스이온은 (+)극에서 (−)극으로 흐른다. 고속도의 전자에 충돌을 받는 (+)극 쪽에서는 강한 충격을 받아 (−)극 쪽보다 많이 가열되므로 직류 역극성 이용 시 텅스텐 전극 소모가 많아지며 질량이 무거운 (+)극의 강한 충돌로 청정 효과가 있다.

12. **연강의 인장 시험에서 인장 시험편의 지름이 10 mm이고, 최대 하중이 5500 kgf일 때 인장 강도는 약 몇 kgf/mm²인가?**

① 60　② 70
③ 80　④ 90

해설

$$\text{인장 강도} = \frac{\text{최대 하중}}{\text{인장 시험편의 단면적}} = \frac{5500}{(\pi \times 100) \div 4} = \frac{5500 \times 4}{\pi \times 100} \fallingdotseq 70\ \text{kgf/mm}^2$$

13. **용접부 표면에 사용되는 검사법으로, 비교적 간단하고 비용이 저렴하며 자기탐상 검사가 되지 않는 금속 재료에 주로 사용되는 검사법은?**

① 방사선 비파괴 검사

정답 8. ② 9. ④ 10. ① 11. ② 12. ② 13. ③

② 누수 검사
③ 침투 비파괴 검사
④ 초음파 비파괴 검사

해설 침투 비파괴 검사(PT : Penetrant testing) : 자기탐상 검사가 되지 않는 제품의 표면에 발생한 미세한 균열이나 작은 구멍을 검출하기 위해 표면 장력의 작용으로 침투액을 침투시킨 후 세척액으로 세척하고 결함부위에 스며든 침투액을 표면에 나타나게 하는 검사이다. 형광이나 염료 침투 검사의 2가지가 이용된다.

14. 용접에 의한 변형을 미리 예측하여 용접하기 전에 용접 반대 방향으로 변형을 주고 용접하는 방법은?

① 억제법　② 역변형법
③ 후퇴법　④ 비석법

해설 역변형법(Pre-distortion method) : 용접에 의한 변형(재료의 수축)을 예측하여 용접하기 전에 미리 반대 방향으로 변형을 주고 용접하는 방법으로, 탄성(elasticity)과 소성(plasticity) 역변형의 두 종류가 있다.

15. 플라스마 아크 용접에 적합한 모재가 아닌 것은?

① 텅스텐, 백금
② 티탄, 니켈 합금
③ 티탄, 구리
④ 스테인리스강, 탄소강

해설 기체를 가열하여 온도를 높여주면 기체 원자가 열운동에 의해 양이온과 전자로 전리되어 혼합된 도전성을 띄게 되는 가스체를 플라스마(plasma)라 한다. 약 10,000℃ 이상의 고온에 플라스마를 한 방향으로 고속 분출시키는 것을 플라스마 제트라 부르며, 이 플라스마 제트를 용접 열원으로 하는 용접법을 플라스마 제트 아크라 한다. 전극으로 사용하는 텅스텐은 용접에 적합한 모재가 아니다.

16. 용접 지그를 사용했을 때의 장점이 아닌 것은?

① 구속력을 크게 하여 잔류 응력 발생을 방지한다.
② 동일 제품을 다량 생산할 수 있다.
③ 제품의 정밀도를 높인다.
④ 작업을 용이하게 하고 용접 능률을 높인다.

해설 용접 지그를 사용할 때 구속력이 너무 크면 잔류 응력이나 용접 균열이 발생하기 쉽다.

17. 일종의 피복 아크 용접법으로 피더(feeder)에 철분계 용접봉을 장착하여 수평 필릿 용접을 전용으로 하는 일종의 반자동 용접장치이며, 모재와 일정한 경사를 갖는 금속지주를 용접 홀더가 하강하면서 용접이 되는 용접법은?

① 그래비트 용접　② 용사
③ 스터드 용접　④ 테르밋 용접

해설 그래비트 용접(오토콘 용접)은 피더에 철분계 용접봉을 장착하여 수평 필릿 용접을 전용으로 하는 일존의 반자동 용접장치로, 한 명이 여러 대(보통 최소 3~4대)의 용접기를 관리할 수 있으므로 고능률 용접 방법이다.

18. 피복 아크 용접에 의한 맞대기 용접에서 개선 홈과 판 두께에 관한 설명으로 틀린 것은?

① I형 : 판 두께 6 mm 이하 양쪽 용접에 적용
② V형 : 판 두께 20 mm 이하 한쪽 용접에 적용
③ U형 : 판 두께 40~60 mm 양쪽 용접에 적용
④ X형 : 판 두께 15~40 mm 양쪽 용접에 적용

정답 14. ② 15. ① 16. ① 17. ① 18. ③

해설 판 두께에 따른 맞대기 용접의 홈 형상

홈 형상	판 두께
I형	6 mm 이하
V형	6~20 mm
X형	12 mm 이상
J형	6~20 mm
K, 양면 J형	12 mm 이하
U형	16~50 mm
H형	20 mm 이상

19. 이산화탄소 아크 용접 방법에서 전진법의 특징으로 옳은 것은?

① 스패터의 발생이 적다.
② 깊은 용입을 얻을 수 있다.
③ 비드 높이가 낮아 평탄한 비드가 형성된다.
④ 용접선이 잘 보이지 않아 운봉을 정확하게 하기 어렵다.

해설 이산화탄소 아크 용접 방법에서 전진법의 특징
㉮ 용접 시 용접선을 잘 볼 수 있어 운봉을 정확하게 할 수 있다.
㉯ 비드 높이가 낮아 평탄한 비드가 형성된다.
㉰ 스패터가 많고 진행 방향으로 흩어진다.
㉱ 용착 금속의 진행 방향으로 앞서기 쉬워 용입이 얕다.

20. 일렉트로 슬래그 용접에서 주로 사용되는 전극 와이어의 지름은 보통 몇 mm인가?

① 1.2~1.5 ② 1.7~2.3
③ 2.5~3.2 ④ 3.5~4.0

해설 와이어는 지름 2.4 mm나 3.2 mm가 사용된다.

21. 볼트나 환봉을 피스톤형의 홀더에 끼우고 모재와 볼트 사이에 순간적으로 아크를 발생시켜 용접하는 방법은?

① 서브머지드 아크 용접
② 스터드 용접
③ 테르밋 용접
④ 불활성가스 아크 용접

해설 스터드 용접은 볼트나 환봉을 용접 건(stud welding gun) 홀더에 끼워서 통전시킨 후 모재와 스터드 사이에 순간적으로 아크를 발생시킴으로써 이 열로 모재와 스터드 끝면을 용융시킨 다음 압력으로 눌러 용접시키는 방법이다.

22. 용접 결함과 그 원인에 대한 설명 중 잘못 짝지어진 것은?

① 언더컷 - 전류가 너무 높을 때
② 기공 - 용접봉이 흡습되었을 때
③ 오버랩 - 전류가 너무 낮을 때
④ 슬래그 섞임 - 전류가 높을 때

해설 슬래그 섞임은 슬래그 제거가 불완전하거나 운봉 속도는 빠르고 전류가 낮을 때 생긴다.

23. 피복 아크 용접에서 피복제의 성분에 포함되지 않는 것은?

① 피복 안정제
② 가스 발생제
③ 피복 이탈제
④ 슬래그 생성제

해설 피복 아크 용접에서 피복제의 성분은 피복 안정제, 아크 안정제, 가스 발생제, 슬래그 생성제, 탈산제, 고착제 등이 있다.

24. 피복 아크 용접봉의 용융 속도를 결정하는 식은?

① 용융 속도 = 아크 전류×용접봉 쪽 전압 강하
② 용융 속도 = 아크 전류×모재 쪽 전압 강하

정답 19. ③ 20. ③ 21. ② 22. ④ 23. ③ 24. ①

③ 용융 속도 = 아크 전압×용접봉 쪽 전압 강하
④ 용융 속도 = 아크 전압×모재 쪽 전압 강하

해설 피복 아크 용접봉의 용융 속도는 단위 시간당 소비되는 용접봉의 길이 또는 중량으로 표시되며, 아크 전압에 상관없이 아크 전류에 정비례한다.

25. 용접부의 외부에서 주어지는 열량을 무엇이라 하는가?

① 용접 외열
② 용접 가열
③ 용접 열효율
④ 용접 입열

해설 용접부의 외부에서 주어지는 열량을 용접 입열이라 하며, 입열량이 많고 급랭이 될수록 용접부는 여러 가지 결함이 생긴다.

26. 피복 아크 용접 시 용접선 상에서 용접봉을 이동시키는 조작을 말하며 아크의 발생, 중단, 위빙 등이 포함된 작업을 무엇이라 하는가?

① 용입 ② 운봉
③ 키홀 ④ 용융지

27. 산소 및 아세틸렌 용기의 취급 방법으로 틀린 것은?

① 산소용기의 밸브, 조정기, 도관, 취부구는 반드시 기름이 묻은 천으로 깨끗이 닦아야 한다.
② 산소용기의 운반 시 충돌, 충격을 주어서는 안 된다.
③ 사용이 끝난 용기는 실병과 구분하여 보관한다.
④ 아세틸렌 용기는 세워서 사용하며 용기에 충격을 주어서는 안 된다.

해설 조정기, 도관, 고압밸브 취부구는 기름이 묻은 천으로 산화나 가연성 가스에 착화되어 화재가 발생하기 쉬우므로 반드시 기름기를 제거하여야 한다.

28. 산소-아세틸렌가스 용접기로 두께가 3.2 mm인 연강 판을 V형 맞대기 이음을 하려고 한다. 이에 적합한 연강용 가스 용접봉의 지름(mm)을 구하면?

① 4.6 ② 3.2
③ 3.6 ④ 2.6

해설 $D = \frac{T}{2} + 1 = \frac{3.2}{2} + 1 = 2.6\text{ mm}$

여기서, D : 가스 용접봉의 지름(mm)
T : 판 두께(mm)

29. 가변 저항의 변화를 이용하여 용접 전류를 조정하는 교류 아크 용접기는?

① 탭 전환형 ② 가동 코일형
③ 가동 철심형 ④ 가포화 리액터형

30. AW-250, 무부하 전압이 80 V, 아크 전압이 20 V인 교류 용접기를 사용할 때 역률과 효율은 각각 얼마인가? (단, 내부 손실은 4 kW이다.)

① 역률 : 45 %, 효율 : 56 %
② 역률 : 48 %, 효율 : 69 %
③ 역률 : 54 %, 효율 : 80 %
④ 역률 : 69 %, 효율 : 72 %

해설 • 역률

$$= \frac{(\text{아크 전압} \times \text{아크 전류}) + \text{내부 손실}}{\text{2차 무부하 전압} \times \text{아크 전류}} \times 100$$

$$= \frac{(20 \times 250) + 4000}{80 \times 250} \times 100 = 45\ \%$$

• 효율 $= \frac{\text{아크 전압} \times \text{아크 전류}}{\text{아크 출력} + \text{내부 손실}} \times 100$

$$= \frac{20 \times 250}{(20 \times 250) + 4000} \times 100 \fallingdotseq 56\ \%$$

정답 25. ④ 26. ② 27. ① 28. ④ 29. ④ 30. ①

31. 혼합가스 연소에서 불꽃 온도가 가장 높은 것은?

① 산소－수소 불꽃
② 산소－프로판 불꽃
③ 산소－아세틸렌 불꽃
④ 산소－부탄 불꽃

해설 ① 산소－수소 불꽃 : 2982℃
② 산소－프로판 불꽃 : 2926℃
③ 산소－아세틸렌 불꽃 : 3230℃
④ 산소－부탄 불꽃 : 2926℃

32. 연강용 피복 아크 용접봉의 종류와 피복제 계통으로 틀린 것은?

① E4303 : 라임티타니아계
② E4311 : 고산화티탄계
③ E4316 : 저수소계
④ E4327 : 철분산화철계

해설 E4311은 대표적인 가스 발생제이며 고셀룰로스계이다.

33. 산소－아세틸렌 가스 절단과 비교한 산소－프로판 가스 절단의 특징으로 옳은 것은?

① 절단면이 미세하며 깨끗하다.
② 절단 개시 시간이 빠르다.
③ 슬래그 제거가 어렵다.
④ 중성 불꽃을 만들기 쉽다.

해설 ① : 산소－프로판 가스 절단의 특징
②, ③, ④ : 산소－아세틸렌 가스 절단의 특징

34. 피복 아크 용접에서 "모재의 일부가 녹은 쇳물 부분"을 의미하는 것은?

① 슬래그　② 용융지
③ 피복부　④ 용착부

해설 ㉮ 용융지 : 용접할 때 아크열에 의해 용융된 모재 부분
㉯ 용착 금속(용착부) : 용접봉이 용융지에 녹아 들어가 응고된 금속
㉰ 슬래그 : 피복제가 녹아 용접 비드를 덮고 급랭을 방지함

35. 가스 압력 조정기 취급 사항으로 틀린 것은?

① 압력 용기의 설치구 방향에는 장애물이 없어야 한다.
② 압력 지시계가 잘 보이도록 설치하며 유리가 파손되지 않도록 주의한다.
③ 조정기를 견고하게 설치한 다음 조정 나사를 잠그고 밸브를 빠르게 열어야 한다.
④ 압력 조정기 설치구에 있는 먼지를 털어내고 연결부에 정확하게 연결한다.

해설 가스 압력 조정기 취급 주의사항
㉮ 가스 누설 여부를 비눗물로 점검한다.
㉯ 조정기를 견고하게 설치한 다음 조정 나사를 풀고 밸브를 천천히 열어야 한다.
㉰ 압력 조정기 설치구의 나사부나 조정기의 각부와 취급할 때는 그리스나 기름 등을 사용하지 않는다.

36. 연강용 가스 용접봉에서 "625±25℃에서 1시간 동안 응력을 제거한 것"을 뜻하는 영문자 표시에 해당되는 것은?

① NSR　② GB
③ SR　④ GA

해설 ㉮ NSR : 용접한 그대로 응력을 제거하지 않은 것
㉯ GB : 낮은 연성, 전성인 것
㉰ GA : 용접봉 재질이 높은 연성, 전성인 것

37. 피복 아크 용접에서 위빙(weaving) 폭은 심선 지름의 몇 배로 하는 것이 가장 적당

정답 31. ③ 32. ② 33. ① 34. ② 35. ③ 36. ③ 37. ②

한가?

① 1배 ② 2~3배
③ 5~6배 ④ 7~8배

해설 위빙 폭은 비드 파형, 비드 폭을 일정하게 하기 위해 위빙 피치는 2~3 mm, 운봉 폭은 심선 지름의 2~3배, 비드 폭은 $t/4 \sim t/5$ 정도(t : 모재 두께)로 한다.

38. 전격 방지기는 아크를 끊음과 동시에 자동적으로 릴레이가 차단되어 용접기의 2차 무부하 전압을 몇 V 이하로 유지시키는가?

① 20~30 ② 35~45
③ 50~60 ④ 65~75

해설 ILO와 산업안전보건법 등에 표시된 안전 전압은 24 V 이하이며, 교류 용접기에 사용하는 전격 방지기는 2차 무부하 전압을 안전 전압(20~30 V) 이하로 한다.

39. 30 % Zn을 포함한 황동으로 연신율이 비교적 크고, 인장 강도가 매우 높아 판, 막대, 관, 선 등으로 널리 사용되는 것은?

① 톰백(tombac)
② 네이벌 황동(naval brass)
③ 6 : 4 황동(muntz metal)
④ 7 : 3 황동(cartidge brass)

해설 7 : 3 황동은 애드미럴티 황동(admiralty brass)으로 내식성 증가, 탈아연 방지, 스프링용, 선박 기계용 등에 사용된다.

40. Au의 순도를 나타내는 단위는?

① K(carat) ② P(pound)
③ %(percent) ④ μm(micron)

41. 다음 상태도에서 액상선을 나타내는 것은?

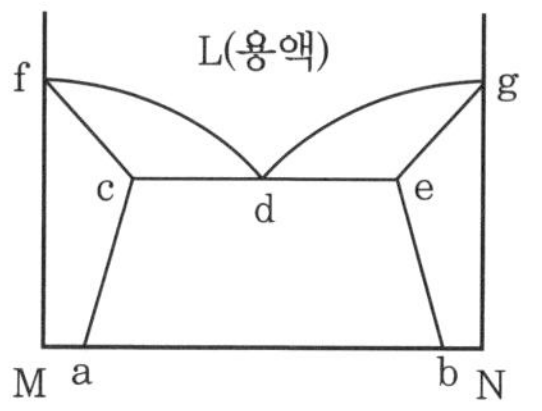

① acf ② cde
③ fdg ④ beg

해설 상태도에서 용액 아래에 있는 선이 액상선으로 fdg이다. 액상선 밑으로 액상과 고상이 어우러져 있으며, 그 아래에 있는 선이 고상선이다.

42. 금속의 표면에 스텔라이트, 초경합금 등의 금속을 용착시켜 표면 경화층을 만드는 것은?

① 금속 용사법 ② 하드 페이싱
③ 쇼트 피닝 ④ 금속 침투법

43. 용접법의 분류에서 초음파 용접은 어디에 속하는가?

① 납땜 ② 압접
③ 융접 ④ 아크 용접

해설 초음파 용접은 압접에 속하는 것으로 단접, 냉간 압접, 저항 용접, 유도 가열 용접, 마찰 용접, 가압 테르밋 용접, 가스 압접 등이 있다.

44. 주철의 조직은 C와 Si의 양과 냉각 속도에 의해 좌우된다. 이들의 요소와 조직의 관계를 나타낸 것은?

① C.C.T 곡선 ② 탄소 당량도
③ 주철의 상태도 ④ 마우러 조직도

해설 마우러 조직도 : C와 Si의 양 및 냉각 속도에 따른 주철의 조직의 관계를 나타낸 것으로, 펄라이트(강력) 주철은 기계 구조용 재료로서 가장 우수한 주철이다.

정답 38. ① 39. ④ 40. ① 41. ③ 42. ② 43. ② 44. ④

45. Al – Cu – Si계 합금의 명칭은 ?

① 알민 ② 라우탈
③ 알드리 ④ 코오슨 합금

해설 ㉮ Al – Cu – Si계 합금 : Cu 3~8 %로 주조성이 좋고 시효 경화성이 있으며, 라우탈이 대표적이다.
㉯ Fe, Zn, Mg 첨가 : 기계적 성질 저하
㉰ Si 첨가 : 주조성 개선
㉱ Cu 첨가 : 실루민의 단점인 절삭성 향상

46. Al 표면에 방식성이 우수하고 치밀한 산화 피막이 만들어지도록 하는 방법이 아닌 것은 ?

① 산화법 ② 수산법
③ 황산법 ④ 크롬산법

해설 알루미늄의 표면에 산화 피막을 만드는 방법은 알칼리법과 산법이 있으며, 주로 수산법, 황산법, 크롬산법 등이 이용된다.

47. 재결정 온도가 가장 낮은 것은 ?

① Sn ② Mg ③ Cu ④ Ni

해설 재결정 온도
Sn : 7~25℃, Mg : 150℃, Cu : 200~300℃, Ni : 530~660℃

48. 다음 중 칼로라이징(calorizing) 금속 침투법은 철강 표면에 어떠한 금속을 침투시키는가 ?

① 규소 ② 알루미늄
③ 크로뮴 ④ 아연

해설 금속 침투법
㉮ Cr : 크로마이징
㉯ Si : 실리코나이징
㉰ Al : 칼로라이징
㉱ B : 보로나이징
㉲ Zn : 세라다이징

49. Fe–C 상태도에서 A_3와 A_4 변태점 사이에서의 결정구조는 ?

① 체심정방격자
② 체심입방격자
③ 조밀육방격자
④ 면심입방격자

해설 α철은 910℃(A_3 변태) 이하에서 체심입방격자이고, γ철은 910℃와 1400℃(A_4 변태) 사이에서 면심입방격자이며, δ철은 1400℃와 1530℃ 사이에서 체심입방격자이다.

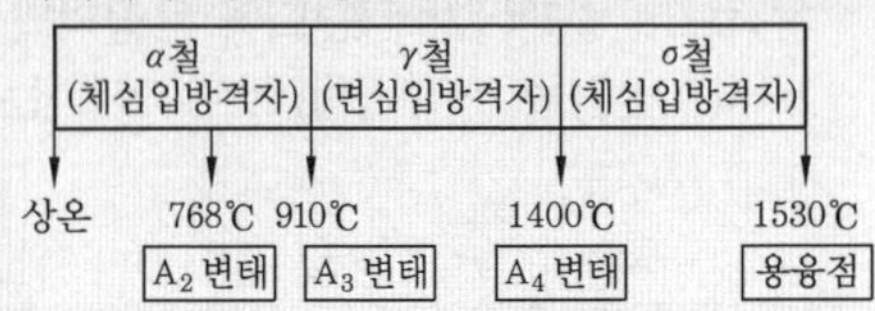

50. 열팽창계수가 다른 두 종류의 판을 붙여서 하나의 판으로 만든 것으로, 온도 변화에 따라 휘거나 그 변형을 구속하는 힘을 발생시키며 온도 감응 소자 등에 이용되는 것은 ?

① 서멧 재료 ② 바이메탈 재료
③ 형상기억 합금 ④ 수소저장 합금

51. 기계 제도에서 가는 2점 쇄선을 사용하는 것은 ?

① 중심선 ② 지시선
③ 피치선 ④ 가상선

52. 다음 중 나사의 종류에 따른 표시 기호가 옳은 것은 ?

① M – 미터 사다리꼴나사
② UNC – 미니추어 나사
③ Rc – 관용 테이퍼 암나사
④ G – 전구나사

해설 M : 미터 보통나사, UNC : 유니파이 나사, E : 전구나사

정답 45. ② 46. ① 47. ① 48. ② 49. ④ 50. ② 51. ④ 52. ③

53. 배관용 탄소 강관의 종류를 나타내는 기호가 아닌 것은?

① SPPS 380　　② SPPH 380
③ SPCD 390　　④ SPLT 390

54. 기계 제도에서 도형의 생략에 관한 설명으로 틀린 것은?

① 도형이 대칭 형식인 경우에는 대칭 중심선의 한쪽 도형만 그리고, 그 대칭 중심선의 양 끝부분에 대칭 그림기호를 그려서 대칭임을 나타낸다.
② 대칭 중심선의 한쪽 도형을 대칭 중심선 조금 넘는 부분까지 그려서 나타낼 수도 있으며, 이때 중심선 양 끝에 대칭 그림기호를 반드시 나타내야 한다.
③ 같은 종류, 같은 모양이 다수 줄지어 있는 경우 실형 대신 그림기호를 피치선과 중심선과의 교점에 기입하여 나타낼 수 있다.
④ 축, 막대, 관과 같은 동일 단면형 부분은 지면을 생략하기 위해 중간 부분을 파단선으로 잘라내고, 그 긴요한 부분만 가까이 하여 도시할 수 있다.

55. 모떼기의 치수가 2 mm이고 각도가 45°일 때 올바른 치수 기입 방법은?

① C2　　② 2C
③ 2 − 45°　　④ 45°×2

해설 치수에 사용되는 기호 중 C는 45° 모떼기를 나타내며, 치수가 2 mm일 때는 C2라고 한다.

56. 도형의 도시 방법에 관한 설명으로 틀린 것은?

① 소성 가공 때문에 부품의 초기 윤곽선을 도시해야 할 필요가 있을 때는 가는 2점 쇄선으로 도시한다.
② 필릿이나 둥근 모퉁이와 같은 가상의 교차선은 윤곽선과 서로 만나지 않는 가는 실선으로 투상도에 도시할 수 있다.
③ 널링부는 굵은 실선으로 전체 또는 부분적으로 도시한다.
④ 투명한 재료로 된 모든 물체는 기본적으로 투명한 것처럼 도시한다.

57. 그림과 같은 양면 필릿 용접기호를 가장 올바르게 해석한 것은?

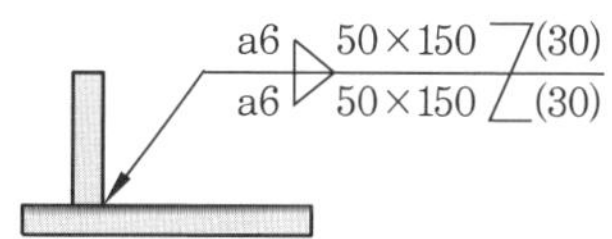

① 목 길이 6 mm, 용접 길이 150 mm, 인접한 용접부 간격 50 mm
② 목 길이 6 mm, 용접 길이 50 mm, 인접한 용접부 간격 30 mm
③ 목 길이 6 mm, 용접 길이 150 mm, 인접한 용접부 간격 30 mm
④ 목 길이 6 mm, 용접 길이 50 mm, 인접한 용접부 간격 50 mm

해설 a는 목 두께 6 mm, 용접 길이 150 mm, 인접한 용접부 간격 30 mm를 나타낸다.

58. 게이트 밸브를 나타내는 기호는?

①　　②
③　　④ 

해설 ② 체크 밸브
③ 글로브 밸브

정답 53. ③　54. ②　55. ①　56. ④　57. ③　58. ①

59. 제3각법으로 정투상한 그림에서 누락된 정면도로 가장 적합한 것은?

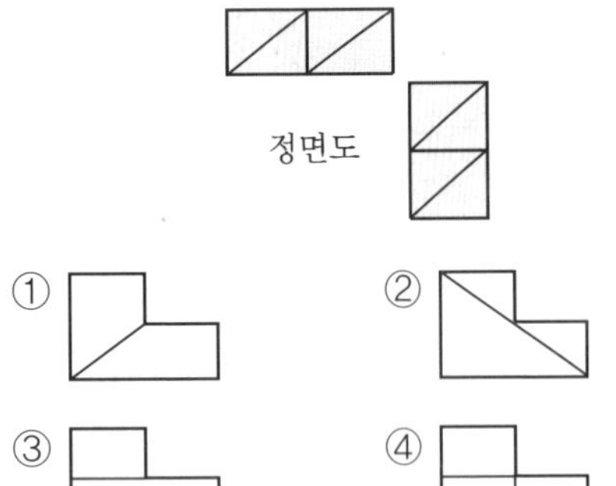

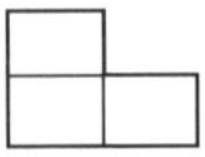

60. 제3각법으로 정투상한 그림과 같은 정면도와 우측면도에 가장 적합한 평면도는?

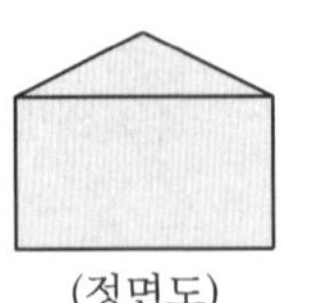 

(정면도)

① 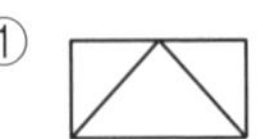

② 

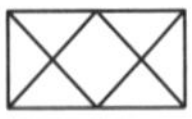

③

④ 

CBT 복원 문제(특수 용접 기능사)

1. 초음파 탐상법의 종류에 속하지 않는 것은?

① 투과법 ② 펄스반사법
③ 공진법 ④ 극간법

2. 안전·보건 표지의 색채, 색도 기준 및 용도에서 색채에 따른 용도를 올바르게 나타낸 것은?

① 빨간색 : 안내 ② 파란색 : 지시
③ 녹색 : 경고 ④ 노란색 : 금지

해설 안전·보건 표지에 사용되는 색상
㉮ 금지 – 빨강
㉯ 경고, 주의 – 노랑
㉰ 지시 – 파랑
㉱ 안내 – 녹색
㉲ 파랑, 녹색에 대한 보조색 – 흰색
㉳ 문자 및 빨강, 노랑에 대한 보조색 – 검은색

3. 비파괴 시험이 아닌 것은?

① 초음파 탐상 시험 ② 피로 시험
③ 침투 탐상 시험 ④ 누설 탐상 시험

해설 피로 시험은 파괴 시험 중에서 기계적 시험에 속한다.

4. 솔리드 와이어와 같이 단단한 와이어를 사용할 경우 적합한 용접 토치 형태로 옳은 것은?

① Y형 ② 커브형
③ 직선형 ④ 피스톨형

해설 MIG 방식에 사용하는 용접 토치는 커브형과 피스톨형(건형)이 있다. 커브형은 단단한 와이어를 사용하는 CO_2 용접에 사용되며 피스톨형은 연한 비철금속 와이어를 사용하는 MIG 용접에 적합하다.

5. 용접금속의 구조상 결함이 아닌 것은?

① 변형 ② 기공
③ 언더컷 ④ 균열

해설 구조상 결함에는 기공, 슬래그 섞임, 융합 불량, 용입 불량, 언더컷, 오버랩, 균열, 표면 결함 등이 있다.

6. 전격의 방지대책으로 적합하지 않은 것은?

① 용접기의 내부는 수시로 열어서 점검하거나 청소한다.
② 홀더나 용접봉은 절대 맨손으로 취급하지 않는다.
③ 절연 홀더의 절연 부분이 파손되면 즉시 보수하거나 교체한다.
④ 땀, 물 등에 의해 습기찬 작업복, 장갑, 구두 등은 착용하지 않는다.

해설 용접기의 내부는 정기적으로 전원 스위치를 OFF하고 열어서 공기 압축기나 산소 등을 이용하여 먼지를 털어내고 볼트 등을 조이거나 점검하여야 한다. 전격의 위험이 있으므로 수시로 열면 안 된다.

7. 금속 재료의 미세조직을 금속 현미경을 사용하여 광학적으로 관찰하고 분석하는 현미경 시험의 진행순서로 맞는 것은?

① 시료 채취 → 연마 → 세척 및 건조 → 부식 → 현미경 관찰
② 시료 채취 → 연마 → 부식 → 세척 및 건조 → 현미경 관찰
③ 시료 채취 → 세척 및 건조 → 연마 → 부식 → 현미경 관찰
④ 시료 채취 → 세척 및 건조 → 부식 → 연마 → 현미경 관찰

정답 1. ④ 2. ② 3. ② 4. ② 5. ① 6. ① 7. ①

해설 시료 채취(시험편) → 연마(샌드페이퍼 사용) → 세척 및 건조(매끈하게 광택을 낸다) → 부식(매크로 부식액으로 부식) → 현미경 관찰(보통 50~2000배의 광학 현미경으로 조직이나 미소 결함 등을 관찰)

8. 불활성 가스 금속 아크 용접(MIG)의 용착효율은 얼마 정도인가?

① 58 % ② 78 %
③ 88 % ④ 98 %

해설 용접봉의 손실이 작기 때문에 용접봉이 소요되는 가격이 피복 아크 용접보다 저렴한 편이다. 피복 금속 아크 용접봉 실제 용착효율은 69 %인 반면 MIG 용접에서는 손실이 적어 용착효율은 95 % 정도이다.

9. 산업용 용접 로봇의 기능이 아닌 것은?

① 작업 기능 ② 제어 기능
③ 계측 인식 기능 ④ 감정 기능

해설 산업용 용접 로봇은 작업 기능(동작, 구속, 이동 기능), 제어 기능(동작 제어, 교시 기능), 계측 인식 기능(계측, 인식 기능) 등을 한다.

10. 다음 중 CO_2 가스 아크 용접의 장점으로 틀린 것은?

① 용착 금속의 기계적 성질이 우수하다.
② 슬래그 혼입이 없고, 용접 후 처리가 간단하다.
③ 전류 밀도가 높아 용입이 깊고 용접 속도가 빠르다.
④ 풍속 2 m/s 이상의 바람에도 영향을 받지 않는다.

해설 일반적인 CO_2 가스 아크 용접에서는 바람의 영향을 크게 받으므로 풍속 2 m/s 이상이면 방풍장치가 필요하다.

11. 다음 중 용접 작업 전 예열을 하는 목적으로 틀린 것은?

① 용접 작업성의 향상을 위하여
② 용접부의 수축 변형 및 잔류 응력을 경감시키기 위하여
③ 용접금속 및 열영향부의 연성 또는 인성을 향상시키기 위하여
④ 고탄소강이나 합금강의 열영향부 경도를 높게 하기 위하여

해설 용접성이 좋은 연강이라도 두께가 약 25 mm 이상이 되면 급랭하기 때문에 용접 열영향부가 경화하여 비드 및 균열이 발생하기 쉬우므로 용접 전에 적당한 온도로 예열하는 것이 용접부의 냉각 속도를 느리게 하여 결함을 방지할 수 있다.

12. 이산화탄소 용접에 사용되는 복합 와이어(flux cored wire)의 구조에 따른 종류가 아닌 것은?

① 아코스 와이어 ② T관상 와이어
③ Y관상 와이어 ④ S관상 와이어

해설 CO_2 용접에 사용되는 복합 와이어 종류는 아코스 와이어, Y관상 와이어, S관상 와이어, NCG 와이어 등이다.

13. 불활성 가스 텅스텐(TIG) 아크 용접에서 용착금속의 용락을 방지하고 용착부 뒷면의 용착금속을 보호하는 것은?

① 포지셔너(positioner)
② 지그(zig)
③ 뒷받침(backing)
④ 엔드탭(end tap)

해설 불활성 가스 텅스텐 용접에서 용락을 방지하고 용착부 뒷면의 용착금속을 보호하기 위해 사용되는 것은 뒷받침으로, 금속제와 세라믹 등이 사용된다.

정답 8. ④ 9. ④ 10. ④ 11. ④ 12. ② 13. ③

14. 레이저 빔 용접에 사용되는 레이저의 종류가 아닌 것은?

① 고체 레이저 ② 액체 레이저
③ 기체 레이저 ④ 도체 레이저

해설 레이저 빔 용접에는 루비 레이저와 CO_2 가스 레이저가 있으며 다시 고체, 액체, 기체 레이저로 구분한다.

15. 피복 아크 용접 후 실시하는 비파괴 검사 방법이 아닌 것은?

① 자분 탐상법
② 피로 시험법
③ 침투 탐상법
④ 방사선 투과 검사법

해설 피로 시험법은 용접 이음 시험편으로는 명확한 파단부가 나타나기 어려워 2×10^6~2×10^7회 정도에 견디는 최고 하중을 구하는 경우가 많다.

16. 용접 결함 중 치수상의 결함에 대한 방지 대책과 가장 거리가 먼 것은?

① 역변형법 적용이나 지그를 사용한다.
② 습기, 이물질 제거 등 용접부를 깨끗이 한다.
③ 용접 전이나 시공 중에 올바른 시공법을 적용한다.
④ 용접조건과 자세, 운봉법을 적정하게 한다.

해설
- 치수상의 결함
  ㉮ 변형, 용접 금속부 크기가 부적당
  ㉯ 용접 금속부 형상이 부적당
- 치수상의 결함 방지대책 : 용접 시공 중 변형 방지법, 용접 시공에서 올바른 용접 조건과 자세, 운봉법 등을 적절히 한다.

17. 다음 중 저탄소강의 용접에 관한 설명으로 틀린 것은?

① 용접 균열의 발생 위험이 크기 때문에 용접이 비교적 어렵고, 용접법의 적용에 제한이 있다.
② 피복 아크 용접의 경우 피복 아크 용접봉은 모재와 강도 수준이 비슷한 것을 선택하는 것이 바람직하다.
③ 판의 두께가 두껍고 구속이 큰 경우에는 저수소계 계통의 용접봉이 사용된다.
④ 두께가 두꺼운 강재일 경우 적절한 예열을 할 필요가 있다.

해설 저탄소강의 용접은 용접 균열의 발생 위험이 작기 때문에 용접이 비교적 쉽고 용접법의 적용에 제한이 없으며 ②, ③, ④의 내용과 같다.

18. 다음 중 구리 및 구리 합금의 용접성에 대한 설명으로 옳은 것은?

① 순구리의 열전도도는 연강의 8배 이상이므로 예열이 필요 없다.
② 구리의 열팽창계수는 연강보다 50 % 이상 크므로 용접 후 응고 수축 시 변형이 생기지 않는다.
③ 순구리의 경우 구리에 산소 이외의 납이 불순물로 존재하면 균열 등의 용접 결함이 발생된다.
④ 구리 합금의 경우 과열에 의한 주석의 증발로 작업자가 중독을 일으키기 쉽다.

해설 구리 및 구리 합금의 용접성
① 순구리의 열전도도는 연강의 8배 이상이므로 국부적 가열이 어렵기 때문에 충분한 용입을 얻으려면 예열을 해야 한다.
② 구리의 열팽창계수는 연강보다 50 % 이상 크기 때문에 용접 후 응고 수축 시 변형이 생기기 쉽다.
③ 순구리의 경우 구리에 산소 이외의 납이 불순물로 존재하면 균열 등의 용접 결함이 발생되므로 주의가 필요하다.
④ 구리 합금의 경우 과열에 의한 아연의 증발로 작업자가 중독을 일으키기 쉽다.

정답 14. ④ 15. ② 16. ② 17. ① 18. ③

19. 다음 중 용접성이 가장 좋은 스테인리스강은?

① 펄라이트계 스테인리스강
② 페라이트계 스테인리스강
③ 마텐자이트계 스테인리스강
④ 오스테나이트계 스테인리스강

해설 마텐자이트계 스테인리스강은 냉간 성형성은 좋으나 용접성은 불량하고, 페라이트계는 오스테나이트계보다 내식성, 내열성이 약간 떨어지므로 가장 좋은 것은 오스테나이트계 스테인리스강이다.

20. 서브머지드 아크 용접 시 받침쇠를 사용하지 않을 경우 루트 간격을 몇 mm 이하로 하여야 하는가?

① 0.2 ② 0.4 ③ 0.6 ④ 0.8

해설 서브머지드 아크 용접에서 받침쇠가 없는 경우는 루트 간격을 0.8 mm 이하로 하여 용락을 방지한다.

21. 강판의 두께가 12 mm, 폭 100 mm인 평판을 V형 홈으로 맞대기 용접 이음할 때, 이음 효율 $\eta=0.8$로 하면 인장력 P는? (단, 재료의 최저 인장 강도는 40 N/mm^{2}이고, 안전율은 4로 한다.)

① 960 N ② 9600 N
③ 860 N ④ 8600 N

해설 $안전율=\frac{인장\ 강도}{허용\ 응력}$

$허용\ 응력=\frac{인장\ 강도}{안전율}=\frac{40}{4}=10$

$10\times0.8=\frac{P}{12\times100}\quad \therefore P=9600\text{ N}$

22. TIG 용접에서 직류 역극성에 대한 설명이 아닌 것은?

① 용접기의 음극에 모재를 연결한다.
② 용접기의 양극에 토치를 연결한다.
③ 비드 폭이 좁고 용입이 깊다.
④ 산화 피막을 제거하는 청정작용이 있다.

해설 직류 역극성은 발열량이 양극에 약 70 %, 음극에 약 30 %로, 모재에 음극을 연결하고 용접봉에 양극을 연결한다. 비드 폭이 넓고 용입이 얕아 전류를 높여 용접작업을 하며, 산화피막을 제거하는 청정작용이 있어 산화물의 용융점이 모재(알루미늄 등)보다 높은 모재에 적용된다.

23. 재료의 접합 방법은 기계적 접합과 야금적 접합으로 분류하는데 야금적 접합에 속하지 않는 것은?

① 리벳 ② 융접
③ 압접 ④ 납땜

해설 야금적 접합법은 융접, 압접, 납땜이며, 기계적 접합법은 볼트 이음, 리벳 이음, 접어 잇기, 키 및 코터 이음 등을 말한다.

24. 다음 중 금속재료의 가공 방법에 있어 냉간 가공의 특징으로 볼 수 없는 것은?

① 제품의 표면이 미려하다.
② 제품의 치수 정도가 좋다.
③ 연신율과 단면수축률이 저하된다.
④ 가공 경화에 의한 강도가 저하된다.

해설 냉간 가공의 특징
㉮ 재료에 큰 변형은 없으나 가공 공정과 연료비가 적게 든다.
㉯ 제품의 표면이 미려하다.
㉰ 제품의 치수 정도가 좋다.
㉱ 가공 경화에 의한 강도가 상승한다.
㉲ 가공 수가 적어 가공비가 적게 든다.
㉳ 공정관리가 쉬운 특징이 있다.

25. 주철의 결점을 개선하기 위하여 백주철

정답 19. ④ 20. ④ 21. ② 22. ③ 23. ① 24. ④ 25. ③

의 주물을 만들고 이것을 장시간 열처리하여 탄소의 상태를 분해 또는 소실시켜 인성 또는 연성을 증가시킨 주철은?

① 회주철(gray cast iron)
② 반주철(mottled cast iron)
③ 가단주철(malleable cast iron)
④ 칠드주철(chilled cast iron)

해설 가단주철은 백주철을 풀림 처리하여 탈탄과 탄화철의 흑연화에 의해 연성(또는 가단성)을 가지게 한 주철(연신율 5~14 %)로 백심, 흑심, 펄라이트 가단주철이 있다.

26. 니켈(Ni)에 관한 설명으로 옳은 것은?

① 증류수 등에 대한 내식성이 나쁘다.
② 니켈은 열간 및 냉간 가공이 용이하다.
③ 360℃ 부근에서는 자기변태로 강자성체이다.
④ 아황산가스(SO_2)를 품는 공기에서는 부식되지 않는다.

해설 니켈의 성질
㉮ 백색의 인성이 풍부한 금속으로 면심입방격자이다.
㉯ 상온에서 강자성체이나 360℃에서 자기변태로 자성을 잃는다.
㉰ 용융점 1455℃, 비중 8.9, 재결정온도 530~660℃, 열간 가공 온도 1000~1200℃
㉱ 열간 및 냉간 가공이 잘 되고 내식성, 내열성이 크다.

27. 아크 용접에서 아크쏠림 방지 대책으로 옳은 것은?

① 용접봉 끝을 아크쏠림 방향으로 기울인다.
② 접지점을 용접부에 가까이 한다.
③ 아크 길이를 길게 한다.
④ 직류 용접 대신 교류 용접을 사용한다.

해설 아크쏠림이란 전류에서 일어나는 자장의 크기에 따라 아크가 한곳으로 쏠리는 현상을 말한다. 아크쏠림 방지 대책으로 접지점을 용접부에서 멀리하거나 엔드 탭을 사용하거나 직류 용접 대신 교류 용접을 사용한다.

28. 토치를 사용하여 용접 부분의 뒷면을 따내거나 U형, H형으로 용접 홈을 가공하는 것으로 일명 가스 파내기라고 부르는 가공법은?

① 산소창 절단 ② 선삭
③ 가스 가우징 ④ 천공

해설 가스 가우징은 다이어번트 노즐을 이용하여 결함이 있는 곳이나 U형, H형으로 용접 홈을 가공하는 작업을 말하며, 아크를 사용하는 것을 아크 에어 가우징이라 한다.

29. 피복 아크 용접봉의 피복제의 주된 역할로 옳은 것은?

① 스패터의 발생을 많게 한다.
② 용착 금속에 필요한 합금원소를 제거한다.
③ 모재 표면에 산화물이 생기게 한다.
④ 용착 금속의 냉각 속도를 느리게 하여 급랭을 방지한다.

해설 피복제의 역할
㉮ 용융금속의 용접을 미세화하여 용착효율을 높인다.
㉯ 용착 금속의 냉각 속도를 느리게 하여 급랭을 방지한다.
㉰ 슬래그를 제거하기 쉽게 하고 파형이 고운 비드를 만든다.
㉱ 모재 표면의 산화물을 제거하고 양호한 용접부를 만든다.
㉲ 스패터의 발생을 적게 하며 용착금속에 필요한 합금원소를 첨가시킨다.
㉳ 아크를 안정시킨다.
㉴ 전기 절연 작용을 한다.

정답 26. ② 27. ④ 28. ③ 29. ④

30. 가스 용접에서 후진법에 대한 설명으로 틀린 것은?

① 전진법에 비해 용접변형이 작고 용접 속도가 빠르다.
② 전진법에 비해 두꺼운 판의 용접에 적합하다.
③ 전진법에 비해 열 이용률이 좋다.
④ 전진법에 비해 산화의 정도가 심하고 용착금속 조직이 거칠다.

해설 후진법과 전진법의 비교

특징	전진법 (좌진법)	후진법 (우진법)
열 이용률	나쁘다.	좋다.
용접 속도	느리다.	빠르다.
비드 모양	보기 좋다.	매끈하지 못하다.
홈 각도	크다(80°).	작다(60°).
용접 변형	크다.	작다.
용접 모재 두께	얇다. (5 mm까지)	두껍다.
산화의 정도	심하다.	약하다.
용착 금속의 냉각도	급랭	서랭
용착 금속의 조직	거칠다.	미세하다.

31. 피복 아크 용접에 있어 용접봉에서 모재로 용융 금속이 옮겨가는 상태를 분류한 것이 아닌 것은?

① 폭발형 ② 스프레이형
③ 글로뷸러형 ④ 단락형

해설 용접봉에서 모재로 용융금속이 옮겨가는 상태를 분류할 때 단락형, 글로뷸러형, 스프레이형의 3가지이다.

32. 직류 아크 용접기와 비교한 교류 아크 용접기에 대한 설명으로 가장 옳은 것은?

① 무부하 전압이 높고 감전의 위험이 많다.
② 구조가 복잡하고 극성변화가 가능하다.
③ 자기쏠림 방지가 불가능하다.
④ 아크 안정성이 우수하다.

해설 직류 아크 용접기는 무부하 전압의 상한값이 60 V이고 교류 아크 용접기는 95 V로 감전의 위험이 많다.

33. 피복 아크 용접에서 직류 역극성(DCRP) 용접의 특징으로 옳은 것은?

① 모재의 용입이 깊다.
② 비드 폭이 좁다.
③ 봉의 용융이 느리다.
④ 박판, 주철, 고탄소강의 용접 등에 쓰인다.

해설 직류 역극성의 특징
㉮ 모재에 30 %, 용접봉에 70 %로 모재의 용입이 얕다.
㉯ 비드 폭이 넓다.
㉰ 용접봉의 용융이 빠르다.
㉱ 박판, 주철, 고탄소강, 합금강, 비철금속의 용접에 쓰인다.

34. 아세틸렌가스의 관으로 사용할 경우 폭발성 화합물을 생성하게 되는 것은?

① 순구리관
② 스테인리스강관
③ 알루미늄합금관
④ 탄소강관

해설 아세틸렌과 혼합하여 폭발성 화합물을 만드는 것은 구리, 구리 합금(62 % 이상의 구리), 은, 수은 등과 같이 아세티라이드를 생성하여 공기 중 130~150℃에서 발화된다.

35. 스카핑 작업에서 냉간재의 스카핑 속도

정답 30. ④ 31. ① 32. ① 33. ④ 34. ① 35. ②

로 가장 적합한 것은?

① 1~3 m/min ② 5~7 m/min
③ 10~15 m/min ④ 20~25 m/min

해설 자동 스카핑 머신은 작업 형태가 팁을 이동시키는 것은 냉간재에 이용하며 속도는 5~7 m/min으로 작업하고, 가공재를 이동시키는 것은 열간재에 이용하며 속도는 20 m/min으로 작업한다.

36. 납땜의 용제가 갖추어야 할 조건 중 맞는 것은?

① 모재나 땜납에 대한 부식작용이 최대한일 것
② 납땜 후 슬래그 제거가 용이할 것
③ 전기저항 납땜에 사용되는 것은 부도체일 것
④ 침지땜에 사용되는 것은 수분을 함유하여야 할 것

해설 납땜의 구비조건
㉮ 모재보다 용융점이 낮아야 한다.
㉯ 유동성이 좋고 금속과의 친화력이 있어야 한다.
㉰ 표면 장력이 적어 모재의 표면에 잘 퍼져야 한다.
㉱ 강인성, 내식성, 내마멸성, 화학적 성질 등 사용 목적에 적합해야 한다.
㉲ 접합 강도가 우수해야 한다.

37. 가스 용접 장치에 대한 설명으로 틀린 것은 어느 것인가?

① 화기로부터 5 m 이상 떨어진 곳에 설치한다.
② 전격방지기를 설치한다.
③ 아세틸렌가스 집중장치 시설에는 소화기를 준비한다.
④ 작업 종료 시 메인 밸브 및 콕 등을 완전히 잠근다.

해설 전격방지기는 교류 아크 용접기의 휴식시간에 전격을 방지하기 위해 최고 무부하 전압을 25 V 이하로 저하하고, 용접 시작 전에 무부하 전압으로 되는 안전장치이다. 가스 용접 장치는 ①, ③, ④ 이외에도 반드시 비눗물로 검사해야 한다.

38. AW-300, 무부하 전압 80 V, 아크 전압 20 V인 교류용접기를 사용할 때, 다음 중 역률과 효율을 올바르게 계산한 것은? (단, 내부 손실을 4 kW라 한다.)

① 역률 : 80.0 %, 효율 : 20.6 %
② 역률 : 20.6 %, 효율 : 80.0 %
③ 역률 : 60.0 %, 효율 : 41.7 %
④ 역률 : 41.7 %, 효율 : 60.0 %

해설 • 역률

$$= \frac{\text{아크쪽 입력} + \text{내부 손실}}{\text{전원 입력}} \times 100$$

$$= \frac{(20 \times 300) + 4000}{80 \times 300} \times 100 \fallingdotseq 41.7\,\%$$

• 효율

$$= \frac{20 \times 300}{(20 \times 300) + 4000} \times 100 = 60\,\%$$

39. 실온까지 온도를 내려 다른 형상으로 변형시켰다가 다시 온도를 상승시키면 어느 일정한 온도 이상에서 원래의 형상으로 변화하는 합금은?

① 제진합금 ② 방진합금
③ 비정질합금 ④ 형상기억합금

해설 고온에서 성형한 합금이 실온에서 변형을 받아도 재가열하면 오스테나이트화가 시작되어 초기 성형 시 형상으로 복귀하는 것으로, 처음에는 Ni-Ti 함유 비가 1 : 1인 합금이 실용화되어 나티늄이라 부르며, 이 금속을 형상기억 합금이라 한다.

40. 고강도 Al 합금으로 조성이 Al-Cu-Mg-

정답 36. ② 37. ② 38. ④ 39. ④ 40. ③

Mn인 합금은?

① 라우탈 ② Y-합금
③ 두랄루민 ④ 하이드로날륨

해설 단련용 알루미늄 중에서 Al-Cu-Mg-Mn의 합금을 두랄루민이라 하며, 무게를 중요시하는 항공기, 자동차, 운반기계 등의 재료로 사용된다.

41. 섬유 강화 금속 복합 재료의 기지 금속으로 가장 많이 사용되는 것으로 비중이 약 2.7인 것은?

① Na ② Fe
③ Al ④ Co

해설 섬유 강화 재료는 탄소/알루미늄, 보론/알루미늄 등이 있으며, 보론/알루미늄이 비강도가 6.0으로 더 크다.

42. 표면 경화법의 종류에 속하지 않는 것은?

① 고주파 담금질 ② 침탄법
③ 질화법 ④ 풀림법

해설 ㉮ 화학적 표면 경화법 : 침탄법, 질화법, 금속 침투법
㉯ 물리적 표면 경화법 : 화염 경화법, 고주파 경화법, 하드 페이싱, 쇼트 피닝법

43. 주철의 유동성을 나쁘게 하는 원소는?

① Mn ② C
③ P ④ S

44. 다음 금속 중 용융 상태에서 응고할 때 팽창하는 것은?

① Sn ② Zn
③ Mo ④ Bi

해설 금속이 용융 상태에서 냉각할 때 팽창하는 것은 비스무트(Bi)이다.

45. 인장시험에서 표점거리가 50 mm인 시험편을 시험 후 절단된 표점거리를 측정하였더니 65 mm가 되었다. 이 시험편의 연신율은 얼마인가?

① 20 % ② 23 %
③ 30 % ④ 33 %

해설 연신율

$$= \frac{\text{파단 후의 거리} - \text{최초의 길이}}{\text{최초의 길이}} \times 100$$

$$= \frac{65-50}{50} \times 100 = 30\,\%$$

46. 2~10 % Sn, 0.6 % P 이하의 합금이 사용되며 탄성률이 높아 스프링 재료로 가장 적합한 청동은?

① 알루미늄청동 ② 망간청동
③ 니켈청동 ④ 인청동

해설 인청동은 내마멸성과 내식성이 좋고 냉간 가공 시 인장 강도, 탄성한계가 증가하므로 판 스프링재, 기어, 베어링 등에 사용된다.

47. 강의 담금질 깊이를 깊게 하고 크리프 저항과 내식성을 증가시키며 뜨임 메짐을 방지하는 데 효과가 있는 합금 원소는?

① Mo ② Ni
③ Cr ④ Si

해설 Mo을 첨가하면 뜨임 취성을 방지할 수 있으며 가장 주의할 취성의 온도는 300℃이다.

48. 황동에 납(Pb)을 첨가하여 절삭성을 좋게 한 황동으로 스크루, 시계용 기어 등의 정밀 가공에 사용되는 합금은?

① 리드 브라스(lead brass)
② 문츠 메탈(muntz metal)
③ 틴 브라스(tin brass)
④ 실루민(silumin)

정답 41. ③ 42. ④ 43. ④ 44. ④ 45. ③ 46. ④ 47. ① 48. ①

49. Fe-C 평형 상태도에서 나타날 수 없는 반응은?

① 포정 반응 ② 편정 반응
③ 공석 반응 ④ 공정 반응

해설 편정 반응은 하나의 액체에서 고체와 다른 종류의 액체를 동시에 형성하는 반응으로, 공정 반응과 흡사하지만 하나의 액체만 변태 반응을 일으켜 상태도에서는 나타날 수 없는 반응이다.

50. 탄소강에 함유된 원소 중에서 고온 메짐(hot shortness)의 원인이 되는 것은?

① Si ② Mn
③ P ④ S

51. 나사의 단면도에서 수나사와 암나사의 골밑(골지름)을 도시하는 데 적합한 선은?

① 가는 실선 ② 굵은 실선
③ 가는 파선 ④ 가는 1점 쇄선

해설 수나사와 암나사의 골지름은 가는 실선으로 그린다.

52. 일면 개선형 맞대기 용접의 기호로 맞는 것은?

① ∨ ② |/
③)(④ ○

해설 ① V형 맞대기 용접
③ 돌출된 모서리를 가진 평판 사이의 맞대기 용접
④ 점 용접

53. KS 기계 재료 표시기호 SS400에서 400은 무엇을 나타내는가?

① 경도 ② 연신율
③ 탄소 함유량 ④ 최저 인장 강도

해설 ㉮ SS : 일반 구조용강
㉯ 400 : 최저 인장 강도 또는 항복점

54. 그림과 같은 입체도의 화살표 방향 투상도로 가장 적합한 것은?

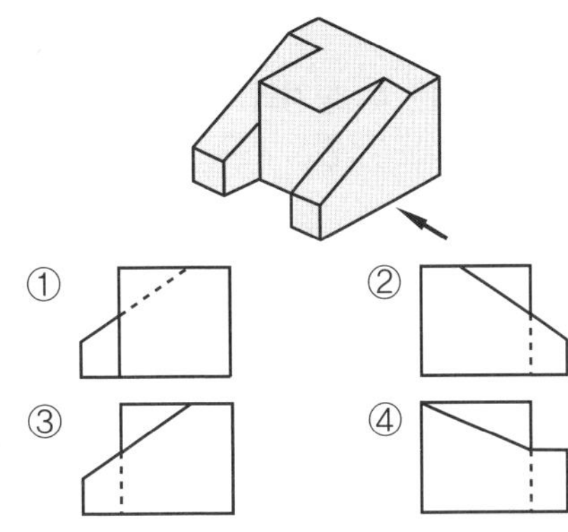

55. 다음 중 치수 기입의 원칙에 관한 설명 중 틀린 것은?

① 치수는 필요에 따라 기준으로 하는 점, 선 또는 면을 기준으로 하여 기입한다.
② 대상물의 기능, 제작, 조립 등을 고려하여 필요하다고 생각되는 치수를 명료하게 도면에 지시한다.
③ 치수 입력에 대해서는 중복 기입을 피한다.
④ 모든 치수에는 단위를 기입해야 한다.

해설 도면에서 길이의 단위는 mm로 하고, 단위 기호는 붙이지 않는다.

56. 그림과 같은 KS 용접기호의 해석으로 올바른 것은?

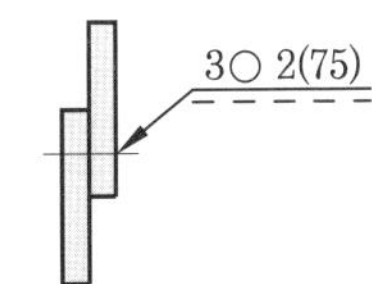

① 지름이 2 mm이고 피치가 75 mm인 플러그 용접이다.

정답 49. ② 50. ④ 51. ① 52. ② 53. ④ 54. ③ 55. ④ 56. ④

② 폭이 2 mm이고 길이가 75 mm인 심 용접이다.
③ 용접 수는 2개이고 피치가 75 mm인 슬롯 용접이다.
④ 용접 수는 2개이고 피치가 75 mm인 스폿(점) 용접이다.

57. 그림과 같은 ㄷ 형강의 치수 기입 방법으로 옳은 것은? (단, L은 형강의 길이를 나타낸다.)

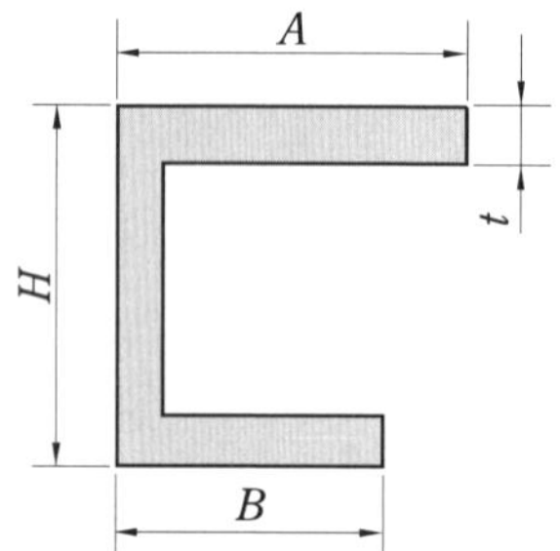

① ㄷ $A\times B\times H\times t-L$
② ㄷ $H\times A\times B\times t-L$
③ ㄷ $B\times A\times H\times t-L$
④ ㄷ $H\times B\times A\times L-t$

58. 선의 종류와 명칭이 잘못된 것은?

① 가는 실선 – 해칭선
② 굵은 실선 – 숨은선
③ 가는 2점 쇄선 – 가상선
④ 가는 1점 쇄선 – 피치선

해설 굵은 실선은 외형선으로 대상물이 보이는 부분의 모양을 표시하는 데 사용된다.

59. 그림과 같은 KS 용접 보조기호의 설명으로 옳은 것은?

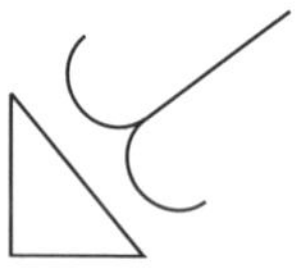

① 필릿 용접부 토우를 매끄럽게 함
② 필릿 용접 중앙부를 볼록하게 다듬질
③ 필릿 용접 끝단부에 영구적인 덮개 판을 사용
④ 필릿 용접 중앙부에 제거 가능한 덮개 판을 사용

60. 열간 성형 리벳의 종류별 호칭 길이(L)를 표시한 것 중 잘못 표시된 것은?

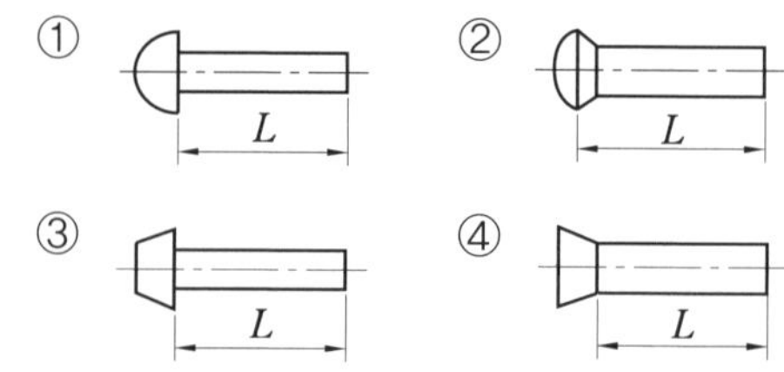

해설 접시 머리는 호칭 길이가 머리 부분까지이다.

정답 57. ② 58. ② 59. ① 60. ④

2018년도 복원 문제

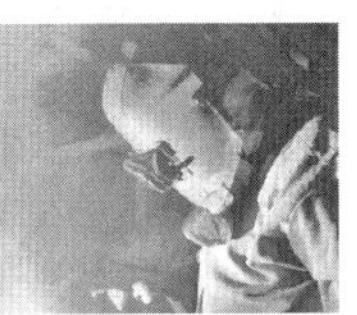

CBT 복원 문제 (용접 기능사)

1. 지름이 10 cm인 단면에 8000 kgf의 힘이 작용할 때 발생하는 응력은 약 몇 kgf/cm² 인가?

① 89 ② 102 ③ 121 ④ 158

해설 $\frac{\text{인장 강도}}{\text{원의 면적}} = \frac{8000}{\pi \times 5^2} ≒ 102\,\text{kgf/cm}^2$

2. 화재의 분류 중 C급 화재에 속하는 것은?

① 전기 화재 ② 금속 화재
③ 가스 화재 ④ 일반 화재

해설 화재의 종류와 적용 소화제
㉮ A급 화재 : 일반 화재(수용액)
㉯ B급 화재 : 유류 화재[화학소화액(포말, 사염화탄소, 탄산가스, 드라이케미컬)]
㉰ C급 화재 : 전기 화재[유기성 소화액(분말, 탄산가스, 탄산칼륨+물)]
㉱ D급 화재 : 금속 화재(건조사)

3. 다음 중 귀마개를 착용하고 작업하면 안 되는 작업자는?

① 조선소의 용접 및 취부작업자
② 자동차 조립공장의 조립작업자
③ 강재 하역장의 크레인 신호자
④ 판금작업장의 타출 판금작업자

해설 방음 보호구는 소음으로부터 청력을 보호하기 위한 것으로 소음이 시끄러운 작업장에서 사용한다.

4. 서브머지드 아크 용접에서 사용하는 용제 중 흡습성이 가장 적은 것은?

① 용융형 ② 혼성형
③ 고온소결형 ④ 저온소결형

해설 용융형 용제 : 원료 광석을 아크로에서 1300℃ 이상으로 가열·용해하여 응고시킨 다음, 부수어 적당한 입자로를 고르게 만든 것으로, 유리와 같은 광택을 가지고 있다. 낮은 전류에서 입도가 큰 것을, 높은 전류에서 입도가 작은 것을 사용하면 기공의 발생이 적고 흡습성이 거의 없어 재건조가 불필요하다.

5. 용접 제품을 조립하다가 V홈 맞대기 이음 홈의 간격이 5 mm 정도 벌어졌을 때 홈의 보수 및 용접방법으로 가장 적합한 것은?

① 그대로 용접한다.
② 뒷댐판을 대고 용접한다.
③ 덧살올림 용접 후 가공하여 규정 간격을 맞춘다.
④ 치수에 맞는 재료로 교환하여 루트 간격을 맞춘다.

해설 맞대기 이음 홈의 보수
㉮ 루트 간격 6 mm 이하 : 한쪽 또는 양쪽을 덧살 올림 용접을 하여 깎아 내고, 규정 간격으로 홈을 만들어 용접한다.
㉯ 루트 간격 6~16 mm 이하 : 두께 6 mm 정도의 뒷받침 판을 대고 용접한다.
㉰ 루트 간격 16 mm 이상 : 판의 전체 또는 일부(길이 약 300 mm)를 대체한다.

6. 다음 금속 중에서 냉각 속도가 가장 빠른 금속은?

① 구리 ② 연강
③ 알루미늄 ④ 스테인리스강

정답 1. ② 2. ① 3. ③ 4. ① 5. ③ 6. ①

해설 열전도율이 높은 금속이 냉각 속도가 빠르다.
Ag → Cu → Pt → Al

7. 다음 중 인장 시험에서 알 수 없는 것은?

① 항복점 ② 연신율
③ 비틀림 강도 ④ 단면 수축률

해설 파괴시험인 인장 시험에서는 인장 파단하여 항복점(내력), 인장 강도, 연신율, 단면 수축률 등을 측정한다.

8. 서브머지드 아크 용접에서 와이어 돌출 길이는 보통 와이어 지름을 기준으로 정한다. 적당한 와이어 돌출 길이는 와이어 지름의 몇 배가 가장 적합한가?

① 2배 ② 4배
③ 6배 ④ 8배

해설 서브머지드 아크 용접에서 와이어 돌출 길이는 팁 선단에서부터 와이어 선단까지의 거리이다. 이 길이를 길게 하면 와이어 저항열이 많이 발생하게 되어 와이어의 용융량이 증가하게 되지만, 용입은 불균일하고 다소 감소하므로 적당한 돌출 길이는 와이어 지름의 8배 전후로 해야 한다.

9. 용접 결함에서 언더컷이 발생하는 조건이 아닌 것은?

① 전류가 너무 낮을 때
② 아크 길이가 너무 길 때
③ 부적당한 용접봉을 사용할 때
④ 용접 속도가 적당하지 않을 때

해설 언더컷의 원인
㉮ 용접 전류가 높을 때
㉯ 용접 속도가 빠를 때
㉰ 아크 길이가 너무 길 때
㉱ 부적당한 용접봉을 사용할 때

10. 샤르피식의 시험기를 사용하는 시험 방법은 어느 것인가?

① 경도시험 ② 인장시험
③ 피로시험 ④ 충격시험

해설 충격 시험 : 시험편에 V형 또는 U형 등의 노치를 만들고 충격적인 하중을 주어 파단시키는 시험법이다. 충격적인 힘을 가하여 시험편이 파괴될 때에 필요한 에너지를 그 재료의 충격값, 충격적인 힘의 작용 시 충격에 견디는 질긴 성질을 인성이라 한다. 인성을 알아보는 방법으로 샤르피식과 아이조드식이 있는데, 우리나라에서는 샤르피 충격 시험기(KS B 0809에 규정)를 많이 사용한다.

11. 한 부분의 몇 층을 용접하다가 이것을 다음 부분의 층으로 연속시켜 전체 모양이 계단 형태를 이루는 용착법은?

① 스킵법 ② 덧살 올림법
③ 점진 블록법 ④ 케스케이드법

12. 맞대기 용접 이음에서 판 두께가 9 mm, 용접선 길이 120 mm, 하중이 7560 N일 때, 인장 응력은 몇 N/mm^2인가?

① 5 ② 6
③ 7 ④ 8

해설
$$인장\ 응력 = \frac{인장\ 강도(하중)}{모재의\ 면적} = \frac{7560}{9 \times 120} = 7\ N/mm^2$$

13. 박판의 스테인리스강의 좁은 홈의 용접에서 아크 교란 상태가 발생할 때 적합한 용접 방법은?

① 고주파 펄스 티그 용접
② 고주파 펄스 미그 용접

정답 7. ③ 8. ④ 9. ① 10. ④ 11. ④ 12. ③ 13. ①

③ 고주파 펄스 일렉트로 슬래그 용접
④ 고주파 펄스 이산화탄소 아크 용접

해설 스테인리스강의 박판(2 mm 이하의 강)의 좁은 홈에서 아크 교란을 방지하기 위해 고주파 펄스 티그 용접을 한다.

14. 현미경 시험을 하기 위해 사용되는 부식제 중 철강용에 해당되는 것은?

① 왕수
② 염화제2철용액
③ 피크린산
④ 플루오르화수소액

해설 현미경 시험의 부식제 중 철강용은 피크린산 알코올액(피크린산 4 g, 알코올 100 cc), 초산 알코올액(진한 초산 1~5 cc, 알코올 100 cc)을 사용한다.

15. 용접 자동화의 장점을 설명한 것으로 틀린 것은?

① 생산성 증가 및 품질을 향상시킨다.
② 용접 조건에 따른 공정 수를 늘일 수 있다.
③ 일정한 전류값을 유지할 수 있다.
④ 용접 와이어의 손실을 줄일 수 있다.

해설 용접 자동화는 용접 조건에 따른 공정 수를 줄일 수 있다.

16. 용접부의 연성결함을 조사하기 위하여 사용되는 시험법은?

① 브리넬 시험 ② 비커스 시험
③ 굽힘 시험 ④ 충격 시험

해설 용접부의 연성결함을 검사하기 위한 시험법은 굽힘 시험이며 브리넬 시험, 비커스 시험은 경도 시험이다. 충격 시험은 재료가 충격에 견디는 저항, 즉 인성을 알아보는 시험법이다.

17. 다음 중 유도 방사에 의한 광의 증폭을 이용하여 용융하는 용접법은?

① 맥동 용접 ② 스터드 용접
③ 레이저 용접 ④ 피복 아크 용접

해설 레이저 용접은 광의 증폭 발진방식으로, 원자와 분자의 유도 방사현상을 이용하여 얻어진 빛, 즉 레이저에서 얻은 강렬한 에너지를 가진 접속성이 강한 단색광선을 이용한 용접이다. 루비 레이저와 가스 레이저(탄산가스 레이저)의 두 종류가 있다.

18. 심 용접의 종류가 아닌 것은?

① 횡 심 용접(circular seam welding)
② 매시 심 용접(mash seam welding)
③ 포일 심 용접(foil seam welding)
④ 맞대기 심 용접(butt seam welding)

19. 용접 이음의 종류가 아닌 것은?

① 겹치기 이음
② 모서리 이음
③ 라운드 이음
④ T형 필릿 이음

해설 용접 이음의 종류에는 겹치기 이음, 모서리 이음, 필릿 이음, 맞대기 용접 등이다.

20. 플라스마 아크 용접에 대한 특징으로 틀린 것은?

① 용접부의 기계적 성질이 좋으며 변형이 적다.
② 용입이 깊고 비드 폭이 좁으며 용접 속도가 빠르다.
③ 단층으로 용접할 수 있으므로 능률적이다.
④ 설비비가 적게 들고 무부하 전압이 낮다.

정답 14. ③ 15. ② 16. ③ 17. ③ 18. ① 19. ③ 20. ④

해설 플라스마 아크 용접은 일반 아크 용접기의 2~5배로 무부하 전압이 높으며 설비비가 많이 든다.

21. 용접 자세를 나타내는 기호가 틀리게 짝지어진 것은?

① 위보기자세 : O ② 수직자세 : V
③ 아래보기자세 : U ④ 수평자세 : H

해설 아래보기 자세 : F

22. 이산화탄소 아크 용접의 보호가스 설비에서 저전류 영역의 가스 유량은 몇 L/min 정도가 가장 적당한가?

① 1~5 ② 6~9
③ 10~15 ④ 20~25

해설 이산화탄소 아크 용접은 저전류 영역에서는 10~15 L/min가, 고전류 영역에서는 15~20 L/min가 좋다.

23. 가스 용접의 특징으로 틀린 것은?

① 응용 범위가 넓으며 운반이 편리하다.
② 전원 설비가 없는 곳에서도 쉽게 설치할 수 있다.
③ 아크 용접에 비해 유해 광선의 발생이 적다.
④ 열 집중성이 좋아 효율적인 용접이 가능하여 신뢰성이 높다.

해설 가스 용접은 열 집중성이 나빠서 효율적인 용접이 어렵다는 단점이 있다.

24. 용해 아세틸렌 취급 시 주의사항으로 틀린 것은?

① 저장 장소는 통풍이 잘 되어야 된다.
② 저장 장소에는 화기를 가까이 하지 말아야 한다.
③ 용기는 진동이나 충격을 가하지 말고 신중히 취급해야 한다.
④ 용기는 아세톤의 유출을 방지하기 위해 눕혀서 보관한다.

해설 용해 아세틸렌병은 다공성 물질을 병 안에 가득 채운 후 아세톤을 넣고, 아세톤에 아세틸렌 가스를 용해시켜 사용하는 것이므로 아세톤 유출을 방지하기 위해 반드시 병을 세워 놓아야 한다.

25. 2개의 모재에 압력을 가해 접촉시킨 다음 접촉면에 압력을 주면서 상대운동을 시켜 접촉면에서 발생하는 열을 이용하는 용접법은?

① 가스 압접 ② 냉간 압접
③ 마찰 용접 ④ 열간 압접

해설 마찰 용접은 용접하고자 하는 모재를 맞대어 접합면의 고속 회전에 의해 발생된 마찰열을 이용하여 압접하는 방법이다.

26. 모재의 절단부를 불활성가스로 보호하고 금속전극에 대전류를 흐르게 하여 절단하는 방법으로 알루미늄과 같이 산화에 강한 금속에 이용되는 절단 방법은?

① 산소 절단
② TIG 절단
③ MIG 절단
④ 플라스마 절단

해설 MIG 아크 절단 : 금속 아크 용접에 비해 고전류의 MIG 아크가 깊은 용입이 되는 것을 이용하여 모재를 용융 절단하는 방법이다. 절단부를 불활성 가스로 보호하기 때문에 산화성이 강한 알루미늄 등의 비철금속 절단에 사용되었으나 플라스마 제트 절단법으로 인해 그 중요성이 감소되고 있다.

정답 21. ③ 22. ③ 23. ④ 24. ④ 25. ③ 26. ③

27. 아크에서 가우징 작업에 사용되는 압축 공기의 압력으로 적당한 것은?

① 1~3 kgf/cm^2 ② 5~7 kgf/cm^2
③ 9~12 kgf/cm^2 ④ 14~16 kgf/cm^2

해설 아크 에어 가우징 : 탄소 아크 절단 장치에 5~7 kgf/cm^2 정도의 압축공기를 병용하여 가우징, 절단 및 구멍 뚫기 등에 적합하며, 특히 가우징으로 많이 사용된다. 전극봉은 흑연에 구리 도금을 한 것이 사용되며 전원은 직류이고 아크 전압은 25~45 V, 아크 전류는 200~500 A 정도가 널리 사용된다.

28. 아크가 발생될 때 모재에서 심선까지의 거리를 아크 길이라 한다. 아크 길이가 짧을 때 일어나는 현상은?

① 발열량이 작다.
② 스패터가 많아진다.
③ 기공 균열이 생긴다.
④ 아크가 불안정해진다.

해설 아크 길이가 짧을 때는 발열량이 작아진다.

29. 리벳 이음과 비교하여 용접 이음의 특징을 열거한 것 중 틀린 것은?

① 구조가 복잡하다.
② 이음 효율이 높다.
③ 공정 수가 절감된다.
④ 유밀, 기밀, 수밀이 우수하다.

해설 용접의 장점
㉮ 재료가 절약되고 중량이 감소한다.
㉯ 작업 공정 단축으로 경제적이다.
㉰ 재료의 두께 제한이 없다.
㉱ 이음 효율이 향상된다(기밀, 수밀 유지).
㉲ 이종 재료 접합이 가능하다.
㉳ 용접의 자동화가 용이하다.
㉴ 수리 및 보수가 용이하다.
㉵ 형상의 자유화를 추구할 수 있다.

30. 아크 용접기의 구비조건으로 틀린 것은?

① 효율이 좋아야 한다.
② 아크가 안정되어야 한다.
③ 용접 중 온도 상승이 커야 한다.
④ 구조 및 취급이 간단해야 한다.

해설 용접기의 구비조건
㉮ 구조 및 취급 방법이 간단해야 한다.
㉯ 전류는 일정하게 흐르고 조정이 용이해야 한다.
㉰ 아크 발생이 용이하도록 무부하 전압을 유지해야 한다(교류 70~80 V, 직류 50~60 V).
㉱ 아크 발생 및 유지가 용이하고 아크가 안정되어야 한다.
㉲ 용접기는 완전 절연되고 필요 이상으로 무부하 전압이 높지 않아야 한다.
㉳ 사용 중 온도 상승이 적고 역률 및 효율이 좋아야 한다.
㉴ 가격이 저렴해야 한다.

31. 아크 용접에 속하지 않는 것은?

① 스터드 용접
② 프로젝션 용접
③ 불활성가스 아크 용접
④ 서브머지드 아크 용접

해설 프로젝션 용접은 저항 용접의 종류이다.

32. 아세틸렌(C_2H_2) 가스의 성질로 틀린 것은?

① 비중이 1.906으로 공기보다 무겁다.
② 순수한 것은 무색, 무취의 기체이다.
③ 구리, 은, 수은과 접촉하면 폭발성 화합물을 만든다.
④ 매우 불안전한 기체이므로 공기 중에서 폭발 위험성이 크다.

해설 아세틸렌 가스는 비중이 0.906으로 공기보다 가벼우며 1 L의 무게는 15℃, 0.1 MPa에서 1.176 g이다.

정답 27. ② 28. ① 29. ① 30. ③ 31. ② 32. ①

33. 다음 중 피복 아크 용접에서 아크의 특성 중 정극성과 비교한 역극성의 특징으로 틀린 것은?

① 용입이 얕다.
② 비드 폭이 좁다.
③ 용접봉의 용융이 빠르다.
④ 박판, 주철 등 비철금속의 용접에 쓰인다.

34. 피복 아크 용접 중 용접봉의 용융 속도에 관한 설명으로 옳은 것은?

① 아크 전압×용접봉 쪽 전압 강하로 결정된다.
② 단위 시간당 소비되는 전류값으로 결정된다.
③ 동일 종류의 용접봉인 경우 전압에만 비례하여 결정된다.
④ 용접봉 지름이 달라도 동일 종류 용접봉인 경우 용접봉 지름에는 관계가 없다.

해설 용접봉의 용융 속도는 아크 전류×용접봉 쪽 전압 강하로 결정되며, 아크 전압과는 관계가 없다.

35. 가스 용접에서 용제(flux)를 사용하는 가장 큰 이유는?

① 모재의 용융온도를 낮게 하여 가스 소비량을 적게 하기 위해
② 산화작용 및 질화작용을 도와 용착금속의 조직을 미세화하기 위해
③ 용접봉의 용융 속도를 느리게 하여 용접봉 소모를 적게 하기 위해
④ 용접 중에 생기는 금속의 산화물 또는 비금속 개재물을 용해하여 용착금속의 성질을 양호하게 하기 위해

해설 가스 용접에서 연강 이외의 모든 합금, 즉 알루미늄, 크로뮴 등과 주철 등은 모재 표면에 형성된 산화피막의 용융점이 모재의 용융점보다 높아 여러 결함이 발생되므로 용제(flux)를 사용해야 한다.

36. 프로판 가스의 성질에 대한 설명으로 틀린 것은?

① 기화가 어렵고 발열량이 낮다.
② 액화하기 쉽고 용기에 넣어 수송이 편리하다.
③ 온도 변화에 따른 팽창률이 크고 물에 잘 녹지 않는다.
④ 상온에서는 기체 상태이고 무색, 투명하며 약간의 냄새가 난다.

해설 프로판 가스의 성질
㉮ 프로판(C_3H_8)은 부탄(C_4H_{10}), 에탄(C_2H_6), 펜탄(C_5H_{12})으로 구성된 혼합 기체이다.
㉯ 공기보다 무겁고(비중 1.5) 연소 시 필요 산소량은 1 : 4.5이다.
㉰ 액체에서 기체가스가 되면 부피는 250배로 팽창되며 발열량이 높다.

37. 가스 용접봉 선택 조건으로 틀린 것은?

① 모재와 같은 재질일 것
② 용융 온도가 모재보다 낮을 것
③ 불순물이 포함되어 있지 않을 것
④ 기계적 성질에 나쁜 영향을 주지 않을 것

해설 용융 온도가 모재의 용융점과 같아야 한다.

38. 피복 아크 용접봉에서 피복제의 역할로 틀린 것은?

① 용착금속의 급랭을 방지한다.
② 모재 표면의 산화물을 제거한다.
③ 용착금속의 탈산 정련작용을 방지

정답 33. ② 34. ④ 35. ④ 36. ① 37. ② 38. ③

한다.

④ 중성 또는 환원성 분위기로 용착금속을 보호한다.

해설 피복제의 역할
㉮ 용융 금속의 산화, 질화 방지로 용융 금속 보호
㉯ 아크 발생을 쉽게 하고 아크의 안정화
㉰ 슬래그 생성으로 인한 용착금속의 급랭 방지 및 전자세 용접 용이
㉱ 용착금속의 탈산 정련작용
㉲ 합금 원소의 첨가 및 용융 속도와 용입을 알맞게 조절
㉳ 용적을 미세화하고 용착효율을 높임
㉴ 파형이 고운 비드 형성
㉵ 모재 표면의 산화물 제거 및 완전한 용접
㉶ 용착 금속의 유동성 증가
㉷ 스패터 소실 방지 및 피복제의 전기 절연 작용

39. 금속의 공통적 특성으로 틀린 것은?

① 열과 전기의 양도체이다.
② 금속 고유의 광택을 갖는다.
③ 이온화하면 음(-) 이온이 된다.
④ 소성 변형성이 있어 가공하기 쉽다.

해설 금속의 특성
㉮ 상온에서 고체이며 결정구조를 형성한다(단, 수은은 제외).
㉯ 열 및 전기의 양도체이다.
㉰ 연성 및 전성이 있어 소성 변형을 할 수 있다.
㉱ 금속 특유의 광택을 갖는다.
㉲ 용융점이 높고 대체로 비중이 크다.

40. Fe-C 평형 상태도에서 가장 낮은 온도에서 일어나는 반응은?

① 공석 반응 ② 공정 반응
③ 포석 반응 ④ 포정 반응

해설 공석점 : 723℃, 0.86% C

41. 침탄법에 대한 설명으로 옳은 것은?

① 표면을 용융시켜 연화시키는 것이다.
② 망상 시멘타이트를 구상화시키는 방법이다.
③ 강재의 표면에 아연을 피복시키는 방법이다.
④ 강재의 표면에 탄소를 침투시켜 경화시키는 것이다.

해설 침탄법 : 0.2% C 이하의 저탄소강 또는 저탄소 합금강에 침탄제(탄소)와 침탄 촉진제를 제품과 함께 침탄 상자에 넣은 후 침탄로에서 가열하여 침탄한 다음 급랭하면 약 0.5~2 mm의 침탄층이 생겨 표면만 고탄소강이 되어 단단하게 하는 열처리 방법이다.

42. 구상흑연주철은 주조성, 가공성 및 내마멸성이 우수하다. 이러한 구상흑연주철 제조 시 구상화제로 첨가되는 원소로 옳은 것은?

① P, S ② O, N
③ Pb, Zn ④ Mg, Ca

해설 구상흑연주철 : 용융 상태에서 Mg, Ce, Mg-Cu, Ca(Li, Ba, Sr) 등을 첨가하거나 그 밖의 특수한 용선 처리를 하여 편상 흑연을 구상화한 주철이다.

43. Y 합금의 일종으로 Ti과 Cu를 0.2% 정도씩 첨가한 것으로 피스톤에 사용되는 것은?

① 두랄루민 ② 코비탈륨
③ 로엑스합금 ④ 하이드로날륨

44. 시험편을 눌러 구부리는 시험 방법으로 굽힘에 대한 저항력을 조사하는 시험은?

① 충격 시험 ② 굽힘 시험
③ 전단 시험 ④ 인장 시험

해설 굽힘 시험은 굽힘에 대한 저항력과 재료의 연성을 시험한다.

정답 39. ③ 40. ① 41. ④ 42. ④ 43. ② 44. ②

45. Fe-C 평형 상태도에서 공정점의 C%는?

① 0.02 % ② 0.8 %
③ 4.3 % ④ 6.67 %

해설 Fe-C 평형 상태도에서 공석점은 탄소 함유량이 0.8 %, 공정점은 탄소 함유량이 4.3 %이다.

46. Al-Si계 합금을 개량처리하기 위해 사용하는 접종 처리제가 아닌 것은?

① 금속나트륨 ② 염화나트륨
③ 불화알칼리 ④ 수산화나트륨

해설 알루미늄과 규소계 개량처리
Si의 결정조직을 미세화하기 위하여 특수 원소를 첨가시키는 조작
㉮ 금속 Na 첨가법 : Na 0.05 ~0.1 % 또는 Na 0.05 %+K 0.05 % 첨가한 것으로, 가장 많이 사용한다.
㉯ F(플루오르 불소) 화합물 첨가법 : F 화합물+알칼리 토금속 1 : 1 혼합물의 용체를 1~3 % 첨가한 후 도가니에 뚜껑을 막고 3~5분간 기다렸다가 탄소봉으로 혼합한다.
㉰ 수산화나트륨 첨가법(NaOH, 가성소다)

47. 금속의 소성 변형을 일으키는 원인 중 원자 밀도가 가장 큰 격자면에서 잘 일어나는 것은?

① 슬립 ② 쌍정
③ 전위 ④ 편석

해설 슬립 : 외력에 의해 인장력이 작용하여 격자면 내외에 미끄럼 변화를 일으키는 현상이다.

48. 탄소강은 200~300℃에서 연신율과 단면 수축률이 상온보다 저하되어 단단하고 깨지기 쉬우며, 강의 표면이 산화되는 현상은?

① 적열 메짐 ② 상온 메짐
③ 청열 메짐 ④ 저온 메짐

해설 청열 취성(메짐)은 탄소강이 200~300℃에서 강도와 경도가 최대가 되며, 연신율과 단면 수축률이 최소가 되며 P, N, O, C가 원인이 된다.

49. 다음 중 주철에 관한 설명으로 틀린 것은?

① 비중은 C와 Si 등이 많을수록 작아진다.
② 용융점은 C와 Si 등이 많을수록 낮아진다.
③ 주철을 600℃ 이상의 온도에서 가열 및 냉각을 반복하면 부피가 감소한다.
④ 투자율을 크게 하기 위해서는 화합 탄소를 적게 하고, 유리 탄소를 균일하게 분포시킨다.

해설 • 주철의 장점
㉮ 용융점이 낮고 유동성이 좋아 주조성이 우수하다.
㉯ 금속재료 중에서 단위 무게당 가격이 저렴하다.
㉰ 마찰 저항이 좋고 절삭 가공이 쉽다.
㉱ 주물의 표면은 굳고 녹이 잘 슬지 않으며 페인트칠이 잘된다.
㉲ 압축 강도가 크다(인장 강도의 3~4배).
• 주철의 단점
㉮ 인장 강도, 휨 강도, 충격값이 작다.
㉯ 연신율이 작고 취성이 크다.
㉰ 고온에서 소성 변형이 되지 않는다.

50. Al의 비중과 용융점(℃)은 약 얼마인가?

① 2.7, 660℃ ② 4.5, 390℃
③ 8.9, 220℃ ④ 10.5, 450℃

51. 판을 접어서 만든 물체를 펼친 모양으로 표시할 필요가 있는 경우 그리는 도면을 무엇이라 하는가?

① 투상도 ② 개략도

정답 45. ③ 46. ② 47. ① 48. ③ 49. ③ 50. ① 51. ④

③ 입체도 ④ 전개도

52. 재료 기호 중 SPHC의 명칭은?

① 배관용 탄소 강관
② 열간 압연 연강판 및 강대
③ 용접구조용 압연 강재
④ 냉간 압연 강판 및 강대

해설 • 재료의 기호
㉮ 첫 번째 자리 : 재질
㉯ 두 번째 자리 : 규격명 또는 제품명
㉰ 끝부분 자리 : 재료의 종류
• SP : 비철금속판재, HC : 열간 압연

53. 그림과 같이 기점 기호를 기준으로 하여 연속된 치수선으로 치수를 기입하는 방법은?

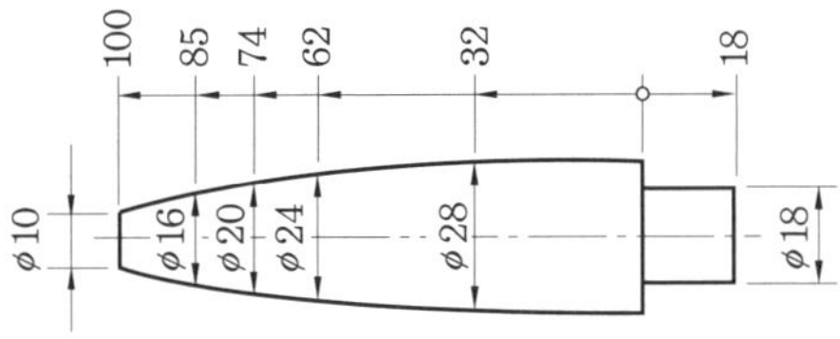

① 직렬 치수 기입법
② 병렬 치수 기입법
③ 좌표 치수 기입법
④ 누진 치수 기입법

54. 다음 용접 기호 중 표면 육성을 의미하는 것은?

해설 ① 표면 육성 ② 표면 접합부
③ 경사 접합부 ④ 겹침 접합부

55. 다음 중 가는 실선으로 나타내는 경우가 아닌 것은?

① 시작점과 끝점을 나타내는 치수선
② 소재의 굽은 부분이나 가공 공정의 표시선
③ 상세도를 그리기 위한 틀의 선
④ 금속 구조 공학 등의 구조를 나타내는 선

해설 가는 실선으로 나타내는 경우
㉮ 치수 기입
㉯ 치수 기입을 위해 도형으로부터 끌어내는 데
㉰ 기술, 기호 등을 표시
㉱ 도형의 중심선을 간략하게 표시
㉲ 수면, 유면 등의 위치를 표시

56. 다음 중 일반 구조용 탄소 강관의 KS 재료 기호는?

① SPP ② SPS
③ SKH ④ STK

해설 ㉮ S : 강, STEEL
㉯ T : 관, TUBE

57. 그림과 같은 도면에서 나타난 "□40" 치수에서 "□"가 뜻하는 것은?

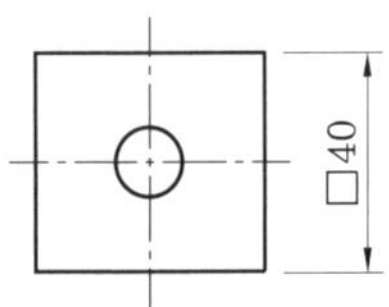

① 정사각형의 변
② 이론적으로 정확한 치수
③ 판의 두께
④ 참고 치수

정답 52. ② 53. ④ 54. ① 55. ④ 56. ④ 57. ①

58. 도면에 대한 호칭 방법이 다음과 같이 나타날 때 이에 대한 설명으로 틀린 것은?

> **보기**
> KS B ISO 5457–A1t–TP 1125–R–TBL

① 도면은 KS B ISO 5457을 따른다.
② A1 용지 크기이다.
③ 재단하지 않은 용지이다.
④ 112.5 g/m^2 사양의 트레이싱지이다.

59. 그림과 같은 배관 도면에서 도시기호 S는 어떤 유체를 나타내는 것인가?

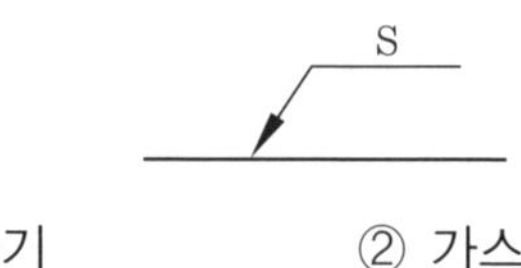

① 공기　　② 가스
③ 유류　　④ 증기

해설 A : 공기, G : 가스, O : 기름, S : 수증기, W : 물

60. 그림의 입체도에서 화살표 방향을 정면으로 하여 제3각법으로 그린 정투상도는?

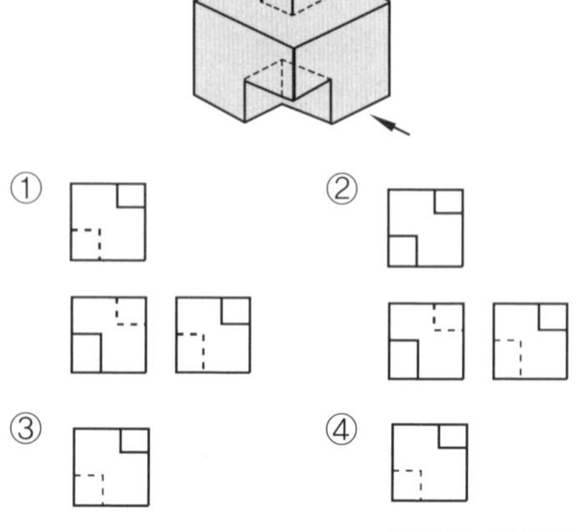

CBT 복원 문제(특수 용접 기능사)

1. **TIG 용접에 있어 직류 정극성에 관한 설명으로 틀린 것은?**

① 용입이 깊고 비드 폭은 좁다.
② 극성의 기호를 DCSP로 나타낸다.
③ 산화피막을 제거하는 청정작용이 있다.
④ 모재에는 양(+)극을, 홀더(토치)에는 음(−)극을 연결한다.

해설 TIG 용접에서 직류 정극성은 모재가 양극(70 %), 홀더가 음극(30 %)으로, 용입이 깊고 비드 폭이 좁다. 극성은 DCSP로 나타내며 산화피막을 제거하는 청정작용은 역극성에서 발생한다.

2. **나음 중 피복 아크 용접봉에서 피복제의 역할이 아닌 것은?**

① 아크의 안정
② 용착금속에 산소공급
③ 용착금속의 급랭 방지
④ 용착금속의 탈산 정련작용

해설 피복제의 역할은 아크의 안정, 용착금속의 탈산 정련작용, 용착금속의 급랭 방지, 전기 절연, 슬래그 제거를 쉽게 한다.

3. **다음 중 KS상 용접봉 홀더의 종류가 200호일 때 정격 용접 전류는 몇 A인가?**

① 160 ② 200
③ 250 ④ 300

해설 용접봉 홀더의 번호는 정격 용접 전류를 A 단위로 나타낸 것으로, 200번일 때는 정격 전류가 200 A이다.

4. **아크 용접에서 아크 쏠림의 방지 대책으로 틀린 것은?**

① 접지점 두 개를 연결할 것
② 접지점을 용접부에서 멀리할 것
③ 용접봉 끝을 아크 쏠림 방향으로 기울일 것
④ 직류 아크 용접을 하지 말고 교류 용접을 할 것

해설 아크 쏠림은 자기불림 현상으로 방지 대책은 교류 전원 이용, 엔드 탭 이용, 접지점을 용접부보다 멀리 할 것, 짧은 아크 유지, 접지점 2개를 연결할 것, 용접부가 긴 경우는 후퇴법을 할 것 등이 있다.

5. **용접봉을 용접기의 음극(−)에, 모재를 양(+)극에 연결한 경우를 무슨 극성이라고 하는가?**

① 직류 역극성 ② 교류 정극성
③ 직류 정극성 ④ 교류 역극성

해설 정극성과 역극성의 비교

극성	열 분배	특징
정극성 (DCSP)	용접봉(−) : 30 % 모재(+) : 70 %	㉮ 모재 용입이 깊다. ㉯ 용접봉의 녹음이 느리다. ㉰ 비드 폭이 좁다. ㉱ 일반적으로 많이 쓰인다.
역극성 (DCRP)	용접봉(+) : 70 % 모재(−) : 30 %	㉮ 모재 용입이 얕다. ㉯ 용접봉의 녹음이 빠르다. ㉰ 비드 폭이 넓다. ㉱ 박판, 주철, 고탄소강, 합금강, 비철금속의 용접에 쓰인다.
교류 (AC)	−	직류 정극성과 역극성의 중간 상태

6. **가스 용접에서 역화의 원인과 가장 거리가**

정답 1. ③ 2. ② 3. ② 4. ③ 5. ③ 6. ③

먼 것은?

① 팁이 과열되었을 때
② 팁 구멍이 막혔을 때
③ 팁과 모재가 멀리 떨어졌을 때
④ 팁 구멍이 확대 변형되었을 때

해설 가스 용접에서 역화는 팁 끝이 모재에 닿아 팁 끝이 막히거나 팁이 과열되었을 때, 사용 가스 압력이 부적당할 때 팁 속에서 폭발음이 나며 불꽃이 꺼졌다가 다시 나타나는 현상이다.

7. 포갬 절단(stack cutting)에 관한 설명으로 틀린 것은?

① 예열 불꽃으로 산소-아세틸렌 불꽃보다 산소-프로판 불꽃이 적합하다.
② 절단 시 판과 판 사이에는 산화물이나 불순물을 깨끗이 제거하여야 한다.
③ 판과 판 사이의 틈새는 0.1 mm 이상으로 포개어 압착시킨 후 절단하여야 한다.
④ 6 mm 이하의 비교적 얇은 판을 작업 능률을 높이기 위해 여러 장 겹쳐 놓고 한 번에 절단하는 방법을 말한다.

해설 포갬 절단은 작업 능률을 높이기 위해 비교적 얇은 판(6 mm 이하)을 여러 장 겹쳐 놓고 한 번에 절단하는 방법으로, 절단 시 판과 판 사이에는 산화물이나 불순물을 깨끗이 제거하고 0.08 mm 이하의 틈이 생기도록 포개어 압착시킨 후 절단 작업을 한다. 예열 불꽃은 산소-아세틸렌보다 산소-프로판 불꽃이 적합하다.

8. 액화탄산가스 1 kg이 완전히 기화되면 상온 1기압에서 약 몇 L가 되겠는가?

① 318 L ② 400 L
③ 510 L ④ 650 L

해설 대기 중에서 CO_2 1 kg이 완전히 기화되면 1기압하에서 약 510 L가 된다.

9. 다음 중 아크가 발생하는 초기에만 용접 전류를 특별히 많게 할 목적으로 사용하는 아크 용접기의 부속기구는?

① 변압기(transformer)
② 핫 스타트(hot start)장치
③ 전격방지장치(voltage reducing device)
④ 원격제어장치(remote control equipment)

해설 아크 용접기에서 핫 스타트 장치는 아크가 발생하는 초기(약 1/4~1/5초)에만 용접 전류를 크게 하여 시작점에 기공이나 용입 불량의 결함을 방지하는 장치이다.

10. CO_2가스 아크 용접에서 후진법과 비교한 전진법의 특징으로 맞는 것은?

① 용융 금속이 앞으로 나가지 않으므로 깊은 용입을 얻을 수 있다.
② 용접선을 잘 볼 수 있어 운봉을 정확하게 할 수 있다.
③ 스패터의 발생이 적다.
④ 비드 높이가 약간 높고 폭이 좁은 비드를 얻는다.

해설 후진법의 특징
㉮ 용접선이 노즐에 가려서 운봉을 정확하게 하기가 어렵다.
㉯ 비드 높이가 약간 높고 폭이 좁은 비드를 얻을 수 있다.
㉰ 스패터의 발생이 전진법보다 적다.
㉱ 용융 금속이 앞으로 나가지 않으므로 깊은 용입을 얻을 수 있다.
㉲ 비드 형상이 잘 보이기 때문에 비드 폭, 높이 등을 억제하기 쉽다.

11. 15℃, 15기압에서 50 L 아세틸렌 용기에 아세톤 21 L가 포화, 흡수되어 있다. 이 용기에는 약 몇 L의 아세틸렌을 용해시킬 수 있는가?

① 5875 ② 7375 ③ 7875 ④ 8385

정답 7. ③ 8. ③ 9. ② 10. ② 11. ③

해설 15℃, 1기압에서 1 L 아세톤은 25 L의 아세틸렌을 용해하고 15℃, 15기압에서는 375 L를 용해한다.
∴ 21 ×375 L = 7875 L

12. 다음 중 산소-아세틸렌 가스 용접의 단점이 아닌 것은?

① 열효율이 낮다.
② 폭발할 위험이 있다.
③ 가열시간이 오래 걸린다.
④ 가열할 때 열량의 조절이 제한적이다.

해설 • 가스 용접의 단점
㉮ 아크 용접에 비해 불꽃의 온도가 낮다.
㉯ 열 집중성이 나빠서 비효율적이다.
㉰ 폭발할 위험이 있다.
• 가스 용접의 장점
가열할 때 열량의 조절이 자유롭다.

13. 연강용 가스 용접봉의 성분이 모재에 미치는 영향으로 틀린 것은?

① 인(P) : 강에 취성을 주며 가연성을 잃게 한다.
② 규소(Si) : 기공은 막을 수 있으나 강도가 떨어지게 된다.
③ 탄소(C) : 강의 강도를 증가시키지만 연신율, 굽힘성이 감소된다.
④ 유황(S) : 용접부의 저항력은 증가하지만 기공 발생의 원인이 된다.

해설 가스 용접봉의 성분 중 유황은 용접부의 저항력을 감소시키고 기공 발생의 원인이 되며, 산화철은 용접부에 남아서 거친 부분을 만들므로 강도가 떨어진다.

14. 용접용 케이블을 접속하는 데 사용되는 것이 아닌 것은?

① 케이블 러그(cable lug)
② 케이블 조인트(cable joint)
③ 용접 고정구(welding fixture)
④ 케이블 커넥터(cable connector)

해설 용접 고정구는 지그로 용접을 하기 위해 모재를 고정하는 기구이다.

15. 산소-아세틸렌 용접법에서 전진법과 비교한 후진법의 설명으로 틀린 것은?

① 용접 속도가 느리다.
② 열 이용률이 좋다.
③ 용접 변형이 작다.
④ 홈 각도가 작다.

해설 후진법의 특징
㉮ 용접 속도가 빠르다.
㉯ 열 이용률이 좋다.
㉰ 용접 변형이 작다.
㉱ 홈 각도가 작다.
㉲ 비드 모양이 매끈하지 못하다.
㉳ 산화의 정도가 약하다.
㉴ 용착금속의 조직이 미세하다.

16. 가스 절단 시 예열 불꽃이 강할 때 생기는 현상이 아닌 것은?

① 드래그가 증가한다.
② 절단면이 거칠어진다.
③ 모서리가 용융되어 둥글게 된다.
④ 슬래그 중의 철 성분의 박리가 어려워진다.

17. 용접기의 특성에 있어서 수하 특성의 역할로 가장 적합한 것은?

① 열량의 증가 ② 아크의 안정
③ 아크전압의 상승 ④ 저항의 감소

해설 수하 특성은 용접 작업 중 아크를 안정하게 지속시키기 위해 필요한 특성으로 피복 아크 용접, TIG 용접과 같이 토치의 조작을 손으로 하여 아크의 길이를 일정하게 유지하는 것이 곤란한 용접법에 적용된다.

정답 12. ④ 13. ④ 14. ③ 15. ① 16. ① 17. ②

18. 강괴의 종류 중 탄소 함유량이 0.3 % 이상이고 재질이 균일하며, 기계적 성질 및 방향성이 좋아 합금강, 단조용강, 침탄강의 원재료로 사용되나 수축관이 생긴 부분이 산화되어 가공 시 압착되지 않아 잘라내야 하는 것은?

① 킬드 강괴　② 세미킬드 강괴
③ 림드 강괴　④ 캡드 강괴

해설 강괴는 탄소 함유량에 따라 0.3 % 이상이 킬드강, 0.15~0.3 % 정도가 세미킬드강, 보통 저탄소강으로 0.15 % 이하가 림드강이다. 기포 및 편석은 없으나 헤어 크랙이 생기기 쉽다.

19. 알루미늄 합금에 있어 두랄루민의 첨가 성분으로 가장 많이 함유된 원소는?

① Mn　② Cu
③ Mg　④ Zn

해설 두랄루민 합금은 Al, Cu, Mg, Mn, Zn 등이 함유되며 그중 Cu가 많이 함유되어 있다. 두랄루민은 Al-4 %, Cu-0.5 %, Mg-0.5 %, Mn 합금으로, 초두랄루민은 Al-4.5 %, Cu-1.5 %, Mg-0.6 %, Mn 합금으로 조성되는 합금이다.

20. 다음 중 공정 주철의 탄소 함유량으로 가장 적합한 것은?

① 1.3 %C　② 2.3 %C
③ 4.3 %C　④ 6.3 %C

해설 공정 주철에서 회주철은 공정점 4.3 %C를 기점으로 하며, 그 이하는 아공정 주철, 그 이상은 과공정 주철이라 한다.

21. 포금(gun metel)이라고 불리는 청동의 주요 성분으로 옳은 것은?

① 8~12 % Sn에 1~2 % Zn 함유
② 2~5 % Sn에 15~20 % Zn 함유
③ 5~10 % Sn에 10~15 % Zn 함유
④ 15~20 % Sn에 1~2 % Zn 함유

해설 청동의 종류 중에 포금이라고 불리는 것은 건메탈(Sn 8~12 %, Zn 1~2 %, 나머지 Cu)과 애드미럴티 건메탈(Cu 88 %, Sn 10 %, Zn 2 %)이 있다. 청동 주물의 대표적인 것으로 유연성, 내식성, 내수압성이 좋다.

22. 60~70 % 니켈(Ni) 합금으로 내식성, 내마모성이 우수하여 터빈날개, 펌프 임펠러 등에 사용되는 것은?

① 콘스탄탄(Constantan)
② 모넬 메탈(Monel metal)
③ 큐프로 니켈(Cupro nickel)
④ 문츠 메탈(Muntz metal)

해설 니켈 합금에서는 내식용으로 니켈 60~70 %인 모넬 메탈이 있으며, 0.035 % 황을 넣어 피삭성을 증대시킨 R모넬, 2.75 % Al을 첨가하여 석출 경화성을 준 K모넬 등이 있다.

23. 탄소량의 증가에 따라 감소되는 것은?

① 비열　② 열전도도
③ 전기저항　④ 항자력

해설 탄소량의 증가에 따라 비중, 열팽창계수, 열전도도, 내식성 등은 감소하며 비열, 전기저항, 항자력 등은 증가한다.

24. 다음 중 불변강(invariable steel)에 속하지 않는 것은?

① 인바(invar)
② 엘린바(elinvar)
③ 플래티나이트(platinite)
④ 선플래티넘(sun-platinum)

정답 18. ① 19. ② 20. ③ 21. ① 22. ② 23. ② 24. ④

해설 불변강은 고니켈강(비자성강)으로 종류는 인바, 초인바, 엘린바, 코엘린바, 퍼멀로이, 플래티나이트 등이 있다.

25. 용접 시 용접 균열이 발생할 위험성이 가장 높은 재료는?

① 저탄소강 ② 중탄소강
③ 고탄소강 ④ 순철

해설 탄소강에서 탄소량 증가에 따라 경도와 강도는 증가하고 인성과 충격값은 감소한다. 고탄소강은 취성 증가로 인해 용접 균열이 발생할 위험성이 높다.

26. 금속 표면에 스텔라이트나 경합금 등의 금속을 용착시켜 표면 경화층을 만드는 방법을 무엇이라 하는가?

① 쇼트 피닝 ② 고주파 경화법
③ 화염 경화법 ④ 하드 페이싱

해설 표면 경화법에서 용접으로 용착시키는 하드 페이싱(hard facing)법과 경한 금속 분말을 이용한 메탈 스프레이(metal spray) 방법이 있다.

27. 다음 중 스테인리스강의 분류에 해당하지 않는 것은?

① 페라이트계
② 마텐자이트계
③ 스텔라이트계
④ 오스테나이트계

해설 스텔라이트(stellite)는 대표적인 주조 경질 합금이며 Co 40~55 %, Cr 25~35 %, W4~25 %, C 1~3 %로 Co가 주성분이다. 주조 가능, 연삭 가능, 단조와 절삭 불가능, 열처리 불필요 등의 특징이 있다.

28. 다음 중 KS상 탄소강 주강품의 기호가 'SC360'일 때 360이 나타내는 의미로 옳은 것은?

① 연신율 ② 탄소 함유량
③ 인장 강도 ④ 단면 수축률

해설 KS 재료 규격에서 S는 강(steel), C는 주조품(casting)을 나타내며 360은 최저 인장 강도를 나타낸다.

29. 정지 구멍(stop hole)을 뚫어 결함 부분을 깎아내고 재용접해야 하는 결함은?

① 균열 ② 언더컷
③ 오버랩 ④ 용입 부족

해설 용접 결함의 보수 시 균열이 끝난 양쪽 부분에 드릴로 정지 구멍을 뚫고, 균열 부분을 깎아내어 홈을 만든다. 조건이 되면 근처의 용접부도 일부를 절단하여 가능한 한 자유로운 상태로 한 다음 균열 부분을 재용접한다.

30. 용접 시 발생한 변형을 교정하는 방법 중 가열을 통하여 변형을 교정하는 방법에 있어 가장 적절한 가열 온도는?

① 1200℃ 이상 ② 800~900℃
③ 500~600℃ ④ 300℃ 이하

해설 변형 교정 시공 조건으로 최고 가열 온도는 600℃ 이하로 하는 것이 가장 좋으며, 그중 점수축법의 가열 온도는 500~600℃이다.

31. 15℃, 1 kgf/cm^2하에서 사용 전 용해 아세틸렌 병의 무게가 50 kgf이고, 사용 후 무게가 45 kgf일 때 사용한 아세틸렌의 양은 약 몇 L인가?

① 2715 ② 3718
③ 3620 ④ 4525

정답 25. ③ 26. ④ 27. ③ 28. ③ 29. ① 30. ③ 31. ④

해설 15℃, 1기압에서 아세틸렌의 양
= 905(병 전체의 무게−사용 후 무게)
= 905×5=4525L

32. 산업안전보건법상 안전 · 보건 표지에 사용되는 색채 중 안내를 나타내는 색채는?

① 빨강 ② 녹색
③ 파랑 ④ 노랑

해설 안전 · 보건 표지에 사용되는 색상
㉮ 금지 – 빨강
㉯ 경고, 주의 표시 – 노랑
㉰ 지시 – 파랑
㉱ 안내 – 녹색
㉲ 파랑, 녹색에 대한 보조색 – 흰색
㉳ 문자 및 빨강, 노랑에 대한 보조색 – 검은색

33. 다음 중 MIG 용접 시 크레이터 처리 기능에 의해 낮아진 전류가 서서히 줄어들면서 아크가 끊어지는 기능으로 이면 용접부가 녹아내리는 것을 방지하는 기능과 가장 관련이 깊은 것은?

① 스타트 시간(start time)
② 번 백 시간(burn back time)
③ 슬로우 다운 시간(slow down time)
④ 크레이터 충전 시간(crate fill time)

해설 MIG 용접 제어 장치는 예비 가스 유출 시간, 스타트 시간, 크레이터 충전 시간, 번 백 시간, 가스 지연 유출 시간 등의 기능을 갖고 있다.

34. 용접 작업에 있어 언더컷이 발생하는 원인으로 가장 적절한 경우는?

① 전류가 너무 낮은 경우
② 아크 길이가 너무 짧은 경우
③ 용접 속도가 너무 느린 경우
④ 부적당한 용접봉을 사용한 경우

해설 ①, ②, ③은 오버랩의 원인이며 ④는 언더컷의 원인이다.

35. CO_2 가스 아크 용접에서 복합 와이어에 관한 설명으로 틀린 것은?

① 비드 외관이 깨끗하고 아름답다.
② 양호한 용착금속을 얻을 수 있다.
③ 아크가 안정되어 스패터가 많이 발생한다.
④ 용제에 탈산제, 아크 안정제 등 합금 원소가 첨가되어 있다.

해설 CO_2 가스 아크 용접에서 솔리드 와이어는 복합 와이어에 비해 스패터가 많고 비드 외관이 좋지 못하다.

36. 주로 모재 및 용접부의 연성 결함 유무를 조사하기 위한 시험 방법은?

① 인장 시험 ② 굽힘 시험
③ 피로 시험 ④ 충격 시험

해설 모재 및 용접부의 연성 결함 유무를 조사하기 위해 지그를 사용하여 적당한 길이와 너비를 가진 시험편을 굽힘 시험을 한다. 굽힘 방법에는 자유 굽힘, 형틀 굽힘, 롤러 굽힘 등이 있다.

37. 다음 중 CO_2 가스 아크 용접의 장점으로 틀린 것은?

① 용착 금속의 기계적 성질이 우수하다.
② 슬래그 혼입이 없고, 용접 후 처리가 간단하다.
③ 전류 밀도가 높아 용입이 깊고 용접 속도가 빠르다.
④ 풍속 2 m/s 이상의 바람에도 영향을 받지 않는다.

해설 풍속 2 m/s 이상이면 CO_2 가스 아크가 영향을 받으므로 방풍장치가 필요하다.

정답 32. ② 33. ② 34. ④ 35. ③ 36. ② 37. ④

38. TIG 용접 시 주로 사용되는 가스는?

① CO_2　② H_2
③ O_2　④ Ar

해설 TIG 용접에서는 비중이 커서 주로 아르곤(비중 1.105)이 사용되며, 위보기 자세에서는 헬륨이 사용되나 현장에서는 대부분 아르곤이 사용되고 있다.

39. 피복 아크 용접에서 오버랩의 발생 원인으로 가장 적당한 것은?

① 전류가 너무 낮다.
② 홈의 각도가 너무 좁다.
③ 아크의 길이가 너무 길다.
④ 용착 금속의 냉각 속도가 빠르다.

해설 오버랩의 발생 원인
㉮ 용접봉 선택 불량
㉯ 용접 속도가 느릴 때
㉰ 용접 전류가 낮을 때
㉱ 아크 길이가 너무 짧을 때
㉲ 운봉 및 봉의 유지 각도가 불량일 때
㉳ 모재가 과랭되었을 때

40. 저항 용접의 종류 중에서 맞대기 용접이 아닌 것은?

① 업셋 용접
② 프로젝션 용접
③ 퍼커션 용접
④ 플래시 버트 용접

해설 저항 용접에서 맞대기 용접에는 업셋 용접, 플래시 버트 용접, 맞대기 심 용접, 퍼커션 용접이 있으며, 겹치기 저항 용접에는 점 용접, 프로젝션(돌기) 용접, 심 용접 등이 있다.

41. 연납용 용제가 아닌 것은?

① 붕산(H_3BO_3)
② 염화아연($ZnCl_2$)
③ 염산(HCl)
④ 염화암모늄(NH_4Cl)

해설 연납용 용제에는 염산, 염화아연, 염화암모늄, 수지(동물유), 인산, 목재수지 등이 있다.

42. 한 부분의 몇 층을 용접하다가 다른 부분의 층으로 연속시켜 전체가 계단형으로 이루어지도록 용착시켜 나가는 용접법은?

① 덧살 올림법　② 전진 블록법
③ 스킵법　④ 케스케이드법

해설 케스케이드법은 한 부분의 몇 층을 용접하다가 이것을 다음 부분의 층으로 연속시켜 전체가 계단 형태의 단계를 이루도록 용착시켜 나가는 방법이다.

43. 다음 중 용접 작업에서 전류 밀도가 가장 높은 용접은?

① 피복 금속 아크 용접
② 산소-아세틸렌 용접
③ 불활성 가스 금속 아크 용접
④ 불활성 가스 텅스텐 아크 용접

해설 MIG 용접은 전류 밀도가 매우 크며, 피복 아크 용접의 4~6배, TIG 용접의 2배 정도이다.

44. TIG 용접 작업에서 아크 부근의 풍속이 일반적으로 몇 m/s 이상이면 보호가스 작용이 흩어지므로 방풍막을 설치하는가?

① 0.05　② 0.1
③ 0.3　④ 0.5

해설 TIG 용접 시 사용하는 유량은 10~30 L/min 정도이며 토치의 노즐에서 나오는 아르곤 가스 속도는 2~3 m/s 정도이므로, 아크 부근에 풍속 0.5 m/s 이상의 통풍이 있거나 풍속 2 m/s 이상에서는 반드시 방풍장치나 이동용 칸막이를 사용한 방풍장치를 해야 한다.

정답 38. ④　39. ①　40. ②　41. ①　42. ④　43. ③　44. ④

45. 용접 결함을 구조상 결함과 치수상 결함으로 분류할 때 다음 중 치수상 결함에 해당하는 것은?

① 융합 불량 ② 슬래그 섞임
③ 언더컷 ④ 형상 불량

해설 치수상의 결함에 해당하는 것은 변형, 용접 금속부의 크기가 부적당, 형상 불량 등이다.

46. 용접부의 검사 방법에 있어서 기계적 시험에 해당하는 것은?

① 피로 시험 ② 부식 시험
③ 누설 시험 ④ 자기특성 시험

해설 용접부의 검사 방법에 있어서 기계적 시험으로 정적인 경우는 인장 시험, 굽힘 시험, 경도 시험이 있고, 동적인 경우는 충격 시험, 피로 시험 등이 있다.

47. 다음 중 TIG 용접에 사용하는 토륨 텅스텐 전극봉에는 몇 % 정도의 토륨이 함유되어 있는가?

① 0.3~0.5 % ② 1~2 %
③ 4~5 % ④ 6~7 %

해설 토륨 텅스텐 전극봉은 토륨을 1~2 % 함유한 전극봉으로, 전자 방사능력이 현저하게 뛰어나 불순물이 부착되어도 전자 방사가 잘 되어 아크가 안정하다.

48. 용접 조립 순서는 용접 순서 및 용접 작업의 특성을 고려하여 계획하며, 불필요한 잔류 응력이 남지 않도록 미리 검토하여 조립 순서를 결정하여야 한다. 다음 중 용접 구조물을 조립하는 순서에서 고려하여야 할 사항과 가장 거리가 먼 것은?

① 가능한 한 구속 용접을 실시한다.
② 가접용 정반이나 지그를 적절히 선택한다.
③ 구조물의 형상을 고정하고 지지할 수 있어야 한다.
④ 용접 이음의 형상을 고려하여 적절한 용접법을 선택한다.

해설 용접 순서 결정 시 고려할 사항
㉮ 용접 구조물이 조립됨에 따라 용접 작업이 불가능한 곳이나 곤란한 경우가 생기지 않도록 한다.
㉯ 용접물의 중심에 대하여 항상 대칭으로 용접을 한다.
㉰ 수축이 큰 이음(맞대기 등)을 먼저 용접하고 수축이 작은 이음을 나중에 용접한다.
㉱ 용접 구조물의 중립축에 대하여 용접 수축력 모멘트의 합이 0이 되게 하면 용접선 방향에 대한 굽힘을 줄일 수 있다.

49. 경납용 용제로 가장 적절한 것은?

① 염화아연($ZnCl_2$)
② 염산(HCl)
③ 붕산(H_3BO_3)
④ 인산(H_3PO_4)

해설 경납용 용제로 사용되는 것은 붕사, 붕산, 붕산염, 불화물, 염화물(리듐, 칼륨, 나트륨 등), 알칼리 등이 있다.

50. 아세틸렌(C_2H_2) 가스의 폭발성에 해당되지 않는 것은?

① 406~408℃가 되면 자연 발화한다.
② 마찰, 진동, 충격 등의 외력이 작용하면 폭발 위험이 있다.
③ 아세틸렌 90 %, 산소 10 % 혼합 시 가장 폭발 위험이 크다.
④ 은, 수은 등과 접촉하면 이들과 화합하여 120℃ 부근에서 폭발성이 있는 화합물을 생성한다.

정답 45. ④ 46. ① 47. ② 48. ① 49. ③ 50. ③

해설 아세틸렌가스의 폭발성

㉮ 온도 : 406~408℃이면 자연 발화, 505~515℃이면 폭발, 780℃ 이상이면 자연 폭발

㉯ 압력 : 15℃에서 가스를 1.5 kgf/cm^2 이상 압축하면 충격이나 가열에 의해 분해 폭발 위험이 있으며, 2 kgf/cm^2 이상 압축하면 분해 폭발을 일으키는 경우가 있다.

㉰ 혼합가스 : 아세틸렌 15 %와 산소 85 % 부근이 가장 폭발 위험이 크다.

㉱ 외력 : 마찰, 진동, 충격 등의 외력이 작용하면 폭발할 위험이 있다.

㉲ 화합물의 생성 : 구리 합금(62 % 이상 구리), 은, 수은 등과 접촉하면 이들과 화합하여 120℃ 부근에서 폭발성이 있는 화합물을 생성한다.

51. 그림과 같은 입체도에서 화살표 방향으로 본 투상도로 적합한 것은?

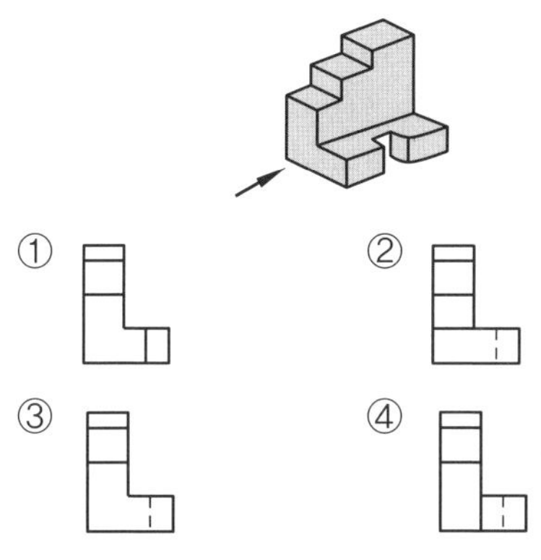

52. 그림에서 A 부분의 대각선으로 그린 "×"(가는 실선) 부분이 의미하는 것은?

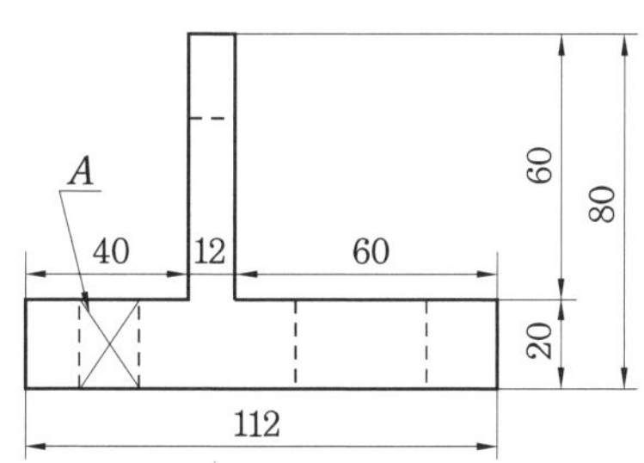

① 사각뿔 ② 평면
③ 원통면 ④ 대칭면

53. 핸들, 바퀴의 암과 림, 리브, 훅, 축 등은 주로 단면의 모양을 90° 회전하여 단면 전후를 끊어서 그 사이에 그리거나 하는데 이러한 단면도를 무엇이라고 하는가?

① 부분 단면도
② 온 단면도
③ 한쪽 단면도
④ 회전 도시 단면도

해설 핸들, 벨트 풀리, 기어 등과 같이 바퀴와 암, 축, 구조물의 부재 등의 절단면을 90°로 회전시켜서 표시하는 것을 회전 도시 단면도라 한다.

54. 위쪽이 보기와 같이 경사지게 절단된 원통의 전개 방법으로 가장 적당한 것은?

① 삼각형 전개법 ② 방사선 전개법
③ 평행선 전개법 ④ 사변형 전개법

해설 전개 방법은 ①, ②, ③으로 하며 그림에 가장 적합한 전개는 원기둥 및 각기둥에 적합한 평행선 전개법이다.

55. 용접부 표면 또는 용접부 형상의 설명과 보조기호 연결이 틀린 것은?

① —— : 평면
② ⌒ : 블록형
③ ⌣ : 토우를 매끄럽게 함
④ [M] : 제거 가능한 이면 판재 사용

정답 51. ③ 52. ④ 53. ④ 54. ③ 55. ④

해설 ④의 기호는 영구적인 덮개 판을 사용하라는 기호이며, 제거 가능한 덮개 판을 사용하라는 기호는 MR이라고 표시한다.

56. 다음 중 단면도의 표시에 대한 설명으로 틀린 것은?

① 상하 또는 좌우 대칭인 물체는 외형과 단면을 동시에 나타낼 수 있다.
② 기본 중심선이 아닌 곳을 절단면으로 표시할 수는 없다.
③ 단면도를 나타낼 때 같은 절단면상에 나타나는 같은 부품의 단면에는 같은 해칭(또는 스머징)을 한다.
④ 원칙적으로 축, 볼트, 리브 등은 길이 방향으로 절단하지 않는다.

해설 단면이 필요한 경우 기본 중심선이 아닌 곳에서 절단한 면으로 표시해도 좋다.

57. 그림과 같은 제3각 투상도의 입체도로 가장 적합한 것은?

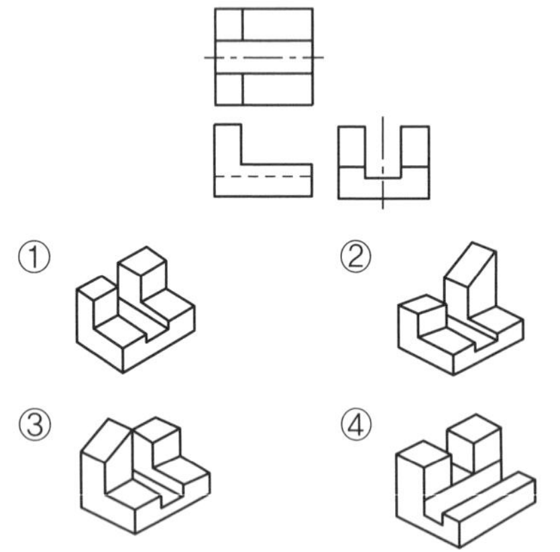

58. 기계 제도에서 가상선의 용도에 해당하지 않는 것은?

① 인접부분을 참고로 표시하는 데 사용
② 도시된 단면의 앞쪽에 있는 부분을 표시하는 데 사용
③ 가동하는 부분을 이동한계의 위치로 표시하는 데 사용
④ 부분 단면도를 그릴 경우 절단 위치를 표시하는 데 사용

해설 ①, ②, ③ 이외에도 공구, 지그 등의 위치를 참고로 나타내거나 가공 전 또는 가공 후의 모양을 나타내며, 되풀이하는 것을 나타내는 데에도 사용한다.

59. 기계 제도에서 폭이 50 mm, 두께가 7 mm, 길이가 1000 mm인 등변 ㄱ 형강의 표시를 바르게 나타낸 것은?

① L 7×50×50−1000
② L×7×50×50−1000
③ L 50×50×7−1000
④ L−50×50×7−1000

60. 그림과 같은 배관 도시기호에서 계기 표시가 압력계일 때 원 안에 사용하는 글자 기호는?

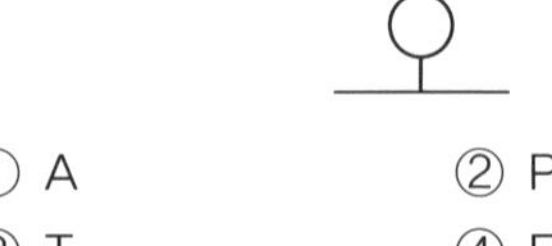

① A ② P
③ T ④ F

해설 압력계는 P, 온도계는 T, 유량 지시계는 F로 표시한다.

정답 56. ② 57. ① 58. ④ 59. ③ 60. ②

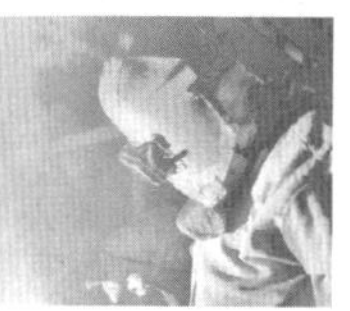

2019년도 복원 문제

CBT 복원 문제(용접 기능사)

1. 용착법의 설명으로 틀린 것은?

① 한 부분에 대해 몇 층을 용접하다가 다음 부분의 층으로 연속시켜 용접하는 것이 스킵법이다.
② 잔류 응력이 다소 적게 발생하고 용접 진행 방향과 용착 방향이 서로 반대가 되는 방법이 후진법이다.
③ 각 층마다 전체의 길이를 용접하면서 다층용접을 하는 방식이 덧살올림법이다.
④ 한 개의 용접봉으로 살을 붙일 만한 길이로 구분해서 홈을 한 부분씩 여러 층으로 쌓아 올린 다음 다른 부분으로 진행하는 용접 방법이 전진 블록법이다.

해설 캐스케이드법은 한 부분의 몇 층을 용접하다가 이것을 다음 부분의 층으로 연속시켜 전체가 계단 형태의 단계를 이루도록 용착시켜 나가는 방법이다.

2. 연납땜의 용제가 아닌 것은?

① 붕산 ② 염화아연
③ 염산 ④ 염화암모늄

해설 연납용 용제의 종류
㉮ 아연 : 아연 또는 아연도 철판에 적합하다.
㉯ 염화아연 : 가장 보편적으로 사용(함석, 구리, 청동)하며, 제거 방법은 '물 → 소다 → 물'이다.
㉰ 염화암모니아(염화암모늄) : 땜 인두 청정용(철, 구리), 단독으로 사용하지 않는다.
㉱ 식물성 수지 : 비부식성 용제, 송진, 삼목지
㉲ 동물성 수지 : 부식성이 강하다, 글리세린, 염화아연과 혼합하여 사용한다. 100℃ 부근 산화물 제거, 납땜부 보호 작용, 전기부품
㉳ 인산, 염산

3. 다음 그림에서 루트 간격을 표시하는 것은?

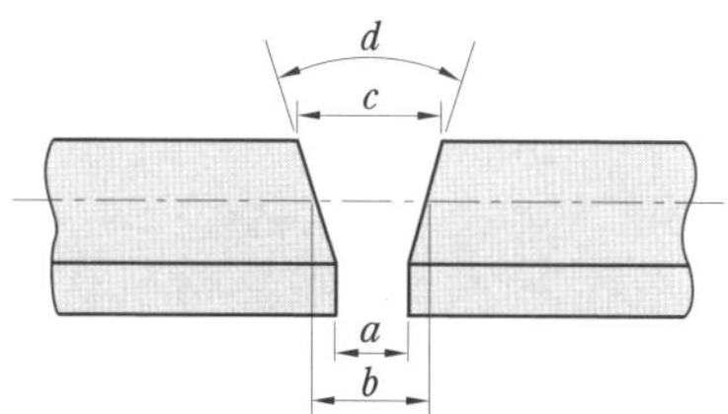

① a ② b
③ c ④ d

해설 그림에서 a는 루트 간격, b는 U, J형에서의 루트 반지름을 표시한다. c는 표면 간격, d는 홈의 개선 각도이다.

4. 금속재료 시험법과 시험 목적을 설명한 것으로 틀린 것은?

① 인장 시험 : 인장강도, 항복점, 연신율 계산
② 경도 시험 : 외력에 대한 저항의 크기 측정
③ 굽힘 시험 : 피로한도값 측정
④ 충격 시험 : 인성과 취성의 정도 조사

해설 굽힘 시험 : 용접부의 연성과 안전성을 조사하기 위하여 사용되는 시험법으로 용접공의 기능 검정에도 사용되고 있으며 시험하는 표면의 상태에 따라서 표면 굽힘 시험, 이면 굽힘 시험, 측면 굽힘 시험이 있다.

형틀 굽힘 시험 방법

시험 종류	판 두께(mm)	관의 지름(mm)
표면 굽힘	3.0~19	150~300
이면 굽힘	3.0~19	150~300
측면 굽힘	19 이상	-

정답 1. ① 2. ① 3. ① 4. ③

5. 맞대기 용접 이음에서 최대 인장하중이 800 kgf이고, 판 두께가 5 mm, 용접선의 길이가 20 cm일 때 용착금속의 인장강도는 몇 kgf/mm^2인가?

① 0.8 ② 8
③ 80 ④ 800

해설 용접의 인장하중 = 용착금속의 인장강도×판 두께×용접부의 길이로 주어진 문제에 의해서 용접의 인장강도

$$= \frac{\text{최대 하중}}{\text{단면적}} = \frac{800}{5\,\text{mm} \times 200\,\text{mm}}$$

$= 0.8\ kgf/mm^2$

6. 용접 결함에서 치수상의 결함에 속하는 것은?

① 기공 ② 슬래그 섞임
③ 변형 ④ 용접균열

해설 치수상 결함의 종류
㉮ 변형
㉯ 용접 금속부 크기가 부적당
㉰ 용접 금속부 형상이 부적당

7. 플라스마 아크 용접에 사용되는 가스가 아닌 것은?

① 헬륨 ② 수소
③ 아르곤 ④ 암모니아

해설 플라스마 아크 용접에 사용되는 가스는 아르곤, 아르곤+수소, 헬륨가스가 사용된다.

8. 응급 처치 구명 4단계에 해당되지 않는 것은?

① 기도 유지 ② 상처 보호
③ 환자의 이송 ④ 지혈

해설 응급(구급) 처치의 4단계 : 지혈→기도 유지→상처 보호→쇼크 방지와 치료

9. 불활성 가스 텅스텐 아크 용접의 상품 명칭에 해당되지 않는 것은?

① 헬리아크 ② 아르곤아크
③ 헬리웰드 ④ 필러아크

해설 필러아크는 CO_2 용접의 복합 와이어의 한 종류로 퓨즈 아크 와이어라고도 한다.

10. 일렉트로 가스 아크 용접에 주로 사용되는 실드 가스는?

① 아르곤 가스 ② CO_2 가스
③ 프로판 가스 ④ 헬륨 가스

해설 일렉트로 가스 아크 용접은 수직용접법으로 탄산가스를 주로 보호가스로 이용하고 이외에 아르곤, 헬륨 등이 이용되고 일렉트로 슬래그 용접은 와이어와 용융 슬래그 사이에 통전된 전류의 저항열을 이용하여 용접을 하는 방법이다.

11. 다음 중 텅스텐 아크 절단이 곤란한 금속은?

① 경합금 ② 동합금
③ 비철금속 ④ 비금속

해설 TIG 절단에 사용되는 금속은 알루미늄, 마그네슘, 구리와 구리합금, 스테인리스강 등이다. 금속재료의 절단에만 이용되며 플라스마 제트와 같이 아크를 냉각하고, 열적 핀치 효과에 의하여 고온, 고속절단을 한다.

12. 다음 중 절단 작업과 관계가 가장 적은 것은?

① 산소창 절단
② 아크 에어 가우징
③ 크레이터
④ 분말 절단

정답 5. ① 6. ③ 7. ④ 8. ③ 9. ④ 10. ② 11. ④ 12. ③

해설 절단 작업은 가스 절단, 탄소 아크 절단, 금속 아크 절단, 산소 아크 절단, 불활성 가스 아크 절단, 플라스마 절단, 아크 에어 가우징 등이 있으며 크레이터는 비드의 끝 부분에 오목하게 들어간 곳을 말한다.

13. 불활성 가스 금속 아크 용접에서 가스 공급 계통의 확인 순서로 가장 적합한 것은?

① 용기 → 감압 밸브 → 유량계 → 제어장치 → 용접토치
② 용기 → 유량계 → 감압 밸브 → 제어장치 → 용접토치
③ 감압 밸브 → 용기 → 유량계 → 제어장치 → 용접토치
④ 용기 → 제어장치 → 감압 밸브 → 유량계 → 용접토치

해설 MIG의 가스 공급 순서로는 용기 → 감압 밸브(압력조정기) → 유량계 → 제어장치 → 용접토치 순서이다.

14. 이산화탄소 가스 아크 용접에서 용착 속도에 따른 내용 중 틀린 것은?

① 와이어 용융 속도는 아크 전류에 거의 정비례하여 증가한다.
② 용접 속도가 빠르면 모재의 입열이 감소한다.
③ 용착률은 일반적으로 아크 전압이 높은 쪽이 좋다.
④ 와이어 용융 속도는 와이어의 지름과는 거의 관계가 없다.

해설 ㉮ 용접 속도 : 용접 속도가 빠르면 모재의 입열(入熱)이 감소되어 용입이 얕고 비드 폭이 좁으며 반대로 늦으면 아크의 바로 밑으로 용융 금속이 흘러들어 아크의 힘을 약화시켜서 용입이 얕으며, 비드 폭이 넓은 평탄한 비드를 형성한다.
㉯ 아크 전압 : 아크 전압이 높으면 비드가 넓어지고 납작해지며 지나치게 높으면 기포가 발생하고 너무 낮으면 볼록하고 좁은 비드를 형성하고 와이어가 녹지 않고 모재 바닥을 부딪히고 토치를 들고 일어나는 현상이 생긴다.

15. 용접 작업 중 전격 방지 대책으로 틀린 것은?

① 용접기의 내부에 함부로 손을 대지 않는다.
② 홀더의 절연 부분이 파손되면 보수하거나 교체한다.
③ 숙련공은 가죽장갑, 앞치마 등 보호구를 착용하지 않아도 된다.
④ 용접 작업이 끝났을 때는 반드시 스위치를 차단한다.

해설 전격 방지를 위해서는 숙련공이라도 반드시 전격 위험 방지용 장갑(특히 고무제품 등), 앞치마 등 보호구를 착용해야 한다.

16. 저항 용접의 종류 중에서 맞대기 용접이 아닌 것은?

① 프로젝션 용접　② 업셋 용접
③ 플래시 버트 용접　④ 퍼커션 용접

해설 프로젝션 용접은 일명 돌기 용접이라고도 하며 점 용접과 비슷하며 모재에 한쪽 또는 양쪽에 돌기를 만들어 이 부위에 집중적으로 전류를 통하게 하여 압접하는 겹치기 저항 용접으로 겹치기에는 점, 돌기, 심 용접이 있고 맞대기에는 업셋, 플래시, 맞대기 심, 퍼커션 등이 있다.

17. 가스 용접에서 매니폴드를 설치할 경우 고려할 사항으로 틀린 것은?

① 순간 최소 사용량
② 가스용기를 교환하는 주기

정답 13. ① 14. ③ 15. ③ 16. ① 17. ①

③ 필요한 가스용기의 수
④ 사용량에 적합한 압력 조정기 및 안전기

해설 가스 용접 시 매니폴드를 설치할 경우 고려할 사항으로는 순간 최대 사용량, 가스 용기를 교환하는 주기, 필요한 가스용기의 수, 사용량에 적합한 압력 조정기 및 안전기가 있다. 그리고 역화 방지기, 가스 누설 경보기 등을 적합한 것으로 한다.

18. 탄산가스 아크 용접법으로 주로 용접하는 금속은?

① 연강 ② 구리와 동합금
③ 스테인리스강 ④ 알루미늄

해설 탄산가스를 이용한 용접법으로 탄소강과 저합금강의 전용 용접법이다.

19. 이산화탄소 가스 아크 용접에서 아크 전압이 높을 때 비드 형상으로 맞는 것은?

① 비드가 넓어지고 납작해진다.
② 비드가 좁아지고 납작해진다.
③ 비드가 넓어지고 볼록해진다.
④ 비드가 좁아지고 볼록해진다.

해설 아크 전압이 높으면 비드가 넓어지고 납작해지며 지나치게 높으면 기포가 발생하고 너무 낮으면 볼록하고 좁은 비드를 형성하여 와이어가 녹지 않고 모재 바닥을 부딪히고 토치를 들고 일어나는 현상이 생긴다.

20. 크레이터 처리 미숙으로 일어나는 결함이 아닌 것은?

① 냉각 중에 균열이 생기기 쉽다.
② 파손이나 부식의 원인이 된다.
③ 불순물과 편석이 남게 된다.
④ 용접봉의 단락 원인이 된다.

해설 크레이터는 용접 중에 아크를 중단시키면 중단된 부분이 오목하거나 납작하게 파진 모습으로 불순물과 편석이 남게 되고 냉각 중에 균열이 발생할 우려가 있어 아크 중단 시 완전하게 메꾸어 주는 것을 크레이터 처리라고 한다.

21. 일반적으로 많이 사용되는 용접 변형 방지법이 아닌 것은?

① 비녀장법 ② 억제법
③ 도열법 ④ 역변형법

해설 용접 변형 방지법 중 용접 전 변형 방지는 억제법, 역변형법이 있고, 용접 시공에 의한 방법으로는 대칭법, 후퇴법, 교호법, 비석법 등이 있다.

22. 서브머지드 아크 용접 장치의 구성 부분이 아닌 것은?

① 수냉동판 ② 콘택트 팁
③ 주행 대차 ④ 가이드 레일

해설 ㉮ 서브머지드 아크 용접의 장치(구성) 요소는 용접 전원, 전압제어상자(콘트롤박스), 와이어피드장치, 콘택트 팁, 용접 와이어, 용제호퍼, 주행 대차 등으로 되어 있고 용접 전원을 제외한 나머지를 용접 헤드라 한다.
㉯ 수냉동판은 일렉트로 슬래그나 일렉트로 가스 용접에서 이동판으로 사용된다.

23. 산소 용기의 취급상 주의할 점이 아닌 것은?

① 운반 중에 충격을 주지 말 것
② 그늘진 곳을 피하여 직사광선이 드는 곳에 둘 것
③ 산소 누설 시험에는 비눗물을 사용할 것
④ 산소 용기의 운반 시 밸브를 닫고 캡을 씌워서 이동할 것

정답 18. ① 19. ① 20. ④ 21. ① 22. ① 23. ②

해설 산소 용기는 충진압력이 35℃에서 150 kg/cm^2 이기 때문에 용기의 보관은 ㉮ 충격을 주지 말고 ㉯ 항상 40℃ 이하로 그늘진 곳에 보관하고 직사광선을 피하여야 한다. ㉰ 화기에서 5 m 이상 멀리 두고 기름, 그리스 등 발화하기 쉬운 물질을 피하여야 한다.

24. 2개의 모재에 압력을 가해 접촉시킨 다음 접촉면에 상대운동을 시켜 접촉면에서 발생하는 열을 이용하여 이음 압접하는 용접법을 무엇이라 하는가?

① 초음파 용접 ② 냉간 압접
③ 마찰 용접 ④ 아크 용접

해설 ㉮ 초음파 용접 : 용접 모재를 겹쳐서 용접 팁과 하부 앤빌 사이에 끼워 놓고, 압력을 가하면서 초음파(18 kHz 이상) 주파수로 진동시켜 그 진동 에너지에 의해 접촉부에 진동 마찰열을 발생시켜 압접하는 방법
㉯ 냉간 압접 : 순수한 두 개의 금속을 옹스트럼(Å = 10^{-8} cm) 단위의 거리로 가까이 하면 자유 전자가 공동화되고 결정격자점의 양이온과 서로 작용하여 인력으로 인하여 금속 원자를 결합시키는 단순한 가압 방식
㉰ 마찰 용접 : 용접하고자 하는 모재를 맞대어 접합면의 고속회전에 의해 발생된 마찰열을 이용하여 압접하는 방식

25. 아크 용접기의 구비 조건으로 틀린 것은?

① 구조 및 취급이 간단해야 한다.
② 용접 중 온도 상승이 커야 한다.
③ 아크 발생 및 유지가 용이하고 아크가 안정되어야 한다.
④ 역률 및 효율이 좋아야 한다.

해설 용접기는 용접 중에는 가능한 한 온도 상승이 적어야 한다.

26. 직류 아크 용접의 정극성에 대한 결선상태가 맞는 것은?

① 용접봉(−), 모재(+)
② 용접봉(+), 모재(−)
③ 용접봉(−), 모재(−)
④ 용접봉(+), 모재(+)

해설 ㉮ 극성은 직류(DC)에서만 존재하며 종류는 직류 정극성(DCSP : Direct Current Straight Polarity)과 직류 역극성(DCRP : Direct Current Reverse Polarity)이 있다.
㉯ 일반적으로 양극(+)에서 발열량이 70 % 이상 나온다.
㉰ 정극성일 때 모재에 양극(+)을 연결하므로 모재 측에서 열 발생이 많아 용입이 깊게 되고, 음극(−)을 연결하는 용접봉은 천천히 녹는다.
㉱ 역극성일 때 모재에 음극(−)을 연결하므로 모재 측의 열량 발생이 적어 용입이 얕고 넓게 된다. 하지만 용접봉은 양극(+)에 연결하므로 빨리 녹게 된다.
㉲ 일반적으로 모재가 용접봉에 비하여 두꺼워 모재 측에 양극(+)을 연결하는 것을 정극성이라 한다.

27. 가스 절단 속도와 절단 산소의 순도에 관한 설명으로 옳은 것은?

① 절단 속도는 절단 산소의 압력이 높고, 산소 소비량이 많을수록 정비례하여 증가한다.
② 절단 속도는 모재의 온도가 낮을수록 고속절단이 가능하다.
③ 산소 중에 불순물이 증가되면 절단 속도가 빨라진다.
④ 산소의 순도(99 % 이상)가 높으면 절단 속도가 느리다.

해설 절단 시 산소 순도의 영향
㉮ 절단 작업에 사용되는 산소의 순도는 99.5 % 이상이어야 하며 그 이하일 때에는 작업 능률이 저하된다.
㉯ 절단 산소 중의 불순물 증가 시의 현상

정답 24. ③ 25. ② 26. ① 27. ①

㉠ 절단 속도가 늦어지고 절단면이 거칠며 산소의 소비량이 많아진다.
㉡ 절단 가능한 판의 두께가 얇아지며 절단 시작 시간이 길어진다.
㉢ 슬래그 이탈성이 나쁘고 절단 홈의 폭이 넓어진다.

28. 가변압식 토치의 팁 번호가 400번을 사용하여 중성불꽃으로 1시간 동안 용접할 때, 아세틸렌가스의 소비량은 몇 L인가?

① 400 ② 800
③ 1600 ④ 2400

해설 ㉮ 가변압식(프랑스식) : 1시간 동안 중성불꽃으로 용접할 경우 아세틸렌의 소비량을 (L)로 나타낸다.
㉯ 불변압식(독일식) : 연강판 용접 시 용접할 수 있는 판의 두께를 기준으로 예를 들면 1 mm 두께의 연강판 용접 시 팁을 1번을 사용한다.

29. 피복 아크 용접에서 일반적으로 용접 모재에 흡수되는 열량은 용접 입열의 몇 % 인가?

① 40～50 % ② 50～60 %
③ 75～85 % ④ 90～100 %

해설 용접 입열에서는 일반적으로 모재에 흡수된 열량은 입열의 75~85 % 정도가 보통이다.

30. 다음 중 용접기의 특성에 있어 수하 특성의 역할로 가장 적합한 것은?

① 열량의 증가 ② 아크의 안정
③ 아크 전압의 상승 ④ 저항의 감소

해설 수하 특성은 용접 작업 중 아크를 안정하게 지속시키기 위하여 필요한 특성으로 피복 아크 용접, TIG 용접처럼 토치의 조작을 손으로 함에 따라 아크의 길이를 일정하게 유지하는 것이 곤란한 용접법에 적용된다.

31. 탄소 아크 절단에 주로 사용되는 용접 전원은?

① 직류 정극성 ② 직류 역극성
③ 용극성 ④ 교류 역극성

해설 탄소 아크 절단에는 직류 정극성이 사용되나 교류라도 절단이 가능하며 사용 전류가 300 A 이하에서는 보통 홀더를 사용하나 이상에서는 수랭식 홀더를 사용하는 것이 좋다.

32. 연강용 피복 아크 용접봉의 심선에 대한 설명으로 옳지 않은 것은?

① 주로 저탄소 림드강이 사용된다.
② 탄소 함량이 많은 것으로 사용한다.
③ 황(S)이나 인(P) 등의 불순물을 적게 함유한다.
④ 규소(Si)의 양을 적게 하여 제조한다.

해설 탄소의 함유량이 많은 것을 사용하면 용융온도가 저하되고 냉각 속도가 커져 균열의 원인이 되기 때문에 탄소 함량이 적은 것을 사용한다.

33. 용접 홀더 종류 중 용접봉을 잡는 부분을 제외하고는 모두 절연되어 있어 안전 홀더라고도 하는 것은?

① A형 ② B형
③ C형 ④ D형

해설 KS C9607에 규정된 용접용 홀더의 종류로 A형은 손잡이 부분을 포함하여 전체가 절연이 된 것이고, B형은 손잡이 부분만 절연된 것으로 A형을 안전 홀더라고 한다.

34. 수중 가스 절단에서 주로 사용되는 가스는?

① 아세틸렌 가스 ② 도시 가스
③ 프로판 가스 ④ 수소 가스

정답 28. ① 29. ③ 30. ② 31. ① 32. ② 33. ① 34. ④

해설 수중 절단은 절단 팁의 외측에 압축 공기를 보내어 물을 배재하고 예열 가스는 산소와 수소의 혼합 가스로 공기 중에 4~8배, 절단 산소의 압력은 1.5~2배로 한다.

35. 가스 용접에 사용되는 연료 가스의 일반적 성질 중 틀린 것은?

① 불꽃의 온도가 높아야 한다.
② 연소 속도가 늦어야 한다.
③ 발열량이 커야 한다.
④ 용융금속과 화학반응을 일으키지 말아야 한다.

해설 연료 가스의 일반적 성질
㉮ 불꽃의 온도가 금속의 용융점 이상으로 높을 것(순철은 1540℃, 일반 철강은 1230~1500℃)
㉯ 연소 속도가 빠를 것(표준 불꽃이 아세틸렌 1 : 산소 2.5(1.5는 공기 중 산소), 프로판 1 : 산소 4.5 정도 필요함)
㉰ 발열량이 클 것
㉱ 용융금속에 산화 및 탄화 등의 화학반응을 일으키지 않을 것

36. AW-250, 무부하 전압 80 V, 아크 전압 20 V인 교류 용접기를 사용할 때 역률과 효율은 각각 약 얼마인가? (단, 내부 손실은 4 kW이다.)

① 역률 : 45 %, 효율 : 56 %
② 역률 : 48 %, 효율 : 69 %
③ 역률 : 54 %, 효율 : 80 %
④ 역률 : 69 %, 효율 : 72 %

해설
• 역률 $= \dfrac{\text{아크쪽 입력} + \text{내부 손실}}{\text{전원 입력}} \times 100\,\%$
$= \dfrac{20\text{V} \times 250\text{A} + 4\text{kW}(4000\text{VA})}{80\text{V} \times 250} = 45\,\%$

• 효율 $= \dfrac{\text{아크쪽 입력}}{\text{아크쪽 입력} + \text{내부 손실}} \times 100\,\%$
$= \dfrac{20 \times 250}{(20 \times 250) + 4000\text{VA}} \times 100\,\%$
$\fallingdotseq 55.5\,\%$

37. 용접 이음에 대한 특성 설명 중 옳은 것은?

① 복잡한 구조물 제작이 어렵다.
② 기밀, 수밀, 유밀성이 나쁘다.
③ 변형의 우려가 없어 시공이 용이하다.
④ 이음 효율이 높고 성능이 우수하다.

해설 용접 이음에서는 이음 강도의 100 %까지 누수가 없고, 용접 이음 효율은 100 %이다.

38. 가스 용접에서 전진법과 비교한 후진법의 특성을 설명한 것으로 틀린 것은?

① 열 이용율이 좋다.
② 용접 속도가 빠르다.
③ 용접 변형이 작다.
④ 산화 정도가 심하다.

해설 문제의 ①, ②, ③ 외에 산화 정도가 약하고 사용 모재의 두께가 두껍다. 용착금속의 냉각이 전진법보다 서랭이 되며 홈의 각도가 적어도 된다.

39. 피복 금속 아크 용접봉에서 피복제의 주된 역할에 대한 설명으로 틀린 것은?

① 아크를 안정시키고, 스패터의 발생을 적게 한다.
② 산화성 분위기로 대기 중의 산화, 질화 등의 해를 방지한다.
③ 용착금속의 탈산 정련 작용을 한다.
④ 전기 절연 작용을 한다.

해설 피복제의 역할은 아크의 안정, 용착금속의 탈산 정련 작용, 용착금속의 급랭 방지, 전기 절연, 슬래그 제거를 쉽게 한다.

40. 용접용 고장력강에 해당되지 않는 것은?

① 망간(실리콘)강
② 몰리브덴 함유강

정답 35. ② 36. ① 37. ④ 38. ④ 39. ② 40. ④

③ 인 함유강
④ 주강

해설 고장력강은 약 0.15 % C인 강재로 보통은 영어의 앞에 문자를 따서 하이텐(High tensile steel, HT)이라고도 부르기도 하고 주로 Si-Mn계나 Ni, Cr, V, Mn, Mo, B 등을 소량 함유한 강이다.

41. 화염 경화법의 장점이 아닌 것은?

① 국부적인 담금질이 가능하다.
② 일반 담금질에 비해 담금질 변형이 적다.
③ 부품의 크기나 형상에 제한이 없다.
④ 가열 온도의 조절이 쉽다.

해설 화염 경화법의 장점
㉮ 부품의 크기나 형상에 제한이 없다.
㉯ 국부 담금질이 가능하다.
㉰ 일반 담금질법에 비해 담금질 변형이 적다.
㉱ 설비비가 적다. 단점으로는 가열 온도의 조절이 어렵다는 점이다.

42. 탄소강에 함유된 구리(Cu)의 영향으로 틀린 것은?

① Ar_1 변태점을 저하시킨다.
② 강도, 경도, 탄성한도를 증가시킨다.
③ 내식성을 저하시킨다.
④ 다량 함유하면 강재압연 시 균열의 원인이 되기도 한다.

해설 탄소강 중에 함유된 구리(Cu)의 영향은 인장강도, 경도, 부식저항(내식성) 증가, 압연 시 균열 발생 등이 있고 압연 시 균열 발생은 Ni 존재 시 구리에 해를 감소시키거나 Sn 존재 시 구리에 해가 커진다.

43. 실용금속 중 밀도가 유연하며, 윤활성이 좋고 내식성이 우수하며, 방사선의 투과도가 낮은 것이 특징인 금속은?

① 니켈(Ni) ② 아연(Zn)
③ 구리(Cu) ④ 납(Pb)

해설 납은 비중 11.3, 융점 327℃로 유연한 금속이며 방사선 투과도가 낮은 금속이다.

44. 구리의 일반적인 성질에 대한 설명으로 틀린 것은?

① 체심입방정(BCC) 구조로서 성형성과 단조성이 나쁘다.
② 화학적 저항력이 커서 부식되지 않는다.
③ 내산화성, 내수성, 내염수성의 특성이 있다.
④ 전기 및 열의 전도성이 우수하다.

해설 구리는 면심입방격자로서 변태점이 없고 비자성체, 전기 및 열의 양도체이다.

45. 다음 중 마그네슘에 관한 설명으로 틀린 것은?

① 실용금속 중 가장 가벼우며, 절삭성이 우수하다.
② 조밀육방격자를 가지며, 고온에서 발화하기 쉽다.
③ 냉간가공이 거의 불가능하여 일정 온도에서 가공한다.
④ 내식성이 우수하여 바닷물에 접촉하여도 침식되지 않는다.

해설 마그네슘의 성질
㉮ 1.74(실용금속 중 가장 가볍다), 용융점 650℃, 재결정 온도 150℃이다.
㉯ 조밀육방격자, 고온에서 발화하기 쉽다.
㉰ 대기 중에서 내식성이 양호하나 산이나 염류에는 침식되기 쉽다.
㉱ 냉간가공이 거의 불가능하여 200℃ 정도에서 열간가공한다.
㉲ 250℃ 이하에서 크리프(creep) 특성은 Al보다 좋다.

정답 41. ④ 42. ③ 43. ④ 44. ① 45. ④

46. 구리, 마그네슘, 망간, 알루미늄으로 조성된 고강도 알루미늄 합금은?

① 실루민 ② Y합금
③ 두랄루민 ④ 포금

해설 두랄루민이란 단조용 알루미늄 합금의 대표적인 것으로 강력 알루미늄 합금으로는 초두랄루민, 초강두랄루민(일명 ESD합금) 등이 있다.

47. 강괴를 용강의 탈산 정도에 따라 분류할 때 해당되지 않는 것은?

① 킬드강 ② 세미킬드강
③ 정련강 ④ 림드강

해설 강괴는 탈산 정도에 따라 림드강→세미킬드강→킬드강으로 분류되고 탈산제는 탈산 능력에 따라 망간→규소→알루미늄의 순서로 된다.

48. 스테인리스강의 내식성 향상을 위해 첨가하는 가장 효과적인 원소는?

① Zn ② Sn ③ Cr ④ Mg

해설 스테인리스강(STS : Stainless steel)은 강에 Ni, Cr을 다량 첨가하여 내식성을 현저히 향상시킨 강으로 대기 중, 수중, 산 등에 잘 견딘다.

49. 순철의 동소체가 아닌 것은?

① α철 ② β철 ③ γ철 ④ δ철

해설 순철(pure iron)에는 α, γ, δ의 3개의 동소체가 있는데 α철은 912℃(A_3 변태) 이하에서는 체심입방격자이고 γ철은 912℃로부터 약 1400℃(A_4 변태) 사이에 면심입방격자이며 δ철은 약 1400℃에서 용융점 1538℃ 사이에는 체심입방격자이다.

50. 인장강도 70 kgf/mm^2 이상 용착금속에서는 다층 용접하면 용접한 층이 다음 층에 의하여 뜨임이 된다. 이때 어떤 변화가 생기는가?

① 뜨임 취화 ② 뜨임 연화
③ 뜨임 조밀화 ④ 뜨임 연성

해설 뜨임 취성에서는 200~400℃에서 뜨임을 한 후 충격치가 저하되어 강의 취성이 커지는 현상으로 Mo를 첨가하면 방지할 수 있다(가장 주의할 취성은 300℃이다).
㉮ 저온 뜨임 취성 : 250~300℃
㉯ 1차 뜨임 취성(뜨임 시효 취성) : 500℃ 부근→Mo 첨가하면 방지 효과가 없다.
㉰ 2차 뜨임 취성(뜨임 서랭 취성) : 525~600℃→Mo은 방지하는 데 필요하다.

51. 물체에 인접하는 부분을 참고로 도시할 경우에 사용하는 선은?

① 가는 실선 ② 가는 파선
③ 가는 1점 쇄선 ④ 가는 2점 쇄선

해설 ㉮ 실선(굵은, 가는) : 외형선, 중심선(가는 1점 쇄선 포함) 치수선 또는 치수 보조선, 지시선, 파단선, 특수한 용도의 선
㉯ 파선 : 은선
㉰ 1점 쇄선 : 중심선, 절단선, 가상선, 피치선, 특수한 용도의 선

52. [보기]와 같이 제3각법으로 정투상도를 작도할 때 누락된 평면도로 적합한 것은?

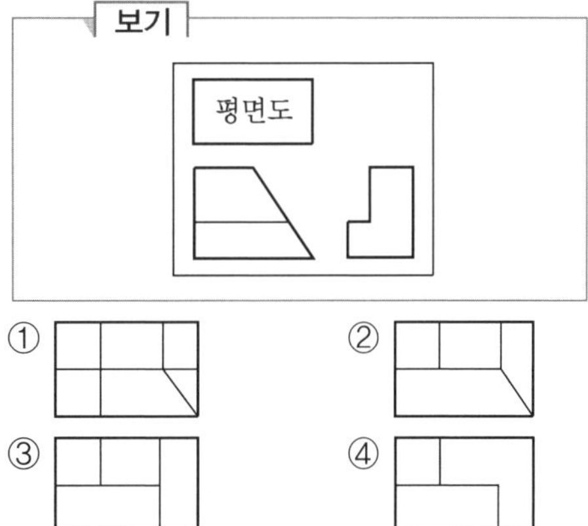

정답 46. ③ 47. ③ 48. ③ 49. ② 50. ① 51. ④ 52. ④

53. 그림과 같은 배관 도면에 표시된 밸브의 명칭은?

① 체크 밸브 ② 이스케이프 밸브
③ 슬루스 밸브 ④ 리프트 밸브

54. 리벳 이음(rivet joint) 단면의 표시법으로 가장 올바르게 투상된 것은?

① 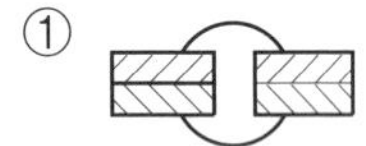 ② 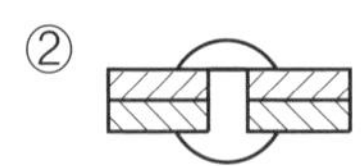

③ 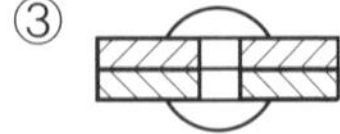 ④ 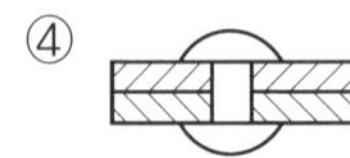

55. [보기]와 같이 도시된 용접부 형상을 표시한 KS 용접기호의 명칭으로 올바른 것은?

보기

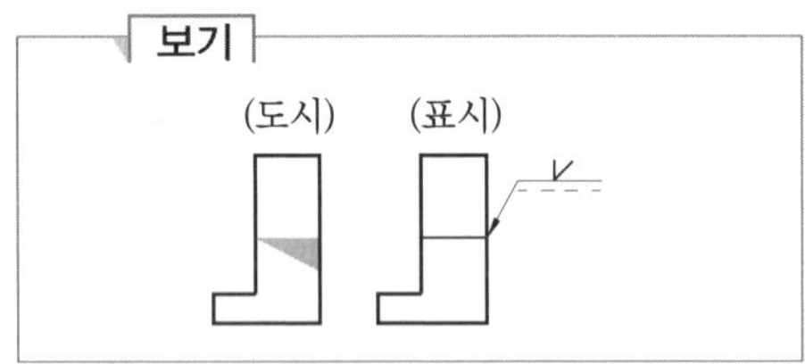

① 일면 개선형 맞대기 용접
② V형 맞대기 용접
③ 플랜지형 맞대기 용접
④ J형 이음 맞대기 용접

56. 도면용으로 사용하는 A2 용지의 크기로 맞는 것은?

① 841×1189 ② 594×841
③ 420×594 ④ 270×420

57. KS 재료기호 SM10C에서 10C는 무엇을 뜻하는가?

① 제작 방법 ② 종별 번호
③ 탄소 함유량 ④ 최저 인장강도

58. 그림과 같이 제3각법으로 정투상한 도면의 입체도로 가장 적합한 것은?

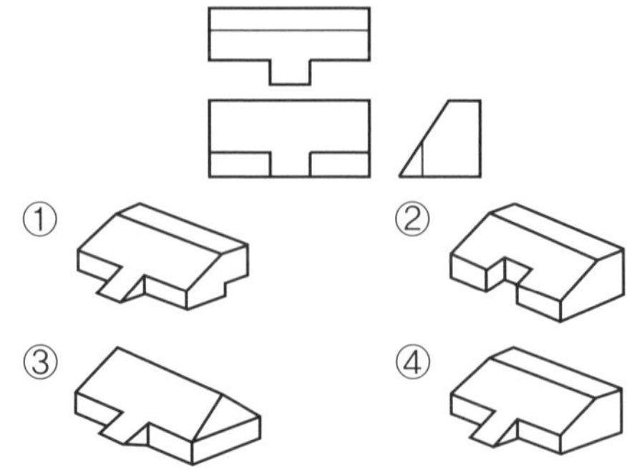

59. 그림의 도면에서 리벳의 개수는?

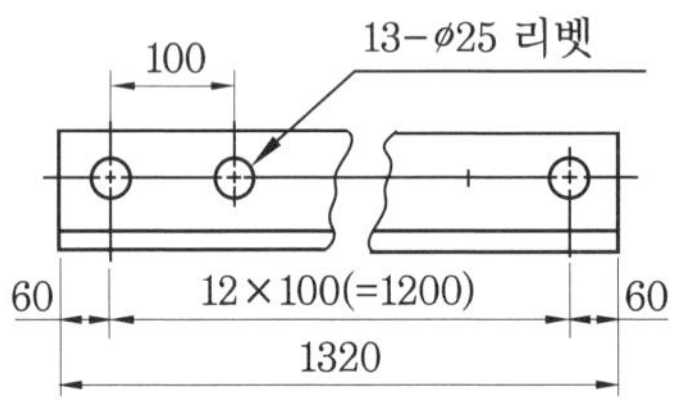

① 12개 ② 13개
③ 25개 ④ 100개

해설 리벳의 같은 간격으로 연속하는 같은 종류의 구멍 표시 방법 : 간격의 수×간격의 치수 = 합계 치수

60. 그림의 입체도에서 화살표 방향을 정면으로 하여 3각법으로 정투상한 도면으로 가장 적합한 것은?

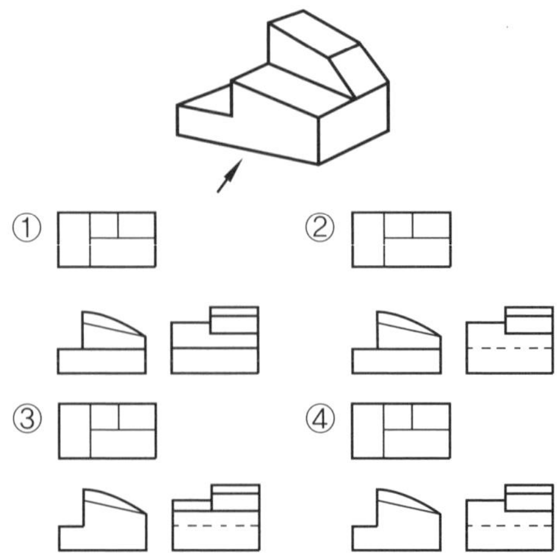

정답 53. ① 54. ④ 55. ① 56. ③ 57. ③ 58. ④ 59. ② 60. ③

CBT 복원 문제(특수 용접 기능사)

1. 용접 구조물의 제작도면에 사용되는 보조기능 중 RT는 비파괴 시험 중 무엇을 뜻하는가?

① 초음파 탐상 시험
② 자기분말 탐상 시험
③ 침투 탐상 시험
④ 방사선 투과 시험

해설 용접 시험 종류의 기호

기호	시험의 종류	기호	시험의 종류
RT	방사선 투과 시험	LT	누설 시험
UT	초음파 탐상 시험	ST	변형도 측정 시험
MT	자분 탐상 시험	VT	육안 시험
PT	침투 탐상 시험	PRT	내압 시험
ET	와류 탐상 시험	AET	어코스틱 에미션 시험

2. CO_2 가스 아크 용접의 보호가스 설비에서 히터장치가 필요한 가장 중요한 이유는?

① 액체가스가 기체로 변하면서 열을 흡수하기 때문에 조정기의 동결을 막기 위하여
② 기체가스를 냉각하여 아크를 안정하게 하기 위하여
③ 동절기의 용접 시 용접부의 결함 방지와 안전을 위하여
④ 용접부의 다공성을 방지하기 위하여 가스를 예열하여 산화를 방지하기 위하여

해설 CO_2 아크 용접 보호가스 설비는 용기(cylinder), 히터, 조정기, 유량계 및 가스 연결용 호스로 구성되며 CO_2 가스 압력은 실린더 내부 압력으로부터 조정기를 통해 나오면서 배출 압력으로 낮아져 상당한 열을 주위로부터 흡수하여 조정기와 유량계가 얼어버리므로 이를 방지하기 위하여 대개 CO_2 유량계는 히터가 붙어 있다.

3. 용접 작업의 경비를 절감시키기 위한 유의 사항 중 틀린 것은?

① 용접봉의 적절한 선정
② 용접사의 작업 능률의 향상
③ 용접 지그를 사용하여 위보기 자세의 시공
④ 고정구를 사용하여 능률 향상

해설 용접 경비의 절감
㉮ 용접봉의 적절한 선정과 그 경제적 사용 방법
㉯ 재료 절약을 위한 방법과 고정구 사용에 의한 능률 향상
㉰ 용접 지그의 사용에 의한 아래보기 자세의 채용
㉱ 용접사의 작업 능률의 향상에 적당한 품질 관리와 검사 방법
㉲ 적당한 용접 방법의 채용

4. 용접 지그를 사용하여 용접했을 때 얻을 수 있는 장점이 아닌 것은?

① 구속력을 크게 하면 잔류 응력이나 균열을 막을 수 있다.
② 동일 제품을 대량 생산할 수 있다.
③ 제품의 정밀도와 신뢰성을 높일 수 있다.
④ 작업을 용이하게 하고 용접 능률을 높인다.

해설 용접 지그 사용 시 장점
㉮ 아래보기 자세로 용접을 할 수 있다.
㉯ 용접 조립의 단순화 및 자동화가 가능하고 제품의 정밀도가 향상된다.
㉰ 동일 제품을 대량 생산할 수 있고 용접 능률을 높인다.

5. 피복 아크 용접용 기구 중 홀더(holder)에

정답 1. ④ 2. ① 3. ③ 4. ① 5. ④

관한 내용으로 옳지 않은 것은?

① 용접봉을 고정하고 용접 전류를 용접 케이블을 통하여 용접봉 쪽으로 전달하는 기구이다.
② 홀더 자신은 전기저항과 용접봉을 고정시키는 조(jaw) 부분의 접촉점에 의한 발열이 되지 않아야 한다.
③ 홀더가 400호이라면 정격 2차 전류가 400 A임을 의미한다.
④ 손잡이 이외의 부분까지 절연체로 감싸서 전격의 위험을 줄이고 온도 상승에도 견딜 수 있는 일명 안전홀더, 즉 B형을 선택하여 사용한다.

해설 피복 아크 용접에 사용되는 용접 홀더는 A형과 B형이 있으며 A형은 안전 홀더라고 하며 손잡이 외의 부분까지도 사용 중의 온도에 견딜 수 있는 절연체로 감전의 위험이 없도록 싸 놓은 것이다. B형은 손잡이 부분 외에는 전기적으로 절연되지 않고 노출된 형태이다.

6. 다음 중 가스 용접용 용제(flux)에 대한 설명으로 옳은 것은?

① 용제는 용융 온도가 높은 슬래그를 생성한다.
② 용제는 융점은 모재의 융점보다 높은 것이 좋다.
③ 용착금속의 표면에 떠올라 용착금속의 성질을 불량하게 한다.
④ 용제는 용접 중에 생기는 금속의 산화물 또는 비금속 개재물을 용해한다.

해설 용제는 용접 중에 생기는 금속의 산화물 또는 비금속 개재물을 용해하여 용융온도가 낮은 슬래그를 만들고 용융금속의 표면에 떠올라 용착금속의 성질을 양호하게 한다.

7. CO_2 가스 아크 용접에서 솔리드 와이어에 비교한 복합 와이어의 특징을 설명한 것이 틀린 것은?

① 양호한 용착금속을 얻을 수 있다.
② 스패터가 많다.
③ 아크가 안정된다.
④ 비드 외관이 깨끗하며 아름답다.

해설 ㉮ 솔리드 와이어
㉠ 단락이행 방법으로 박판 용접이나 전자세 용접에서부터 고전류에 의한 후판용접까지 가장 널리 사용한다.
㉡ 스패터가 많다.
㉢ 아르곤 가스를 혼합하면 스패터가 감소 작업성 등 용접 품질이 향상된다.
㉯ 복합 와이어 : 좋은 비드를 얻을 수 있으나 전자세 용접이 불가능하고 용착 속도나 용착 효율 등에서는 솔리드 와이어에 뒤지며 슬래그 섞임이 발생할 수 있다.

8. MIG 용접에서 사용되는 와이어 송급 장치의 종류가 아닌 것은?

① 푸시 방식(Push type)
② 풀 방식(Pull type)
③ 펄스 방식(Pulse type)
④ 푸시 풀 방식(Push-pull type)

해설 MIG 용접에서 사용되는 와이어 송급 방식의 종류는 푸시(Push), 풀(Pull), 푸시-풀, 더블 푸시(Double-Push) 방식 등 4가지가 사용된다.

9. 다음 중 침투 탐상 검사법의 장점이 아닌 것은?

① 시험 방법이 간단하다.
② 고도의 숙련이 요구되지 않는다.
③ 검사체의 표면이 침투제와 반응하여 손상되는 제품도 탐상할 수 있다.
④ 제품의 크기, 형상 등에 크게 구애 받지 않는다.

정답 6. ④ 7. ② 8. ③ 9. ③

해설 • 침투 탐상 검사의 장점
㉮ 시험 방법이 간단하고 고도의 숙련이 요구되지 않는다.
㉯ 제품의 크기, 형상 등에 크게 구애를 받지 않는다.
㉰ 국부적 시험이 가능하고 미세한 균열도 탐상이 가능하며 판독이 쉽고 비교적 가격이 저렴하다.
㉱ 철, 비철, 플라스틱, 세라믹 등 거의 모든 제품에 적용이 용이하다.
• 침투 탐상 검사의 단점
㉮ 시험 표면이 열려 있는 상태여야 검사가 가능하며 너무 거칠거나 기공이 많으면 허위 지시 모양을 만든다.
㉯ 시험 표면이 침투제 등과 반응하여 손상을 입는 제품은 검사할 수 없고 후처리가 요구된다.
㉰ 주변 환경, 특히 온도에 민감하여 제약을 받고 침투제가 오염되기 쉽다.

10. 가스 용접 토치의 취급상 주의사항으로 틀린 것은?

① 토치를 작업장 바닥이나 흙 속에 방치하지 않는다.
② 팁을 바꿔 끼울 때는 반드시 양쪽 밸브를 모두 열고 난 다음 행한다.
③ 토치를 망치 등 다른 용도로 사용해서는 안 된다.
④ 작업 중 발생하기 쉬운 역류, 역화, 인화에 항상 주의하여야 한다.

해설 가스 용접 토치의 취급상 주의사항
㉮ 팁 및 토치를 작업장 바닥이나 흙 속에 함부로 방치하지 않는다.
㉯ 점화되어 있는 토치를 아무 곳에나 함부로 방치하지 않는다(주위에 인화성 물질이 있을 때 화재 및 폭발의 위험).
㉰ 토치를 망치나 갈고리 대용으로 사용해서는 안 된다(토치는 구리 합금으로 강도가 약하여 쉽게 변형됨).
㉱ 팁을 바꿔 끼울 때는 반드시 양쪽 밸브를 모두 닫은 다음에 행한다(가스의 누설로 화재, 폭발 위험).
㉲ 팁이 과열 시 아세틸렌 밸브를 닫고 산소 밸브만을 조금 열어 물속에 담가 냉각시킨다.
㉳ 작업 중 발생되기 쉬운 역류, 역화, 인화에 항상 주의하여야 한다.

11. 다음 중 특히 두꺼운 판을 맞대기 용접에 의한 충분한 용입을 얻으려고 할 때 가장 적합한 홈의 형상은?

① H형 ② V형 ③ K형 ④ I형

해설 H형은 X형 홈과 같이 양면 용접이 가능한 경우에 용착금속의 량과 패스 수를 줄일 목적으로 사용되며 모재가 두꺼울수록 유리하고 K형은 V형보다 약간 두꺼운 판에 사용하나 밑면 따내기가 매우 곤란하다.

12. 아크 에어 가우징에 사용되는 전극봉은?

① 피복 금속봉
② 텅스텐 금속봉
③ 탄소 전극봉
④ 플라스마 전극봉

해설 아크 에어 가우징은 탄소 아크 절단에 압축 공기를 병용하여 전극 홀더의 구멍에서 탄소 전극봉에 나란히 분출하는 고속의 공기를 분출시켜 용융 금속을 불어내어 홈을 파는 방법이다.

13. 철강 계통에 레일, 차축 용접과 보수에 이용되는 테르밋 용접법의 특징에 대한 설명으로 틀린 것은?

① 용접 작업이 단순하다.
② 용접용 기구가 간단하고 설비비가 싸다.
③ 용접 시간이 길고 용접 후 변형이 크다.
④ 전력이 필요 없다.

정답 **10.** ② **11.** ① **12.** ③ **13.** ③

해설 테르밋 용접 특징
㉮ 용접 작업이 단순하고 용접 결과의 재현성이 높다.
㉯ 용접용 기구가 간단하고 설비비가 싸며, 작업 장소의 이동이 쉽다.
㉰ 용접 시간이 짧고 용접 후 변형이 적고 전기가 필요 없고, 용접 비용이 싸다.
㉱ 용접 이음부의 홈은 가스 절단한 그대로도 좋고, 특별한 모양의 홈을 필요로 하지 않는다.

14. 용접의 결함과 원인을 각각 짝지은 것 중 틀린 것은?

① 언더컷 : 용접 전류가 너무 높을 때
② 오버랩 : 용접 전류가 너무 낮을 때
③ 용입 불량 : 이음 설계가 불량할 때
④ 기공 : 저수소계 용접봉을 사용했을 때

해설 용접 결함 중 기공의 원인
㉮ 용접 분위기 가운데 수소, 일산화탄소의 과잉
㉯ 용접부 급랭이나 과대 전류 사용
㉰ 용접 속도가 빠를 때
㉱ 아크 길이, 전류 조작의 부적당, 모재에 유황 함유량 과대
㉲ 강재에 부착되어 있는 기름, 녹, 페인트 등

15. 연납의 대표적인 것으로 주석 40 %, 납 60 %의 합금으로 땜납으로서의 가치가 가장 큰 납땜은?

① 저융점 땜납 ② 주석-납
③ 납-카드뮴납 ④ 납-은납

해설 연납의 종류
㉮ 주석(40 %)+납(60 %)
㉯ 납-카드뮴납(Pb-Cd합금)
㉰ 납-은납(Pb-Ag합금)
㉱ 저융점 땜납 : 주석-납-합금땜에 비스므트(Bi)를 첨가한 다원계 합금 땜납
㉲ 카드뮴-아연납

16. 스터드 용접에서 페룰의 역할이 아닌 것은?

① 용융금속의 탈산 방지
② 용융금속의 유출 방지
③ 용착부의 오염 방지
④ 용접사의 눈을 아크로부터 보호

해설 페룰은 내열성의 도기로 아크를 보호하며 내부에 발생하는 열과 가스를 방출하는 역할로 ㉮ 용접이 진행되는 동안 아크열을 집중시켜 준다. ㉯ 용융금속의 유출을 막아주고 산화를 방지한다. ㉰ 용착부의 오염을 방지하고 용접사의 눈을 아크 광선으로부터 보호해 주는 등 중요한 역할을 한다.

17. 점용접의 3대 요소가 아닌 것은?

① 전극 모양 ② 통전 시간
③ 가압력 ④ 전류 세기

해설 점용접의 3대 요소는 전류의 세기, 통전 시간, 가압력 등이다.

18. TIG 용접에서 전극봉의 어느 한쪽의 끝부분에 식별용 색을 칠하여야 한다. 순텅스텐 전극봉의 색은?

① 황색 ② 적색
③ 녹색 ④ 회색

해설 텅스텐 전극봉의 종류(AWS)

등급 기호 (AWS)	종류	전극 표시 색상	사용 전류	용도
EWP	순텅스텐	녹색	ACHF	Al, Mg 합금
EWTh1	1 % 토륨 텅스텐	황색	DCSP	강, 스테인리스강
EWTh2	2 % 토륨 텅스텐	적색	DCSP	강, 스테인리스강

정답 14. ④ 15. ② 16. ① 17. ① 18. ③

EWTh3	1~2 토륨(전체 길이 편측에)	청색	DCSP	강, 스테인리스강
EWZr	지르코늄 텅스텐	갈색	ACHF	Al, Mg 합금

㈜ ACHF : 고주파 교류
DCSP : 직류 정극성

19. 용접부의 형상에 따른 필릿 용접의 종류가 아닌 것은?

① 연속 필릿
② 단속 필릿
③ 경사 필릿
④ 단속지그재그 필릿

해설 필릿 용접에서는 용접선의 방향과 하중의 방향이 직교한 것을 전면 필릿 용접, 평행하게 작용하면 측면, 경사져 있는 것을 경사 필릿 용접이라 한다.

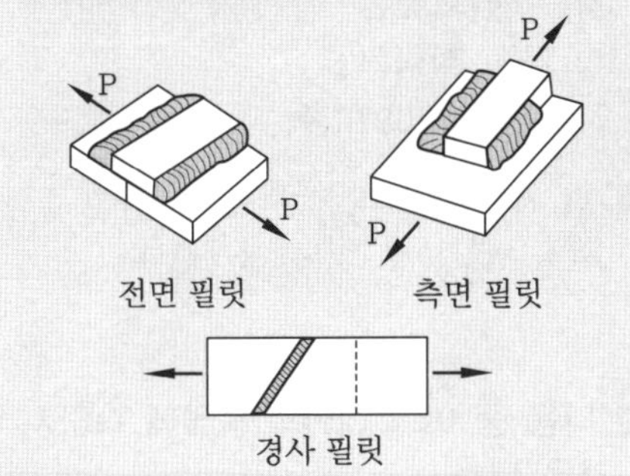

20. 서브머지드 아크 용접의 현장 조립용 간이 백킹법 중 철분 충진제의 사용 목적으로 틀린 것은?

① 홈의 정밀도를 보충해준다.
② 양호한 이면 비드를 형성시킨다.
③ 슬래그와 용융금속의 선행을 방지한다.
④ 아크를 안정시키고 용착량을 적게 한다.

해설 서브머지드 아크 용접에서 현장 조립용 간이 백킹법 중 철분 충진제의 사용 목적은 문제의 ①, ②, ③ 외에 아크를 안정시키고 용착량이 많아지므로 능률적이다.

21. 용접 자동화의 장점을 설명한 것으로 틀린 것은?

① 생산성 증가 및 품질을 향상시킨다.
② 용접 조건에 따른 공정을 늘일 수 있다.
③ 일정한 전류 값을 유지할 수 있다.
④ 용접와이어의 손실을 줄일 수 있다.

해설 용접 자동화의 장점은 ①, ③, ④ 외에 용접 조건에 따른 공정수를 줄일 수 있고 용접비드의 높이, 비드 폭, 용입 등을 정확히 제어할 수 있다.

22. 스테인리스강을 TIG 용접 시 보호가스 유량에 관한 사항으로 옳은 것은?

① 용접 시 아크 보호능력을 최대한으로 하기 위하여 가능한 한 가스 유량을 크게 하는 것이 좋다.
② 낮은 유속에서도 우수한 보호 작용을 하고 박판 용접에서 용락의 가능성이 적으며, 안정적인 아크를 얻을 수 있는 헬륨(He)을 사용하는 것이 좋다.
③ 가스 유량이 과다하게 유출되는 경우에는 가스 흐름에 난류 현상이 생겨 아크가 불안정해지고 용접금속의 품질이 나빠진다.
④ 양호한 용접 품질을 얻기 위해 78.5 % 정도의 순도를 가진 보호가스를 사용하면 된다.

해설 TIG 용접 시 스테인리스강의 용접에서 가스 유량은 토치 각도와 전극봉이 모재에서 떨어진 높이에 따라 5~20 L/min의 가스 유량을 맞추어야 하나 과다하게 유출하는 경우는 가스 흐름에 난류 현상으로 아크가 불안정해지고 용접금속의 품질이 나빠지며 가스의 순도는 99.99 % 이상이며 헬륨은 두 번째로 가벼운 가스로 공기 중의 1/7 정도로 가볍고 아크 전압이 아르곤보다 높아 용접 입열을 높여주어 용입을 양호하기 때문에 경합금의 후판 용접이나 위보기 자세에 사용한다.

정답 19. ③ 20. ④ 21. ② 22. ③

23. 다음 중 용접 전류를 결정하는 요소가 가장 관련이 적은 것은?

① 판(모재) 두께
② 용접봉의 지름
③ 아크 길이
④ 이음의 모양(형상)

해설 용접 작업 시에 용접 조건 중 용접 전류는 용접 자세, 홈 형상, 모재의 재질, 두께, 용접봉의 종류 및 지름에 따라 정하며 아크 길이는 실제 작업상에서 이루어지는 형상으로 아크 전압과 관계가 있다.

24. 연강용 가스 용접봉은 인이나 황 등의 유해성분이 극히 적은 저탄소강이 사용되는데, 연강용 가스용접봉에 함유된 성분 중 규소(Si)가 미치는 영향은?

① 강의 강도를 증가시키나 연신율, 굽힘성 등이 감소된다.
② 기공은 막을 수 있으나 강도가 떨어진다.
③ 강에 취성을 주며 가연성을 잃게 한다.
④ 용접부의 저항력을 감소시키고 기공 발생의 원인이 된다.

해설 가스 용접봉의 성분이 모재에 미치는 영향
㉮ 탄소(C) : 강의 강도를 증가시키거나 연신율, 굽힘성 등이 감소된다.
㉯ 규소(Si) : 기공은 막을 수 있으나 강도가 떨어지게 된다.
㉰ 인(P) : 강에 취성을 주며 가연성을 잃게 하는데 특히 암적색으로 가열한 경우는 대단히 심하다.

25. 피복 아크 용접용 기구에 해당되지 않는 것은?

① 주행 대차 ② 용접봉 홀더
③ 접지 클램프 ④ 전극 케이블

해설 피복 아크 용접용 기구에는 용접용 홀더, 용접 케이블 및 접지 클램프, 퓨즈 등이다.

26. 산소용기의 내용적이 33.7리터인 용기에 120 kgf/cm^{2}이 충전되어 있을 때, 대기압 환산용적은 몇 리터인가?

① 2803 ② 4044
③ 40440 ④ 28030

해설 산소용기의 환산용적 = 용기 속의 압력×용기 속의 내부용적 = 33.7×120 = 4044

27. 무부하 전압이 높아 전격위험이 크고 코일에 감긴 수에 따라 전류를 조정하는 교류 용접기의 종류로 맞는 것은?

① 탭 전환형
② 가동 코일형
③ 가동 철심형
④ 가포화 리액터형

해설 탭 전환형은 1차, 2차 코일의 감은 수의 비율을 변경시켜 전류를 조정한다.

28. 다음 중 아크 절단의 종류에 속하지 않는 것은?

① 탄소 아크 절단
② 플라스마 제트 절단
③ 포갬(겹치기) 절단
④ 아크 에어 가우징

해설 포갬 절단(stack cutting)은 비교적 얇은 판(6 mm 이하)을 작업 능률을 높이기 위하여 여러 장을 겹쳐 놓고 한 번에 절단하는 방법이다.

29. 200 V용 아크 용접기의 1차 입력이 15 kVA일 때, 퓨즈의 용량은 얼마가 적당한가?

정답 23. ③ 24. ② 25. ① 26. ② 27. ① 28. ③ 29. ②

① 65 A ② 75 A
③ 90 A ④ 100 A

해설 퓨즈의 용량은 1차 입력÷전원 전압
= 15 kVA÷200 V = 15000 VA÷200 V = 75 A

30. 아세틸렌가스가 산소와 반응하여 완전연소할 때 생성되는 물질은?

① CO, H_2O ② $2CO_2$, H_2O
③ CO, H_2 ④ CO_2, H_2

해설 아세틸렌의 완전연소식의 화학식은 다음과 같다.

$C_2H_2+2\frac{1}{2}O_2 = 2CO_2+H_2O$

31. 가스 용접에서 프로판 가스의 성질 중 틀린 것은?

① 연소할 때 필요한 산소의 양은 1 : 1 정도이다.
② 폭발 한계가 좁아 다른 가스에 비해 안전도가 높고 관리가 쉽다.
③ 액화가 용이하여 용기에 충전이 쉽고 수송이 편리하다.
④ 상온에서 기체 상태이고 무색, 투명하여 약간의 냄새가 난다.

해설 프로판 가스가 연소할 때 필요한 산소의 양은 1 : 4.5이다.

32. 가스 절단에서 예열 불꽃이 약할 때 나타나는 현상이 아닌 것은?

① 드래그가 증가한다.
② 절단이 중단되기 쉽다.
③ 절단 속도가 늦어진다.
④ 슬래그 중의 철 성분의 박리가 어려워진다.

해설 가스 절단에서 예열 불꽃이 약할 때는 ㉮ 절단 속도가 늦어지고 절단이 중단되기 쉽다. ㉯ 드래그가 증가되고 역화를 일으키기 쉽다. 예열 불꽃이 강할 때는 절단면이 거칠어지고 슬래그 중의 철 성분의 박리가 어려워진다.

33. 가스 용접에서 전진법과 비교한 후진법의 설명으로 맞는 것은?

① 열 이용률이 나쁘다.
② 용접 속도가 느리다.
③ 용접 변형이 크다.
④ 두꺼운 판의 용접에 적합하다.

해설 가스 용접의 전진법과 후진법의 비교

항목	전진법	후진법
열 이용률	나쁘다.	좋다.
용접 속도	느리다.	빠르다.
비드 모양	보기 좋다.	매끈하지 못하다.
홈 각도	크다(예 80°).	작다(예 60°).
용접 변형	크다.	작다.
용접 가능 판 두께	얇다(5 mm 까지).	두껍다.

34. 피복제 중에 산화티탄을 약 35 % 정도 포함하였고 슬래그의 박리성이 좋아 비드의 표면이 고우며 작업성이 우수한 특징을 지닌 연강용 피복 아크 용접봉은?

① E4301 ② E4311
③ E4313 ④ E4316

해설 피복제 중 산화티탄을 E4313(고산화티탄계)는 약 35 %, E4303(라임티타니아계)는 약 30 % 정도 포함한다.

35. 직류 아크 용접의 설명 중 올바른 것은?

① 용접봉을 양극, 모재를 음극에 연결하는 경우를 정극성이라고 한다.

정답 30. ② 31. ① 32. ④ 33. ④ 34. ③ 35. ④

② 역극성은 용입이 깊다.
③ 역극성은 두꺼운 판의 용접에 적합하다.
④ 정극성은 용접 비드의 폭이 좁다.

해설 직류 아크 용접은 발전기형과 정류기형의 용접기를 사용하며 양극성(+, -)이 직류로 일정하게 흘러 발생하는 열량이 양극(+)에는 약 75~70 %, 음극(-)에는 30~25 % 정도를 이용한 것이 역극성(전극이 양 모재가 음극)과 정극성(전극이 음극, 모재가 양극)의 성질을 이용하여 정극성은 후판, 비드 폭이 좁고 역극성은 박판, 주철 등의 용접에 이용하며 비드 폭이 넓고 용입이 얕다.

36. 다음 중 용접의 장점에 대한 설명으로 옳은 것은?

① 기밀, 수밀, 유밀성이 좋지 않다.
② 두께에 제한이 없다.
③ 작업이 비교적 복잡하다.
④ 보수와 수리가 곤란하다.

해설 용접의 장점
㉮ 자재의 절약 및 공수가 감소되며 이음 효율이 향상된다.
㉯ 제품의 성능과 수명이 향상되며 기밀, 수밀, 유밀성이 우수하다.

37. 가스 가공에서 강제 표면의 홈, 탈탄층 등의 결함을 제거하기 위해 얇게 그리고 타원형 모양으로 표면을 깎아내는 가공법은?

① 가스 가우징 ② 분말 절단
③ 산소창 절단 ④ 스카핑

해설 스카핑(scarfing)은 각종 강재의 표면에 균열, 주름, 탈탄층 또는 홈을 불꽃 가공에 의해서 제거하는 작업 방법으로 토치는 가스 가우징에 비하여 능력이 크며 팁은 저속 다이버전트형으로 수동형에는 대부분 원형 형태, 자동형에는 사각이나 사각형에 가까운 모양이 사용된다.

38. 고셀룰로오스계 용접봉에 대한 설명으로 틀린 것은?

① 비드 표면이 거칠고 스패터가 많은 것이 결점이다.
② 피복제 중 셀룰로오스계가 20~30 % 정도 포함되어 있다.
③ 고셀룰로오스계는 E4311로 표시한다.
④ 슬래그 생성계에 비해 용접 전류를 10~15 % 높게 사용한다.

해설 고셀룰로오스계는 셀룰로오스가 20~30 % 정도 포함되어 가스 발생식으로 슬래그가 적으며 비드 표면이 거칠고 스패터가 많은 것이 결점이다.

39. 직류 용접에서 아크 쏠림(arc blow)에 대한 설명으로 틀린 것은?

① 아크 쏠림의 방지 대책으로는 용접봉 끝을 아크 쏠림 방향으로 기울인다.
② 자기불림(magnetic blow)이라고도 한다.
③ 용접 전류에 의해 아크 주위에 발생하는 자장이 용접에 대해서 비대칭으로 나타나는 현상이다.
④ 용접봉에 아크가 한쪽으로 쏠리는 현상이다.

해설 직류 용접에서 발생되는 결함으로 도체에 전류가 흐르면 그 주위에 자장이 생기게 되는데 자장에 의한 자계가 생기면 아크 위치에 따라 아크에 대해 비대칭이 되고 한 방향으로 강하게 불리어 아크의 방향이 흔들려 불안정하게 되는 현상을 말하며 자기불림이라고도 하고 교류 용접에서는 발생하지 않으므로 교류 전원 이용 및 앤드 탭, 짧은 아크, 긴 용접에는 후퇴법을 이용하는 방지법이다.

40. 구조용 부품이나 제지용 롤러 등에 이용되며 열처리에 의하여 니켈-크롬 주강에 비교될 수 있을 정도의 기계적 성질을 가지고 있는 저망간 주강의 조직은?

정답 36. ② 37. ④ 38. ④ 39. ① 40. ②

① 마텐자이트　　② 펄라이트
③ 페라이트　　④ 시멘타이트

해설 0.9~1.2 % 망간주강은 저망간 주강이며 펄라이트 조직으로 인성 및 내마모성이 크다.

41. 철강의 열처리에서 열처리 방식에 따른 종류가 아닌 것은?

① 계단 열처리
② 항온 열처리
③ 표면경화 열처리
④ 내부경화 열처리

해설 철강의 열처리 방식에는 기본 열처리 방법으로는 담금질, 불림, 풀림, 뜨임이 있고 열처리 방식에 따른 열처리 종류는 계단 열처리, 항온 열처리, 연속냉각 열처리, 표면경화 열처리 등이다.

42. 다음 중 강도가 가장 높고 피로한도, 내열성, 내식성이 우수하여 베어링, 고급 스프링의 재료로 이용되는 것은?

① 쿠니얼 브론즈　　② 콜슨 합금
③ 베릴륨 청동　　④ 인청동

해설 베릴륨(Be) 청동은 구리+베릴륨 2~3 %의 합금으로 뜨임시효, 경화성이 있고 내식, 내열, 내피로성이 우수하여 베어링이나 고급 스프링에 사용된다.

43. 탄소강의 용도에서 내마모성과 경도를 동시에 요구하는 경우 적당한 탄소 함유량은?

① 0.05~0.3 %C　　② 0.3~0.45 %C
③ 0.45~0.65 %C　　④ 0.65~1.2 %C

해설 ㉮ 가공성을 요구하는 경우 : 0.05~0.3 %C
㉯ 가공성과 동시에 강인성을 요구하는 경우 : 0.3~0.45 %C
㉰ 강인성과 동시에 내마모성을 요구하는 경우 : 0.45~0.65 %C
㉱ 내마모성과 동시에 경도를 요구하는 경우 : 0.65~1.2 %C

44. 주철 중에 유황이 함유되어 있을 때 미치는 영향 중 틀린 것은?

① 유동성을 해치므로 주조를 곤란하게 하고 정밀한 주물을 만들기 어렵게 한다.
② 주조 시 수축율을 크게 하므로 기공을 만들기 쉽다.
③ 흑연의 생성을 방해하며, 고온취성을 일으킨다.
④ 주조 응력을 작게 하고, 균열 발생을 저지한다.

해설 주철 중에 유황은 주철의 유동성을 나쁘게도 하며 철과 화합하여 유화철(FeS)이 되어 오스테나이트의 정출을 방해하므로 백주철화를 촉진하고 경점(hard sport) 또는 역칠(intermal chill)을 일으키기 쉽게 하여 주물의 외측에는 공정싱 흑연이 내측에는 레데뷰라이트를 나타나게 한다.

45. 일반적으로 성분 금속이 합금(alloy)이 되면 나타나는 특징이 아닌 것은?

① 기계적 성질이 개선된다.
② 전기저항이 감소하고 열전도율이 높아진다.
③ 용융점이 낮아진다.
④ 내마멸성이 좋아진다.

해설 금속 합금의 특성
㉮ 용융점이 저하된다.
㉯ 열전도, 전기전도가 저하된다.
㉰ 내열성, 내산성(내식성)이 증가된다.
㉱ 강도, 경도 및 가주성이 증가된다.

46. 알루미늄에 대한 설명으로 틀린 것은?

① 내식성과 가공성이 우수하다.
② 전기와 열의 전도도가 낮다.
③ 비중이 작아 가볍다.
④ 주조가 용이하다.

정답 41. ④ 42. ③ 43. ④ 44. ④ 45. ② 46. ②

해설 알루미늄의 성질은 비중이 2.7로 작아 가볍고, 전기 및 열의 양도체로 면심입방격자로 전연성이 좋고 순수 알루미늄은 주조가 곤란하며, 유동성이 작고 수축률이 크다.

47. 마그네슘 합금이 구조재료로서 갖는 특성에 해당하지 않은 것은?

① 비강도(강도/중량)가 작아서 항공우주용 재료로서 매우 유리하다.
② 기계가공성이 좋고 아름다운 절삭면이 얻어진다.
③ 소성가공성이 낮아서 상온변형은 곤란하다.
④ 주조 시의 생산성이 좋다.

해설 마그네슘은 알루미늄 합금용, 티탄 제련용, 구상흑연 주철 첨가제, 건전지 음극보호용으로 사용한다.

48. 다음 중 화학적인 표면 경화법이 아닌 것은?

① 침탄법 ② 화염 경화법
③ 금속 침투법 ④ 질화법

해설 표면 경화법의 종류는 침탄법, 금속 침투법, 화염 경화법, 고주파 경화법 등이다.

49. 연강보다 열전도율이 작고 열팽창계수는 1.5배 정도이며 연산, 황산 등에 약하고 결정입계 부식이 발생하기 쉬운 스테인리스강은?

① 페라이트계 ② 시멘타이트계
③ 오스테나이트계 ④ 마텐자이트계

해설 18-8 스테인리스강(오스테나이트계)에 대한 설명이다.

50. 다음 가공법 중 소성가공이 아닌 것은?

① 선반가공 ② 압연가공
③ 단조가공 ④ 인발가공

해설 소성가공의 종류는 단조, 압연, 인발, 프레스 가공이다.

51. 다음 입체도의 화살표 방향의 투상도로 가장 적합한 것은?

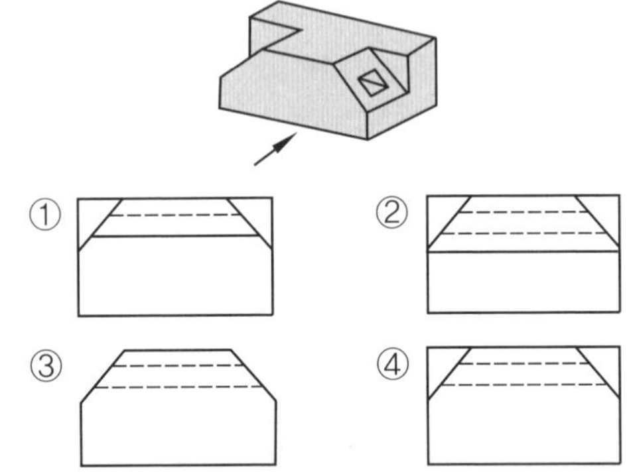

해설 제1각법과 제3각법의 투시도

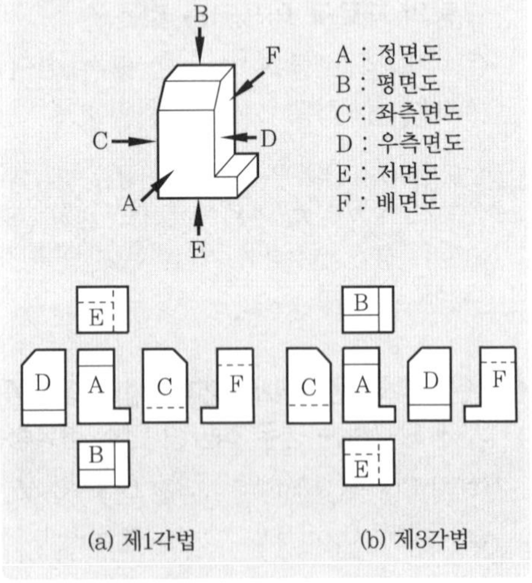

52. SS400으로 표시된 KS 재료기호의 400은 어떤 의미인가?

① 재질번호 ② 재질 등급
③ 최저 인장강도 ④ 탄소 함유량

정답 47. ① 48. ② 49. ③ 50. ① 51. ④ 52. ③

해설 재료기호에서 처음 S는 강(steel), 두 번째는 일반구조용 압연강재, 400은 최저 인장강도이다.

53. 그림과 같은 외형도에 있어서 파단선을 경계로 필요로 하는 요소의 일부만을 단면으로 표시하는 단면도는?

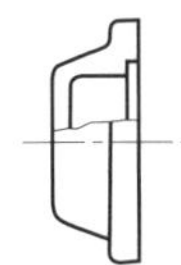

① 온 단면도
② 부분 단면도
③ 한쪽 단면도
④ 회전 도시 단면도

54. 다음 그림에서 축 끝에 도시된 센터 구멍 기호가 뜻하는 것은?

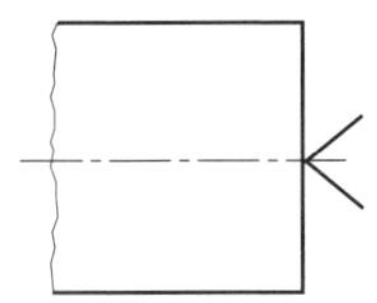

① 센터 구멍이 남아 있어도 좋다.
② 센터 구멍이 남아 있어서는 안 된다.
③ 센터 구멍을 반드시 남겨둔다.
④ 센터 구멍의 크기에 관계없이 가공한다.

55. 그림과 같은 부등변 ㄱ 형강의 치수 표시로 가장 적합한 것은?

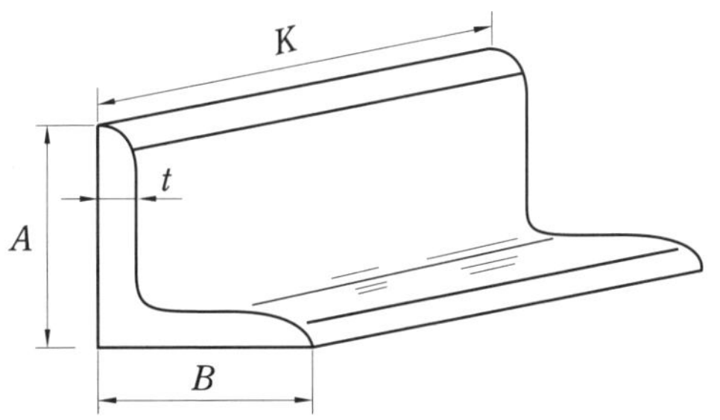

① LA×B×t−K
② LB×t×A−K
③ LK−t×A×B
④ LK−A×t×B

56. 제시된 물체를 도형 생략법을 적용해서 나타내려고 한다. 적용 방법이 옳은 것은? (단, 물체에 뚫린 구멍의 크기는 같고 간격은 6 mm로 일정하다.)

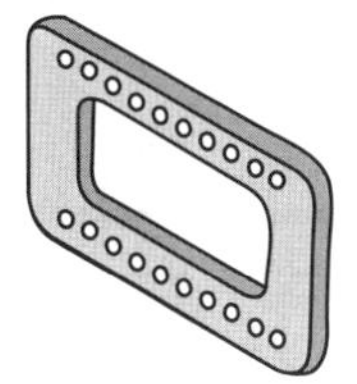

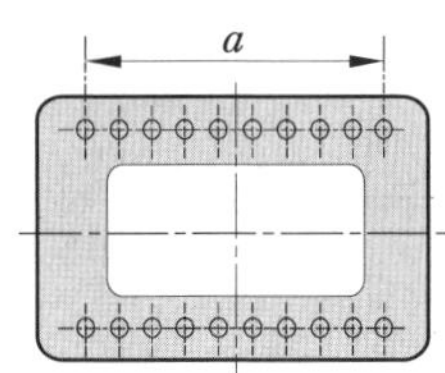

① 치수 a는 10×6(= 60)으로 기입할 수 있다.
② 대칭 기호를 사용하여 도형을 1/2로 나타낼 수 있다.
③ 구멍은 반복 도형 생략법을 나타낼 수 없다.
④ 구멍의 크기가 동일하더라도 각각의 치수를 모두 나타내어야 한다.

해설 같은 구멍의 치수는 첫 번째는 빼고 계산한다. 구멍의 반복은 생략 가능하며 치수 기입은 구멍이 10개이므로 간격은 9가 되어 9×6이 되어야 한다. 상하 대칭이므로 대칭 기호를 사용하여 1/2로 도시 가능하다.

57. 전체 둘레 현장 용접의 보조기호로 맞는 것은?

① ○ ② ⊙

③  ④ 

해설 ①은 스폿 용접기호, ③은 현장 용접, ④는 전둘레 현장 용접의 보조기호이다.

정답 53. ② 54. ③ 55. ① 56. ② 57. ④

58. 선의 종류와 명칭이 바르게 짝지어진 것은?

① 가는 실선–중심선
② 굵은 실선–외형선
③ 가는 파선–지시선
④ 굵은 1점쇄선–수준면선

해설 도면에서의 선의 종류
㉮ 굵은 실선 : 외형선
㉯ 가는 실선 : 치수선, 치수 보조선, 지시선, 회전 단면선, 중심선, 수준면선
㉰ 가는 파선 또는 굵은 파선 : 숨은선
㉱ 가는 1점 쇄선 : 중심선, 기준선, 피치선
㉲ 굵은 1점 쇄선 : 특수 지정선
㉳ 가는 2점 쇄선 : 가상선, 무게 중심선
㉴ 불규칙한 파형의 가는 실선 또는 지그재그선 : 파단선 등

59. 다음 중 밸브 표시 기호에 대한 명칭이 틀린 것은?

① : 슬루스 밸브
② : 3방향 밸브
③ : 버터플라이 밸브
④ : 볼 밸브

해설 ①은 앵글 밸브이다.

60. 그림과 같은 입체의 화살표 방향 투상도로 가장 적합한 것은?

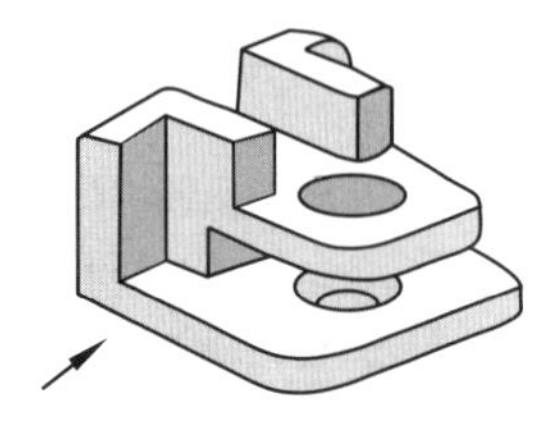

① 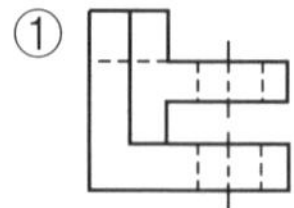
② 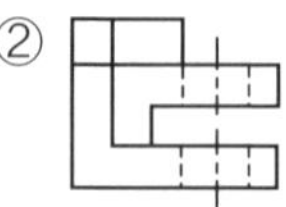
③ 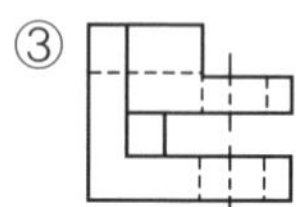
④ 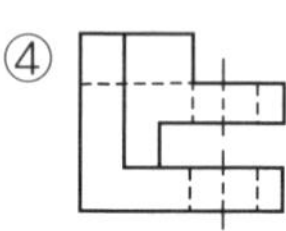

해설 ㉮ 3각법 : 눈 → 투상면 → 물체
㉯ 1각법 : 눈 → 물체 → 투상면

정답 58. ② 59. ① 60. ④

2020년도 복원 문제

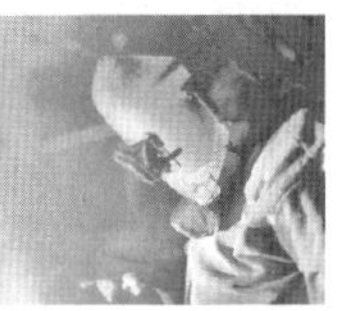

CBT 복원 문제(용접 기능사)

1. 아세틸렌, 수소 등의 가연성 가스와 산소를 혼합 연소시켜 그 연소열을 이용하여 용접하는 것은?

① 탄산가스 아크 용접
② 가스 용접
③ 불활성 가스 아크 용접
④ 서브머지드 아크 용접

해설 가연성 가스(아세틸렌, 수소, 공기, 프로판 등)와 조연성 가스인 산소를 혼합하여 그 연소를 시켜 연소열을 이용하는 용접을 가스 용접이라 한다.

2. KS에서 용접봉의 종류를 분류할 때 고려하지 않는 것은?

① 피복제 계통 ② 전류의 종류
③ 용접 자세 ④ 용접사 기량

해설 용접봉의 종류를 분류할 때는 용접봉의 종류, 피복제 계통, 용접 자세, 사용 전류의 종류 등을 고려한다.

3. 불활성가스 금속 아크 용접(MIG용접)의 전류 밀도는 피복 아크 용접에 비해 약 몇 배 정도인가?

① 2배 ② 6배 ③ 10배 ④ 12배

해설 불활성 가스 금속 아크 용접은 전류 밀도가 매우 크므로 피복 아크 용접에 비해 4~6배, TIG 용접의 2배 정도이고 서브머지드 아크 용접과 비슷하다.

4. 필릿 용접에서 루트 간격이 1.5 mm 이하일 때 보수 용접 요령으로 가장 적당한 것은?

① 그대로 규정된 다리길이로 용접한다.
② 그대로 용접하여도 좋으나 넓혀진 만큼 다리길이를 증가시킬 필요가 있다.
③ 다리길이를 3배수로 증가시켜 용접한다.
④ 라이너를 넣든지, 부족한 판을 300 mm 이상 잘라내서 대체한다.

해설 필릿 용접의 보수 요령
㉮ 필릿 용접에서 루트 간격이 1.5 mm 이하 : 규정대로의 각장으로 용접한다.
㉯ 루트 간격 1.5~4.5 mm : 그대로 용접하여도 좋으나 넓혀진 만큼 각장을 증가시킬 필요가 있다.
㉰ 루트 간격 4.5 mm 이상 : 라이너(liner)를 끼워 넣든지 부족한 판을 300 mm 이상 잘라내서 대체한다.

5. CO_2 가스 아크 용접 시 작업장의 CO_2 가스가 몇 % 이상이면 인체에 위험한 상태가 되는가?

① 1 % ② 4 %
③ 10 % ④ 15 %

해설 이산화탄소가 인체에 미치는 영향은 체적(%) 3~4 % 두통, 뇌빈혈, 15 이상일 때는 위험 상태, 30 이상일 때에는 극히 위험하다.

6. 산소병 내용적이 40.7 리터인 용기에 100 kgf/cm^{2}로 충전되어 있다면 프랑스식 팁 100번을 사용하여 표준 불꽃으로 약 몇 시간까지 용접이 가능한가?

① 약 16시간 ② 약 22시간
③ 약 31시간 ④ 약 40시간

정답 1. ② 2. ④ 3. ① 4. ① 5. ④ 6. ④

해설 ㉮ 산소 용기의 총 가스량 = 내용적×기압
㉯ 사용할 수 있는 시간 = 산소 용기의 총 가스량÷시간당 소비량
㉰ 가변압식 100번은 시간당 소비량이 표준 불꽃으로 100 L로 사용할 수 있는 시간
$= \frac{(40.7 \times 100)}{100} = 40.7$시간

7. 아크 에어 가우징을 할 때 압축 공기의 압력은 몇 kgf/cm^2 정도의 압력이 가장 좋은가?

① 0.5~1　② 3~4
③ 5~7　④ 9~10

해설 압축 공기의 압력은 0.5~0.7 MPa(5.7 kgf/cm^2) 정도가 좋으며 약간의 압력 변동은 작업에 거의 영향을 미치지 않으나 0.5 MPa 이하의 경우는 양호한 작업 결과를 기대할 수 없고 공기 압축기는 최소한 3마력 이상의 압축력이 있어야 한다.

8. 가스 절단에서 팁(tip)의 백심 끝과 강판 사이의 간격으로 가장 적당한 것은?

① 0.1~0.3 mm　② 0.4~1.0 mm
③ 1.5~2.0 mm　④ 3.0~4.0 mm

해설 수동 가스 절단 시 백심과 모재 사이의 거리는 1.5~2 mm 정도이다.

9. 피복 금속 아크 용접봉의 전류 밀도는 통상적으로 1 mm^2 단면적에 약 몇 A의 전류가 적당한가?

① 10~13　② 15~20
③ 20~25　④ 25~30

해설 용접 전류는 일반적으로 심선의 단면적 1 mm^{2}에 대하여 10~13 A 정도로 한다.

10. 가스 용접봉의 조건에 들지 않는 것은?

① 모재와 같은 재질일 것
② 불순물이 포함되어 있지 않을 것
③ 용융온도가 모재보다 낮을 것
④ 기계적 성질에 나쁜 영향을 주지 않을 것

해설 가스 용접봉은 모재와 같은 재질이므로 용융온도는 같아야 한다.

11. 아크 용접에서 피닝을 하는 목적으로 가장 알맞은 것은?

① 용접부의 잔류응력을 완화시킨다.
② 모재의 재질을 검사하는 수단이다.
③ 응력을 강하게 하고 변형을 유발시킨다.
④ 모재표면의 이물질을 제거한다.

해설 잔류응력 제거법은 노내풀림법, 국부풀림법, 기계적 응력 완화법, 저온 응력 완화법, 피닝법 등이다.

12. 이산화탄소 아크 용접에 사용되는 와이어에 대한 설명으로 틀린 것은?

① 용접용 와이어에는 솔리드 와이어와 복합 와이어가 있다.
② 솔리드 와이어는 실체(나체) 와이어라고도 한다.
③ 복합 와이어는 비드의 외관이 아름답다.
④ 복합 와이어는 용제에 탈산제, 아크 안정제 등 합금원소가 포함되지 않는 것이다.

해설 복합 와이어는 용제에 탈산제, 합금원소, 아크 안정제 등이 포함되어 있다.

13. 서브머지드 아크 용접에 관한 설명으로 틀린 것은?

① 용제에 의한 야금 작용으로 용접 금속의 품질을 양호하게 할 수 있다.
② 용접 중에 대기와의 차폐가 확실하여 대기 중의 산소, 질소 등의 해를 받는

정답 7. ③ 8. ③ 9. ① 10. ③ 11. ① 12. ④ 13. ④

일이 적다.

③ 용제의 단열 작용으로 용입을 크게 할 수 있고, 높은 전류 밀도로 용접할 수 있다.

④ 특수한 장치를 사용하지 않더라도 전 자세 용접이 가능하며, 이음가공의 정도가 엄격하다.

해설 서브머지드 아크 용접은 대부분 아래보기 자세 용접이며 특수한 장치를 사용하지 않으면 전 자세에 용접이 어렵다.

14. 용접 이음의 종류가 아닌 것은?

① 겹치기 이음 ② 모서리 이음
③ 라운드 이음 ④ T형 필릿 이음

해설 용접 이음의 종류는 맞대기 이음, 모서리 이음, 변두리 이음, 겹치기 이음, T이음, 십자 이음, 전면 필릿 이음, 측면 필릿 이음, 양면 덮개판 이음 등이다.

15. 용접기의 현장 사용에서 사용률이 40 % 일 때 10분을 기준으로 해서 몇 분을 아크 발생하는 것이 좋은가?

① 10분 ② 6분
③ 4분 ④ 2분

해설 ㉮ 용접 작업시간에는 휴식시간과 용접기를 사용하여 아크를 발생한 시간을 포함하고 있다.
㉯ 사용률은 다음과 같은 식으로 계산할 수 있다.

$$사용률(\%) = \frac{(아크시간)}{(아크시간 + 휴식시간)} \times 100$$

그러므로 $사용률(\%) = \frac{4}{10} \times 100 = 40\ \%$

16. 탄산가스 아크 용접법으로 주로 용접하는 금속은?

① 연강 ② 구리와 동합금
③ 스테인리스강 ④ 알루미늄

해설 탄산가스를 이용한 용접법으로 탄소강과 저합금강의 전용용접법이다.

17. KS에 규정된 용접봉의 지름 치수에 해당하지 않는 것은?

① 1.0 ② 2.0 ③ 3.0 ④ 4.0

해설 용접봉의 지름(길이)은 KS규격으로 1.6(230, 250), 2.0(250, 300), 2.6(300, 350), 3.2(350, 400), 4.0(350, 400, 450, 550), 4.5(400, 450, 550), 5.0(400, 450, 550, 700), 5.5(450, 550, 700), 6.0(450, 550, 700, 900), 6.4(450, 550, 700, 900), 7.0(450, 550, 700, 900), 8.0(450, 550, 700, 900)이 있다.

18. 용융 슬래그 속에서 전극 와이어를 연속적으로 공급하여 주로 용융 슬래그의 저항열에 의하여 와이어와 모재를 용융시키는 용접은?

① 원자수소 용접
② 일렉트로 슬래그 용접
③ 테르밋 용접
④ 플라스마 아크 용접

19. MIG 용접에서 와이어 송급 방식이 아닌 것은?

① 푸시 방식 ② 풀 방식
③ 푸시-풀 방식 ④ 포은 방식

해설 MIG 용접 방식에 와이어가 토치에 송급하는 방식은 밀어내는 푸시(PUSH) 방식과 자동용접에는 풀(PULL) 방식이나 푸시-풀 방식이 사용된다.

20. 위빙 비드에 해당되지 않는 것은?

① 박판용접 및 홈용접의 이면 비드 형성 시 사용한다.

정답 14. ③ 15. ③ 16. ① 17. ③ 18. ② 19. ④ 20. ①

② 위빙 운봉폭은 심선지름의 2~3배로 한다.
③ 크레이터 발생과 언더컷 발생이 생길 염려가 있다.
④ 용접봉은 용접 진행 방향으로 70~80°, 좌우에 대하여 90°가 되게 한다.

해설 박판용접 및 홈용접의 이면 비드 형성 시에는 일반적으로 직선 비드를 사용한다(실제적으로는 이면 비드 시에 루트 간격 사이로 위빙 운봉을 한다).

21. 아크 용접 시 전격을 예방하는 방법으로 틀린 것은?

① 전격방지기를 부착한다.
② 용접 홀더에 맨손으로 용접봉을 갈아 끼운다.
③ 용접기 내부에 함부로 손을 대지 않는다.
④ 절연성이 좋은 장갑을 사용한다.

해설 용접 홀더에 용접봉을 갈아 끼울 때에도 반드시 전격을 예방하기 위해서는 안전장갑을 끼고 작업하여야 한다.

22. 연소가 잘되는 조건 중 틀린 것은?

① 공기와의 접촉 면적이 클 것
② 가연성 가스 발생이 클 것
③ 축적된 열량이 클 것
④ 물체의 내화성이 클 것

해설 물체의 내화성이 크면 연소에 방해가 되어 내화성이 작아야 한다.

23. 가스절단에서 드래그라인을 가장 잘 설명한 것은?

① 예열온도가 낮아서 나타나는 직선
② 절단토치가 이동한 경로
③ 산소의 압력이 높아 나타나는 선
④ 절단면에 나타나는 일정한 간격의 곡선

해설 드래그(drag)란 가스 절단면에 있어 절단 가스기류의 입구점에서 출구점까지의 수평거리로 일정한 간격의 곡선으로 드래그의 길이는 주로 절단속도, 산소소비량 등에 의하여 변화하므로 판 두께의 20%를 표준으로 하고 있다.

24. 가스 용접 작업에서 보통 작업할 때 압력조정기의 산소 압력은 몇 MPa 이하여야 하는가?

① 0.1~0.2 ② 0.3~0.4
③ 0.5~0.7 ④ 1~2

해설 보통 가스 용접 작업을 할 때 산소 압력 조정기는 0.3~0.4 MPa 아세틸렌은 0.01~0.03 MPa 정도로 한다.

25. 교류 아크 용접기를 사용할 때 피복 용접봉을 사용하는 이유로 가장 적합한 것은?

① 전력 소비량을 절약하기 위하여
② 용착금속의 질을 양호하게 하기 위하여
③ 용접시간을 단축하기 위하여
④ 단락전류를 갖게 하여 용접기의 수명을 길게 하기 위하여

해설 피복 용접봉을 사용하는 이유는 용착금속의 질을 좋게 하고 아크의 안정, 용착금속의 탈산 정련작용, 급랭 방지, 필요한 원소 보충, 중성, 환원성 가스를 발생하여 용융금속을 보호하는 역할을 하기 때문이다.

26. 레이저 용접 장치의 기본형에 속하지 않는 것은?

① 반도체형 ② 에너지형
③ 가스 방전형 ④ 고체 금속형

해설 레이저의 종류는 광증폭을 일으키는 활성매질에 의해 고체, 액체, 기체, 반도체 레이저 등으로 구분한다.

정답 21. ② 22. ④ 23. ④ 24. ② 25. ② 26. ②

27. 용해 아세틸렌 가스는 몇 ℃, 몇 kgf/cm^2으로 충전하는 것이 가장 적당한가?

① 40℃, 160 kgf/cm^2
② 35℃, 150 kgf/cm^2
③ 20℃, 30 kgf/cm^2
④ 15℃, 15 kgf/cm^2

해설 일반적으로 15℃, 15 kgf/cm^2으로 충전하며 용기 속에 충전되는 아세톤에 25배가 용해되므로 25×15 = 375 L가 용해된다.

28. 맞대기 용접 이음에서 모재의 인장강도는 45 kgf/mm^2이며, 용접 시험편의 인장강도가 47 kgf/mm^2일 때 이음효율은 약 몇 %인가?

① 104　② 96
③ 60　④ 69

해설 $$\text{이음효율} = \frac{\text{용접시험편의 인장강도}}{\text{모재의 인장강도}} \times 100$$
$$= \frac{47}{45} \times 100$$에서 104가 나온다.

29. 로봇용접의 장점에 관한 다음 설명 중 맞지 않은 것은?

① 작업의 표준화를 이룰 수 있다.
② 복잡한 형상의 구조물에 적용하기 쉽다.
③ 반복 작업이 가능하다.
④ 열악한 환경에서도 작업이 가능하다.

해설 로봇을 이용하여 용접을 하면 자동화 용접을 통한 균일한 품질과, 정밀도가 높은 제품을 제작할 수 있어 생산성이 향상된다.

30. 연강판 두께 4.4 mm의 모재를 가스 용접할 때 가장 적당한 가스 용접봉의 지름은 몇 mm인가?

① 1.0　② 1.6
③ 2.0　④ 3.2

해설 용접봉의 지름을 구하는 식

$$D = \frac{T}{2} + 1$$

여기서, D : 용접봉의 지름(mm)
T : 판 두께(mm)

$$\frac{4.4}{2} + 1 = 3.2 \text{ mm}$$

31. 연강용 피복 용접봉에서 피복제의 역할 중 틀린 것은?

① 아크를 안정하게 한다.
② 스패터링을 많게 한다.
③ 전기 절연작용을 한다.
④ 용착금속의 탈산정련 작용을 한다.

해설 피복제의 작용
㉮ 용융 금속의 산화, 질화 방지로 용융 금속 보호
㉯ 아크 발생 쉽게 하고 아크의 안정화
㉰ 슬래그 생성으로 인한 용착 금속 급냉 방지 및 전 자세 용접 용이
㉱ 용착금속의 탈산(정련) 작용
㉲ 합금 원소의 첨가 및 용융 속도와 용입을 알맞게 조절
㉳ 용적(globular)을 미세화하고 용착효율을 높임
㉴ 파형이 고운 비드 형성
㉵ 모재 표면의 산화물 제거 및 완전한 용접
㉶ 용착 금속의 유동성 증가
㉷ 스패터 소실 방지 및 피복제의 전기 절연 작용

32. 다음 중 용접의 일반적인 순서를 나타낸 것으로 옳은 것은?

① 재료준비 → 절단가공 → 가접 → 본용접 → 검사
② 절단가공 → 본용접 → 가접 → 재료준비 → 검사
③ 가접 → 재료준비 → 본용접 → 절단가공 → 검사

정답 27. ④　28. ①　29. ②　30. ④　31. ②　32. ①

④ 재료준비 → 가접 → 본용접 → 절단가공 → 검사

해설 용접시공 흐름 : 재료 → 절단 → 굽힘, 개선가공 → 조립 → 가접 → 예열 → 용접 → 직후열 → 교정 → 용접 후 열처리(PWHT)[불합격 시는 보수 후] → 합격 → 제품 순서이다.

33. 용접기 설치 시 1차 입력이 10 kVA, 전원전압이 200 V이면 퓨즈 용량은?

① 50 A ② 100 A
③ 150 A ④ 200 A

해설 퓨즈 용량 = 1차 입력 ÷ 전원전압(입력전압)
10 kVA(10000 VA) ÷ 200 V = 50 A

34. 다음 중 가스절단장치의 구성이 아닌 것은?

① 절단토치와 팁
② 산소 및 연소가스용 호스
③ 압력조정기 및 가스병
④ 핸드 실드

해설 핸드 실드는 아크 용접에 사용하는 보호구이다.

35. 다음 중 직류 아크 용접기는?

① 탭전환형 ② 정류기형
③ 가동코일형 ④ 가동 철심형

해설 직류 아크 용접기의 종류는 발전기형(가솔린 엔진, 디젤엔진구동형)과 3상 교류 전동기로 직류 발전기를 구동하여 발전형이 있고, 정류기형(셀렌정류기, 실리콘 정류기, 게르마늄 정류기)이 있다.

36. 부탄가스의 화학 기호로 맞는 것은?

① C_3H_{10} ② C_3H_8
③ C_5H_{12} ④ C_2H_6

37. 전기 저항 용접의 특징에 대한 설명으로 올바르지 않은 것은?

① 산화 및 변질 부분이 적다.
② 다른 금속 간의 접합이 쉽다.
③ 용제나 용접봉이 필요 없다.
④ 접합 강도가 비교적 크다.

해설 전기 저항 용접은 용접물에 전류가 흐를 때 발생되는 저항열로 접합부가 가열되었을 때 가압하여 접합하는 방법으로 저항 용접은 이종 재료의 접합이 어렵다.

38. 사람의 몸에 얼마 이상의 전류가 흐르면 순간적으로 사망할 위험이 있는가?

① 10 mA ② 20 mA
③ 30 mA ④ 50 mA

39. 철계 주조재의 기계적 성질 중 인장강도가 가장 낮은 주철은?

① 구상흑연주철 ② 가단주철
③ 고급주철 ④ 보통주철

해설 인장강도(MPa)는 구상흑연주철이 370~800, 가단주철이 270~540, 보통주철이 100~250, 고급(강인)주철 300~350으로 가장 낮은 것은 보통주철이다.

40. 연납땜 중 내열성 땜납으로 주로 구리, 황동용에 사용되는 것은?

① 인동납 ② 황동납
③ 납-은납 ④ 은납

해설 인동납, 황동납, 은납 등은 경납땜이며 연납땜 중 구리 및 구리 황동에는 납-은납이 사용된다.

41. 기계 재료에 가장 많이 사용되는 재료는?

① 비금속 재료 ② 철 합금
③ 비철합금 ④ 스테인리스강

정답 33. ① 34. ④ 35. ② 36. ① 37. ② 38. ④ 39. ④ 40. ③ 41. ②

해설 기계재료에서 가장 많이 사용되는 재료는 철 합금이며 다음으로 철 합금인 스테인리스강이며 그 다음이 알루미늄 등 비철합금이 사용된다.

42. 경금속과 중금속은 무엇으로 구분되는가?

① 전기전도율 ② 비열
③ 열전도율 ④ 비중

해설 비중 5 이상을 중금속, 5 이하를 경금속이라 한다.

43. 다음 중 불변강의 종류가 아닌 것은?

① 인바아 ② 스텔라이트
③ 엘린버 ④ 퍼어멀로이

해설 불변강은 인바아, 초인바아, 엘린바아, 코엘린바아, 퍼멀로이, 플래티나이트가 있으며 스텔라이트는 주조경질합금이다.

44. 규소가 탄소강에 미치는 일반적 영향으로 틀린 것은?

① 강의 인장강도를 크게 한다.
② 연신율을 감소시킨다.
③ 가공성을 좋게 한다.
④ 충격값을 감소시킨다.

해설 탄소강 내에 규소는 경도, 강도, 탄성한계, 주조성(유동성)을 증가시키고, 연신율, 충격치, 단접성(결정입자를 성장·조대화시킨다)을 감소시킨다.

45. 스테인리스강은 900~1100℃의 고온에서 급랭할 때의 현미경 조직에 따라서 3종류로 크게 나눌 수 있는데, 다음 중 해당되지 않는 것은?

① 마텐자이트계 스테인리스강
② 페라이트계 스테인리스강
③ 오스테나이트계 스테인리스강
④ 트루스타이트계 스테인리스강

해설 13Cr 스테인리스강은 마텐자이트계, 페라이트계, 18-8 스테인리스강은 오스테나이트계의 종류로 나누어진다.

46. 내열합금 용접 후 냉각 중이나 열처리 등에서 발생하는 용접구속 균열은?

① 내열균열 ② 냉각균열
③ 변형시효균열 ④ 결정입계균열

해설 내열합금 등 용접 후에 냉각 중이거나 열처리 및 시효에 의해 발생되는 균열을 변형시효균열이라고 한다.

47. 주철의 표면을 급랭시켜 시멘타이트 조직으로 만들고 내마멸성과 압축 강도를 증가시켜 기차바퀴, 분쇄기, 로울러 등에 사용하는 주철은?

① 가단 주철 ② 칠드 주철
③ 미이하나이트 주철 ④ 구상 흑연 주철

해설 칠드 주철(chilled castiron : 냉경 주철)은 주조 시 규소(Si)가 적은 용선에 망간(Mn)을 첨가하고 용융 상태에서 금형에 주입하여 접촉된 면이 급랭되어 아주 가벼운 백주철(백선화)로 만든 것이다(chill 부분은 Fe_3C 조직이 된다).

48. 청동의 연신율은 주석 몇 %에서 최대인가?

① 4 % ② 15 %
③ 20 % ④ 28 %

해설 Sn 4 %에서 연신율 최대, 그 이상에서는 급격히 감소

49. 니켈 40 %의 합금으로 주로 온도측정용 열전쌍, 표준전기 저항선으로 많이 사용되는 것은?

정답 42. ④ 43. ② 44. ③ 45. ④ 46. ③ 47. ② 48. ① 49. ④

① 큐우프로 니켈　② 모넬메탈
③ 베니딕트 메탈　④ 콘스탄탄

해설 콘스탄탄(konstantan) : Ni 40~45 %, 온도측정용 열전쌍, 표준전기저항선

50. 황동 가공재를 상온에 방지하거나 또는 저온 풀림 경화된 스프링재를 사용하는 도중 시간의 경과에 의해서 경도 등 여러 가지 성질이 나빠지는 현상은?

① 시효변형　② 경년변화
③ 탈아연 부식　④ 자연균열

해설 경년변화 : 냉간 가공한 후 저온 풀림 처리한 황동(스프링)이 사용 중 경과와 더불어 경도 값이 증가(스프링 특성 저하)하는 현상

51. [보기]와 같은 판금 제품인 원통을 정면에서 진원인 구멍 1개를 제작하려고 한다. 전개한 현도 판의 진원 구멍 부분 형상으로 가장 적합한 것은?

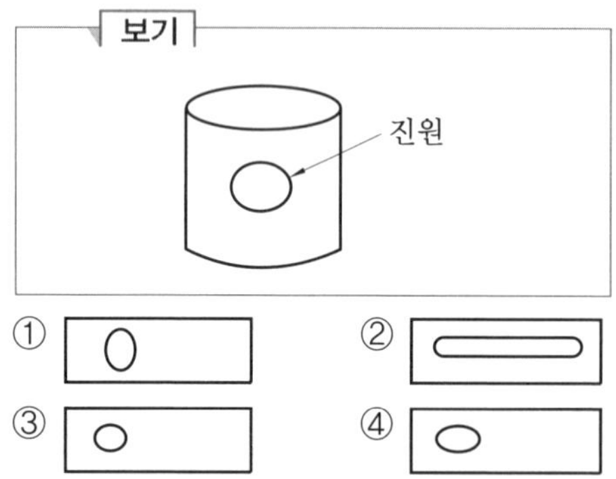

52. [보기]와 같은 배관 설비의 등각투상도(isometric drawing)의 평면도로 가장 적합한 것은?

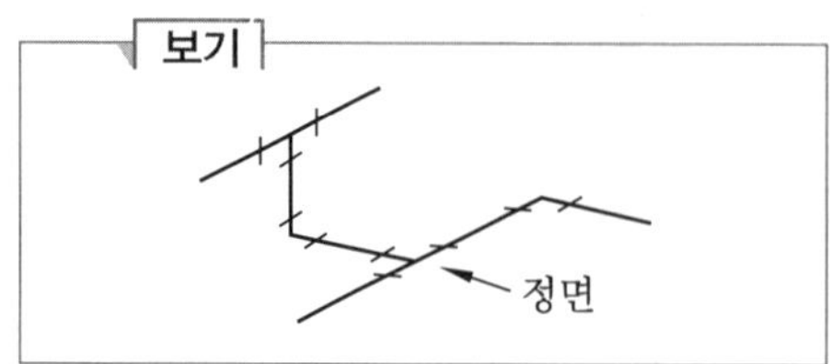

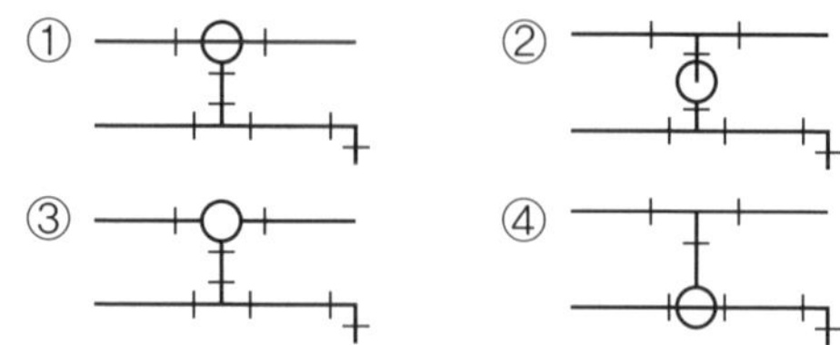

53. 제3각법으로 정투상한 [보기]와 같은 각뿔의 전개도 형상으로 적합한 것은?

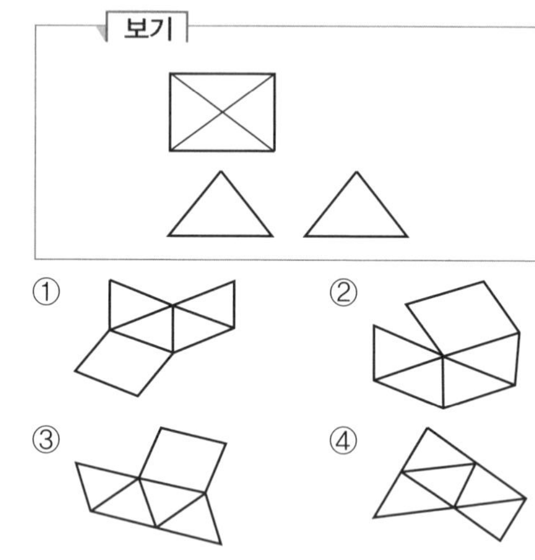

54. 도면 부품란에 "SM 45C"로 기입되어 있을 때 어떤 재료를 의미하는가?

① 탄소 주강품
② 용접용 스테인리스 강재
③ 회주철품
④ 기계 구조용 탄소 강재

해설 S : 강(steel), SM : 기계 구조용강(machine structure steel), 45C : 탄소함유량

55. [보기]와 같은 단면도의 명칭으로 가장 적합한 것은?

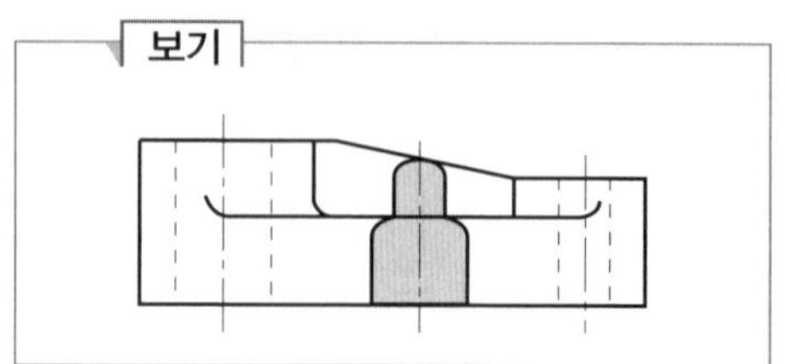

정답 50. ② 51. ④ 52. ① 53. ① 54. ④ 55. ②

① 가상 단면도
② 회전도시 단면도
③ 보조 투상 단면도
④ 곡면 단면도

56. [보기]와 같은 입체도의 화살표 방향 투상도로 가장 적합한 것은?

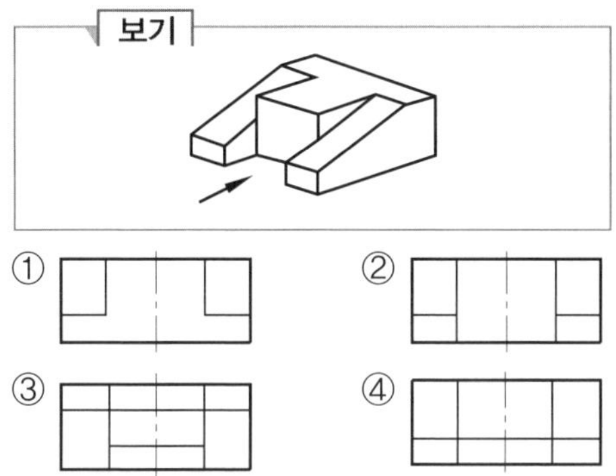

57. 굵은 실선 또는 가는 실선을 사용하는 선에 해당하지 않는 것은?

① 외형선　　② 파단선
③ 절단선　　④ 치수선

해설 가는 실선은 치수선, 치수보조선, 지시선, 회전 단면선, 중심선, 수준면선에 사용된다.

58. 기계제작 부품도면의 도면의 윤곽선 오른쪽 아래 구석의 안쪽에 위치하는 표제란을 가장 올바르게 설명한 것은?

① 품번, 품명, 재질, 주서 등을 기재한다.
② 제작에 필요한 기술적인 사항을 기재한다.
③ 제조 공정별 처리방법, 사용공구 등을 기재한다.
④ 도번, 도명, 제도 및 검도 등 관련자 서명, 척도 등을 기재한다.

해설 표제란(title panel) : 도면 관리에 필요한 사항과 도면 내용에 관한 중요한 사항을 정리하여 기입하는데 도면번호, 도면명칭, 기업명, 책임자의 서면, 도면작성 연월일, 척도, 투상법을 기입하고 필요시는 제도자, 설계자, 검도자, 공사명, 결재란 등을 기입하는 칸도 만든다.

59. [보기]와 같은 입체도에서 화살표 방향이 정면일 경우 좌측면도로 가장 적합한 것은?

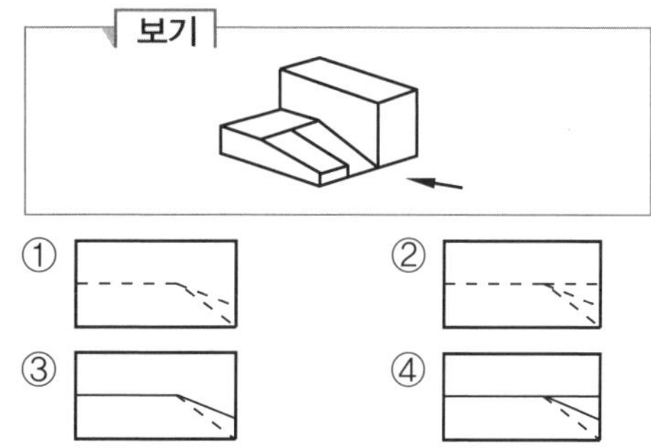

60. [보기]와 같은 KS 용접 기호의 설명으로 틀린 것은?

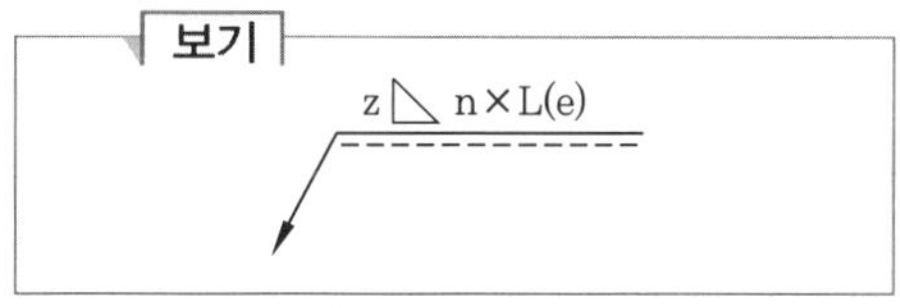

① z : 용접부 목 길이
② n : 용접부의 개수
③ L : 용접부의 길이
④ e : 용입 바닥까지의 최소 거리

정답 56. ② 57. ③ 58. ④ 59. ③ 60. ④

CBT 복원 문제 (특수 용접 기능사)

1. 용접전류 120 A, 용접전압이 12 V, 용접속도가 분당 18 cm일 경우에 용접부의 입열량(J/cm)은?

① 3500 ② 4000
③ 4800 ④ 5100

해설 용접 입열량은 공식에 의해

$H = \frac{60EI}{V}$[joule/cm]

여기서, H : 용접입열
E : 아크전압(V)
I : 아크전류(A)
V : 용접속도(cm/min)

$\frac{60 \times 120 \times 12}{18} = 4800$

2. 직류 정극성에 대한 설명으로 올바르지 못한 것은?

① 모재를 (+)극에, 용접봉을 (−)극에 연결한다.
② 용접봉의 용융이 느리다.
③ 모재의 용입이 깊다.
④ 용접 비드의 폭이 넓다.

해설 정극성은 모재에 양극(+), 전극봉에 음극(−)을 연결하여 양극에 발열량이 70~80 %, 음극에서는 20~30 %로 모재측에 열 발생이 많아 용입이 깊게 되고 음극인 전극봉(용접봉)은 천천히 녹는다. 역극성은 반대로 모재가 천천히 녹고 용접봉은 빨리 용융되어 비드가 용입이 얕고 넓어진다.

3. 가스 용접봉을 선택하는 공식으로 다음 중 맞는 것은?

① $D = \frac{T}{2} + 1$ ② $D = \frac{T}{2} + 2$
③ $D = \frac{T}{2} - 2$ ④ $D = \frac{T}{2} - 1$

해설 $D(\text{가스용접봉 지름}) = \frac{T(\text{모재의 두께})}{2} + 1$

4. 2차 무부하 전압이 80 V, 아크 전류가 200 A, 아크전압 30 V, 내부손실 3 kW일 때 역률(%)은?

① 48.00 % ② 56.25 %
③ 60.00 % ④ 66.67 %

해설 $\text{역률} = \frac{\text{소비전력}}{\text{전원입력}} \times 100$

$= \frac{\text{아크전압} \times \text{아크전류} + \text{내부손실}}{(\text{2차 무부하 전압} \times \text{아크전류})} \times 100$

$= \frac{30\text{V} \times 200\text{A} + 3\text{kW}(3000\text{VA})}{80\text{V} \times 200\text{A}} \times 100\,\%$

$= 56.25\,\%$

5. 저항용접에 의한 압접에서 전류 20 A, 전기저항 30 Ω, 통전시간 10 s일 때 발열량은 약 몇 cal인가?

① 14400 ② 24400
③ 28800 ④ 48800

해설 발열량의 공식에 의해

$H = 0.238I^2Rt$

여기서, H : 열량(cal), I : 전류(A),
R : 저항(Ω), t : 시간(s)

$= 0.238 \times 20^2 \times 30 \times 10$

$\fallingdotseq 0.24 \times 20^2 \times 30 \times 10 = 28800$

6. 이음부의 겹침을 판 두께 정도로 하고 겹쳐진 폭 전체를 가압하여 심 용접을 하는 방법은?

① 매시 심용접(mash seam welding)
② 포일 심용접(foil seam welding)
③ 맞대기 심용접(butt seam welding)

정답 1. ③ 2. ④ 3. ① 4. ② 5. ③ 6. ①

④ 인터랙트 심용접(interact seam welding)

해설 심용접은 매시심, 포일심, 맞대기심 등이 있고 문제의 설명은 매시 심용접에 대한 것이다.

7. 프로젝션(projection) 용접의 단면치수는 무엇으로 하는가?

① 너깃의 지름
② 구멍의 바닥 치수
③ 다리길이 치수
④ 루트 간격

해설 점용접이나 프로젝션 용접의 단면치수는 너깃의 지름으로 표시한다.

8. 200 V용 아크 용접기의 1차 입력이 30 kVA일 때 퓨즈의 용량은 몇 A가 가장 적당한가?

① 60 A ② 100 A
③ 150 A ④ 200 A

해설 $\text{퓨즈 용량} = \dfrac{\text{용접기 입력(1차 입력)}}{\text{전원입력}}$

$= \dfrac{30000\text{A}}{200\text{V}} = 150\text{A}$

9. 가스 절단 시 산소 대 프로판 가스의 혼합비로 적당한 것은?

① 2.0 : 1 ② 4.5 : 1
③ 3.0 : 1 ④ 3.5 : 1

해설 프로판 가스가 필요로 하는 산소의 양은 4.5배이다.

10. 교류 아크 용접기의 아크 안정을 확보하기 위하여 상용 주파수의 아크 전류 외에 고전압의 고주파 전류를 중첩시키는 부속 장치는?

① 전격 방지 장치
② 원격 제어 장치
③ 고주파 발생 장치
④ 저주파 발생 장치

해설 고주파 발생 장치 : 아크의 안전을 확보하기 위하여 상용 주파수의 아크 전류 외에 고전압 3000~4000 V를 발생하여, 용접전류를 중첩시키는 방식

11. 아크 용접 시, 감전 방지에 관한 내용 중 틀린 것은?

① 비가 내리는 날이나 습도가 높은 날에는 특히 감전에 주의를 하여야 한다.
② 전격 방지 장치는 매일 점검하지 않으면 안 된다.
③ 홀더의 절연 상태가 충분하면 전격 방지 장치는 필요 없다.
④ 용접기의 내부에 함부로 손을 대지 않는다.

해설 홀더의 절연 상태는 안전홀더인 A형을 사용하고 전격 방지 장치는 인체에 전격을 방지할 수 있는 안전한 장치로 홀더와는 무부하 전압에 전격을 방지하기 위한 안전전압인 24 V를 유지시키는 전격 방지 장치는 산업안전보건법으로 필요한 장치이다.

12. 용접 작업 중 정전이 되었을 때, 취해야 할 가장 적절한 조치는?

① 전기가 오기만을 기다린다.
② 홀더를 놓고 송전을 기다린다.
③ 홀더에서 용접봉을 빼고 송전을 기다린다.
④ 전원을 끊고 송전을 기다린다.

해설 전기안전에서 정전이 되었다면 모든 전원 스위치를 내려 전원을 끊고 다시 전기가 송전될 때까지 기다린다.

정답 7. ① 8. ③ 9. ② 10. ③ 11. ③ 12. ④

13. 용접 퓸(fume)에 대하여 서술한 것 중 올바른 것은?

① 용접 퓸은 인체에 영향이 없으므로 아무리 마셔도 괜찮다.
② 실내 용접 작업에서는 환기 설비가 필요하다.
③ 용접봉의 종류와 무관하며 전혀 위험은 없다.
④ 용접 퓸은 입자상 물질이며, 가제 마스크로 충분히 차단할 수가 있으므로 인체에 해가 없다.

해설 용접 흄에는 인체에 해로운 각종 가스가 있어 실내 용접 작업할 때에는 환기 설비를 필요로 한다.

14. 탱크 등 밀폐 용기 속에서 용접 작업을 할 때 주의사항으로 적합하지 않은 것은?

① 환기에 주의한다.
② 감시원을 배치하여 사고의 발생에 대처한다.
③ 유해가스 및 폭발가스의 발생을 확인한다.
④ 위험하므로 혼자서 용접하도록 한다.

해설 안전상에 탱크 및 밀폐 용기 속에서 용접 작업을 할 때는 반드시 감시인 1인 이상을 배치시켜서 안전사고의 예방과 사고 발생 시에 즉시 사고에 대한 조치를 하도록 한다.

15. 필릿 용접의 이음 강도를 계산할 때, 각장이 10 mm라면 목 두께는?

① 약 3 mm　② 약 7 mm
③ 약 11 mm　④ 약 15 mm

해설 이음의 강도 계산에는 이론 목 두께를 이용하고 목 단면적은 목 두께×용접의 유효 길이로 하며 목 두께 각도가 60~90°는 0.7로 계산하면 0.7×10 = 7이다.

16. 용착금속의 인장강도를 구하는 옳은 식은?

① $인장강도 = \frac{인장하중}{시험편의\ 단면적}$

② $인장강도 = \frac{시험편의\ 단면적}{인장하중}$

③ $인장강도 = \frac{표점거리}{연신율}$

④ $인장강도 = \frac{연신율}{표점거리}$

해설 용접부에 작용하는 하중은 (용착금속의 인장강도×판 두께×목 두께)로 구하며 단위 면적당 작용하는 하중을 인장강도 또는 최대 극한 강도라고 한다.

17. 연강의 맞대기용접 이음에서 용착금속의 인장강도가 40 kgf/mm^2, 안전율이 8이면, 이음의 허용응력은?

① 5 kgf/mm^2　② 8 kgf/mm^2
③ 40 kgf/mm^2　④ 48 kgf/mm^2

해설 $허용응력 = \frac{인장강도}{안전율} = \frac{40}{8} = 5$

18. 필릿 용접 이음부의 강도를 계산할 때 기준으로 삼아야 하는 것은?

① 루트 간격　② 각장 길이
③ 목의 두께　④ 용입 깊이

해설 용접 설계에서 필릿 용접의 단면에 내접하는 이등변 삼각형의 루트부터 빗변까지의 수직거리를 이론 목 두께라 하고, 보통 설계할 때에 사용되고, 용입을 고려한 루트부터 표면까지의 최단거리를 실제 목 두께라 하여 이음부의 강도를 계산할 때 기준으로 한다.

19. 용접 지그(welding jig)에 대한 설명 중 틀린 것은?

정답 13. ② 14. ④ 15. ② 16. ① 17. ① 18. ③ 19. ④

① 용접물을 용접하기 쉬운 상태로 놓기 위한 것이다.
② 용접 제품의 치수를 정확하게 하기 위해 변형을 억제하는 것이다.
③ 작업을 용이하게 하고 용접 능률을 높이기 위한 것이다.
④ 잔류응력을 제거하기 위한 것이다.

해설 용접 지그 사용 효과
㉮ 아래보기 자세로 용접을 할 수 있다.
㉯ 용접 조립의 단순화 및 자동화가 가능하고 제품의 정밀도가 향상된다.
㉰ 작업을 용이하게 하고 용접 능률을 높이고 신뢰성을 높인다.

20. 잔류응력 경감법 중 용접선의 양측을 가스 불꽃에 의해 약 150 mm에 걸쳐 150~200℃로 가열한 후에 즉시 수냉함으로써 용접선 방향의 인장응력을 완화시키는 방법은?

① 국부응력 제거법
② 저온응력 완화법
③ 기계적 응력 완화법
④ 노내응력 제거법

해설 저온응력 완화법 : 용접선의 양측을 일정한 속도로 이동하는 가스 불꽃에 의하여 폭 약 150 mm를 약 150~200℃로 가열 후 수랭하는 방법으로 용접선 방향의 인장응력을 완화하는 방법이다.

21. 용접부의 내부결함 중 용착금속의 파단면에 고기 눈 모양의 은백색 파단면을 나타내는 것은?

① 피트(pit)
② 은점(fish eye)
③ 슬래그 섞임(slag inclusion)
④ 선상조직(ice flower structure)

해설 용착금속의 파단면에 고기 눈 모양의 결함은 수소가 원인으로 은점과 헤어크랙, 기공 등에 결함이 있다.

22. 가용접에 대한 설명으로 잘못된 것은?

① 가용접은 2층 용접을 말한다.
② 본 용접봉보다 가는 용접봉을 사용한다.
③ 루트 간격을 소정의 치수가 되도록 유의한다.
④ 본 용접과 비등한 기량을 가진 용접공이 작업한다.

해설 용접에서 가접
㉮ 용접 결과의 좋고 나쁨에 직접 영향을 준다.
㉯ 본 용접의 작업 전에 좌우의 홈 부분을 잠정적으로 고정하기 위한 짧은 용접이다.
㉰ 균열, 기공, 슬랙 잠입 등의 결함을 수반하기 쉬우므로 본 용접을 실시할 홈 안에 가접하는 것은 바람직하지 못하며, 만일 불가피하게 홈 안에 가접하였을 경우 본 용접 전에 갈아 내는 것이 좋다.
㉱ 본 용접을 하는 용접사와 비등한 기량을 가진 용접사에 의해 가접을 실시한다.
㉲ 가접에는 본 용접보다 지름이 약간 가는 용접봉을 사용하는 것이 좋다.

23. 용접부의 검사법 중 비파괴 검사(시험)법에 해당되지 않는 것은?

① 외관검사
② 침투검사
③ 화학시험
④ 방사선 투과시험

해설 화학시험은 파괴시험으로 부식시험을 한다.

24. 용접에 사용되지 않는 열원은?

① 기계적 에너지

정답 20. ② 21. ② 22. ① 23. ③ 24. ③

② 전기 에너지
③ 위치 에너지
④ 화학적 에너지

해설 에너지원에 따른 용접 공정 분류에서 에너지원은 전기, 화학적, 기계적 에너지 등이 있다.

25. 용접 결함의 종류 중 구조상 결함에 속하지 않는 것은?

① 슬래그 섞임 ② 기공
③ 융합 불량 ④ 변형

해설 용접의 결함 종류
㉮ 치수상 결함 : 변형, 치수 및 형상불량
㉯ 구조상 결함 : 기공, 슬랙 섞임, 언더컷, 균열, 용입불량 등
㉰ 성질상 결함 : 인장강도의 부족, 연성의 부족, 화학성분의 부적당 등

26. 방사선 투과 검사에 대한 설명 중 틀린 것은?

① 내부 결함 검출이 용이하다.
② 라미네이션(lamination) 검출도 쉽게 할 수 있다.
③ 미세한 표면 균열은 검출되지 않는다.
④ 현상이나 필름을 판독해야 한다.

해설 라미네이션은 모재의 재질 결함으로 강괴일 때 기포가 압연되어 생기는 결함으로 설퍼밴드와 같이 층상으로 편재해 있어 강재의 내부적 노치를 형성하여 방사선 투과시험에는 검출이 안된다.

27. 피복 용접봉으로 작업 시 용융된 금속이 피복제의 연소에서 발생된 가스가 폭발되어 뿜어낸 미세한 용적이 모재로 이행되는 형식은?

① 단락형 ② 글로불러형
③ 스프레이형 ④ 핀치효과형

해설 단면이 둥근 도체에 전류가 흐르면 전류소자 사이에 흡인력이 작용하여 용접봉의 지름이 가늘게 오므라드는 경향이 생긴다. 따라서 용접봉 끝의 용융금속이 작은 용적이 되어 봉 끝에서 떨어져 나가는 것을 핀치효과형(pinch effect type)이라 하고 이 작용은 전류의 제곱에 비례한다.

28. 석회석($CaCO_2$) 등이 염기성 탄산염을 주성분으로 하고 용착금속 중에 수소 함유량이 다른 종류의 피복 아크 용접봉에 비교하여 약 1/10 정도로 현저하게 적은 용접봉은?

① E4303 ② E4311
③ E4316 ④ E4324

29. 피복 아크 용접봉의 편심도는 몇 % 이내이어야 용접 결과를 좋게 할 수 있겠는가?

① 3 % ② 5 %
③ 10 % ④ 13 %

30. 아크 용접부에 기공이 발생하는 원인과 가장 관련이 없는 것은?

① 이음 강도 설계가 부적당할 때
② 용착부가 급랭될 때
③ 용접봉에 습기가 많을 때
④ 아크길이, 전류값 등이 부적당할 때

해설 피복 아크 용접부에 기공이 발생하는 원인은 ②, ③, ④ 외에 용접 분위기 가운데 수소 또는 일산화탄소의 과잉, 과대 전류의 사용, 용접 속도가 빠를 때, 강재에 부착되어 있는 기름, 페인트, 녹 등이 있을 때이다.

31. 작업자 사이에 현장(노천)에서 다른 사람에게 유해광선의 해를 끼치지 않게 하기 위해서 여러 사람이 공동으로 용접 작업을 할 때 설치해야 하는 것은?

정답 25. ④ 26. ② 27. ③ 28. ③ 29. ① 30. ① 31. ①

① 차광막 ② 경계통로
③ 환기장치 ④ 집진장치

해설 유해광선의 안전장치는 차광막이고 환기를 위한 장치는 환기장치, 집진장치이며 안전통로 확보는 경계통로이다.

32. 아세틸렌 가스는 각종 액체에 잘 용해가 된다. 다음 중 액체에 대한 용해량이 잘못 표기된 것은?

① 석유-2배 ② 벤젠-6배
③ 아세톤-25배 ④ 물-1.1배

해설 아세틸렌 가스는 각종 액체에 잘 용해되며 물은 같은 양, 석유 2배, 벤젠 4배, 알코올 6배, 아세톤 25배가 용해되며 용해량은 온도를 낮추고 압력이 증가됨에 따라 증가하나 단, 염분을 함유한 물에는 잘 용해가 되지 않는다.

33. 용해 아세틸렌 가스를 충전하였을 때 용기 전체의 무게가 34 kgf이고 사용 후 빈병의 무게가 31 kgf이면, 15℃ 1기압하에서 충전된 아세틸렌 가스의 양은 약 몇 L인가?

① 465 L ② 1054 L
③ 1581 L ④ 2715 L

해설 아세틸렌 가스의 양 = 905(전체의 병 무게−빈병의 무게) = 905(34−31) = 2715 L

34. 산소-아세틸렌 가스 용접에 사용하는 아세틸렌용 호스의 색은?

① 청색 ② 흑색
③ 적색 ④ 녹색

해설 가스 용접에 사용하는 호스의 색은 아세틸렌은 적색, 산소는 녹색(일본은 흑색)을 사용한다.

35. 다음 중에서 산소-아세틸렌 가스 절단이 쉽게 이루어질 수 있는 것은?

① 판 두께 300 mm 강재
② 판 두께 15 mm의 주철
③ 판 두께 10 mm의 10 % 이상 크롬(Cr)을 포함한 스테인리스강
④ 판 두께 25 mm의 알루미늄(Al)

해설 주철은 용융점이 연소온도 및 슬래그의 용융점보다 낮고, 또 주철 중에 흑연은 철의 연속적인 연소를 방해하며 스테인리스강의 경우에는 절단 중 생기는 산화물이 모재보다도 고용융점의 내화물로 산소와 모재와의 반응을 방해하여 절단이 저해된다.

36. 두께가 12.7 mm인 강판을 가스 절단하려 할 때 표준 드래그의 길이는 2.4 mm이다. 이때 드래그는 몇 %인가?

① 18.9 ② 32.1
③ 42.9 ④ 52.4

해실 표준 드래그는 판 두께의 20 %$\left(\frac{1}{5}\right)$로서

$\frac{2.4}{12.7} \times 100\ \% = 18.89 ≒ 19.9$

37. 분말절단법 중 플럭스(flux) 절단에 주로 사용되는 재료는?

① 스테인리스강판 ② 알루미늄 탱크
③ 저합금 강판 ④ 강판

해설 분말절단법 중 플럭스(용제) 절단은 스테인리스강의 절단을 주목적으로 내산화성인 탄산소다, 중탄산소다를 주성분으로 하는 분말을 직접 절단산소에 삽입하여 산소가 허실되는 것을 방지하여 분출 모양이 정확해 절단면이 깨끗하다.

38. 플라스마 제트 절단에 대한 설명 중 틀린 것은?

① 아크 플라스마의 냉각에는 일반적으로 아르곤과 수소의 혼합가스가 사용된다.
② 아크 플라스마는 주위의 가스기류로 인

정답 32. ② 33. ④ 34. ③ 35. ① 36. ① 37. ① 38. ③

하여 강제적으로 냉각되어 플라스마 제트를 발생시킨다.
③ 적당량의 수소 첨가 시 열적 핀치효과를 촉진하고 분출 속도를 저하시킬 수 있다.
④ 아크 플라스마의 냉각에는 절단재료의 종류에 따라 질소나 공기도 사용한다.

해설 적당량의 수소 첨가 시 열적 핀치효과를 촉진하고 분출 속도를 향상할 수 있다.

39. TIG 용접으로 Al을 용접할 때, 가장 적합한 용접전원은?

① DC SP ② DC RP
③ AC HF ④ AC

해설 불활성 가스 텅스텐 아크 용접에서 Al을 용접할 때에는 표면에 존재하는 산화 알루미늄(산화 알루미늄 용융온도 2050℃ 실재 알루미늄 용융온도는 660℃)을 역극성으로 제거하기 위해 교류전원 중 고주파전류 병용을 사용하며 초기 아크 발생이 쉽고 텅스텐 전극의 오손이 적다.

40. 서브머지드 아크 용접에 대한 설명 중 틀린 것은?

① 용접선이 복잡한 곡선이나 길이가 짧으면 비능률적이다.
② 용접부가 보이지 않으므로 용접 상태의 좋고 나쁨을 확인할 수 없다.
③ 일반적으로 후판의 용접에 사용되므로 루트 간격이 0.8 mm 이하이면 오버랩(over lap)이 많이 생긴다.
④ 용접홈의 가공은 수동용접에 비하여 그 정밀도가 좋아야 한다.

해설 루트 간격이 0.8 mm보다 넓을 때는 처음부터 용락을 방지하기 위하여 수동용접에 의해 누설 방지 비드를 만들거나 이면 받침을 사용해야 한다.

41. 강재 표면의 홈이나 개재물, 탈탄층 등을 제거하기 위해 얇고, 타원형 모양으로 표면을 깎아내는 가공법은?

① 가스 가우징(gas gouging)
② 너깃(nugget)
③ 스카핑(scarfing)
④ 아크 에어 가우징(arc air gouging)

42. 일반적으로 철강을 크게 순철, 강, 주철로 대별할 때 기준이 되는 함유원소는?

① Si ② Mn
③ P ④ C

43. 현재 주조 경질 절삭공구의 대표적인 것은?

① 비디아 ② 세라믹
③ 스텔라이트 ④ 당갈로이

해설 대표적인 주조 경질합금은 스텔라이트(stellite) → Co40~55 % – Cr25~35% – W4~25 % – C1~3로 Co가 주성분

44. 스테인리스강은 900~1100℃의 고온에서 급랭할 때의 현미경 조직에 따라서 3종류로 크게 나눌 수 있는데, 다음 중 해당되지 않는 것은?

① 마텐자이트계 스테인리스강
② 페라이트계 스테인리스강
③ 오스테나이트계 스테인리스강
④ 트루스타이트계 스테인리스강

해설 13Cr 스테인리스강은 마텐자이트계, 페라이트계, 18-8 스테인리스강은 오스테나이트계의 종류로 나누어진다.

45. 저용융점 합금이란 어떤 원소보다 용융점이 낮은 것을 말하는가?

① Zn ② Cu
③ Sn ④ Pb

정답 39. ③ 40. ③ 41. ③ 42. ④ 43. ③ 44. ④ 45. ③

해설 저용융점 합금은 Sn보다 용점이 낮은 금속으로 퓨즈, 활자, 안전장치, 정밀 모형 등에 사용된다. Pb, Sn, Co의 두 가지 이상의 공정 합금으로 3원합금과 4원합금이 있고 우드메탈, 리포위츠 합금, 뉴턴 합금, 로즈 합금, 비스무트 땜납 등이 있다.

46. 가단 주철이란 다음 중 어떤 것을 말하는가?

① 백주철을 고온에서 오랫동안 풀림 열처리한 것
② 칠드 주철의 열처리다.
③ 반경 주철을 열처리한 것
④ 퍼얼라이트 주철을 고온에서 오랫동안 뜨임 열처리한 것

해설 백주철을 풀림 처리하여 탈탄과 Fe3C의 흑연화에 의해 연성(또는 가단성)을 가지게 한 주철(연신율 5~14 %)로 종류는 백심 가단 주철(WMC : white-heart malleable cast iron), 흑심 가단 주철(BMC : black-heart malleable cast iron), 퍼얼라이트(pearlife) 가단 주철(PMC) 등이다.

47. 다음 중 경금속에 해당되지 않는 것으로만 되어 있는 것은?

① Al, Be, Na ② Si, Ca, Ba
③ Mg, Ti, Li ④ Kd, Mn, Kd

해설 ㉮ 경금속(비중) : Li(0.53), K(0.86), Ca(1.55), Mg(1.74), Si(2.23), Al(2.7), Ti(4.5) 등
㉯ 중금속(비중) : Cr(7.09), Zn(7.13), Mn(7.4), Fe(7.87), Ni(8.85), Co(8.9), Cu(8.96), Mo(10.2), Pb(11.34), Ir(22.5) 등

48. 황동에 1 % 내외의 주석을 첨가하였을 때 나타나는 현상으로서 가장 적합한 사항은?

① 탈산작용에 의하여 부스러지기 쉽게 되며, 주조성을 증가시킨다.
② 탈아연의 부식이 억제되며 내해수성이 좋아진다.
③ 전연성을 증가시키며 결정입자를 조대화시킨다.
④ 강도와 경도가 감소하여 절삭성이 좋아진다.

해설 황동에 1 % 내외의 주석을 첨가하였을 때 6 : 4황동(네이벌 황동)으로 내식성 증가, 탈아연 방지로 스프링용, 선박기계 등으로 사용된다.

49. 강을 표준상태로 하기 위하여 가공조직의 균일화, 결정립의 미세화, 기계적 성질의 향상을 목적으로 소재를 A3나 Acm보다 30~50℃ 정도 높은 온도로 가열한 후 공냉하는 열처리 방법은?

① 불림 ② 심냉
③ 담금질 ④ 뜨임

해설 연신율과 단면수축률이 좋아진다.

50. Al에 10 %까지 Mg를 함유한 합금은?

① 라우탈 ② 콜슨합금
③ 하이드로날륨 ④ 실루민

해설 하이드로날륨(hydronalium) : Al-Mg계, Mg 0 % 이하 함유, 내식성 · 강도가 좋고 피로강도온도에 따른 변화가 적고 용접성도 좋다.

51. 대상물에 감마선(γ-선), 엑스선(X-선)을 투과시켜 필름에 나타나는 상으로 결함을 판별하는 비파괴 검사법은?

① 초음파 탐상검사
② 침투 탐상검사
③ 와류 탐상 검사
④ 방사선 투과 검사

정답 46. ① 47. ④ 48. ② 49. ① 50. ③ 51. ④

52. [보기]와 같은 용접 도시기호에 의하여 용접할 경우 설명으로 틀린 것은?

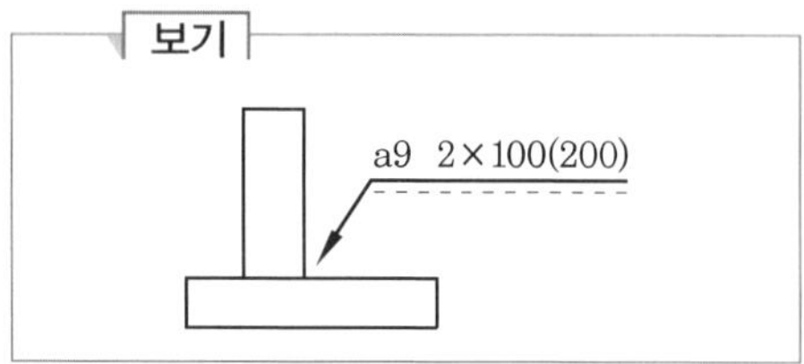

① 화살표 쪽에 필릿 용접한다.
② 목 두께는 9 mm이다.
③ 용접부의 개수는 2개이다.
④ 용접부의 길이는 200 mm이다.

해설 도시기호는 실선에 있어서 화살표 쪽 필릿 용접, 목 두께 9 mm, 용접 개수 2개, 용접부의 길이 100 mm, 간격이 200 mm이다.

53. 도면의 긴 쪽 길이를 가로 방향으로 한 X형 용지에서 표제란의 위치로 가장 적당한 것은?

① 오른쪽 중앙 ② 왼쪽 위
③ 오른쪽 아래 ④ 왼쪽 아래

해설 도면의 폭이 넓은 쪽을 길이 방향으로 사용하는 것을 표준으로 하며 표제란은 오른쪽 아래에 만든다.

54. 그림과 같은 KS 용접 보조기호의 명칭으로 가장 적합한 것은?

① 필릿 용접 끝단부를 2번 오목하게 다듬질
② K형 맞대기 용접 끝단부를 2번 오목하게 다듬질
③ K형 맞대기 용접 끝단부를 매끄럽게 다듬질
④ 필릿 용접 끝단부를 매끄럽게 다듬질

55. KS규격(3각법)에서 용접기호의 해석으로 옳은 것은?

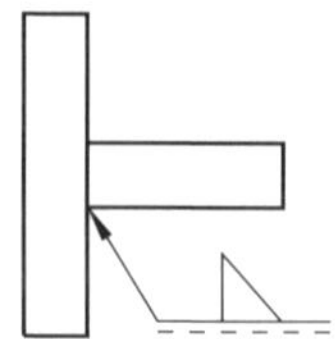

① 화살표 반대쪽 맞대기 용접이다.
② 화살표 쪽 맞대기 용접이다.
③ 화살표 쪽 필릿 용접이다.
④ 화살표 반대쪽 필릿 용접이다.

해설 용접부가 이음의 화살표 쪽에 있을 때에는 기호는 실선 쪽의 기준선에 기입하고 이음의 반대쪽에 있을 때에는 기호는 파선 쪽에 기입하고 기호는 필릿 용접이다.

56. 전개도법의 종류 중 주로 각기둥이나 원기둥의 전개에 가장 많이 이용되는 방법은?

① 삼각형을 이용한 전개도법
② 방사선을 이용한 전개도법
③ 평행선을 이용한 전개도법
④ 사각형을 이용한 전개도법

해설 평행선 전개법은 각기둥과 원기둥을 연직 평면 위에 펼쳐 놓은 것으로 모서리나 직선 면소에 직각 방향으로 전개되어 있다.

57. 그림과 같은 용접도시기호의 설명으로 올바른 것은?

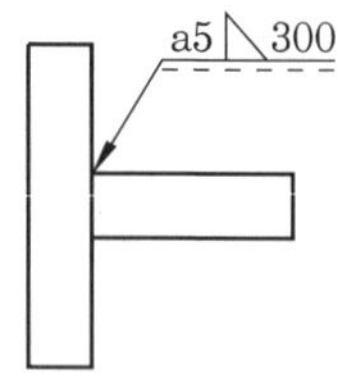

① 홈 깊이 : 5 mm
② 목 길이 : 5 mm
③ 목 두께 : 5 mm
④ 루트 간격 : 5 mm

정답 52. ④ 53. ③ 54. ④ 55. ③ 56. ③ 57. ③

해설 필릿 용접으로 목 두께는 5 mm, 용접 길이는 300 mm이다.

58. 도면에 2가지 이상의 선이 같은 장소에 겹치어 나타내게 될 경우 우선순위가 가장 높은 것은?

① 숨은선 ② 외형선
③ 절단선 ④ 중심선

해설 도면에서 두 종류 이상의 선이 같은 장소에서 중복될 경우에는 1. 외형선, 2. 숨은선, 3. 절단선, 4. 중심선, 5. 무게 중심선, 6. 치수보조선의 순서로 그린다.

59. 배관 도시기호 중 글로브 밸브인 것은?

① ②
③ ④

60. [보기]와 같은 입체도에서 화살표 방향이 정면일 경우 평면도로 가장 적당한 것은?

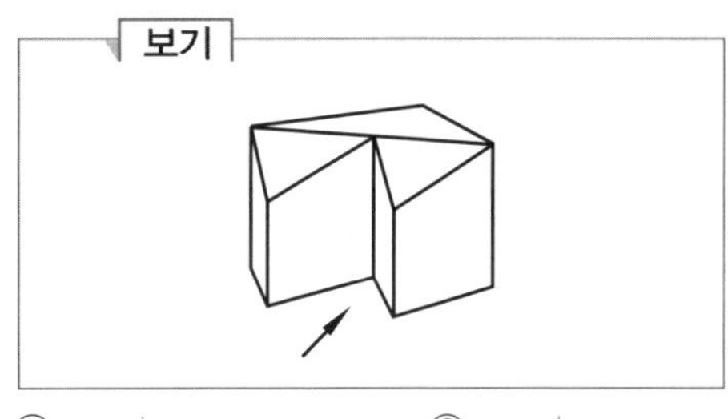

① ②
③ ④

정답 58. ② 59. ① 60. ①

용접기능사 필기 문제해설

2021년 1월 10일 인쇄
2021년 1월 15일 발행

저　자 : 용접기술시험연구회
펴낸이 : 이정일

펴낸곳 : 도서출판 **일진사**
www.iljinsa.com
(우) 04317 서울시 용산구 효창원로 64길 6
전화 : 704-1616 / 팩스 : 715-3536
등록 : 제1979-000009호 (1979.4.2)

값 18,000 원

ISBN : 978-89-429-1644-3